steinkopff 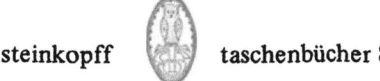 taschenbücher 8

<u>396</u> - 20.Sept.1976 - 3.300
XIV, 317 Seiten
Kunststoff DM 24.80 - 340 g

Homo investigans

Der soziale Wissenschaftler

Eine Orientierungshilfe

Von

PROF. DR. WERNER A. P. LUCK

Fachbereich Physikalische Chemie,
Universität Marburg/Lahn

DR. DIETRICH STEINKOPFF VERLAG

DARMSTADT 1976

Werner Luck, 1922 in Berlin geboren.
1939 mit $17^1/_2$ Jahren zum Militär einberufen.
1942–1945 Physikstudent in der Forschungsabteilung des Heereswaffenamtes.
1945–1952 Promotion und Assistent am Institut für Physikalische Chemie Universität Tübingen.
1952–1970 Physikochemiker und ab 1957 Gruppenleiter in den Forschungslaboratorien der BASF, Ludwigshafen.
1967 Habilitation Universität Heidelberg.
1970 berufen zum o. Professor für Physikalische Chemie Universität Marburg.
1973 Dekan
1976 Sprecher des Rates der Professoren der Universität Marburg.
Ab 1971 Leiter des Arbeitsausschusses „Süßwassergewinnung aus dem Meer" der Dechema.

Über 100 wissenschaftliche Publikationen auf dem Gebiet der zwischenmolekularen Kräfte und der Struktur der Flüssigkeiten, davon 8 Aufsätze in Monographien.
Herausgeber zweier wissenschaftlicher Bücher.
Über 50 Publikationen zum Thema Wissenschaft und Gesellschaft. Ab 1965 bis 1970 Aufbau der „Gesellschaft für Verantwortung in der Wissenschaft" als Geschäftsführer, seit 1975 ihr 1. Vorsitzender. Vater von 6 Kindern.

Meiner Mutter, die ihr Leben ganz ihren Kindern widmete, in Dankbarkeit gewidmet.

W. Luck

CIP-Kurztitelaufnahme der Deutschen Bibliothek

Luck, Werner A.P.
Homo investigans: Der Soz. Wissenschaftler;
e. Orientierungshilfe. – Darmstadt: Steinkopff, 1976.
(Steinkopff-Taschenbücher 8)

ISBN-13: 978-3-7985-0458-5 e-ISBN-13: 978-3-642-85298-5
DOI: 10.1007/ 978-3-642-85298-5

© 1976 by Dietrich Steinkopff Verlag GmbH & Co. KG, Darmstadt
Alle Rechte vorbehalten. Jede Art der Vervielfältigung ohne schriftliche Genehmigung des Verlages ist unzulässig.

Einbandgestaltung: Jürgen Steinkopff, Darmstadt

Zu dieser Taschenbuchreihe

Die STEINKOPFF TASCHENBÜCHER unterscheiden sich von anderen vergleichbaren wissenschaftlichen Taschenbuchreihen in zwei wesentlichen Punkten:

1. In dieser Reihe geht es weniger um die Quantität monatlich oder jährlich produzierter Bände, sondern vor allem um die Qualität bestimmter sorgfältig ausgewählter Beiträge, die von Fall zu Fall in größerer Auflage zu mäßigem Preis publiziert werden sollen. Die Zahl der in dieser Reihe veröffentlichten Titel wird daher bewußt knapp gehalten bleiben; die Erscheinungsfrequenz ist also wesentlich zwangloser und langfristiger angelegt als bei anderen vergleichbaren Taschenbuchreihen.

2. In dieser Reihe werden vorwiegend Beiträge veröffentlicht, die sich — wissenschaftlich fundiert — an eine größere Öffentlichkeit wenden oder der interdisziplinären Diskussion zwischen den verschiedenen Fachbereichen an Hochschulen, Fachhochschulen, Fachschulen und Schulen dienen wollen. Darüber hinaus soll durch die Bände dieser Reihe von Fall zu Fall auch der Nichtwissenschaftler in seiner Verantwortung und in seinem Informationsbedürfnis angesprochen werden. Der humane Aspekt steht im Vordergrund aller Darstellungen, da wir der Ansicht sind, daß eine Humanisierung unserer Gesellschaft dringend notwendig. Da es über die Wege, auf denen dieses Ziel erreichbar sei, verschiedene Ansichten gibt, werden in dieser Reihe auch gegensätzliche Äußerungen und sich widersprechende Stimmen zu Wort kommen. Der Leser mag dann frei selbst entscheiden, welchem Diskussionsbeitrag er den Vorzug gibt. Lernen können wir auch von Beiträgen, mit deren Inhalt wir nicht oder nicht ganz einverstanden sind.

Aus diesem Grunde wurden auch zunächst 7 Bände publiziert, bevor wir uns zu einer mehr programmatischen Skizzierung der Ziele dieser Taschenbuchreihe entschlossen. Wir hoffen daher, daß die STEINKOPFF TASCHENBÜCHER auf dem z.Zt. recht übersetzten Taschenbuchmarkt in eine echte Lücke treffen und nach und nach ihr eigenes unverwechselbares Profil gewinnen und damit Freunde unter den Wissenschaftlern und Nichtwissenschaftlern.

Jürgen Steinkopff

Vorwort

Durch Zusammenstellung meiner Erfahrungen möchte ich versuchen, an dem Prozeß einer erhöhten Verantwortung differentiell mitzuwirken. Das Buch erscheint zum 10jährigen Jubiläum der Gründung der *Gesellschaft für Verantwortung in der Wissenschaft* (GVW) und nimmt die Erfahrungen dieser 10 Jahre mit auf.

Der Mensch scheint zu Extremen zu neigen. Neben den im Prolog angedeuteten Gefahren wird unsere Gesellschaft vom Wege sinngemäßen Handelns heute auch von der entgegengesetzten Gefahr bedroht: Aus Unkenntnis und Furcht vor der Undurchschaubarkeit der Naturwissenschaft und Technik beide zu verbannen und das Heil wieder im emotionalen Denken zu suchen. Es erscheint mir daher notwendig, die Probleme auf breiterer Basis zu durchleuchten.

Im ersten Kapitel wird versucht, das Selbstverständnis der Wissenschaft zu diskutieren. Details mögen einige Leser etwas langweilen. Es wird daher am Ende jedes Kapitels eine Zusammenfassung gegeben, die erlauben sollte, jedes weitere Kapitel auch nach Überschlagen eines Kapitels voll lesen zu können.

Im zweiten Kapitel werden Motivierungen für das Studium und für die wissenschaftliche Arbeit zusammengestellt. Eine Meinungsumfrage unter 8000 amerikanischen Studenten hat ergeben, daß ca. 80% studieren, um einen Sinn ihres Lebens zu finden. Diese Umfrage zeigt die Dringlichkeit der im zweiten Kapitel versuchten Diskussion.

Das dritte Kapitel „das ABC der Zukunft" überschrieben, soll mit Beispielen auf die große Bedeutung von Naturwissenschaft und Technik für die Gesellschaft hinweisen, einige große Probleme zusammenstellen und auch zeigen, wie das historisch bedingte Gefühl, ein Individuum zu sein, dessen Tun für eine unendlich große Welt von unendlich kleiner zu vernachlässigender Wirkung ist, in allen drei Begriffen immer mehr überholt wird.

Im vierten Kapitel werden Möglichkeiten zusammengestellt, die Verantwortung der Naturwissenschaftler zu aktivieren.

Der letzte Abschnitt soll schließlich mahnen, daß wir alle, die Wissenschaftler und die Gesellschaft, gemeinsam eine große Verantwortung für eine Optimierung der Wissenschaft tragen, nachdem wir ohne die Wissenschaft nicht mehr auskommen können. In diesem

Kapitel werden daher einige kritische Bemerkungen zur Wissenschaftsorganisation gemacht.

Alle Kapitel können nur subjektive Meinungen bringen. Sie müssen sich möglichst von Modetrends entfernen, wenn das Buch für die Gesellschaft einen Sinn haben soll. Ich bin mir daher im Klaren, daß einige Gedanken auf Widersprüche stoßen müssen. Unsere Jugend ist erfreulicher Weise zunehmend an Fragen nach *Sinn und Ziel der Wissenschaft* interessiert. Bis auf einige Extremisten gibt fast niemand ihr hierbei irgendwelche Hilfen. Anlaß zu diesem Buch gab daher eine abendliche Diskussionsveranstaltung, die ich auf Drängen einiger Studenten abhielt. Ich würde mich freuen, wenn dieses Buch Anlaß und Hilfestellung für ähnliche studentische Seminare gäbe. Für kritische Mitteilungen von Fehlern oder Fehlschlüssen wäre ich jederzeit dankbar.

Die zahlreichen Zitate sollen Hilfe für weitere eigene Studien sein. Sie geben die Quellen an, aus denen ich einige Daten entnommen habe. Ich habe mir nicht immer, aus Zeitmangel, die Mühe machen können, die Urheber der Daten aufzuspüren. Es ist daher die für mich primäre Quelle angegeben.

Zunächst hatte ich große Bedenken, daß ich aus Zeitmangel nicht mehr die umfangreiche geisteswissenschaftliche Literatur lesen konnte, was mich zu weit von meinem eigenen Fachgebiet entfernt hätte. Mut gaben mir zwei Erlebnisse: Auf einer Tagung der GVW bemerkte einmal ein Kollege: Sie werden, wie ich früher auch, nie für voll genommen werden, wenn Sie verraten, diese umfangreiche Literatur nicht ausreichend studiert zu haben; nach einem solchen Studium werden Sie jedoch erkennen, daß diese Literatur uns bei unseren modernen Problemen auch nur wenig helfen kann. Den Ausschlag gab schließlich das Zitat bei *Eugen Friedell* (1927): „Wer sich aber wundern sollte, daß nach so vielen Geschichtsschreibern auch mir die Abfassung einer solchen Schrift in den Sinn kommen konnte, der lese zuvor alle Schriften jener anderen durch, mache sich darauf an die meinige, und dann erst wundere er sich" *Flavius Arrianos* (95 bis 180 n. Chr.)

Marburg-Gisselberg, Frühjahr 1976 *Werner Luck*

Prolog

> Der Mensch hat dreierlei Wege
> klug zu handeln:
> erstens durch Nachdenken,
> das ist der edelste;
> zweitens durch Nachahmen
> das ist der leichteste;
> drittens durch Erfahrung
> das ist der bitterste.
> *K'ung-fu-tsi.*
>
> Die Menschheit hat im Atomzeitalter
> nur einen Weg klug zu handeln:
> Durch Nachdenken
> das ist der einzigste;
> zum Nachahmen
> fehlen die Vorbilder;
> bittere Erfahrungen
> können zum Ende führen.

Ende 1961 brach die Sowjetunion den mit den Vereinigten Staaten vereinbarten Atombombenstopp. *Chruschtschow* gab damals in einem Interview dem englischen Journalisten *Sir Leslie Plummer* als Grund u.a. an: „Unsere Wissenschaftler drängen mich seit drei Jahren zu diesem Schritt ... und die Wissenschaftler weisen auf die Notwendigkeit der Wiederaufnahme der Tests hin, um den Wert ihrer Arbeit beweisen zu können".

Dieser Bericht *Plummers* hatte mich damals erschreckt. Natürlich konnte man zweifeln, ob *Chruschtschow* wirklich den echten Grund angegeben hatte. Aus eigener Erfahrung war ich aber betroffen, wie echt die damalige Mentalität vieler Wissenschaftler getroffen war. Ich war bei Kriegsende als Student in die Forschungsabteilung des Heereswaffenamtes geflohen, um nicht weiter aktiv an dem sinnlosen Töten teilnehmen zu müssen. Nach Kriegsende konnte ich dann verfolgen, wie einige Wissenschaftler nacheinander Kontakte zu den vier Besatzungsmächten suchten, um eine Weiterfinanzierung ihrer Arbeiten zu finden. Sie waren besessen von der Realisierung ihrer Ideen, die letztendlich ja Menschen töten sollten. Es war ihnen relativ gleichgültig, wer dann ihre Ideen ausnutzen würde, wenn nur die Richtigkeit ihrer Konzeption bewiesen werden konnte. Die Frage der Anwendung ihrer Arbeit schien für sie außerhalb ihrer eigenen Kompetenz und Verantwortlichkeit zu liegen.

Die Liebe zur Wissenschaft kann zur Besessenheit führen, deren Ziel nur der Forscherdrang selbst ist. Typisch für diese Haltung ist für mich die Erinnerung an einen Studienkollegen, der von der Mathematik fasziniert war. Eines abends saßen wir zusammen im Luftschutzkeller während eines Fliegerangriffs auf Berlin. Er löste Integrale. Die ungewohnte Umgebung konnte ihn dabei nicht stören. Er rechnete daher auch ungestört an seinen Integralen weiter, als Phosphorbomben in das Haus über uns fielen. Er ließ sich auch nicht stören, als die Luftschutzwache leicht verletzt in den Keller eilte.

Beispiel 2: In der Biographie eines erfolgreichen Hirnforschers kann man an der Stelle, an der er den entscheidenden Augenblick bei der Aufdeckung einer später nach ihm benannten Krankheit beschreibt, folgende Stilblüte nachlesen: ,,Ein Glücksfall war es, als bald darauf das Gehirn einer Patientin, die an einer damals unbekannten Erbkrankheit gestorben war, eine enorme Vermehrung des . . . aufwies". Für einen Gedanken, daß diese Krankheit für die Patientin beklagenswert war, ist an dieser Stelle, die nur die Wissenschaft im Auge hat, kein Raum.

Beispiel 3: R. *Jungk* berichtet in seinem Buch ,,Heller als Tausend Sonnen" wie ihm bei seinen Nachforschungen über die Geschichte der ersten Atombomben einer der Konstrukteure der Antwort gab: ,,Ich fürchtete den Einsatz dieser zweiten Bombe (der Nagasaki-Bombe). Ich hoffte, man würde sie nicht verwenden und zitterte bei dem Gedanken, was sie anrichten würde. Und doch, wenn ich ganz aufrichtig sein soll, reizte es mich zu erfahren, ob diese Bombe die in sie gesetzten Erwartungen rechtfertigen, kurz, ob sie ,,funktionieren" würde. Schreckliche Gedanken, darüber bin ich mir klar, und doch waren sie unabweisbar".

Dieser unbändige Einsatz für die Wissenschaft ist an sich ein positiver Zug, der der Menschheit schon viele fruchtbare Erfindungen geschenkt hat. Heute sind wir aber auf einem Stand der technischen Entwicklung angelangt, an dem wir nicht mehr ohne ein Nachdenken über die Ziele auskommen können.

Die Schrecklichkeit der Atomwaffen hat dann freilich einige Wissenschaftler aufgerüttelt. Die Quantität der Wirkung ist in eine neue Qualität umgeschlagen. Während früher Militaristen sich irgendwie trösten konnten, daß vom Kriege geschlagene Wunden mehr oder weniger gut ausheilten, können die neuen Waffen die Geninformation ganzer Populationen irreversibel auslöschen. Von den heutigen Vorräten an Atomwaffen wird gelegentlich sogar behauptet, sie würden ausreichen, um die gesamte Erdbevölkerung zu vernichten, mindestens sie aber mit Strahlenschäden stark zu schädigen.

Das Problem ist freilich nicht neu. Schon in der mittelalterlichen Faustsage verbündet sich der Wissenschaftler *Faust* selbst mit dem Teufel, um seinen Wissensdurst weiter stillen zu können. Bei Goethe kann er dieses Vergehen wieder gut machen. „Wer ewig strebend sich bemüht, den können wir erlösen". Heute können wir nicht ganz sicher sein, ob ungebändigte Möglichkeiten der perfektionierten Technik uns gar in Sackgassen führen, aus denen uns niemand mehr „erlösen" könnte.

Damals im Frühjahr 1962 mußte ich meinen Schock in irgend einer Aktivität abreagieren. So versuchte ich, mit der Formulierung eines *Hippokratischen Eides für Naturwissenschaftler* meine Kollegen aufzurütteln. Dieser Weg weist etliche Schwierigkeiten auf, von denen ein Teil für mich unerwartet war, so daß er mich zu weiterer Aktivität anstachelte. Die Zahl derer, die die Schwere der Verantwortung unserer Generation erkennt, nimmt zwar ständig zu. Das über uns hängende *Damokles*-Schwert zwingt uns aber zur Intensivierung unserer Aktivität. Der Ruf nach stärkerem Verantwortungsbewußtsein muß heute an alle gehen. Jeder kann aber nur in seinem eigenen Bereich anfangen. So sollten die Wissenschaftler dieses Problem gemeinsam angehen. Im *Senckenberg*-Museum, Frankfurt, steht ein *Goethe*-Zitat: „Wer Wissenschaft und Kunst fördert, bereitet grenzenlose Folgen vor." (*Goethe* 13. 7. 1820). *Goethe* hat offenbar die Ambivalenz naturwissenschaftlicher Forschung klar vorausgesehen. – Die Entwicklungen altruistischer Triebe und der Objektivierung der exakten Naturwissenschaften (– im Sinne der von Individuum unabhängigen Prüfbarkeit –) gehören zu den großartigsten Leistungen der kulturellen Evolution des Menschen. Nicht in Abkehr von rationalem Denken und Zuflucht zu antitechnischen oder gar irrationalen Strömungen können wir unsere Zukunft meistern, sondern nur im Brückenschlag zwischen den beiden genannten Fähigkeiten des Menschen.

Hierzu mögen die folgenden Gedanken anregen.

Inhalt

Zu dieser Taschenbuchreihe V
Vorwort VII
Prolog IX

1.		**Was ist Wissenschaft?** 1
1.1.		Einleitung. 1
1.2.		Was ist Wissenschaft? 3
1.3.		Was ist Naturwissenschaft? 5
1.4.		Das Experiment 6
1.5.		Einfachheit in der Physik 11
1.6.		Objektivierbarkeit der exakten Naturwissenschaft. 17
1.7.		Einheit von Theorie und Praxis in den Naturwissenschaften 21
1.8.		Der Fächerpluralismus 26
1.9.		Zusammenfassung 35
2.		**Zu welchem Zweck studieren wir?.** 37
2.1.		Brotgelehrte und Philosophen nach *Schiller*. 37
2.2.		Der „soziale Gelehrte" 40
2.3.		Die Evolution des Altruismus 50
2.4.		Der Positivismus 55
2.5.		Grundaxiome der Kooperation 59
2.6.		Ziele der Wissenschaftler 63
2.7.		Religion und Naturwissenschaft 66
2.8.		Der eindimensionale *Marcuse* 68
2.9.		Zusammenfassung 78
3.		**Das ABC der Zukunft** 80
3.1.		Einleitung. 80
3.2.	A.	Astronomie, die Größe des Alls und die Kleinheit des Individuums 80
3.3.	A.	Atommüll, weltweite Verbreitung des Abfalls physikalischer Aktivitäten 82
3.3.	A.1.	Atombombenversuche 82
3.3.	A.2.	Atomkraftwerke 84
3.4.	A.	Atomwaffen, das Ende des Prinzips Krieg? ... 88
3.5.	B.	Bakterien, die letzten Feinde des Menschen? 91

3.6.	B.	Bevölkerungszuwachs, die Hauptursache vieler Schwierigkeiten	93
3.7.	C.	CO_2-Kohlendioxid, verändert der Mensch das Weltklima?	100
3.8.	D.	DDT, weltweite Verbreitung des Abfalls chemischer Aktivitäten	103
3.9.	E.	Energiefragen, eine natürliche Grenze des Wachstums?	110
3.10.	F.	Fernsehen, Beispiele für einschneidende Wirkungen der Informationstechnik	117
3.11.	G.	Genetik, die Information der Evolution	122
3.12.	H.	Homo sapiens, die kulturelle Revolution	129
3.13.	I.	Industrie, die Grundlage des Wachstums	133
3.14.	J.	Ja zum Leben − Wir brauchen Kulturoptimismus	142
3.15.	K.	Katastrophen, werden sie die Menschen zur Kooperation bringen?	143
3.16.	L.	Lärm − Der Mensch nirgends mehr allein?	147
3.17.	M.	Medizin, Gesundheit und Gesellschaft	148
3.18.	N.	Nationalismus und Internationalismus	154
3.19.	Ö.	Ökologie − Lebewesen aller Arten vereinigt euch!	157
3.20.	P.	Partnerwahl, wird der Mensch das letzte Stück Natur in sich retten?	166
3.21.	Q.	Quarantäne oder Verantwortliche Freigabe?	169
3.22.	R.	Rohstoffreserven, gemeinsamer Besitz aller Menschen	170
3.23.	S.	Soziale Prägungen, werden wir rechtzeitig daraus lernen?	171
3.24.	T.	Theologie − Theologen aller Religionen vereinigt euch!	175
3.25.	U.	Umwelthygiene, gemeinsame Verantwortlichkeit	181
3.25.	U.1.	Müllprobleme	182
3.25.	U.2.	Abwasserfragen	184
3.25.	U.3.	Allgemeines	187
3.26.	V.	Verkehrsprobleme, ein Beispiel für Kooperation	190
3.27.	W.	Wirtschaftsprobleme, Beginn einer echten Internationale	193
3.28.	X.	Die große Unbekannte	197
3.29.	Y.	Yoga, eine Folge der Internationalisierung	197
3.30.	Z.	Zigarettenrauchen, ist der Name homo sapiens falsch?	199
3.31.		Zusammenfassung	201
4.		**Die Verantwortung der Naturwissenschaftler und Techniker**	206
4.1.		Was ist und warum Verantwortung der Wissenschaftler?	206
4.2.		Ursachen ungenügender Verantwortlichkeit	211
4.2.1.		Traditionelle Bindungen	211
4.2.2.		Unterbewertung der Naturwissenschaftler	212
4.2.3.		Der *Galilei*-Prozeß	214
4.2.4.		Der Positivismus	216
4.3.		Historische Beispiele für verantwortliches Handeln	220
4.3.1.		Der Eid des *Hippokrates*	220
4.3.2.		*Leonardo da Vinci* − Das Verschweigen von Erfindungen	224

4.3.3.	*Norbert Wiener* „reitet den Tiger"	228
4.3.4.	Der Weg *Monods*	229
4.3.5.	Gruppenbewußtsein: *Viktor Paschkis*	233
4.4.	Verantwortliches Handeln	233
4.5.	Sozialphilosophische Versuche	237
4.6.	Grenzen der Sozialphilosophie	240
4.7.	Eine Meinungsumfrage zur Verantwortung	243
4.8.	Forschungen mit sozialer Zielrichtung	246
4.9.	Verhalten der Wissenschaftler	247
4.10.	Neue Gemeinschaftskunde oder Chaos?	254
4.11.	Zur Situation und Entwicklung der Welt	261
4.12.	Was kann der Einzelne tun?	264
4.13.	Ein Symposion des *Weizmann*-Institutes	266
4.14.	Verantwortung für die Wissenschaft	268
4.14.1.	Die bisherige Entwicklung	268
4.14.2.	Einige Vorschläge	276
4.14.3.	Forschungsplanung	280
4.14.4.	Kreativität	285
4.14.5.	Resümee	288
4.15.	Zusammenfassung	291
	Epilog	294
	Nachwort	295
Literatur		297
Sachverzeichnis		307

1. Was ist Wissenschaft?

1.1. Einleitung

Epochen der menschlichen Geschichte benennen wir entweder nach entscheidenden, neuartigen Werkzeugen (Steinzeit, Bronzezeit, Eisenzeit) oder nach den vorherrschenden, neuartigen Kulturfaktoren (Renaissance, Barock, Aufklärung, Romantik). Nach dieser Tradition müßte die gegenwärtige Epoche als Zeit der Naturwissenschaften und der Technik in die Geschichte eingehen. Mit beiden Aktivitäten beherrscht der Mensch heute seine Umwelt. Wir leben in einer Zeit einschneidender Änderungen der Lebensbedingungen. Der gegenwärtige Entwicklungssprung ist in seiner Intensität vergleichbar mit dem Sprung von der Jäger- und Sammlerkultur zum Ackerbau. „Die Theorien der Wissenschaft bestimmen, ob es der Weltanschauung des einzelnen gefällt oder nicht, das Weltbild unserer Zeit" (*Mohr* 1967).

Der jüngste Unterabschnitt dieser Entwicklung ist gekennzeichnet durch das Aufkommen von Ängsten: die Technik bleibe nicht Dienerin des Menschen, sondern der Mensch werde zum „Herrschaftsobjekt" der Technik. Die Neuauflage apokalyptischer Visionen des Menschen wird durch einen Motorradfahrer symbolisiert, der aus einer Kurve getragen wird, weil er die Geschwindigkeit seiner Maschine nicht nach persönlichen Notwendigkeiten bestimmte, sondern sich aus Faszination zur Technik zur technisch möglichen Höchstgeschwindigkeit verführen ließ. Ein zweiter apokalyptischer Reiter ist heute ein Mensch, der die Fehler nicht bei sich selbst, sondern allein bei seinem „Pferd", das er schlecht „reitet", der Technik, sucht. So werden heute oft Naturwissenschaft und Technik rein emotional verketzert. Die Sinnlosigkeit dieser Flucht vor sich selbst ist oft dadurch gekennzeichnet, daß dies Menschen tun, die sich nicht gerade durch harte Arbeit für die Gesellschaft verdient gemacht haben; also Menschen, die ganz besonders von dem durch Naturwissenschaft und Technik ermöglichten Lebensstandard profitieren.

Zur kritischen Analyse der gegenwärtigen Situation erscheint es notwendig, von der sicheren Basis einer geeigneten Wissenschaftsdefinition auszugehen. Dem modus vivendi vieler Menschen entspricht demgegenüber z.B. die Antwort eines Physik-Schulbuches auf die Frage „was ist Physik eigentlich?": „Art und Weise, der Beschäftigung mit den Gegenständen (Methoden), d.h. wie der Physiker die Natur betrachtet" (*Kuhn* 1967). Physik ist hier einfach das, was der Physiker tut. Ein solcher Standpunkt ist ungenügend.

Ängste vor dem Ungewissen und die Suche nach Erleichterungen im täglichen Kampf ums Dasein waren die ersten Antriebe des Wissens. Später kam hinzu die Freude des homo ludens, mit Gedankenoperationen die verschiedenen Phänomene so ordnen zu können, daß hieraus richtige Voraussagen über das Verhalten der Natur folgen. – Wenn z.B. *Leverrier* aus der Uranus-Bahn den genauen Ort eines vorher unbekannten Planeten vorausberechnet und dieser genau dort gefunden wird, so gehört ein solcher Moment zu den glücklichsten Stunden der beteiligten Wissenschaftler. —

Auf den ersten Stufen wird phänomenologisch Wissen gesammelt. In einer späteren Stufe wird Wissen zu einem geordneten Gedankensystem zusammengesetzt. Es entsteht hierdurch aus Wissen Wissenschaft. Diese Aktivität gehört mit zu den wesentlichen Differenzierungen zwischen Mensch und Tier. Der Mensch hat im Gegensatz zu allen Tieren Fähigkeiten entwikkelt zur Symbolsprache und zur bewußten Informationsspeicherung (Schrift, Druck, elektronische Speicherung). Das Wissen der Wissenschaft wird damit kumulativ.

Diese Aussage gilt ganz allgemein: für eine Arbeitsgruppe, für eine Generation, für die Folge der Generationen, aber auch für den einzelnen Wissenschaftler. So bemerkte schon *Descartes:* „Menschen, die nach und nach wissenschaftliche Erkenntnisse ansammeln, machen die gleiche Erfahrung wie ein Mann, der reich wird; ihm fällt es viel leichter, großen Reichtum zu erwerben als früher weit geringeren, als er noch arm war" (zitiert nach *Dobrow* 1974).

Die Physik z.B. ordnet die mit unseren Sinnen oder mit verfeinernden Meßinstrumenten erreichbaren Naturbeobachtungen. Die Physiker setzen stillschweigend voraus, daß unabhängig von diesen Beobachtungen eine reale Welt existiert; — im *Kant*schen Sinn transzendental unserer Erfahrung vorausgeht. — Sie begnügen sich, die den Sinnen zugängliche Welt geistig zu ordnen. Sie versuchen nicht, diese transzendentale Welt oder gar die transzendente — die über die Erfahrung hinausgehende — mit ihren Methoden zu behandeln. Sie kommen also einem phänomenalistischen Standpunkt nahe.

Die Wissenschaft versucht, das möglichst objektivierte Wissen zu ordnen. Sie sollte daher mehr sein als ihre Teile, also mehr als die individuellen Beiträge einzelner Wissenschaftler und mehr als das aus der Beobachtung direkt erfahrene Wissen. Halten wir die Naturwissenschaft heute für so dominierend daß unsere ganze Epoche nach ihr benannt werden könnte, so sollten wir an die Frage „was ist Naturwissenschaft" sogleich die Frage nach ihrer Zielsetzung anschließen.

Es geht also um die Frage nach der Einordnung der Wissenschaft in die Welt des Menschen. „Die Frage nach der Einbettung des Fachgebietes in die Welt des Menschen ist nicht eo ipso Sache dieser Disziplin" (*K. Müller* 1973). Unsere Frage läßt sich also nicht mit der Präzision wissenschaftlicher Schärfe beantworten. Ich kann hierzu als Mensch mit wissenschaftlicher Erfahrung, aber kaum als Wissenschaftler antworten. Daher gehen Lehrbücher kaum darauf ein. Auch die vorliegende Schrift bewegt sich mehr auf der Stufe der alltäglichen Kommunikation des Menschen. In ähnlicher Situation sind heute die Verhaltensforscher, die der Dringlichkeit wegen aus Tierversuchen sogleich auf mögliche Parallelen zum Menschen hinweisen. Für diese ersten Versuche gehen sie auf den literarischen Buchmarkt und benutzen nicht die wissenschaftlichen Publikationsorgane, um die Grenzen ihrer diesbezüglichen

Aussagen klar zu dokumentieren. Es handelt sich hierbei also mehr um Arbeitshypothesen. Bei einem Teil der Angriffe gegen *Konrad Lorenz* wurde dies übersehen.

1.2. Was ist Wissenschaft?

Beginnen wir mit der weniger von subjektiver Einstellung abhängigen Teilfrage: „Was ist Wissenschaft?" „Wissenschaft im höchsten Sinne des Wortes ist eine Offenbarung, die aus den innersten Tiefen der Menschenseele emporsteigt" (*Herre* 1923). Diese Antwort eines älteren Lexikons erscheint wohl heute kaum noch akzeptabel. *Max Scheler* (1874–1928) sieht drei Ziele des Wissens: Äußere Daseinsgestaltung (Leistungswissen), Stärkung der Persönlichkeit (Bildungswissen) und Suchen nach religiöser oder weltanschaulicher Basis (Heilswissen). *Herre* hat also Wissenschaft mit einem Wissensziel, dem „Heilswissen" verwechselt. Die exakte Naturwissenschaften sind heute auf einer so vollendeten Stufe, daß man wohl unterscheiden kann zwischen dem eigentlichen Lehrgebäude der Wissenschaft und dem, was Menschen damit anfangen.

Schon das Wissen sollten wir als Sammlung von Kenntnissen und Erkenntnissen vom Glauben und Meinen unterscheiden.

Diskutieren wir zunächst die sprachliche Bedeutung der Wortbildung aus „Wissen-" und dem Zusatz „-schaft". Wortbildungen mit dieser Endung verwenden wir oft im Sinne eines geschlossenen Systems für eine Gruppe, wie z.B. bei den Wortbildungen: Knapp-schaft, Genossen-schaft, Bruder-schaft, Gemein-schaft usw. Wissenschaft wäre in diesem Sinn ein gegenüber dem Glauben abgeschlossenes System des Wissens. Der *Brockhaus* (1957) unterscheidet daher zwischen Wissen, dem „Inbegriff der Kenntnisse und Erkenntnisse", und Wissenschaft als „Sammlung, Beschreibung und Klassifizierung von Tatsachen in ihrer höchsten Theorie".

Die Fülle des Wissens erfordert Ordnung nach gewissen Prinzipien. Die Ziele des Wissens erscheinen unbegrenzt: der Mensch und seine das ganze Universum umfassende Umwelt. Versuchen wir daher eine alle Fachdisziplinen umfassende Definition des Wortes Wissenschaft.

Wissenschaft ist das Streben, möglichst einfache Gesetzmäßigkeiten aufzustellen, um die Menschen und ihre Umwelt zu beschreiben und ihr Verhalten vorauszusagen.

Die Zielsetzung der Voraussage hat schon *Auguste Comte* klar ausgesprochen „voir pour prevoir" (*Comte* 1844). Für unsere Wissenschaftsdefinition müssen wir das Wort „einfach" näher erläutern. In den Anfängen jedes Wissenschaftszweiges wird hiermit der gewöhnliche Sprachgebrauch gemeint. Man versucht, verschiedene Erscheinungen auf gemeinsame Ursachen zurückzuführen. Ein besonders eindruckvolles Beispiel hierfür sind die Planetenbahnen. Die Bahn des Merkur relativ zum Fixsternhimmel sieht z.B. der Erdbeobachter zunächst als vier komplizierte Schleifen, auf denen dieser Planet seine Bewegungsrichtung sogar scheinbar viermal umkehrt. Das

Planetenmodell von *Kopernikus–Kepler,* nach dem alle Planeten auf Ellipsen um die Sonne laufen, führt die komplizierte Merkur-Bahn auf eine einfache Ellipse zurück. Die Schleifen sieht ein Erdbeobachter nur subjektiv, weil Merkur während eines Erd-Umlaufes viermal um die Sonne läuft. Die Vereinfachung beim Übergang von dem subjektiven Bezugssystem eines Erdbeobachters zum objektiveren System eines erdachten Beobachters im Bezugssystem des Fixsternhimmels kann mit einem einfachen mechanischen Modell demonstriert werden (*von Mackensen* 1973).

Die menschliche Überzeugung, daß die Natur einfach sei, suchte nach geometrisch einfachen ,,Harmonien" der Planetenbahnen lange bevor die physikalischen Ursachen bekannt waren. Für den Physiker ist das *Kepler*sche Modell der Planetenbewegung einfach, weil es diese zusammen mit anderen Erscheinungen wie den freien Fall, die Pendelbewegung usw. unter dem gemeinsamen Prinzip des Gravitationsgesetzes ordnet.

Planck formulierte dieses Ziel der Einfachheit mit folgenden Worten: ,,Denn das Hauptziel einer jeden Wissenschaft ist und bleibt die Verschmelzung sämtlicher in ihr groß gewordener Theorien zu einer einzigen, in welcher alle Probleme der Wissenschaft ihren eindeutigen Platz und ihre eindeutige Lösung finden. Daher wird man auch annehmen dürfen, daß die Wissenschaft ihrem Ziel um so näher ist, je mehr die Anzahl der in ihr enthaltenen Theorien zusammenschrumpfen" (*Planck* 1915).

Das Anwachsen des Wissens erschwert das Streben nach Einfachheit in Form einer Zurückführung auf möglichst wenige Gesetzmäßigkeiten. Eine Spezialisierung in Wissenschaftsdisziplinen war daher unumgänglich. Das Prinzip der Einfachheit, in Form der Zurückführung auf möglichst wenige Grundprinzipien, beschränkt sich dabei zunächst auf die einzelnen Wissenschaftsdisziplinen, die ein Fachmann genügend überblicken kann. Eingebürgert hat sich zunächst nach *Dilthey* (1883) die Einteilung in zwei Hauptgruppen: Geisteswissenschaften und Naturwissenschaften. Auch der Vorschlag *Rickerts*, statt Geisteswissenschaften von Kulturwissenschaften zu sprechen, findet in jüngster Zeit wieder einige Anhänger (*Rickert* 1899). Beide Ausdrücke sind nicht sehr geschickt gewählt. Auch die Naturwissenschaften beinhalten vom menschlichen Geist erdachte Geisteskonstruktionen oder sie bestimmen wesentliche Teile unserer heutigen Kultur. Der englische Sprachgebrauch vermeidet einen übergeordneten Begriff Wissenschaft und unterteilt nach ,,natural sciences" (Naturwissenschaften), ,,social sciences" (Sozialwissenschaften) und ,,humanities" oder ,,arts" (Geisteswissenschaften). In diesem Sinn wird heute gelegentlich auch im Deutschen die Bezeichnung ,,Humanwissenschaften" benutzt. Sie nähert sich der in der obigen Wissenschaftsdefinition benutzten Aufteilung in die Welt des Menschen und seine Umwelt.

1.3. Was ist Naturwissenschaft?

Der Aufteilung des Arbeitsbereiches der Wissenschaft in den Menschen und seine Umwelt entspricht ungefähr die Zweiteilung Geisteswissenschaft und Naturwissenschaft. Unter Naturwissenschaften würden wir etwas genauer verstehen: *das Streben, möglichst einfache Gesetzmäßigkeiten aufzustellen, um unsere durch die Natur bedingte Umwelt zu beschreiben und ihr Verhalten vorauszusagen.*

Die Einschränkung auf die Natur ist so zu verstehen, daß soziologische Fragen, also Wechselwirkungen mit anderen Menschen, ausgeklammert werden. Man könnte diese Einschränkung auch durch den Zusatz „die nicht durch Menschen bedingte Umwelt" verdeutlichen. In dieser Fassung wird aber nicht klar genug, daß rein körperlich bedingte Probleme der Mitmenschen mindestens zum Teil naturwissenschaftlichen Gesetzmäßigkeiten unterliegen. *Sachsse* (1967) versucht den Begriff Natur folgendermaßen zu definieren: „Wir wollen unter Natur allgemein den Bereich der äußeren Erfahrung verstehen, das in Raum und Zeit Wahrnehmbare ... und uns selbst, soweit wir uns mit unseren Sinnesorganen wahrnehmen".

Nach dieser Überlegung werden also die Grenzen zu den medizinischen Wissenschaften unscharf. Wir wissen heute, daß die Materie des menschlichen Körpers den Gesetzen der Naturwissenschaft unterliegt. Die Frage, ob es grundsätzlich möglich sein wird, alle medizinischen Probleme auf naturwissenschaftliche Gesetzmäßigkeiten zurückzuführen, ist jedoch noch offen. Daher wird es gut sein, die historisch selbständig entstandene Fachdisziplin Humanmedizin weiter als solche aufrechtzuerhalten. Unter ihrem wissenschaftlichen Teil verstehen wir das Streben, möglichst einfache Gesetzmäßigkeiten aufzustellen, um den menschlichen Körper zu beschreiben und sein Verhalten vorauszusagen. Parallel hierzu besteht konsequent die Veterinärmedizin.

Die partielle Überschneidung der Aufgabenbereiche verschiedener Wissenschaftsdisziplinen sollte man nicht durch starre Definitionen aufzulösen suchen. Im Gegenteil, nach der allgemeinen Wissenschaftsdefinition ist das Endziel der Einfachheit ja gerade die Zurückführung der verschiedensten Phänomene auf generell gültige Prinzipien. Die Auflösung der Grenzen zwischen den Fachrichtungen ist auf verschiedenen Gebieten schon erreicht. Das gilt besonders für Physik und Chemie, aber auch für die Biochemie und die Medizin etc.

Besonders schwierig wird es, Grenzen zu konstruieren zwischen Naturwissenschaften und der Technologie. Sofern Probleme der durch Materie bedingten Umwelt des Menschen zum Aufgabenbereich der Naturwissenschaften gehören, ist die Technologie ein Teil der angewandten Naturwissenschaften. Der normale Sprachgebrauch versteht mitunter Natur und Technik im Sinne von natürlich und künstlich als Gegensatz. Im Begriff der Naturwissenschaften ist Natur nicht in einem solchen Sinn gemeint. Zusätzlich muß betont werden, daß auch dieser Gegensatz natürlich und künstlich nicht scharf ist. So haben z.B. der Sauerstoffgehalt der Erdatmosphäre und eine technische Brückenkonstruktion eines gemeinsam, sie beruhen auf der Aktivität von Lebewesen.

Technische Prinzipien lassen sich mit dem Denkgebäude der Naturwissenschaft beschreiben. Zu unterscheiden sind: Technologie, als die Lehre technischer Operationen, als Teil der angewandten Naturwissenschaft, und Technik als Anwendung der Technologie zur „Manipulation" der Natur.

Die Erfahrungen der Naturwissenschaften sind in den letzten 200 Jahren stark angewachsen. Verschiedene Teilgebiete wurden außerdem mit verschiedenen Methoden behandelt. Beide Faktoren bestimmten eine Aufteilung der Naturwissenschaften in verschiedene Teilgebiete. Bis vor kurzer Zeit wurde scharf betont der Unterschied zwischen der Wissenschaft von der unbelebten und der belebten Natur (vgl. *Westphal* 1972). Physik und Chemie gaben dabei die Grundlagen zur Beschreibung der unbelebten Natur, so daß die Physik direkt als Lehre von der unbelebten Natur definiert worden ist. Stoffumwandlungen waren hierbei als Aufgabe der Chemie ausgeklammert. Die Grenzen zwischen der „belebten" und „unbelebten" Natur sind mit fortschreitender Erkenntnis für die Wissenschaft verwischt worden, weil die Gesetzmäßigkeiten der unbelebten Natur weitgehend auch in der „belebten Natur" gelten. Damit müssen wir heute die Aufgaben der Physik klarer definieren.

Das Lehrgebäude der Physik baut auf den drei *Newton*schen Axiomen auf. Ihr wesentlicher Gedanke ist die Definition der Kraft als Ursache einer Beschleunigung. Die verschiedenen Teilgebiete der Physik werden mit Hilfe des Kraftbegriffes und des hieraus abgeleiteten Energiebegriffes behandelt. Man kann daher eine Definition angeben:

Physik ist das Streben, möglichst einfache Gesetzmäßigkeiten aufzustellen, um die Kräfte der Natur zu beschreiben und ihre Wirkungen vorauszusagen.

1.4. Das Experiment

Die Axiomatik der Physik hat nichts mit Dogmatismus zu tun. Sie ist dynamisch und wird durch die Naturbeobachtung optimiert. Das heißt, neue Erkenntnisse könnten im Prinzip zu einer Änderung führen. Die Objektivierung der Physik geschah durch Einführung der Naturbeobachtung im Observatorium bzw. durch Experimente im Laboratorium. „Nur ein Narr macht keine Experimente" *(Charles Darwin).*

Wesentliche Wurzeln der abendländischen Kultur liegen in der griechischen Kultur. Griechische Gelehrte, wie etwa *Aristoteles,* bemühten sich um eine Ordnung der Natur durch geistige Ideen. Als Hilfsmittel wurde fast ausschließlich das logische Denken benutzt, das etwa durch *Sokrates* und *Plato* mit der dialektischen Methode auf einen hohen Stand gebracht wurde. Die moderne Naturwissenschaft hat erst durch die ständige Kontrolle der Denkmodelle mit Experimenten ihren hohen Stand erreicht. Es erscheint verwunderlich, daß die hohe Stufe der griechischen Kultur den Zugang zu dieser leistungsfähigen Methode kaum fand. Zunächst sind neue Entwicklungen meist kreative Schritte einzelner, die wiederum immer Kinder ihrer Zeit sind. Den Griechen mag der Zugang zum Experiment u. a. deshalb erschwert gewesen sein, weil es mit manuellen Operationen verbunden ist, für die damals Sklaven zuständig waren.

Galilei gehört zu den Pionieren, die das Experiment in die Naturwissenschaft einführten. Für die vorgalileische Geisteshaltung ist charakteristisch, daß einige Gegner *Galileis* sich sogar weigerten, durch sein Fernrohr zu schauen. — *Kepler* konnte dann stolz verkünden, daß philosophische Aussagen auf Autoritäten beruhten, naturwissenschaftliche aber auf der Autorität von Tatsachen. Die Kontrolle aller physikalischen Theorien durch das Experiment entspricht einer ständigen Optimierung[1]). Sie geschieht in dem Zyklus: 1. Beobachtung der Natur, 2. Ordnung der Beobachtungen nach Grundprinzipien, 3. Voraussagen des Verhaltens der Natur auf Grund der erhaltenen Grundprinzipien und 4. Prüfung der Richtigkeit der Voraussagen. „Passen Gesetz und Erscheinung in der Folge völlig, so habe ich gewonnen ... zeigt sich aber manchmal, unter gleichen Umständen, ein Fall, der meinem Gesetz widerspricht, so sehe ich, daß ich mit der ganzen Arbeit vorrucken und mir einen höheren Standpunkt suchen muß" (*Goethe* 1810).

Die Naturwissenschaft hat eine theorieunabhängige Tatsachenfeststellung (*Büchel* 1974) entwickeln können. Sie kommt damit der Forderung *Lenins* (s. 1967) sehr nahe, daß eine Erkenntnis nur dann für die menschliche Praxis förderlich sein könne, wenn sie eine objektive, vom Menschen unabhängige Wahrheit wiederspiegele. Durch Einschaltung der direkten Naturbeobachtung von Experimenten wird Schritt für Schritt in diesem Prozeß der subjektive Einfluß der Wissenschaftler auf die aufgestellten Gesetzmäßigkeiten eliminiert. Es werden ständige Zyklen durchlaufen: Naturbeobachtung, Hypothese über die Naturgesetzmäßigkeiten, Voraussagen bisher unbekannten Verhaltens der Natur, Prüfung dieses Verhaltens etc. ... Dieser Zyklus ist in Abb. 1 dargestellt. Das Rechteck soll den Bereich der Natur symbolisieren. Der Wissenschaftler greift einen Beobachtungsbereich B_1 heraus und faßt diesen Erfahrungsbereich in eine möglichst einfache Hypothese H_1 zusammen. Zur Prüfung der Brauchbarkeit dieser Hypothese werden bisher unbekannte Experimente vorausgesagt (Voraussage V_1). Die zur Prüfung von V_1 durchgeführte Beobachtung B_2 führt nun entweder zur Bestätigung der Hypothese 1 (Abb. 2a) oder zum Nachweis ihrer Unvollkommenheit (Abb. 2b).

Im Fall 2a wird nun eine neue Voraussage V_2 mit Hilfe von H_1 gesucht und diese nach dargelegtem Schema weiter geprüft. Im Falle 2b wird aus B_1 und B_2 eine neue Hypothese H_2 über das Verhalten der Natur entwickelt. Mit H_2 wird dann eine neue bisher unbekannte Voraussage V_2 abgeleitet etc. Diese führt nun zur Durchführung einer Beobachtung B_3 und leitet einen weiteren Zyklus ein. Sobald eine Hypothese mehrere derartige Zyklen überlebt hat oder keine weiteren leicht prüfbaren Voraussagen erkannt werden,

---

[1]) „Ich fühle sehr stark, daß die Stufe der Physik, die wir momentan erreicht haben, nicht die Endstufe sein wird." (*Dirac* 1963)

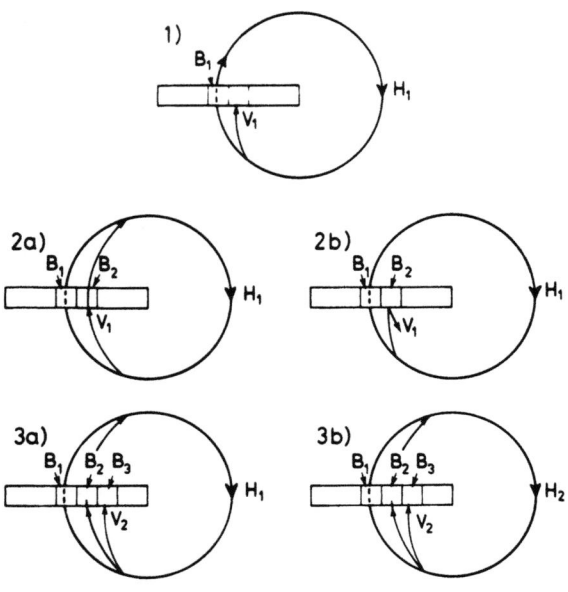

Abb. 1-3 Vgl. Text

wird sie zur Theorie. Diese Theorie ist dem Wesen der naturwissenschaftlichen Methode nach nicht statisch, sondern kann dann von Kollegen, die sich in scharfsinniger Kritik weitere entfernte Voraussagen ausdenken, weiteren Zyklen der Bewährung unterworfen werden. Mit dieser Methode bleibt das naturwissenschaftliche Lehrgebäude ständig einer dynamischen Prüfung unterworfen. Die Vorgänge außerhalb des Rechteckes in der Abbildung sind zunächst reine Geisteskonstruktionen des betreffenden Wissenschaftlers. Sie können entsprechend vom jeweiligen Zeitgeist der Menschen beeinflußt sein, unter Umständen auch von Ideologien. *Lyssenko*, die Abneigung stalinistischer Wissenschaftler gegen die Quantenchemie oder eine rassenbetonte Biologie der *Hitler*zeit sind Beispiele hierfür, daß gewisse Beobachtungsbereiche B_1 als Tabu ignoriert wurden. Die Internationale Community der Naturwissenschaftler sorgt aber dafür, daß sich derartige Irrwege nicht lange halten können. So lange die Freiheit der Wissenschaft, d.h. Freiheit vor weltanschaulichen oder religiösen Wertmaßstäben, garantiert ist, nähert sich das naturwissenschaftliche Lehrgebäude in Zyklen der Abb. 1-3 Schritt für Schritt einem Objektivierungsprozeß. Ähnlich wie in der biologischen Evolution überlebt in der Wissenschaft das, was sich am meisten bewährt hat.

Es ist eine Abwertung, wenn man die Zyklen der Abbildung als rein empirisch bezeichnen wollte. Experimentieren bzw. Beobachten sind ständig mit komplizierten geistigen Fragestellungen gekoppelt. Man könnte die außerhalb der Naturbeobachtungen B_1, B_2, B_3 ... ablaufenden Prozesse der Abbildung als Geisteswissenschaft auffassen mit der Einschränkung, daß es eine sehr kritische Geisteswissenschaft ist, deren Methode zu den leistungsfähigsten aller Wissenschaften zählt. In der Tat gibt es ja in der modernen Philosophie deutliche Ansätze derartige Methoden zu simulieren, etwa durch Nachahmung von Methoden der Mengenlehre.

„In den Naturwissenschaften aber, deren Schlüsse wahr und notwendig sind, hat menschliche Willkür keine Stätte" (*Galilei*, s. 1891). „War der Glaube an die Möglichkeit, ein Stück Wahrheit zu erforschen, das nach dem Tod weiterleben wird, für viele Wissenschaftler ein Motiv für selbstlose und hingebungsvolle Arbeit" (*Ravetz* 1973). *Popper* hat die Einfachheit einer wissenschaftlichen Theorie noch durch die Forderung der Falsifizierbarkeit weiter präzisiert (*Popper* 1966). Eine Aussage hat nur dann einen Sinn, wenn es einen prüfbaren Unterschied gibt, ob sie wahr oder falsch ist. Die Falsifizierbarkeit ist ein Maß für den Informationsgehalt einer Theorie, sie kennzeichnet die Reichhaltigkeit, das, was sie an Neuem bringt (s. *Sachsse* 1969). Eine Theorie ist nach *Popper* dann einfach, wenn sie eine hohe Aussagekraft hat, wenn sie also möglichst viele Erscheinungen auf wenige Aussagen zurückführt. Grundprinzipien sollen es ermöglichen, möglichst viele Erscheinungen mit wenigen einheitlichen Gesichtspunkten zu ordnen. Bei der Aufstellung derartiger Grundprinzipien benutzt die Physik oft Bilder oder Modelle. An die Brauchbarkeit derartiger Bilder von der Natur stellte *Heinrich Hertz* die Grundforderung: „Daß die denknotwendigen Folgen der Bilder stets wieder Bilder seien von den naturnotwendigen Folgen der abgebildeten Gegenstände".

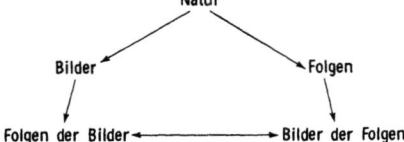

Abb. 4 Vgl. Text

Die Naturbeobachtung wird zum Prüfstein jeder naturwissenschaftlichen Theorie. Die Forderung nach Übereinstimmung einer Theorie und ihrer Voraussagen mit der Naturbeobachtung gibt der Naturwissenschaft Maßstäbe zur Feststellung, ob ihre Behauptungen richtig oder falsch sind. Dieser Erfolg gehört zu den größten Leistungen der menschlichen Kultur. Alle Naturwissenschaftler und alle Angehörigen unserer Gesellschaft tragen die Verantwortung für die Erhaltung und Pflege dieses bedeutenden Fortschrittes (vgl. Kap. 4.13). Mit diesen einfachem Maßstab für Richtig oder Falsch haben die Naturwissenschaften die viel älteren Geisteswissenschaften auf dem Wege zur Vollendung des wissenschaftlichen Lehrgebäudes überrundet.

Dies beruht natürlich zum großen Teil auf den einfacheren Arbeitsbedingungen der Naturwissenschaftler gegenüber den Geisteswissenschaften. Die Trennung zwischen Geistes- und Naturwissenschaften — entstanden im Anschluß an das *Galilei*-Urteil und den Positivismus — hat einerseits dazu geführt, daß die Naturwissenschaftler sich zu wenig um die gesellschaftlichen Konsequenzen ihrer Arbeit kümmerten, andererseits aber auch dazu, daß die Geisteswissenschaften sich zu wenig mit den Denkmethoden der Naturwissenschaften und der Technik auseinandersetzten. Hier liegt eine der Wurzeln für die Entstehung der gegenwärtigen Universitätskrise im Bereich der geisteswissenschaftlichen Fakultäten. Sie wird sicher nicht dadurch gelöst werden, daß man Kritik anstatt in den eigenen Reihen nun an der Naturwissenschaft ansetzt.

Die Naturbeobachtung erfolgt über die Sinne. Die menschlichen Sinne haben sich im Laufe der Evolution entwickelt, um die Existenz eines Individuums zu optimieren. Die Sinne nehmen daher die Umwelt von einem homozentrischen Bezugssystem aus wahr. Die Naturwissenschaft bemüht sich, von diesem homozentrischen Bezugssystem weg zu kommen und die Umwelt des Menschen als solche darzustellen. *Goethe* verteidigte das homozentrische Bezugssystem und geriet daher in seiner Farbenlehre in Widerspruch zu der Experimentiertechnik *Newtons*. Der Standpunkt *Goethes* ist deutlich in seiner kleinen Schrift über die „Wolkenbildung" zu erkennen. Er fügt an die bekannte Klassifizierung der Wolken in Cirrus, Stratus, Cumulus etc. einen neuen Typ an, den er Paries nennt. Diesen Typ beschreibt er: „Wenn nämlich ganz am Ende des Horizontes Schichtstreifen so gedrängt übereinander liegen, daß kein Zwischenraum sich bemerken läßt, so schließen sie den Horizont in einer gewissen Höhe, und lassen den oberen Himmel frei" (*Goethe* s. 1943). Dieses Beispiel aus *Goethes* Schriften würde in der modernen Sprache als dialektischer Sprung aufgefaßt werden. Für die Sinne kann die Änderung der Quantität der Entfernung — in eine neue Qualität umschlagen.

Im Gegensatz zu *Goethe* versucht die Naturwissenschaft die Subjektivität der Sinneswahrnehmung durch eine eigens entwickelte Experimentiertechnik auszuschalten. Die mannigfachen optischen Täuschungen zeigen ihre Notwendigkeit. Das Auge z.B. ist trainiert Gegenstände wie Bäume, Tiere oder Menschen unabhängig von dem durch die jeweilige Entfernung gegebenen Sehwinkel in ihrer reellen Größe einzuordnen. Zeichnet man daher in konvergierende Gerade gleich große Figuren, so wird jeder Betrachter Eide schwören, daß Figuren, die weiter weg vom Konvergenzpunkt gezeichnet größer sind, als die näher gezeichneten. Andererseits kann man z.B. bestimmte Schwarz-Weiß-Muster rotieren lassen, die dann dem Auge farbig erscheinen (*Campenhausen* 1968, 1970), wobei sogar die Farben je nach Drehsinn wechseln können. Dieses Phänomen hängt mit der verschieden großen Relaxationszeit zur Regenerierung der drei Farbzentren zusammen.

Wir wissen heute, daß die Sinnesorgane fähig sind, sich auf bestimmte gerade interessante Aufgaben zu konzentrieren. So läßt sich z.b. nachweisen, daß bei der Konzentration zum Hören mit dem rechten Ohr das linke Ohr unempfindlicher wird, oder das Ohr sich auf bestimmte Frequenzbereiche konzentrieren kann, wobei die Empfindlichkeit in anderen Bereichen momentan sinkt. Jeder kennt die Tatsache, daß bei der Konzentration auf wichtigere Aufgaben das laute Ticken einer Standuhr nicht mehr wahrgenommen wird. Man kann heute andererseits nachweisen, daß direkt nach dem Essen die Empfindlichkeit von Auge und Ohr abnehmen.

Die Unzuverlässigkeit der menschlichen Sinnesorgane für objektivierbare Beobachtungen erfordert eine sorgfältige Definition von Maßeinheiten und eine sorgfältige Meßtechnik, die in wissenschaftlichen Publikationen so genau angegeben werden muß, daß die Messungen reproduziert werden können.

Die Wissenschaftsdefinition könnte übrigens auch in den zum Teil emotional geführten Streit über Maßsysteme in der Physik von Nutzen sein. Ursprünglich hatte man das sogenannte „cgs-System" entwickelt, das alle physikalischen Messungen auf die Einheiten Länge, Masse und Zeit — gemessen in Zentimetern (c), Gramm (g) und Sekunden (s) — zurückführt. Über den Kraftbegriff lassen sich so in eleganter Weise auch elektrische Größen in diesem Maßsystem angeben. Demgegenüber halten es viele Physiker für notwendig, eine eigene elektrische Maßeinheit zu definieren. Das sogenannte SI-System benutzt sogar 6 Grundeinheiten: Meter, Kilogramm, Sekunde, Ampere, Kelvin (als Temperatureinheit) und Candela (als Lichtstärkeeinheit). In der Naturwissenschaft hat es sich eingebürgert, daß bei derartigen Streitfragen Normenausschüsse eine einheitliche Regelung normativ festlegen. Die betreffende internationale Kommission war sich in diesem Fall offenbar der Tatsache nicht bewußt, daß sie mit der Vielheit von 6 an Stelle von 3 Grundeinheiten gegen das eigentliche Ziel der Einfachheit der Wissenschaft verstoßen hat. Das cgs-System mit 3 Grundeinheiten ist wissenschaftlicher, weil es weniger Grundgrößen benutzt. Es entspricht andererseits in der Verknüpfung von elektrischen mit mechanischen Größen über die Kraft der eigentlichen Definition der Physik. Die Frage des Maßsystems ist andererseits nebensächlich, da die Aussagen der Physik unabhängig vom gewählten Maßsystem bleiben.

1.5. Einfachheit in der Physik

Die Frage der Einfachheit läßt sich nicht immer so klar entscheiden, wie in diesem Fall der Abzählung der notwendigen Grundeinheiten. Die Physiker sind sich bis auf wenige extreme Kollegen völlig einig, daß sie mit der Forderung nach Einfachheit in der Definition der Physik nicht Anschaulichkeit meinen. „Die Ansicht über Anschaulichkeit ist eine Funktion der Zeit" (*Albert Einstein*). Anschaulichkeit ist eine zu subjektive Größe. „Die Analyse wird, so glaube ich, zeigen, daß das, was wir Verständnis nennen, in dem Heraussuchen von Elementen besteht, mit denen wir bereits vertraut sind" (*Bridgeman* 1950).

Zunächst wird unter Einfachheit die Abstraktion auf das Wesentliche verstanden. Erst als *Galilei* den freien Fall auf das Vakuum extrapolierte, war der Weg zur eigentlichen Physik frei. Daß eine Schwanenfeder und ein gleich schweres Stück Blei eigentlich gleich schnell fallen, war eine kühne Extrapolation *Galileis*. *Roger Bacon*, der weit voraus blickende Naturphilosoph des 13. Jahrhunderts, bezeichnet diesen Vorgang als „dissecare naturam". Zu den wichtigsten Grundlagen der Laborexperimente gehört es daher, die Zahl der variierbaren Parameter möglichst gering zu halten, im günstigsten Fall bis auf einen einzigen. Biochemische und technische Vorgänge sind dagegen oft dadurch ausgezeichnet, daß viele Parameter gleichzeitig variiert werden. Hieraus entstehen besondere Schwierigkeiten technologischer Forschungen.

Häfele (1968) hat für derartige komplizierte Systeme den Begriff Kontingenz herangezogen. Hiermit werden Systeme bezeichnet, die so kompliziert sind, daß man sie nach den einfachen bewährten Methoden der Naturwissenschaft noch nicht voll beschreiben kann. Hierbei liegt aber meist kein grundsätzliches Problem vor, sondern nur eine Fleißaufgabe.

Etwas anders steht es um die Genauigkeit der Meßmethoden. Die Physik ist ein Teil der exakten Wissenschaften. Jede Messung ist aber durch einen Meßfehler eingeengt, dessen Größe von dem jeweiligen Meßverfahren abhängt. Eine Länge kann ich z.B. mit einem Zollstock höchstens auf ca. 2/10 eines Millimeters genau ermitteln. In der Atomphysik bringen durch die jeweilige Meßordnung bedingte Meßfehler schwierige Probleme. Die Elementarteilchen, aus denen die Modelle der Atom- und Molekülphysik aufgebaut werden, sind so klein, daß alle Meßsonden einen starken Eingriff in das Geschehen ausüben. *Heisenberg* hat diesen Sachverhalt mit Hilfe der Unschärferelation quantifiziert. Die exakte Naturwissenschaft war damit auf eine Grenze gestoßen. Sie mußte in ihr Lehrgebäude die Aussage aufnehmen, daß grundsätzlich Ort und Geschwindigkeit von Teilchen in atomaren Dimensionen nicht beliebig genau beobachtet werden können. Dies hat zu vielen Diskussionen auch außerhalb der Physik geführt. Aus der Unbeobachtbarkeit der genauen deterministischen Vorgänge in atomaren Dimensionen versuchten Theologen sogar einen Gottesbeweis abzuleiten. Hierbei handelt es sich aber wohl um eine Grenzüberschreitung über die Definition der Wissenschaft hinaus. Die Physik ist nur aufgebaut als System, die Natur zu beschreiben, nicht jedoch sie zu erfassen. Diesen Sachverhalt beschrieb der berühmte Physiker *Boltzmann* mit den Worten: „Die Theorie verhält sich zur Natur wie die Noten zu den Tönen" (*Boltzmann* 1905). Die aus der Unschärferelation gezogene Folgerung: im Atomaren gibt es keinen Determinismus, bezieht sich zunächst nur auf das Lehrgebäude der Physik. Was nicht beobachtet werden kann, existiert nicht im Rahmen der Physik. Aus dieser physikalischen Aussage kann man keine Schlüsse ziehen, ob der Determinismus außerhalb des physikalisch Meßbaren existiert. *Heisenberg* selbst pflegte seine Unschärferelation in seinen Berliner Vorlesungen aus der Wechselwirkung der Meßsonden – z.B. Lichtquant – mit den Elementarteilchen – abzuleiten. Hieraus kann man keine Aussage machen über das, was jenseits des Beobachtbaren sich ereignet. Dieser Sachverhalt sei etwas ausführlicher dargelegt, da er typisch ist für Grenzüberschreitungen in der Wissenschaft.

„Der entscheidende Schritt, durch welchen die Physiker in der Schaffung von Relativitäts- und Quantentheorie den Ausweg aus zeitweilig hoffnungslos verworren erscheinenden Lagen erreicht haben, ist der *Rückzug auf die unmittelbaren Erfahrungsdaten*. Dieser methodische Schritt wird häufig als „Positivismus" bezeichnet" (*Jordan* 1947). *Jordan* hat darauf hingewiesen, daß aus diesem Standpunkt nicht gefolgert werden könne: „Die ganze Welt existiert nur in meinem persönlichen Bewußtsein" (Solipsismus). ... „Man ist gewöhnlich der Meinung, diese Ansicht sei eine Folge des radikalen Positivismus, weil dieser *nicht* folgende Aussage machen kann: „*Es gibt eine reale Außenwelt außerhalb meines persönlichen Bewußtseins*". „Diese Meinung erledigt sich aber durch die Bemerkung, daß die *Verneinung* einer sinnlosen Aussage nicht etwa richtig, sondern *ebenfalls* sinnlos ist" (*Jordan* 1947). Innerhalb des positivistischen Standpunktes wäre also nach *Jordan* die Aussage, es gibt eine reale Außenwelt, nicht möglich, damit kann aber genau so wenig nachgewiesen werden, daß es keine gibt. Mit dieser Logik müßte man auch schließen: die Physik kann nicht nachweisen, daß es innerhalb des atomaren Geschehens einen strengen Determinismus gibt. Damit ist aber genau so wenig allgemein nachgewiesen, daß es keinen Determinismus gibt.

Unter Determinismus verstehen wir hier wie *Westphal*: „Sind in irgendeinem Augenblick sämtliche Zustandsgrößen aller an einem Naturvorgang beteiligten Dinge bekannt, so muß es grundsätzlich möglich sein, sowohl seinen weiteren, als auch seinen vorhergehenden Verlauf in allen Einzelheiten im voraus bzw. nachträglich zu berechnen" (*Westphal* 1947). Da bei atomaren Vorgängen nach der *Heisenberg*schen Unschärferelation nicht alle Zustandsgrößen genau genug bestimmt werden können, und da Elementarteilchen nicht unterscheidbar sind, ist das deterministische Kausalitätsprinzip in diesem Bereich grundsätzlich nicht nachweisbar. Die strenge Kausalität ist nur in abgeschlossenen Systemen überschaubar. Die Physik behandelt nur den Bereich der Natur, der der Beobachtung zugänglich ist. Die Beobachtung bei atomaren Prozessen kommt aber einem so starken Eingriff gleich, daß die Gedankenkonstruktion eines abgeschlossenen Systems nicht verifizierbar ist, so ist auch das Kausalitätsprinzip in diesem Bereich nicht verifizierbar (vgl. *Heisenberg* 1944).

Planck hatte in seiner Preisausschreibenarbeit über das Energieprinzip die Kausalität als die Mutter jeder Wissenschaft bezeichnet. In diesem Sinne müßte man davon sprechen, daß sich gewisse Erscheinungen der Elementarteilchen einer strengen wissenschaftlichen Behandlung entziehen. Es gelingt trotzdem, alle dem Experiment zugänglichen Phänomene quantitativ zu beschreiben. *Jordan* hat gelegentlich zum Thema des Aufhörens der Kausalität Gedankenexperimente diskutiert mit einzelnen Elementarteilchen. Er benutzte hierzu Wellenfunktionen, die von *Schrödinger* nur für eine große

Schar von Teilchen definiert wurden. Solange die *Jordan*schen Gedankenexperimente nicht verifizierbar werden, handelt es sich für mich dabei um reine Hypothesen.

Wohl muß aber *innerhalb* des Lehrgebäudes der Physik zur Beschreibung der Natur beachtet werden, daß für Physik ein strenger Determinismus im Atomaren nicht existiert. Die Unschärferelation dient lediglich dem Ziel, das Verhalten der Natur zu beschreiben, man kann aus ihr streng genommen keine Folgerungen für Gebiete außerhalb der Physik ziehen. Dieses Beispiel zeigt deutlich die Notwendigkeit der Beachtung einer strengen Wissenschaftsdefinition.

„Das Einfache ist das Siegel des Wahren" (Spruch im Physiksaal zu Göttingen). Die Physiker sind übereingekommen, unter Einfachheit in der Wissenschaftsdefinition „Einfachheit im mathematischen Sinn" zu verstehen. Die physikalische Theorie ist einfach, die alle Erfahrungen auf möglichst wenige mathematische Gleichungen zurückführt. Als höchstes Ziel gilt in diesem Sinne die Aufstellung *einer* Weltformel zur Beschreibung aller Erfahrungen. Die Mathematik wurde als Methode langsam zusammen mit der Naturwissenschaft entwickelt, vgl. die Geometrie, Wahrscheinlichkeitsrechnung, Funktionentheorie etc. „Die Entwicklung der Mathematik, an der der Physiker interessiert ist, wurde von dem klar erkannten Ziel, das Verhalten der Außenwelt zu beschreiben, bestimmt, so daß es sicher kein Zufall ist, daß eine Beziehung zwischen Mathematik und Natur besteht" (*Bridgman* 1928). Die Mathematik hat den großen Vorteil der Eindeutigkeit. Die Zusammenfassung vieler Beobachtungen in eine einzige mathematische Gleichung — wie z.B. im Gravitationsgesetz — ist eine geniale menschliche Leistung. Die Aufzählung aller praktischen Folgerungen eines physikalischen Gesetzes würde viele dicke Bücher füllen und wäre niemals vollständig sein. Die Auffindung einer derartigen Grundgleichung entspricht daher einem sehr bedeutenden Fortschritt. Für die Physik gilt der Ausspruch *Leonardo da Vinci*s: „Keine wahre menschliche Untersuchung kann wahre Wissenschaft genannt werden, wenn sie nicht durch die mathematischen Demonstrationen gegeben ist" (s. *Friedell* 1927). Oder *Kant* meinte: „In jeder Wissenschaft ist nur soviel wirklich Wissenschaft, wie Mathematik darin steckt" (s. *Bavink* 1947).

Ein Beispiel für den mathematischen Maßstab der Einfachheit ist z.B. die Relativitätstheorie. Sie beschreibt die Massenzunahme eines durch ein elektrisches Feld schnell bewegten Elektrons mit einer einfachen, wenn auch unanschaulichen Gleichung. Nach dem Stand der älteren Physik war es viel anschaulicher, diese Massenzunahme über den Feldauf- und Abbau nach der klassischen Elektrodynamik zu beschreiben (*Schaefer* 1949, *Becker* 1949). Jedoch wären hierzu komplizierte Annahmen über die Struktur des Elektrons erforderlich, für die man damals keine Möglichkeit der experimentellen Prüfbarkeit hatte. Die *Einstein*sche Relativitätstheorie ist einfacher und damit im Sinne der Wissenschaft richtig. So genial die mathematische Methode auch ist, so kann sie leider nicht, bzw. noch nicht, auf alle Wissenschaftszweige angewandt werden. Man beschränkt sich daher darauf, die mathematisierte Wissenschaft als exakte Wissenschaft zu bezeichnen.

Ein eindrucksvoller Hinweis für die Leistungsfähigkeit der mathematischen Physik ist der Ausspruch von *Heinrich Hertz*, die *Maxwell*schen Gleichungen der Elektrodynamik seien klüger als die Menschen, die sie entdeckt hätten. Etwas Ähnliches könnte man von der *Schrödinger*-Gleichung zur Beschreibung atomarer Systeme behaupten. Durch geniale Intutition werden anhand weniger Beobachtungen und konsequenter Überlegung Gleichungen aufgestellt, die in der Lage sind, sehr viele und vorher zum großen Teil unbekannten Eigenschaften der Natur zu beschreiben und vorauszusagen. Die Eleganz der Methodik der exakten Naturwissenschaft besteht darin, daß es genügt, einige wenige Beobachtungen in mathematische Gleichungen zu kleiden und durch Stichproben die Allgemeingültigkeit dieses Ergebnisses zu prüfen. Ein Fortschritt des so erreichten Wissensstandes ist dann möglich, wenn es in emsiger Kleinarbeit gelingt, Naturbeobachtungen zu finden, die sich nicht mit den aufgestellten mathematischen Gleichungen erfassen lassen, so daß nach ihrer Erweiterung gesucht werden muß. Mathematische Gleichungen beschränken sich darauf, die Beobachtungen in einer Theorie zusammenzufassen, ohne in allen Details erklären zu müssen, warum gerade sie hierzu geeignet sind. Ein Beispiel hierfür ist das Gravitationsgesetz. Es beschreibt alle Wechselwirkungen schwerer Teilchen, ohne zu prüfen, worauf eigentlich die Gravitation beruht.

Für das Beispiel der *Schrödinger*-Gleichung gibt es umfangreiche Literatur, wie man sich die dort benutzte Wellennatur der Materie vorstellen kann. Eine derartige Diskussion ist aber eigentlich nicht Bestandteil der Wissenschaft, weil dies über ihre Definition hinausgeht. „Die einzige Aufgabe der theoretischen Physik besteht darin, Vorhersagen zu machen, die sich mit der Erfahrung vergleichen lassen, und es ist durchaus unnötig, irgendeine befriedigende Beschreibung über den gesamten Verlauf der Vorgänge zu geben" (*Dirac* 1930). Man will etwa nur beschreiben, wie die Natur abläuft, die Frage warum sie gerade so abläuft, ist sekundär. Es sei denn, diese Diskussion führt zu neuen vereinfachenden wissenschaftlichen Erkenntnissen. Versuche zur anschaulichen Interpretation wissenschaftlicher Ergebnisse können andererseits am Rande der eigentlichen Wissenschaft für pädagogische Zwecke oder für den kreativen Akt neuer wissenschaftlicher Folgerungen einen Sinn haben. Anschauliche Deutungen bergen die Gefahr von Fehlinterpretationen in sich. Ein weit verbreitetes Beispiel für Irrwege bei der physikalischen Interpretation von Gleichungen der mathematischen Physik ist die quantenmechanische Berechnung der chemischen Bindung für den einfachsten Fall des Wasserstoffmoleküls. Das Problem ist exakt mit bisherigen Methoden nicht lösbar. Man benutzt daher eine Näherung, die von kugelsymmetrischen Funktionen für zwei ungestörte Wasserstoffatome ausgeht. Da in einem Molekül aus zwei Wasserstoffatomen die ursprüngliche Kugelsymmetrie der Atomteile gestört wird, muß man den kugelsymmetrischen Näherungsansatz geeignet mathematisch zu korrigieren. Das hierfür meist benutzte Verfahren wird Austauschintegral genannt. Dies war zunächst ein abgekürzter Jargonausdruck für die spezielle Art des Näherungsverfahrens. Bei Versuchen einer anschaulichen Interpretation wird dann oft von Austauschkräften als „Ursache der chemischen Bindung" gesprochen. Hier wird vergessen, daß die Berechnungsart bestimmt wird vom ursprünglichen Näherungsansatz, der insofern von den physikalischen Vorgängen stark abweicht, als die Wechselwirkungskräfte zwischen den beiden Atombestandteilen von ähnlicher Größenordnung sind wie die Bindungsstärke der Einzelatome. Es läßt sich physikalisch klar zeigen, daß die Ursache der chemischen Bindung nur auf *Coloumb*-Kräften beruht, die allein in der *Schrödinger*-Gleichung berücksichtigt werden. Lediglich die Existenz diskreter Bindungsabstände und Ladungsanordnungen beruht auf neuartigen Quantenphänomenen (*Luck* 1957). Quantenphänomene konnten bisher nur in mathematische Gleichungen gekleidet werden, so daß alle Naturbeobachtungen beschrieben und in gewissen Grenzen vorausgesagt werden können. Eine Rückführung auf allgemeinere Grundprinzipien ist bisher nicht möglich gewesen. An einem solchen Ziel arbeiteten vergeblich *Planck* und *Einstein*. Die Quantentheorie der Moleküle sortiert die Ladungsanordnungen aus, die sich durch stabile strahlungslose Zustände auszeichnen. Dies sind vorzugsweise Anordnungen mit hoher Symmetrie. Damit erhielt der alte Traum griechischer oder mittelalterlicher Wissenschaftler von den Symmetrien der Natur eine neuartige wissenschaftliche Begründung.

Die Anwendung der Mathematik auf die Naturwissenschaft hat wesentlich dazu beigetragen, daß es möglich wurde, innerhalb dieser Wissenschaft zu klären, was richtig und was falsch ist. Diese Methode gehört zu den größten Taten des menschlichen Geistes. Die Fruchtbarkeit dieser Methode ist so groß, daß *Einstein* meinte: „Unsere heutige Erfahrung rechtfertigt unser sicheres Gefühl, daß das Ideal der mathematischen Einfachheit in der Natur verwirklicht ist" (*Schilpp* 1949). Die große Bedeutung der Mathematik für die Physik könnte direkt in die Definition der Physik aufgenommen werden: *Physik ist das Streben, möglichst einfache mathematische Gesetzmäßigkeiten aufzustellen, um die Kräfte der Natur zu beschreiben und ihre Wirkungen vorauszusagen.* Anschauliche Interpretationen werden demgegenüber auch eher ein Spiegel der jeweiligen Zeit sein als das Lehrgebäude der mathematischen Physik. Dies ist besonders deutlich am Beispiel der Quantenphänomene zu erkennen. *Jordan* (1947) hat einmal sehr richtig betont, daß unsere gegenwärtige Zeit ausgezeichnet ist durch die Bewunderung des Außergewöhnlichen. Dies fängt bei Seeräubergeschichten und Sportrekorden an und endet in extremen Ausdrucksformen der modernen Kunst, soweit diese den Kontakt mit der Ästhetik verloren haben. *Jordan* gehört von ihm selbst unbemerkt zu den Menschen, die von außergewöhnlichen Interpretationen von Quantenphänomenen stark angezogen werden. Eine nüchterne Analyse, daß die mathematischen Gleichungen der Quantentheorie durch nichts weiter begründet sind, als daß sie das bisher einfachste Werkzeug für die Naturbeschreibung darstellen, ist demgegenüber viel weniger zeitgemäß. Dabei muß nochmals betont werden, daß sich diese Umgebungsabhängigkeit auf anschauliche Interpretationen bezieht, nicht auf den eigentlichen Inhalt der exakten Theorie. Der gegenwärtig um sich greifende Glaube, daß Wissenschaft ideologieabhängig sei, kann sich ganz sicher am allerwenigsten auf die exakte Naturwissenschaft beziehen, oder in einem sehr viel geringerem Maße, als Ideologen meinen.

Man darf sich freilich bei mathematischen Gleichungen der Physik nicht selbst darüber hinwegtäuschen, daß derartige Ergebnisse in zwei Arbeitsgängen erreicht werden: 1. Versuch, physikalische Beobachtungen in mathematischen Gleichungen zu kleiden und 2. Umformungen bzw. Lösungen der erhaltenen Gleichung mit mathematischen Methoden. Der Vorgang 1 muß auf seine Eindeutigkeit erst durch Vergleich mit Experimenten geprüft werden, für ihn gilt nicht immer a priori die mathematische Exaktheit. Oft benutzen Theoretiker auch Näherungslösungen, wenn die Lösung der exakten Gleichungen mathematisch zu kompliziert ist. Dabei werden manchmal Konstanten nach experimentellen Daten oder nach dem Variationsprinzip angepaßt. Es wäre manchmal ratsam, wenn Lehrbücher oder Zeitschriften die verschiedenen Arbeitsgänge: physikalische Überlegung, exakte mathematische Berechnungen und Näherungsverfahren durch verschiedene Drucktypen in ihrer verschiedenen Aussagekraft voneinander deutlich abheben würden.

1.6. Objektivierbarkeit der exakten Naturwissenschaft

Sachsse (1967) stellt vier Anforderungen an eine naturwissenschaftliche Theorie: Exaktheit, Prüfbarkeit, Objektivität und Fruchtbarkeit. Exaktheit bedeutet die Mathematisierbarkeit, Fruchtbarkeit haben wir als Einfachheit zur Beschreibung und Voraussagbarkeit der Natur aufgefaßt und Prüfbarkeit ist die Übereinstimmung mit den Beobachtungen. ,,Ich denke, daß jeder zugeben wird, daß die Fähigkeit der Voraussage der beste Prüfstein für die Richtigkeit einer Annahme ist" (*Bridgeman* 1950).

Was versteht nun der Naturwissenschaftler unter Objektivität? *Mohr* (1967) (1967) definiert den Bereich der Naturwissenschaften als den der realen Welt, der unabhängig vom Bewußtsein existiert. Die Bezeichnung Wissenschaft möchte er nur für Gebiete anwenden, die objektiven Daten und Logik zugänglich sind (*Mohr* 1968). Was bedeutet hierbei ,,objektive Daten". Sie werden doch immer von Subjekten gesammelt und ausgewertet. *Kant* wies darauf hin, daß man mit Apriorismen − z.B. mit Axiomen − der Natur grundlegende Sätze vorschreibe und damit Formungsprinzipien in die Naturbeschreibung einführe. Gewiß beschränkt sich die Naturwissenschaft nur auf eine Beschreibung der Natur, so wie sie uns begegnet. Für diese Zielsetzung ist es unerheblich, ob eine objektive Welt − unabhängig von unserem Bewußtsein existiert − oder ob sie nur in unserem Bewußtsein existiert. Unter Objektivität versteht man in den Naturwissenschaften Aussagen, die für alle Subjekte zugleich vorhanden oder feststellbar sind (*Müller* 1973). ,,Die Naturwissenschaft ... die Wissenschaft von denjenigen Objekten ist, die unabhängig von Ort, Zeit oder Person wahrgenommen oder, wie man treffend sagt, ,,festgestellt" werden können" (*Müller* 1973). *Max Born* (1965) sieht die Objektivierung darin, daß für die Ordnung der Sinneswahrnehmung die Methode des Vergleichens eingeführt wird. Es wird meist die Gleichheit von

Paaren festgestellt, z.B. wird in einem einfachen Fotometer Gleichheit der Helligkeiten des Meßobjektes und eines entsprechend abgeschwächten Vergleichslichtes bestimmt; oder es wird der Zeigerausschlag eines Meßinstrumentes mit einer Skala verglichen. Bei einer Wägung vergleicht man die schwere Masse mit einem gleichschweren Gewicht etc. Bei derartigen Paargleichungen sind ,,unmittelbare, also vom Subjekt unabhängige, objektive Aussagen möglich". Die Annahme, daß die Übereinstimmung von Strukturen, die durch verschiedene Sinnesorgane erhalten werden und von Individuum zu Individuum mitteilbar sind, auf Zufall beruhen sollte, ist in höchstem Grade unwahrscheinlich ... Dieses Verfahren führt auf Strukturen, die mitteilbar, kontrollierbar, also objektiv sind" (*Born* 1965). Nach *Lüscher* (1972) bedeutet Objektivität der Naturwissenschaften, daß ihre Daten jederzeit vom jeweiligen Subjekt unabhängig kontrolliert werden können.

Gewisse Invarianten sind für *Born* Kriterien für die reale Außenwelt. Hierzu zählt er die Invarianz der materiellen Dinge gegenüber den Sinneseindrükken in der von der Wissenschaft verfeinerten Form, andererseits auch die unabhängig von der Art des Experiments und von der Wahl des Bezugssystems bei der mathematischen Beschreibung von der Physik aufgefundenen Naturkonstanten (*Heckmann* 1965). Auch *Planck* sah in den Naturkonstanten wie Gravitationskonstante, *Boltzmann*-Konstante, Lichtgeschwindigkeit etc. einen Beweis für das Vorhandensein einer Realität in der Natur, die unabhängig vom Menschen ist (*Planck* 1942). Aus dieser Erfahrung kommt *Planck* zu der Überzeugung, ,,daß die Naturgesetze nicht von den Menschen erfunden worden sind, sondern daß ihre Anerkennung ihnen von außen aufgezwungen wird" (*Planck* 1942). *Kant*s Einwurf, daß wir a priori bei der Aufstellung der Wissenschaft individuelle Willkür hineinstecken, versteht *Planck* so ,,daß der Mensch bei der Formulierung der Naturgesetze etwas aus Eigenem hinzufügt". *Kant*s Ausspruch vom Gefühl der Ehrfurcht beim Anblick des gestirnten Himmels, sieht *Planck* als Hinweis, daß auch *Kant* die reale Welt anerkennt, da er kaum Ehrfurcht vor selbst verfaßten Dingen ausdrücken könnte. Zwischen *Kant* und *Planck* liegen 200 Jahre Fortschritt der Physik. *Planck* betont, daß ,,in allen Vorgängen der Natur eine universale, uns bis zu einem gewissen Grad erkennbare, Gesetzlichkeit herrscht" (*Planck* 1942).

Die Raumfahrt und die gelungenen Mondlandungen sind Beispiele aus jüngster Zeit, die das Gefühl, daß die Physik die reale Außenwelt erfaßt, verstärken. Der Mond ist nun nicht nur in unseren Sinneseindrücken vorhanden, wie einige Philosophen vorsichtig aus allen Wahrnehmungen formulieren wollten.

Einige Ideologen wollen heute ihren eigentlich nicht einer wissenschaftlichen Zeit gemäßen Hang zur Ideologie damit verteidigen, daß sie einfach auch die Naturwissenschaften als Ausdruck einer Ideologie ansehen. Nach meiner Meinung führen derartige Diskussionen meist zu weit. Sie führen meist auch zu verschiedenen Ebenen des Begriffes Ideologie. *Marcuse*s Philosophie war eine der Hauptwurzeln für derartige Wissenschaftskritiken. Er wirft den Menschen Eindimensionalität vor. Vom naturwissenschatlichen Standpunkt erscheint es unsicher, ob er selbst sich davon genügend frei gemacht hat. Er extrapoliert z.B. kühn von seinem subjektiven Standpunkt auf die ganze Wissenschaft. Er schließt z.B. bei einer anderen gesellschaftlichen Orientierung (dem „einer befriedeten Welt"), „die Wissenschaft würde folglich zu wesentlich anderen Begriffen der Natur gelangen und wesentlich andere Tatsachen feststellen" (*Marcuse* 1969). Kaum ein Physiker, Chemiker oder Mathematiker könnte sich dem anschließen. Stellt sich *Marcuse* etwa vor, daß bei einer Weltregierung mit ihm als Weltpräsidenten mit anderen physikalischen Formeln eine Mondlandung noch genauer vorausberechenbar wäre oder daß die DNA als biochemischer Träger der Vererbung anders aussehen würde? Wenn man die Fundamente der Naturwissenschaft so einreißen will, sollte man auch ihre Dimension etwas näher kennen. Im gleichen Buch baut *Marcuse* seine Ideen über die Wissenschaft u.a. auf der operationalistischen Kritik *Bridgmans* auf. Er knüpft an Gedanken *Bridgmans* (1928) an, nach denen physikalische Begriffe eigentlich nur durch die jeweiligen Operationen definiert seien, die zu ihnen geführt haben. Es sei eigentlich ein Unterschied zwischen einer Längenangabe, die durch Vergleichen mit einem Zollstock erhalten wurde, und den Angaben über die Abstände zwischen den Atomen in einem Kristall, weil diese nur indirekt mit mathematischen Operationen aus Röntgenstreudaten erschlossen wurden. Gerade dieses Beispiel, von dem *Bridgman* ausging, ist aber inzwischen überholt. Man kann kleine Kunststoffkugeln herstellen, die alle gleich groß sind, und mikroskopische Dimensionen haben (*Luck* 1963). Derartige Kugeln geben in wässriger Dispersion alle Erscheinung der Kristallisation, einschließlich der Streuung elektromagnetischer Wellen. In diesem Fall kann man den Abstand zwischen den Kugellagen sowohl durch Maßstabanlegen unter dem Mikroskop als auch indirekt aus der Beugung des sichtbaren Lichtes berechnen. Hierbei werden dieselben mathematischen Gleichungen benutzt, mit denen man die Atomabstände in Kristallen berechnet. Genau wie mit der Entdeckung der Jupiter-Monde für *Galilei* das alte aristotelische Weltbild zusammenbrach, brechen mit diesem Experiment die Schlußfolgerungen *Bridgmans* und damit auch *Marcuses* Schlüsse über die Naturwissenschaft zusammen. Andererseits zeigt dieses Experiment die bewunderswürdig große Leistungsfähigkeit der exakten Naturwissenschaft. Sie stellt Gleichungen auf mit Hilfe einzelner Beobachtungen und mit Hilfe indirekter Modelle. Mit diesen Gleichungen kann man dann nicht nur sehr viele Erscheinungen deuten und vorausberechnen, an die man bei der Aufstellung gar nicht gedacht hat, sondern in vielen Fällen gelingt es dann auch, sie indirekt nachzuweisen.

Marcuse folgert insbesondere aus *Bridgmans* Operationalismus „der radikale empiristische Angriff liefert so die methodologische Rechtfertigung für die Herabminderung des Geistes durch die Intellektuellen". Ein in der Naturwissenschaft Erfahrener würde genau zur gegenteiligen Meinung kommen: die geistigen Konstruktionen in den Naturwissenschaften — die Hypothesen und Theorien — führen zu einer Naturbeschreibung, die oft weit über die bisherige Erfahrung hinaus vorher unbekanntes Naturverhalten richtig vorauszusagen erlaubt. Dies ist eine der größten Leistungen des menschlichen Geistes.

Das Lehrgebäude der Naturwissenschaft ist offenbar doch mehr als zeitgebundene Ideologie. *Lüscher* (1972) betont, daß der Naturwissenschaftler alle Modelle und Theorien, die sich als falsch erwiesen haben, jederzeit korrigiert. Seine Theorien werden also gerade nicht zu Ideologien erhoben. „Naturwissenschaft ist weder dogmatisch noch demokratisch. Über die Richtigkeit einer Theorie entscheiden weder Autoritäten noch Kongresse, sondern ausschließlich objektive Daten" *Lüscher* (1972). Es erscheint als Rückschritt, daß *Marcuses* Ansichten so viele Nachahmer fanden. Wir müssen auch seinen leichtfertigen Umgang mit dem Begriff der Wahrheit kritisieren. Er verwirrt die Geister durch Änderung der semantischen Bedeutung althergebrachter Begriffe und macht dabei selbst vor dem Begriff der Wahrheit nicht halt.

Die Versuche, naturwissenschaftliche Aussagen zu objektivieren, bedeuten ein Ringen um Wahrheit. Wissenschaft bedeutet letztendlich das Ringen um Wahrheit. „Was hat der Mensch Größeres zu geben als die Wahrheit"? (*Schiller* 1789).

Marcuse spricht dagegen von der Wahrheit, „die Freiheit von materiellen Notwendigkeiten ist" (*Marcuse* 1969). Er jongliert mit Begriffen wie „wenn Wahrheit Freiheit von harter Arbeit voraussetzt" oder, daß Wahrheit „ihrem ganzen Begriff nach die Einsicht ausdrückt, daß jene, die ihr Leben dem Broterwerb hingeben, außerstande sind, ein menschliches Dasein zu führen".

Er träumt von der automatischen Fabrik mit deren Hilfe der Mensch nun ohne Arbeit sein Leben genießen kann. Auch hier bleibt er ein weltfremder Träumer. Er scheint nicht zu wissen, daß das Erwerben naturwissenschaftlicher und technischer Kenntnisse, sowie die technische Wartung seiner automatischen Fabrik, sehr harte Arbeit sind. Auf der einen Seite greift er Naturwissenschaften und Technik an, auf der anderen Seite will er sie mißbrauchen zum Niederreißen eines menschlichen Grundprinzips, daß nämlich der Mensch wie jedes Lebewesen für seine Existenz etwas beizutragen hat. Früher bedeutete dies, den Tieren gleich Nahrung nachzujagen, später mit vorsorglicher Arbeit Nahrung zu erkämpfen, auch heute sollte der Mensch durch Dienst an der Gemeinschaft in der arbeitsteiligen Neuzeit die Existenzberechtigung erwerben. Mit der automatischen Fabrik, die in *Marcuses* Träumen offenbar ohne jegliche menschliche Anstrengung funktioniert, kann der Techniker heute nicht dienen. Wenn *Marcuse* dieses erreichen will, dann sollte er aufhören, die Naturwissenschaft durch Vermischung ideologischer Maßstäbe einen Schritt zurück zu bringen.

Der von *Marcuse* verunsicherte Wahrheitsbegriff wurde kürzlich von *Tomberg* in dieser Form erneuert: „Auch für den Wissenschaftler lautet die oberste Frage damit nicht mehr: wo und wie finde ich Wahrheit, sondern was müssen wir tun, um zu einem wahrhaften Leben zu gelangen"? (*Tomberg* 1973).

Dieser Schluß muß aufs schärfste abgelehnt werden. In dieser Forderung liegt die Möglichkeit, subjektiv zu definieren, was man unter „wahrhaften

Leben" versteht und daß „aus dieser Frage eine Bemühung um wahre Erkenntnis resultiert" (*Tomberg* 1973). Hier ist die Gefahr verborgen, daß subjektive Wertmaßstäbe dafür aufgestellt werden, was wissenschaftliche Wahrheit ist. Das widerspricht der Forderung nach Freiheit der Wissenschaft. Unter Freiheit der Wissenschaft verstehe ich die Freiheit des wissenschaftlichen Lehrgebäudes von religiösen und weltanschaulichen Wertmaßstäben. Um diesen Status zu erreichen war ein langer Kampf der Wissenschaftler notwendig. Er begann mit *Giordano Bruno*s und *Galilei*s Kampf im 17. Jahrhundert, aus dem die Kirche sich mit dem *Galilei*-Urteil so weit zurückzog. daß die Naturwissenschaftler alles erforschen konnten. Er wurde fortgeführt im 18. Jahrhundert durch die Aufklärung und erreichte im 19. Jahrhundert im Positivismus von *Auguste Comte* einen gewissen erfolgreichen Abschluß. Im 20. Jahrhundert erfolgte im Nazismus und Stalinismus ein gewisser Rückfall, weil nun plötzlich versucht wurde, der Wissenschaft weltanschauliche Wertmaßstäbe vorzuschreiben. *Hitlers* Rassismus, die „deutsche Physik" *Lenard*s, die übersteigerte Umwelttheorie *Lyssenko's* oder die Verfolgung der Quantenchemie unter dem Stalinismus sollten eigentlich abgeschlossen sein. Es sollte jeder gelernt haben, daß man nicht anstelle der religiösen Wertmaßstäbe der mittelalterlichen Wissenschaftler weltanschauliche Wertmaßstäbe errichten kann. Im Interesse der gesamten Gesellschaft sollte die Freiheit der Wissenschaft von weltanschaulichen Wertmaßstäben als wesentlicher Erfolg der menschlichen Kultur weiter erhalten und gepflegt werden.

Gelegentlich wird der Naturwissenschaft vorgeworfen, daß sie zu einer materialistischen Weltanschauung führte. Sofern man dieser Meinung ist, kann man dies höchstens den Menschen anlasten, die mit Hilfe naturwissenschaftlicher Aussagen eine Weltanschauung aufbauen, nicht aber den Naturwissenschaften selbst. Das Ziel der Naturbeschreibung und der Voraussagbarkeit voraussagbarer Vorgänge hat nicht direkt etwas mit dem Ziel einer Weltanschauung zu tun, noch berührt es irgendwelche Religionen, sofern diese ihre Grenzen einhalten und nicht naturwissenschaftliche Aussagen machen wollen.

1.7. Einheit von Theorie und Praxis in den Naturwissenschaften

Die Forderung in der Definition der Naturwissenschaften: das Verhalten der Natur vorauszusagen, hat ein Doppelgesicht eines Januskopfes. Zunächst gibt sie die wirksame Methode, um Theorien auf ihre Richtigkeit zu prüfen. An vielen Beispielen kann gezeigt werden, daß oft die vorhandenen Naturbeobachtungen mit zwei ganz verschiedenen theoretischen Modellen quantitativ beschrieben werden können. Ein Beispiel hierfür sind die Erklärungsversuche zur Deutung der anomalen Eigenschaften des flüssigen Wassers. Bis vor kurzem gab es hierfür zwei verschiedene theoretische Vorstellungen, die die genau vermessenen spezifischen Wärmen des Wassers quantitativ ausgezeichnet in ihrer Temperaturabhängigkeit beschreiben konnten. *Eucken* (1948) nahm hierzu ein chemisches Gleichgewicht zwischen vier verschiedenen Sorten kleiner Aggregate aus 1, 2, 4 und 8 Molekeln an. *Nemethy* und *Scheraga* (1962) setzten dagegen große Aggregate von ca. 125 Molekeln und Einzelmolekülen voraus. In einem solchen Fall muß zwischen zwei Theorien mit dem Kriterium der Einfachheit entschieden werden. Welche Theorie vermag mit weniger Annahmen alle Beobachtungen zu deuten? Sofern bisherige Erfahrungen eine solche Entscheidung nicht ermöglichen, muß man nach neuen Experimenten suchen. Dies war in diesem Fall mit Hilfe der Infrarotspektroskopie möglich (*Luck* 1964, 1974). Diese Spektroskopie vermag den Anteil an OH-Gruppen abzuschätzen, die keine besondere Wechselwirkung mit Nachbarmolekeln erleiden, die beide Theorien voraussetzen. Das Ergebnis zeigte, daß die Theorie von *Nemethy* und *Scheraga* zwar dieses Experiment besser deuten konnte als die von *Eucken*, jedoch gab auch diese Theorie keine gute Deutung. In diesem Fall mußte also die Theorie von *Nemethy* und *Scheraga* auf Grund der neuen Experimente modifiziert werden. In einer solchen Arbeitskette dient das Experiment nur der Optimierung des wissenschaftlichen Systems. Innerhalb der Wissenschaft liegt also zunächst ein Selbstzweck vor.

Dieselbe Arbeitstechnik ist aber nun für einen anderen Zweck brauchbar; z.B. kann die Naturwissenschaft alle Details voraussagen, wie man optimal eine Fähre auf dem Mond landet. Die Forderung der Voraussagbarkeit der Natur gibt optimale Methoden zur Verifizierbarkeit praktischer Ziele. Die Naturwissenschaft ermöglicht eine Optimierung der Konditionalaussage: wenn ich Ziel A in der Natur erreichen will, dann ist der Weg B der einfachste, wo bei der technische Aufwand für ein Produkt durch Berechnung des finanziellen Aufwandes angegeben wird. Diese Methode hat bei Nichttechnikern zu dem Schluß geführt: Die Naturwissenschaft und der Kapitalismus sind derselbe Fehler (*Viktor v. Weizsäcker*, vgl. *Meyer-Abich* 1974). Hier werden aber zwei Ebenen verbunden, die eigentlich nichts miteinander zu tun haben. Naturwissenschaftler in sozialistischen Ländern benutzen dieselben Theorien und dieselbe Fachsprache. In der Freiheit von weltanschaulichen Wertmaßstäben liegt ja gerade ein Fortschritt der Naturwissenschaften. Die Naturwissenschaft gibt die Konsequenzen an, mit deren Hilfe bestimmte Nutzbarmachungen der Natur für den Menschen erreicht werden können. Diese Konsequenzen sind unabhängig vom Wirtschaftssystem. Deren Bedingungen treten zusätzlich als Randbedingungen auf. Unklarheiten auf diesem Gebiet liegen zum Teil an unserem Erziehungssystem, das meist einseitig entweder in Naturwissenschaften oder in den Geisteswissenschaften ausbildet (*De Solla Price* 1961).

Die Aufstellung naturwissenschaftlicher Theorien ist für viele Wissenschaftler reiner Selbstzweck. Es gibt jedoch kaum Fortschritte in den Naturwissenschaften, die nicht dem Menschen neue Macht über die Natur in die Hand geben. Man kann daraus freilich nicht die These aufstellen: „Das Erkenntnisideal der Naturwissenschaften entspricht dem Interesse an der technischen Verfügbarkeit von Natur!" (*Meier-Abich* 1974). Denn die größten Erfolge in den Naturwissenschaften wurden in sehr vielen Fällen gerade von den Wissenschaftlern erzielt, die primär eben nicht an praktische Verfügbarkeit über die Natur dachten. Man denke z.B. an *Planck, Heisenberg* oder *von Laue.* Eine der für die Menschheit folgenreichsten naturwissenschaftlichen Entdeckungen der letzten 50 Jahre war die Auffindung des Penicillins. Der Entdecker *Chain* (1974) schildert dies so, daß zunächst der Mikrobiologe *Fleming* durch eine Unachtsamkeit – indem er bei Urlaubsantritt 1929 vergaß seine Gläser mit Bakterienkulturen zu reinigen – durch Zufall auf die Zerstörung von Bakterien durch gewisse Schimmelpilze stieß. *Fleming* beobachtete die Einzelheiten und publizierte diese neue Beobachtung in einer wissenschaftlichen Fachzeitschrift. *Chain* stieß Ende der dreißiger Jahre auf diese Publikation und suchte – wie er versicherte – aus reinem Wissensdrang nach der Aufklärung der abgelaufenen Mechanismen. Nachdem ihm dies gelungen war, hatte er plötzlich eine medizinische Therapie in den Händen, die Millionen von Menschen das Leben rettete. Während vor dieser Entdeckung allein an der Lungenentzündung jeder zehnte Engländer sterben mußte, war deren Bekämpfung plötzlich ein Kinderspiel. Infektionskrankheiten rangierten vor *Fleming-Chain* als Todesursache Nr. 1 für den Menschen. Dieser Erfolg wurde aber nicht erreicht aus Interesse an der technischen Verfügbarkeit der Natur. Es gehört zu den Merkwürdigkeiten, daß Menschen, die dieses Ziel vor Augen haben, offenbar nicht den optimalen Weg hierfür kennen. Auf die von mir allen Nobelpreisträgern gestellte Frage, ob ihre Nobelpreisarbeit auf Ideen während Arbeiten an einer Hochschule zurückgehen, antworten 90% mit Ja (*Luck* 1975). Trotz des ungleich höheren Forschungsaufwandes der Industrie, werden noch immer die wesentlichsten Fortschritte von Menschen erreicht, deren Ziel allein die faustische Frage ist „daß ich erkenne, was die Welt in ihrem Innersten zusammenhält".

Freilich erfordert die Anwendung der naturwissenschaftlichen Aussagen auf die Voraussagbarkeit praktischer Probleme in vielen Fällen die Beherrschung bestimmter Arbeitstechniken. „Geheimrat *Planck* kann keine Klingelleitung legen", war ein geflügeltes Wort eines Physikprofessors an der Berliner Universität, um seine Studenten davon abzuhalten, Lehrveranstaltungen an der Technischen Hochschule zu besuchen. Hier wird jedoch der Standpunkt eines Spezialisten vertreten. Die Forderung der Ganzheit der Naturwissenschaft, alle Verhaltensmöglichkeiten der Natur vorauszusagen, schließt in der Gemeinschaft der Wissenschaftler eben auch diejenigen ein, die die Technik des „Klingelleitungslegens" vorauszusagen und experimentell überprüfen können. Die hierfür notwendigen Kenntnisse für rein wissenschaftliche Nachprüfungen unterscheiden sich meist wenig von den Kenntnissen, die notwendig sind, um das technische Ziel zu verifizieren, auf optimale – das heißt einfachste – Weise (geringsten Aufwand) eine „Klingelleitung" zu legen. Zur Lehre der Wissenschaft gehört die Lehre, wie man wissenschaftliche Voraussagen experimentell prüfen kann. Diese Lehre kann benutzt werden zur Berufsausbildung. Für die Gesellschaft ist die Lehre mit rein wissenschaftlichen Zielsetzungen sogar optimal. Sie ist am einfachsten im Sinne von geringstem Aufwand. Mit der wissenschaftlichen Lehre lassen sich mit einem Schlage die verschiedensten Berufe gleichzeitig ausbilden. Sowohl der Klingelleitungsleger als auch der Fernsprechleitungsleger etc. können gleichzeitig ausgebildet werden. Da die Technik von ständigen Neuerungen lebt, ziehen sogar erfahrene Industriefirmen eine möglichst allgemeine wissenschaftliche Ausbildung einer fachlichen Ausbildung vor, weil letztere zu schnell veralten kann.

Diese enge Vernetzung führt dazu, daß man in der Wissenschaft kaum trennen kann das Ziel: ein wissenschaftliches Lehrgebäude optimal aufzustellen, von dem Ziel: Fähigkeiten zu erwerben, um für die Gesellschaft in der Praxis tätig zu sein. Theorie und Praxis sind in den Naturwissenschaften nicht zu trennen. Dies ist eine wichtige Folge der Wissenschaftsdefinition, die die Fähigkeit der Voraussage einschließt.

Natürlich gibt es eine gewisse Spezialisierung in Tätigkeiten, die nach Vereinfachung des allgemeinen Theoriengerüstes suchen oder die im Detail den Gültigkeitsbereich der Theorie abtasten. Der Schritt, den zweiten Arbeitsgang mit dem Ziel zu tun, nur einen bestimmten Effekt — bzw. ein bestimmtes Produkt — zu erzielen, ist davon nur noch wenig verschieden.

In diesem beinahe kontinuierlichen Übergang liegt die große Bedeutung der Naturwissenschaft für die Gesellschaft. Die besonderen gesellschaftlichen Probleme, die durch die Naturwissenschaft entstehen können, wollen wir im Kapitel 3 und 4 besprechen.

Die Reformen zur Optimierung der wissenschaftlichen Lehre an den Hochschulen erfolgten in den letzten Jahren nicht auf dem Wege der Evolution, der Optimierung seitens der Wissenschaftler, sondern auf dem Wege der Revolution, der Optimierung durch Außenstehende (Studenten im Übergangsstadium des Eintretens in die Wissenschaft oder Politiker). Bei dieser Revolution wurde dem Standpunkt der Revolutionäre gemäß ein einziges Ziel überbetont: das Lernen des Lehrgebäudes der Wissenschaft. Dies führt zu Fehlurteilen. z.B. zu dem Schluß, die Form der Vorlesung sei für den Lehrbetrieb überholt. Gewiß gibt es im Buchstudium etc. andere Wege, sich das reine Fachwissen anzueignen. Ein solches Studium kann aber gerade zu dem führen, vor dem die studentischen Revolutionäre am meisten gewarnt haben, zum Fachidioten. Nur das reine vorhandene Fachwissen zu erlernen, gibt weder einen guten Wissenschaftler noch ein brauchbares Glied für die Gesellschaft. Der Wissenschaftler muß zusätzlich lernen, wie er Voraussagen seiner Theorien praktisch prüft. Diese Fähigkeiten erfordern das Wissen, wie ein Mensch sich in dem System der Wissenschaft handelnd bewegt. Hierfür gibt es keine optimierende Theorie bis heute. Der persönliche Kontakt mit einem in der Wissenschaft Erfahrenen gibt einen brauchbaren Weg. Dieser Weg ist auch begehbar für die Aufgabe, selbst fähig zu werden, kreativ an der Vollendung des wissenschaftlichen Lehrgebäudes tätig werden zu können. Diese Fähigkeit ist nicht optimal durch ein reines Studium des vorhandenen Theoriengerüstes zu erlernen. Die Kreativitätsforschung, die sich um die Erkenntnis bemüht, wie der Mensch fähig wird, neue Wege schöpferisch zu finden, ist noch recht jung und kann keine Patentrezepte für diese Ziele angeben. Man weiß heute lediglich, daß ein solcher Prozeß in vier Stufen abläuft: Präparation, Inkubation, Illumination und Verifikation. Zur Präparation gehört das Studium des bisherigen Wissens auf einem Gebiet, sowie eigene tastende Versuche, ein Gebiet so zu beherrschen, daß man Voraussagen prüfen kann. Ferner gehört hierzu die Motivierung, neue Wege suchen zu wollen und die Herauskristallisation komprimierter wesentlicher Fragen. Es hat sich gezeigt, daß das menschliche Gehirn hierfür meistens eine gewisse Zeit braucht. Die Lösung einer Frage muß reifen. In der hierzu notwendigen Inkubationszeit kann die Beschäftigung mit anderen Fragen oder das Kennenlernen neuer Probleme oder neuer Umgebung nützlich sein. In bisher unbekannter Kausalitätskette sind einige begabte Menschen dann fähig, plötzlich einen erleuchtenden Gedanken für den Lösungsweg des gestellten Problems zu haben. Dieser Akt kann sich auf ganz irrationalen Bahnen bewegen. Für einige Wissenschaftler waren als Erleichterung anschauliche Modelle eine Hilfe. So hat z.B. *Maxwell* die nach ihm benannte Grundgleichung der Elektrodynamik mit Äthermodellen gefunden, die heute jeder Wissenschaftler als völlig unwissenschaftlich beurteilen würde. Andererseits scheint die Öffnung neuer Wege für die rationale wissenschaftliche Analyse durch Vorgänge auf emotionalen Ebenen begünstigt zu werden. Der bekannte Physiker *Wolfgang Pauli* beschreibt diesen Vorgang mit den Worten: „Indem die moderne Psychologie den Nachweis erbringt, daß jedes Verstehen ein langwieriger Prozeß ist, der lange vor der rationalen Formulierbarkeit des Bewußtseinsinhaltes durch Prozesse im Unbewußten begleitet wird, hat sie die Aufmerksamkeit wieder auf die archaische Stufe der Erkenntnis gelenkt. Auf dieser Stufe sind an Stelle von klaren Begriffen Bilder mit starkem emotionalem Gehalt vorhanden, die nicht gedacht, sondern gleichsam malend geschaut werden" (s. *Heisenberg* 1971). Der Mathematiker *Gauß* soll einmal gesagt haben: „Meine Resultate habe ich längst, ich weiß nur noch nicht, wie ich zu ihnen gelangen soll" (s. *Friedell* 1928). *Gauß* unterscheidet hier klar zwischen den Phasen der Illumination der Idee und der mühsamen Verifikation. Auch *Kepler* betonte, daß der kreative Vorgang des Erkennens neuer Zusammenhänge im „unteren Bezirk der Seele" ablaufe. Bei derartigen Prozessen waren für *Kepler, Newton* und selbst bei *Galilei* zum Teil religiöse Motive mit im Spiel. Andere Wissenschaftler suchen nach Harmonie oder nach der Schönheit. So bekennt sich z.B. *Heisenberg* als Physiker zum antiken Begriff der Schönheit, die er als „richtige Übereinstimmung der Teile miteinander und mit dem Ganzen" sieht (*Heisenberg* 1971). Auf derartigen Ebenen wird selbst „in der exakten Naturwissenschaft der große Zusammenhang erkennbar, noch bevor er in den Einzelheiten verstanden wird, noch bevor er rational nachgewiesen werden kann" (*Heisenberg* 1971).

Es ist nun ein voreiliger Schluß, wenn aus diesen Wurzeln der Illuminationsphase geschlossen wird, Wissenschaft sei grundsätzlich vom Zeitgeist und insbesondere von den jeweils herrschenden Ideologien abhängig. An die Illuminationsphase schließt sich nämlich die Phase der Verifikation der Idee an. In dieser Phase muß in den experimentellen Fächern anhand von Experimenten die Leistungsfähigkeit der neuen Idee nachgewiesen werden. Bei theoretischen Fächern muß der rationale Beweis in oft mühsamer Kleinarbeit ausgearbeitet werden; in künstlerischen Gebieten erfolgt schließlich die Ausarbeitung der Idee. In allen Gebieten muß zudem die Idee geprüft werden auf ihre Verträglichkeit mit dem gesamten Erfahrungsschatz des betreffenden Gebietes [1]).

Diese Verfahren bedeuten einen Prozeß der Entemotionalisierung. Zugegeben: dies ist in verschiedenen Fächern nicht gleich gut möglich. Insbesondere bestehen hier große Unterschiede zwischen den Naturwissenschaften und den Geisteswissenschaften. Diese Entideologisierung ist besonders leicht auf mathematisierten Gebieten.

Diese Vorgänge der kreativen Auffindung neuer wissenschaftlicher Ideen sind wiederum kaum bei einer schulmäßigen Aneignung des Wissensstoffes erlernbar, wie es verschiedene Hochschulreformen zum Schwerpunkt des Studiums machen sollen; sondern sie erfordern eine besondere Begabung und sind nach bisherigen Erfahrungen am leichtesten zu erlernen durch Zusammenarbeit mit erfolgreichen Wissenschaftlern. Eine in gewissen Schranken gehaltene Autoritätsanerkennung des Lehrers erleichtert für viele Menschen diesen Prozeß. Diese Tatsache wird leider von einigen unerfahrenen Reformatoren übersehen zum Schaden der Studenten.

Diese Gesichtspunkte sollten für jede Hochschullehre einen wesentlichen Rahmen darstellen. Sie sind auch wichtig für solche Studenten, die später gar nicht wissenschaftlich tätig sein wollen. Der Kreativitätsvorgang beim Auffinden neuer Wege in der Praxis unterscheidet sich nämlich nicht grundsätzlich sondern nur graduell von der wissenschaftlichen Arbeit. Auch für den späteren Praktiker kann daher die Teilnahme an der Arbeit einer kreativen wissenschaftlichen Arbeitsgruppe von unschätzbarem Wert sein. So fordert z.B. die deutsche chemische Industrie aus Erfahrung für ihre Chemiker meistens eine erfolgreiche Promotion. Von derartigen Erfahrungen sollte nur schrittweise und keineswegs auf Grund rein am grünen Tisch aufgestellter theoretischer Prinzipien abgewichen werden.

1.8. Fächerpluralismus

Die Wissenschaftsdefinition in den vorangehenden Abschnitten erfolgte aus den Erfahrungen eines Naturwissenschaftlers. Versuche zur Anwendung der dort gegebenen Definition müßten aus den einzelnen Fächern heraus erfolgen. Wir können an dieser Stelle nur versuchen, vom Standpunkt eines Naturwissenschaftlers diese Vorstellungen zu extrapolieren, um zum Nachdenken darüber anzuregen, ob hierbei brauchbare Vorschläge abgeleitet werden können.

---

[1]) Diese Notwendigkeit übersehen viele „Erfinder", die als Außenseiter dann verbittert werden, wenn ihre Ideen ohne diese Maßnahme nicht allgemein anerkannt werden oder wenn wissenschaftliche Zeitschriften Publikationen ablehnen, die den Maßstab der Einfachheit nicht erfüllen.

Comte zählte zu den „positiven" Wissenschaften diejenigen, die seine „Grundregel" des Positivismus kontrollieren könnten: „keine Behauptung, die nicht genau auf die einfache Aussage einer besonderen oder allgemeinen Tatsache zurückführbar ist, kann einen wirklichen und verständlichen Sinn enthalten" (*Comte* 1844). In Bezug auf die Erreichbarkeit dieses Zieles sah *Comte* sechs Grundwissenschaften in einer Rangordnung: Mathematik, Astronomie, Physik, Chemie, Biologie und Soziologie. Im Detail unterschied er: I. Mathematik: a) abstrakte Mathematik, b) konkrete Mathematik; II. Anorganische Physik: a) Physik des Himmels, b) Physik der Erde (Physik und Chemie); III. Organische Physik: a) Physiologie, b) soziale Physik.

Physik hatten wir als Streben bezeichnet, die Kräfte der Natur zu beschreiben und vorauszusagen; Chemie als Streben, Stoffumwandlungen zu beschreiben und vorauszusagen.

Im Sinne des Zieles einer einfachen gesamten Wissenschaft, die alle Erscheinungen in und um den Menschen beschreiben und voraussagen kann, konnten die Grenzen zwischen Physik und Chemie weitgehend aufgelöst werden. Die Erscheinungen der Chemie konnten in der ersten Hälfte dieses Jahrhunderts auf physikalische Kräfte zurückgeführt werden. Viele chemische Vorgänge lassen sich heute durch mathematische Gleichungen beschreiben. An diesem Erfolg war zum großen Teil die Physikalische Chemie beteiligt. Sie wurde speziell zur Auflösung der scharfen Grenzen zwischen Physik und Chemie geschaffen zur Anwendung physikalischer Denk- und Arbeitsmethoden auf chemische Probleme. *Lomonosov* (1752) soll die Definition gegeben haben: „Physikalische Chemie ist eine Wissenschaft, die auf der Basis physikalischer Begriffe und Experimente die Phänomene erklärt, die sich in Mischsystemen während chemischer Vorgänge ereignen". Wir würden heute sagen: *Physikalische Chemie ist die Lehre von den Kräften, die Struktur, Aufbau und Umwandlungen der Stoffe bedingen.*

Sie dient u.a. auch als Bindeglied zwischen dem Lehrgebäude der Chemie und der Aufgabe, das Verhalten der Natur zu beschreiben und vorauszusagen. So bemüht sie sich u.a. darum, die Parameter zu studieren, von denen die Eigenschaften chemischer Stoffe abhängen (Eigenschaftstechnik, bzw. molecular engineering (*Luck* 1968)). Hierzu gehört vor allem das Studium der sogenannten zwischenmolekularen Kräfte. *Nernst* nannte Physikalische Chemie noch Theoretische Chemie. Hierunter versteht man heute einen Zweig der Physikalischen Chemie, der sich bemüht mit Hilfe der Quantentheorie chemische Vorgänge mathematisch zu beschreiben. In diesem relativ neuen Gebiet sind die Grenzen noch nicht ganz abgesteckt. In vielen Fällen ist die Ausarbeitung der Theorie sehr viel komplizierter als die Durchführung der Experimente. Andererseits kann man die Theorie oft nicht soweit exakt und ohne Näherungsannahme durchführen, so daß sie Voraussagen machen kann. Sie kann komplizierten Vorgängen nicht das Experiment ersparen. Es bleibt vorerst auf diesem Gebiet noch strittig, ob Einfachheit bedeutet, man müsse möglichst alle Erscheinungen in quantenchemische Formeln kleiden oder ob dies mehr ein „Glasperlenspiel" ist, wenn Experimente schneller die an die Natur gestellten Fragen beantworten können [1]).

Physikalische Chemie ist ein Beispiel von vielen Spezialdisziplinen, die die Erscheinungen der Natur beschreiben und vorausberechnen (vgl. Meteorologie, Geophysik, Kristallographie etc.).

Comte hatte die „Rangordnung" — entsprechend der möglichen Mathematisierbarkeit — richtig vorausgesagt. Die zweite Hälfte unseres Jahrhunderts zeichnet sich u.a. dadurch aus, daß nun die *Biologie* im Sinne *Comtes* zur mathematischen Wissenschaft wird. Unter Biologie ist das Streben zu verstehen: möglichst einfache Gesetzmäßigkeiten aufzustellen, um Tiere und Pflanzen zu beschreiben und ihr Verhalten vorauszusagen.

Gegenwärtig macht die Biologie große Fortschritte, um ihre Erfahrungen mit den Erfahrungen der Physik und Chemie zu vereinen. So gelingt es z.B. bei der Kröte genau die Signale zu studieren, die bei der Bewegung bestimmter Gegenstandsformen zwischen Auge und Gehirn ablaufen. Man kann in diesem Fall aus der abstrakten Form des Gegenstandes das Verhalten voraussagen. So löst etwa jedes waagerecht bewegte Rechteck — auch das abstrakt gezeichnete — den Reflex des Beuteschnappens aus, jeder bewegte große Gegenstand eine Fluchtbewegung etc. Kompliziertes Verhalten läßt sich in diesem Fall weitgehend auf rein physikalische und chemische Vorgänge zurückführen.

Unter der Technologie können wir verstehen das Ringen, die technische Manipulation der Natur mit naturwissenschaftlichen Gesetzmäßigkeiten zu beschreiben und optimale Bedingungen hierzu vorauszusagen. Unter Verfahrenstechnik versteht man die Optimierung der technischen Herstellungsverfahren. Neben den rein naturwissenschaftlichen Fragen ist hierbei der Verfahrensaufwand zu optimieren. Die Gesellschaft bevorzugt Verfahren mit geringstem Aufwand. Für diesen ist menschliche Arbeit einer der wichtigsten Parameter. Die für die Gemeinschaft geleistete Arbeit wird mit Geld verrechnet. Das Gleiche gilt für die Bewertung des Aufwandes an technischen Anlagen, die als investierte Arbeit — und damit Kapital — mit anderen wirtschaftlichen Aspekten verglichen werden müßten. So ist die Kostenfrage die einfachste Möglichkeit, technischen Aufwand zu messen. Sie kommt dem Ziel des Technikers, seine Aufgabe mathematisch zu lösen, entgegen. Wie *Marx* und viele andere betont haben, ist die rein zahlenmäßige Verrechnung für den komplexen Vorgang der menschlichen Arbeit ein recht vereinfachtes und recht grobes Verfahren. Der Verfahrenstechniker wird durch die Einbeziehung des Parameters Geld mit soziologischen Problemen konfrontiert. Ebenso besteht eine Verflechtung mit den Wirtschaftswissenschaften, die sich um

---

[1]) In diesem Fall der Theoretischen Chemie kann u.U. das Ziel der Voraussagbarkeit der Natur schneller verifiziert werden mit einfacheren halbquantitativen Modellvorstellungen über Molekülstruktur als mit einer strengen „wissenschaftlich einfachen" d.h. mathematischen Theorie. Auch in anderen Fällen wie z.B. der Theorie der Flüssigkeiten vermag die strenge Theorie der Verteilungsfunktionen nur sehr mühsam Voraussagen über Stoffeigenschaften zu machen. Hier ist mitunter eine einfache Löchertheorie viel leistungswirksamer.

Aufstellung von Gesetzmäßigkeiten bemunen, die den Warenaustausch und seine Wirkungen betreffen. Finanzielle Erwägungen sind jedoch nur ein kleiner Teil der soziologischen Probleme der Verfahrenstechnik (*Denbigh* 1965). Je größer Industrieanlagen werden, um so mehr müssen Fragen wie: Sicherheit, Schädlichkeit von Abgasen und Abwässern oder von giftigen Verunreinigungen der Produkte mit einbezogen werden. *Denbigh* schließt auch die Arbeitsfreude der produzierenden Menschen ein. Von ihr hängt nicht nur das Wohlbefinden der Beteiligten, sondern auch ganz nüchtern die Güte ihrer Produkte ab. Die meisten dieser zusätzlichen Größen entziehen sich der Mathematisierbarkeit. Als Notbehelf versucht man zulässige Toleranzgrenzen für giftige Produkte als quantitative und objektivere Meßzahlen einzuführen. Die Gewöhnung an derartige Zahlen sollte nicht zum Vergessen führen, daß bei der Aufstellung der Toleranzen meist subjektive Maßstäbe angelegt worden sind. Subjektive Überlegungen führen zu mathematisch verarbeitbaren Zahlen. Letztendlich ist man auch hier darauf angewiesen, durch praktische Erfahrungen die subjektiven Überlegungen langsam zu objektivieren. Diese Methode kann zu schmerzlichen Erfahrungen führen, weil die Medizin nur in seltenen Fällen in der Lage ist, Langzeitwirkungen in ihren kausalen Ursachen zu verfolgen. Der Körper hat in vielen Fällen eine Pufferwirkung. Erst wenn diese Pufferwirkung überlastet wird, treten oft Schäden ei

Durch das makabre „Experiment" der Atomabwürfe auf Japan hat man z.B. eine große statistische Erfahrung über die Wirkungen radioaktiver Strahlungen. Man kann heute genau die Dosis an Strahlen angeben, nach deren Erhalt die meisten Menschen mit großer Wahrscheinlichkeit sterben werden. Die Schäden wirken hauptsächlich auf die Blutbildungszentren. Doch ist man heute erst in der Lage, die halbe tödliche Dosis überhaupt im Blut nachzuweisen, wobei wir sicher sein können, daß der Körper Schäden aufsummiert unterhalb der uns zugänglichen Nachweisschwelle. Erschwerend kommt hinzu, daß nicht alle Menschen gleich reagieren. Zulässige Maximal-Konzentrationen können sich nur auf einen mittleren Menschentyp beziehen. So gibt es z.B. Menschen, die auf das den Puls beschleunigende Medikament Adrenalin mit einer Pulsverlangsamung reagieren (*Kühne* 1969). Eine weitere Schwierigkeit besteht darin, daß die Wirkung von Chemikalien auf den menschlichen Körper nicht immer additiv ist. Es gibt Stoffe, die die Wirkung anderer Chemikalien stimulierend erhöhen.

Die *Verfahrenstechnik* ist nach diesen erwähnten Beispielen ein Arbeitsgebiet, das in verschiedene Disziplinen übergreift: Soziologie, Wirtschaftswissenschaften, Medizin, Meteorologie etc. Es ist besonders auch dadurch gekennzeichnet, daß es kaum Grenzen kennt zwischen Wissen und Tun. Verfahrenstechnische Forschungen und meist auch technologische werden vorwiegend mit ganz bestimmten Zielsetzungen vorgenommen und kaum wie in der allgemeinen Wissenschaft aus reinem Wissensdrang. Die Technologie muß heute mehr und mehr von der menschlichen Forderung verantwortlichen Handelns durchdrungen werden (s. Kap. 4).

Unter *Medizin* können wir das Streben verstehen, einfache Gesetzmäßigkeiten aufzustellen, um den menschlichen Körper zu beschreiben und sein

Verhalten vorauszusagen. Ähnlich wie bei dem diffusen Übergang zwischen der Voraussagbarkeit der Natur durch die Naturwissenschaften und der Manipulation der Natur zum Zwecke der Nutzanwendung durch die Technik, liegen in der Medizin die möglichen Voraussagbarkeiten des Verhaltens des menschlichen Körpers und die mögliche Erleichterung des menschlichen Lebens und insbesondere des Leidens eng nebeneinander. Wissen und Tun sind hier noch enger vernetzt als in den Naturwissenschaften. Das gilt insbesondere bei der Motivation zur Beschäftigung mit der Medizin. In diesem Fall könnte man die These *Meier-Abich*s über die Naturwissenschaften mit viel geringeren Bedenken übertragen: Das Erkenntnisideal der Medizin entspricht einem Interesse an der Erleichterung körperlicher Leiden des Menschen. Diese enge Vernetzung zwischen reinem medizinischem Erkenntnistrieb und der Zielsetzung der Heilung und der Vermeidung von Leiden hat über die Hygiene und die Heraufsetzung der Lebenserwartung zu sehr erheblichen Eingriffen in die Umwelt des Menschen durch die drohende Übervölkerung der Erde geführt. Während in vorgeschichtlichen Zeiten bis zum 14. Lebensjahr noch 55% einer Population starben (*Maddox* 1972) ist die Lebenserwartung in den technisierten Ländern schon beinahe auf 70 Jahre angestiegen. Diese geringe Lebenserwartung konnte über Jahrtausende vom Menschen nicht wesentlich beeinflußt werden. So war die Lebenserwartung in China noch 1930 nicht wesentlich größer als in vorgeschichtlicher Zeit. Im Sambura Stamm in Ostafrika starben noch 1958 etwa 50% vor dem 14. Lebensjahr. Die moderne wissenschaftliche Medizin konnte dies wesentlich ändern. Andererseits weiß die psychosomatische Medizin heute, daß die Gesundheit des Menschen wesentlich von seiner mitmenschlichen Umgebung abhängen kann. Die Zielsetzung der Medizin muß also etwas erweitert werden: das menschliche Leben und Zusammenleben zu erleichtern und zu verbessern.

Medizinische Theorien können und sollten – soweit möglich – an der Beobachtung experimentell geprüft werden. Ein Experiment am Menschen, nur der Prüfung einer Theorie willen, hat naturgemäß sehr enge Grenzen. Experimente mit härteren Eingriffen sind eher zu rechtfertigen, wenn sie für einen Leidenden neue Wege der Erleichterung aufschließen können. Hierdurch ist für die Medizin die Möglichkeit, reine Erkenntnis von Handlungszielen zu trennen, noch weiter eingeengt. Als Grenzfall in dieser Richtung kann man die sogenannten „therapeutischen Nihilisten" (*Kühne* 1969) ansehen, die die Diagnose als geistige Befriedigung – quasi als geistige Exerzitien – ansehen, ohne an der Therapie interessiert zu sein. Doch die Diagnose beseitigt die Angst des Patienten vor dem Ungewissen. Nach gestellter Diagnose werden Krankheiten oft sehr viel leichter ertragen. Da Spezialisierung viele Probleme leichter lösen läßt, ist es außerdem denkbar, Diagnose und Therapie ärztlich zu trennen (Diagnose-Kliniken). In beiden Fällen hat die Diagnose, ob gewollt oder ungewollt, dem Ziel der Erleichterung menschlichen Leidens gedient.

Wir haben im vorangehenden Text versucht, den Wissenschaftsbegriff vom Stande der Naturwissenschaftler zu erfassen. Bei dem gegenwärtigen Methoden-Pluralismus erscheint es nicht gut möglich, als Naturwissenschaftler sich auf das „Glatteis" zu begeben, mit ähnlichen Schemata auch das Gebiet der Geisteswissenschaften zu beschreiben. Das sollte an sich Aufgabe für Geisteswissenschaftler sein. Vielleicht ist aber nicht uninteressant, zu welchen Schlüssen ein trotzdem erfolgter Versuch führt.

Sofern wir wie in der Medizin Wissenschaft und ihre Zielsetzung nicht scharf voneinander trennen, könnten wir unter der *Rechtswissenschaft* das Streben verstehen: Verhaltensnormen auszuarbeiten und anzuwenden, zur Vereinfachung und zur leichteren Voraussagbarkeit des menschlichen Zusammenlebens. Ähnlich wie man im Prinzip von der Naturwissenschaft die eigentliche Anwendung der Technik etwas abtrennen kann, so liegt die Festlegung der Verhaltensnormen an sich in den Händen der Parlamente bzw. Regierungen oder Ministerien. Die Rechtswissenschaft befaßt sich demgegenüber mit der Hermeneutik, mit der Ausarbeitung von Entscheidungskriterien, mit der Ausarbeitung der Verfahrensmethodik und dem geschichtlichen Studium älterer Rechtssysteme. In dem gesteckten Ziel der Vereinfachung der Wissenschaft als Ganzes muß eine interfakultative Vereinfachung zu den Aufgaben gehören. Die Vernetzung des Rechtswesens mit den Ergebnissen der Psychologie, Pädagogik (z.B. Wirksamkeit und Methoden der Strafen) und der Verhaltensforschung gehören damit zu einer modernen Rechtswissenschaft.

Zum Bereich der Universitäten gehören auch die theologischen Fakultäten. Die Universität strebt nach der Universitas aller Wissensgebiete. Damit sollten wir auch versuchen, die *Theologie* in die Wissenschaftsdefinition einzuschließen. Der theologische Begriff der Seele läßt sich auch mit modernen Anschauungen aufrechterhalten. Sitz des Verstandes ist die Neocortex. Durch ihre Größe unterscheidet sich der Mensch wesentlich von anderen Tieren. Daneben laufen aber auch bei ihm viele Funktionen in dem innerhalb der Evolution viel älteren limbatischen Gehirn ab (vgl. z.B. die allgemeinverständliche Darstellung bei *Koestler* 1968). Als Aufgabe einer wissenschaftlichen Theologie könnte man also ansehen: die Aufstellung von Gesetzmäßigkeiten, um die Seele des Menschen zu beschreiben und ihr Verhalten vorauszusagen. Eine Frage hierzu wäre z.B., nach den Zusammenhängen zwischen den in allen Völkern vorhandenen personifizierten Gottesvorstellungen und dem Erleben in den ersten beiden Lebensjahren, in denen bei allen Schwierigkeiten überdimensionale Wesen, die Eltern, auftauchen und hilfreich eingreifen. Auch in der Theologie kann man ein solches Ziel sicher nur schwer trennen von der Motivierung vieler Theologen, durch Aufstellung oder Auslegung von Dogmen, das menschliche Leben und Zusammenleben zu erleichtern und vorauszusagen. Die Forderung der Einfachheit würde jedoch auch hierbei den Vergleich verschiedener Religionen und die Auflösung der Grenzen mit anderen Disziplinen wie z.B. der Psychologie fordern. Die Schwierigkeiten der Grenzziehung zu den Naturwissenschaften ist heute ein sehr akutes Problem für viele Religionen. Die Religionen sind viel älter als die Naturwissenschaft. Sie hatten sich daher auch mit Weltbildern über die Natur befaßt, um die Angst des Menschen vor dem

Ungewissen zu dämpfen. Diesen Bereich haben aber die Naturwissenschaften übernommen. Da religiöse Dogmen nicht genügend von dogmenhaften Naturvorstellungen abgetrennt worden sind, sind hieraus für viele Menschen ernsthafte Krisen der Religionen entstanden.

Nachdem heute in keiner Gesellschaft eine Religion eine Monopolstellung beanspruchen kann, ist fraglich, ob die Bevorzugung einer bestimmten Religion zu den Aufgaben einer wissenschaftlichen Religion und damit der theologischen Fakultäten gehören kann. Anhänger von einzelnen Weltanschauungen könnten daraus die Errichtung von entsprechenden weltanschaulichen Fakultäten ableiten, z.B. für Marxismus. Zur Aufrechterhaltung der Universitas wäre zu überlegen, ob die Ausbildung zum Priester einer bestimmten Religion nicht besser Priesterseminaren überlassen bleiben sollte, ähnlich wie bis in jüngste Zeit die naturwissenschaftliche Ausbildung von der eigentlichen Lehrerausbildung in der Referendarzeit getrennt war.

Ich sehe keinen Vorteil darin, daß man umgekehrt nun dazu übergeht, an den naturwissenschaftlichen Fachbereichen die eigentlich wissenschaftliche Ausbildung von der Lehrerausbildung zu trennen. Die bisherigen Erfahrungen haben mich nicht überzeugt. Im Gegenteil, in entsprechenden neuen Lehrerausbildungszentren an den Hochschulen besteht die große Gefahr, daß Praktiker zum Ausbilder werden, die die betreffende Wissenschaft gar nicht richtig verstanden haben. So gibt es Schulbücher und Richtlinien für den Physikunterrricht, die die Mechanik und damit die Erklärung des Energie- und Kraftbegriffes am Schluß der Ausbildung bringen, aber beide Begriffe vorher laufend benutzen. Ebenso inkonsequent und gefährlich erscheint der Versuch, jegliche Mathematisierung aus der Schulphysik fortzulassen. Mit beiden Kompromissen ist das, was dann gelehrt wird, eigentlich keine Physik mehr.

Mir erscheint daher in beiden Fällen — der Lehrer- und Pfarrerausbildung — es für wesentlich besser, wenn man eine wissenschaftliche Ausbildung an einer Hochschule vorausschicken würde und dann die eigentliche Berufsausbildung auf speziellen Seminaren vorantreiben würde.

Für die *Technik* hat sich bisher als die wirksamste Ausbildung erwiesen, wenn man nicht den Weg einer technischen Berufsausbildung geht, sondern eine möglichst allgemein gehaltene wissenschaftliche Ausbildung als Grundlage vornimmt. Sollten unsere Kirchen nicht auch eine gemeinsame wissenschaftlich angelegte Theologie-Ausbildung für zukünftige Pfarrer aller Konfessionen versuchen?

In unseren allgemeinen Rahmen würde der Versuch einer Beschreibung der *Geisteswissenschaften* passen:

Die Geisteswissenschaften streben nach möglichst einfachen Gesetzmäßigkeiten, um den menschlichen Geist zu beschreiben und sein Verhalten als den subjektiven Mittelpunkt seiner Umwelt vorauszusagen. Vgl. hierzu das Wort *Fichtes* (1794) „Die Philosophie lehrt uns, alles im Ich aufzusuchen. Erst durch das Ich kommt Ordnung und Harmonie in die tote formlose Masse'

Ein Teil der Geisteswissenschaften bildet die *Geschichte*. Für sie ist der Begriff der Einfachheit bis heute umstritten. *Plato* verlangte von der Wissenschaft in seinem „Staat": Das Gute schauen zu lernen „um" die Seele aufwärts zu wenden". So zog *Friedell* (1927) den Schluß, sofern Geschichtsbeschreibung einen künstlerischen oder einen moralischen Charakter hat, folgt daraus, „daß sie keinen wissenschaftlichen Charakter hat". Wenn Wissenschaft bedeutet, die unübersehbare komplexe Wirklichkeit durch Abstraktion durch vereinfachte Schemen zu beschreiben, so gibt es für eine wissenschaftliche Geschichte kaum objektive Kriterien für diese Abstraktion. *Friedell* formuliert daher extrem: „sobald die referierende Geschichtsschreibung versucht, eine Wissenschaft zu sein, hört sie auf, objektiv zu sein, und sobald sie versucht objektiv zu sein, hört sie auf, eine Wissenschaft zu sein" (*Friedell* 1927).

Nach *Klaus Müller* sind die Ergebnisse der Historiker zeitabhängig (*Klaus Müller* 1973). Für die Historiker hat die Zeit daher quasi zwei Dimensionen: die physikalische Zeit und die Zeit der Berichterstattung. Man könnte nun dazu neigen, eine Trennung der Historie in eine reine Berichterstattung von Fakten und historischen Funden (Urkunden, Ausgrabungen etc.) einerseits und von Interpretationen andererseits zu fordern. Aber selbst der journalistischen Berichterstattung der Tagesgeschichte gelingt diese Trennung bisher kaum. In jeder Zeitung sind Information und subjektive Interpretation des Redakteurs meist stark vermischt. Das etwas objektivierte Verfahren der Information der Tagesnachrichten im Rundfunk wird bereits im Fernsehen bei der Tagesschau ständig durchbrochen durch die Mischung von Nachrichten und Kommentar. Vom Standpunkt eines Naturwissenschaftlers gibt es demnach für die Historiker noch viel zu tun, um objektivere Methoden zu finden, das Verhalten der Menschen zu gewissen Zeiten zu beschreiben. Von einer wissenschaftlichen Geschichte der Zukunft sollte man fordern, daß sie auf Grund der Beschreibung früherer Zeiten Schlüsse zieht, um das Verhalten der Menschen in der Zukunft vorauszusagen. Dies wäre eine interfakultative Aufgabe zusammen mit der Psychologie. Wie weit wir noch von dieser Aufgabenstellung entfernt sind, zeigt die Vermutung vieler Menschen, in gewissen Begebenheiten der Hitlerzeit und einigen Ausschreitungen der Gegenwart Parallelen zu sehen. Über derartige Vermutungen pflegt es heftigen Streit zu geben. Die Wissenschaft sollte zur Klärung dieses Streites Methoden ausarbeiten. Dies wäre eine überaus verdienstvolle Aufgabe, insbesondere vom Standpunkt der Menschen, die von der Wissenschaft die Zielsetzung der Erleichterung des menschlichen Lebens erwarten.

Gerade aus dem Bereich der *Philosophen* kommen immer wieder Forderungen nach derartigen Zielsetzungen der Wissenschaft. „Wenn meinem gesamten Wissen nichts außer dem Wissen entspricht, so finde ich mich um mein ganzes Leben betrogen ... Nicht bloßes Wissen, sondern nach deinem Wissen *tun* ist deine Bestimmung" *(Fichte)*.

Die *Philosophie* (wörtlich Weisheitsliebe) hatte lange das Ansehen der Königin der Wissenschaften. Sie bemüht sich um das Wesen und die letzten Zusammenhänge des Seins und damit um die Grundsätze der Lebensführung. Sie zählt damit auch zu ihren Aufgaben die Untersuchung der gemeinsamen Fundamente aller Wissenschaften. Teilgebiete hierfür sind Logik und die Erkenntnistheorie. Die Philosophie versucht auch in der Ethik die Gesetze des Wollens und des Handelns aufzustellen oder nach den Gesetzmäßigkeiten des Schönen in der Ästetik zu suchen. Die Bedeutung der Philosophie ist geschichtlichen Wandlungen unterworfen. Zur Zeit hat man als Naturwissenschaftler den Eindruck, daß die Aufnahme der Ideen der modernen Naturwissenschaften in die Philosophie etwas nachhinkt bzw. erst in den Anfängen steht.

Russell hat als Philosoph in einem Interview 1959 eine eigenwillige Definition der Philosophie gegeben: „Wissenschaft ist, was wir wissen, und Philosophie ist, was wir nicht wissen ... Philosophie aus Spekulationen über Dinge besteht, bei denen exakte Kenntnisse noch nicht möglich sind ... aus diesem Grunde gehen ständig Fragen aus der Philosophie in die Wissenschaft in dem Maße über, wie unser Wissen fortschreitet". (*Russell* 1976). Hier ist allerdings zu beachten, daß der Sinn dieser Aussagen in der Übersetzung dadurch beeinflußt wird, daß wir im Deutschen science nicht ohne Einschränkungen mit Wissenschaft übersetzen können.

Zu den Aufgaben der Geisteswissenschaften gehört auch eine Analyse der Bestätigung des menschlichen Geistes in der Wissenschaft. „Wie ist Gehalt und Form einer Wissenschaft überhaupt, d.h. wie ist Wissenschaft selbst möglich? Etwas, worin diese Frage beantwortet würde, wäre selbst eine Wissenschaft, und zwar die *Wissenschaft von der Wissenschaft* überhaupt" *(Fichte* 1794). Es ist demnach nicht richtig, wenn *Dobrow* (1974) meint, der Ausdruck Wissenschaft von der Wissenschaft stamme von *Ossowski* (1936) oder von *Kotarbinskij.*

Fichte bezeichnete diesen Bereich als Wissenschaftslehre. Für den Bereich der Naturwissenschaften spricht man heute von Naturphilosophie (philosophy of science). *Mohr* 1967 spricht von „der Theorie der Theorien". In der modernen Philosophie hat sich die sogenannte Wissenschaftstheorie als eigene Fachrichtung etabliert (vgl. *Stegmüller* 1969 – 1970).

Aufgabe der *Kunstwissenschaft* wäre eine Analyse des menschlichen Gemütes in ihrer künstlerischen Betätigung, wobei wiederum eine Analyse, welche Technik, welche Effekte erzielt, sehr eng mit der Berufsausbildung des Künstlers verzahnt wäre. Im Sinne einer Sozialphilosophie und der Pädagogik könnte man es als eine Aufgabe der Kunst ansehen, durch Kunstwerke und durch künstlerische Betätigung das menschliche Leben und das Zusammenleben zu erleichtern. Ähnlich wie bei der Technik könnten entsprechende Kenntnisse sowohl zum Nutzen als auch zum Schaden des Menschen eingesetzt werden. Auch auf diesem Gebiet benötigen wir mit fortschreitenden Kenntnissen immer notwendiger steigende Verantwortlichkeit (vgl. Kap. 4).

Dies gilt selbst für die *Soziologie,* die sich bemüht, die Gesetzmäßigkeiten des menschlichen Zusammenlebens zu beschreiben und vorauszusagen. Ähnlich wie in der Medizin sind ihre experimentelle Nachprüfungen von Theorien ethisch begrenzt. Das Verhalten größerer menschlicher Gruppen hat bei einigen Parametern unter Umständen große Zeitkonstanten, so daß man falsche Theorien u.U. erst nach Jahren als falsch erkennen kann. Es fehlen zum Teil auch einfache objektive Maßstäbe, um richtig und falsch zu diagnostizieren.

Mit diesen Anregungen wollen wir uns begnügen. Zusammenfassend läßt sich sagen, daß wir in der Gestaltung der einzelnen Wissenschaftsdisziplinen bereits sehr große Fortschritte erreicht haben. Die Fortschritte sind in den einzelnen Fachgebieten zwar verschieden. Am geringsten sind die Fortschritte und am größten die Aufgaben in der Vereinfachung der Wissenschaft als Ganzes durch Zurückführung der Erfahrungen der einzelnen Gebiete auf gemeinsame Grundprinzipien. Die Unruhen der Gegenwart ließen erhoffen, daß für diese Aufgabe augenblicklich etwas getan wird. Neben positiven Ansätzen in dieser Richtung werfen uns starke Emotionen aber auch leider auf diesem Gebiet zurück. Die verschiedenen Methoden der einzelnen Wissenschaftsdisziplinen – wie z.B. in Geistes- und Naturwissenschaften – erschweren den Aufbau einer allgemeinen universalen Wissenschaft. Man kann schwerlich Aussagen aus beiden Gebieten miteinander mischen. Zunächst müssen wir vor allem darauf achten, daß Aussagen eines Gebietes sich nicht mit Aussagen des anderen widersprechen.

1.9. Zusammenfassung

1. Die gegenwärtige Epoche wird als Zeit der Naturwissenschaft und Technik in die Kulturgeschichte eingehen.
2. Wissenschaft ist das Streben, möglichst einfache Gesetzmäßigkeiten aufzustellen, um die Menschen und ihre Umwelt zu beschreiben und ihr Verhalten vorauszusagen.
3. Naturwissenschaft ist das Streben, möglichst einfache Gesetzmäßigkeiten aufzustellen, um unsere durch die Natur bedingte Umwelt zu beschreiben und ihr Verhalten vorauszusagen. Die Physik bemüht sich, möglichst einfache Gesetzmäßigkeiten aufzustellen, um die Kräfte der Natur zu beschreiben und ihre Wirkungen vorauszusagen.
4. Kontrolle auf Richtigkeit und Optimierung physikalischer Theorien erfolgen nach dem Zyklus:
   a) Beobachtung der Natur
   b) Ordnung der Beobachtungen nach Grundprinzipien
   c) Voraussagen des Verhaltens der Natur auf Grund der erhaltenen Grundprinzipien
   d) Prüfung der Richtigkeit der Voraussagen durch Experimente bzw. Beobachtungen.
5. Unter Einfachheit versteht die Physik: Rückführung auf möglichst wenige mathematische Gleichungen. Die Physik versucht zu beschreiben, *wie* die Natur abläuft und fragt nicht, *warum* sie gerade so und nicht anders läuft.
6. Innerhalb der mathematisierten Wissenschaft ist es möglich zu klären, was richtig und was falsch ist. Diese Methode gehört zu den größten Taten des menschlichen Geistes.
7. Unter Objektivität versteht man in den Naturwissenschaften Aussagen, die für alle Subjekte zugleich vorhanden oder feststellbar sind, d.h. vom jeweiligen Subjekt unabhängig kontrolliert werden können. Kontrolle durch Experimente erfolgt meist mit Paarvergleichen.
8. Freiheit der Wissenschaft bedeutet Freiheit des Lehrgebäudes von weltanschaulichen oder religiösen Wertmaßstäben.
9. In den Naturwissenschaften besteht eine januskopfförmige Einheit von Theorie und Praxis. Die Forderung der Voraussagbarkeit dient zunächst der Prüfung der Theo-

rie; sie ist aber gleichzeitig brauchbar um vorauszusagen, wie die Natur optimal für den Menschen ausgenutzt werden kann.

10. Wegen der Einheit von Theorie und Praxis eignet sich ein Studium der Naturwissenschaften auch zur Ausbildung für naturwissenschaftlich-praktische Berufe. Ein wissenschaftliches Studium ist sogar für sehr viele Berufe der Praxis optimal.

11. Naturwissenschaftliche Berufsausbildung durch reine Wissensvermittlung ist nicht optimal. Man muß auch lernen, wie ein Mensch sich in dem System der Wissenschaft bewegt und neue kreative Wege finden kann. Kreative Neuschöpfungen können auch in den Naturwissenschaften unter Beteiligung emotionaler Ebenen ablaufen. Diese Fähigkeiten können erlernt werden durch Zusammenarbeit mit erfahrenen Wissenschaftlern in der Forschung.

12. Wie für die Physik kann die oben gegebene Wissenschaftsdefinition auf die übrigen Fächer entsprechend variiert werden. Unter Technologie können wir z.B. das Ringen verstehen, die technische Manipulation der Natur mit naturwissenschaftlichen Gesetzmäßigkeiten zu beschreiben und optimale Bedingungen vorauszusagen. Die Technologie muß sich als Grenzgebiet auch mit soziologischen Fragen auseinandersetzen. In einigen Fächern wie z.B. Medizin ist eine Trennung von Wissen und Tun unschärfer als in den Naturwissenschaften.

So groß die Erfolge in wissenschaftlichen Fachdisziplinen sind, so stehen noch große Aufgaben vor uns, um zu einer einfachen Universalwissenschaft zu kommen, die alles Wissen auf wenige gemeinsame Grundprinzipien zurückführt.

2. Zu welchem Zweck studieren wir?

2.1. Brotgelehrte und Philosophen nach Schiller

Im November 1789 hielt *Friedrich Schiller* in seiner Jenaer Privatwohnung als neuer Universitätslehrer eine Antrittsvorlesung. Er sprach zum Thema: *„Was heißt und zu welchem Ende studiert man Universalgeschichte"*? Diese Titelwahl sollte zum Vorbild für alle Hochschullehrer werden. Leider sind jedoch nur sehr wenige diesem Beispiel gefolgt. Entsprechend findet man in der Literatur nur spärliche Antworten auf diese Frage dieses II. Kapitels. *Schiller* teilte die Studenten in zwei Gruppen mit verschiedenen Zielsetzungen ein, in die „Brotgelehrten" und die „Philosophen". Der Brotgelehrte aus *Schillers* Sicht studiert, um später mit seinem Wissen Versorgung, fremde Anerkennung, Ehrenstellen, Gold, Zeitungslob oder Fürstengunst zu erwerben. Er interessiert sich nur wenig für spätere Erweiterungen seines Wissens. Neuerungen der Wissenschaft erscheinen ihm lästig wegen des notwendigen neuen Lernaufwandes. Für *Schiller* waren derartige „Brotgelehrte" verachtenswerte Menschen. Auch *Buchwald*, der vor einigen Jahren (1947) *Schillers* Frage auf die Physik zu übertragen versuchte, meinte noch „Wir sehen von denen ab, die Physik als Brotstudium ergreifen und betreiben, sie stehen unterhalb des Nullpunktes unserer Wertskala". Diese Abwertung erscheint kurios, vor allem wenn sie aus dem Munde eines beamteten Physik-Professors kommt. Wer ist wirklich frei vom Trieb nach Anerkennung? Wenn jemand ausgefüllt ist vom Hang, für andere etwas zu leisten und er sucht dann einen gewissen Resonanzboden der Gemeinschaft für die für die Gemeinschaft getane Arbeit, sollten wir uns auch von solchen Menschen distanzieren? Fast alle Wissenschaftler fallen in diese Kategorie. Jeder Organisator von wissenschaftlichen Tagungen weiß dies. Vortragende für Tagungen sind viel leichter zu bekommen als Zuhörer. Kann nicht auch Broterwerb Dienst an der Gesellschaft sein? Ein Dienst, der Gesellschaft etwas zurückzugeben für Leistungen wie Nahrung, Kleidung, Wohnung, Bildung oder die überlieferte und mühsam erworbene Kulturstufe, die die Gesellschaft dem Betreffenden vermittelt hat. Broterwerb gehört zum Menschsein. Oder entspricht etwa ein reicher Erbe, der Broterwerb nicht nötig hat, mehr unseren Idealen? Broterwerb bedeutet eigentlich Pflicht, für die Gesellschaft etwas zu tun. Diese gibt als Tauschwert dafür Geld, mit dem das Individuum seine Existenz bestreitet. Weniger sozial lebende Lebewesen – wie die meisten Tierarten – müssen direkt ihr Brot, ihre Nahrung suchen. Die sozial organisierten Menschen können ihr „Brot" indirekt über andere Leistungen erwerben. Der „Broterwerb" gehört daher zu den Urtrieben aller Lebewesen, in welche die Menschen eingeschlossen sind. *Voltaire* ging daher sogar soweit zu behaupten „Arbeit ist das Los aller Sterblichen, sie befreit die Seelenkräfte und macht glücklich". Menschen, die sich durchs Leben schlagen, indem sie das komplizierte System unserer Gesellschaft möglichst ohne Gegenleistungen für die Gesellschaft für sich ausnutzen, empfinden wir doch eigentlich als parasitäre Auswüchse. Den Schwerpunkt der *Schiller*schen Abwertung des „Brotgelehrten" können wir eigentlich nur in dessen statischer Einstellung sehen, sofern er sich nicht um weitere Fortschritte der Wissenschaft kümmern will.

*Schiller*s Philosoph [1] wird dagegen von den Wissenschaften gefesselt, „die den Geist nur als Geist vergnügen" (*Schiller* 1789). „Alle seine Bestrebungen sind auf Vollendung seines Wissens gerichtet; seine edle Ungeduld kann nicht ruhen, bis alle seine Begriffe zu einem harmonischen Ganzen sich geordnet haben" (*Schiller* 1789). Im Gegensatz zum statisch orientierten Brotgelehrten sucht der *Schiller*sche Philosoph dynamisch nach ständiger Vollendung der Wissenschaft. „Sollte eine neue Gedankenreihe, eine neue Naturerscheinung, ein neu entdecktes Gesetz in der Körperwelt den ganzen Bau seiner Wissenschaft umstürzen, so hat er die Wahrheit immer mehr geliebt als sein System, und gerne wird er die alte mangelhafte Form mit einer neueren und schöneren vertauschen" (*Schiller* 1789). In diesem Sinn ist der „Philosoph" wissenschaftlich orientiert, er bemüht sich ständig um größere Einfachheit des wissenschaftlichen Systems, während der „Brotgelehrte" auch nach unserer Wissenschaftsdefinition kein Wissenschaftler ist. Er benutzt lediglich Werkzeuge der Wissenschaft, um damit leichter durchs Leben zu kommen.

Schon *Aristoteles* fordert als Ziel der Erkenntnis die Einsicht um ihrer selbst willen. Eine solche Einsicht sei das höchsterreichbare Gut, das allein das glückselige Leben verbürge. Ein erhabenes Glücksgefühl nach Lösung einer wissenschaftlichen Aufgabe ist für viele eine wesentliche Wurzel ihrer wissenschaftlichen Betätigung. „Ohne diesen seltsamen von jedem Außenstehenden belächelten Rausch, diese Leidenschaft ... hat einer den Beruf zur Wissenschaft nicht und tue etwas anderes" (*Weber* 1919).

Im Grunde ist *Schiller*s Zwei-Typen-Lehre der Wissenschaft eine Vorstufe von *Max Scheler*s (1960) Aufteilung der Wissenssoziologie in Denkhaltungen der Unterklasse und der Oberklasse. *Schiller*s Vorliebe für den philosophischen Typ entspricht einer reinen Oberklassenmentalität. *Büchel* (1974) hat kürzlich darauf hingewiesen, daß Naturwissenschaft gerade aus dem Zusammenfließen der handwerklichen pragmatischen Unterklassenmentalität mit der philosophischen theoretischen Oberklassenmentalität entstand. Die griechischen Gelehrten lebten in einer reinen Oberklassenmentalität und versperrten sich damit den leichten Zugang zu den Naturwissenschaften.

Wenn wir von jedem Menschen verlangen, daß er der Gesellschaft Gegenwerte liefert für die von ihr empfangenen Werte, so unterscheiden sich die beiden von *Schiller* diskutierten Typen nur darin, daß der Brotgelehrte das Wissen als Werkzeug für diesen Dienst benutzt, aber an einer Vervollkommnung dieses Werkzeuges nicht interessiert ist; dagegen arbeitet der Philosoph ständig an dieser Vervollkommnung. Natürlich sind die beiden Typen nur

---

[1] Die Bezeichnung „philosophisch" für das Streben „nach Erkenntnis der Wahrheit über alle Dinge" unter Zurücksetzung des Hanges nach „Geld und Ruhm" geht schon auf *Plato* zurück (Der Staat, 9. Buch VII).

Grenzfälle. In jedem Philosophen steckt ein Stück „Brotgelehrter". Aus *Schiller*s Vorlesung spricht etwas die auch heute noch weit verbreitete Ansicht, daß nur Wissenschaftler, die sich der reinen Wissenschaft — also der reinen Erkenntnis — verschrieben haben, eine besondere Elite darstellen. Auf einem Kongreß der Farbpigment-Techniker hat *Blom* (1962) einen genau entgegengesetzten Standpunkt vertreten: „Zwischen reiner und angewandter Wissenschaft ist wohl zu unterscheiden. Erstere arbeitet gewissermaßen für sich selber und findet ihre Wertordnung im vorliegenden System; die andere ist bewußt praktischer Natur, arbeitet folglich für die Allgemeinheit und sucht ihre Wertordnung außerhalb des Systems". Im gleichen Sinn kann man beobachten, daß Grundlagenwissenschaftler stark vom Trieb der Publikation und der damit gesuchten Selbstbestätigung angetrieben werden, während Techniker meist anonym bleiben. Ein Grundlagenwissenschaftler kann nach *Schiller*s Kategorien hinsichtlich der Ruhmsucht also unter Umständen eher ein „Brotgelehrter" sein als mancher Techniker.

Schiller hat die beiden Klassen etwas einseitig vom Standpunkt der Wissenschaft gesehen. Werturteile vom Standpunkt der Gesellschaft sollte er nur soweit fällen, als er auf *die* „Brotgelehrten" herabsieht, die mit dem Wissen rein egoistische Ziele verfolgen wollen. Die Schlagworte Broterwerb, Versorgung und Ruhm sind nicht gerade gut gewählt. Wir müssen nun umgekehrt fragen, wieweit denn nicht auch der reine Wissenstrieb des Philosophen ein rein egoistischer Trieb des Individuums sein kann. Diese Frage ist in unserer Zeit akuter als zu *Schiller*s Zeiten. Damals konnte man — sofern eine gewisse Grundausbildung erreicht war — sich weitgehend alles vorhandene Wissen durch Selbststudium aneignen. Heute ist dies in Fächern, die eine weit vollendetere Stufe erreicht haben, kaum noch einem Durchschnittsmenschen möglich. Natürlich gehört der Wissenstrieb zu den Grundtrieben aktiver Menschen. Der Physiker *Wolfgang Pauli* spricht zum Beispiel von der „Beglückung", die der Mensch beim Verstehen, d.h. beim Bewußtwerden einer neuen Erkenntnis empfindet" (vgl. *Heisenberg* 1971). Oder *Max Born* (1969) betont die Freude, den Spaß und das Vergnügen in der Forschung. „Es besteht in dem Gefühl, in das Mysterium der Natur einzudringen, ein Geheimnis der Schöpfung zu lüften und etwas Sinn und Ordnung in einen Teil der chaotischen Welt zu bringen". Die Naturwissenschaften, deren Wissen offenbar stärker kumulativ ist, vergleicht *Born* mit der Philosophie, die für ihn „keinen ständigen Fortschritt zu tieferer Erkenntnis" bringt; „die Naturwissenschaft hingegen vermittelt mir das Gefühl eines ständigen Fortschrittes". Schon in jedem Kind wird deutlich manifestiert, daß ein Teil des homo sapiens der homo investigans ist.

Im Grundgesetz der Bundesrepublik Deutschland wird in Art. 5 diesem Trieb ein Anrecht des freien Zuganges „sich aus allgemein bildenden Quellen ungehindert zu unterrichten" gewährt. Zu *Schiller*s Zeiten mußte der „Philosoph" soweit er eines Lehrers bedurfte, diesen selbst bezahlen. Ist das Grundgesetz nun so auszulegen, daß jeder auch ungehinderten und freien Zugang zu Lehrern hat? Diese Frage ist sicher allgemein zu verneinen. Es wird wohl kaum jemand auf die Idee kommen, von der Gesellschaft zu verlangen, kostenlos, nur zur Befriedigung des Wissensdurstes als Jet-Pilot ausgebildet zu werden. Die Kosten für ein Studium sind heute jedoch kaum geringer als die einer Jet-Fliegerausbildung. Pro Student und Jahr werden heute mittlere Ausgaben von DM 10 000.— errechnet. Soweit der Lebensunterhalt des Studenten nicht ohne große Einbußen durch die Angehörigen getragen werden kann, erhöhen sich die angegebenen Kosten durch Stipendien. Für ein abgeschlossenes Studium zahlt die Gesellschaft etwa DM 100 000.—. Man könnte versuchen, ein Anrecht hierauf aus dem Grundgesetz abzuleiten. Im Artikel 12 heißt es: „Alle Deutschen haben das Recht, Beruf, Arbeitsplatz und Ausbildungsstätte frei zu wählen". Oder im Artikel 2 steht: „Jeder hat das Recht auf die freie Entfaltung seiner Persönlichkeit". Doch ist hier schon eingeschränkt „soweit er nicht die Rechte anderer verletzt ... oder gegen das Sittengesetz verstößt". Man stößt schon auf Grenzen, wenn man bedenkt daß die Kosten für einen Studenten ca. 6 Arbeiter mit ihrem Steueraufkommen tragen müssen. Im Grundgesetz steht zwar die freie Wahl der Ausbildung, aber nichts von freier Ausbildung.

2.2. Der „soziale Gelehrte"

Ähnliche Fragen, ob denn *Schiller*s Philosophentyp heute wirklich für uns ideal sein kann, treten für jeden wissenschaftlich tätigen Experimentator auf; z.B. kosten die Experimentieranlagen in der Kernphysik große Geldsummen, die bis in die Millionen gehen oder bei der Raumfahrtforschung sogar in die Milliarden.

Schiller hat in seiner Antrittsvorlesung zunächst die zwei Typen lediglich nach der Motivierung eingeteilt. Im Laufe der Vorlesung weist er ausdrücklich auf soziale Aufgaben hin, die mit Geschichtskenntnissen erfüllt werden können. Er sieht als Idealist in allen Leiden der Menschheit einen Trend, daraus zu lernen. Im Ablauf der Geschichte sieht er ein Aufwärts zu einem besseren Leben. „Selbst in den alltäglichen Verrichtungen des bürgerlichen Lebens können wir es nicht vermeiden, die Schuldner vergangener Jahrhunderte zu werden" (*Schiller* 1789). „Unser menschliches Jahrhundert herbeizuführen, haben sich — ohne es zu wissen oder zu erzielen — alle vorhergehenden Zeitalter angestrengt. Unser sind alle Schätze, welche Fleiß und Genie, Vernunft und Erfahrung im langen Alter der Welt endlich heimgebracht haben ... kostbare Güter, an denen das Blut der Besten und der Edelsten klebt, die durch schwere Arbeit so vieler Generationen haben errungen werden müssen! Und welcher unter Ihnen ... könnte dieser hohen Verpflichtung eingedenk sein, ohne daß sich ein stiller Wunsch in ihm rege, an das *kommende* Geschlecht die Schuld zu entrichten, die er dem vergangenen nicht mehr abtragen kann? Ein edles Verlangen muß in uns entglühen, zu dem reichen Vermächtnis von Wahrheit, Sittlichkeit und Freiheit, das wir von der Vorwelt übernehmen und reich vermehrt an die Folgewelt wieder abgeben müssen, auch aus *unsern* Mitteln einen Beitrag zu legen und an dieser vergänglichen Kette, die durch alle Menschengeschlechter sich windet, unser fliehendes Dasein zu befestigen. Wie verschieden auch die Bestimmung sei, die in der bürgerlichen Gesellschaft Sie erwartet — etwas dazu beisteuern können Sie alle!" (*Schiller* 1789).

Schiller sieht also als Idealist es für selbstverständlich, daß der Philosoph — sobald er sich zu diesem Typ entschieden hat — mit seinem Wissen für das Wohlergehen der Menschheit arbeitet. Einen solchen Wissenschaftler würden wir heute sozial nennen. Wir würden heute eher die beiden von *Schiller* diskutierten Typen als egoistische und soziale Gelehrte bezeichnen.

Diese Zielsetzung des sozialen Gelehrten finden wir in verschiedensten Quellen. So steht in der von *Chr. Wren* im 17. Jahrhundert verfaßten Charter der Royal Society: ,,And have by their labour in the disquisition of Nature to prove themselves real benefactors of mankind". Oder *Macauly* sprach am Anfang der Viktorianischen Zeit von: ,,function of science was to be a universal benefactor of humanity".

Die Universität Heidelberg verlangte zur Zeit der feierlichen Immatrikulation von ihren Studenten das Gelöbnis:
,,Ich verpflichte mich . . .
allezeit mein Wissen nach besten Kräften zu mehren,
dem Geist der Wissenschaft zu huldigen
im Dienst der Wahrheit zum Wohle der Menschheit,
und damit auch meinem Vaterlande
am besten zu dienen".

Die Idee, mit einer feierlichen Verpflichtung eine Partialethik für einen bestimmten Berufsstand zu schaffen, geht wohl auf *Hippokrates* zurück. Mit der Formulierung des hippokratischen Eides gelang es über mehrere Jahrtausende, die Ärzte auf eine besondere Verantwortlichkeit in Ausübung ihres Wissens aufmerksam zu machen. Der Eid [1]) lautet:

,,Nach bestem Wissen und Können werde ich auch meine Anweisungen nur zum Nutzen der Kranken erteilen. Nie werde ich ihnen irgendwie Schaden oder Unrecht antun.
Todbringendes Gift werde ich niemandem verabreichen, selbst wenn ich darum gebeten werden sollte; ich werde auch keinen Rat in dieser Hinsicht erteilen. Niemals auch werde ich ein keimendes Leben im Mutterleib töten.
Rein und unbescholten will ich in Ausübung meiner Kunst mein Leben verbringen.
Wenn ich ein Haus betrete, so soll es nur zum Heil der Kranken geschehen. Frei will ich mich dabei halten von jedem Unrecht und jeder Schädigung anderer, auch von jedem Liebesverkehr mit Frauen oder Männern, sie seien Freie oder Sklaven . . .".

Natürlich gab und gibt es immer Ärzte, die gegen diesen Eid verstoßen. Trotzdem hat er als die Aufstellung einer gewissen Richtschnur für die Unterscheidung von Gut und Böse im ärztlichen Beruf sicher sehr viel Gutes bewirkt und hat wesentlich zur Ausbildung des ärztlichen Gewissens beigetragen.

Der Beruf des Naturwissenschaftlers ist sehr viel jüngeren Datums als der ärztliche Beruf. Es wurde daher bis zum Abwurf der beiden Atombomben

---

[1]) Übersetzung von *Ludwig Kahl* (München)

im zweiten Weltkrieg kaum etwas Ähnliches zwischen den Naturwissenschaftlern diskutiert. Sie betrachteten ihren Beruf bisher vorwiegend als jenseits aller Emotionen liegend und daher als wertfrei. Moral und Ethik waren für sie Dinge, die erst dort anfingen, wo ihr Beruf aufhörte. Zur Tragik dieser heutigen Situation gehört es, daß gerade die Wissenschaftler, die mit großer Besessenheit sich nur ihrem Beruf widmen und alle anderen Gedanken ausschalten, die größte Chance neuer Entdeckungen haben. Die Naturwissenschaft ist auf einer so vollendeten Stufe, daß Neuerungen meist nur noch nach sehr hohem Einsatz zu erwarten sind. Trotzdem müssen wir versuchen, auch den letzten Wissenschaftler zum Nachdenken über sein Tun zu bringen. Der weltabgewandte Wissenschaftler des 20. Jahrhunderts, der nur dem faustischen Drange nach Erkenntnis leben will, kann nicht mehr „erlöst" werden, wenn er sich nicht der Verantwortung vor den Folgen seines Tuns stellt. Wir können heute Wissenschaft nicht mehr als Selbstzweck sehen.

Um die Diskussion anzuregen, hatte ich 1962 versucht, in Anlehnung an den hippokratischen Eid der Ärzte ein ähnliches Gelöbnis für Naturwissenschaftler zu formulieren (*Luck* 1962):

„Nach bestem Wissen und Können will ich mich bemühen, meine Kenntnisse zum Wohl der gesamten Menschheit einzusetzen. Ich werde danach streben, ihr nie Schaden oder Unrecht anzutun. Naturwissenschaftler sein bedeutet für mich, mit allem meinem Wissen für die Optimierung der Erkenntnis und für die weitest mögliche Erhaltung der Natur einzutreten".

Nach dem Motto: „was neu ist, ist nicht gut"; und „was gut ist, ist nicht neu" lernte ich nach Einsendung meines ersten Manuskriptes, daß diese Idee eines hippokratischen Eides für Naturwissenschaftler schon vor mir zwei andere Kollegen publiziert hatten. So hatte z.B. *Weltfish* (1946) den folgenden „Eid des homo sapiens" vorgeschlagen:

„Ich gelobe, daß ich mein Wissen zum Besten der Menschheit gegen die Zerstörung und die Machtgier gebrauchen werde, daß ich ferner mit allen Fachgenossen einer jeden Nation, eines jeden Glaubens und jeder Farbe für diese unsere gemeinsamen Ziele zusammenarbeiten werde".

Unabhängig davon publizierte *Fürth* (1956) folgenden Vorschlag für einen hippokratischen Eid für Naturforscher:

„Da ich mir bewußt bin, daß meine wissenschaftlichen Kenntnisse mir erhebliche Macht über die Naturkräfte gegeben haben, gelobe ich, diese Kenntnisse und diese Macht nach bestem Wissen und Gewissen ausschließlich für die Wohlfahrt der Menschheit anzuwenden und mich jeder wissenschaftlichen Tätigkeit zu enthalten, die, soweit es mir bekannt ist, für schädigende Zwecke bestimmt ist".

Wir werden im Kapitel 4 auf die Wirkung derartiger Gelöbnisse ausführlicher zu sprechen kommen. Natürlich leben wir heute nicht mehr in einer Zeit feierlicher Gelöbnisse. Trotzdem sollte man die Wirkung derartiger Diskussionen nicht unterschätzen. Hierzu nur ein Wort von *Ortega y Gasset*: „Wenn der Leser einen Augenblick darauf verwendet, sich selbst zu analysieren, wird er mit Erstaunen – vielleicht mit Entsetzen – entdecken, ein wie großer Teil seiner Meinungen und Gefühle nicht ihm gehören, nicht spontan auf seinem eigenen persönlichen Boden gewachsen, sondern Allgemeingut ist, das aus der sozialen Umwelt in die Schale seiner Seele fällt wie der Staub des Weges auf den Fußgänger". Es kommt uns an dieser Stelle nur darauf an, hinzuweisen, daß in derartigen Versuchen die Zielsetzung des Wohlergehens der Menschheit häufig zu finden ist.

Neben individuellen Versuchen können wir noch auf einige entsprechende Ansätze wissenschaftlicher Vereinigungen hinweisen. Am weitesten ist in dieser Richtung die Deutsche Physikalische Gesellschaft gegangen, die als § 2 in ihre Satzung aufgenommen hat:

„Die Gesellschaft verpflichtet sich und ihre Mitglieder, für Freiheit, Wahrhaftigkeit und Würde in der Wissenschaft einzutreten und sich dessen bewußt zu sein, daß die in der Wissenschaft Tätigen für die Gestaltung des gesamten menschlichen Lebens in besonders hohem Maße verantwortlich sind".

Es ist sehr gut, daß derartige Überlegungen in Satzungen aufgenommen werden. Wir sind aber oft noch weit von ihrer Realisierung entfernt, hierzu muß sich erst allmählich das entsprechende Bewußtsein herausbilden. So ist mir ein Fall persönlich bekannt, daß jemand von einer Zeitung gebeten wurde, diesen Satzungsteil der Physikalischen Gesellschaft in einem Zeitungsartikel öffentlich zu diskutieren. Sein Chef, der von derartigen Stärkungen des Individualismus gar nichts hielt, drohte mit beruflichen Nachteilen, wenn der Autor die Publikation nicht vor dem Druck zurückzöge. Als daraufhin zuständige Funktionäre der Gesellschaft auf ihren § 2 hingewiesen und in dieser Situation um Hilfe angegangen wurden, drückten sie sich mit Ausflüchten davor, im Sinne des § 2 ihrer Satzung nun konkret etwas zu tun.

Vielleicht ist es daher ehrlicher, wenn die Vereinigung Deutscher Ingenieure ihre „Verpflichtung des Ingenieurs" lediglich als Vorschlag publiziert hat (1950). Dort heißt es u.a.:

„Der Ingenieur übe seinen Beruf aus in Ehrfurcht vor den Werten jenseits von Wissen und Erkennen ... Der Ingenieur stelle seine Berufsarbeit in den Dienst der Menschheit und wahre im Beruf die gleichen Grundsätze der Ehrenhaftigkeit, Gerechtigkeit und Unparteilichkeit, die für alle Menschen Gesetz sind. Der Ingenieur arbeite in Achtung vor der Würde des menschlichen Lebens und in der Erfüllung des Dienstes an seinem Nächsten ... ".

Ähnlich unverbindlich hat die American Chemical Society 1965 einen Ehrencodex für Chemiker publiziert (vgl. *Luck* 1966):

„Als Chemiker habe ich die Verantwortlichkeit gegenüber meiner Wissenschaft durch Anwendung wissenschaftlicher Methoden sie ständig auf ihren vollendeten Wahrheitsgehalt zu prüfen und sie durch eigene Beiträge fruchtbar zu machen für das Wohl der Menschheit".

Zusammenfassend können wir also als ein Ziel der Beschäftigung mit der Wissenschaft den sozialen Gelehrten sehen. *Er studiert, um mit seinem Wissen für das Wohlergehen und die Erhaltung der gesamten Menschheit zu wirken.*

Dieses Resultat erscheint befriedigend, weil bei einer amerikanischen Meinungsumfrage 78% von den 50 verschiedenen Universitäten befragten 8000 Studenten als Motivation ihres Studiums angaben „einen Sinn und Zweck in meinem Leben zu erkennen". Demgegenüber gaben nur 16% als Studienziel an, viel Geld zu verdienen (*Frankl* 1974). Das Studienziel unseres sozialen Gelehrten kann auch zum Lebensinhalt werden. Freilich beruht mindestens für den großen Teil der naturwissenschaftlichen Studenten bei 78% ihr Studienziel eigentlich auf einem Irrtum. Ziel der Wissenschaft selbst kann nicht sein, dem Leben einen Sinn zu vermitteln. Das geht über die Wissenschaftsdefinition, die wir gegeben haben, hinaus. Derartige Diskussionen sollten auf einer anderen Ebene geführt werden und nicht in fachlichen Vorlesungen. Die erwähnte Meinungsumfrage bei Studenten erklärt, warum gerade unter ihnen der Marxismus so verbreitet ist. Er versucht, eine Weltanschauung zu geben, die die Studenten suchen. Hier mag eine Ursache für zahlreiche Studentenunruhen liegen. Die Studenten gehen an die Hochschule, weil sie einen Lebenssinn, eine Weltanschauung suchen, die Wissenschaft lehnt aber unter dem Einfluß des Positivismus diese Aufgabe ab. Dies Zeigt eindringlich, wie notwendig *Schillers* Vorbild ist, am Beginn des Studiums eine klare Wissenschaftsdefinition zu geben und auch vor Beginn der wissenschaftlichen Arbeit (oder daneben) jüngeren Menschen zu helfen, die Frage nach dem Sinn ihrer Arbeit und damit auch nach dem Sinn ihres Lebens zu finden.

Man kann während des naturwissenschaftlichen Studiums dann nur prüfen, ob das soziale Studienziel mit wissenschaftlichen Erfahrungen im Einklang steht. Hier erscheint die biologische Erfahrung hilfreich, daß in der Natur nicht das Individuum wichtig ist, sondern die Art.

2.2. Was ist Wohlergehen?

Mit dem in den oben diskutierten Beispielen gestellten Ziel, für das Wohlergehen der Menschheit zu arbeiten, das *Bosch* (1960) in die Worte gekleidet hat: „ . . . in erster Linie für das größere Morgen, weniger für das Heute gearbeitet werden muß", kann zwar jeder eine ungefähre Vorstellung verbinden. Jedoch müssen wir uns im Klaren sein, daß wir eigentlich nicht klar formulieren können, was wirklich das Wohlergehen der Menschheit ist.

In der Zeit der durch das zu schnelle Wachstum der Bevölkerung gefährdeten Umwelt können wir uns zunächst auf die Maxime des Überlebens als wichtigstes Ziel einigen. *Müller* (1973) betont daher das Prinzip Überleben als „das Prinzip künftiger Ethik". *Müller* sieht also in der Arterhaltung eine Randbedingung unserer Zeit. „Mit dem Begriff Randbedingung ist besonders angesprochen, daß Wissenschaft und Technologie in den Dienst genommen, aber nicht eingeschränkt werden dürfen, weil sonst ein Grundzug ihrer Struktur verletzt wird ... Wissen ist nicht ein Kapital, das man hat, sondern ein Vermögen, das man üben muß, man übt es in der Erprobung neuen Wissens" (*Müller* 1973).

Im gleichen Sinn liegt auch der Gedanke *Albert Schweitzers*, daß die *Ehrfurcht vor dem Leben* Grundlage jeder modernen Ethik sein muß. Auf der Suche nach darüber hinausgehenden Forderungen für das Wohlergehen, wird man an *Seneca* erinnert, der schon eine gewisse qualitas vitae für jeden einzelnen forderte. *J.K. Galbraith* hat diesen Begriff als *quality of life* 1963 wieder erneut in die Debatte geworfen. Auf einer internationalen Tagung der Society of Social Responsibility in Science in London 1972 wurde zwar lange vergeblich diskutiert, was man eigentlich unter quality of life verstehen müsse. Die Debatte wurde abgebrochen mit dem Ergebnis, man wisse ungefähr, in welcher Richtung man danach suchen müsse, man wolle sich aber zunächst auf die pragmatische Lösung von einfachen Nahzielen begnügen. Konsens wurde insofern erreicht, daß *quality of life* und *Humanität* eng benachbart seien.

Svovoda hat versucht in einem gleichnamigen Buche den Begriff *Qualität des Lebens* zu analysieren (1973). Er teilt das „Lebensglück" in drei Bereiche auf: 1. Lebensstandard im Sinne von Konsumstandard, 2. das Glück als subjektives inneres Erleben und 3. die Lebensqualität. Über die Erhöhung des Lebensstandards als erhöhtes Glück ist man heute geteilter Meinung. Wenn man sich dem demokratischen Prinzip unterwerfen will, so kann man freilich sich nicht über die Bedeutung des Lebensstandards hinwegsetzen. Das Zentrum für Zukunftsforschung Berlin hat 1971 eine Meinungsumfrage nach der Verbesserung der Lebensqualität durchgeführt. Auch hierbei ergab: ein Anteil von 24% Wünsche zur Verbesserung der materiellen Lebensqualität, 29% erstreckten sich auf physisch-körperliche Qualitäten (Gesundheit etc.), 26% auf geistige und 21% auf seelische Qualitäten. Die Wünsche sind also ziemlich gleichmäßig auf alle denkbaren Bereiche verteilt. *Epikur* hat freilich vor 2000 Jahren schon darauf hingewiesen: „Wenn du einen Menschen glücklich machen willst, dann füge nichts seinen Reichtümern hinzu, sondern nimm ihm einige von seinen Wünschen". Auch *Schopenhauer* stellte fest: „Die Zufriedenheit eines jeden beruht nicht auf einer absoluten, sondern auf einer bloßen relativen Größe, nämlich auf dem Verhältnis zwischen seinen Ansprüchen und seinem Besitz". Hierauf beruht letzten Endes die Idee des Buddhismus, der die Leiden der Menschen durch Sublimierung der Wünsche reduzieren will. Die im Buddhismus geforderte Entsagung von allen Wünschen würde aber in der letzten Konsequenz die Entsagung vom Leben selbst fordern. Die Wiedergeburt der Seele spielt dementsprechend im Buddhismus eine große Rolle, wobei die Befreiung von der Wiedergeburt als höchste Stufe der Erlösung lebensfremd bleibt. Diese Verneinung des Lebens geht für mich über die von einer Ethik zu suchenden Ziele hinaus.

Im „buddhistischen" Sinne von *Epikur* und *Schopenhauer* wird heute die Reklame als diabolisch hingestellt. Nun, von keiner privatwirtschaftlichen Firma wird man hier Entsagung erwarten können. Wenn Reklame nicht wirkungsvoll wäre, würden die Firmen nicht so viel Geld dafür investieren. Wenn eine Firma allein aus diesem Prinzip ausscheren würde, so würde sie damit ihre Existenz gefährden. Sollte aber ein Staat hier reglementierend eingreifen und Reklame verbieten, so wären sicher nicht die Firmen am bösesten darüber. Sie würden ja viel Ausgaben einsparen. Die Konsumenten wären sicher viel unzufriedener über eine derartige Entscheidung. Gehört ein Schaufensterbummel heute beinahe zu unserer Lebensqualität? Meist kommen Gegenstimmen aus Kreisen, die für eine stärkere Demokratisierung eintreten und hier eine Manipulation des Menschen sehen. Man muß aber betonen, daß der Konsummarkt einer der gesündesten demokratischen Prozesse ist. Der Käufer entscheidet täglich auf dem Markt, welchen Waren er Selektionsvorteile gibt. Er kann die Einhaltung von Versprechen der Werbung sehr viel schneller und sehr viel wirksamer prüfen als bei Wahlversprechen. Der Hang zum Warenkonsum erscheint urmenschlich zu sein und für sehr viele zur Lebensqualität zu gehören. Politische Flüchtlinge und „Flüchtlinge" vom Land in die Großstädte sprechen hier eine deutliche Sprache. Sie wählen alle pessimistische Reden gegen das Industriezeitalter demokratisch ab.

Allerdings müssen wir sachliche Werbung fordern und der Staat sollte bei irreführender Werbung eingreifen. Da dem Privatmarkt verboten ist, andere Waren schlecht zu machen, dem freien Markt hier also Grenzen auferlegt werden, müßte der Staat selbst den Käufer schützen. Der beste Schutz ist privatwirtschaftlich natürlich über die Bildung zu erreichen. Wenn ich weiß, daß es keinen Stoff namens Orium gibt, kann mich auch eine Zahnpasta-Reklame mit dem Hinweis „mit Orium" nicht verführen. Leider gehen alle Bildungsreformen kaum von einer Anpassung an die technisch-naturwissenschaftliche Zeit aus, sondern eher von ideologisch-politischen Motiven und vergrößern damit den „lag" in der heute notwendigen technischen Bildung. Man hat oft den Eindruck, daß Menschen, denen eine technische Bildung zu mühsam erscheint, zu Bilderstürmern werden.

In der amerikanischen Unabhängigkeitserklärung von 1776 wird zu den unveräußerlichen Rechten des Menschen: Leben, Freiheit und das Streben nach Glück gezählt. In der Menschenrechtserklärung der Französischen Revolution von 1789 werden genannt: Freiheit, Eigentum, Sicherheit und das Recht des Widerstandes gegen willkürliche Bedrückung. Das viel neuere Grundgesetz der BRD nennt folgende konkrete Freiheiten des Menschen: Glaubens- und Gewissensfreiheit, Pressefreiheit, Versammlungsfreiheit, Freizügigkeit der Niederlassung, Petitionsrecht und die Menschenrechte. Der amerikanische Präsident *Roosevelt* trat 1941 für vier Grundrechte ein: Rede- und Religionsfreiheit, Freiheit von Angst und Freiheit von Not.

Die Frage, was der einzelne unter Wohlergehen des Menschen versteht, hängt von metaphysischen Werten ab, die er anerkennt. Es kann nicht unsere Aufgabe sein, dies im einzelnen zu untersuchen, zumal es uns um Prinzipien geht, die jeder Wissenschaftler gleich welcher Religion oder Weltanschauung er angehört, anerkennen kann.

Beschränken wir uns daher möglichst auf Gebiete, die alle Wissenschaftler anerkennen, so kann in diesem Zusammenhang die Evolution als biologische Aufgabe jeder Art diskutiert werden. Wir wissen, daß jede Art einer ständigen Änderung innerhalb der Evolution unterliegt. Auch der Mensch ist davon nicht frei, insbesondere, weil er ja eines der jüngsten Lebewesen ist. Aus der Geschichte der Evolution wissen wir genügend Beispiele, daß die Evolution einer Art in irreversible Sackgassen führen kann. Z.B. ist die Evolution des Pferdes sehr gut studiert. Sehr viele Untergruppen des Pferdes sind ausgestorben. Die Optimierung innerhalb des Evolutionsprinzips geschah in der Natur bisher immer im Kampf mit Feinden der jeweiligen Art. Der Mensch hat aber fast alle seine Feinde in der Natur besiegt, er beherrscht sie. Als Preis muß er dafür zahlen, daß die Feinde ihm nicht mehr helfen können, seinen Evolutionsablauf vor einem Ende in einer Sackgasse zu bewahren. Militaristen könnten an dieser Stelle darauf hinweisen, daß eben der Mensch sich selbst noch als Feind bisher hatte und damit an seiner Evolution arbeitet. Jedoch muß auch diese Möglichkeit in der Zeit der Atombomben nun ausgeschaltet werden, wir haben den Krieg ad absurdum geführt. Der Mensch greift andererseits wie nie zuvor mit den Mitteln der Technik in die Gestaltung seiner Umwelt und seiner Lebenserhaltung ein, so daß er hiermit in den Ablauf der Evolution aktiv eingreift.

Dies sei mit einem Beispiel demonstriert: In Südamerika wurde eine von der Außenwelt abgeschnittene Höhle entdeckt. In ihr wurden im Dunkeln einige Fische von der Außenwelt völlig abgeschnitten. In der Umgebung dieser Höhle lebt noch die gleiche Fischart. Im Gegensatz zu diesen Fischen bilden die in der Höhle eingeschlossenen Fische keine Augen mehr aus (*Kosswig* und *Peters*). Ähnliche Beobachtungen liegen auf den Galapagos Inseln vor, wo einige Tierarten, die dort ohne Feinde lebten, sich anders entwickelt haben als an übrigen Stellen der Erde. So gibt es dort Kormorane, deren Flügel verkümmert sind, weil ohne Feinde das Flugbedürfnis fehlte. Bei Schildkröten, die dort keine ausreichende Grasnahrung fanden und deshalb von Sträuchern und Kakteen ernährten, wurde der Panzer am Hals aufgewölbt (*Eibl-Eibesfeld* 1967).

Wir wissen also, daß die Lebewesen über längere Zeiten in ihrer Evolution auch durch Umweltbedingungen geändert werden. In dieses Prinzip ist der Mensch eingeschlossen. Niemand kann z.B. garantieren, ob nicht bei dem Massenversuch, in dem sehr viele Frauen über Generationen sich mit Pillen unfruchtbar halten, schließlich die Fruchtbarkeit von selbst ausbleibt. Man kann nicht ausschließen, daß wir einen Punkt erreichen, an dem wie bei den Bienen und Ameisen Fruchtbarkeit nicht in jeder Spezies vorhanden, sondern nur noch nach Hormonbehandlung erreicht werden kann. Es ist andererseits selbst nicht ausgeschlossen, daß eines Tages auch dies nicht mehr möglich ist. Neue technische Produkte können in allen Folgen nicht übersehen werden, man vergleiche die Contergan-Katastrophe, bei der sich plötzlich herausstellte, daß gewisse Chemikalien nur in einer bestimmten kleinen Zeitspanne der Schwangerschaft schädigende Wirkungen haben. Wir sind also auf Versuche angewiesen. Technische Fortschritte laufen nach dem Prinzip trial und error ab. Bei einem Produkt, das auf ein großes gesellschaftliches Bedürfnis stößt und das erfolgreich ist, setzt aber sofort ein Massenversuch ohne ausreichende Kenntnisse der Langzeitwirkungen ein. Ein anderes Beispiel hierfür sind Massenimpfungen. Diese erfolgen bei der Polioimpfung z.B. mit Viren, die nur an einer einzigen Stelle gegenüber der gefürchteten Art mutiert sind. Wir verbreiten derartig einfach mutierte Viren über die ganze Welt. Wir wissen aber wenig über langfristige Nebenwirkungen und wenig, wie weit bei einem Masseneinsatz eines Tages Rückmutationen auftreten.

Natürlich sollten wir nicht darin ein Ziel sehen, uns nun zu überlegen, wie wir die Evolution des Menschen optimieren können. Dazu reichen unsere

Kenntnisse nicht aus. Wenn wir dies vielleicht in einem Parameter zu sehen glauben, so wissen wir meist nicht ausreichend, wie die großen Zusammenhänge sind. Wir sind hier in einer ähnlichen Lage wie ein interessantes Beispiel des amerikanischen Nationalparkes, der Everglades in Florida, gezeigt hat. Dort leben sehr viele Alligatoren in freier Natur. Fischliebhaber kamen eines Tages auf die Idee, daß diese Alligatoren in ihrer großen Zahl doch lästige Fischfresser seien, also als störend beseitigt werden müßten. Je mehr Alligatoren man aber abschoß, um so mehr ging auch der Fischreichtum dieser Gewässer zurück. Nach sorgfältigem Studium stellte man dann fest, daß die Alligatoren dort vorwiegend sich nur von einer bestimmten Fischart ernährten, die wiederum vorwiegend vom Laich anderer Fische lebten.

Ein Biologe wird auf die Frage nach dem Sinn und Ziel einer Tierart sicher antworten: die Selbstverwirklichung dieser Art und die Erhaltung der allgemeinen Evolution. Er müßte entsprechend nüchterne Ziele auch der Spezies Mensch zuordnen. Hieraus ließe sich eine gewisse Lebenshaltung ableiten. Z.B. kann dieser Standpunkt auch im Tod einen Sinn finden. Diese Frage ist ja für den Menschen eine der schwierigsten und spielt auch in vielen Religionen eine entsprechend wichtige Rolle. Die Evolution wäre ohne Tod gar nicht möglich gewesen. Ein Leben ohne Tod müßte der Endlichkeit der Welt wegen auch ein Leben ohne Fortpflanzung sein. Das Prinzip der Fortpflanzung war aber eine der entscheidensten Methoden der Evolution. Durch ständig neue Kombinationen aus zwei Elternteilen erreicht die Natur ständig neue Möglichkeiten, die sie dem System im Optimierungsprinzip anbietet. Dr Tod ist biologisch der Preis für die Überwindung der Lebensstufe primitiver Einzeller. Mit Einzellern hat die Evolution einmal angefangen. Diese Gedanken erinnern an die uralte biblische Vorstellung, Adam und Eva verloren mit der Fähigkeit Kinder zu haben das ewige Leben.

Es kommt darauf an, Grundlagen zu finden, die alle anerkennen können. So müssen wir auch darauf eingehen, daß noch immer einige kirchlich orientierte Kreise einen Hinweis auf die Evolution des Menschen als zu rational orientiert zurückweisen. Zunächst mögen sie sich erinnern, daß die biblische Schöpfungsgeschichte − sofern man sie nicht wörtlich sondern symbolisch auffaßt − nicht unbedingt als Widerspruch zur naturwissenschaftlichen Weltauffassung aufgefaßt werden muß (vgl. z.B. *Boschke*). So ist auch die biblische Vorstellung der plötzlichen Schaffung *Adams* nicht unbedingt im Widerspruch zur Evolutionstheorie. Stark christlich orientierte Skeptikern der Evolutionslehre seien an den Vers 3 im 6. Kapitel des Buches Moses erinnert:

„Da sahen die Kinder Gottes nach den Töchtern der Menschen, wie schön sie waren, und nahmen sie zu Weibern, welche sie wollten".

Dies kann man so auslegen, daß selbst nach der Bibel nicht alle Menschen von *Adam* abstammten, sondern daß *Adam* und *Eva* nur Symbol für besonders auserlesene kreative Wesen waren, die die mehr tierhafte Spezies Mensch als solche vorfanden. Auch der Vers 4, Kapitel 1 Moses, sagt etwas ähnliches:

„Es waren auch zu diesen Zeiten Tyrannen auf Erden, denn da die Kinder Gottes die Töchter der Menschen beschliefen, und ihre Kinder zeugten, wurden daraus Gewaltige der Welt und berühmte Leute".

Die von *Adam* abgeleiteten Nachfahren bezeichnet die Bibel als Kinder Gottes quasi im Gegensatz zu den vorher vorhandenen Menschen (vgl. hierzu Hiob 2; Johannes 1, 12; 11, 52; 12, 36 und Römer 8, 14).

Die Geschichte *Kains* ist dann ein Symbol, daß aus dieser Mischung von besonders begabten Gotteskindern mit Menschen sofort aus der höheren Erkenntnis auch die Ambivalenz des Mißbrauches entsteht. *Kain* erschlägt seinen Bruder mit einem Werkzeug, das Symbol für eine höhere Kulturstufe ist.

Auch der Jesuitenpater *Teilhard de Chardin* hat die Evolutionsvorstellung in seine christlichen Vorstellungen aufgenommen. Er teilt die Evolution der Lebewesen in drei große Phasen ein, aus der *Vitalisation* aus Gruppierungen von Molekülen entstanden die ersten primitiven Lebewesen auf der Stufe der Einzeller. In der zweiten Phase, *Hominisation,* entstanden aus diesen primitiven Kleinlebewesen aus Gruppierungen von Zellen höhere Lebewesen einschließlich des Menschen. Wir befinden uns nun am Anfang der dritten Phase, die *Teilhard Planetisation* nennt. In ihr sollten alle Menschen an einer *Kollektivisation* arbeiten. Vielleicht ist die Bezeichnung *Kooperation* besser. *Teilhard* sieht als Ziel „die auf dem Planeten verbreitete Menschheit bildet nach und nach um ihre ganze irdische Prägeform herum nur mehr eine einzige, in sich selbst geschlossene höhere organische Einheit" (*Teilhard* 1964). *Teilhard* sieht in der Evolution der Natur eine Pyramide, an deren Spitze der Mensch hervorragen sollte. Auf die Frage „Verdient das Leben, das uns zu dem gemacht hat, was wir sind, daß wir es weiterstoßen" antwortet er: „Es kann die soziale Gärung, die heute die menschlichen Schichten brodeln läßt, nur von einem klaren und bewußteren Glauben an den höchsten Wert der Evolution beherrscht und gelenkt werden".

Bei *Teilhard* ist der Mensch noch nicht in seinem höchsten vollkommenen Zustand. Diese Vorstellung beschreibt *Konrad Lorenz* (1963) mit dem Hinweis, daß der gegenwärtige Mensch höchstens der Übergang zum humanen Menschen sei. *Teilhard*s Vorstellung von der Planetisation findet in der Geschichte der letzten 2 bis 3000 Jahre eine Bestätigung. Aus Familien wurden Stadtstaaten, aus Stadtstaaten entstanden über die Stufe des mittelalterlichen Förderalismus schließlich Nationen. Heute entstehen aus den Nationen größere Staatenverbände wie die USA, die osteuropäischen sozialistischen Staaten unter Rußlands Führung, China, die Europäische Gemeinschaft, der Bund der arabischen Staaten und im Keim die sogenannten blockfreien Staaten der Dritten Welt. In allen Stufen der menschlichen Entwicklung waren auch gewisse Gefahren vorhanden und nichts lief ohne große Opfer ab. Im Augenblick erscheint auffällig, daß die entstehenden großen Blöcke sich zum großen Teil mit Religionsgrenzen decken: die westliche christliche Welt, die mohammedanisch orientierte Welt, die beiden großen atheistischen Blöcke Rußland und China. Hierin steckt natürlich eine große Gefahr, weil Religionskriege schon immer zu den grausamsten gehörten. Um so mehr ist zu begrüßen, daß zur Zeit ein gewisser Ausgleich in der Koexistenz gesucht wird.

An diesem Prozeß dürften gerade die Naturwissenschaftler und Techniker eine große Verantwortung tragen. Sie sind beinahe die erste Berufsgruppe, die welteinheitlich ausgebildet wird. Da jeder Beruf seine Menschen prägt, ist zu hoffen, daß hieraus ein Keim zur Internationalisierung über die Grenzen der Religionen und Weltanschauungen hinaus erfolgt. „Ihr sucht ein Mittel, den Individualismus in Zucht und Ordnung zu bringen und die Niederträchtigkeit zu unterdrücken. Ihr werdet kein anderes finden, als vor den Menschen die Größe des Ganzen zu preisen, das sie verkennen und dessen Gelingen ihr Egoismus in Frage stellen würde . . . Enthüllt ihnen dagegen ohne Zögern die Majestät des Stromes, zu dem sie gehören. Laßt sie das unermeßliche Gewicht der aufs Spiel gesetzten Anstrengungen spüren, für die sie die Verantwortung tragen . . .". „Entweder strebt das Leben keinem Ziel zu, das sein Werk aufnimmt und vollendet: und dann ist die Welt absurd . . . Oder aber, es gibt etwas (Jemanden), in dem jedes Element nach und nach seiner Vereinigung mit dem Ganzen die Vollendung dessen findet, . . . und dann lohnt es die Mühe, sich der Mühsal zu beugen und sogar sich ihr zu weihen . . .". „Der Mensch muß an die Menschheit noch mehr glauben, als an sich selbst, wenn er nicht verzweifeln will" *(Teilhard)*.

Nach dem Prinzip: "The golden meter stick of ethical standards is the survival of man and the expansion of his humanism" *(Segal* 1972) sollte jeder sich bemühen, daß sein kleiner geradezu differentieller Beitrag am Fortbestehen der Menschheit positiv bleibt. Wie die Schicksalslinien der Menschheit in der Zukunft verlaufen werden, wissen wir nicht. Wir können aber schließen, wenn alle differentiellen Beiträge positiv bleiben, so können sie nur positiv sein. Aus den Kenntnissen der Differentialrechnung können wir aber soziologisch folgern, daß die Gesellschaft eben nur die Summe ihrer Individuen ist, die wir einzeln ansprechen müssen. Das Tun jedes Individuums versinkt damit nicht in der Bedeutungslosigkeit, sondern wird zum wesentlichen Baustein. Wir lebten bisher in dem Gefühl, ein ziemlich bedeutungsloses Individuum zu sein, das in einer unendlich groß erscheinenden Welt lebt und daher sein Tun meist zu vernachlässigen ist. Das gilt in diesem Sinn nicht mehr. Durch die Technik stoßen wir auf die Grenzen unserer Erde. Durch die Überbevölkerung wird das Tun der Menschen schon in einer einzigen Generation zu endlichen Folgen aufsummiert.

2.3. Die Evolution des Altruismus

Die Darwinisten sehen den Kampf ums Dasein als die wesentliche Triebfeder der Evolution. Man mag daher hierin eine Evolution der egoistischen Triebe des Menschen sehen. Zum Dasein aller Lebewesen gehört zunächst ihre Geschlechtlichkeit. Wir sollten nicht vergessen, daß „der Kampf um die Liebe" ebenfalls einen wesentlichen Selektionsmechanismus darstellt. In der Liebe vereinigten sich etwas bevorzugt zwei Lebewesen, die etwas schneller rennen konnten als die anderen, bevorzugt Wassertiere, die etwas die Fähigkeit entwickelt hatten, sich auf dem Lande zu bewegen etc. Die Gattenwahl des Menschen gehört zu den bisher ziemlich unerforschten Trieben, da sie vorwiegend auf dem emotionalen und weniger auf dem rationalen Sektor abläuft. In der Gattenwahl übt das einzelne Individuum meist sogar heute den wesentlichsten − wenn auch differentiellen − Eingriff in die Evolution aus. Solange die Sexualität gesund ist, ist sie als ein Steuerorgan der Gattenwahl sicher zu begrüßen. Die Liebe ging bisher vorwiegend nach biologischen Signalen: dem jeweiligen physischen Typ, zu dem Signale wie die Brust oder andere weibliche Körpermerkmale gehörten. In diesen Mechanismus greifen wir heute aber rational ein. Brüste werden vorgetäuscht wo sie nicht sind etc. Da zum Typ des Menschen ja sein ganzes Wesen gehört, das wir aber nur sehr langsam erfassen können, soweit wir nicht mit besonderer Menschenkenntnis begnadet sind, so führt ein künstlich vorgetäuschter Typ den „Kampf um die Liebe" in die Irre. Hier wird der Mensch für unzureichende rationale Eingriffe bestraft.

Der Physiker *Bridgman* (1954) hat einmal von einer Demokratie gefordert: „Einer jeden Person die maximale Möglichkeit sichern, daß sie ihre eigenen Bedürfnisse verwirklichen kann, soweit sie mit den Bedürfnissen ihres Nachbarn zu vereinbaren sind". Ein corriger la fortune des eigenen Äußeren im Beispiel der Haarfärbung kann leicht auf Kosten des Nachbarn gehen. Meist handeln die Menschen eben nach dem Prinzip des kurzfristigen Nutzens, auf lange Sicht kann aber ein zu kurzfristiges Ziel zum eigenen Schaden ablaufen. „Es sollte besonders in der gegenwärtigen Zeit klar sein, daß das intelligente Individuum nur in der Art frei handeln wird, die es für sich selbst gut findet" (*Bridgman* 1954). Ethiken früherer Zeiten behandelten den Menschen zu sehr als unmündiges Wesen, sie gaben oft Verbote ohne Erklärung. Wissenschaftlich trainierte Menschen sollten mithelfen bei der Ursachen-Folgen-Analyse menschlicher Gewohnheiten.

Der Naturwissenschaftler *Lecomte du Nuouy* (1952) vertrat die Meinung: „Ein Zustand, der jedem einzelnen das größtmögliche Glück garantiert, würde in Bezug auf die edlen Ziele der Menschheit wahrscheinlich einen Zustand tieferer Erniedrigung bedeuten ... Für uns Idealisten gibt es nur eine einzige wahre Doktrin, nämlich die transzendente. Ihr zu Folge liegt das Ziel der Menschheit in der Konstituierung eines höheren Bewußtseins". *Nuouy* kam zu dem Schluß: „ein solches Ziel muß im Gegenteil sorgfältig verschleiert werden. Die Menschen würden revoltieren ...". Der Pessimismus von *Lecomte du Nuouy* hat etwas übersehen. Neben der „Evolution" des menschlichen Egoisten gab es auch eine Evolution der altruistischen Triebe. Danach kann *Nuouy* hoffen, seine Ziele im Einklang mit *Bridgman* zu verwirklichen. *Nuouy* sah als Ziel: „eine Jugend, die reich an Idealen, frei von allem pseudophilosophischen Trug, stark durch eine von aller Verunreinigung freien Wissenschaft und in Ehrfurcht vor ihrer Aufgabe, dem kommenden Geschlecht die bedrohte Fackel weiterreichen kann" (*Nuouy* 1952).

Efroimson (1969) hat kürzlich auf die Evolution der altruistischen Züge des Menschen hingewiesen. Die Überlebenschancen der Lebewesen, die sich der Nachkommenpflege widmeten, waren von Anfang an erhöht. „Nur bei einem festen Zusammenhalt und ausgeprägter Kameradschaftlichkeit innerhalb eines Stammes war es der Nachkommenschaft überhaupt möglich, bis zur Selbständigkeit heranzuwachsen" (*Efroimson* 1969). Der in der Evolution des Menschen entstandene erhöhte Schädelwachstum macht eine verfrühte Geburt erforderlich, so daß menschliche Säuglinge besonders hilflos sind. Das starke Wachstum der Neocortex des Menschen und die damit verbundene erhöhte Intelligenz gab zwar Waffen in die Hand des Menschen, die eine erhöhte Grausamkeit und eine erhöhte Chance für Egoismus brachten. Die Hilflosigkeit des Säuglings ließ jedoch nur Menschen überleben mit einem Minimum an Altruismus für die Kinderpflege. Auch ein altruistischer Schutz der Frauen und Greise brachte Vorteile. Bei der frühen Sterblichkeit waren Ältere als Informationsüberträger früher besonders nützlich für eine menschliche Gruppe. Altruismus hat sich auch in der Evolution der Tiere zum Teil herausgebildet. Man denke z.B. daran, daß einige Tierarten beim Nahen eines Feindes durch auffallendes Verhalten den Feind vom Nest abzulenken versuchen. Die auffallende Färbung der Vogelmännchen mag in ähnlicher vom Nest ablenkender Wirkung Bedeutung haben. Wegen der besonderen Hilflosigkeit der Vogeljungen und der menschlichen Säuglinge mögen sich in diesen Gattungen Altruismus besonders ausgebildet haben. Freilich ist dies beim Menschen besonders stark geschehen. Man denke z.B. daran, daß Tierrudel meist nicht fähig sind, sich soweit sozial zu organisieren, daß sie Freßfeinde angreifen. Sie neigen nur zur Flucht, wobei der schwächste dem Feind verfällt.

Die Überlegenheit sozialer Organisation war selbst bei ganz militanten Völkern ein Ausleseprinzip. Große Feldherren der Frühgeschichte überragten nicht nur wegen besonderer Feldherrenkunst oder als Vorbilder zur Tapferkeit, ihre Überlegenheit gegen die von ihnen eroberten Länder lag zum großen Teil darin, daß sie große Kriegergruppen zusammenbrachten, mit denen sie andere Länder Stadt für Stadt einzeln eroberten.

Über diese einfachen Überlegungen hinausgehend neigt *Efroimson* nun zu der Folgerung, daß ethische Emotionen auch in den Anlagen gefestigt wurden. Wenn auch ethische Normen meist durch Erziehung übermittelt wurden, so denkt *Efroimson* an eine vererbbare größere Empfänglichkeit für ethische Normen. „So sind Güte, ritterliches Verhalten und Streben nach Erkenntnis Eigenschaften, die sich unter der Wirkung der natürlichen Gruppenauslese zielgerecht und unabdingbar in dem Maße entwickelten, wie sich der Mensch zu einem sozialen Lebewesen umwandelte. Das Gesetz der natürlichen Auslese, das mächtigste und erbarmungsloseste der Natur, schuf und festigte Instinkte und Gefühle höchster und edelster Charakterkraft".

„ . . . die spezialisierte Richtung der natürlichen Auslese zum sozialen Zusammenleben hat nicht umsonst gewirkt" (*Efroimson* 1969). Auch Pflichtgefühl, das Gewissen und Wissensbegierde gehören nach *Efroimson* zu den in der Evolution bevorzugten Anlagen. Dagegen meint er: „Soziale Systeme mit unnatürlichen ethischen Normen erwiesen sich als höchst instabil, und gerade sie schufen in sich Voraussetzungen für ihren eigenen Untergang".

„In einer Gesellschaft, die sich die ganzen genetischen Hintergründe der Ethik und deren Verletzung klar macht, soll ein echter Humanismus herrschen, der auch in den finstersten Epochen der Tyrannei und zielgerichteten Desinformation nicht erlöschen kann. Bis zum Entstehen und der Entwicklung des Darwinismus wurde dieser Humanismus durch ein instinktives Streben nach Gerechtigkeit gespeist: jetzt aber erweist ihm die Wissenschaft eine unumstrittene Unterstützung. Und allen, die am Sieg der Gerechtigkeit und Güte interessiert sind, wird so ein hinreichend begründeter Optimismus gegeben".

Der langsam unter der Menschheit ausgebildete hohe Grad an Altruismus ist eine der höchsten Leistungen der menschlichen Kultur. Die Fähigkeit die exakte Naturwissenschaft aufzustellen, ist eine weitere große Kulturleistung. Heute wollen Pessimisten in beiden einen Gegensatz sehen. Ziel unserer Gedanken ist es, zu zeigen, daß die Zukunft der Menschheit in der Vereinigung beider wertvoller Kulturgüter liegt. Diese Vereinigung ist das Hauptproblem unserer Zeit. Diese Gedanken sollten den allgemeinen Kulturpessimismus unserer Zeit ersetzen. Sie geben Hoffnung, daß der Mensch auch mit den modernen Problemen fertig wird. Allerdings enthalten sie auch Warnungen, daß bei unüberlegten Schritten immer die Gefahr eines potentiellen Unterganges vorhanden ist.

Abschließend kann man aus den Überlegungen der Evolution folgern, daß die Eingriffe des Menschen durch die Technik heute so einschneidend sind, daß wir eben verstärkt an die nachkommende Generation denken müssen. Das gilt z.B. auch hinsichtlich des – in einem privatwirtschaftlichen System nur vom Staat steuerbaren – Raubbaus an Rohstoffen. Die Forderung, an die kommenden Geschlechter zu denken, bedeutet im Grunde genommen weiter nichts als eine Ausdehnung des Begriffes der Nächstenliebe von der bisher vorwiegend örtlich gesehenen Dimension auf die zeitliche Dimension. Man kann von einer Nächstenliebe zweiter Art sprechen. Unsere Nächsten sind heute verstärkt unsere Nachkommen. Die ethische Forderung der Nächstenliebe tritt in den meisten Religionen auf. Wir finden sie im Alten Testament im 3. Buch Mose Vers 18: „Du sollst Deinen Nächsten lieben wie Dich selbst"; sie wird im Neuen Testament als wichtigste ethische Forderung erneuert. Der Hinduismus fordert mit *Ahimsna* sogar: Niemanden schädigen in Worten, Taten und Gedanken (*Vivekananda* 1951, *Gandhi* 1925). In alten brahmanischen Schriften und auch bei *Buddha* sind ähnliche Forderungen zu finden (*Glasenapp* 1958). Ein alter indischer Spruch fordert schon: „Was Du nicht willst, das man Dir tu, das füg auch keinem anderen zu" (s. *Glasenapp* 1958). Auch in der uralten chinesischen Ethik gibt es Hinweise: „Seine Mitmenschen lieben und allen Gutes tun, heißt Menschlichkeit" (*Laotse* s. *Lin Yutang* 1956). Im Koran heißt es:

„Vergeßt nicht, einander Gutes zu tun" (Koran 2: 237); „Erweist Güte . . . dem Nachbarn, der ein Anverwandter, und dem Nachbarn, der ein Fremder ist, dem Gefährten an eurer Seite und dem Wanderer . . ." (Koran 4: 36).

In den grundlegenden Gedanken der Philosophen klingen ähnliche Maximen an. So besonders stark bei *Kant*, der im kategorischen Imperativ forderte: „Handle so, daß die Maxime deines Willens jederzeit zugleich als Prinzip einer allgemeinen Gesetzgebung gelten könne". Der praktische Imperativ wird also folgender sein: „Handle so, daß du die Menschheit sowohl in deiner Person, als in der Person eines jeden anderen zugleich als Zweck, niemals bloß als Mittel brauchest". „Es ist ihm (dem Menschen) Pflicht: sich aus der Rohigkeit seiner Natur, aus der Tierheit, immer mehr zur Menschheit, durch die er allein fähig ist, sich Zwecke zu setzen, emporzuarbeiten: seine Unwissenheit durch Belehrung zu ergänzen und seine Irrtümer zu verbessern . . ." (*Kant* 1913).

Altruistische Triebe, die den Menschen zu einem Dienst an der Gemeinschaft anleiten, sind offenbar in unseren Anlagen vorhanden. Im Laufe der Geschichte haben die menschlichen Gruppen durch verbindliche Vorschriften diese Triebe gelenkt. Diese Triebe können aber gefährlich mißbraucht werden. Der Mensch ist unzufrieden, wenn seine altruistischen Anlagen in einer Gemeinschaft nicht ausgenutzt werden. Sie können durch Nationalismus oder Demagogen gefährlich ausgenutzt werden. Die Erfolge von *Hitler*s Propaganda-Chef *Goebbels* beruhten zum großen Teil darauf, daß er die altruistischen Triebe zu wecken suchte mit dem Schlagwort: Gemeinnutz geht vor Eigennutz. Nur weil die Menschen glaubten, sie werden in altruistische Richtung gelenkt, konnten sie *Goebbels* verfallen und merkten nicht, daß *Hitler* gar nicht fähig war, das Wohl der Gemeinschaft im Auge zu behalten. Er lebte letztendlich nur seinem eigenen Ehrgeiz, etwas besonders zu tun. Wir brauchen heute eine höhere Stufe des Altruismus, jedes Individuum selbst muß ihn ohne demagogische Führung leben können. Dies hängt mit der Komplexität unserer technisierten Welt zusammen. So wurde der Soldat von der Exerziertruppe, die auf dem Schlachtfeld ein Glied einer Schlachtordnung war, zum Einzelkämpfer, der selbst Entscheidungen fällen muß. Auch der Wissenschaftler in einer großen Forschungsinstitution muß heute selbst Individual-Entscheidungen fällen, weil der Forschungschef nicht mehr wie in vergangenen Zeiten den Überblick haben kann.

Wir brauchen also eine Transformation altruistischer Triebe, so daß die Gemeinschaft vom Individuum zusammengehalten wird, ohne daß eine zentrale Leitung vorhanden sein kann. So gehen wir heute überall von der strengen Hierarchie über zur A-hierarchie zum Orchester, das auch ohne Dirigenten zusammen spielen kann. Bisher haben es Demokratien in dieser Übergangszeit kaum geschafft, in dieser Form überlegen zu sein, gegenüber Demagogen, die nach der alten Form vorgehen. Man vergleiche den Untergang der Weimarer Republik. Die Ursache liegt darin, daß wir noch nicht einen individuellen Altruismus genügend beherrschen, der ohne Demagogen funktioniert.

Die bei demagogischen Entgleisungen der Masse ablaufenden Mechanismen hat *Arthur Koestler* (1968) kürzlich in einer simplifizierten aber leicht lesbaren Form zusammengeschrieben. In der mangelnden Koordination zwischen der Neocortex, dem Sitz der Ratio im Gehirn und dem limbatischen Gehirn, sieht *Koestler* eine Ursache für emotionale Fehlhaltungen des Menschen.

2.4. Der Positivismus

Die vorangegangenen Abschnitte, die die Zielsetzung des Wohlergehens der Menschheit, insbesondere ihre Evolution „diskutierten", dürfen nicht so verstanden werden, als ob dies aus der Wissenschaft abgeleitete Maximen wären. Diese Möglichkeit wird von modernen Wissenschaftlern — insbesondere unter dem Eindruck des Positivismus — im allgemeinen scharf abgelehnt. *Comte* ist als Mathematiker einer der wenigen Naturwissenschaftler, die sich aktiv um eine Optimierung auch der Geisteswissenschaften gekümmert haben. Als Gegenreaktion auf die Zeit der Romantik forderte er den Aufbau „positiver Wissenschaften". „Die Grundregel des positiven Wissens" ist nach *Comte:* „Keine Behauptung, die nicht genau auf eine einfache Aussage einer besonderen oder allgemeinen Tatsache zurückführbar ist, einen wirklichen und verständlichen Sinn enthalten kann" (*Comte* 1844)[1]). Er wollte sich damit vor allem gegen reine Spekulationen wenden und wollte die erfolgreichen Methoden der Experimentalwissenschaften auch auf die Geisteswissenschaften extrapolieren und möglichst jede Metaphysik aus der Wissenschaft verdrängen. Wie *Sachsse* (1967) kürzlich dargelegt hat, ist natürlich „der Begriff eines wirklichen und verständlichen Sinns" nicht streng im Sinne dieses Positivismus „auf eine einfache Tatsache zurückführbar". Am Beginn der Konstruktion des Positivismus stecken also in seiner Grundregel auch metaphysische Elemente (s. *Stegmüller* 1969). Wobei wir metaphysisch nach *Bridgman* (1954) „die Annahme der „Existenz" von Gültigkeiten, für die es keine operationelle Kontrolle geben kann" verstehen wollen. Man darf nicht verkennen, daß *Comtes* Ansatz dem Aufbau eines konsequenten wissenschaftlichen Systems sehr geholfen hat. Ein Teil seiner Ideen hat zur völligen Ablehnung jeder kognitiven Ethik geführt. Aus den Sätzen über das Sein folge niemals ein Satz über das Sollen (*Stegmüller* s. *Sachsse* 1967). Oder: „Die moderne Analyse der Erkenntnis enthält keine normativen Aussagen und kann daher nicht zu einer Deutung der Ethik benutzt werden" (*Reichenbach*, s. *Sachsse* 1967). Auch *Max Weber* äußerte sich ähnlich: „Eine empirische Wissenschaft vermag niemanden zu lehren, was er soll, sondern nur, was er kann und — unter Umständen — was er will".

Der Positivismus und seine moderne Form, der Neopositivismus, unterscheiden deutlich zwischen Erkenntnis und Ethik. Aus der im Kapitel 1 dargelegten Naturwissenschaftsdefinition folgt ähnliches. Die Naturwissenschaft gibt nur ein System zur Beschreibung der menschlichen Umwelt. Aufgabe der Geisteswissenschaft wäre freilich die Analyse des Menschen, sie könnte darüber hinausgehen. Auf Grund der Erfolge der naturwissenschaftlichen

---

[1]) Einen ähnlichen Gedanken hat schon *Leonardo da Vinci* (s. 1972) geäußert: „Keine menschliche Forschung kann sich Wissenschaft nennen, wenn sie nicht mathematische Beweisführung hat. Und wenn du sagen wirst, daß die Wissenschaften, die Anfang und Ende im Geist finden, Wahrheit enthielten, so wird dies aus verschiedenen Gründen nicht zugegeben sondern verneint, und zwar der erste ist, daß in solchen Gedankengängen keine Erfahrung vorkommt, ohne welche kein Ding Gewißheit hat".

Methode möchten die Positivisten jedoch einen sauberen Trennungsstrich ziehen. Ich schließe mich dem an, um in der Wissenschaft eine höhere Kulturstufe zu erreichen, die unabhängig ist von der jeweils gültigen Religion oder Weltanschauung. Freilich gibt es extreme Grenzfälle. Wenn die Wissenschaft sagt, daß ich mit bedeutend erniedrigter Lebenserwartung zu rechnen habe, wenn ich rauche, so ist die Entscheidung, ob ich folge oder nicht, von der Wissenschaft unabhängig. In diesem Fall entscheiden jedoch die meisten sich zum Rauchen, weil die Wissenschaft in diesem Fall bisher nur statistisch Aussagen machen kann, die nichts direkt für den Einzelfall aussagen. Es gibt natürlich Fälle, in denen die Wissenschaft mit großer Sicherheit voraussagen kann, daß bei einer bestimmten Lebensgewohnheit mit einem frühen Tod zu rechnen ist. Auch in diesem Fall bleibt die Entscheidung im außerwissenschaftlichen Bereich (*Sachsse* 1969). „Aber diese scharfe Trennung von Ziel und Weg, von Zweck und Mittel, von ethischen Axiomen und davon abhängigen konsekutiven Werten entspricht nicht den wirklichen Verhältnissen Der Weg wird schon durch die Zielvorstellung beeinflußt, und das Ziel, das wir uns setzen, ist nicht unabhängig von den Wegen, auf denen wir es erreichen können" (*Sachsse* 1969). „So leitet der Wille den Verstand und der Verstand präzisiert und entfacht wiederum den Willen" (*Sachsse* 1969). Trotzdem meint *Sachsse* an der gleichen Stelle, daß Wissenschaft „zum Werkzeug geworden ist". „Was zum Werkzeug geworden ist, kann nicht mehr als Wegweiser dienen".

Während wir früher die Natur als Orientierungsgröße annehmen konnten, haben wir sie heute einschneidend geändert. Man vergleiche etwa einen deutschen Wald mit einem amerikanischen Nationalpark. Der deutsche Wald bekommt gegenüber den sich selbst überlassenen Nationalparks den Charakter eines künstlich angelegten Gartens. Wegen dieser starken Eingriffe kommt *Sachsse* zu dem Schluß: „Die Umwelt verliert ihren Wert als Orientierungsgröße". Verhaltensprinzipien muß der Mensch heute in sich selbst finden. „Wir können offenbar mehr als wir dürfen, und daher dürfen wir nicht alles, was wir können" (*Sachsse* 1969).

Die Wissenschaft will keine Normen setzen, die Kirchen haben an Einfluß verloren. So sind es letztendlich die Massenmedien, ihnen voran die Illustrierten, die neue Wege der Gesellschaft bestimmen. Man vergleiche nur etwa die Entwicklung der Erotik zur erotiklosen Sexualität in den letzten 20 Jahren. Die Wege auf diesem Sektor haben Zeitschriften und Filme bestimmt.

Der streng positivistische Standpunkt: man sollte zwar helfen der Welt neue Werte zu geben, man kann es aber nicht als Wissenschaftler, erinnert an einen von *Lonsdale* (1951) gegebenen Vergleich: „Wenn wir auf einem Bahnsteig lange stehen und uns sagen: Ich kann mich nicht entscheiden ob ich diesen Zug nehmen oder nicht nehmen soll, dann wird der Zug schließlich abfahren; die Wirkung wird exakt dieselbe sein, als ob wir uns entschieden hätten, den Zug nicht zu nehmen. Unsere Ansichten über ethische Bedingungen unseres Verhaltens, wenn wir zu lange zwischen zwei Meinungen zögern, wird die Wirkung – das heißt was wirklich passiert – sein, daß wir uns so verhalten, als ob nichts getan werden könnte oder sollte".

Die Naturwissenschaft zieht von Jahr zu Jahr einen größeren Anteil der intellektuellen Kapazität der Völker in ihren Bann. Die positivistische Einstellung entzieht damit immer mehr Intelligenz einem Einfluß auf die Gestaltung des gesellschaftlichen Zusammenlebens. Der Gewinn großer Freiheitsräume des Menschen sollte aber auch Mitverantwortung bedeuten. Es erscheint daher besonders paradox, daß die deutschen Pressegesetze die modernen Steuermänner der Gesellschaft, die Journalisten, von der persönlichen Verantwortung befreien wollen. Die Verfasser von Aufsätzen in der Presse brauchen nicht unter allen Umständen genannt zu werden. Man möchte Informanten vor Druck bewahren. Das Recht auf Gegendarstellung ist nur bei persönlicher Verunglimpfung einklagbar. Wenn es um die Gesellschaft und nicht um Einzelindividuen geht, kann kein Kläger auftreten.

Die Naturwissenschaft sollte sich nach den positivistischen Warnungen vor einer direkten Aufstellung einer neuen Ethik hüten. Sie hat aber auch trotzdem einen großen Einfluß auf die Ethik. So hat sie ethische Wertsetzungen zerstört, sofern einige ethische Systeme sich mit Vorstellungen vermischt hatten, die eigentlich zu klären Aufgabe der Naturwissenschaften sind. Mit der Änderung des naturwissenschaftlichen Weltbildes sind viele ältere ethische Systeme stark angeschlagen worden. Früher wurde die Nahtstelle zwischen Wissen und Tun durch religiöse oder weltanschauliche Leitbilder überbrückt. Sie waren statisch und stützten sich auf Autoritäten der Eltern, Lehrer oder auch göttliche Autoritäten. Als theologische Auslegungen mehr und mehr mit wissenschaftlichen Ergebnissen in Widerypruch gerieten, als einige Theologen den Fehler machten, an der Statik ihrer Aussagen zu verharren, erlitten ihre Leitbilder schwere Einbußen. In der Folge stuften viele die Wissenschaft – als die Siegerin im Streit – in einer Rangordnung über die Religion ein und schlossen aus dem Versagen historischer Leitbilder auf die Unbrauchbarkeit von Leitbildern überhaupt.

Schaefer (1967) vertritt zwar auch die Trennung von Wissenschaft und ethischen Normen. Er räumt aber zwei Zugänge der Wissenschaft ein zu einer Änderung der Lebensformen:
1. durch Schaffung neuer Lebensbedingungen
2. durch eine Analyse des menschlichen Verhaltens.

Die Psychoanalyse hat gezeigt, wie sehr man durch eine Verhaltensanalyse das Verhalten selbst beeinflussen kann. Nach einer psychoanalytischen Behandlung ändert meist der Analysierte sein Verhalten.

Der Positivismus scheint die Wissenschaftler in eine gewisse Sackgasse geführt zu haben. Sie haben mit ihrer Methode indirekt die ethischen Systeme weitgehend zerstört. Die Wissenschaft hält sie aber vor einer Mithilfe an einem Neubau zurück. Das Unbefriedigende dieser Situation hat schon *Fichte* (vgl. 1924) empfunden. „Wenn meinem gesamten Wissen nichts außer dem Wissen entspricht, so finde ich mich um mein ganzes Leben betrogen... Nicht bloßes Wissen, sondern nach deinem Wissen tun ist deine Bestimmung".

Auch *Planck* (1941) fühlte ein gewisses Unbehagen in dieser Lage: „Kein Wort hat in der gebildeten Welt mehr Mißverständnisse und Verwirrung hervorgerufen als das von der voraussetzungslosen Wissenschaft. Es war seinerzeit von *Theodor Mommsen* geprägt worden, um hervorzuheben, daß die wissenschaftliche Forschung sich frei halten müsse von vorgefaßten Meinungen; aber es sollte und konnte nicht bedeuten, daß die wissenschaftliche Forschung überhaupt keiner Voraussetzung bedürfe... Wenn der Sinn der exakten Wissenschaft sich auf die Aufgabe beschränkte, dem Erkenntnistrieb der forschenden Menschheit eine gewisse Befriedigung zu gewähren! Aber ihre Bedeutung geht erheblich weiter. Die exakte Wissenschaft wurzelt ja... im menschlichen Leben. Denn sie schöpft nicht allein aus dem Leben, auf materielle wie auf das geistige Leben..." (*Planck* 1941).

Trotzdem bleibt ein unbefriedigendes Dilemma durch die der Wissenschaft eigentlich gegebenen Grenzen bestehen. Es ist auch nicht viel gewonnen, wenn man *Comtes* Grundregel des positiven Wissens mit der platonisch-sokratischen Methode ein negatives Ausschließungsprinzip entgegenstellt, um etwas zu beweisen indem man das Gegenteil ad adsurdum führt. „Eine Behauptung, die mit einer besonderen oder allgemeinen Tatsache in Widerspruch steht, hat einen wirklichen und verständlichen, verneinenden Sinn" (*Luck* 1969).

Aus dem wirklichen Dilemma kommt man wohl nur echt heraus, indem man sich auf bestimmte Grundprinzipien einigt[1]) und für sie das ganze wissenschaftliche Werkzeug frei anwenden kann. Bei dynamischer Verbesserung derartiger Grundprinzipien würde die Methode der Wissenschaft nicht gefährdet. Anhänger der verschiedensten Denk-Richtungen könnten sich diesem Weg anschließen.

Der streng positivistische Standpunkt des Ausschlusses aller metaphysischer Elemente aus der Wissenschaft wurde auch von *Stegmüller* (1969) abgeschwächt, indem *Stegmüller* zu zeigen versucht, daß eigentlich in allen Wissenschaften, vor allem bei ihren Grundlagen, metaphysische Elemente vorhanden sind. *Stegmüller* benutzt zwar einen etwas allgemeinen Begriff für Metaphysik „alle geistige Tätigkeit, die auf Erkenntnis abzielt und nicht in den Rahmen methodologischer oder mathematischer Untersuchung fällt". Da er auf die Experimentalwissenschaften kaum eingeht, so hilft uns auch sein Ansatz in unserem Problem nicht sehr viel weiter. Selbst wenn man echt metaphysische Inhalte in allen Wissenschaften anerkennt, so schließt dies nicht aus, daß man im Sinne des Positivismus den metaphysischen Inhalt so klein wie möglich hält. Eine Mischung von Ethik und Wissenschaft wäre auch in *Stegmüllers* Auffassung nicht zu begrüßen.

Daß die Ablehnung einer wissenschaftlich begründeten Ethik gerade auf *Comtes* Positivismus zurückgeht, ist etwas paradox. Später sprach er sogar von einer positivistischen Religion, wobei er unter dem Wort positiv als 7. Bedeutung „mitfühlend" im Sinne der Nächstenliebe verstand (*Comte* 1851). Schon in seiner ersten Abhandlung über den Geist des Positivismus, forderte er von der positiven Wissenschaft die Tendenz, „das Gefühl für die

---

[1]) „Es gibt nur noch die eine, die einzige Möglichkeit zum Miteinanderleben: durch Vereinbarung... Und dazu muß man miteinander sprechen, und um das zu können, muß man nachdenken." (*Steenbeck* 1967)

Pflicht anzuregen und zu befestigen, indem sie stets den Sinn für das Ganze entwickelt" (*Comte* 1844). Als „das einzige wesentliche Ziel" der gesamten positiven Wissenschaft bezeichnete er die Soziologie (*Comte* 1844). Die Wortprägungen Soziologie als auch Altruismus gehen auf Comte zurück.

2.5. Grundaxiome der Kooperation

Die Physik baut ihr Lehrgebäude auf dem Fundament der drei *Newton*schen Axiome auf. Um den Gordischen Knoten des Positivismus zu lösen, mit dem die Wissenschaft zwar zurückgehalten wird, Regelgrößen für Verhaltensnormen des menschlichen Zusammenlebens aufzubauen, aber nicht diese zu zerstören, kann man ähnlich vorgehen.

Zunächst vermeiden wir Begriffe wie Ethik oder Moral für soziologische Zielsetzungen altruistischer Unterordnung des Individuums unter das Wohl der Menschheit. Diese beiden Begriffe gelten für einen Teil als überholte Relikte, für einen anderen Teil sind sie fest mit religiösen Motiven verbunden. Auch moderne Definitionsversuche für Ethik können darüber nicht ganz hinweghelfen. So versteht z.B. *Steenbeck* (1967). „unter Ethik die Darstellung eines möglichst geschlossenen und in sich widerspruchsfreien Weltbildes für die Richtung, die Zielsetzung menschlichen Strebens . . . . . . aus dem sich die konkreten moralischen Vorschriften für das fortdauernde Zusammenleben der Menschen ableiten lassen".

Wir versuchen einfache *Grundaxiome für die Kooperation* zu finden, deren Aussage beinahe trivial erscheint (*Luck* 1971).
1. *Eine stabile moderne Gesellschaft erfordert Kooperation aller Menschen. Ziel der Kooperation ist der Fortbestand und das Wohlergehen der Menschheit.*
2. *Die Kooperation muß Freiheiten lassen für ein gesundes Gleichgewicht zwischen den sozialen und den selbstbehauptenden, egoistischen Trieben des Menschen.*

Die allgemeine Forderung nach Fortbestehen und Wohlergehen schließt sich an die vorangehenden Ausführungen an. In jedem gesunden Menschen steckt ein starker Lebenswille und ein großes Bedürfnis nach Sicherheit, so daß bis auf krankhafte Auswüchse — wie es die zu Selbstmord neigenden Teile der Gesellschaft sind — jeder das einfache erste Axiom akzeptieren kann. Viele ältere ethische Systeme begingen den Fehler, daß sie den Menschen überforderten und von ihm zu viel verlangten. Sie waren daher nur unter strenger Aufsicht stabil und brachen bei deren Wegfall schnell zusammen. Die uralte Geschichte von *Moses* und dem goldenen Kalb ist hierfür Symbol. Andererseits sind wir heute auf einer Kulturstufe, die unter Menschsein auch eine Erfüllung der menschlichen Bedürfnisse fordert.

Einige ethische Systeme halfen sich damit, nur innerhalb einer begrenzten Gruppe strengen Altruismus zu fordern. Um egoistische und vor allem aggressive Triebe des Menschen nicht verdrängen zu müssen, projizierten sie diese auf fremde Gruppen. Fanatische Religionskriege oder Kriege zwischen

Nationalstaaten waren schreckliche Folgen. Dies können wir uns im Zeitalter der ABC-Kriege nicht mehr leisten. Aggression stellt sich bei vielen pazifistischen Gruppen von selbst ein. Sie werden leicht gegen andere Menschen, aber besonders leicht gegen ähnliche Gruppen aggressiv. Daß das Christentum aus Aggression gegen das Judentum, der Islam aus Aggression gegen Judentum und Christentum, der Protestantismus aus Aggression gegen den Katholizismus entstanden und diese Aggression pflegten, sind keine Zufälle. Selbst auf dem Gebiet des Umweltschutzes kann man sich des Eindruckes nicht erwehren, daß es einigen Aktivisten weniger auf die Lösung der Probleme als auf die Abreaktion von Aggressivität ankäme.

Im Sinne der für Axiom 1 notwendigen Stabilität müssen wir heute ein gesundes Ausleben der egoistischen Triebe des Menschen fordern. Die Kooperation sollte den Menschen nicht überfordern. Daher hängen Axiom 1 und 2 eng zusammen.

Die Fundamente der Physik sind die drei *Newton*schen Axiome. Mit dem ersten Axiom wird das Leitmotiv der Physik, die *Kraft*, definiert, im zweiten Axiom wird der *Zusammenhang zwischen Kraft, Beschleunigung und der trägen Masse* bestimmt. Im dritten Axiom: *Actio gleich Reactio* wird die prüfbare Erfahrung beschrieben: jede Kraft induziert im Gleichgewicht eine gleich große Gegenkraft.

Das 1. Axiom unserer soziologischen Diskussion fordert das Leitmotiv, die Kooperation, im zweiten Axiom wird der Zusammenhang zwischen der altruistischen Kooperation und der menschlichen Trägheit, dem Egoismus gefordert. *Im dritten Axiom der Kooperation* wird eine prüfbare Erfahrung angefügt: *Actio gleich reactio* (*Waritsch* 1968). An dieser Stelle bedeutet das 3. Axiom: der Mensch kann in der überbevölkerten Welt nicht mehr beliebig in die Ökologie der Natur eingreifen, ohne daß diese Eingriffe auf ihn zurückwirken. Wir müssen daher heute die gesamte Umwelt in unsere Verantwortlichkeit einbeziehen. Die aus den Axiomen entwickelten Theorien werden mit der Forderung der Übereinstimmung der Folgerungen mit Naturbeobachtungen ständig kontrolliert. Wenn jemand zeigen könnte, daß neue Experimente mit einer auf anderen Axiomen aufbauenden Physik einfacher dargestellt werden könnten, so würde eine solche Änderung der Axiome akzeptiert werden.

Wenn ein allgemeiner Konsensus möglich wäre, daß die obigen drei Axiom der Kooperation für vernüftig gehalten werden, so könnte die Naturwissenschaft sofort Aussagen machen, was im Sinne der Axiome nützlich und was schädlich ist. Damit wäre die Schwierigkeit des Positivismus überwindbar und der gordische Knoten, der die Naturwissenschaft lange belastet hat, gelöst. Dies ist freilich nur ein bescheidener Anfang. Nähere detaillierte Untersuchungen über die aus den Axiomen zu ziehenden Folgerungen sind notwendig. Diese Aufgabe und ihre Lösungen könnte man *Kooperantik* nennen. Die Kooperantik könnte zum Ziel aller Studien und jeder Beschäftigung mit der Wissenschaft werden. Dabei sollte man aber wohl deutlich trennen, zwischen der Wissenschaft selbst und der mit Hilfe der Wissenschaftler als Werkzeug aufgebauten Kooperantik. Wir sollten daher unterscheiden zwischen dem eigentlichen Lehrgebäude der Wissenschaft, das lediglich die Natur, so wie sie ist, beschreibt und ihr Verhalten voraussagt, und dem, was mit diesem Wissen als Werkzeug angefangen wird. Die Verantwortung liegt nicht in der Aufstellung einer für die Gesellschaft zunächst wertneutralen Wissenschaft. Wissen ist immer ambivalent, es kann meist gleich effizient zum Wohle oder zum Schaden angewandt werden. Die Verantwortung liegt bei den Wissenschaftlern und den Menschen bei der Anwendung der Wissenschaft auf praktische Probleme. Das schließt nicht aus, daß man bei aufwendiger Forschung mit einer gewissen Forschungsplanung versucht, Schwerpunkte dort zu setzen, wo man gesellschaftliche Vorteile erhofft. Wir werden im letzten Kapitel hierauf näher eingehen. Es handelt sich um ein diffiziles Problem. Oft kann man beim Beginn einer Forschungsarbeit nicht übersehen, welche Folgen neu erworbene Kenntnisse haben werden. Dies gilt vor allem für grundsätzliche neue und echt kreative Ergebnisse.

Im Kapitel 3 werden wir auf einige einschneidende Folgerungen der Wissenschaft im Sinn der drei Axiome eingehen. Hier sei nur auf ein Beispiel hingewiesen. Noch heute sehen viele auf sogenannte primitive Völker voll Hochmut herab oder behandeln diese schlecht. Man denke nur an die Geschichte der Indianer von Columbus bis heute. Eine Kooperantik, eine Lehre der Kooperation aller Menschen dieser Erde, könnte nun darauf hinweisen, daß es bei einschneidenden Eingriffen in unsere Umwelt mit Hilfe der Technik auf Grund irgendeiner neuen Lebensgewohnheit passieren könnte, daß die sogenannten hochentwickelten — oder besser gesagt technisierten — Völker nach einigen Generationen nicht mehr lebensfähig sind. Man denke etwa an das Beispiel, daß im letzten Krieg sehr viele deutsche Sturzkampfflieger, die sich mit Sirenengeheul im Sturzflug auf ihre Gegner gestürzt hatten, den Verstand verloren. In unserem fiktiven Beispiel könnte also z.B. nach einer übereilten Massenimpfung die Situation auftreten, daß plötzlich das Weiterleben der Menschheit nur an der Weiterexistenz der primitiven Völker hängt. Daraus wäre also eine Achtung und Pflege dieser Menschen abzuleiten.

Rapoport (1970) glaubt als Operationalist „daß es möglich ist, ein allgemeines Wertsystem zu errichten, welches auf den Mitteln beruht, mit denen die allgemeinen Bedürfnisse befriedigt werden". Als derartige „invariante Bedürfnisse" nennt er: am Leben zu bleiben, nach Zugehörigkeit, nach Ordnung, nach Sicherheit und nach Entwicklung der Persönlichkeit (Ich-Erweiterung). Es erscheint fraglich, ob dies ausreichend ist, sofern man nicht ein Bedürfnis nach Altruismus einschließt bzw. voraussetzt.

Die Erfüllung der Grundbedürfnisse gehört aber im Sinne des 2. Axioms zu den egoistischen Trieben, die für ein inneres Gleichgewicht möglichst erfüllt sein sollten. Als Anreiz zur Kreativität genügt es oft auch, daß die Erfüllung der Bedürfniswünsche in Aussicht gestellt ist. Die Erfüllung der Grundbedürfnisse gehört zum Wohlergehen bzw. zur quality of life (vgl. Abschnitt 2.2):

Zu den Grundbedürfnissen des Menschen gehören:

I. Leben
1. Wille zum langen Leben
2. Gesundheit zur ungestörten Möglichkeit des Lebens
3. Weiterleben nach dem Tode in Kindern
4. Weiterleben in Werken oder Taten
5. Weiterleben der menschlichen Gemeinschaft als Ganzes
6. Weiterleben der Seele, soweit logos dies nicht ausschließt.

II. Bedürfnisse der Lebenserhaltung
1. Ausreichende Nahrung
2. Ausreichende Kleidung
3. Ausreichende Wohnung
4. Sicherheit der Versorgung für die nächste Zukunft
5. Befriedigung des aus dem Versorgungstrieb (2.4) entstandenen Sammeltriebes
6. Ausreichende Ruhe
7. Körperliche Betätigung (Sport, Wandern)
8. Sicherstellung des eigenen Revieres persönlich und beruflich (incl. Verschonung vor Lärm anderer)

III. Betätigung der Sinne
1. Sehen (Licht)
2. Hören
3. Riechen
4. Schmecken
5. Wohlfühlen
6. Aussprache mit Nächsten
7. Sexualität
8. Ausleben der Gehirnfunktionen:
   a) Wissen, Lernen (Reisen), Denken
   b) Emotionales Ausleben der Gefühle in Kunst und Freundschaften mit Menschen (bzw. Tieren) ähnlicher emotionaler Triebe.

IV. Betätigung sozialer Triebe
1. Körperliche Liebe durch Eltern bzw. später Sexualpartner
2. Geistige Freundschaften (Eltern, Ehepartner bzw. Freunde)
3. Anerkennung durch die Gemeinschaft (Ehrgeiz, Ruhm)
4. Arbeit für die Gemeinschaft
5. Religiöse Sinngebung des Lebens und Geborgensein in höheren Kräften, soweit eine soziale Frühkindheit erlebt wurde und Logos dies nicht ausschließt
6. Verantwortlichkeit für die Gemeinschaft
7. Weitergabe des eigenen Wissens (Schüler, Kinder, Hörer, Leser, Einfluß im Beruf etc.)
8. Spiel als soziales Erleben

9. Bildung von sozialen Reihen (Rangordnungen, Hackordnungen) zur Effektivität sozialer Leistungen der Gruppe, sofern diese Reihe nach Leistungskriterien gebildet wird.
10. Möglichkeit des Aufenthaltes in der Heimat, um die Erinnerung an sorglosere Jugendzeit aufzufrischen
11. Möglichkeit des Aufenthaltes an sozialen Gedenkstätten (z.B. Gräber von nahegestandener Personen)
12. Hang zu sozialer Gerechtigkeit, um ein gesundes Gleichgewicht zwischen den egoistischen selbstbehauptenden und den sozialen Trieben zu ermöglichen.

V. Betätigung egoistischer, selbsterhaltender Triebe
1. Aggressivität als jahrtausendalter Instinkt zur Eroberung des eigenen Reviers
2. Ausleben des individuellen Ichbewußtseins mit einem eigenen Freiheitsraum
3. Hang zur Macht, um das eigene Ich in soziale Werte umzusetzen oder auch aus Hang zur Sicherheit.
4. Ablehnung von Hierarchien oder Vorgesetzten, denen man sich überlegen fühlt.
5. Naturerlebnis und Alleinsein in ungestörter Natur (instinktive Sehnsucht an frühere Zeiten dünner Besiedlung).

Bertrand Russell hat einmal auf die Frage nach den zum persönlichen Glück notwendigen Elementen geantwortet: „Vielleicht ist die erste Voraussetzung Gesundheit, die zweite ausreichende Mittel, um ohne Not zu leben, drittens glückliche persönliche Beziehungen und viertens erfolgreiche Arbeit. . . . Das Glücksgefühl bei einer wirklichen erfolgreichen schwierigen Arbeitsleistung ist tatsächlich sehr, sehr groß, und ich glaube nicht, daß ein fauler Mensch jemals etwas Vergleichbares erlebt" (s. *Russell* 1976). Hier hat *Russell* offenbar eine wichtige Antwort auf die Frage: „warum studieren wir?" gegeben. In der wissenschaftlichen Arbeit können gleich zwei der von ihm angegebenen Voraussetzungen erfüllt werden: erfolgreiche Arbeit und nette persönliche Beziehungen zu Kollegen. In der stürmischen Phase der Physik in Deutschland von 1920–1935 waren die erfolgreichen Physiker, wie z.B. *Planck, v. Laue, Heisenberg, Born, Kossel* usw. nicht nur bedeutende Wissenschaftler, sondern auch als verehrungswürdige Menschen anerkannt. Die Physiker dieser Zeit fühlten sich – auch wenn sie selbst nicht das Glück hatten, sehr wesentliche Entdeckungen zu machen – in einer Gemeinschaft bedeutender menschlicher Persönlichkeiten. „Die Natur hat uns zur Gemeinschaft geschaffen". *(Epikur).* „Glück heißt mit sich und der Umwelt in Harmonie leben". *(Heyne).*

2.6. Ziele der Wissenschaftler

In den vorangegangenen Abschnitten dieses 2. Kapitels haben wir zu zeigen versucht, wie sich Zielsetzungen des Wissenschaftlers aus der ursprünglich religiös formulierten Nächstenliebe, aus der Evolutionslehre oder aus den Axiomen der Kooperation ableiten lassen. Alle diese Hinweise hat schon *Epikur* zusammengefaßt: ,,Die Natur hat uns zur Gemeinschaft geschaffen". Dies erscheint *Campbell* und *Howarth* (1959) nicht ausreichend: ,,Das ist die Achillesferse der Demokratie: die blinde Gleichgültigkeit der Mehrheit für das Wohl der Allgemeinheit". Doch erkennen beiden Autoren: ,,Die Kraft, dies Leben zu leben, hat ihre Wurzeln in der Gemeinschaft . . . Man sollte vielleicht nur ab und zu ein wenig darauf hinweisen. Diktatorische Systeme sind, wie z.B. der Faschismus oder die Extreme der Französischen Revolution gezeigt haben, auf die Dauer nicht stabil. Die Demokratie ist bisher noch immer die beste Lebensform, die die Menschen gefunden haben".

In diesem Abschnitt möchten wir noch auf entsprechende Anregungen anderer Autoren kurz eingehen.

Bresch (1974) hat eine interessante Umfrage abgehalten nach den Zielkoordinaten von Biologiestudenten, die sie für die Forschung sehen. Das Ergebnis geordnet nach der Reihenfolge der erhaltenen Indexzahlen lautet: 1. Sicherung des Fortbestandes der Menschheit (Index 6,6); 2. Verbesserung zwischenmenschlicher Beziehungen (Indexzahl 5,2); 3. Förderung der Gesundheit (Index 4,5) und 4. Erweiterung des Wissens (Index 4,4). Dieses Ergebnis stimmt also mit den obigen Schlußfolgerungen erstaunlich gut überein.

Schaefer (1967) hat kürzlich ausgeführt, daß die Gesellschaft selbst die ethisch bildende Kraft sei, da die alten Autoritäten an Kraft verloren haben. ,,Es hat nur *die* Ethik Chancen sich durchzusetzen, die mit dem Lebensgefühl der Zeit übereinstimmt" (*Schaefer* 1967). Dies scheint für unsere Folgerungen zum Glück der Fall zu sein.

Alexander (1963) hat in einer Schrift "Why study Sciences?" zwei Hauptaufgaben der Wissenschaft beschrieben: Die Aufklärung der Geheimnisse der Natur und die Verbesserung der menschlichen Existenzbedingungen. Die eine Stufe dient der Beseitigung der Angst des Menschen vor den Unbillen der Natur; an dieser Aufgabe arbeiten zuerst Religionen und dann die Wissenschaft. Die zweite Funktion dient den Verbesserungen der Lebensbedingungen im oft schweren Kampf ums Dasein. Zu den Verbesserungen der Lebensbedingungen zählt *Alexander* das Mitgefühl für andere (compassion).

Alexander sieht vier Hauptziele des Studiums:
1. Faszination ungelöste Probleme zu lösen (Begeisterung des Erkenntnisdranges)
2. Den Drang menschliche Not zu mildern
3. An der Lücke mitzuarbeiten zwischen Naturwissenschaft und humanitären Werten
4. Persönliche Versorgung.

Zu Punkt 1. soll schon *Demokrit* (s. 1968) geäußert haben: lieber eine einzige Sache aufdecken als König von Persien werden. Punkt 2. entspricht einer Bemerkung *Plancks* (1941), nach der er in der Verwertung des wissenschaftlichen Weltbildes in der Technik den Sinn der Naturwissenschaften sah. Mit beinahe prophetischen Worten deutete er auf den Sinn der Kernphysik hin, einmal mit Kernkraftwerken die Energieversorgung sicher zu stellen.

Planck wies aber zugleich auf die notwendige Spezialisierung hin, mit der derartige praktische Ziele nicht immer direkt sondern oft viel aussichtsreicher über die Grundlagenforschung effektiv gelöst werden. „Darum schelte man nicht allzusehr die Weltfremdheit des Gelehrten und seine Zurückhaltung gegenüber wichtigen Fragen des öffentlichen Lebens" (*Planck* 1947). Der vierte Faktor sollte nach *Alexander* niemals primär sein, weil sonst die Kraft der Wissenschaft verloren ginge. Die Vereinigung von Naturwissenschaft und die Sorge für die Mitmenschen (compassion) ist nach *Alexander* das Ziel eines guten Lebens.

Behrendt (1971) beschreibt dagegen die notwendigen „Tugenden für die technische Welt" u. a. wie folgt:
a) Prozeß des Lernens der Strategie umfassender Zusammenarbeit
b) Prozeß der Intellektualisierung der gesellschaftlichen Bedürfnisse
c) Verhaltensweisen, die der Lebenserhaltung und Verbesserung der Menschheit zu Gute kommen
d) Verantwortungsbewußte Mitwirkung an der Gestaltung des menschlichen Lebensraumes im weitesten Sinne.

Max Weber (1919) vertritt zunächst den klaren Standpunkt, daß die Wissenschaft „um ihrer selbst willen und nicht nur dazu zu betreiben, weil andere damit geschäftliche oder technische Erfolge herbeiführen". Doch räumt auch er neben der „Entzauberung der Welt" drei praktixche Ziele der Wissenschaft ein: "Kenntnis über die Technik, wie man das Leben, die äußeren Dinge sowohl wie des Handeln des Menschen durch Berechnung beherrscht. Zweitens: Methoden des Denkens, das Handwerkszeug und die Schulung dazu. . . . Wir sind in der Lage (den Studenten) zu einem Dritten zu verhelfen: zur Klarheit. Vorausgesetzt, daß wir sie selbst besitzen".

*Max Weber*s Warnung „Politik gehöre nicht in den Hörsaal" oder „die Studenten mögen in ihrem Professor einen Lehrer und nicht einen Führer suchen" (1919) läßt sich in die von uns geforderte Trennung zwischen Wissenschaft und Kooperantik einordnen.

Natürlich beeinflußt die Naturwissenschaft das Weltbild jedes modernen Menschen. Jedoch sind derartige Folgerungen keine exakten naturwissenschaftlichen Aussagen, sondern nur Vorstufen einer Philosophie von Morgen.

Der Lebenstrieb und die Furcht vor dem Tode kann zum Ziel eines Wissenschaftlers führen, durch bedeutende Entdeckungen in der Erinnerung der Gesellschaft länger zu überleben. Die Bezeichung von Naturgesetzen, von Effekten oder von Meßeinheiten in der Physik nach dem Namen bedeutender Wissenschaftler zeigt diese Tendenz deutlich an, ebenso wie manche heftig geführten Prioritätsstreitigkeiten. Hierbei handelt es sich um eine modernisierte Vorstellung eines Spruches aus der Havamal der Lieder-Edda des 13. Jahrhunderts:

Besitz stirbt, Sippen sterben, Du selbst stirbst wie sie;
Doch ein's weiß ich, das ewig lebt, der Toten Tatenruhm.

Steinbrück (1918) schrieb zwei Wochen bevor er im ersten Weltkrieg fiel: „Ich glaube, es ist einer so lange nicht tot, als sein Gedächtnis nicht ausgelöscht ist, so lange, als er in unserer Erinnerung lebt, daß wir ihn fragen können: was würde er dazu sagen, wie würde er handeln, so lange als uns seine unvergessenen Werke und Gedanken eine Antwort geben".

2.7. Religion und Naturwissenschaft

Max Scheler (1874–1928) hat in seiner Wissenssoziologie vom geisteswissenschaftlichen Standpunkt die drei Ziele beschrieben: 1. Leistungswissen, 2. Bildungswissen und 3. Heilswissen (Begründung der religiösen Existenz).

Vom Standpunkt der Wissenschaft ist der dritte Punkt nicht Ziel der Wissenschaft, er kann aber natürlich Ziel der Wissenschaftler sein. Fragen der Religion würden den Rahmen dieses Buches sprengen. Wir möchten aber mit einigen Hinweisen kurz auf die Verbindungen zur Religion eingehen, wie sie einige Wissenschaftler sehen. *Kepler* und *Galilei* waren in ihrer Arbeit ganz auf religiöse Motive ausgerichtet. Am Beispiel *Plancks* läßt sich eine interessante Einstellung eines modernen Naturwissenschaftlers zeigen (*Planck* 1937). *Planck* sah zunächst Gemeinsamkeiten zwischen Religion und Naturwissenschaft im Kampf gegen Skeptizismus, Dogmatismus, Unglauben und Aberglauben. Beide suchten nach der Existenz bzw. nach dem Wesen der von den Menschen unabhängigen Weltordnung. „Die Religion benützt hierfür ihre eigentümlichen Symbole, die exakte Naturwissenschaft ihre auf Sinnesempfindungen begründeten Messungen. Nichts hindert uns also, und unser nach einer einheitlichen Weltanschauung verlangender Erkenntnistrieb fordert es, die beiden überall wirksamen und doch geheimnisvollen Mächte, die Weltordnung der Naturwissenschaft und den Gott der Religion, miteinander zu identifizieren. Danach ist die Gottheit, die der religiöse Mensch mit seinen anschaulichen Symbolen sich nahe zu bringen sucht, wesensgleich mit der naturgesetzlichen Macht, von der dem forschenden Menschen die Sinnesempfindungen bis zu einem gewissen Grade Kunde geben" (*Planck*).

Planck sieht in der Religion gewisse Vorteile für das tägliche Leben. „Die Naturwissenschaft braucht der Mensch zum Erkennen, die Religion braucht er zum Handeln ... weil wir mit unseren Willensentscheidungen nicht warten können, bis die Erkenntnisse vollständig und bis wir allwissend geworden sind" (*Planck* 1937). Auch *Einstein* äußerte ähnlich: „Jede mit tiefem Gefühl verbundene Überzeugung von einer überlegenen Vernunft, die sich in der erfahrbaren Welt offenbart, bildet meinen Gottesbegriff; man kann ihn also in der üblichen Ausdrucksweise als „pantheistisch" (*Spinoza*) bezeichnen" (*Einstein* 1956). In einem in bezeichnender Weise anonym veröffentlichten Gedicht eines Physikers heißt es: „Es ist Natur, die sich uns göttlich offenbart. Gott ist, Natur-Gesetz ist seine Art" (J. M. 1971).

Die Bekenntnisse *Plancks* und *Einsteins* zeigen, wie sie die Naturwissenschaften nicht nur als sie begeisternde Tätigkeiten ausführten, sondern auch in ihre Lebenseinstellung einschlossen. Wir möchten aber nochmals betonen, daß dies mit der eigentlichen Wissenschaft nichts zu tun hat. Derartige religiöse oder weltanschauliche Folgerungen aus der Naturwissenschaft hängen immer stark vom Zeitgeist und von individueller Einstellung ab. Sie würden die Objektivierbarkeit der Wissenschaft gefährden, wenn man nicht klar zwischen Wissenschaft und Anschauungen von Wissenschaftlern unterscheiden würde. Man kann mit diesem Standpunkt auch nicht gegen die Physik zu Felde ziehen, wenn man mit der von einigen aus ihr abgeleiteten materialistischen Weltanschauung nicht einverstanden ist, wie es in dem sonst brauchbare Ansätze enthaltenden Buch von *Koch* (1973) geschieht.

Neben der Möglichkeit, daß die Naturwissenschaft die religiösen Empfindungen der Menschen beeinflußt, besteht zwischen Religion und Naturwissenschaft die Beziehung, daß sie beide eine gemeinsame Wurzel haben, das menschliche Bedürfnis nach Sicherheit. Der Mensch suchte nach Befreiungen von der Angst vor den oft unerwarteten Naturgewalten, sei es nur vor einer Krankheit. Die frühen Religionen erfüllten diese Sehnsucht nach Sicherheit mit Göttern, die das Naturgeschehen lenkten oder die das Schicksal des Individuums in Naturgefahren schützten. Die Naturwissenschaften versuchten dagegen durch Verständnis, unerwartete Naturereignisse zu dezimieren und andererseits gefährliche Naturereignisse zu umgehen. Man denke nur an die einschneidende weitgehende Beherrschung von Krankheiten. Die Erfolge der Naturwissenschaften haben damit die Bedeutung der Religion als sicherheitsgebendes Element gegenüber den Unbillen der Natur reduziert. Eine Folge davon war, daß der religiöse Halt der Menschen und damit auch die Bedeutung der christlichen Ethik stark zurückgegangen sind. Auch die gegenwärtige Autoritätskrise gehört zu derartigen Folgen. Könige fühlten sich von Gott eingesetzt. Auch der Gehorsam zu Eltern und Lehrherren wurde teilweise aus dem Religiösen gefestigt und konnte entsprechend erschüttert werden. „Es fordert den Aufblick zu den Eltern, als zu Gott; denn Gott selbst hat seinen Vaternamen auf die Eltern gelegt, Gott ist es selbst, der durch sie redet und handelt" (*Baumgärtner* 1918)

Auf die hieraus resultierenden Probleme werden wir im 3. und 4. Kapitel zurückkommen.

Gemeinsam kann in einer Religion und in einer auf Naturwissenschaften aufgebauten Weltanschauung die Frage auftreten, ob denn überhaupt ein freier Wille des Menschen existiert. Wenn ein höheres Wesen die Welt regiert oder auch wenn ich mir vorstelle, daß jede Gehirntätigkeit ein rein biochemischer Prozeß ist, so kann ich fragen, wo bleibt der freie Wille? Man neigt doch dazu, den Willen als einen wesentlichen Teil des Menschen zu sehen. Auch im Christentum muß das Individuum ja selbst entscheiden.

Die Willensentscheidung ist mit einem auf die kleinste Kante gestellten Brett vergleichbar. Die Fallrichtung des Brettes hängt in einem solchen labilen Gleichgewicht von kleinen mehr vom Zufall abhängigen Schwankungen ab. Der Mensch entscheidet mit einem Spielraum von pendelhaften Bewegungen auf Grund erlernter Erfahrungen oder instinktiv verankerter Prinzipien. In diesen Prozeß können Religionen, Ideologien oder wissenschaftliche Kenntnisse mit Richtschnüren oder Erkenntnissen eingreifen. Je strenger ein Mensch sich an eine Religion oder Ideologie hält, um so kleiner ist der Spielraum zwischen egoistischem Treiben und Geboten. Das Ansprechen altruistischer Neigungen kann dabei als individueller Spielraum erscheinen. Die christliche Religion hat im Prinzip der Gnade eine Humanisierung eingeführt, indem Handlungen nicht mit irreversiblen Entscheidungen für oder gegen die Religion verbunden sind und so Handlungsspielraum offen läßt.

Mit dem Sinken religiöser Einflüsse stieg die Neigung, nach dem Prinzip maximalen Individualnutzens zu entscheiden. Die altruistischen Triebe der Menschen führen aber zu einer Metastabilität, sich der ersten auftauchenden Ideologie blindlings anzuschließen, die soziales Ausleben anbietet. Im Fall bedingungsloser Unterordnung unter eine orthodoxe Ideologie gibt es keine Fortschritte, die über den geistigen Horizont des Ideologieschöpfers hinausgehen. Die Willensfreiheit des Menschen ist ambivalent, sie zahlt mit dem Preis von Fehlhandlungen, das Wesen des Menschen zu garantieren. Im Atomzeitalter können wir uns immer weniger Fehlentscheidungen leisten. Die Machtmittel der Menschen sind zu stark angestiegen. Der Handlungsspielraum ist eingeengt. So brauchen wir eigentlich wieder verbindliche Normen. Die Willensfreiheit gehört zum Wesen des Menschen. Eine gewisse Humanisierung kann in dieser Lage über rationale aber individuell erscheinende Einsichten erfolgen, bei denen der Mensch Sachzwängen und nicht ihm unverständlichen Zwängen folgt. Dabei erfolgt eine Stabilisierung des labilen Gleichgewichtes der Willensbildung zu Gunsten notwendiger Kooperation. Das erforderliche Mitdenken gibt Spielraum für die Betätigung individualistischer Triebe im Sinne unseres 2. Axioms der Kooperation.

2.8. Der eindimensionale Marcuse

Wir begannen unsere Diskussion des Studienzieles, sich für das Wohl der Menschheit in ihrer Gesamtheit einzusetzen, mit *Schillers* Antrittsvorlesung. *Schillers* Gedanken waren von einem großen Enthusiasmus getragen, daß die Menschheit in groben Zügen bis auf kleine Pendelschwingungen in einer Aufwärtsentwicklung lebe. Zur Zeit widerspricht dieser Meinung eine pessimistische Philosophie, die u. a. auf *Marcuse* und *Adorno* zurückgeht. Wir wollen diesen Zeitgeist anhand des bekannten Buches von *Marcuse* „Der eindimensionale Mensch" kritisch durchleuchten. *Marcuse* hat zwar nach anfänglicher Sympathie bei unserer Jugend persönlich verloren, u. a. weil er sich weigerte, nach seiner Kritik am Aufbau einer neuen Welt mitzuarbeiten. Trotzdem leben die Gedanken Marcuses gerade in einem sehr aktiven Teil unserer Jugendlichen weiter. Im Grunde genommen geht auf *Marcuse* eine neue Ideologie zurück. Sie beruht im wesentlichen auf der Behauptung: dem Menschen ginge es noch nie so schlecht wie heute. Der technische Fortschritt würde die Unfreiheit des Menschen intensivieren, ihre Versklavung würde fortschreiten, die „wissenschaftliche Unterwerfung der Natur" werde zur „wissenschaftlichen Unterwerfung des Menschen" benutzt, wobei die Herrschaft des Menschen über den Menschen immer wirksamer werde (*Marcuse* 1967). *Marcuse* kann hierfür keine zwingenden Begründungen geben. Worin beruht trotzdem der Erfolg seiner Gedanken? Ich glaube, er liegt in der Aggressivität *Marcuses*. Bei *Marcuse* lauert quasi hinter jeder Ecke ein Feind, auch wenn unklar bleibt, wer dies eigentlich ist. Diese Einstellung wird ad absurdum geführt, wenn nach ihm eben die bösesten aller Menschen die Arbeiter so gut versorgt haben, daß sie ihnen den revolutionären Geist nahmen. Es liegen hier rein emotionale Behauptungen vor, die sich mannigfaltig widerlegen lassen. Selbst wenn man derartige Argumente nicht anerkennen würde, so müßte man doch dem Arbeiter die demokratische Freiheit zubilligen, selbst zu entscheiden, ob er revolutionär sein will oder nicht. Die Lage sollte insbesondere für die Historiker interessant sein. Es gelingt offenbar nicht, in befriedigender Weise den Jugendlichen Vorstellungen von Zeiten, die sie nicht mehr selbst erlebt haben, zu geben. So induziert *Marcuses* Buch eine tiefgehende Spaltung zwischen den Generationen. Für die ältere Generation, die die Vorkriegszeit, den Krieg und die Überwindung des Kriegselendes miterlebt hat, ist die Nachkriegszeit ein bedeutender Fortschritt. Die Jugend übersieht derartige Hinweise zu leicht.

Die Gefahr *Marcuses* liegt in dem Wort *Friedell*s (1927): „Es ist nicht richtig, daß der Künstler die Realität abschildert, ganz im Gegenteil: die Realität läuft ihm nach", *Marcuse* hatte sich ursprünglich viel mit Ästhetik befaßt, so gleicht für mich sein Werk eher dem eines Künstlers. Gewiß hat er einige Wahrheiten aufgedeckt. Gefährlicher als *Marcuses* „Eindimensionalität" der modernen Menschen erscheint mir seine eigene „Eindimensionalität". Das genannte Buch diskutiert nicht die historischen Wurzeln, es enthält keine Zukunft. Daß jemand im Alter nicht mehr viel an der Zukunft interessiert ist, mag verständlich erscheinen; daß jemand aber die Vergangenheit nicht mehr sehen will, ist unverständlich. Wenn wir z. B. an die griechische Kultur denken, denken wir an *Plato, Sokrates* etc. Wir vergessen, daß damals ein Bauer durch härteste Arbeit nur Nahrung für etwa 1 1/2 Menschen herbeischaffen konnte (*Coulson* 1956) und daß für jeden Poeten, die die alte griechische Kultur sich leisten konnte, Hunderte von Sklaven arbeiten mußten (*Coulson* 1956).

Ich selbst habe vor dem Kriege in Ostdeutschland sehen müssen, wie armselig die Knechte auf den Bauernhöfen lebten. Sie schliefen im Stall beim Vieh; hatten so gut wie kein Eigentum noch Freizeit. Die einzige Freizeit am Sonntagnachmittag brachten sie meist damit zu, um sich sinnlos zu betrinken. Auch aus meiner Heimatstadt Berlin sind mir die Freitagabende in besonders schlechter Erinnerung. Freitag war Zahltag für die Arbeiter des in der Nähe unserer Wohnung befindlichen Güterbahnhofs. Das war der einzige Moment, in dem die Arbeiter etwas Geld in den Händen hatten. Viele versuchten in ihrer Verzweiflung, sich Freitag abends total zu betrinken. Weinende und schreiende Frauen mischten sich in dies Straßenbild, die notfalls mit Gewalt versuchten, das so dringend benötigte Geld ihren betrunkenen Männern aus den Händen zu reißen. Andererseits habe ich selbst erlebt, daß auch daheim kein Geld da war, um auch nur Brot zu kaufen. Die elementaren Bedürfnisse waren noch in diesem Jahrhundert nur für einen Teil der Menschen in Deutschland garantiert. Heute ist dies bis auf ganz wenige Ausnahmen völlig unbekannt. Bei den heutigen Ausnahmen liegt oft auch noch eigenes Verschulden der Betreffenden vor. Damals kam selbst ein großer Teil der fleißigen Menschen in größte Not.

Man kann nur extrapolieren, wie es im Mittelalter hergegangen sein mag. Wenn wir manchmal von früheren Zeiten schwärmen, so denken wir hierbei meist an eine ganz kleine Schicht von Privilegierten, denen es so gut ging, daß sie auch etwas für die Überlieferung ihres Lebensstils tun konnten. Aber selbst die Kunstwerke des Mittelalters zeigen meist eine erschreckende Grausamkeit, sodaß ich sie kaum als ästhetisch anerkennen kann. Sowohl *Marcuse* als auch der Autor wären im Mittelalter im gelindesten Fall auf Nimmerwiedersehen im Kerker gelandet wegen ihrer Neigung zur Kritik an den gegebenen Umständen. Würde *Marcuse* mit einem mittelalterlichen Kerkerdasein tauschen, wenn es heute uns so schlecht geht? Wahrscheinlich hätte man ihn damals sogar umgebracht. Stand doch selbst schon auf geringfügige Diebstähle häufig die Todesstrafe. Ja selbst den wenigen Privilegierten ging es doch oft viel schlechter als einem heutigen Bürger mit durchschnittlichem Lebensstandard. Das Liebste, das ein Mensch hat, seine eigenen Kinder, waren damals einer enormen Sterblichkeit ausgesetzt. Aus den Tagebüchern eines meiner Urgroßväter geht hervor, daß noch im vorigen Jahrhundert auf Dörfern der Tod eines Kindes so häufig war, daß nicht einmal der Pfarrer der Beerdigung beiwohnte, sondern diese Pflicht hatte ihm der Lehrer abzunehmen. In früheren Zeiten erlebte nur jedes zweite Kind das 14. Lebensjahr (*Jost* 1974).

Wir denken oft an die Romantik des Stadtbildes von Nürnberg, wenn wir an mittelalterliche Handwerker denken. Wir vergessen aber, daß die Mehrzahl keine freien Handwerker waren. Die Mehrzahl der Bevölkerung waren bis zu Beginn unseres Jahrhunderts Landarbeiter, die unter jämmerlichen Bedingungen harte Arbeit verrichten mußten. Wenn einem Herren die Frau eines Leibeigenen gefiel, so konnte er über sie verfügen. Selbst die Generäle *Napoleon*s waren noch von dieser Sitte nicht ganz frei. Wenn es einem Herren einfiel, seinen Knecht oder dessen Frau zu prügeln, so stand ihm dies Recht zu. Wie kann *Marcuse* angesichts dieser Tatsachen zu einer Behauptung kommen „mit der technischen Unterwerfung der Natur nimmt die des Menschen durch den Menschen zu"? Hat er noch nie eine Fabrik besichtigt? Er hätte dies vor allem alle 10 Jahre seines Lebens tun müssen, wenn er das obige Zitat mit gutem Gewissen schreiben wollte. Die Arbeitsbedingungen haben sich hinsichtlich Arbeitszeit und Arbeitsplatz mindestens in Deutschland sehr wesentlich gebessert. Es waren Ingenieure, die vor allem die Arbeiter von der meist sehr schweren körperlichen Arbeit fast ganz befreiten. Es gibt heute z. B. chemische Fabriken, in denen die Funktion der Arbeiter nur darin besteht, daß sie die den Prozeß kontrollierenden Instrumente zu beobachten haben, bei Unregelmäßigkeiten haben sie den Betriebsführer zu rufen oder anzurufen, weil meist nur dieser den komplizierten Prozeß bei Störungen in den Griff bekommen kann. Man vergleiche derartige Arbeiter mit den Knechten in den 20er Jahren unseres Jahrhunderts. Es handelt sich oft sogar um ungelernte Arbeiter, also sogar die untere Stufe, der es nach *Marcuse* eigentlich am schlechtesten gehen sollte.

Marcuse und seine Geistesgenossen übersehen offenbar, daß die Kritik von *Marx* an der Industrialisierung zum großen Teil Ursache und Wirkung verwechselt hat. *Marx* lebte in einem gewissen Elendsminimum. Während die europäische Bevölkerungszahl von ca. 1300 bis 1700 etwa konstant geblieben war, hatte sich in England die Bevölkerung im 18. Jahrhundert verdoppelt und im 19. Jahrhundert vervierfacht (s. *Jost* 1974). Demgegenüber konnte die gewerbliche Wirtschaft z. B. von 1836 bis 1886 die Zahl der Arbeitsplätze in England nur von 9 auf 13,2 Millionen erhöhen. Immerhin hat *Marx* zu wenig verfolgt, daß das durchschnittliche Pro-Kopf-Einkommen der englischen Arbeiter im gleichen Zeitabschnitt von 9 auf 41 Pfund im Jahr infolge der Industrialisierung erhöht wurde (*Jost* 1974). *Marx* hat die Fehler der Industrialisierung einseitig überbetont und unterließ einen globalen Lagebericht. Die Hauptursache des Elends zu *Marx'* Zeiten war nicht die Industrialisierung, sondern die zu schnell gestiegene Bevölkerungszahl. Ohne Industrie wäre das Elend damals sicher noch viel größer gewesen. Man kann also selbst zu *Marx'* Zeiten eine langsame Aufwärtsentwicklung erkennen. *Marx* übte eine absolute Kritik, anstelle die Lebensbedingungen der englischen Arbeiter seiner Zeit mit denen der leibeigenen Bauern früherer Jahrhunderte zu vergleichen. Selbst wer dies nicht anerkennt, muß doch zugeben, daß das von *Marx* gesehene Elend durch die Industrialisierung weitgehend überwunden ist.

Noch Ende des vorigen Jahrhunderts gab es in Böhmen Kinderarbeit, bei der 11jährige selbst sonntags in achtzehnstündiger Schicht schwere körperliche Arbeit verrichten mußten (*Holek* 1909). Wer verschweigt, daß die Maschinen der Technik die Produktivität des Menschen so erhöht haben, daß ihr Lebensstandard und ihre Freizeit in der zweiten Hälfte des 20. Jahrhunderts ganz bedeutend zugenommen haben, gleicht einer modernen Neuauflage des Rattenfängers von Hameln. Die wöchentliche Arbeitszeit der Arbeiter betrug in USA 1850 70 Stunden, um die Jahrhundertwende 60 Stunden und heute 40 Stunden (*Greiling* 1954).

Man denke andererseits nur an den kulturellen Aufstieg. Im Tagebuch meines Urgroßvaters ist eine Eintragung über ein Weihnachtsfest am Anfang des vorigen Jahrhunderts zu finden, in der er mit einem Freudensschrei über sein Weihnachtsgeschenk berichtet: „Carl darf weiter in die Schule gehen!" Als er später mit 50 Jahren eine Eingabe ans Ministerium machte, daß ihm die tägliche Arbeit als Lehrer mit seiner 300 Schüler starken Klasse zu schwer würde, er bäte um eine kleinere Klasse, erhielt er als Antwort seine Pensionierung mit einer recht geringen Pension. Ein anderer Großvater wollte gerne Lehrer werden. Sein Vater hatte keine Möglichkeiten, er entschied gegen den Willen und gegen die Neigung seines Sohnes, daß dieser Schneider wird. Es tut mir leid, nur anhand der wenigen mir zur Verfügung stehenden Quellen komme ich zu dem Schluß, *Marcuse* ist einem Trugschluß zum Opfer gefallen. Er versucht, eine Welt zu zertrümmern, die viel heiler ist, als er sie sehen will. Er stürzt unsere Jugend ohne Ursache in tiefen Pessimismus.

Auch das wesentliche Fundament des geistigen und materiellen Fortschrittes unserer Zeit, der Naturwissenschaften, versucht *Marcuse* zu entthronen. Auch hier fehlen ihm offenbar die Sachkenntnisse, um über die Naturwissenschaften urteilen zu können. So versteift er sich z. B. auf S. 181 des genannten Werkes auf die Behauptung, daß die Struktur der Wissenschaft von der gesellschaftlichen Hierarchie beeinflußt wird. In einer anderen Welt, in einer befriedeten Welt, würde nach *Marcuse* ,,die Wissenschaft ... folglich zu wesentlich anderen Begriffen der Natur gelangen und wesentlich andere Tatsachen feststellen". Kein sein Fach wirklich beherrschender Physiker würde hier *Marcuse* zustimmen können. Ein bei mir für ein Jahr arbeitender russischer Kollege benutzte jedenfalls die gleichen wissenschaftlichen Vorstellungen wie ich auch. Auch unter *Hitler* sah die Physik bis auf einige Narren genau so aus, wie kurz vor seiner Regierung. Hier hat *Marcuse* offenbar die Naturwissenschaft und vor allem ihre Verifizierbarkeit vom Standpunkt anderer Disziplinen aus beurteilt.

In einem Fall kann ich ihn konkret widerlegen (s. Kap. I.6). *Marcuse* ist mit seinem Urteil über die Naturwissenschaft einem Irrtum zum Opfer gefallen, indem er die Abhängigkeit der Naturwissenschaft von den gesellschaftlichen Bedingungen zu stark betonte. Die Methoden der theoretischen Physik sind gar keine grundsätzlich verschiedenen Methoden. Der Mensch hat Werkzeuge gefunden, die mit direkten primitiveren Werkzeugen identische Resultate finden (s. S. 19). Kann eine solche Tat von der jeweiligen politischen Ideologie beeinflußt werden? So lange man die Physik den Physikern überläßt, sicher nicht. Sein anderer großer Irrtum beruht auf seiner Unkenntnis der Zustände in einer modernen Fabrik. Selbst das oft zitierte Fließbandarbeiten sieht vom Standpunkt der Arbeitenden meist ganz anders aus. Der Mensch am Fließband arbeitet oft aus dem Unbewußten heraus, ähnlich wie ein Autofahrer schon beinahe aus dem Unbewußten beim Abbiegen den Richtungsanzeiger einschaltet. Viele Menschen ziehen eine solche Arbeit vor, weil ihre Gedanken frei sind, sie können während ihrer Arbeit anderen Gedanken nachgehen. Wenn ihnen andererseits diese mechanische Arbeit nicht liegt, steht es ihnen meist frei, sich eine andere Arbeit zu suchen.

Interessant erscheint mir *Marcuse*s Beschreibung von Erfahrungen bei Beschwerden von Fabrikarbeitern (loc. cit. S. 127): ,,Bei der Untersuchung der Beschwerden von Arbeitern über Arbeitsbedingungen und Löhne stießen die Forscher auf die Tatsache, daß die meisten Beschwerden in Sätzen formuliert waren, die ,,vage, unbestimmte Ausdrücke" enthielten, denen es an ,,objektivem Bezug" zu solchen ,,Maßstäben" fehlte, ,,die allgemein akzeptiert werden", und daß sie Charakteristika aufwiesen, ,,die von Eigenschaften, die im allgemeinen mit gewöhnlichen Tatsachen zusammengebracht werden, wesentlich verschieden waren",

Marcuse berichtet von der Auflösung der allgemeinen Kritik in konkrete persönliche Sorgen einzelner Arbeiter und fährt dann fort: „ist die persönliche Unzufriedenheit einmal von allgemeinem Unglück isoliert, sind die allgemeinen Begriffe, die sich ihrer Funktionalisierung widersetzen, einmal in partikulare Merkmale aufgelöst, dann wird der Fall zu einem heilbaren, leicht zu handhabenden Vorkommnis."

Diese Analyse scheint für *Marcuses* Buch selbst zu gelten. Es muß mit irgendwelchen persönlichen Verbitterungen zusammenhängen, die vielleicht mit seinem bedauernswerten Emigrantenschicksal zusammenhängen. Wenn *Marcuse* sagt (loc. cit. S. 26), „in letzter Instanz muß die Frage, was wahre und was falsche Bedürfnisse sind, von den Individuen selbst beantwortet werden", so gilt dies doch auf für die von älteren Arbeitern vertretene Meinung, daß es im Laufe ihres Lebens eine enorme Aufwärtsentwicklung gegeben hat. Andererseits behauptet *Marcuse* immer wieder, der Mensch würde heute brutal manipuliert. Ich persönlich glaube nicht, daß dies zugenommen hat. Die Erziehung zum Militarismus und Nationalismus dürfte in früheren Zeiten eine stärkere Manipulation gewesen sein. Hierzu gehört auch die zum Teil zwangsweise Erziehung zur Religion. Ein Meister aus einem Betrieb berichtete mir, daß ihm in der Jugend die Religion von einem Kaplan mit brutalen Schlägen eingeprügelt worden sei. *Marcuse* übersieht die Demokratie der freien Marktwirtschaft. Die Käufer bestimmen doch täglich, welche Waren und welche Produkte überleben. Man kann jemanden zu einem Autokauf nur bis zu einem geringen Grad überreden.

Es leben noch pensionierte Arbeiter, die in ihrer Jugend bis zu 20 km zu Fuß zur Arbeit gehen mußten. Heute ist durch die Motorisierung der Freizeitraum und damit die Möglichkeit kultureller Betätigung immens gewachsen. Gibt es eine demokratischere Einrichtung als den Zeitungskauf, der täglich bestimmt, welche Zeitungen eine Gesellschaft haben will? *Marcuse* verfängt sich selbst in ein merkwürdiges Demokratieverständnis auf Grund seiner geringen Kenntnisse der technischen Welt (loc. cit. S. 53). Er zitiert dort: „der Druck des gegenwärtigen hochtechnisierten Rüstungswettlaufes hat die Initiative und Macht, kritische Entscheidungen zu treffen, den verantwortlichen Regierungsbeamten aus den Händen genommen und in die von Technikern, Planern und Wissenschaftlern gelegt". Er nimmt hier gegen die Demokratisierung der Macht weniger Beamter Stellung. Viele Fachleute sind für mich mehr Demokratie als wenige Regierungsbeamte. Wenn *Marcuse* allerdings unterstellt, daß die Techniker und Wissenschaftler, „die im Dienst großer Industriekonzerne stehen und die Verantwortung für die Interessen ihrer Arbeitgeber tragen, „sorgen, daß gekauft wird, was sie sich ausgedacht haben", so hat *Marcuse* ebenso wenig die Welt der Großfirmen verstanden wie die der Physik. Der freie demokratische Konkurrenzkampf reduziert diese Verdächtigungen bis auf beklagenswerte Ausnahmen.

Marcuse denkt offenbar auch noch in den Dimensionen der kleinen Privatfirmen aus der Zeit des Beginns des letzten Jahrhunderts, als *Marx* Mißstände seiner Zeit kritisierte. Die Welt der Großfirmen sieht heute anders aus. Sie ist durch den Konkurrenzkampf einzelner Abteilungen in gewisser Art demokratisiert. Außerdem verkennt *Marcuse* den Geist, in dem Naturwissenschaftler und Techniker arbeiten, die doch an Sach-Entscheidungen gewöhnt sind.

Man muß natürlich zugeben, daß noch lange nicht alles optimal ist. Man sollte auch an Unterschiede in einzelnen Staaten denken. Die Welt, die *Marcuse* an die Wand malt, hat jedenfalls mit der Welt in der BRD wenig zu tun. Kritik von Mißständen ist genau das, was wir fordern müssen. Der Kritik sollte aber in der wissenschaftlichen Zeit eine genügende Sachinformation vorausgehen. Durch Aufbauen eines falschen Feindbildes verhindert *Marcuse* die Lösung echter Probleme. z. B. wendet er sich dagegen, daß durch künstliche Bedürfniseckung der Kampf ums Dasein verewigt werden würde. Es handelt sich hierbei um ein Problem des Menschen selber und nicht weniger Ausbeuter. Diese Frage erinnert an den Bericht, daß die Ameisen, die in einem Ameisenbau Reinigungsaufgaben versehen, anfangen, Nahrungsvorräte herauszutragen, wenn kein Unrat mehr zu finden ist. Vor allem erscheint es unverantwortlich, wenn unter Verdrehung der Gegebenheiten aus der vorhandenen Aufwärtsentwicklung eine Abwärtsentwicklung „manipuliert" wird. Selbst wenn *Marcuse* recht hätte, was wir bezweifeln, so sollte er erst Werte einreißen, wenn er neue anzubieten hat. Es erscheint ein Glück, daß er nach Anfangserfolgen bei unserer Jugend nur noch wenig Anerkennung findet. Man sollte aber nicht vergessen, daß *Marcuse*s Gedanken — ohne an den Urheber zu denken — in weiten Kreisen sehr lebendig sind.

Nur deshalb haben wir uns so ausführlich mit *Marcuse* als Beispiel für gefährliche moderne Bestrebungen befaßt. Das am Anfang des 2. Kapitels entworfene Bild kann durch *Marcuse* nicht gestört werden. Wir können als Ziel der Wissenschaftler die Forderung nach einem sozialen Gelehrten aufrechterhalten, der Wissen sammelt, um damit später für das Wohlergehen und den Fortbestand der gesamten Menschheit zu arbeiten. Er ist damit ein Glied zu einer humanen Welt in der bisher im großen und ganzen nach vielen Irrungen ablaufenden Entwicklung. Auch *Schiller*s Vorstellung der Pflicht der Dankabstattung für die Taten der früheren Generationen an die kommenden Generationen kann *Marcuse*s Idee standhalten. Ich hege den Verdacht, daß *Marcuse* einer Schwäche unseres Jahrhunderts zum Opfer gefallen ist: dem Hang zum Außergewöhnlichen. Hier liegt eine gewisse Gefahr. Nachdem die Technik im allgemeinen nur neue Produkte anbietet, wenn es sich um Verbesserungen handelt, so entsteht daraus die Vorstellung, daß alles Neue a priori besser sei. Die Sucht in der Kunst und auch in der Soziologie, alles Neue als besser anzuerkennen und sich dafür brennend zu interessieren, ist eine nicht statthafte Extrapolation von einer Kultur auf eine andere (vgl. *Snow* „Die zwei Kulturen"). Wenn man die Erfahrung mit technischen Produkten, daß meist das neu auf den Markt Gebrachte a priori

als besser angesehen werden kann, auf andere Gebiete übertragen will, so sollte man von der Technik lernen, mit welchen Verfahren sie ihre Produkte verbessert. *Jost* (1974) hat drei technische Arbeitstechniken betont, aus denen andere Gebiete lernen könnten:
„I. Man sollte versuchen, jede Überlegung *quantitativ* zu Ende zu bringen, auch bis zu dem Punkt und über den Punkt hinaus, in dem sie unseren Wunschbildern etwa widerspricht.
II. Erst muß man genügend Informationen sammeln und durch Experimente bzw. zumindest durch Beobachtungen erweitern, ehe man aus ursprünglich qualitativen Erwägungen praktische Schlüsse ziehen kann.
III. Wenn nicht zwingende Gegengründe bestehen, sollte man niemals die notwendigen Erprobungen im Kleinversuch und „Versuchsbetrieb überspringen", „ . . . es sollte in Schritten beherrschbarer Größe vorangegangen werden, so daß man in jedem Schritt ohne allzu große Verluste abbrechen kann . . . daß man die Entwicklung in eine andere Richtung lenken . . . kann".

Dieser Arbeitstechnik widerspricht *Marcuses* Versuch der Emotionalisierung unserer modernen Zeit. Natürlich gibt es noch viele Aufgaben zur Verbesserung. Man sollte aber nicht allein mit Emotionen Erfahrungen über Bord werfen und zur Bilderstürmerei aufrufen. *Marcuse* gehört zu den menschlichen Typen, die *Steinbuch* (1973) so schön charakterisiert hat: sie mögen zwar in diesem und keinem anderen System leben, sie möchten aber zugleich alles anders haben, bloß wissen sie nicht, wie es anders sein sollte. Kritik an der Gesellschaft ist erwünscht. Probleme lassen sich aber viel besser lösen aus positiver Einstellung zum Leben und zur Gesellschaft. Naturwissenschaftler haben gelernt, aus der Erfahrung heraus Schritt für Schritt Neuerungen aufzubauen. *Marcuse* neigt dagegen dazu, die unvollkommene Welt zu zerstören, weil er nebelhaft von einer vollkommeneren Welt träumt. Seine Einsichten in die Gesetzmäßigkeiten der naturwissenschaftlich-technischen Zeit sind zu unvollkommen, als daß man sich ihm vertrauensvoll anschließen könnte. *Marcuses* Pessimismus entwurzelt den Menschen und lenkt ihn von den wirklichen Problemen zu sehr ab.

Marcuses Pessimismus hat wohl seine Wurzeln in seinen Enttäuschungen während der *Hitler*zeit. Er hat aber die Ursachen von *Hitlers* demagogischen Erfolgen zu wenig erfaßt. Die liegen in der Entfesselung der Aggressivität. Schon in seinem Buch „Mein Kampf" schreibt *Hitler,* man solle die Aufmerksamkeit eines Volkes „auf einen einzigen Gegner konzentrieren", die breite Masse liebt „eine Lehre, die keine andere neben sich duldet . . . sie sieht nur die rücksichtslose Kraft und Brutalität ihrer zielbewußten Äußerungen". „Im ewigen Kampfe ist die Menschheit groß geworden – im ewigen Frieden geht sie zugrunde" (*Hitler* 1933). *Hitler* forderte: „Das Programm einer Weltanschauung, die Formulierung einer Kriegserklärung gegen eine bestehende Ordnung, gegen einen bestehenden Zustand, kurz gegen eine bestehende Weltauffassung überhaupt" (*Hitler* 1935). Im gleichen Buch warnt *Hitler* entsprechend, es sei „gefährlich", wenn die wissenschaftliche Ausbildung „sich immer mehr den nur realen Fächern zuwendet, also der Mathematik, Physik, Chemie usw.". Man sollte daraus lernen. Demagogie und Diktatur kann man nur durch Bildung und Aufsuchen von objektiven Denkmethoden vermeiden. *Plato* hatte in seinem „Staat" im Gegensatz zu *Hitlers* Meinung gerade die Mathematik für die Erziehung empfohlen: „Die Zahlen führen zur Wahrheit hin".

Hitler erkor die Juden als die „einzigen Gegner" und erwähnt nur am Rande den Kampf gegen „das internationale Kapital", *Marcuse* begibt sich auf ein ähnliches Glatteis, indem er seinen Lesern ein emotionales Feindbild vermittelt und die Naturwissenschaften angreift. Man sollte sehr sorgfältig untersuchen, inwieweit *Hitlers* Methoden noch in Erinnerung sind, wenn einige Kreise heute alle Fehler emotional einem einzigen Gegner, dem Kapitalismus, in die Schuhe schieben wollen. Verbesserungen sind nur durch Kooperation aller und nur noch in Zusammenarbeit mit Naturwissenschaftlern und Technikern, mit möglichst sachlichen Methoden, zu erreichen.

W. Becker (1974) nimmt als moderner Philosoph eine viel kritischere Haltung an. Er betont, daß die Naturwissenschaften mit ihrem Objektivitätsanspruch die Geisteswissenschaften und insbesondere ihre Aufgabe, die Normen für die Gesellschaft aufzustellen, abgewertet haben. In diese Lücke sei der Marxismus vorgestoßen. Er erhebt den Anspruch, eine Wissenschaft zu sein und greift den menschlichen Hang, die Wissenschaft zur Begründung menschlicher Normen heranzuziehen, auf. *Becker* ist jedoch der Meinung, daß ein wissenschaftliches Instrumentarium für eine solche Aufgabe nicht existiere. Da der Marxismus sich nicht auf die Naturwissenschaft und Technik beziehe, sei er der gleichen Schwierigkeit hinsichtlich der Objektivität ausgesetzt. Im Gegensatz zu philosophischen Ansätzen stützt sich zwar der Marxismus auf wirtschaftliche Aspekte und versucht, in dieser Richtung eine objektivere Basis zu erreichen. Seit *Marx* sind aber über 100 Jahre vergangen und die wirtschaftliche Struktur der Gesellschaft hat sich geändert, sodaß der Marxismus die pluralistische Struktur der modernen Gesellschaft nicht ausreichend berücksichtigt. Seine wirtschaftlichen Aussagen sind umstritten. Sie reichen daher für eine objektive Basis noch nicht aus. Im Grunde wäre auch zu untersuchen, ob seine Erfolge mit dem Ansprechen aggressiver Triebe des Menschen zusammenhängen. Es erscheint uns der Weg sinnvoller, sich auf einige Grundaxiome als Basis des Lebens zu einigen und dann wissenschaftliche Ergebnisse von dieser Warte aus heranzuziehen, als mit Gewalt direkt von der Wissenschaft aus, weltanschauliche Werturteile fällen zu wollen. Im Grunde genommen wird hierdurch der Fortschritt aufgehalten, weil man der Leistungsfähigkeit der wissenschaftlichen Methode Gewalt antut, indem man Wissenschaft und Weltanschauung unzulässig vermengt.

Beinahe zeitlos erscheinen dagegen *Comtes* Gedanken über gesellschaftliche Aufgaben der Wissenschaft in der Schrift: „Plan der wissenschaftlichen Arbeiten, die für eine Reform der Gesellschaft notwendig sind" (*Comte* 1822). Als Ursachen des Verfalls des feudalistischen Systems sah *Comte* den Fortschritt der Wissenschaften, der Künste und der Industrie, wobei er einen Neuaufbau eher von organisatorischen als von kritischen Maßnahmen erwartete. Die Aufgabe der Kritik ist nach Abschluß der ersten Phase erfüllt, sie erscheint *Comte* wegen ihres zerstörerischen Charakters unfähig, neue Wege zu begründen. Die notwendige geistige Erneuerung sei Aufgabe der „Gelehrten, welche sich in den beobachtenden Wissenschaften betätigen". Neben notwendiger Sachkenntnis könnten sie allein die notwendigen internationalen Kräfte mobilisieren. *Comte* sah den Ablauf der Kulturgeschichte der Menschheit in drei Phasen: er begann mit dem theologischen oder fiktiven bzw. feudalen Zustand, wurde dann abgelöst durch die metaphysische bzw. abstrakte Phase und sollte übergehen in die wissenschaftlich-technische, d. h. die positive Phase. Von der Politik der Zukunft forderte er, sie solle den metaphysischen Zustand überwinden und als positive Wissenschaft betrieben werden (d. h. auf Erfahrungen und Tatsachen aufbauend). An den nach der Schwierigkeit geordneten hierarchischen Aufbau der Wissenschaften: von der Astronomie, Physik, Chemie zur Physiologie sollte sich allmählich die Wissenschaft von der Politik anschließen. Innerhalb der Wissenschaften hat nach *Comte* eine Revolution von der Vorherrschaft der Phantasie zur Beobachtung stattgefunden. Diese Entwicklung solle die Politik nachvollziehen, sie sollte aufhören, als Dogmen zu regieren, dagegen aus der systematischen Ordnung allgemeiner Tatsachen der Kulturgeschichte ein möglichst einfaches System ableiten, aus denen die Gesetzmäßigkeiten des Fortschrittes sich ergeben. Damit ist anzustreben, in der Politik die Willkür auszuschalten. Aus den Methoden der Physiologie, die sich mit den Individuen befaßt, sollte langsam eine soziale Physik, die Soziologie, entwickelt werden, die sich mit der „Physiologie der Gattung" beschäftigt.

Comte hoffte, daß aus der revolutionären kritischen Phase gegen den Feudalismus eine evolutionäre Phase entstehen möge, in der die wissenschaftlich begründete Ansicht der Fachleute zum bestimmenden Element würde. Er war seiner Zeit weit voraus. Das Programm, auf dem Wege von der Astronomie über Physik und Chemie bis zur Biologie strenge Wissenschaften im Sinne des Positivismus werden zu lassen, benötigte zur Verifikation mehr als 150 Jahre. In der Biologie stehen wir im Rahmen dieser Entwicklung sogar erst in den Anfängen. Im Falle der Politologie sind wir erst in allerersten Anfängen und sind noch nicht über erste Ansätze hinausgekommen, diese im Sinne *Comtes* in die exakten Wissenschaften zu integrieren. *Comte* ist von geisteswissenschaftlicher Seite stark kritisiert worden. So lehnte z. B. *Max Scheler* seine Lehre von den drei Zuständen: theologisch, metaphysisch-juristisch und wissenschaftlich-technisch ab mit dem Bemerken, diese drei Triebe seien immer gleichzeitig in allen Menschen vorhanden, sie entsprächen daher nicht einer historischen Entwicklung eines zeitlichen Nacheinanders. Man sollte sich vor Extremen in allen Richtungen hüten. Man erinnere sich an den Korea-Krieg, der beendet wurde, als Computer-Analysen vor einer Provokation eines amerikanisch-chinesischen Krieges warnten. Ohne eine solche quantitative Analyse wäre in früheren Zeiten ein solcher Krieg rein emotional vom Zaune gebrochen worden. Dies gibt Anlaß zu überlegen, ob in *Comtes* Vorstellungen nicht doch große Aufgaben und Ziele für wissenschaftlich-pragmatische Aufgaben der Lösung harren.

2.9. Zusammenfassung

1. *Schiller* teilt die Studenten je nach Studienziel in zwei Gruppen ein: die „Brotgelehrten" streben mit ihrem Wissen nach Versorgung oder Ruhm, die „Philosophen" suchen die Erkenntnis um ihrer selbst willen.

2. *Schiller* sah im Ablauf der Geschichte mit kleinen Schwankungen ein ständiges Aufwärts zu einem besseren Leben, weil die Menschheit sich in einem ständigen Lernprozeß befindet. Jeder Wissenschaftler müßte während des Studiums motiviert werden, zum Dank für die von den früheren Geschlechtern übernommenen Kulturgüter mit dem eigenen Wissen für das Wohlergehen der kommenden Geschlechter zu sorgen.

3. Der „soziale" Gelehrte studiert, um mit seinem Wissen für das Wohlergehen der gesamten Menschheit zu wirken.

4. Die Erhaltung der Art und ihre Vervollkommnung ist innerhalb der Evolution Lebenssinn und Aufgabe. „Sicher aber ist jede Ethik, die an der Zielsetzung vorbeigeht, die Weiterexistenz des menschlichen Lebens zu sichern, an sich widersinnig" (*Steenbeck* 1967).

5. Die Evolution hat im Kampf ums Dasein und im Kampf um die Liebe zwar einerseits egoistische Triebe bevorzugt, bei sozial organisierten Arten war sie aber andererseits auch begleitet von einer Evolution altruistischer Anlagen.

6. Die durch die Technik erfolgenden starken Eingriffe in die Umwelt des Menschen erfordern eine Ausdehnung des in vielen Religionen anklingenden Leitmotivs der Nächstenliebe von der örtlichen in die zeitliche Dimension (Nächstenliebe zweiter Art).

7. Der Altruismus des Menschen war bisher auf die Stimulierung durch Gruppengewohnheiten angewiesen. Im Zeitalter der Technik und der damit verbundenen großen Machtinstrumente für Demagogen sind wir auf eine Transformation des Altruismus angewiesen. Hierbei sollte die Gruppe von altruistischen Individuen zusammengehalten werden, die gelernt haben, selbständig zu entscheiden.

8. Der auf *Comte* zurückgehende Positivismus lehnt jede wissenschaftliche Begründung von gesellschaftlichen Normen ab. Der Positivismus konnte zwar nicht verhindern, daß wissenschaftliche Ergebnisse ethische Werte zerstörten, er verbot aber den Wissenschaftlern am Aufbau neuer ethischer Werte mitzuhelfen (Positivistisches Paradoxon).

9. Um das positivistische Paradoxon zu lösen, kann man versuchen, sich auf soziologische Grundaxiome zu einigen.

10. Altruistische Unterordnungen der Individuen unter das Wohl der Menschheit bezeichnen wir mit Kooperation.

11. Als die drei Grundaxiome der Kooperation werden vorgeschlagen:
    1. Ziel der Kooperation ist der Fortbestand und das Wohlergehen der Menschheit.
    2. Die Kooperation muß Freiheit lassen für ein gesundes Gleichgewicht zwischen den sozialen und den selbstbehauptenden, egoistischen Trieben des Menschen.
    3. Actio gleich reactio.

    Das dritte Axiom bedeutet: der Mensch kann in der übervölkerten Welt nicht mehr beliebig in die Ökologie der Natur eingreifen, ohne daß diese Eingriffe auf ihn zurückwirken.

12. Wissenschaftliche Folgerungen für die drei Grundaxiome der Kooperation werden Kooperantik genannt.

13. Die großen Aufgaben der Menschheit können nur unter Hinzuziehung naturwissenschaftlich-technischer Hilfe gelöst werden. Enthusiasmus und ein Glaube an den Fortschritt der menschlichen Kultur erleichtern die Lösung der gestellten Aufgaben. Die pessimistische Philosophie der Gegenwart, begründet durch *Marcuse,* hemmt diese Entwicklung. *Marcuse's* emotionale Vermutungen, dem Menschen ging es noch nie so schlecht wie heute, halten einer strengen Kritik nicht stand.

14. *Comte's* Ziel, die Probleme der Menschheit durch wissenschaftliche Objektivierung zu lösen, ist noch genau so akut wie zu seiner Zeit vor 150 Jahren.

3. Das ABC der Zukunft

3.1. Einleitung

Das vorige Kapitel führte uns zu dem Studienziel, mit dem eigenen Wissen sich für die Weiterexistenz und das Wohlergehen der gesamten Menschheit einzusetzen. Die Frage nach dem Sinn des Studiums führt damit auf die Frage nach den Wertmaßstäben des Lebens. Als eine heute notwendige Maxime waren wir auf die weltweite Kooperation gestoßen. Sie erfordert, das historisch bedingte Gefühl aufzulösen, ein selbständiges Individuum zu sein, dessen Tun von unendlich kleiner Wirkung in einer unendlich großen Welt zu sein scheint. Die altruistischen Züge des Menschen sollten im Zeitalter von Naturwissenschaft und Technik auf die Menschheit als Ganzes ausgedehnt werden. „Die Menschheit mit ihrer immer enger werdenden wirtschaftlichen und geistigen Verzahnung wird in Zukunft, wenn überhaupt, nur als Ganzes existieren; daher muß dann auch ein einziges übergeordnetes ethisches Leitbild nicht nur theoretisch, sondern faktisch die ganze Menschheit erfassen" (*Steenbeck* 1967).

Die Kooperation muß zu einer Anpassung der Einstellung des Menschen an die durch die Technik veränderte Welt führen. Der Mensch hat durch die Technik die absolute Herrschaft über seine Umwelt gewonnen, es ist höchste Zeit, daß er die Herrschaft über sich selbst gewinnt (vgl. *Frank* 1968). „Die Kultur des wissenschaftlichen Zeitalters" muß „ihrer Struktur nach eine Weltkultur" werden (vgl. *Picht* 1969).

In diesem Kapitel 3 soll gezeigt werden, daß die Gedanken des 2. Kapitels mit naturwissenschaftlichen Methoden erhärtet werden können und welche praktischen Lösungswege im Sinne einer Kooperantik gefunden werden müssen. Die Schilderung der einschneidenden Wirkungen naturwissenschaftlich-technischer Fortschritte auf die Gesellschaft führt auf die Notwendigkeit sozialer Zielsetzungen wissenschaftlicher Arbeit. Dieses Kapitel leitet damit gleichzeitig auf das 4. Kapitel über, in dem die Fragen der besonderen Verantwortlichkeit der Naturwissenschaftler beschrieben werden.

Das Bewußtsein einer notwendigen Umwelthygiene hat in den letzten Jahren erfreulich zugenommen. Hierauf brauchen wir daher im Detail nicht einzugehen (vgl. z. B. *Moll* 1973, 1976). Wir wollen vielmehr einige wichtige die Gesellschaftsstruktur verändernde Faktoren und wichtige Probleme beispielhaft zusammenstellen. Um eine gewisse Gliederung für dieses sehr umfangreiche Gebiet zu erreichen, werden wir die Probleme in alphabetischer Reihenfolge besprechen. Ich habe dies in einigen Vorträgen „das ABC der Zukunft" genannt. Wir sollten uns mit diesen Fragen alle so intensiv beschäftigen, wie die ABC-Schützen mit dem Alphabet.

3.2. A: Astronomie, die Größe des Alls und die Kleinheit des Individuums

Die astronomische Wissenschaft hat die Diskrepanz zwischen der individuellen Selbstüberheblichkeit und den Ausdehnungen des Weltalls quantifiziert. Das Autofahren bringt dem Bundesbürger heute größere Entfernungen näher. 13 000 Fahrkilometer pro Jahr entsprechen etwa einer mittleren Fahrleistung eines Familienautos. Mit der Fahrleistung von drei Jahren kann man eine Vorstellung für den Erdumfang von 40 000 km verbinden. Bei gleichen jährlichen Fahrtleistungen würde eine solche Familie 1 200 Jahre benötigen, um die Entfernung Erde–Sonne zurückzulegen. *Kienle* (1968) hat kürzlich mit anschaulichen Modellen versucht, die Weite des Weltalls zu beschreiben.

In einem Modell mit einer Sonne von 14 cm müßte man die Erde in Stecknadelkopfgröße in einem Abstand von 15 Metern unterbringen, die äußeren Planeten Jupiter, Uranus und Neptun würden in Kieselsteingröße in Abständen von etwa einem halben Kilometer verstreut liegen. Verkleinern wir dieses Modell um einen Faktor 100, so hätte jetzt die Sonne Stecknadelkopfgröße und der nächste Fixstern, also der nächste Stecknadelkopf, befände sich in einem Abstand von 42 km. Ein solches Modell mit einem Radius von 50 km würde gerade ein Dutzend derartiger Stecknadelköpfe als „Sterne" enthalten. Das Licht, das bekanntlich sich mit einer Geschwindigkeit von 300 000 km pro Sekunde ausbreitet, würde in unserem Modell pro Tag gerade 30 cm zurücklegen.

Ein Modell des Milchstraßensystems könnte man sich mit einer Sonnenausdehnung von 1/1 000 Millimeter ausdenken. Die Sterne hätten in diesem Modell Abstände von durchschnittlich 50 Metern. Ein derartiges Milchstraßenmodell würde der Ausdehnung der Bundesrepublik entsprechen, und hätte eine Höhe von 150 km. In dieser Darstellung wären etwa 100 Milliarden 1/1 000 Millimeter große „Sterne" unterzubringen. Milchstraßen ähnliche Sternensysteme nennt der Astronom Galaxien. Nach den heutigen Kenntnissen der Astronomie gibt es einige Milliarden derartige Galaxien. Die Galaxien sind nicht statistisch verteilt, sondern neigen zur Haufenbildung. Stellen wir uns vor, jede Galaxie hätte etwa die Ausdehnung einer Linse (ca. 5 mm), so werden in einem maßstabgerechten Modell etwa 200 derartiger „Linsen" einen Haufen mit mittleren Abständen von etwa 25 mm bilden. In einem großen Hörsaal würden nur zwei derartiger „Linsenhäufchen" sich befinden.

Der in dem letzten Modell unendlich kleine Mensch hat mit seinem Verstand Kenntnisse gesammelt über Sterne bis zu Entfernungen, für die das Licht 9 Milliarden Jahre brauchen würde. Das Licht der entferntesten Sterne ist länger unterwegs als unsere Erde alt ist. Ein Blick in den nächtlichen Sternenhimmel entspricht also nicht nur einem Blick in sehr große Weiten, sondern auch einem Blick in sehr frühe Zeiten. Für das Weltall als Ganzes ist das Gefühl, ein unendlich kleines Individuum in einer unendlich großen Welt zu sein, sowohl in der Ortsdimension als auch in der Zeitdimension angebracht. Das gilt aber nicht mehr für unsere kleine Erde. Auf ihr hat es der Mensch gelernt, deutlich meßbar Veränderungen vorzunehmen. Die Möglichkeit, sie meßbar verfolgen zu können, ist zunächst einmal eine meisterhafte Leistung der Naturwissenschaft. Die meisten Änderungen, über die in den folgenden Abschnitten unseres Alphabets berichtet wird, sind noch nicht besorgniserregend. Besorgniserregend werden sie aber dann, wenn die Menschen mit der Entwicklung derartiger erstaunlicher Meßmethoden nicht gleichzeitig beginnen, über die Auswirkungen globaler Einflüsse des Menschen auf lange Sicht nachzudenken und sich zu überlegen, wie die menschliche Aktivität in ferner Zukunft zu planen ist.

3.3. A: Atommüll, weltweite Verbreitung des Abfalls physikalischer Aktivitäten

3.3. A.1. Atombombenversuche

Radioaktive Abfallprodukte der Atombombenversuche und der Reaktoren lassen sich heute in allen Lebewesen nachweisen. Aus Tierversuchen, insbesondere an Mäusen und an der Drosophilafliege, ist gewiß, daß ionisierende Strahlen, wie sie der Radioaktivität entsprechen, schon bei relativ kleinen Dosen, genetische Schäden verursachen. Bei stärkerer Bestrahlung erfolgen Gesundheitsschäden, die sich z. B. bei der Blutbildung bemerkbar machen. Derartige Schäden heilen nur sehr wenig aus, sodaß in erster Näherung sämtliche Strahlenbelastungen während des Lebens aufsummiert werden. Aus beiden Gründen sollte die Strahlenbelastung jedes Lebewesens auf ein Minimum beschränkt bleiben. Genschädigungen können zunächst verborgen bleiben, bis zwei Elternteile mit gleichen Genschädigungen Nachwuchs bekommen. Genetische Schäden können also unter Umständen erst nach Tausenden von Jahren sichtbar werden (*Beale* 1973). Die mosaische Heimsuchung von Missetaten über mehrere Generationen hinweg erhält damit eine makabre Realisierung. Die amerikanische Atomenergiebehörde hatte ihren Radioaktivitäten ausgesetzten Angestellten empfohlen, nicht untereinander zu heiraten. Über die ganze Erdatmosphäre verteilte Strahlenaktivitäten sind von größerer Gefährlichkeit für die Menschheit als lokale Schäden einzelner Individuen. Eine ähnliche Empfehlung wie sie die US-Atomenergiebehörde gab, hat für die gesamte Erdbevölkerung keinen Sinn mehr.

Schon dieses Beispiel zeigt eindringlich, wie infolge des exponentiellen Wachstums der technischen Möglichkeiten der individualistische Handlungsspielraum eingeschränkt wird.

Die radioaktiven Nebenprodukte der Atombombenversuche führten in den 60er Jahren zu bedenklichen Erscheinungen. Hierbei trat z. B. eine weltweite Verseuchung durch das strahlenaktive Element Jod^{131} ein, das sich in der menschlichen Schilddrüse anreichert. Der zunächst erwartete schnelle Niederschlag der radioaktiven Verseuchung trat nicht ein, da die Abfallprodukte sehr hoch getragen wurden und nur ein langsamer Luftaustausch in den oberen Schichten erfolgte.

Dies ist ein Beispiel dafür, daß technische Folgen nicht immer vorher voll vorauszusehen sind. 1962 wurden z. B. in Europa 150 p C Jod^{131} pro Liter Milch gemessen und in USA bis zu 700 p C.

Ein weiteres gefährliches Isotop ist das Strontium ^{90}, das im Körper chemisch ähnlich wie Calcium wirkt und daher besonders in Knochen eingebaut wird[1]). 1964 waren in der Nahrung pro Gramm aufgenommenes Calcium im Mittel 10 p C radioaktives Strontium ^{90}. Im Getreide lag 1964 der Gehalt an aktivem Strontium bei 50 bis 80 p C pro Gramm. Die Toleranzgrenzen liegen bei 33 p C/g Calcium.

Zu der Toleranzgrenze ist zu erwähnen, daß diese etwas willkürlich festgelegt ist. Sie geht von der natürlichen Radioaktivität aus. Die natürliche Höhenstrahlung entspricht im Mittel, je nach Meereshöhe, einer Strahlenbelastung von 30 bis 240 mr/Jahr. Je nach geologischer Lage kommt hierzu eine Strahlung des Bodens von 45 bis 110 mr/Jahr (im Monazitsand in Brasilien gibt es Höchstwerte bis zu 500 mr/Jahr). Eine Röntgenbestrahlung in der diagnostischen Medizin entspricht etwa 100 mr, Uhrenleuchtziffern gaben früher Strahlungen von etwa 2 mr/Jahr ab.

Aus den atmosphären Abfallprodukten der Atombombentests kommen hierzu etwa 1 mr/Jahr. Kritischer als die Gesamtstrahlenbelastung sind vor allem die im Körper angereicherten Isotope des Jods und Strontiums. Die in die Stratosphäre hineingetragene Radioaktivität kommt erst sehr langsam über viele Jahre verteilt auf dem Erdboden an. Erst durch die Atombombentests wurde bekannt, daß der Luftaustausch zwischen Nord- und Südhalbkugel der Erde recht gering ist. In der nördlichen Halbkugel emittierte Aktivität gelangt nur wenig auf die Südhalbkugel und umgekehrt. Spitzen der Aktivität werden besonders im Frühjahr beobachtet. Zu dieser Zeit ist offenbar der Luftaustausch mit oberen Schichten besonders groß. Noch im Jahre 2000 wird es in der Luft leicht meßbare Mengen von Strontium ^{90} aus den Atombombentests der Jahre 1955—1960 geben. Strontium, in der Wirbelsäule angereichert, gefährdet die Blutbildungszentren im Knochenmark. Besonders hoch werden die Aktivitäten von starken H-Bomben-Explosionen getragen, zum Teil über die Stratosphäre hinaus in die Troposphäre, wo sie über Jahrzehnte gespeichert werden können.

In Pflanzen hat sich eine spezifische Anreicherung von Strontium gezeigt, so wurden folgende Werte gemessen:

---

[1]) Die quantitativen Angaben zur Frage des Atommülls verdanke ich vorwiegend einem Vortrag von *O. Haxel* (Heidelberg) auf der GVW-Tagung Heidelberg 1968.

Die Dosis von radioaktiven oder von Röntgenstrahlen können in den Einheiten: Röntgen (abgekürzt r) oder Curie (abgekürzt C) gemessen werden. 1 r ist die Strahlenmenge, die in 1,293 mg Luft Jonen mit einer Gesamtladung von einer elektrostatischen Ladungseinheit erzeugt. 1 C war ursprünglich definiert als die Zahl von radioaktiven Zerfallsakten, die in der gleichen Zeit 1 g Radium erzeugt. Heute ist 1 C definiert als $3,7 \cdot 10^{10}$ radioaktive Zerfallsakte pro Sekunde.
Untereinheiten sind:

   1 mr   = 0,001 r
   1 p C = 0,000 000 000 001 C
   1 MC = 1 000 000 C

100 p C Cäsium^{137}	pro kg Getreide
10 000 p C Cs^{137}	pro kg Pilze
200 p C Cs^{137}	pro kg Fleisch
2 000 p C Cs^{137}	pro kg Hirschfleisch

So unerfreulich diese Tatsachen sind, so hatten sie auch ein positives Ergebnis. Die vorher nicht beachtete Verseuchung führte zu einer ersten Verständigung zwischen Rußland und USA über die Einstellung dieser Versuche. Die ersten Kontakte hierzu erfolgten wohl über die Pugwash-Konferenz, ein internationales Treffen von Wissenschaftlern. Man lernte miteinander auf internationaler Ebene zu reden.

Eine weltweite Verunreinigung der Atmosphäre ist auch durch mit Kernenergie angetriebene Satelliten möglich. So verglühte 1964 durch technisches Versagen in hoher Höhe ein Satellit, der 1 Kilogramm Plutonium in die Erdatmosphäre abgab (*Schumann* 1967).

3.3. A.2. Atomkraftwerke:

Bei den Atombombentests kann man nicht auf die Ambivalenz der Technik hinweisen, nach der man positive und negative Folgen abwägen sollte. Dies könnte eher bei den Kernkraftwerken geltend gemacht werden. Die Kernkraftwerke werden im allgemeinen unter möglichst großer Sorgfalt hinsichtlich der Sicherheit gebaut. Jedoch werden die entstehenden radioaktiven Edelgase in die Atmosphäre abgegeben. Radioaktives Xenon ist wegen kurzer Halbwertszeit noch relativ harmlos, nicht aber das Krypton^{85} mit einer Halbwertszeit von 10 Jahren. Pro Kilowatt Reaktorleistung entstehen bei den gängigen Reaktortypen 1 C Kr^{85}. 1967 waren Kernkraftwerke im Bau oder fertiggestellt für 30 000 Megawatt ($3 \cdot 10^{10}$ Watt). *Haxel* schätzte durch Extrapolation für 1987 $1 \cdot 10^{11}$ Kilowatt Kernenergie, das entspräche 10^{12} C Kr^{85} Strahlung. In jedem cbm Luft der Erdatmosphäre wären dann 10^{-8} C radioaktives Krypton. Die Toleranzdosis beträgt zur Zeit $2 \cdot 10^{-7}$ C. Diese wäre dann bald erreicht (*Haxel* 1968).

Für Anfang 1974 wird die Kapazität der Kernkraftwerke auf der ganzen Welt mit 57 000 Megawatt angegeben und für 1980 auf 287 Megawatt geschätzt (Phys. Blätter 1974). Der Aufbau der Kernkraftwerke ging also langsamer als nach der *Haxel*schen Schätzung voran. In USA mit ihren leicht zugänglichen Kohlevorräten war die Kernenergie bisher nicht voll konkurrenzfähig. In der Bevölkerung entstanden außerdem Widerstände aus Furcht vor Reaktorunfällen. Die Lage kann sich jetzt nach den stark angestiegenen Ölpreisen und der politisch orientierten Ölkrise schnell ändern.

Andererseits wäre zu erwarten, daß durch die Kern-Reaktoren 1980 $2 \cdot 10^{60}$ Mega Curie Plutonium anfallen. Dies macht bei der Aufarbeitung der Kernbrennstoffe Schwierigkeiten. Pro Tag müßten 600 kg Plutonium aufgearbeitet werden. Plutonium ist besonders gefährlich, weil es keine Gamma-Strahlung aussendet. Eine Inkorporation von Plutonium ist damit schwer feststellbar. Ein Arbeiter in den Aufarbeitungsbetrieben dürfte höchstens pro Tag $4 \cdot 10^{-12}$ C Plutonium aufnehmen.

Da Plutonium zur Atombombenherstellung verwandt werden kann, wird der große Plutonium-Vorrat und die dann hoch trainierte Plutonium-Technologie beunruhigend. Reaktorenbau erfordert unbedingt ein stabiles System der Weltpolitik. Dies ist wohl das deutlichste Beispiel für die Ambivalenz technischen Fortschrittes. Der hohe Energiebedarf führt heute zu der Vorstellung, daß die Menschheit auf die Dauer nicht ohne Kernkraftwerke existieren kann. Neben dem als Energiefaktor anfallenden hohen Nutzen bringen diese Kraftwerke hohe politische Sorgen, die nur durch eine weltweite Kooperation bewältigt werden können.

Doch schon die Reaktorsicherheit zeigt die Notwendigkeit kooperativen Verhaltens. Die umliegenden Bewohner müssen besonders starke Sicherheitsgarantien verlangen. Ein ,,durchgehender" Kernreaktor kann wie eine Atombombe wirken, daher haben alle Menschen ein Anrecht auf Sicherheit jedes gebauten Kernkraftwerkes. Die Flugzeugunfälle demonstrieren wohl jedem deutlich, wie anfällig die Technik auf unvorhergesehene und nicht geplante Störungen ist. Daher stellen Kernkraftwerke Sicherheitsanforderungen, wie sie bisher noch unbekannt waren.

Die Krypton-Rechnung zeigt ferner, daß es einer weltweiten Planung über die Gesamtzahl von Kernkraftwerken bedarf. Der Kryptongehalt der Erdatmosphäre steigt übrigens viel stärker an, als nach den gemeldeten Reaktorkapazitäten zu erwarten. Das läßt vermuten, daß es eine Reihe geheimer Reaktoren gibt zur Produktion von Plutonium für Bombenherstellungen (*Haxel* 1968). Die hochgezüchtete Analytik auf diesem Gebiet vermag auch derartig streng geheime Dinge zu überwachen. Der Schreck vor möglicher Gefährdung auf diesem Gebiet hat zur Zusammenarbeit der UdSSR und den USA geführt und zur Gründung der internationalen Atomenergie Behörde in Wien (IAEO), die vorbildliche Arbeit geleistet hat. Auch die Euratom Länder haben gemeinsame Richtlinien ausgearbeitet. Der Wetterdienst nimmt ständig Überwachungsmessungen vor. Die Vorarbeiten hierzu, wie sie zum Beispiel von Prof. *Haxel* am Heidelberger Physikalischen Institut der Universität geleistet wurden, sind ein gutes Beispiel, wie auch Wissenschaftler sich direkt sozialen Aufgaben widmen können.

Neben den radioaktiven Abfallprodukten verunreinigen Kernkraftwerke die Umgebung mit Abwärme von 1 500 kcal/kWh, das sind 50% mehr als konventionelle Kraftwerke. Es gibt Vorausrechnungen, daß 1990 derartige Abfallwärme schon 5% der Sonnenstrahlungsenergie der BRD erreichen wird.

Auch bei der Aufarbeit der Brennelemente der Kernreaktoren werden immer mehr radioaktive Abfälle entstehen, deren Aktivität über hunderte von Jahren anhalten kann. Die Lagerung dieses Atommülls erfordert höchste Kooperation, damit korrodierende Behälter nicht Aktivitäten in die Atmosphäre oder in natürliche Trinkwasserreservoire abgeben. Die Zahlenwerte in 1 000 Megawatt Kernkraftkapazität und in Milliarden Curie anfallender radioaktiver Abfälle sind etwa gleich (*Meadows* 1972).

Eine eindrucksvolle Vorstellung der damit auftretenden Probleme hat *Ramdohr* (1967) gegeben. Radioaktive Abfallmengen, die zur Zeit jetzt schon auf der Welt gelagert werden, werden auf 10^{12} Curie geschätzt (als Dezimalzahl geschrieben: die Ziffer 1, dahinter 12 Nullen) (*Ramdohr* 1967). In der BRD sind in 1 Liter Wasser an unbekannten Nukliden Aktivitäten bis höchstens 10^{-10} Curie zugelassen (als Dezimalzahl geschrieben also: 0, dann 9 Nullen und dann die Ziffer 1). Nach dieser Toleranzgrenze könnte man mit den vorhandenen radioaktiven Abfällen bereits 10^9 Kubikkilometer Wasser verseuchen, sofern man sie wasserlöslich oder in Wasser dispergierbar machen könnte (*Ramdohr* 1967). Das entspricht etwa der gesamten auf der Erde vorhandenen Wassermenge von $1{,}3 \cdot 10^9$ Kubikkilometer (*Franks* 1972).

Die Ablagerung der radioaktiven Abfälle erfolgt zur Zeit in Salzbergwerken. Sie fallen zum großen Teil in flüssiger Form in stark saurem Milieu an. Bei zu starker Aktivität können sie sich so stark erhitzen, daß sie zum Kochen kommen. In Salzbergwerken hofft man, gegen Flüssigkeiten und Gase dichte Ablagerungen zu haben, die auch das Korrosionsproblem der Lagertanks lösen. Da in den Salzbergwerken seit Jahrmillionen keine Wassereinbrüche erfolgt sind, hofft man, dies gelte auch noch für einige weitere hundert Jahre, bis die Aktivität abgeklungen ist. Die sehr großen Mengen an abgelagerter Aktivität erfordern eine sehr hohe Verantwortung des Lagerpersonals. Die Lager sind nicht nur vor Undichtigkeiten zu schützen, sondern auch vor Saboteuren, Erpressern und eventuell vor Guerillas. Sofern verantwortungslose Guerillas sich eines derartigen Lagers bemächtigen würden, könnten sie die ganze Erdbevölkerung in Gefahr bringen. Daraus ist zu folgern, daß die Kooperation selbst das Aufhören aller Guerilla-Kriege fordern muß, da eine zuverlässige militärische Überwachung aller technischen Anlagen kaum möglich sein wird. Hier setzt eine Verantwortung ein für mögliche Folgen auf spätere Generationen. In Analogie hierzu wäre bei früherer Entwicklung der Atomreaktoren *Karl der Große* für die Gesundheit unserer Generation mit verantwortlich gewesen.

Die Technik der Zukunft wird immer stärker zwischen Nutzen und Schaden abwägen müssen. Sofern man also wegen unbedingt notwendig erscheinender Energieversorgung in Zukunft nicht ohne Atomreaktoren sein kann, muß man sich mit einer gewissen atmosphärischen Strahlenbelastung abfinden. Das führt unbedingt zu einer Kooperation mit Militärs. Wenn eine Reaktorstrahlenbelastung unvermeidbar erscheint, so sollten die nicht lebenswichtigen Atombombentest-Belastungen möglichst ganz eingestellt werden.

Die Verteidiger der Atomreaktoren machen geltend, daß der Energiebedarf ständig steigen wird und die Vorräte an fossilen Brennstoffen so stark abgebaut werden, daß mit einer Erschöpfung in naher Zukunft zu rechnen ist[1]). Es gibt im übrigen Braunkohlenkraftwerke, insbesondere mit Saar-Kohle, die eine höhere Radioaktivität in den normalen Abgasen emittieren, als dies Kernkraftwerke im Normalbetrieb tun (*Seetzen* 1969). Kernkraftwerke haben übrigens den Vorteil, daß sie im Gegensatz zu konventionellen Kraftwerken keine giftigen Chemikalien emittieren (SO_2), sie belasten die Atmosphäre auch nicht mit den Gasen CO_2 und CO. Man kann sich auf den Standpunkt stellen, die Toleranzgrenzen für Verunreinigungen als Vielfache der natürlichen Vorkommen zu berechnen. Dann sollen Kernkraftwerke besser abschneiden als die konventionellen Kraftwerke (*Schikarski* 1973).[1])

Auch die auf lange Sicht geplanten Fusionsreaktoren bringen keine vollständige Lösung der Strahlenverseuchung der Atmosphäre. Auch bei bester Abschirmung mit tragbarem technischen Aufwand werden wahrscheinlich große Mengen energiereicher Neutronen aus den Fusionsreaktoren in die Erdatmosphäre dringen und dort Radioaktivität erzeugen. Sollten Fusionsreaktoren technisch reif werden, so ist wegen der Hochtemperaturbelastung des Reaktormaterials zu erwarten, daß nur sehr große Reaktoren wirtschaftlich werden (*Steenbeck* 1967). Wenn man sich nur wenige derartig kostspieliger Anlagen leisten kann, so werden die Fragen der Energiefortleitung eine weltweite Kooperation notwendig machen.

Jedes Kraftwerk nutzt die chemisch oder kernphysikalisch umgewandelte Energie nur zu einem Teil zur Entstehung elektrischer Energie aus. Der größere Teil der umgewandelten Energie geht als Abwärme verloren. Ein großes Kernkraftwerk am Rhein erhöht z. B. die Wassertemperatur um 1° auf 10 km. In dem ohnehin unangenehmen feuchten Klima des süddeutschen Rheintales entspricht dies einer starken Umweltänderung. Wärme kann aber nur mit hohen Verlusten weitergeleitet werden. Ein direktes Ausnutzen der sehr umfangreichen Abwärme lohnt sich nur im Umkreis von wenigen Kilometern. Die Versuchung ist daher sehr groß, die Abwärme für große Industriewerke oder zu Heizzwecken in Großstädten auszunutzen. Aus Furcht vor Reaktorunfällen war den Kerntechnikern bisher unwohl, Kernkraftwerke direkt in Großbetrieben mit Tausenden von Werktätigen oder gar in Großstädten aufzubauen. Sie müssen nun mit hoher Verantwortlichkeit abschätzen, ob sie diesen technisch reizvollen Weg beschreiten können. Die Lage ist dadurch verschärft worden, weil der Staat hier in die freie Marktwirtschaft intensiv eingegriffen hat, indem er die Forschung auf dem Atomenergiegebiet subventioniert hat. In jedem Warenpreis ist bei technischen Gütern ein Anteil an Forschungs- und Entwicklungskosten enthalten. Dieser Anteil entfällt für die sehr hohen staatlichen Subventionen der Kernforschung. Nur so konnte die Lage entstehen, daß Strom aus einem Kernkraftwerk billiger abgegeben wird als bei Öl- oder Kohlekraftwerken. — Ein großer Energieverbraucher ist die chemische Großindustrie. Ihre Güter werden mit Bruchteilen von Pfennigen genau kalkuliert. Bei chemischen Produkten mit hohem Energiekostenanteil ist

---

[1]) Es wird ferner darauf hingewiesen, daß jährlich Tausende auf der Erde an elektrischen Unfällen sterben, daß in diesem Jahrhundert mehr als 100 000 Bergleute verunglückt sind und die Sicherheit der Reaktoren die der Staudämme weit übertreffen soll (Neue Züricher Zeitung vom 20.11.74).

daher der Übergang zur Kernenergie in der freien Marktwirtschaft vom Staat durch seinen Eingriff beinahe zwingend geworden. Der Energiekostenanteil lag schon vor Erhöhung der Ölpreise bei chemischen Großfirmen zwischen 15 und 20% (*Frank* 1971). Schon vor den Ölpreiserhöhungen 1973/74 gab z. B. die BASF für Energiekosten 380 Millionen DM pro Jahr aus. In der Zeit strenger Kritik an der Industrie muß an dieser Stelle aufmerksam gemacht werden, daß die Anfänge des staatlichen Interesses an der Kernforschung durch Atomwaffen induziert wurden. Aus verbrauchten Brennelementen der Kernkraftwerke wird reines Plutonium gewonnen, das direkt zur Herstellung von Atomwaffen verwandt werden kann. In der Berechnung des Strompreises von Kernkraftwerken geht das bei der Aufarbeitung gewonnene Plutonium mit ein (*Kliefoth* 1967). Mit der Plutoniumgewinnung aus Kernkraftwerken müssen sich Wissenschaftler, die in Kernforschungszentren arbeiten, im Klaren sein, daß ihre Arbeiten – wenn auch indirekt – militärisch wichtig werden können. Der Leiter einer großen Kernforschungsstelle überraschte mich in einem mit mir geführten Briefwechsel, daß ihm dieser Aspekt vorher gar nicht klar geworden war. Wegen der Plutonium-Entstehung tragen Verkäufer von Kernkraftwerken an fremde Länder direkte politische Verantwortung.

3.4. A: Atomwaffen, das Ende des Prinzips Krieg?

Die Errungenschaften der modernen Waffentechnik erfordern wohl am allerdringlichsten ein weltweites Umdenken. Künftige große Kriege sind nicht mehr Angelegenheit der Kriegspartner allein, sondern über die potentielle weltweite radioaktive Verseuchung eine Angelegenheit der gesamten Menschheit. Politik und Probleme aller Länder sind keine lokalen Angelegenheiten mehr, sondern gehen alle an. Die UNO ist der Idee nach der konsequente Weg. Die Praxis hat gezeigt, daß die Idee allein nicht ausreicht. Die Motivierungen aller Menschen müssen der ernsten Lage angepaßt werden. Die Tatsache, daß man eine Hiroshima-Bombe herstellen kann, die mit einer Ausdehnung von 3 Meter Länge bei 70 Zentimeter Durchmesser auf einen Schlag 200 000 Menschen töten kann, ist eine Krönung des Mißbrauchs von Naturwissenschaft und Technik. Auch eine Wasserstoffbombe mit etwa 1000fach größerer Sprengkraft kann in einem Flugzeug transportiert werden.

Im Kulturpessimismus wird oft geklagt, daß nur der Mensch seinesgleichen umbringt. Das ist zunächst nicht korrekt, Löwen oder auch Bären töten u. U. eigene Junge, viele Tiere haben nur Tötungshemmungen gegen Herdengenossen (Ratten, Bienen, Tauben). Andererseits führt diese Kritik an den eigentlichen Problemen und damit an Lösungsmöglichkeiten vorbei. Auch der Mensch hat gewisse Hemmungen, mit unbewaffneten Händen einen anderen Menschen zu töten. Handwerkzeuge und vor allem Waffen erlauben aber, so schnell zu töten, daß Gedanken der Hemmung nicht aufkommen können. Zum Töten mit Geschossen, Raketen, Bomben oder gar

Atomwaffen ist nur noch ein Knopfdrücken notwendig, ohne daß die Opfer gesehen werden. In vorgeschichtlicher Zeit und zu Beginn der geschichtlichen Zeit konnte ein Mensch nur auf erstnächste Nachbarn einwirken. In dieser Zeit haben sich entsprechende altruistische Züge einer örtlich aufgefaßten Nächstenliebe ausgebildet. Mit der Erfindung weitreichender Geschosse und Produktionsprozessen, deren Produkte über weite Entfernungen verteilt werden, ist der Wirkungsradius menschlicher Aktivitäten sehr vergrößert worden, wie schon im vorigen Kapitel betont, reicht er unter Umständen auch über kommende Generationen hinweg, hat also zusätzlich eine verstärkte zeitliche Dimension erworben.

Alle heute überlebenden Arten haben sich im Laufe der Evolution an veränderte Umweltbedingungen, wie Klimawechsel etc. angepaßt. Dies kann jedoch nur innerhalb sehr großer Zeiträume geschehen. 10 000 Jahre sind hierbei noch eine kleine Zeitspanne. Der Mensch hat seine Umwelt aber in den letzten 200 Jahren revolutionierend verändert. *Kleemann* (1963) hat in einem humoristisch geschriebenen Buch Beispiele beschrieben, wie modernes menschliches Verhalten sich oft aus Gewohnheiten aus der Eiszeit deuten läßt. Die Gefahr der Technik liegt darin, daß sich einzelne begnadete Geister kühne Fortschritte ausdenken, diese Entdeckungen kommen einer großen Masse zugute, deren Emotionen oft den Produkten des rationellen Denkens gar nicht entsprechen.

Man kann sich natürlich auch auf den Standpunkt stellen, daß die moderne Waffentechnik Kriege ad absurdum geführt hat und daß ohne sie schon mehrmals in den letzten 25 Jahren große Kriege ausgebrochen wären. Die Kuba-Krise ist hierfür ein Beispiel. In dem von *Robert Kennedy* (s. 1974) veröffentlichten Bericht über den damaligen amerikanischen Krisenstab ist jedoch nachzulesen, an welch seidenen Fäden damals die gefällten Entscheidungen hingen. Insbesondere ist aus dem Bericht zu erkennen, in welch gefährlichem Geist manche Militärs denken. Einer der amerikanischen Stabschefs hatte sogar während der Kuba-Krise für einen Präventivkrieg gegen die UdSSR plädiert. Ein Berufsstand, der sich nur immer vorbereitet, lebt offenbar in einer ständigen Frustration. Dies gilt offenbar für viele Militärs auf allen Seiten. Eine ganz ähnliche Mentalität berichtete *Chruschtschow* bei Bruch des Atomteststopp-Abkommens. ,,Unsere Wissenschaftler drängten mich seit drei Jahren zu diesem Schritt ... und die Wissenschaftler weisen auf die Notwendigkeit der Wiederaufnahme der Tests hin, um den Wert ihrer Arbeit beweisen zu können".

Ähnliche Gedanken sind auch aus der Reihe der amerikanischen Atomwissenschaftler im letzten Weltkrieg bekannt. Der Bericht über die Kuba-Krise zeigt auch eindringlich, wie leicht selbst besonnene Politiker bei kleinen Anlässen zu gefährlichen emotionalen Handlungen verleitet werden können. *Robert Kennedy* berichtet, wie nach Abschuß eines amerikanischen Aufklärungsflugzeuges die Stimmung umschlug und ,,fast alle darin übereinstimmten", am nächsten Morgen militärisch in Kuba einzugreifen. Nur der Präsident *John F. Kennedy* wies dies zurück.

Mit den Kernwaffen hat der Krieg nicht nur eine große Steigerung der Quantität des Tötenkönnens erreicht, sondern eine bedenkliche neue Qualität. Gewiß waren auch Kriegstote schon immer vom biologischen Standpunkt sehr bedauerlich, die genetische Information dieser Toten wurde aber im allgemeinen durch die Nachkommen von Verwandten weitgehend weitergegeben und damit erhalten. Atomwaffen auf Städte abgeworfen, löschen aber ganze Familien aus oder auch die genetische Information ganzer Landstriche. Damit kann die genetische Information ganzer Volksstämme irreversibel verloren gehen. Dies ist eine viel bedenklichere Variante der Tötung. Darüber hinaus können H-Bomben in weiten Bevölkerungskreisen starke genetische Strahlungsschäden verursachen. Eine einzige Bombe kann kleine Völker, wie z. B. die Ungarn oder die Basken weitgehend vernichten. ,,Die Menschheit muß Schluß machen mit dem Krieg, sonst macht der Krieg Schluß mit der Menschheit" (*J. F. Kennedy*, s. *Frank* 1968).

Ein neues ,,planetarisches" Denken macht die Zerstörungskapazität von Atomwaffen notwendig. *Steenbeck* (1964) hat die potentiellen Schäden von Atomwaffen wie folgt angegeben:

Bei sogenannten taktischen A-Bomben mit 20 kT TNT Sprengkraft, die etwa der Hiroshima-Bombe entspricht, erfolgen schwere Gebäudeschäden im Umkreis von 1,5 km Radius, mittlere Schäden bis 2,4 km Radius, leichte Schäden (Fensterscheiben, Dachschäden) bis 13 km Radius. Bei einer strategischen Atom-Bombe mit 50 Megatonnen TNT Sprengkraft sind vollständige Gebäudeschäden im Umkreis von 20 km Radius zu erwarten, das entspricht etwa der Größe von Großberlin, leichte Gebäudeschäden sind bis 200 km Radius zu erwarten, das entspricht etwa der Ausdehnung der ganzen DDR. Zusätzlich treten Strahlenschäden auf, bei 450 rem Dosis sterben 50% der Menschen, derartige Aktivitäten treten als Initialstrahlung bis zu einem Radius von 4,5 km auf, bei 200 rem Dosis beträgt die Sterblichkeit 5%, diese tritt bis 5 km Radius auf. Gefährlicher ist der sogenannte ,,fallout" der Reststrahlung. Bei Windstärke 3 ist innerhalb von 48 Stunden in Windrichtung in einem Gebiet von 200 km Länge und 60 km Breite mit dem Tode aller ungeschützten Einwohner zu rechnen, 50% aller ungeschützten Einwohner bis zu Entfernungen von 250 km erhalten noch tödliche Strahlenwirkungen. Zusätzlich treten durch die primäre Hitzestrahlung Verbrennungen mittleren Grades bis zu 80 km Entfernung auf.

Manstein (1965) hat einmal zusammengestellt, welche Probleme an ärztlicher Versorgung durch eine einzige große Atombombe entstehen:

Bei einer auf eine Millionenstadt abgeworfene Atom-Bombe rechnet *Manstein* mit 300 000 Verwundeten. Angenommen von den 2 000 in dieser Stadt lebenden Ärzten blieben 500 unversehrt so hätte jeder Arzt 600 Verwundete zu versorgen. Notwendig würden pro Tag etwa 600 000 Ampullen schmerzlindernder Medikamente, 300 000 Ampullen Tetanus-Impfstoff, täglich ca. 165 000 Liter Blutersatz, dazu kämen ca. 300 000 kg Verbandsstoff.

Mit Kernwaffen kann ein Staat einen entfernt liegenden anderen Staat heute vernichten, ohne Truppen in Bewegung zu setzen. *Picht* (1969) fordert daher: „Den Territorialstaaten muß die Verfügungsgewalt über alle Waffen entzogen werden, deren Einsatz die Grenzen der territorialen Anwendung überschreiten könnte". Mit der Erfindung der Nuklearwaffen hat die Gattung Mensch die Möglichkeit ihrer Selbstvernichtung geschaffen. Sie hat damit deutlich die Gesetzmäßigkeiten der Natur verlassen. Die Verantwortung für ihr Weiterleben haben die Menschen jetzt selbst übernommen. Alle großen Kriege sind nach dieser Verantwortlichkeit zu vermeiden. Ein Krieg wird begonnen, um den Gegner zu besiegen. Vor der endgültigen Niederlage überschreiten Militärs in der Verzweiflung leicht alle Maßstäbe. In den vergangenen 30 Jahren wurden große Kriege verhindert, indem die Großmächte mit ihrem Einfluß auf die Beendigung aller Kriege kleiner Nationen gedrängt haben. Wir lebten in einem recht labilen Gleichgewicht. Wird es noch ein Gleichgewicht geben, wenn ein weltweites Netz von Atomkraftwerken die Möglichkeit der Atombombenherstellung in kleine Länder getragen hat? Es gibt für diese Lage noch sehr wenig Ansätze. Der Atomwaffensperrvertrag war 1966 ein schwacher Versuch in dieser Richtung, dem sich leider nicht einmal alle Länder angeschlossen haben. Er sieht vor, daß bisher atomwaffenfreie Länder keine Atomwaffen herstellen und daß die internationale Atomenergie-Organisation (IAEO) in Wien die Verwendung spaltbaren Materials in diesen Ländern kontrolliert.

3.5. B: Bakterien, die letzten Feinde des Menschen?

Nachdem der Mensch sich zum Herren seiner Umwelt auf Grund seiner technisch-naturwissenschaftlichen Kenntnisse gemacht hat, gehören die Bakterien zu seinen wenigen Feinden. Hier hat die Chemie mit Sulfonamiden und den Antibiotika mächtige Abwehrwaffen geliefert und auch auf diesem Gebiet die Natur weitgehend bezwungen. Die Chemotherapeutika wirken meist aber mit dem natürlichen Immunsystem im menschlichen Körper zusammen. Die Immunsysteme gehören in ihrer Lernfähigkeit zum Teil zum Erbgut. So entstanden große Katastrophen, als zur Zeit der Entdeckungsreisen in ferne Kontinente dort unbekannte Bakterien eingeschleppt wurden. An der Küste von Massachusetts starben z. B. von 1617 bis 1619 90% der indianischen Bevölkerung an Pocken (*Tapalyal* 1972).

Die Evolution der Lebewesen erfolgte zum Teil im Kampf gegen Feinde, indem sich gewisse Optimierungen durchsetzen. Die Bakterien hatten noch nie so wirksame Feinde wie zur jetzigen Zeit. Wir können also nicht sicher sein, ob im Laufe der Chemotherapie sich nicht neue Bakterienarten entwickeln werden, gegen die unser Immunsystem nicht anspricht und gegen die wir nicht schnell genug chemische Abwehrwaffen konstruieren können. Die bisherigen Erfahrungen der letzten 3 Jahrzehnte scheinen diese Gefahr zu bagatellisieren.

Gefährlicher erscheinen daher künstliche Züchtungen von neuen Bakterienstämmen. Dies kann einmal in militärischen Forschungslaboratorien geschehen, andererseits ist auch denkbar, daß in friedlichen Forschungslaboratorien durch Unachtsamkeit derartige Stämme in Freiheit gesetzt werden. Den Molekularbiologen ist es ja heute möglich geworden, genetische Mutanten von Bakterien und Viren zu züchten (*Kaudewitz* 1970).

Die bakteriellen Waffensysteme bringen besondere Beunruhigung mit sich. Zunächst ist für ihre Herstellung kein großer technischer Apparat wie für die Atomwaffen notwendig. Die Überwachungsmöglichkeiten sind damit ungleich schwieriger und die Zahl der potentiellen Hersteller ungleich größer. Auch der kriegerische Einsatz ist mit einem geringen Aufwand verbunden. Während mit konventionellen Sprengstoffen Mengen von 100 bis 1 000 Tonnen notwendig sind, um auf 1 Quadratkilometer 30% der Bevölkerung zu töten, genügen 0,1 bis 1 Gramm gezüchteter Krankheitserreger für den gleichen Zweck (*E. v. Weizsäcker* 1969). Auch militante Minderheiten können sie relativ leicht einsetzen. Die einzige Kontrolle besteht darin, daß ein Einsatz neuer Bakterienarten auch auf den Verwender zurückschlagen kann. Er wird sie also nur dann einsetzen, wenn er geeignete Abwehrstoffe kennt. Da diese geheim gehalten werden würden, könnte eine bakterielle Kriegführung die gesamte Erdbevölkerung in Gefahr bringen mit Ausnahme des Angreiferlandes. Sofern dieses nicht genügend Erfahrung mit der eingesetzten Waffe hat, kann es jedoch auch selbst in große Gefahr kommen. Da Schutzmaßnahmen gegen bakterielle Waffen für gesunde und junge Soldaten leichter als für die Zivilbevölkerung durchführbar sind, hat die Genfer Konvention von 1925 derartige Waffen geächtet. Ähnlich wie beim Atomwaffensperrvertrag haben aber einige Staaten – wie USA und Japan – diese Konvention nicht unterschrieben. Die Konvention entsprach aber einer weitgehenden internationalen Kooperation. Die BRD hat 1953 den Verzicht auf B-Waffen-Herstellung erneuert. Eine allgemeine internationale Ächtung der B-Waffen erscheint notwendig. Da zu ihrer Herstellung Wissenschaftler benötigt werden, unterliegt ihnen eine neue Überwachungsaufgabe.

Eine Entgegnung, daß bakterielle oder chemische Waffen zu einem neuen humanen Krieg führen könnten, indem man z. B. eine Bevölkerung eine Zeit lang einschläfert, ist nicht stichhaltig, weil die Abgrenzung oder Eskalation eines solchen Krieges unabsehbar ist. Die Fragwürdigkeit des Krieges ist daher nicht nur durch die Atomwaffen, sondern auch durch die bakteriellen und chemischen Waffen akut geworden (*E. v. Weizsäcker* 1969).

Da eine Verteidigungsforschung der B-Waffen unschwer von einer entsprechenden Angriffsforschung zu trennen ist, müßten auch bakterielle Verteidigungsvorbereitungen geächtet werden. Wir müssen also eine internationale Kooperation fordern, die den Krieg ganz vermeidet, weil jeder Krieg die Gefahr einer grenzenlosen Eskalation in sich birgt, die wir uns heute wegen der globalen Folgen von Kriegen mit ABC-Waffen einfach nicht mehr leisten können. Historiker haben abgeschätzt, daß von den letzten 3400 Jahren unserer geschichtlichen Zeit nur 234 ohne jeden Krieg waren (*Röling* 1966). Diese Lage muß sich von jetzt ab entscheidend ändern. Da viele menschliche Gepflogenheiten historisch bedingt sind, müssen wir diese überprüfen und uns an die dynamische Denkweise der Naturwissenschaften anpassen, die ihre Theorien ständig nach dem neuesten Stand des Wissens erneuern. Krieg entspricht nicht mehr dem neuesten Stand.

3.6. B: Bevölkerungszuwachs, die Hauptursache vieler Schwierigkeiten

Zu den folgenschwersten Wirkungen wissenschaftlicher Aktivitäten gehört das exponentielle Wachstum der Weltbevölkerung. Medizinische Erkenntnisse führten zu einem starken Rückgang der Säuglingssterblichkeit. In Deutschland starb noch um die Jahrhundertwende jedes vierte Kind im ersten Lebensjahr, im Jahre 1939 noch jedes sechste Kind, heute dagegen sterben von 1 000 Säuglingen im ersten Lebensjahr nur noch 23 (*Schütze* 1971). In Sambia stirbt heute noch jedes 5. Kind im ersten Lebensjahr (*Meadows* 1972). Zusätzlich ist durch Krankheitsvorsorge während des ganzen Lebens die Lebenserwartung stark angestiegen. So starben z. B. im 18. Jahrhundert in Europa etwa 20% der Bevölkerung allein an Pocken (*Tapalyal* 1972). Oder von Ceylon wird aus jüngster Zeit berichtet, daß bei einer Bevölkerung von 11 Millionen allein die Antimalaria-Kampagnen zu einer Zunahme der Bevölkerung um 2 Millionen geführt haben (*Sankale* 1966). Während die Erdbevölkerung um die Zeitwende auf etwa 150 Millionen geschätzt wird, brauchte sie etwa 1 000 Jahre, um auf das Doppelte bis auf 300 Millionen anzusteigen. Für den nächsten Schritt der Verdopplung auf 600 Millionen liefen nur noch etwa 600 Jahre ab. Um das Jahr 1830 betrug die Erdbevölkerung etwa 1 Milliarde, nach nur 100 Jahren um 1930 waren es bereits 2 Milliarden, 1960 bereits 3 Milliarden. Für das Jahr 2000 rechnet man mit einer Bevölkerung von 6 bis 7 Milliarden (*Krelle* 1967, *Mohr* 1965, *Schütze* 1971). Bei gleichem Wachstumsanstieg von 2% pro Jahr wäre die Erdoberfläche in 800 (*Krelle* 1967) bis 1 600 Jahren (*Schütze* 1971) dicht an dicht mit Menschen angefüllt. Die Zunahme der Bevölkerung nach Ländern aufgeschlüsselt ist in groben Zügen um so größer, je kleiner das Bruttosozialprodukt ist (*Deissmann* 1970, *Meadows* 1972). Der Logarithmus des Bruttosozialproduktes fällt etwa linear mit der Bevölkerungszunahme in Prozent. Das bedeutet, die in den technisierten Ländern entwickelte Medizin wird in den weniger entwickelten Ländern am frühesten Schwierigkeiten bringen. Schon heute schätzt man, daß die Hälfte der Erdbevölkerung von der Erntesteigerung durch die synthetischen Düngemittel der Chemiker lebt (*Schütze* 1971). Aus dieser Lage entstehen viele Probleme. Da der Lebensstandard in allen Ländern, wenn auch verschieden schnell anwächst, ist mit einer Anpassung an die langsameren Wachstumsraten der Industrieländer zu rechnen. In den USA liegen eindeutige statistische Ergebnisse über einen Übergang in einen langsameren Bevölkerungsanstieg vor (*Blasius* 1966). In der Bundesrepublik ist in den letzten beiden Jahren sogar die Geburtenrate unter die Sterblichkeitsrate gesunken. Zu einem exponentiellen Wachstum wie im Falle der Erdbevölkerung kommt es immer bei rückgekoppelten Systemen. Das bedeutet in diesem Fall, daß die Vermehrung der Bevölkerung wiederum eine erhöhte Vermehrung zur Folge hat. Im Endeffekt verdoppelt sich bei einem derartigen Vorgang die Bevölkerungszahl in gleichen Zeitintervallen. Mathematisch bedeutet dies, die Bevölkerung wächst exponentiell mit der Zeit.

Mit dem exponentiellen Wachstum der Bevölkerung geht ein exponentielles Wachstum vieler menschlicher Aktivitäten parallel. z. B. wächst das wissenschaftlich begründete Wissen exponentiell an, weil die Zahl der Wissenschaftler exponentiell anwächst und andererseits das Wissen kumulativ ist. Mit dem Fortschritt des Wissens hat man die wissenschaftliche Methodik enorm verbessert. Früher war z. B. für eine Konstitutionsaufklärung eines chemischen Moleküls die Arbeit von vielen Monaten an chemischen Reaktivitätsstudien nötig. Heute kann man mit spektroskopischen Methoden die Struktur der meisten Moleküle in wenigen Stunden aufklären. Während z. B. früher die Aufnahme eines Spektrums mit fotografischer Technik (noch 1950 in Deutschland) bis zu einer Woche dauern konnte, dauert dies durch die modernen registrierenden und automatischen Geräte nur noch wenige Minuten.

Ein Maß für die Menge des gesammelten Tatsachenwissens in Physik und Chemie sind ungefähr die Seitenzahlen in dem Tabellenwerk von *Landolt Börnstein*. Trägt man den Logarithmus der Seitenzahlen der inzwischen erschienenen 6 Auflagen gegen die Zeit linear auf (eine Prüfung des exponentiellen Wachstums), so erhält man eine Gerade (*Blasius* 1966). Infolge des wissenschaftlichen und technischen Wissens kann man aber primitive Arbeit mehr und mehr automatisieren und kann damit ganze Berufsgruppen entbehrlich machen. So ist z. B. die körperliche Arbeit fast ganz verschwunden. Das Elend der körperlich Arbeitenden hat ja *Karl Marx* zu seinen ökonomischen Studien angeregt. Weitere Beispiele für eine exponentielle Zunahme mit dem linearen Zeitablauf sind: die Zahl der ausgerotteten Säugetiere, die Kriegstoten der letzten Kriege in Deutschland, die Zunahme der Höchstgeschwindigkeit von Verkehrsmitteln etc. (*Blasius* 1966, 1972).

Einige Entwicklungen der menschlichen Aktivität steigen schneller als die Bevölkerungszunahme an, exponentiell aber mit einem höheren Exponenten. Als Beispiel hat *Blasius* (1970) den exponentiellen Bevölkerungsanstieg verglichen mit dem exponentiellen Anstieg der Besucher von Physiologenkongressen. Der Vergleich zeigt, daß bei gleichbleibendem Anstieg im Jahre 2300 alle Menschen Physiologen sein müßten. Dieses Beispiel beweist deutlich, daß unsere Zeit so große Änderungen der Gesellschaftsstruktur induziert, daß wir das System der Änderungen nicht mehr sich selbst überlassen können. Es müßten neue Wege gefunden werden, um auf einigen Gebieten schneller zu einem Abbiegen der Exponentialfunktion in eine gewisse Sättigung zu kommen.

Ein Beispiel dafür, daß Vorsorgemaßnahmen exponentielle Wachstumskurven aufhalten können, ist die Verkehrstotenstatistik. Trotz starker Zunahme der Autozahlen ist die Zahl der Verkehrstoten pro Jahr in der BRD nur noch langsam angestiegen. Im Gegensatz zum exponentiellen Wachstum mit der Zeit auf vielen Gebieten, stieg die Zahl der Verkehrstoten nur noch linear an, sofern man diese gegen den Logarithmus der Zeit aufträgt (*Blasius* 1970).

Sehr viele Probleme könnten gemildert werden, wenn die Wachstumskurve der Bevölkerungszahl sich verlangsamen würde. Daß sie nicht beliebig ansteigen kann, zeigt nicht nur der Hinweis, daß sonst die Erde eines Tages dicht bei dicht mit Menschen gefüllt werden würde, sondern die Ernährungsproduktion kann nicht beliebig gesteigert werden. Die Erde besitzt etwa 3,2 Milliarden nutzbares Ackerland (*Meadows*). Diese Erdoberfläche ist nach *Sturm* (1969) wie folgt aufgeteilt: (Angaben in Millionen ha; 1 ha = 10 000 m²). Gesamtfläche: 51 010; davon Wasserfläche 36 220; Landfläche: 14 790; davon eisfrei: 13 163. Die eisfreie Landfläche ist wie folgt aufgeteilt: Wald: 3 994; Landwirtschaft: 4 339 und ungenutzt: 4 830.

Nach einer etwas anderen Aufteilung der Landfläche (*Sturm* 1969) (in Mill. ha):

	Acker	Grünland	Wald	ungenutzt
Stand ca. 1960	1 500	2 900	4 000	5 000
Zukunftsprognose	3 800	2 000	3 000	4 600

In den ungenutzten Flächen sind die großen Wüsten enthalten. In den Zahlen für Ackerbau sind Baumwollflächen enthalten (ca. 31 Millionen ha). Eine Zunahme der Ackerbaufläche setzt intensive und zum Teil kostspielige Bewässerungsmaßnahmen voraus.

Bei der gegenwärtigen Lage der Landwirtschaft werden ca. 0,4 Hektar Land zur Ernährung eines Menschen benötigt (*Meadows* 1973). Zur Zeit wird von den 3—4 Milliarden ha Ackerflächen etwa die Hälfte und zwar die ertragreichere und die leicht bebaubare Hälfte landwirtschaftlich genutzt. Für eine komfortable Ernährung — wie sie z. B. in USA üblich ist — werden sogar 0,9 Hektar pro Person für die Ernährung benötigt. Wollte die ganze Erdbevölkerung diesen Standard erreichen, so müßte schon jetzt unter sehr hohem Investitionsaufwand die gesamte Erdfläche für die Ernährung nutzbar gemacht werden. Geht man aber vom gegenwärtigen Mittelwert von 0,4 Hektar aus, so müßte um die Jahrtausendwende, um das Jahr 2000, bei gleichem Bevölkerungsanstieg, die gesamte Erdfläche für die Ernährung aufgeschlossen werden (*Meadows* 1973). Dann wäre eine natürliche Grenze erreicht. Zusätzlich braucht jeder Mensch außer der Ernährungsfläche noch eine bestimmte Landfläche für Wohnen, Straßen, Abfallplatz etc. Mit dem Bevölkerungswachstum geht danach der für die Ernährung verfügbare Raum zurück. Die durch die Ernährung gegebene Wachstumsgrenze würde also noch etwas früher erreicht werden. Von Tieren weiß man, daß sie besonders aggressiv werden, wenn ein arteigenes Tier in das eigene Revier eindringt (*Lorenz* 1963), wobei jede Art eine bestimmte

Reviergröße kennt. Bei aller Vorsicht der Extrapolation von Tiererfahrungen auf den Menschen zeigt der Mensch oft ähnliche Verhaltensweisen. Man denke nur an den Zaun eines Gartenbesitzers oder an die vielen heldenhaften Stadtverteidigungsberichte der früheren Geschichte. Je enger die Menschen zusammenrücken, um so mehr persönliche Schwierigkeiten bis zu Neurosen sind zu erwarten. Es gehört zu den Eigenschaften des exponentiellen Kurvenverlaufs, daß derartige natürliche Grenzen sehr kurzfristig durchschritten werden. In den letzten 10 bis 15 Jahren konnten wir dies an der Verschmutzung unserer großen Flüsse sehr drastisch miterleben.

Das Problem erhöhter Nahrungsmittelproduktion wird eines der dringlichsten für die jetzt jugendliche Generation werden. An aussichtsreichen Maßnahmen werden uns zur Verfügung stehen:

1. Steigerung der Düngemittelproduktion, die zur Zeit schon umgerechnet auf den Stickstoffgehalt 20 Millionen Tonnen pro Jahr beträgt. Die Entwicklung sich langsam lösender Düngemittel ist ein akutes Problem, da die normalen Salze sich schnell auflösen, in tiefere Bodenschichten abwandern oder gar als Verschmutzung in Flüssen und Seen auftauchen.
2. In vielen Teilen der Erde ist die Wasserzufuhr für das Pflanzenwachstum geschwindigkeitsbestimmend. Als ausreichende Wasserreserve für künstliche Bewässerung steht eigentlich nur das Meerwasser zur Verfügung, das wegen seines Salzgehaltes aber hierfür unbrauchbar ist.
Damit rückt die Frage der Meerwasserentsalzung in den Vordergrund. Theoretisch ist sie gelöst, wenn man hohe Kosten nicht scheut. Jedoch bleibt auch dann das Energieproblem für Verdampfungsanlagen. Die Ausnutzung der nutzlos an die Atmosphäre abgegebenen Abwärmen der Kraftwerke bietet sich hier an. Kraftwerke braucht man aber vorzugsweise in Industriegebieten und nicht in Landwirtschaftsgebieten. So bleiben Verbesserungen der energiesparenden Membranverfahren zur Meerwasserentsalzung aussichtsreich. Für die landwirtschaftliche Bewässerung wäre ein Verfahren interessant, bei dem der Kochsalzgehalt des Meerwassers mit Ionenaustauschern durch Düngemittel ersetzt wird.
3. Entwicklung von Verfahren, um Sandflächen für die Landwirtschaft zu nutzen.
4. Züchtung von Pflanzen mit höherem Ertrag. Auf diesem Wege werden Steigerungsraten bis zu 30% erwartet (*Sturm* 1969). Ein Beispiel hierfür ist die Erhöhung der Standfestigkeit des Getreides bei möglichst kurzem Halm, da das Stroh heute zu einem relativ wertlosen Bestandteil geworden ist. Ein anderes Beispiel ist die Züchtung von Maissorten mit erhöhtem Eiweißgehalt (*Virtanen*, s. *Sturm* 1969).
5. Vervollkommnung des Pflanzenschutzes. Durch Schädlinge, Pflanzenkrankheiten und Unkräuter gehen noch immer große Nahrungsmittelmengen verloren. Für Europa werden Verlustraten von 25% und für Asien von 43% angegeben (*Sturm* 1969).
6. Ersatz der Zugtiere durch Traktoren. Der Ersatz des Pferdes und der Ochsen durch Traktoren in der Landwirtschaft hat die Nahrungsmittelproduktion in Europa infolge des Wegfalls großer Viehfutterflächen stark

steigern können. Diese Maßnahme wäre in den Entwicklungsländern heute noch aussichtsreich. Allerdings vergrößert dies das Energieproblem.
7. Ersatz der Baumwolle und Wolle durch synthetische Fasern würde weitere Ackerflächen frei machen. Dies würde allerdings auf Kosten der in der chemischen Industrie verbrauchten Erdölreserven gehen.
8. Entwicklung von Verfahren zur Nutzbarmachung von Algen für die menschliche oder tierische Ernährung. In den Meeresflächen ständen hier gewisse Reserven zur Verfügung.
9. Herstellung synthetischer Nahrung aus Erdöl. Mit Hefen kann man z. B. aus Erdöl Eiweiß gewinnen.

Aber auch alle diese Maßnahmen dürften höchstens für eine Weltbevölkerung von 12 Milliarden Nahrungsmittel beschaffen können (*Sturm* 1969). Bei gleicher Wachstumsrate würde ca. im Jahre 2050 diese Bevölkerung vorhanden sein. Selbst wenn es gelänge, durch bisher unbekannte Maßnahmen die Nahrungsmittelproduktion nochmals zu verdoppeln, würde die kritische Zeit nur bis ca. zum Jahre 2070 hinausgeschoben werden (*Meadows* 1973). Wobei die ausreichende Frischwasserversorgung einen weiteren Engpaß geben dürfte. Der für erhöhte landwirtschaftliche Nutzung notwendige Kahlschlag der Wälder würde ein örtliches Absinken der Niederschläge auf ca. 60 % mitsichbringen.

Diese natürlichen Grenzen geben der Menschheit als Ganzes einen gewissen Spielraum. Mit diesen Vorräten richtig zu wirtschaften ist eine für die ganze Menschheit gestellte Aufgabe, die vor Nationalitätengrenzen keinen Halt macht. Das Beispiel des Waldkahlschlages zeigt die internationale Verflechtung der Probleme. Waldkahlschlag in einem Land kann auch im Nachbarland zu fehlenden Niederschlägen führen.

Früher oder später muß der Anstieg des Bevölkerungswachstums gebremst werden, wenn dies sich nicht schnell genug von selbst einstellt. Ein zu spät kann zu großen Katastrophen führen, wir sollten also entsprechende Planungen beginnen. Diese können aber wiederum sinnvoll nur global angesetzt werden. Bremsen wir nur in einigen Ländern durch Appelle an die Vernunft, so entspricht dies einem künstlichen Eingriff, der das natürlich gewachsene System stark stört. Im übrigen gibt es Anzeichen, daß der Stop des Bevölkerungswachstums in der BRD der letzten Jahre vorzugsweise nicht primär durch die rationale Kontrolle des Wachstums eingeleitet wurde, sondern mehr durch den Hang zur Bequemlichkeit und zum Hang, einen bestimmten teuren Lebensstandard zu halten. Nach amerikanischen Statistiken war dort die Kinderzahl eindeutig umgekehrt proportional zur Schulbildung und zur monatlichen Wohnungsmiete (als Maß des Lebensstandards *Becker* und *Jürgens* 1970).

In der BRD ist die Beschränkung der Geburtenrate dadurch belastet, daß gleichzeitig Millionen von Fremdarbeitern ins Land geholt wurden. Es erfolgte eigentlich damit nur eine Umschichtung zwischen Bevölkerungsgruppen, indem den Fremdarbeiterkreisen günstigere Lebensbedingungen geschaffen wurden.

Es erscheinen Geburtenbeschränkungen gesunden Nachwuchses auch nicht ganz logisch, wenn gleichzeitig mit sehr großen Anstrengungen normalerweise nicht lebensfähige erblich belastete Säuglinge mit größten Anstrengungen lebensfähig gemacht werden.

Selbst der Widerstand gegen die weit verbreiteten Verhütungsmaßnahmen ist heute schon ein künstlicher Eingriff in die Weltentwicklung, wenn diese Widerstände nur regional wirken. Er geht damit an seinem Ziel, die Natur zu verteidigen, vorbei. Dies ist z. B. durch die Encyclica vitae geschehen, weil sie in Südamerika in einigen Längern dazu geführt hat, daß dort von staatlicher Seite die Diskussion von Verhütungsmaßnahmen verhindert wird (z. B. in Kolumbien). Gerade in Südamerika ist aber das Bevölkerungswachstum und die hierdurch entstandene Not besonders groß. Schon eine einfache Statistik über den Gebrauch der Antibabypille in verschiedenen Ländern zeigt die Möglichkeiten künstlicher Beeinflussungen.

Prozentsatz der Frauen, die 1968 im Alter von 15 bis 45 Jahren die Antibabypille nahmen (*Becker-Jürgens* 1970):

Schweden	19	%
USA	16,5	%
BRD	12	%
Schweiz	8,2	%
England	7,5	%
Frankreich	3,6	%
Italien	0,6	%

Trotz der in jüngster Zeit so stark gestiegenen Erdbevölkerung kann man nachrechnen, daß zwischen den Menschen eine enge Verwandtschaft bestehen muß. Jeder Mensch hat in seiner ersten Vorfahren-Generation zwei Ahnen (2^1), in der zweiten vier (2^2), in der dritten acht (2^3) usw.; das heißt in n Generationen 2^n. Man kann im allgemeinen annehmen, daß Eltern im Durchschnitt 30 Jahre alt sind, wenn sie Kinder bekommen. Das heißt, der mittlere Abstand von Generation zu Generation beträgt etwa 30 Jahre. Ein Abschnitt von 1 000 Jahren entspricht dann im Mittel etwa 33 Generationen. Da normalerweise jeder seine Großeltern gekannt hat und meist noch seine Enkel erlebt, lernt er etwa 5 Generationen kennen. In einem Abschnitt von 1 000 Jahren haben etwa 6 bis 7 Generationen gelebt, die sich noch gegenseitig kannten. Das erscheint zunächst nicht viel. Berechnet man aber die Gesamtzahl von Ahnen, die theoretisch jeder Mensch in 1 000 Jahren, also in 33 Generationen hätte haben können, so sind dies $2^{33} = 10^{10}$ oder 10 Milliarden Menschen. Nicht einmal heute ist die Erdbevölkerung so groß, erst recht war sie es nicht vor 1 000 Jahren. Daraus folgt eindeutig, daß unter den Ahnen jedes Menschen mehrfach Verwandtschaften vorgekommen sein müssen, so daß eine große Zahl der theoretisch möglichen Ahnen identisch ist. In meinem Fall kann ich z. B. direkt eine Verwandtschaft unter meinen Ahnen nachweisen, eine meiner Großmütter war die Cousine eines meiner Großväter. Damit schrumpft die Zahl der Ahnen sofort erheblich zusammen. Für jeden Menschen müssen wir folgern, daß einige seiner Ahnen verwandt waren, wobei es für die Rechnung relativ gleichgültig ist, auf welcher Ahnenstufe diese Verwandtschaft besteht. Wenn aber so leicht nachweisbar ist, daß eine Verwandtschaft im Zeitmittel über die Ahnengenerationen jedes Menschen besteht, so gilt dies auch weitgehend für die gleichzeitig lebenden Menschen eines Volksstammes. Im Scharmittel über eine lebende Generation besteht eine hohe Wahrscheinlichkeit, daß ein beliebig herausgegriffenes Paar zweier Menschen viele gemeinsame Vorfahren hat. Natürlich ist dabei zu beachten, daß eine Vermischung zwischen zwei entfernt lebenden Volksstämmen relativ selten war. Daraus folgt, daß innerhalb jedes Volksstammes die Verwandtschaft noch höher sein muß, als man etwa aus der Gesamt-Erdbevölkerung vor 1 000 Jahren ausrechnen würde. Andererseits folgt daraus wiederum eine, wenn auch entfernte Verwandtschaft selbst zwischen entfernt lebenden Völkern, sofern nur irgend wann einmal durch entfernte Kriege oder durch kühne Entdeckungsfahrer eine Mischung zwischen zwei entfernten Volksstämmen stattgefunden hat. Die Erforschung der Blutgruppen und der Immunsysteme der Menschen bestätigt diese Überlegung. Fast alle Menschen sind mehr oder weniger verwandt. Die Kenntnis der Rhesus-Faktoren zeigt zwar, daß die Verwandtschaft zwischen Völkern untereinander verschieden stark sein kann. Die Basken z. B., die zu einem höheren Anteil einen Rhesus-negativen Blutfaktor haben, haben demnach einen geringeren Verwandtschaftsgrad zu den Mitteleuropäern als diese untereinander. Der emotionale Ruf „Alle Menschen werden Brüder" (*Schiller)* aus *Beethovens* 9. Symphonie wird jedenfalls durch unsere einfache rationale Überlegung zur Tatsache.

Diese Folgerung wird natürlich noch stärker erhärtet, wenn man nicht 1 000 Jahre zurück denkt, sondern über die ganze menschliche Entwicklungsgeschichte. Vor 2 000 Jahren hätte jeder einzelne der theoretisch möglichen 10 Milliarden Vorfahren, die jeder von uns vor 1 000 Jahren hatte, wiederum 10 Milliarden Vorfahren. Das heißt, jeder von uns hat vor 2 000 Jahren theoretisch 10 Milliarden mal 10 Milliarden (10^{20}) Vorfahren. Die Frühgeschichte nimmt heute an, daß vor etwa 1,3 Millionen Jahren die ersten Menschen (homo erectus) auftauchten. Nach dieser Schätzung hätte es vor uns etwa 43 000 Menschen-Generationen gegeben. Wenn es nie Verwandtschaften zwischen unseren Vorfahren gegeben hätte, müßte jeder der jetzt Lebenden $10^{13\,000}$ Vorfahren vor 1,3 Millionen Jahren gehabt haben. Das entspräche also einer Zahl von einer 10 mit 13 000 Nullen dahinter. Um diese Zahl auch nur auszuschreiben, brauchte man etwa 2 Stunden. Ein ganzes Menschenleben reicht bereits nicht, um die Zahl der theoretisch möglichen Vorfahren vor 1 000 Jahren auszuzählen. Um die Zahl von $10^{13\,000}$ auszuzählen, reichte das Leben aller jetzt lebenden Menschen nicht aus. Trotzdem gibt uns die Mathematik Möglichkeiten, mit derartig großen Zahlen zu rechnen. So kann z. B. der Physikochemiker genau angeben, daß die Zahl der Wassermoleküle in 6 Kubikmillimetern bereits so hoch ist, wie die Zahl der theoretisch möglichen Ahnen jedes Menschen vor 2 000 Jahren.

Die von der Geschichte näher überschaubare Zeit erstreckt sich auf etwa 4 500 Jahre. Ohne das Gesetz der Verwandtschaft unserer Ahnen müßte jeder Mensch bei Eintritt in die geschichtliche Zeit 10^{50} Ahnen gehabt haben. Diese Zahl entspräche etwa der Gesamtzahl an Protonen und Neutronen der Erde, also etwa der Gesamtzahl an Mikrobausteinen aller Atome auf dieser Erde.

Auch die Evolutionstheorie muß von einem ganz anderen Standpunkt aus folgern, daß die Mutation zu neuen Arten jeweils nur über wenige Lebewesen erfolgt sein kann, sodaß unser Zahlenspiegel über die Verwandtschaft aller Menschen auch hierdurch bestätigt wird. Für die Frage der Umwelthygiene mag ein Hinweis noch nützlich sein, daß man mit ähnlicher Logik natürlich auch die Verwandtschaft zwischen allen Lebewesen nachweisen kann, in dem Sinne, daß sie vor sehr langer Zeit gemeinsame Ahnen hatten. Das Auftauchen von Affen und Menschenaffen nimmt die Evolutionsforschung heute vor etwa 40 Millionen Jahren an. Bis zu dieser Stufe gab es etwa 1 Million Generationen. Die ersten Sauerstoff atmenden Lebewesen sind vermutlich nach heutigen Kenntnissen vor ca. 900 Millionen Jahren entstanden. Die ersten Spuren von Lebewesen werden heute um die Zeit vor etwa 3,5 Milliarden Jahren angenommen und das Alter unserer Erde zu 4,5 Milliarden Jahren.

3.7. C: CO_2 — Kohlendioxid, verändert der Mensch das Weltklima?

In der Erdatmosphäre befinden sich 0,03 Volumen-Prozent Kohlendioxid. Seit 1900 wird dieser Gehalt regelmäßig gemessen. Hierbei wird ein stetiger Antieg von 0,3 % dieses Gehaltes pro Jahr gefunden. Das bedeutet: vom Jahre 1900 bis heute ist der Gehalt von 290 ppm[1]) auf 330 ppm angestiegen (*Rakestraw* 1965, *Junge* 1969). Von den insgesamt in der Atmosphäre befindlichen $2,5 \cdot 10^{12}$ Tonnen CO_2 werden pro Jahr etwa $60 \cdot 10^9$ Tonnen ausgetauscht infolge Atmung von Tieren und Pflanzen und der CO_2-Aufnahme durch Assimilation bzw. Verwesung im ständigen Austausch zwischen der Luft und den Lebewesen usw. Ferner geben Gesteinsverwitterungen CO_2 ab und die Meere nehmen CO_2 auf. Wir können also nicht ganz sicher die Ursache der CO_2-Zunahme angeben. Jedoch sind die in der gleichen Zeit insgesamt durch Verbrennung fossiler Kohle- und Erdölmengen erzeugten CO_2-Mengen noch höher, als die gemessene Zunahme (20 Milliarden Tonnen pro Jahr) (*Meadows*), sodaß eine Korrelation zur technischen CO_2-Produktion besteht.

Im Jahre 2000 muß mit einem CO_2 Gehalt von etwa 400 ppm gerechnet werden (*Meadows* 1973). Dieser deutliche Effekt ist insofern beunruhigend, weil die Strahlungsabsorption in den ultraroten Absorptionsbanden des CO_2 für das Klima ein wichtiger Faktor ist. Es entsteht eine Art Treib-

---

[1]) ppm = parts per million = 1 Teil auf 1 Millionen Teile

hauseffekt. Die kurzwelligere Sonneneinstrahlung wird realtiv ungehindert auf den Erdboden durchgelassen. Die Erwärmung des Bodens führt zu einer langwelligeren Wärmestrahlung, diese wird durch CO_2 und H_2O in der Atmosphäre absorbiert. *F. Möller* (1968) hat den Einfluß der CO_2-Zunahme auf das Wetter modellmäßig durchgerechnet und kommt zu dem Schluß, daß keine kritischen Effekte durch Rückkopplung auftreten. Eine Erwärmung durch CO_2 würde eine Zunahme des Wassergehaltes bewirken und damit eine Zunahme der Wolkenbildung, die durch Reflexionseffekte einer Abkühlung gleich käme. Doch kann *Möller* nicht angeben, wie hoch die Fehlerbreite seines angenommenen Modells ist. Immerhin rechnete er aus, daß eine Zunahme des CO_2-Gehaltes um 10% eine Erwärmung der Erdatmosphäre um 0,3° zur Folge haben würde.[1] Eine Zunahme der relativen Luftfeuchtigkeit um 10% hätte eine Erwärmung um 1 °C zur Folge. Die Modellrechnungen benötigen Annahmen über die Veränderung des Wasserhaushaltes und der Wolkenbildung durch die CO_2-Zunahme. Wobei der Einfluß des Wassergehaltes recht groß ist. So würde eine Verdoppelung des CO_2-Gehaltes von 300 ppm auf 600 ppm bei gleichzeitiger Abnahme der relativen Luftfeuchtigkeit um 4,6% eine Temperaturzunahme von 1,5 °C zur Folge haben, bei einer Konstanz der relativen Luftfeuchtigkeit aber bereits eine Temperaturzunahme von 9,6 °C (*Möller* 1963). Bei wolkenlosem Himmel ergibt die Rechnung nach *Möller* (1963), daß bereits eine Erhöhung des CO_2-Gehaltes um 200% zu einer Temperaturerhöhung von 10,7 °C führen würde. *Plass* (1956, 1961) hatte mit einfacheren Modellrechnungen abgeschätzt, daß im Jahre 2000 die mittlere Lufttemperatur um 2 °C erhöht sein wird und bei Verbrennung aller fossilen Brennstoffvorräte eine Temperaturerhöhung um 10 ° erfolgen würde.

Auch neuere Arbeiten neigen zu *Möllers* Aussage, daß die CO_2-Zunahme noch zu keiner Sorge Anlaß gibt (*Jost* 1974). *Schack* (1972) kommt zu dem Schluß, daß die Zunahme des CO_2-Gehaltes sich weniger kritisch auf das Klima auswirken würde; kritischer sei der H_2O-Gehalt. Dieser nimmt zwar auch durch die Verbrennung zu, da der atmosphärische Wassergehalt aber höher ist als der CO_2-Gehalt, nimmt der Wassergehalt relativ schwächer zu als der CO_2-Gehalt. Immerhin können wir aus diesen Untersuchungen entnehmen, daß die Aktivität des Menschen merklich an die Grenzen der Beeinflussung des natürlichen Gleichgewichtes nahe kommen kann. Die gesamte Erdatmosphäre enthält zur Zeit 2 300 Milliarden Tonnen CO_2. Wenn alle vorhandenen fossilen Brennstoffe verheizt werden, entspräche dies einer CO_2-Menge von ca. 40 000 Milliarden Tonnen (*Römpp*).

Andererseits ist über Industriegebieten ein deutlich höherer CO_2-Gehalt der Luft beobachtbar. Während über den größeren Waldgebieten in der BRD 1967 im Mittel 330 ppm CO_2 gefunden wurden, lagen die Werte über den Industriegebieten (Mannheim oder Gelsenkirchen) bei 350 ppm (*Moll* 1973).

---

[1] Bei unveränderter Bewölkung

Eine Zunahme der Wolken um 10% der Erdoberfläche würde nach *Möller* (1968) bei niedrigen Wolken eine Abnahme der Atmosphärentemperatur um 8 °C bewirken. Eine Zunahme von Wolken in mittlerer Höhe um 10% der Erdoberfläche würde eine Temperaturabnahme um etwa 4° bewirken. Einen ähnlichen Effekt wie Wolken können in hohen Höhen reflektierende Staubschichten haben. Der Staubgehalt der Erdatmosphäre nimmt nicht nur durch Verbrennungsabgase und industrielle Abfälle zu, sondern in ziemlich beträchtlichem Maße durch Abbrennen der Vegetation in semiariden (halbtrockenen) Tropenländern und durch Windeinflüsse auf aride Steppen. Das gilt auch für die durch Überweidung zu Steppen gewordenen Gebiete in Australien und der südlichen Sahara. Auch einige Indianerstämme in Südamerika treiben noch Jagd durch Abbrennen von Wäldern und Steppen. Es werden Zahlen genannt von starken Zunahmen des Trübungskoeffizienten, z. B. selbst in Hawaii von 3% pro Jahr. Die globale Staubkonzentration in der Luft nimmt leider auch exponentiell zu. Für 1880 werden Konzentrationen von 0,005 Gramm pro Liter Luft angegeben, für 1960 bereits 0,24 Gramm (*Meurer* 1971). Im Yellowstone Park (USA) wurde eine Zunahme des Staubgehaltes um einen Faktor 10 innerhalb von 5 Jahren gemessen (*Korte* u. a. 1970).

Korte u. a. (1970) geben Zahlen an von einem Rückgang der Sonneneinstrahlung um 0,4% pro Jahr infolge zunehmender Staubmenge in der Atmosphäre. Hier sind potentielle Möglichkeiten, um das gesamte Klima auf der Erde global zu verändern. Wenn z. B. das Polareis infolge der Zunahme der Erdtemperatur abschmelzen würde, so würde der Meeresspiegel beträchtlich ansteigen. Es werden Zahlen von bis zu 40 Metern genannt.

Die globale mittlere Oberflächenlufttemperatur nahm von 1880 bis 1945 um etwa 0,5 °C zu, von 1945 bis 1965 wieder um 0,3 °C ab (*Lamb* 1974).

Beide Effekte, Zunahme des CO_2-Gehaltes und Wolken- oder Staubzunahme wirken zum Glück in verschiedene Richtungen. Jedoch sind derartige Wirkungen in allen Einzelheiten gar nicht genau voraussehbar, sodaß man sehr sorgfältig diese Faktoren weiter beobachten sollte. Die Produktivität des Menschen kann an der Zusammensetzung der Luft direkt meßbar verfolgt werden. Wir tun dies, ohne alle Konsequenzen dieses Tuns in Einzelheiten zu übersehen. Sollten eines Tages auf diesem Sektor ernste Sorgen auftreten, so wären alle Menschen gleich betroffen, es hängt dann jeder von jedem ab.

Nach Meinung vieler Metereologen ist also die untere Atmosphäre relativ stabil gegen die merkbare Zunahme des CO_2-Gehaltes. Der Mensch dringt aber mit Weitstreckenflugzeugen und mit den Satelliten und Weltraumraketen auch in die obere Atmosphäre ein. Wegen des nach oben abnehmenden Luftdruckes können dorthin gebrachte Verunreinigungen relativ stärkere Effekte ausüben. In der oberen Atmosphäre befindet sich z. B. eine Ozonschicht, die die Erdoberfläche vor zu starker Ultraviolett-Strahlung schützt. Es wurden schon Bedenken geäußert, daß Luftverunreinigungen in Form von Stickoxiden die Ozonschicht merklich stören könnten. Ein Meteorologe äußerte kürzlich übrigens Bedenken, daß zunehmende Verunreinigungen der höchsten Atmosphärenschichten durch Raketenabgase zu einem Farbumschlag des Himmels führen könnten, durch Änderungen der Lichtstreuung. Andere Meteorologen diskutieren, inwieweit gerade die oberen Atmosphäre-Schichten auf das Wetter einwirken.

In diesem Zusammenhang muß auch erwähnt werden, daß ja schon Versuche örtlicher künstlicher Wetteränderungen mit Erfolg durchgeführt wurden. Insbesondere wurden künstliche Niederschläge durch Ausstreuen von Kondensationskeimen ausgelöst. Es gibt im Augenblick noch keine Anhaltspunkte, daß derartige Wirkungen weitreichend sein können. Wenn sie es wären, würde hier eine Kooperation aller Länder notwendig werden.

3.8. D: DDT, weltweite Verbreitung des Abfalls chemischer Aktivitäten

Für das Insektenbekämpfungsmittel DDT gibt es sehr empfindliche chemische Analysenmethoden. Es eignet sich daher gut, um weltweite Verbreitungen von chemischen Abfällen zu verfolgen. DDT ist eines der ersten hochwirksamen modernen Insektenbekämpfungsmittel. Im ersten Weltkrieg war es als Befreier von Läusen von großem Nutzen, ebenso bei der Bekämpfung der Malaria. Bald erkannte man jedoch, daß es nur sehr langsam chemisch zersetzt wird, sodaß Rückstände über mehrere Jahre unkontrolliert wirken können. Es wird über den Regen sogar unfreiwillig weltweit verbreitet. Man kann daher DDT selbst in dem Körperfett der Pinguine am Südpol nachweisen (*Junge* 1969). Es wird vorzugsweise im Körperfett gespeichert, da es wasserunlöslich ist. Bei einem schnellen Abbau des Körperfettes bei ernsthafter Erkrankung wird es daher als zusätzliche Belastung des Körpers freigelegt.

Bei Analysen im Jahre 1965 wurden in der Londoner Luft 10 pp·10^{12} DDT gefunden, im Regenwasser 210 pp 10^{12} und in englischen Flüssen 5 pp 10^{12} [1]), in amerikanischen Flüssen bis zu 200 pp 10^{12} (*Korte* und *Klein* 1968). 1966 betrug die allgemeine Aufnahme von chlorhaltigen organischen Verbindungen aus Pflanzenschutzmitteln und -Rückständen pro Tag und Person in USA: durch die Nahrung 98 μg, durch das Trinkwasser 0,9 μg pro Tag und Person und durch die Atemluft 0,5 μg, insgesamt also rund 100 μg (*Korte* u.a. 1970) aufgenommen wurden.

Um bis auf 95% im Boden zu zerfallen, braucht DDT im Mittel etwa 10 Jahre. Das kann je nach äußeren Bedingungen jedoch bis zu 30 Jahren schwanken. Das bedeutet, daß selbst bei sofortiger Einstellung der DDT-Produktion z. B. das Maximum des DDT-Gehaltes in Fischen erst viele Jahre später auftritt. Substanzen, deren Folgen nicht ausreichend bekannt sind, sollten also mit größter Vorsicht in Massen eingesetzt werden (*Klein* und *Korte* 1968, *Edwards* 1966). Man ist daher zu chemisch etwas verschiedenen chlorierten Kohlenwasserstoffen wie Aldrin, Dieldrin, Lindan etc. übergegangen. Aber auch diese brauchen noch 3 bis 8 Jahre bis zum 95%igen

---
[1]) 1 pp 10^{12} = 1 Teil auf 10^{12} Teile = 1 Teil auf 1 Billion

Abbau (*Klein* und *Korte* 1968, *Edwards*). DDT gelangt in die Luft direkt durch Versprühmethoden. Andererseits wird angenommen, daß bei der weltweiten Verteilung in großen Mengen die — wenn auch geringe — Verdampfung eine Rolle spielt. Man nimmt an, daß das DDT sowohl durch Meeresströmungen als auch direkt über Luftströmungen in die Antarktis gelangt ist. Vermutet wird auch, daß DDT in der Luft durch Passatwinde über den ganzen Atlantik getragen wird (*Junge* 1969). Der Nachweis von DDT-Resten in der Luft gelingt mit der Methode der Gaschromatographie (*Autommaria* u. andere 1965). Gefahren entstehen in diesem Fall durch die weltweite Verbreitung des DDT in großen Mengen. Für 1967 wurde die Welterzeugung an DDT mit 1,25 Millionen Tonnen angegeben. Das entspricht einer Konzentration von 30 Milligramm pro Quadratmeter der gesamten Landwirtschaftsfläche (*Moll* 1973). Für Japan wurden für das gleiche Jahr sogar Konzentrationen von 61 Milligramm pro Quadratmeter und für die USA 50 Milligram angegeben (*Moll* 1973). An der Weltproduktion an DDT waren 1971 die USA zu 46% beteiligt, die BRD demgegenüber zu 7% (*Moll* 1973).

An Gesundheitsschäden durch DDT ist bei Vögeln eine Erweichung der Eierschalen und ein Rückgang der Fertilität mitgeteilt worden. Leider hat die medizinische Forschung nicht mit der chemischen und physikalischen Forschung Schritt halten können. Sie kann nur in den wenigsten Fällen Toxizitäten von Umweltchemikalien direkt nachweisen. Es gibt noch keine Skala für den Grad der Gesundheit. So ist man auf akute Fälle von chronischen Vergiftungen angewiesen und auf die Extrapolation aus abnormalen großen Dosen auf die Wirkung von kleinen. Für starke DDT-Vergiftungen werden Schädigungen des Zentralnervensystems mitgeteilt, die gleichzeitige Mitteilung, daß diese Schäden schwer zu diagnostizieren sind, zeigt die große Problematik der direkten Schadensfeststellung (*Desi* und *Farkas* 1966).

Da die DDT Verseuchung durch Regen und Transport von DDT-Rückständen durch die Flüsse in die Weltmeere weltweit ist, hat eine Untersuchung über die Erniedrigung der Photosynthese im Phytoplankton durch DDT einiges Aufsehen erregt. Selbst DDT Konzentrationen von 10 ppb (Teile auf eine Milliarde) sollen die Photosynthese auf die Hälfte herabsetzen (*Korte* u. a. 1970). Das Phytoplankton ist nicht nur die Basis für die Ernährung aller Meerestiere, sondern ist auch prozentual stark an dem Abbau des CO_2 aus der Erdatmosphäre beteiligt. Es werden Zahlen geschätzt, daß 70% des an die Atmosphäre abgegebenen Sauerstoffs durch Phytoplankton entstehen. Die Gefährdung durch DDT und ähnliche Rückstände wird dadurch erhöht, daß in der Nahrungskette von Lebewesen eine Anreicherung festgestellt worden ist (*Korte* u. a. 1968, 1970). Vom Plankton mit Konzentrationen von etwa 0,01 ppm reichert sich die Konzentration über Schnecken und Muscheln über die Fische, die Seevögel bis zu den Raubvögel bis auf 10 ppm an. In jeder Stufe erfolgt eine Anreicherung um Faktoren von 3 bis 10, weil vorwiegend die Festbestandteile der Nahrung verarbeitet werden. Dies gilt natürlich auch für die menschliche Nahrungs-

kette. So wurde entsprechend in der Muttermilch eine höhere DDT Konzentration gefunden als in der Kuhmilch (*Löfroth* 1970, *Jukes* 1970).
Für Großbritannien werden folgende Konzentrationen an DDT oder ähnlichen Substanzen angegeben (*Korte* u. a. 1970):

	DDT Äquiv.	Dieldrin	insgesamt BHC
Menschliches Fett	3,3	0,26	0,42
Muttermilch	0,13	0,006	0,013
Kuhmilch	0,004	0,003	0,003

Insektizide Chlorkohlenwasserstoffe in Fett und Milch (in ppm) in Großbritannien 1964

DDT wurde wegen der großen Resistenz gestoppt. Man kann es aber nicht gänzlich entbehren, weil es als Malariamittel große Dienste leistet. In Ceylon traten z. B. 1950 2 Millionen Malariafälle auf, sie wurden durch DDT Einsatz bis auf 63 im Jahre 1963 gestoppt. Als dann 1964 der DDT Einsatz reduziert wurde, stieg die Zahl der Malariakranken in Ceylon 1968 wieder auf 1 Million an (*Jukes* 1970). Es wird geschätzt, daß in den letzten 25 Jahren durch DDT 1 Milliarde Menschen vor der Malaria verschont geblieben ist. Man kann in derartigen Fällen nur ambivalent den Nutzen und Schaden gegeneinander abwägen und muß entscheiden. Eine solche Entscheidung hat dann aber nicht nur örtliche Wirkungen. Man hilft sich in derartigen Fällen durch die Aufstellung von Toleranzdosen. Die Weltgesundheitsorganisation hat auf einer Tagung derartige Toleranzen für Reste an chlorierten Kohlenwasserstoffen vom DDT-Typ festgelegt, die sogenannten adi-Werte (acceptable daily intake = Milligramm Rückstand pro kg Körpergewicht und Tag, der während der ganzen Lebensdauer ohne schädliche Wirkungen aufgenommen werden kann). Für DDT und ähnliche Substanzen wurde 1969 in USA der 14te Teil der Toleranzen nicht überschritten (*Korte* u. a. 1970). In anderen Ländern ist die Aufnahme meist geringer. Natürlich gibt es kein absolutes Verfahren bei der Festlegung der Toleranzgrenzen. Es erfordert daher eine besondere Verantwortlichkeit. Bei den chlorierten Kohlenwasserstoffen wird als Beruhigung angegeben, daß die mit der Herstellung derartiger Produkte über lange Jahre betrauten Personen ohne festgestellte Schädigungen die 200fachen adi-Mengen aufgenommen haben.

Einige Chemikalien sind jedoch als Genschädiger bekannt. Chemikalien wirken oft erst in bestimmten Kombinationen (*Coulston* 1969), sodaß eine kleine Menge einer neuen Chemikalie bei einer Person, die große Mengen anderer Chemikalien inkorporiert hatte, plötzlich starke Wirkungen aufweisen kann. Die Gesamtbelastung an Chemikalien in unserer Umwelt sollte daher mit Rücksicht auf die notwendigen Ambivalenzabschätzungen in Kauf zu nehmender Verunreinigungen möglichst gering gehalten werden. Dies gilt sowohl für einen örtlichen Bereich als aber auch für die globale Verunreinigung der Welt mit Fremdstoffen.

Gefahren entstehen vor allem durch unsachgemäßes Umgehen mit Pflanzenschutzmitteln. Für den Besitz einer Pistole, mit der es gar nicht so leicht ist, jemanden auf einige Entfernung zu treffen, braucht man einen Waffenschein. Um einen Jagdschein zu bekommen, braucht man eine ziemlich komplizierte Prüfung. Um recht giftige Pflanzenschutzmittel zu kaufen, braucht man keinerlei Ausbildung. In der Nähe meines Hauses im Pfälzerwald sahen die Kartoffelacker zur Zeit der Kartoffelkäfer oft aus wie ein mit Zucker gepuderter Streuselkuchen, so reichlich wurden Insektizide dosiert. Die weltweite Verbreitung resistenter Insektenvernichtungsmittel muß beaufsichtigt werden, schon aus reinem Eigennutz: ohne Insekten gäbe es ja keinen Obstbau. Von den etwa 1 Millionen Insektenarten gehören nur etwa 250 Arten zu den Schädlingen (*Moll* 1973). Ein Bienenvolk bestäubt täglich bis zu 40 Millionen Obstblüten (*Moll* 1973). Viele Insektizide sind schädlich für die Bienen. Aufsicht erfordert der in USA und Kanada durchgeführte Einsatz von Pflanzenschutzmitteln vom Flugzeug aus. Hierbei werden Verlustraten von 10% an die Atmosphäre angegeben (*Hurtig* 1969). Große Chemikalienmengen werden hierbei unkontrolliert vom Wind über weite Strecken verbreitet. Da der Normalverbraucher keine Möglichkeiten hat, gekaufte Lebensmittel auf Giftgehalte zu prüfen, muß diese Aufgabe der Staat übernehmen. Er darf hierbei nicht aus politischen Gründen Ausnahmen bei Importgütern zulassen. In USA wurden Reste von chlorierten Kohlenwasserstoffen in Fleisch und Fisch bis zu 1 ppm gefunden (*Egan* 1969). In Bohnen und Nüssen wurden Bromidgehalte bis zu 200 ppm bei Marktwaren beobachtet (*Egan* 1969).

Das DDT ist nur ein typisches Beispiel für viele andere für eine weltweite Verschmutzung auf Grund chemischer Aktivitäten der Menschen. Besonders deutlich wird die Wirkung der Anwendung der Chemie durch den Menschen auf die gesamte Menschheit durch die Luftverunreinigungen. Durch Aluminiumwerke und Ziegelbrennereien erfolgt eine Kontamination der Atmosphäre durch fluorhaltige Verbindungen. Zusätzlich werden Fluorkohlenwasserstoffe als Treibmittel für Sprays an die Luft abgegeben. In der BRD wurden z. B. allein im Jahre 1966 etwa 1 Milliarde Spraydosen verkauft (*Korte* und *Klein* 1968). Über 70 organische Verbindungen wurden in der Luft amerikanischer Städte nachgewiesen. Ein Teil von ihnen gehörte zu den krebsverdächtigen Substanzen. Stark ist die Belastung der Luft durch SO_2-Abgase über Industriegebieten. Abgegebene SO_2-Mengen lassen sich noch weit von den verursachenden Industriegebieten nachweisen. So breitet sich in England abgegebenes SO_2 bis nach Südschweden aus (*Moll* 1973). Weder die Luft über der Nordsee noch über den Alpen ist von SO_2-Abgasen frei. SO_2 kann in Gegenwart anderer Luftverunreinigungen zu schweren Gesundheitsschäden führen. So traten in London, bevor einschneidende Maßnahmen erfolgten, bei bestimmten Wetterlagen mitunter bedrohliche Zustände ein. Bei einer „smog-Lage"[1]) sind im Dezember 1952 in 5 Tagen 4 000 zusätzliche Todesfälle aufgetreten, die auf die Luftverun-

---

[1]) smog = smoke + fog = Rauch und Nebel

reinigungen zurückgeführt wurden (*Korte* u. a. 1970). In diesen Tagen wurden 1,3 ppm SO_2 und 4,5 Milligramm Staub pro Kubikmeter Luft gemessen, während die Durchschnittswerte bei 0,1 ppm bzw. 0,3 mg/m³ lagen. Als Durchschnittswerte für Luftverunreinigungen in Industrieländern werden angegeben (*Korte* u. a. 1970):

Kohlenmonoxid	2	ppm
Oxidantien	0,005	ppm
Schwefeldioxid	0,06	ppm
Stickstoffdioxid	0,06	ppm
Blei	0,0006	ppm
Vanadin	15	ppm

Eine Aufschlüsselung der Luftverunreinigungen in Millionen Tonnen pro Jahr nach Verursacherquellen hat *Moll* (1973) für das Jahr 1970 in der BRD angegeben.

Bereich	CO	Staub (Rauch)	SO_2	C_xH_y	NO_2	Summe	%
Verkehr	9	0,2	0,1	2,4	1,1	12,8	48
Energieerzeugung	0,3	1,0	3,7	0,1	1,5	6,6	24
(davon Haushalt)	(0,2)	(0,25)	(0,75)	(0,05)	(0,4)	(1,6)	(6)
Industrie und Gewerbe	1,9	1,0	1,5	0,9	0,04	5,3	20
Abfallvernichtung	1,5	0,2	0,02	0,3	0,1	2,1	8
Summe (Mio t/a)	12,7	2,4	5,3	3,7	2,7	26,8	100

Die Tabelle zeigt, daß die Autoabgase einen hohen Anteil an den Luftverunreinigungen darstellen. Einen Beweis hierfür lieferte die Umstellung vom Linksverkehr zum Rechtsverkehr vor einigen Jahren in Schweden. Zur Umstellung der Verkehrszeichen wurde der gesamte Autoverkehr für 29 Stunden stillgelegt. Messungen in Stockholm ergaben folgenden Rückgang an Luftverunreinigungen (*CIT* 1967):

Luftverunreinigungen in Stockholm

	Durschschnittswerte	Verkehrsfreier Tag
Kohlenoxyd	300 pm	fast 0
Staub	14–21 Einheiten	3–10 Einheiten
SO_2		Erniedrigung auf die Hälfte

Ähnliche Erfahrungen liegen auch aus der Zeit des Sonntagsfahrverbotes im Winter 1973/74 aus der BRD vor (*Jessel* 1974). Die Luftverunreinigungen an Stickoxiden, Blei, CO_2 und an Kohlenwasserstoffen gingen bis auf 10 bis 20% der sonst beobachteten Werte zurück.

Für das Beispiel SO_2 liegen ausführliche Untersuchungen über die Schädlichkeit auf Pflanzen und auf Menschen vor. Maßgebend für die Schädigungen ist die Konzentration und die Einwirkungsdauer. Bei der Einwirkung von 0,1 ppm SO_2 über ein Jahr ist ein Ansteigen der Sterblichkeitsrate bei Menschen beobachtet (*Brocke* 1969). Derartige Studien zeigen die hohe Belastbarkeit des Menschen, und wie sie bei Überschreitung schnell zusammenbricht. Der Unterschied in der Dosis, bei der deutliche Gesundheitsschäden auftreten, zu der, bei der die Sterblichkeit ansteigt, ist nur etwa ein Faktor 3. Eine erhöhte Sterblichkeit tritt bei Langzeiteinwirkungen schon bei so kleinen Konzentrationen auf, die weit unter der geruchlichen Wahrnehmung liegen. Hieraus entsteht eine besondere Verantwortlichkeit der Verursacher und des Staates, den Bürger vor Schäden zu bewahren, die er allein nicht kontrollieren kann.

Die SO_2-Verunreinigung durch Öl- und Kohleverbrennung entfällt bei Kernkraftwerken, genauso wie die CO_2-Abgabe. Die Summierung der Luftverunreinigungen durch das Abbrennen fossiler Brennstoffe ist recht hoch. So kann man z. B. für USA ausrechnen, daß soviel SO_2 in die Luft abgegeben wird, daß als Niederschlag zusammen mit Wasser auf jeden Quadratkilometer der Bodenfläche der USA pro Jahr 3 Tonnen schwefliger Säure bzw. Schwefelsäure kommen (*Jost* 1974). Besonders giftig ist das Kohlenoxid, das fast ausschließlich durch die unvollkommene Verbrennung in Otto-Motoren entsteht. Deutlich ist in Städten mit viel Verkehr eine Verdopplung des Lungenkrebses beobachtet worden (*Hettche* 1971). Große Forschungsintensitäten zur Verbesserung der Automotoren wären von diesem Standpunkt aus vorzuschlagen (*Jost* 1974). Der Otto-Motor gibt zusätzlich noch hohe Mengen an unverbrauchtem Benzin ab und meßbare Mengen an Benzypren, das als krebserregend bekannt ist. An diesem Beispiel kann man die Notwendigkeit einer erhöhten technischen Allgemeinbildung zeigen. Der Dieselmotor ist im allgemeinen unter der Bevölkerung als umweltfeindlich verpönt. In Wirklichkeit fallen seine Verunreinigungen nur mehr auf. Er ist von vornherein umweltfreundlicher (*Jost* 1974) durch seinen geringeren und bleifreien Treibstoffverbrauch und durch geringere CO-Abgabe. Die Lebensdauer des in die Atmosphäre gelangten CO wird auf 3 Jahre geschätzt (*Junge* 1969).

Der Autoverkehr ist andererseits ein Beispiel, wie unerwünschte Verunreinigungen nicht nur den Schädiger an seinem Aufenthaltsort treffen, sondern zu anderen Menschen getragen werden. Viele Menschen lieben es z. B. heute, auf dem Land zu leben, sie tragen aber im Berufsverkehr mit ihrem eigenen Auto dann stärker zur Luftverschmutzung der Stadt ihrer Arbeitsstätte bei als die meisten der dortigen Stadtbewohner.

Am Beispiel des Bleis läßt sich wieder deutlich die weltweite Verunreinigung leicht nachweisen. Die Bleikonzentration in USA in der Luft beträgt 0,019 bis 0,06 ppm. Die Hauptquelle liegt in den Bleizusätzen des Benzins. *Patterson* (1968) hat die Bleistaubablagerungen auf dem Eis der Polkappen vermessen. Die Bleiablagerung in der Arktis stieg von 1750 bis 1940 um einen Faktor 4 an, wobei eine Verdopplung zwischen den Jahren 1870 und 1940 erfolgte. Seit 1950 hat die Bleiablagerung aber sehr viel schneller zugenommen. Von 1940 bis 1968 stieg sie um einen weiteren Faktor 3 an.

Deutlich geringer sind die Bleiablagerungen in der Antarktis. Dies bestätigt auch den bei radioaktiven Verunreinigungen beobachteten geringen Luftaustausch zwischen der nördlichen und südlichen Halbkugel. Allein auf der Nordhalbkugel gelangen jährlich etwa 500 000 Tonnen Blei in die Meere. Der Atmosphäre werden jährlich etwa 5 Millionen Kilogramm Blei zugeführt (*An der Lan* 1969).

Um nicht ein überzeichnet einseitiges Bild zu geben, kann man nicht auf die globalen Verunreinigungen durch Chemikalien eingehen, ohne auf die Vorteile der chemischen Produktion hinzuweisen. Man kann z. B. nicht Probleme lösen, indem man Pestizide verbietet. Man wäre sicher, daß man durch einen beträchtlichen Ernteabfall eine große Zahl von Menschem dem Verhungern preisgäbe. Über die gesundheitlichen Schäden vermag die Medizin bisher nur wenig Auskunft zu geben. Nachdem ich den Forschungsleiter einer großen amerikanischen Erdölfirma persönlich kennengelernt und als tüchtigen Menschen schätzen gelernt hatte, erlaubte ich mir die Frage, warum er eigentlich nicht stärker die Forschung bleifreier Benzine aktiviere. Die Antwort verblüffte mich. „Weil direkte Schäden durch die Benzin-Bleizusätze nicht genügend bewiesen seien". Das Blei verläßt den Auspuff durch unlösliches Bleioxid. Es gibt wenig Forschungsergebnisse über das chemische Schicksal dieses Bleies. Noch weniger wissen die Mediziner über körperliche Schäden, die hierdurch verursacht werden. Wir stehen hier vor der Situation, daß die chemische Forschung es einfacher hat und daher schnellere Fortschritte erzielen konnte als die medizinischen Forschungen. Schon naturwissenschaftliche Hochschullehrer sind heute mehr und mehr überfordert durch die Zweiteilung ihrer Aufgaben der Forschung und der Lehre. Die sogenannte Demokratisierung hat außerdem wertvolle Zeit für die Forschung durch Komplikation der Verwaltung mit sich gebracht. Die medizinischen Kollegen sollen zusätzlich noch Kranke versorgen. Dies nimmt sogar den größten Teil ihrer Arbeitszeit ein. Es müßten medizinische Forschungsstätten geschaffen werden, die sich mehr der Erforschung der Gesunderhaltung widmen, als der Heilung von Kranken, wie es die meisten Universitätskliniken zwangsweise tun müssen.

Zweitens muß betont werden, daß die positiven Wirkungen der Chemie für den Menschen nicht vergessen werden dürfen. Die chemische Industrie ist in den letzten 25 Jahren etwa viermal so schnell gewachsen wie die Erdbevölkerung (*Pommer* 1974). An Erfolgen der chemischen Aktivität sind zu benennen:

Die landwirtschaftliche Ertragssteigerung durch Düngemittel und Pflanzenschutzmittel betrug in der BRD in diesem Jahrhundert einen Faktor zwei, die Zahl der Todesfälle durch Infektionskrankheiten sank von etwa 600 auf 100 000 Einwohner im Jahre 1885 auf etwa 20 im Jahre 1970, während die mittlere Lebenserwartung in Deutschland Ende des vorigen Jahrhunderts noch bei 37 Jahren lag, ist sie laufend bis jetzt auf 71 Jahre gestiegen, schließlich ist der Lebensstandard und für viele auch die Lebensqualität durch die Chemie gestiegen (*Pommer* 1974). Chemische Produkte können nur verkauft werden, wenn sie auf menschliche Bedürfnisse stoßen.

Der jährliche pro Kopf Verbrauch an chemischen Erzeugnissen betrug 1967 in USA einen Wert von 190 Dollar, in der Bundesrepublik 117 Dollar und im Weltdurchschnitt 40 Dollar (*Wurster* 1967). Mit der Erfindung künstlicher Farbstoffe Ende des vorigen Jahrhunderts wurden große Anbauflächen des natürlichen Krappfarbstoffes für die Landwirtschaft frei, mit der Erfindung des künstlichen Düngers durch *Haber* und *Bosch* wurde die Nahrungsmittelproduktion stark gesteigert; die chemische Industrie rechnet aus, daß die Verluste an Nahrungsmitteln durch Schädlinge heute noch so groß sind, daß man mit ihnen 900 Millionen Menschen ernähren könnte (*Pommer* 1974).

Die Problematik liegt in der vernünftigen Abwägung der Ambivalenz von Nutzen und Schaden und in der genauen Analyse der Schäden. Parallel hierzu muß eine soziologische Motivierungsanpassung an die neuen Gegebenheiten einsetzen. Die Probleme der modernen Welt können nur noch in Zusammenarbeit mit Naturwissenschaftlern und Technikern gelöst werden. Emotionale Kampagnen gegen Auswirkungen der Technik, die nicht auf ausreichenden Kenntnissen beruhen, können mindestens ebenso schädlich sein, wie die vermeintlichen Schäden.

Ein weiteres Beispiel für unerwartete Wirkungen ist die Zunahme von Quecksilber in Fischen (*Johnels* 1967). Man nahm an, daß die quecksilberhaltigen Abwässer der Chlorelektrolyse relativ unschädlich seien, weil sich Quecksilber direkt kaum biologisch auswirken könne. Eine Anekdote erzählt, daß erstmalig ein in der amerikanischen Industrie beschäftigter Werkstudent seine gerade gelernten Kenntnisse der Quecksilberanalyse auf die Tierwelt der amerikanischen Seen anwandte und unerwartet hohe Werte fand. Man muß heute annehmen, daß einige Bakterienarten Quecksilber zu quecksilberorganischen Verbindungen umwandeln können, wie z. B. Quecksilbermethyl. Auf diese Weise kommen dann Quecksilberspuren in den natürlichen Kreislauf der Organismen. Man muß bei der Abgabe von Chemikalienabfällen nicht nur an die Schädlichkeit der Produkte selber denken, sondern auch an mögliche giftige Abbauprodukte. Die Quecksilber-Anekdote wäre ein Beispiel, daß es auf die Verantwortung und auf die Initiative Einzelner ankommt. Da es bei allen gefährlichen Stoffen auf die Gesamtdosis ankommt, sollte man nach Kenntnis des Quecksilbergehaltes der Fischnahrung überprüfen, inwieweit es auf die Dauer zu verantworten ist, daß viele Saatgutbeizmittel aus quecksilberhaltigen Verbindungen bestehen. Man trägt hier direkt an die Nahrungsquellen von Jahr zu Jahr Stoffe, die nicht unbedenklich sind. Nach neueren Messungen kann Quecksilber bereits in der Luft nachgewiesen werden [Chem. Ing. Techn. 23, 68 (1975)]

3.9. E: Energiefragen; eine natürliche Grenze des Wachstums?

Das Lehrgebäude der Physik benutzt als Leitmotiv den Betriff der Energie, der Fähigkeit, Arbeit zu verrichten. Der Mensch konnte sich nur deshalb von der Natur weitgehend unabhängig machen, weil er den Zugang zu Energiequellen fand und Formen der Energieumwandlung entdeckte, wie die Umformung von chemischer oder von Wasserkraftenergie in elektrische Energie. Der Zugang zu Energiequellen ist die Voraussetzung für die gesamte Technik. Das galt schon für die ersten technischen Anfänge. Damals waren Energieumwandler die Sklaven, die chemische Energie der Nahrung in mechanische Arbeit umformen mußten. Von Karthago wird z. B. berichtet, daß bis zu 40 000 Sklaven in den Bergwerken arbeiteten. Im weiteren Sinn gehören auch die Landwirtschaftsflächen zu den Energiewandlern. Kriege wurden seit Beginn der geschichtlichen Zeit um Energiequellen geführt. *Burdecki* (1962) teilt daher die menschliche Geschichte in drei Epochen ein: 1. Die Zeit unbewußter Energetik, 2. Die Zeit des energetischen Mangels mit dem Streit um ausreichende Energiequellen, 3. Die Ära der Energie-Fülle.

Zugang zu den großen Energiequellen hat nach *Burdecki* in dieser dritten Epoche die Hauptursache früherer Kriege aufgehoben. Die Menschen müssen sich nur noch auf ihre neue Lage geistig umstellen. Die Macht eines Landes ist nicht mehr durch seine Flächengröße gegeben. Ein kleines Land kann durch industriellen Fleiß mehr Bedeutung erreichen als ein großes Agrarland. Damit sind die früheren Kriegsziele der Landeroberung — die noch *Hitler* in seinem Buch „Mein Kampf" allein beschäftigten — ziemlich sinnlos geworden.

Allerdings tritt heute die Frage auf, leben wir wirklich im energetischen Überfluß? Sind die Energiequellen wirklich unerschöpflich? Der Verbrauch an Energie ist sehr groß und steigt ständig weiter an. Die wichtigsten Energiequellen sind: Kohle, Erdöl, Erdgas, Wasserkraft und Kernenergie. Um den Energievorrat verschiedener Quellen miteinander vergleichen zu können, rechnet man alle Energievorräte auf Verbrennungswerte einer mittleren Steinkohlensorte um. Eine Steinkohleneinheit = SKE entspricht der Verbrennungswärme von 1 kg Steinkohle mittlerer Güte, genau einer Wärmemenge von 7 000 kcal. Der Energieverbrauch auf der Erde betrug 1973 angegeben in Tonnen Steinkohleneinheiten: Erdöl 3,5 Milliarden, Erdgas 1,3 Milliarden, Wasserkraft 0,6 Milliarden, Kohle 3 Milliarden und Kernenergie etwa 0,1 Milliarden (*Hammond* u. a. 1974). Extrapoliert man den Anstieg des Energieverbrauchs der letzten beiden Jahrzehnte auf das Jahr 2000, so wäre mit folgendem Energieverbrauch zu rechnen: Erdöl 7,5 Milliarden SKE, Erdgas 3 Milliarden SKE, Wasserkraft 1,5 Milliarden SKE, Kohle 5 Milliarden SKE und Kernenergie 7 Milliarden SKE. Zusammen erwartet man also für das Jahr 2000 einen Energieverbrauch von 24 Milliarden SKE. Für die z. Zt. bekannten abbauwürdigen Vorräte werden folgende Werte in Milliarden Tonnen SKE angegeben (*Hammond* u. a. 1974): Kohle 866, Erdöl 133, Erdgas 65, Ölschiefer 58, fossile Brennstoffe zusammen 1 129 (*Hammond* u. a. 1974). Aus dem Zahlenvergleich folgt, selbst wenn der Energieverbrauch auf dem gegenwärtigen Stand konstant gehalten werden würde, würden die fossilen Brennstoffe nur etwa 130 Jahre reichen. Bei einer Verdopplung des Verbrauchs — der nach den jetzigen Schätzungen Ende der achtziger Jahre erreicht werden wird — würden die

Vorräte nur noch 65 bis 70 Jahre ausreichen. Die Kernenergie verbessert diese Lage nach dem jetzigen Stand nicht viel. Die leicht zugänglichen Vorräte an Uran, das für normale Kernreaktoren gebraucht wird, werden auf nur 29 Milliarden SKE geschätzt. Sie könnten also nach der Schätzung für das Jahr 2000 nur etwas mehr als den Energieverbrauch für ein Jahr decken. Die jetzigen Reaktortypen benötigen das relativ seltene Uranisotop U^{235}. Dieses sollte mit hohem Energieaufwand möglichst angereichert vorliegen. Es besteht Aussicht, daß bald die sogenannten Brutreaktoren technisch eingesetzt werden können. Sie können das reichlicher vorhandene Uranisotop U^{238} verwenden. Die Uranvorkommen würden für den Brutreaktor 2 200 Milliarden SKE entsprechen. Diese technische Entwicklung würde also die Grenzen der vorhandenen Energievorräte um knapp 200 % hinausschieben. Man muß noch daran denken, daß die chemische Industrie Öl oder Kohle nicht nur als Energieträger, sondern auch als Rohstoff benötigt. Bei diesen Diskussionen sollte man auch an die aussichtsreichen Versuche denken, aus Erdöl Proteine für tierische Ernährung zu gewinnen (*Steinbuch* 1969).

Es dürfen also nicht alle fossilen Rohstoffe für Energieerzeugung verbraucht werden. Bei derartigen Statistiken muß beachtet werden, daß bei dem jetzigen technischen Stand nicht alle Vorräte auch abbaubar sind ohne sehr großen Aufwand. Technisch am günstigsten ist das Erdöl aufzuarbeiten. Die jetzt bekannten Vorräte dürften spätestens im Jahre 2000 zu einer ernsten Situation führen. Die Kohlevorräte reichen bedeutend länger. Der kürzliche Streik der französischen Bergbauarbeiter nach einem Unfall läßt Bedenken aufkommen, ob es in Zukunft genügend Arbeiter geben wird, die die unangenehme Bergbauarbeit auf sich nehmen. Bei derartigen Diskussionen ist einzuschließen, daß wir noch nicht alle Vorräte kennen. Bisher wurde immer soviel an fossilen Lagerstätten entdeckt, als abgebaut worden ist. Da unser Verbrauch aber sehr groß ist, ist abzusehen, daß nicht beliebig neue Vorräte existieren können. Der Vorrat an weiteren Lagerstätten fossiler Brennmaterialien wird auf 7 500 Milliarden Tonnen SKE geschätzt, und der Vorrat an Uran für Brüter auf etwa 4 400 Milliarden Tonnen SKE (*Hammond* u. a. 1974). Der Abbau dieser Reserven wird einen Teil dieser Energiereserven selbst verbrauchen.

Diese Zahlendiskussion zeigt, daß wir hinsichtlich der Energievorräte noch keine ernsten Sorgen zu haben brauchen. Unser Verbrauch ist aber keineswegs zu vernachlässigen. Es sind der Menschheit hier natürliche Grenzen gesetzt. Die Technik wird nicht ruhen, bis andere Quellen aufgeschlossen werden. Dies erfordert aber große technologische Anstrengungen.

Zunächst sei hier an den Fusionsreaktor gedacht, der auf einem ähnlichen Mechanismus beruht, wie die Entstehung der Sonnenenergie. Ob die auftretenden Schwierigkeiten gelöst werden können, ist jedoch nicht ganz abzusehen. Jedenfalls werden Fusionsreaktoren — wenn sie jemals arbeiten — wohl in großen Dimensionen gebaut werden. Sie erfordern kooperative Organisationsformen. Sollte der Fusionsreaktor funktionieren, so ist die Vorratsfrage gelöst, da hierzu Wasser verwandt werden kann.

Andernfalls müssen andere Energiequellen gesucht werden. Besonders interessant sind die sich ständig erneuernden Quellen. Unerschlossene Wasserkraftreserven sind leider nicht mehr sehr viel vorhanden. Für USA könnten sie höchstens 10% des jetzigen Verbrauchs decken. Untersucht wird zur Zeit die Sonnenenergie. Die eingestrahlte Sonnenenergie über USA entspricht etwa dem 740fachen des jetzigen Energieverbrauchs (*Hammond* 1974). Fotozellen arbeiten zur Zeit erst mit Wirkungsgraden um 10%, ihre Lebensdauer ist auch noch nicht groß genug. Gewinnung von Sonnenenergie mit Fotozellen würde außerdem große Flächen besetzen, die für andere Zwecke wie Landwirtschaft oder Naturreservate verloren gehen würden. Heizenergie wird außerdem dort gebraucht, wo die Sonneneinstrahlung gering ist. Sonnenenergiegewinnung würde also sehr große Verbundsysteme über Ländergrenzen hinweg erfordern. Man hat ausgerechnet, daß 1/5 der Fläche von Sizilien ausreichen würde, um die EG ganz mit Sonnenenergie zu versorgen. Hierbei sind jedoch Transportverluste und die Verluste der Nachtspeicherung nicht eingerechnet. Strom läßt sich über so große Entfernungen wegen hoher Verluste nicht vertretbar transportieren. Zur Zeit wäre am aussichtsreichsten, am Ort elektrolytisch aus Wasser Wasserstoff zu gewinnen und über Pipelines zu transportieren. Hochexplosiven Wasserstoff zu verschicken, schließt die Möglichkeit von Terroristen aus.

So werden zur Zeit utopische Projekte diskutiert, Raumstationen in 36 000 km Höhe zu errichten aus 25 km^2 großen Fotozellsystemen. Die gewonnene elektrische Energie soll in Mikrowellen umgewandelt werden und dann als elektromagnetische Strahlung gezielt auf eine Erdantenne geleitet werden. Die Antenne müßte einen Durchmesser von 7 km haben. Gesprochen wird hierbei von einer Station von 5 000 Megawatt Energie (*Glaser* 1972, *Hammond* 1974). (Die zur Zeit installierte elektrische Energieerzeugung auf der Welt entspricht etwa dem 500fachen). Ein solches System würde natürlich einen großen Verbund erfordern. Große Sicherheitsmaßnahmen sind vorzusehen, daß die Mikrowellenstrahlung nicht dejustiert wird. Ferner müßten ein großer Aufwand und Verluste für die Nachtspeicherung hingenommen werden.

Ernster als die Sorgen, daß der Energieverbrauch die Grenzen der Vorräte erreichen könnte, ist die Frage, daß die von Menschen induzierte Wärmeerzeugung die von der durch die Sonne zugeführten Wärmemengen erreicht und ob wir mit Klimaänderungen rechnen müssen. Dies gilt zunächst nur für das örtliche Klima über großen Industriestädten. In dem rund 12 000 km^2 großen Gebiet von Los Angeles beträgt die freigesetzte Wärmemenge bereits 5% der Sonneneinstrahlung. Eine solche Menge ist für das Ortsklima nicht mehr zu vernachlässigen. Extrapoliert man den Verbrauchsanstieg bis zum Jahr 2000, so entspräche zu dieser Zeit die freigesetzte Wärme im Gebiet von Los Angeles schon 18% der Sonneneinstrahlung! (*Meadows* 1972). Geht man von einer jährlichen Energieverbrauchszunahme von 4% aus, so errechnen *Korte* u. a. (1970), daß in 50 Jahren bereits die von Menschen verbrauchte und im Endeffekt fast ganz in Wärme überführte Energie schon 25% der natürlichen Energieeinstrahlung entspräche. Dies trifft nicht auf den Weltverbrauch zu, sondern höchstens für einige Industrieländer. Die Sonneneinstrahlung beträgt bei senkrechter Einstrahlung etwa 2 Kalorien pro Quadratzentimeter und Minute. Bei 10stündiger Bestrahlung entspräche dies etwa 620 000 Tonnen SKE pro Jahr. Auf die Erde fällt pro Jahr etwa $8 \cdot 10^{14}$ Tonnen SKE Sonnenenergie ein. Demgegenüber steht der Weltverbrauch von gegenwärtig etwa $8 \cdot 10^9$ Tonnen SKE pro Jahr. Die Rechnung für Deutschland sieht aber schon etwas anders aus: Hier schätzen wir mit einer durchschnittlichen Einstrahlung von etwa 3,3 Stunden pro Tag, das entspräche pro Jahr etwa $5 \cdot 10^{10}$ SKE Sonneneinstrahlung über der BRD. Der gegenwärtige Verbrauch betrug 1972 $3,55 \cdot 10^8$ Tonnen SKE pro Jahr. Die Energieerzeugung ist also nicht mehr so weit von einem Anteil von 1% der natürlichen Einstrahlung. (Wollte man in Deutschland ein Sonnenenergieprojekt berechnen, so könnte man höchstens eine Ausbeute von 5 bis 10% annehmen. Man müßte also 10 bis 20% der Fläche der BRD mit Sonnenelementen bedecken).

Schröer (1972) hat die Folgen des Eingreifens in den natürlichen Energiehaushalt unter der Voraussetzung, daß der Verbrauch an Energie wie bisher alle 19 Jahre verdoppelt wird, abgeschätzt. Im Jahre 2050 erwartet er, daß infolge Abschmelzen des Polar- und Gletschereises das Meerwasser jährlich um 1 Fuß steigen wird. Um das Jahr 2100 beginnt die Atmosphärentemperatur um jährlich 1° zu steigen. 2150 ist das Polareis ganz abgeschmolzen und damit der Meeresspiegel um 40 Meter gestiegen. Im Jahr 2200 wird die Meerestemperatur jährlich um 1 °C ansteigen etc.

Etwa im Jahre 2280 würde die künstliche Energieerzeugung die natürliche überholen. Aus dieser Überlegung folgt, daß ein weiterer Anstieg des Energieverbrauchs stark aus der Sonnenenergie bestritten werden müßte, um Klimaänderungen zu vermeiden.[1]) Damit gingen aber recht große Flächen für Ernährungszwecke verloren. Selbst wenn man annimmt, daß der Bevölkerungszuwachs bei 7 Milliarden stehen bleibt und daß der Energieverbrauch im Mittel über alle Erdbewohner dann auf dem Stande stehen bliebe, wie ihn die USA 1970 hatte, erwartet *Schröer,* daß selbst dann der Meeresspiegel um 1 Fuß pro Jahr ansteigt.

Der starke Anstieg des Energieverbrauchs würde natürlich auch noch vom Standpunkt der Zunahme der Luftverunreinigungen an SO_2, CO_2, CO, Asche, Staub und von Stickoxiden bzw. von radioaktiven Verunreinigungen der Luft bzw. des hohen Anfallens von radioaktivem Müll zu diskutieren sein. Es ist zwar gelungen, die SO_2 Abgabe und die Ascheerzeugung relativ zu senken (bezogen auf gleiche Mengen) (*Hasse Rodt* 1969), es kommt aber darauf an, daß die Luftverunreinigungen absolut nicht ernsthaft zunehmen.

Da viele Abgase wie SO_2 oder Radioaktivität in der Atmosphäre über weite Länder verteilt werden, erscheint eine internationale Vereinheitlichung der Abgasbestimmungen und auch der Sicherheitsvorschriften bei

---

[1]) Andererseits könnten auch große mit Sonnenzellen ausgelegte Flächen durch Änderung der Strahlenreflexion auch zu örtlichen Klimaänderungen führen.

Kernkraftwerken notwendig. Wenn mindestens ein Teil der Abgase auf viele Länder wirkt, andererseits auf dem Weltmarkt die Konkurrenzfähigkeit von den Energiekosten abhängt, so muß verhindert werden, daß sich ein Land an der Reinhaltung der Luft weniger beteiligt, um sich wirtschaftliche Vorteile zu beschaffen. Dieser Gesichtspunkt verlangt eindringlich, daß das jetzige Wachstum der Bevölkerungszahl und des Lebensstandards bald durch natürliche Grenzen langsamer zunimmt.

Das Energieproblem kann also neben dem Bevölkerungswachstum bald zum Weltproblem Nr. 1 werden. Von der Technik wird man zunächst einmal Forschungen über die Erhöhung der Ausbeute der Energiewandler erwarten. Die besten Dampfturbinen nutzen nur etwa 1/3 der Energie aus, der Rest geht als Abwärme unnütz verloren. Dazu kommen große Verluste bei den elektrischen Überlandleitungen. Automotoren nutzen je nach Kompressionsverhältnis den Treibstoff nur zu 13 bis 21 % aus (*Jost* 1974). Hier geht also weit mehr Energie als Abwärme verloren, als ausgenutzt wird. Vom Standpunkt der Energieversorgung war nicht ganz einzusehen, warum viele Staaten große Geldsummen in die Reaktorforschung investiert haben und nur äußerst wenig in die Motorenentwicklung von höherem Wirkungsgrad. Im Stirlingmotor (vgl. *Jost* 1974) − an dem die Firmen Philips und Ford arbeiten − oder gar in der Brennstoffzelle liegen Anhaltspunkte, wie man Maschinen mit höherem Wirkungsgrad bauen kann. Brennstoffelement angetriebene Motoren wären auch wesentlich umweltfreundlicher. Maschinen mit höherem Wirkungsgrad würden sowohl die Energiereserven schonen, als auch das Problem der atmosphärischen Erwärmung hinausschieben. Unsere jetzigen Kraftmaschinen treiben Raubbau an den Vorräten, der auf lange Sicht nicht hingenommen werden kann.

Es sollten auch Wege gesucht werden, daß nicht weiter die meiste Energie in den Kraftwerken als Abwärme nutzlos als Belastung an die Umwelt abgegeben wird. In Industrie- oder Großstadtnähe sollte jedes Kraftwerk in den kälteren Gebieten auch als Fernheizwerk ausgerüstet werden. Für andere Gebiete oder für den Sommer sollten Wege gesucht werden, um die Abwärme praktisch zu nutzen. Es bieten sich hierfür an: Meerwasserentsalzung, Treibhausheizungen oder Wasserreinigungsanlagen. Vielleicht werden in Zukunft neben Kraftwerken immer energieaufwendige Industrieanlagen wie Raffinerien etc. stehen. Nach einer amerikanischen Statistik (*Hammond* 1974) wird mindestens 1/3 des Energieverbrauchs für Heizzwecke eingesetzt. Die Wärmeisolierung im privaten und im Industriebau wird aber bisher kaum kontrolliert. Bei einem eigenen Hausbau entdeckte ich z. B. selbst nur durch Zufall, daß die Isolierung des Flachdaches von dem ausführenden Handwerker nicht verstanden war und von einer Seite durch Kaltluftverbindung aufgehoben war. Aus Schweden kam kürzlich die Nachricht, daß dort die Baubehörden bei der Bauabnahme mit Ultrarotstrahlungsmessern die Wärmeisolierung der Häuser kontrollieren. Da diese Kontrolle der Privatmann kaum selbst ausführen kann, erscheint dies ein guter Weg. Selbst wenn keine direkten Schäden gefunden werden, wirkt diese Kontrolle erzieherisch.

Der Physikochemiker *Wilhelm Ostwald,* der sich um die Jahrhundertwende sehr für das energetische Denken eingesetzt hat, forderte mit dem sogenannten energetischen Imperativ: „Verschwende keine Energie, verwende sie!" Dieser Imperativ hat an Dringlichkeit nicht verloren.
Trotz *Burdecki*s Gedanken, daß wir in der Zeit energetischer Fülle leben und daher von vielen Sorgen befreit sind, bleiben natürlich Probleme der ungleichen Verteilung der Energievorräte. Das kleine Land Kuweit mit nur 1/2 Million Einwohner besitzt z. B. mehr Erdölreserven als ganz Europa, mehr als die USA und etwa soviel wie das große Land UdSSR (*Grove* 1974). Ähnlich groß sind die Unterschiede im Energieverbrauch der einzelnen Länder. Die USA verbrauchen etwa soviel Energie wie Europa und UdSSR zusammen. In Industrieländern beträgt der Energieverbrauch pro Kopf und Jahr mehr als 4 000 kg Kohleäquivalente. Dagegen liegt der Energieverbrauch in Indien bei 100 bis 200 pro Jahr, in einigen afrikanischen Ländern liegt der mittlere Energieverbrauch pro Kopf noch unter 125 Kohleäquivalenten. Von dieser Warte aus wäre es denkbar, daß bei einer schnellen Industrialisierung der Entwicklungsländer der Energieverbrauch sogar stärker zunehmen wird, als die Voraussagen annehmen.

Nur ganz wenige Länder sind energetisch autark. Diese Länder gewinnen mehr und mehr an politischer Bedeutung. Es war erschreckend, daß die Politiker der westlichen Länder diesen Faktor bis zur Ölkrise kaum in ihrer Politik beachtet hatten. Dies sollte ein warnendes Beispiel dafür sein, daß jede Regierung naturwissenschaftlich-technische Kenntnisse braucht. In dem technisch-naturwissenschaftlichen Zeitalter geht es nicht mehr an, daß kaum Techniker und Naturwissenschaftler Einfluß auf die Regierungen haben. Wenn auch die Einrichtung von Wissenschaftsministerien in der BRD ein Forschrit ist, so muß im nächsten Schritt dieser Berufsstand auch im Kabinett vertreten sein. Das Wissenschaftsministerium sollte von einem Naturwissenschaftler oder Techniker geleitet werden. Gerade dieses Ressort benötigt subtile Fachkenntnisse. Die Weltpolitik hat sich stabilisiert, seit nach *Chruschtschow*s Ausscheiden in der russischen Regierung Ingenieure sitzen. Unter amerikanischen Ministern waren meist einige, die praktische Wirtschaftskenntnisse haben. Es liegen also positive Erfahrungen für unsere Forderung vor.

Die energieabhängigen Länder sind kaum noch in der Lage, Kriege zu führen, es sei denn, sie tun dies mit Zustimmung der Energie zuliefernden Länder. Über die Energiepolitik kann also Weltpolitik gemacht werden. War von diesem Standpunkt die Enteignung der Ölquellen vom rein nationalistischen Standpunkt aus nicht ein Rückschritt? Wären internationale Ölgesellschaften, die das Öl verteilen, nicht weit günstiger? Natürlich müßte dafür gesorgt sein, daß es sich wirklich um internationale Gesellschaften handelt und nicht einzelne Interessengruppen vorherrschen. Ähnliche Abhängigkeiten können auf dem Sektor Kernenergie auftreten. Die BRD ist z. B. von Uraneinfuhren abhängig. Heute gehören in den vielen Ländern Energievorräte unter der Erde nicht dem Grundstücksbesitzer allein, sondern auch dem Staat. In der Zukunft wird man nicht darum herum kommen, daß Energievorräte internationaler Besitz werden. Jedes Land könnte daraus Zuteilungen erhalten, wenn es dafür andere Gegenleistungen aufbringt in Form von Industriegütern oder von Nahrungsmitteln, von Verkehrsleistungen etc. Eine derartige internationale Energiebehörde würde natürlich keine Energie für kriegerische Zwecke abgeben. Dies wäre ein Weg zum Weltfrieden. Schon jetzt sollte die Vernichtung von Energievorräten in Kriegen als Mißbrauch am gemeinsamen Besitz aller und als nutzlose Belastung der Atmosphäre mit Abgasen geächtet werden.

3.10. F: Fernsehen, Beispiele für einschneidende Wirkungen der Informationstechnik

a) Das Fernsehen ist wohl das beliebteste Massenkommunikationsmittel geworden. Wie alle technischen Produkte ist es ambivalent. Es bringt Vor- und Nachteile. Für weite Bevölkerungskreise ist es ein Bildungsmittel geworden. In einem persönlichen Gespräch sagte mir *Konrad Lorenz* einmal: „Vieles ist eine Bildungsfrage, heben Sie die Bildung an und viele Ihrer Sorgen können verkleinert werden". Zu meiner Jugendzeit gab es für die einfache Bevölkerung kaum Gelegenheiten, in der knappen Freizeit sich weiterzubilden. Große Teile der männlichen Bevölkerung verbrachten ihre Freizeit in Kneipen beim Alkohol oder beim Kartenspiel. Die Frauen hatten mangels Haushaltsmaschinen fast keine Freizeit. Ihre Zeit war mit Kochen, Waschen und Flicken der leicht zerreißbaren Baumwollkleidung, Wohnungssäubern und Kinderbetreuung weitgehend ausgefüllt. Heute ist die Freizeit durch Rückgang der Arbeitszeit und durch starke Beschleunigung der Berufswege länger geworden. Den Frauen ist durch Haushaltsmaschinen, Konserven, stabile synthetische Fasern, pflegeleichte Wäsche und Fußböden ein großer Teil der Hausarbeit wesentlich erleichtert worden. Ein großer Teil der Bevölkerung verbringt heute die Freizeit vor dem Fernsehschirm. Bei nicht zu schlechtem Programm werden viele mit Problemen im Fernsehen konfrontiert, von denen die Mehrheit der Bevölkerung früher kaum etwas hörte. Neben der Allgemeinbildung wird vor allem die politische Bildung angehoben. Die meisten Wähler haben Gelegenheit, vor der Wahl die Hauptkandidaten „persönlich" zu erleben. Dies erscheint als wesentlicher Fortschritt. Kurz nach dem Kriege war mir bei einer Stadtratswahl in Tübingen aufgefallen, daß ein im Stadtteil Lustnau wohnender Kandidat in Lustnau kaum Stimmen erhielt. Auf Grund seiner Parteizugehörigkeit wurde er aber mit Hilfe der überwiegenden Stimmenzahl der Innenstadt gewählt. Das Kennen der Kandidaten erscheint mir eine wesentliche Voraussetzung der Demokratie.

Die schnelle und direkte Information über die Weltereignisse durch das Fernsehen und den Rundfunk ist eine weitere wesentliche Folge. Die Einstellung zum Kriege scheint u. a. auch dadurch im Wandel zu sein, weil die meisten im Fernsehen das Grauen des Krieges direkt miterleben können. Eine Beschreibung der Vergangenheit allein durch die Sprache scheint keine ausreichende Information zu sein. So konnte man Jahrhunderte lang die Jugend für Kriege begeistern. Zu den unvergeßlichen Augenblicken meines Lebens gehört die Nacht zu Beginn des Feldzuges der *Hitler*-Armeen gegen Frankreich im Mai 1940. Ich war als 18jähriger als Soldat dabei. Wir wurden nachts alarmiert. Als unsere Batterie vollzählig beisammen war, eröffnete uns der Batteriechef, ein Reserveoffizier aus dem ersten Weltkrieg, daß der Angriff beginnt. Spontaner Jubel war die Antwort. Genau so spontan wurde unser Chef jedoch sehr böse und schimpfte seine Soldaten aus, der Krieg sei doch kein Freudenfest. Er hatte den Krieg selbst erlebt und wußte, wie schrecklich er ist. Er war nicht wie die Mehrzahl der Menschen damals in eine Kriegshysterie zu treiben. Wir wollen hoffen. daß das Fernsehen in dieser Richtung weiter positiv wirken wird.

Die Schnelligkeit des Informationsaustausches verbindet natürlich die Menschheit viel stärker als früher. An jedem bedeutenden Ereignis auf dem Erdball nimmt fast die ganze Welt teil. Früher dauerte es Monate, bis ein Segler Nachrichten aus anderen Erdteilen nach Hause brachte. Heute können im Katastrophenfall weltweite Hilfemaßnahmen sofort beginnen.

b) Neben den genannten positiven Wirkungen gibt es natürlich auch stark negative. Früher war ein Pluralismus der Gesellschaft garantiert, weil fast jeder in anderen Lehrern und anderen Eltern andere Erzieherkombinationen hatte. Der Mensch ist ja viel mehr als er selbst zugeben will, das Produkt seiner Umwelt, in der er aufgewachsen ist. Plötzlich sitzen aber Abend für Abend Millionen vor dem gleichen Fernsehprogramm. Programmgestalter sind zudem nur sehr wenige. So richten wenige Fernsehredakteure Millionen meinungsmäßig uniform aus. Hier ist in Demagogen-Händen ein noch nie geahnter Informationsmißbrauch möglich. *Hitler* hätte z. B. seine Massensuggestion nie ohne Rundfunk so perfekt durchführen können. Das Fernsehen in Händen eines *Hitlers* könnte noch verheerendere Folgen haben.

Besondere Gefahren liegen in der Kombination der modernen technisch weit perfektionierten Massenkommunikationsmittel mit der wissenschaftlich mehr und mehr erforschten Psyche des Menschen. Es gibt im wesentlichen zwei Wege um die Meinung eines Durchschnittsmenschen zu ändern: 1. Die Salami-Taktik der kleinen Schritte, man sende einem Menschen täglich eine Zeitung ins Haus oder setze ihn vor einen Fernseher und kommentiere Nachrichten immer in einer bestimmten Richtung. Auf die Dauer nehmen die meisten diese Meinung an. Früher waren sie sogar oft bereit, für diese angenommene „Meinung" in den Tod zu gehen. Selbst akademisch ausgebildete Menschen sind von dieser Salami-Taktik nicht befreit. Hierfür erlebte ich ein eindringliches Beispiel am Ende des zweiten Weltkrieges, das ich mit 12 studentischen Kommilitonen erlebte. Etwa 9 von den 12 waren bis in die letzten Kriegstage noch von *Hitlers* Ideen mehr oder weniger überzeugt. Bei einigen mußte man sich sogar vor pazifistischen Äußerungen hüten, um nicht Gefahr zu laufen denunziert zu werden. In der Kriegsgefangenschaft genügten dann etwa 3 Wochen Lagerzeitung zu einer Meinunsänderung. Nach den 3 Wochen wollten nur noch 2 bis 3 wahr haben, daß sie jemals *Hitlers* Meinung für richtig gehalten hatten. Nur einer hielt sie nach den 3 Wochen noch für richtig.

Oder ein anderes Beispiel: Vor den ersten Wahlen nach Kriegsende in Berlin war der Einfluß der einzelnen Besatzungsmächte in den vier verschieden besetzten Sektoren noch recht groß. Jede Besatzungsmacht unterstützte in ihrem Sektor eine bestimmte Zeitung. Nach meiner Erinnerung spiegelte sich bei dem ersten Wahlergebnis deutlich in derselben Stadt je nach Sektor wieder, welche Partei von der jeweiligen Besatzungsmacht favorisiert wurde. Im amerikanischen Sektor war dies die CDU, im englischen die SPD, im französischen damals die KPD und im russischen die SED.

Die Massenmedien sollten deutlich trennen: Informationsübermittlung und Meinungskommentare der Redakteure. Der Nachrichtendienst des Rundfunks ist ein guter Ansatz in dieser Richtung. Die Tagesschau des Fernsehens mit der Mischung von Information und Kommentar ein Rückfall auf den Zeitungsstil.

Neben dieser Salami-Taktik gibt es wie *Sargant* (1970) berichtet hat, die Schocktherapie. (Transmarginale Hemmung) Wenn man Menschen in höchste Angst versetzt, z.B. in einem Kriegserlebnis, oder in Hypnose, in einem Ätherrausch oder in einem religiösen Rausch- wie ihn der Methodisten-Gründer *Wesley* pflegte — in einem solchen Schock kann man die Meinung eines Menschen irreversibel ändern. *Sargant* selbst hat diese Methode als Heerespsychiater in der englischen Armee im letzten großen Krieg als Heiltherapie oft eingesetzt. Mit einem Computermodell des Gehirns kann man diesen Vorgang so beschreiben: bei einem hohen Alarmzustand in einem Gehirnzentrum werden Substanzen aus anderen Zentren irreversibel abberufen, die die dortigen Speicher stabilisiert hatten. So werden vorher gefüllte Speicher geleert und stehen zu neuer Programmierung zur Verfügung. Von dem Prediger *Wesley* wird z. B. in dem Buch von *Sargant* berichtet, er habe Menschen nur durch einen einmaligen Vorgang bekehren können, bei dem er ihnen die Schrecken des Fegefeuers eindringlich vor Augen führte.

Der dritte Weg einer Meinungsänderung geht über die Bildung. Er ist der humanste und sicherste, freilich auch der mühsamste.

Hassenstein (1970) berichtete kürzlich, daß er während seinen Vorlesungen studiert hat, wann er spontanen Beifall erhielt. Es war dies meist dann, wenn er etwas Aggressives gesagt hatte. Er hat dann direkt experimentiert: zuerst erwähnte er eine Sache anerkennend, die er dann aggressiv angriff. Der Angriff löste spontanen Beifall aus. Mit Aggressionsauslösungen kann man offenbar Massen einigen. „Verball geäußerte Aggression hat als solche einen emotionalen Werbewert" (*Hassenstein* 1970).

Als Schüler mußte ich in Berlin einmal an einer Massenkundgebung unter *Goebbels* teilnehmen. Es war mir zutiefst zuwider, wie eine Masse von Tausenden von Menschen durch Aggressionsauslösung für schreckliche Dinge, wie den totalen Krieg, begeistert werden konnte. *Goebbels* verstand sein Metier so gut, daß er damals scheinbar im Sportpalast die

Entscheidung der Bevölkerung überließ mit der Frage: „Wollt Ihr den totalen Krieg?" und begeisternd tobende Zustimmung erhielt.

Gerade hinsichtlich der Aggression scheint eine besondere Verantwortlichkeit bei den Massenmedien zu liegen. Der Einfluß der kulturellen Umwelt auf die Formung Jugendlicher wird immer mehr anerkannt (bgl. z.B. *Hayakawa* 1966). Andererseits ist auch bekannt, daß Agression im Menschen steckt, sie aber Auslösemechanismen bedarf. Untersuchungen in USA haben ermittelt, daß dort Kinder im Alter von 3 bis 16 Jahren mehr als vier Stunden täglich vor dem Fernsehschirm sitzen (*Frank* 1968). Man hat ausgerechnet, daß diese Kinder während ihrer Jugend an rund 13 000 Gewalttätigkeitsszenen mit tödlichem Ausgang gewöhnt werden (*Frank* 1968). Die direkte Auslösung von Agressionen durch Filme wurde in Experimenten gezeigt. Hierbei konnten Versuchspersonen Assistenten mit elektrischen Schlägen scheinbar strafen. Hatten die Assistenten die Versuchsperson vorher geärgert, so fielen die Strafen dann härter aus, wenn dazwischen ein aggressiver Film gezeigt wurde (*Frank* 1968). Es erscheint notwendig, daß derartige Kenntnisse weit verbreitet werden. „Sobald wir verstehen, was die Ursache für unser Tun ist, gewinnen wir die Freiheit, entweder unser Tun fortzusetzen oder damit aufzuhören" (*Rapoport* 1966).

Eine auffallende Eigenschaft des Menschen ist sein Verhalten bei einer Psychoanalyse. Sobald Ursachen gewisser Fehlhaltungen klar sichtbar gemacht sind, tritt meist eine Verhaltensänderung ein. Die Massenpsychologie darf daher in der Zeit der Massenkommunikationsmittel nicht geheim betrieben werden. Es sind alle Ergebnisse publik zu machen. Es ist dann zu hoffen, daß die Publikation ähnlich wie eine Psychoanalyse wirkt und die Aussicht, daß man Menschen an schwachen Stellen beeinflussen kann, sinkt.

c) Das Fernsehen ist in diesem Abschnitt nur als das wichtigste Beispiel für den Einfluß der Nachrichtentechnologie genannt. Für Zeitungen und Zeitschriften gelten ähnliche Aspekte. Aus historischen Gründen haben Wissenschaftler Hemmungen direkten Einfluß auf die Gesellschaft auf Grund ihrer Kenntnisse zu nehmen. So arbeiten sie zwar ständig mit, die bisherigen Regelprinzipien der gesellschaftlichen Normen auf Grund ihrer fortschrittlichen Erkenntnisse zu stürzen: sie arbeiten aber nicht mit, etwas Besseres aufzubauen. So liegt die Gestaltung der modernen Gesellschaft heute vorwiegend in den Händen der Massenmedien. Man denke nur an die Sexwelle, in der die Illustrierten und der Film Schritt für Schritt alle gesellschaftlichen Normen durchbrachen und der Welt das Gepräge aufdrückten, das Redakteure und Regisseure wollten.

Es erscheint des Nachdenkens wert, ob man eine so wichtige Rolle in der Gesellschaft von technischer Seite nur immer bessere Methoden in die Hände geben soll. Man denke nur an Fernsehsendungen über Satelliten, bei denen nicht nur ein Volk, sondern ganze Völker über das Fernsehen uniform ausgerichtet werden können, soweit dies Sprachbarrieren nicht verhindern. Man sollte die Technik nur verbessern, indem man auch die Frage der Ausbildung und Verantwortung der Journalisten unter die Lupe nimmt. Journalisten sind oft hoffnungslos überlastet und können sich nur ungenügend informieren. Andererseits sind für fast alle Berufe langwierige und ziemlich geregelte Ausbildungen notwendig. Für zwei der gesellschaftlich wichtigsten Berufe gilt dies nur begrenzt: Journalisten und Politiker. Die Massenmedien sind ein Beispiel für das Problem der Technik: eine Erfindung erfordert meist sehr hohe Intelligenz und hohe Bildung. Die Anwendung steht dann sehr vielen Menschen ohne Grenzen offen. Müßten die Erfinder sich nicht um eine gewisse Einflußnahme auf die Ergebnisse ihrer Werke kümmern? Wir werden in Kapitel 4 auf diese Frage zurückkommen.

d) Ein weiteres Problem verdient in dem Zusammenhang der Massenmedien noch Beachtung. Es gibt Kreise, zu deren Taktik es gehört, die Bedeutung von Wörtern zu verändern. So verstehen sie unter Toleranz z. B. nur die Duldung Gleichgesinnter; oder unter Didaktik verstehen sie nicht mehr Unterrichtsmethodik, sondern Gesellschaftsbezug eines Faches. Ähnlich wird das Wort Folter in letzten Wochen von einigen Kreisen anders interpretiert. Auch das Wort Demokratisierung wird nicht einheitlich verwandt. Ein besonders makabres Beispiel für diesen Mißbrauch der Sprache zusammen mit den technischen Mitteln der Massenmedien gab *Goebbels* mit dem Wort „Endsieg". Jahrelang programmierte er die Massen mit der suggestiven These: wir werden siegen. Im eingeschlossenen Berlin erschien in den letzten Kriegstagen noch eine Nummer der Wochenzeitung in der *Goebbels* die Leitartikel zu verfassen pflegte. Dort wagte er zu schreiben: wenn *Hitler* dem Volk bis zum Ende treu bleibt und das Volk *Hitler*, das sei der Sieg, von dem er jahrelang gesprochen habe. Der große Einfluß der Massenmedien macht es erforderlich, daß man klarstellt, was die Bedeutung der Wörter ist. *Hayakawa* (1966), *Korzybski*, *Rapoport* u. a. haben sich daher bemüht, in der sogenannten *Semantik* dieses Gebiet klarer zu gestalten. Nachdem die Massenmedien in verdienstvoller Weise uns mehr und mehr helfen die Landesgrenzen abzubauen und für eine internationale Verständigung arbeiten, wird es notwendig, innerhalb der Semantik die unterschiedliche Wortbedeutung in verschiedenen Sprachen zu klären. Da das Erlernen der Muttersprache mit zu den ersten Betätigungen der rationalen Gehirnteile gehört, so wird der Mensch durch seine Sprache geprägt. *Chang Tung-Sun* (1966) hat in verdienstvoller Weise versucht am Beispiel der chinesischen Sprache und Schrift Unterschiede in den Denkarten zwischen der chinesischen und der westlichen Kultur aufzudecken.

e) Von diesem Standpunkt aus, werden die Massenmedien an einer Vereinheitlichung des Denkens durch ihre ständige homogene Beeinflussung großer Menschenmassen arbeiten. Dies hat wiederum zwei Seiten. Zunächst eine positive: Die Kooperation der Menschen wird durch ähnliche Denkweise gefördert. Dann aber auch eine negative: Durch Verkümmerung pluralistischer Denkansätze werden in Zukunft in dem ständigen Prozeß des trial and error, in dem nach den richtigen Lösungen gesucht wird, weniger Ansätze gefunden werden.

f) Am Ende dieses Abschnittes sei noch auf die weitreichenden Folgen der technischen Informationsspeicherung mit Hilfe der Computer hingewiesen. Schon eine mittlere Rechenanlage kann mehrere Hundert Millionen Zeichen speichern und sehr schnell zugänglich machen. 600 000 Operationen pro Sekunde sind keine Spitzenleistung mehr. Die Bibel könnte eine derartige Maschine z. B. in einer Minute durchlesen. Die Drucker am Ausgang derartiger Anlagen haben Schreibleistungen von ca. 200 Stenotypistinnen. In der ersten Phase der Technik haben Maschinen dem Menschen körperliche Arbeit abgenommen, in der zweiten, der kybernetischen Phase, werden dem Menschen jetzt auch geistige Funktionen abgenommen. Einfache geistige Funktionen kann ein Computer bereits besser als ein Mensch, da er schneller arbeitet. Damit sind wir auf dem Wege zur automatischen Fabrik. In der die Arbeit vorzugsweise im Aufbau und in der technischen Wartung immer komplizierterer Anlagen liegt.

Die Datenspeicherung in Computern ermöglicht, das ständige Wachstum des technischen und wissenschaftlichen Wissens durch übersichtliche und schnell zugängliche Dokumentation auszunutzen. Die Datenbanken erlauben, eine deutliche Steigerung der Wissensanhäufung. In der ersten Phase der Technik lieferten Maschinen große Kolonnen „technischer Sklaven" für körperliche Arbeit, in der zweiten Phase werden große Kolonnen „technischer Buchhalter und Sekretärinnen" bereit gestellt. Das exponentielle Ansteigen des Wissens kann durch die Datenbänke daher weiter gehen.

Auch auf diesem Sektor gibt es Gefahren. Behörden werden immer mehr alle über die Bevölkerung erfaßbaren Daten in Datenbanken speichern. Wir müssen achten, daß hierbei nicht ein Teil der Menschlichkeit verloren geht. Technisch ist es z.B. möglich, daß alle Bibliotheken über jeden Leser Informationen speichern über sämtliche Bücher, die er jemals gelesen hat. Hier gäbe es Gefahren, daß die politische Meinung eines Stellenkandidaten bei einem derartigen Computer erfragt wird. Andererseits werden wir aber durch derartige Datenerfassungen Aufschlüsse über Beziehungen zwischen bestimmten ungeklärten Krankheiten, wie z.B. Krebs, und Lebensgewohnheiten erhalten können. Jede technische Erfindung ist ambivalent.

3.11. G: Genetik, die Information der Evolution

a) Auf die Bedeutung der Evolution für den Menschen sind wir schon in Kapitel 2 eingegangen. Die Informationen über den Ablauf der Evolution werden in allen Lebewesen über die Gene vermittelt. Träger der Gene sind die Chromosomen. Änderungen der Normform der Lebewesen erfolgen auf zwei Wegen (*Mohr* 1963).

1. Neukombinationen von Genen bei der geschlechtlichen Vermehrung. Das Prinzip des doppelten Auftretens der Chromosomen in allen Zellen

und des einfachen Auftretens in den Geschlechtszellen, erlaubt bei einer gewissen Reaktionsbreite der Gene ständig neue Kombinationen.

2. Durch Mutationen, die u. a. chemisch, durch Temperatursteigerung oder durch Strahleneinwirkungen erfolgen können. Auf dem Wege der Selektion überlebt jeweils der Geeignetste. Die Überproduktion an Nachkommen erlaubt es, daß trotz Überwiegens schädlicher Mutationen nützliche Mutationen sich durchsetzen können (vgl. *Mohr* 1963). Neue Arten entstehen erst dann, wenn abgewandelte Teilpopulationen nicht mehr untereinander fortpflanzungsfähig sind. Durch örtliche Trennung entstehen nur Rassen verschiedener Nuancen. In dieser Richtung ist interessant, daß die menschlichen Rassen keine physiologischen Kreuzungsbarrieren haben, wohl aber zum Teil psychologische (vgl. *Mohr* 1963).

Die sehr starken Typenänderungen innerhalb der Evolution der Arten haben sich über Millionen von Generationen abgespielt. Geringe Änderungen können sich durch die Umkombination des Genmaterials über die sexuelle Vermehrung schneller ereignen. Der Übergang vom Auftreten des ersten homo errectus zum homo sapiens (Neandertaler) hat nur etwa 1 Million Jahre, also etwa 33 000 Generationen gedauert. Zwischen dem Neandertaler und dem modernen Menschen liegen nur noch etwa 3300 bis 1300 Generationen.

Die naturwissenschaftlich-technische Zeit brachte einschneidende Änderungen für die Evolution des Menschen: Positiv: die Kombinationsmöglichkeiten wurden erhöht durch die Mobilität des Menschen über den ganzen Erdball; negativ: das Selektionsprinzip wurde durch die Beherrschung der Natur und aller natürlichen Feinde weitgehend ausgeschaltet. Soweit der Mensch sich in Kriegen noch selbst Feind war, wird das Prinzip Krieg durch die modernen technischen Waffen auch weitgehend ausgeschaltet werden. Im übrigen waren Kriege ohnehin meist auch eine negative Auslese, indem den Gesunden und der Jugend eine geringere Überlebenschance gegeben wurde. Das Beispiel des Haushundes zeigt, was sich ereignen kann, wenn der natürliche Selektionsdruck ausgeschaltet wird: eine starke Vielfalt von Phänotypen vom Pekinesen bis zum Berhardiner (vgl. *Mohr* 1963).

Die ständigen „Versuche" innerhalb der Evolution nach neuen Möglichkeiten haben oft in Sackgassen geführt, in denen eine Entwicklung enden kann. Bei den Schachtelhalmen oder bei den Wirtelalgen sind z.B. etwa 10 mal soviel fossile Arten bekannt, wie überlebt haben (*Mägdefrau* 1966). Auch beim Pferd sind weitaus mehr ausgestorben als lebende Typen bekannt (*Simpson* 1967). *Lorenz* (1963) hat am Beispiel des langen Argus-Fasan-Schwanzes auf ein Beispiel aufmerksam gemacht in dem die Zuchtwahl der Balz allein im Wettbewerb der Artgenossen ohne Beziehung zur außer-artlichen Umwelt zu Nachteilen führen kann.

b) Die verschiedenen Genkombinationen bewirken, daß jedes Lebewesen ein einmaliges Individuum ist. Die hohe Verwandtschaft innerhalb einer Art (vgl. Abschnitt Bevölkerungswachstum S. 93) und die Erfahrung, daß einige Arten stark abweichende Phänotypen töten, (*Eibl-Eibesfeld*

1968) führt zu einer gewissen Vereinheitlichungstendenz innerhalb einer Art. Die Forderung der Gleichheit aller Menschen bleibt trotzdem genetisch unklar. Genetisch vererbt wird zwar zunächst nur, wie ein Lebewesen auf seine Umwelt reagiert (*Dobzhansky* 1966). Auch verschiedene Umwelterlebnisse können dann in gewissen Grenzen zu einer Variabilität führen. Durch „Anpassung" der Umwelt kann man z.B. gewisse Erbkrankheiten in ihrer Auswirkung heilen. Die Entwicklung des menschlichen Verstandes und seiner Fähigkeit ist gewiß stark durch seine Umwelt zu beeinflussen. „Was wir lernen, stammt nicht aus den Genen, sondern aus der direkten oder indirekten Verbindung mit anderen Menschen" (*Dobzhansky* 1966). Der Mensch ist in dieser Beziehung ein soziales Wesen. Die Kultur wird nicht biologisch vererbt. Darin liegt die Chance sie ständig zu verbessern, aber auch die Verantwortung Fortschritte nicht schnell zu verspielen. Jedoch gibt es beim Lernen gewisse Grenzen. Es fällt z.B. auf, daß eine überdurchschnittliche Befähigung zum künstlerischen Malen meist nur auftritt, wenn sich diese Fähigkeit schon bei Vorfahren gezeigt hat. Oder: ernsthafte Selbstmorde sind häufiger, wenn Vorfahren dazu neigten etc. Wir wissen nichts verläßliches, wo die Grenzen zwischen Ererbtem und Erlernbarem liegen. „Die Gleichheit aller Menschen ist eine soziologische, nicht eine biologische Konzeption" (*Dobzhansky* 1966). Gleichheit kann also nur heißen, gleiche Möglichkeiten einräumen, sie kann nicht gleichmachen bedeuten. Einen sozialen Status erben, heißt nicht die gleichen Gene zu erben. Ein Kastenwesen kann daher gerade die Bildung von genetisch spezifisch Begabten verhindern, durch Einengen der Variabilität die Gleichheit fördern. Bei der Gleichberechtigung der Möglichkeiten werden noch eher Begabungen gehäuft werden. Der Prozeß von „Begabten-Heiraten" wird dann Schritt für Schritt die Herausbildung spezifischer Begabungen erleichtern (*Dobzhansky* 1966). Das Prinzip der Gleichheit aller Menschen ist also viel komplizierter als Schlagwörter annehmen; Gleichheit der Heiratschancen kann gerade langsam zur Ungleichheit führen. Dies führt also zu einer größeren Variationsbreite der Phänotypen und damit auch zur Verstärkung sozialer Hierarchien (*Mohr* 1973). „Da die Menschen in hohem Maße genetisch ungleich sind und Chancengleichheit die Manifestierung dieser Ungleichheit fördert, könnte Egalisierung nur bedeuten, daß durch ungleiche Behandlung alle auf dasselbe niedrige Niveau eingestellt werden, ein wahrhaft barbarisches Projekt" (*Mohr* 1973). Die Kenntnisse der durch die Umwelt ausnutzbaren Variationsbreite des Menschen sollte uns zu möglichst optimalen Umweltbedingungen verleiten, sie sollten auch jeden anreizen durch Fleiß soviel wie er kann seine Variationsbreite auszunützen. Jedoch sollte man die genetisch bedingte Ungleichheit der Menschen nicht verschweigen. Die Wahrheit liegt in der Mitte zwischen den extremen Vorstellungen: die Umwelt allein oder die Vererbung allein bestimmen den Menschen.

c) Genetische Kenntnisse sollten nicht eingesetzt werden mit dem Ziel einer positiven Eugenik, der Züchtung von besonders wertvoll angesehenen Menschentypen. Wir wissen zunächst nicht, wie die genetische Ausstattung eines Genies sein sollte. Was ist andererseits für alle Zeiten wertvoll? Wir müssen auf eine genetische Breite achten, um auch in der Zukunft für wechselnde Lebensbedingungen anpaßbar zu bleiben. Es sind auch Fälle bekannt, in denen gemischte Gene (heterozygote) nützlich sind. Beim erbbaren Sichelzellenhömoglobin führen zwei gleiche Gene (homozygote) zu einer schweren Blutarmut, zwei verschiedene Gene schützen vor der tropischen Malaria (*Penrose* 1970). In diesem Fall hat die Malaria in Malariagebieten Selektionsvorteile für erblich belastete Menschen gebracht. Nachdem wir Herr über die Malaria geworden sind, existiert dieser Selektionsvorteil nicht mehr. Auch dieser Punkt spricht gegen Genmanipulationen, weil wir die Zukunft nicht voraussehen können. Selbst wenn unser Wissen über Möglichkeiten einer positiven Eugenik perfekt wäre, so wäre die genetisch vollkommene Gesellschaft menschlich unvollkommen. Gewiß sollten wir aber das bisherige Wissen um die Genetik mehr verbreiten. In Grenzen sollte man dagegen eine negative Eugenik treiben, die Schäden vermeidet. Bei der Eheschließung kann man in Grenzen etwas über den Typ späterer Kinder voraussehen und sollte bei der Partnerwahl daran denken.

d) Daß der Mensch aktiv in den genetischen Ablauf durch die technisierte Welt eingreift, läßt sich eindeutig zunächst an positiven Entwicklungen nachweisen. Von Jahr zu Jahr ist in der BRD das mittlere Heiratsalter gesunken (*Becker-Jürgens* 1970), andererseits hat der Rückgang der Kinderzahl durch bewußte Empfängnisverhütung dazu geführt, daß es seltener geworden ist, daß Ehepaare im späteren Alter über 35 Jahre noch Kinder haben. Die Vorverlegung des Fortpflanzungsalters hat zu einem Rückgang von Kindern mit solchen genetischen Schäden geführt, deren Häufigkeit mit wachsendem Alter der Eltern ansteigt. Es ist dies z.B. der Mongolismus, der auf einem Fehler bei der Reifeteilung mütterlicher Zellen beruht. Diese Fehlerhäufigkeit steigt mit dem Alter der Frau an (*Vogel* 1968). Andere mit dem Alter der Eltern ansteigende Chromosomenstörungen verursachen Zwergwuchs und ein Ansteigen der Bluterkrankheit (*Becker* und *Jürgens* 1970).

Negative Einflüsse hinsichtlich des Genkapitals einer Gesellschaft liegen zweifellos vor, wenn durch ärztliche Kunst heute schwer Erbkranke am Leben bis zur Fortpflanzungsfähigkeit erhalten werden, wie dies z.B. bei der sogenannten Phenylketonurie oder bei dem Rentinoblastom der Fall ist. Hier sollte Heilung und Familienberatung gekoppelt sein.

Große Probleme kann die Zuckerkrankheit der Menschheit bringen. Sie hatte offenbar ähnlich wie die Sichelzellenänemie in früheren Zeiten gewisse Selektionsvorteile. Bei der Zuckerkrankheit ist ja der Blutzuckergehalt angehoben. Bei starker Unterernährung in Hungerzeiten ist zu niedriger Blutzucker eine lebensbedrohende Folge (*Lenz* 1968). Dieser Selektionsvorteil sollte in Zukunft weniger wichtig sein. Die Diabetes Behandlung gibt den an ihr Erkrankten fast gleiche Lebenschancen mit einer Ausnahme: zuckerkranke Frauen haben erhöhte Schwierigkeiten Nachwuchs zu bekommen (*Lenz* 1969). Die Zahl der Zuckerkranken nimmt sehr stark zu. Von Schweden werden Zahlen genannt: 10 % aller Frauen und 20 %

aller Männer. Wird die zukünftige Menschheit als Ganzes zuckerkrank sein, wird sie als Ganzes an Schwierigkeiten bei Geburten leiden?

Es gibt Gewohnheiten aus denen unmerklich Änderung des Genkapitals folgen. So wirft *Wiener* (1956) die Frage auf, ob vielleicht die auffallend hohe Prozentzahl jüdischer Spitzen-Wissenschaftler damit zusammenhängen könne, daß die im Mittelalter wissenschaftlich Veranlagten bei den Christen nur die Chance hatten in einem Kloster im Zölibat ihren Neigungen nachgehen zu können, dagegen hätte es zur jüdischen Tradition gehört, daß reiche Kaufleute gerne eine Tochter mit einem Gelehrten verheirateten. Drastischer möge im Mittelalter ein Eingriff erfolgt sein, wenn man alle Menschen die widersprachen oder gar aufsässig wurden, lange Zeit einsperrte oder gar tötete. Auch die Ketzer- und Hexenprozesse, in denen viele Tausende von Menschen umkamen, mögen eine Art Selektion eingeleitet haben.

Kritischere Eingriffe müssen wir jedoch in der technischen Zeit befürchten. Wir haben nicht nur die Selektion weitgehend ausgeschaltet mit der Ausnahme der Heirat, wir erhöhen die Chancen für Mutationen durch mutagene chemische Substanzen oder über die mutationseinleitenden radioaktiven Stoffe. Ungünstig ist besonders, daß soviele Menschen diesen erhöhten Mutationsraten ausgesetzt sind. Hier sollte größte Vorsicht herrschen. Ein in weiten Gebieten eingesetztes Pflanzenschutzmittel, das sich als mutationsauslösend erweist (*Kaudewitz* 1970) kann großen Schaden verursachen. Da Mutationen meist schädlich sind, können die Vorteile der wenigen positiven Mutationen wegen der fehlenden Selektionsmechanismen für die Menschheit als Ganzes dies kaum aufwiegen. So sollte die Strahlenbelastung möglichst gering gehalten werden, zumal durch die radioaktive Verunreinigung der Atmosphäre in der Aufsummierung über die ganze Menschheit besonders hohe Schädigungsraten möglich sind.

Von verschiedenen Seiten wurde daher auch die Frage gestellt, ob Röntgenreihenuntersuchungen noch zu verantworten sind, weil hierbei ein großer Bevölkerungskreis einer nicht unbedeutenden Strahlenbelastung ausgesetzt wird. In Bayern erfolgten z.B. von 1953 bis 1960 über 5 Millionen Röntgenreihenuntersuchungen. Der Anteil an entdeckten Tuberkuloseerkrankungen lag unter einem Promille. Ein gleiches statistisches Ergebnis wurde bei den Untersuchungen an Frankfurter Studenten erhalten. (*Kaplan* 1961). *Kaplan* ist der Ansicht, daß der Schaden durch Erhöhung der Leukämieanfälligkeit und der Genschäden gegenüber dem Nutzen nicht zu vernachlässigen sei. Mindestens sollte man aus diesen Bedenken folgern, mit Wiederholungsuntersuchungen sparsam zu sein. Eine US-Amerikanische Statistik gibt für 1964 an, daß in diesem Jahr 107 Millionen Menschen ein oder mehrere Male medizinischer Röntgenuntersuchungen unterzogen wurden (*Hilleboe* 1969).

Aufmerksamkeit erfordert wohl aber ganz sicher, die Aktivierung der Forschung über genetische Schäden, die durch Chemikalien ausgelöst werden. So ist z.B. bekannt, daß unter den Arzneimitteln einige Cytostatica Mutationen auslösen können (*Vogel* 1968). Kritischer wäre es, wenn sich

Vermutungen bestätigen sollten, daß Coffein, das im Kaffee zu den Massenkonsumgütern gehört, mutagen wirkt. Kontrollarbeiten haben diesbezügliche Vermutungen nicht bestätigen können (*Vogel* 1968). Man sollte aber durchaus lernen, unsere modernen Gewohnheiten ständig auf derartige Möglichkeiten zu überwachen.

Es werden Zahlen genannt, daß heute 1 % aller Neugeborenen irgendwelche Mißbildungen aufweisen, die auf Chromosomenanomalien zurückgehen. Bei den spontanen Fehlgeburten ist dieser Anteil sogar 20 % (*Vogel* 1968). Es gibt sogar Angaben, daß 40 % aller entstehenden menschlichen Keimlinge bereits nach wenigen Tagen auf Grund von Chromosomenstörungen absterben (*Cramer* 1974). Werden auch triviale Schäden mitgezählt, gibt es Schätzungen, daß bis zu 15 % der Geburten Störungen aufweisen (*Pollock* 1971). Diese Zahlen zeigen, daß der Mensch die Genetik aufmerksam verfolgen sollte. Schäden auf diesem Sektor sind meist irrversibel.

Als Schutz vor Zunahme genetischer Schäden im Rahmen von Maßnahmen zur Empfängnisverhütung, diskutieren Genetiker die Möglichkeit, schon im Fruchtwasser im 4. Schwangerschaftsmonat genetische Schäden diagnostizieren zu können, sodaß sie notfalls zur Schwangerschaftsunterbrechung raten könnten. Neben dem Nutzen entsteht sofort eine Gefahr. Gleichzeitig kann bei derartigen und ähnlichen Verfahren (*Moore-Robinson* 1969) auch das Geschlecht des erwarteten Kindes bestimmt werden. Zweifellos werden die Schwangerschaftsunterbrechungen Schritt für Schritt erleichtert werden. Werden die Menschen der Versuchung widerstehen können, nur Kinder gewünschten Geschlechts auf die Welt zu bringen? Werden sie vernünftig genug handeln?

d) Große Probleme werden ferner durch Forschung auf uns zukommen, die Möglichkeiten von Genmanipulationen vorauszusagen. Nachdem dies an Viren und Bakterien durchgeführt ist, die Gensysteme aber chemisch sich bis zu den Säugetieren kaum unterscheiden, sind derartige Möglichkeiten in Reichweite gerückt. So wird z.B. diskutiert, die genetische Krankheit Argininämie durch Infektion mit bestimmten Viren, die normale Gene in defekte Zellen bringen, zu heilen (*Pollock* 1971). *Garnder* arbeitet daran, bei Mäusen in Keimbläschen fremde Spenderzellen zu induzieren, sodaß die Eigenschaften der Nachkommen verändert sind. Man diskutiert bereits Übertragungen dieser Möglichkeiten auf den Menschen (*Edwards* 1971). Mit der sogenannten Transduktion ist es möglich, Viren in Wirtsbakterien zu injizieren, diese nehmen genetische Informationen des Wirtes auf, die sie dann an andere Bakterien als genetische Änderung übertragen (*Kaudewitz* 1970). Daraus entstehen Denkmöglichkeiten, daß eines Tages Viren auch die genetischen Informationen des Menschen ändern (*Wendt* 1970). Man denke nur an Möglichkeiten, daß ein Narr eine derartige Kriegswaffe einsetzt und sie dann nicht stoppen kann.

Edwards (1971) berichtete ferner über erfolgreiche Versuche menschliche Eizellen in Zellkulturen erfolgreich mit Spermien zu befruchten und zu Keimlingen wachsen zu lassen. Es erscheint nicht ausgeschlossen, derartige Keimlinge in sonst unfruchtbaren Frauen austragen zu lassen.

Werden wir gar in Zukunft auf diese Weise Nachwuchs ohne Schwangerschaft „produzieren" können? Derartige Methoden dürften Eingriffe in den Genvorrat unserer Population bedeuten.

Bei Pflanzen ist es bereits gelungen, auf ungeschlechtlichem Wege aus einzelnen Zellen einer Stammzelle in geeigneten Nährlösungen ganze Pflanzen zu züchten (*Galston* 1973). Sollte dieses Klonverfahren eines Tages auch mit menschlichen Zellen durchführbar sein, so bestände die Gefahr, daß Menschen den Ehrgeiz haben, sich selbst zu reproduzieren. Das natürliche Prinzip der Evolution wäre damit ganz durchbrochen. Bei Tieren ist es schon gelungen, Zellkerne auszutauschen. Man kann daraus schliessen, daß es eines Tages möglich sein wird, in menschlichen Spermien die Zellkerne durch Kerne einer Frau auszutauschen und damit diese Frau zu befruchten. Das Kind wäre ein Abbild der Frau allein.

Schon mit der künstlichen Insemination könnte eine Gesellschaft der Zukunft ohne Ehe und mit wenigen Männern weiterbestehen, indem nur noch Spermien von Diktatoren oder von Jugendlichen verehrten Künstlerfans für Nachkommen sorgen. Selbst *Huxley* sieht in dieser Idee „die bedeutendste Errungenschaft des menschlichen Fortschritts, die bewußte Verbesserung unserer Spezies" (*Huxley* 1965). Er erkennt wenigstens große Probleme des Menschen „Das Schicksal hat ihn dazu auserkoren, für den gesamten zukünftigen Entwicklungsprozeß auf diesem Planeten verantwortlich zu sein". Ist er für diese Aufgabe genügend vorbereitet? Die Menschen haben damit schon Möglichkeiten, das natürliche Ausleseprinzip ganz auszuschalten. Ernsthafte Wissenschaftler diskutieren Möglichkeiten, Grundnahrungsmitteln empfängnisverhütende Stoffe zuzusetzen, der Staat sollte nach eingehender Prüfung Gegenmittel bzw. freie Nahrungsmittel nur an bestimmten Personengruppen abgeben. Dies ist bereits keine Utopie mehr, sondern wäre realisierbar. Wir können uns also auf den Status von Bienenvölkern begeben, in denen nur eine Königin bzw. ein König für Nachkommen sorgt. –

Auch diese Ergebnisse der Biologie erfordern wie die Atomwaffen eine weltweite Kooperation. Wie *Huxley* (1965) betont hat, genügt es, wenn ein Volk doppelt soviel Begabte (statt 1 % eben 2 %) hat, damit es andere Völker überflügelt. Technischen Fortschritt bringen ja meist nur ganz wenige. In der Rivialität der Völker liegt daher eine Gefahr, daß sie zu derartigen biologischen Möglichkeiten greifen, ähnlich wie *Einstein* den amerikanischen Präsidenten zum Bau der Atombombe riet aus Angst, *Hitler* könnte sie sonst bauen.

Der Mensch unterscheidet sich hauptsächlich dadurch vom Tier, daß die Neocortex des Gehirns im Laufe der Evolutions sich stark entwickelte. Sie ist relativ viel größer als bei anderen Säugetieren. Der Hirnforscher *Spatz* (1966) ist der Meinung, daß die Entwicklung der Neocortex noch nicht abgeschlossen sei. „Von der Vergangenheit auf die Zukunft schliessend, habe ich im Sinne einer hypothetischen Wahrscheinlichkeitsprognose den Gedanken geäußert, daß im Basalen Neocortex der Keim zu einer weiteren Evolution zu suchen sei. Aus Tatsachen der Pathologie ist zu schließen, daß dem Basalen Neocortex höchste humane Leistungen zuzuordnen sind" (*Spatz* 1966). Hoffentlich hat *Spatz* hinsichtlich der Humanität recht. Pressimisten halten dagegen das Wachstum der Neocortex im Laufe der Evolution für eine krebsartige Wucherung mit der der Mensch sich selbst zerstören wird.

Koestler (1967) diskutierte, daß in allen Organismen eine strenge Hierarchie bestehe: von den Zellen über die Organe bis zum lymbatischen Gehirn. Die unteren Organe haben eine so große Selbständigkeit wie möglich, sind aber hierarchisch gebunden so weit wie nötig. Das lymbatische Gehirn, daß alle unbewußten Funktionen steuert und Sitz der Emotionen ist, ist in seiner Funktion von Säugetieren nicht sehr verschieden.

Die Evolution des Menschen unterscheidet sich von allen anderen Tieren durch ein gesteigertes Wachstum der Neocortex, des Sitzes der rationalen Denkstrukturen. Während die Masse des limbatischen Gehirns, der Sitz aller unbewußten Funktionen und der Emotionen, bei allen Säugetieren einschließlich dem Menschen pro Gramm Körpergewicht ziemlich konstant geblieben ist. Nach *Koestler* ist nun die Neocortex neben dem limbatischen Gehirn gewachsen, zwischen beiden Zentren gibt es kaum eine Hierarchie. *Koestler* sieht hierin die Gefahr für Entgleisungen der Emotionen, z.B. in Religionskriegen etc. Das limbatische Gehirn entfesselt Emotionen zu Aktionen, die sich zwar der Funktion der Neocortex bedienen, die aber nicht von der Neocortex in Schranken gehalten werden. Die von *Koestler* diskutierten Lösungen erscheinen mehr als unbefriedigend. Die einzige bisher erprobte Koordinierung zwischen beiden Teilen der Denkstruktur erscheint mir in der Meditation gefunden worden zu sein. Hier kann der Europäer von den buddhistischen Fortschritten der Meditation lernen, um Emotionen und rationales Denken gegenseitig zu befruchten. Die Meditation und die damit verbundene Atemtechnik ist einer der wenigen Möglichkeiten, das eigene Temperament zu steuern.

3.12. H: Homo sapiens, die kulturelle Evolution

Vom Auftreten des ersten Lebens in Form von einzelligen Algen und Bakterien bis zum homo sapiens brauchte die Evolution etwa 3,5 Milliarden Jahre. Nach bisherigen Funden existiert der homo sapiens erst etwa 100 000 Jahre. Der Aufschwung der kulturellen Entwicklung begann vor etwa 10 000 Jahren. Es ist anzunehmen, daß sich die Gene des Menschen von der Steinzeit bis heute höchstens nur unwesentlich geändert haben. Die Veränderungen der menschlichen Kultur seit dieser Zeit geschah vorwiegend durch Ausnutzung der durch die Gene gegebenen Möglichkeiten (*Mohr* 1964). Der Fortschritt beruhte dabei auch noch auf neuen Schritten einzelner genialer Individuen und der Verbreitung und der anschließenden Kumulierung ihres Wissens über Generationen hinweg. Neues Wissen verbreitet sich innerhalb einer Population schnell und wird dann von Generation zu Generation weitergegeben. In diesem Sinne gibt es gewisse Parallelen zwischen den Mechanismen der genetischen und der „kulturellen Evolution". Neben der „Vererbbarkeit" von Erfahrungen gibt es für die Optimierung der kulturellen Evolution auch Selektionsmechanismen (*Lorenz* 1973). In beiden Evolutionen spielen die Selektion und nicht die rationale Planung die Hauptrolle (*Lorenz* 1973). *Lorenz* hat an Beispielen zeigen können, wie in der Kleidermode oder auch in technischen Konstruktionen - wie z.B. bei Eisenbahnwaggons - langsam durch Selektion immer bessere Lösungen gefunden werden. *Mohr* (1964) betonte allerdings einen wesentlichen Unterschied, die natürliche Evolution der Gene läuft in irreversiblen Bahnen ab, die kulturelle Evolution wird im wesentlichen durch Erziehung und Lernen weitergegeben, sie ist daher labil und kann zu reversiblen Schritten führen. In Kriegen sieht *Mohr* (1964) z.B. einen Rückfall in den kulturellen Status der Steinzeitmenschen. Die große Lernfähigkeit des Menschen beruht auf der großen Hirnkapazität und der relativ langen Jugendzeit.

Daß alle Entdeckungen und Erfindungen Allgemeingut der ganzen Menschheit werden, bringt einige Probleme mit sich, wenn die Kulturstufe zwischen Erfinder und Anwender sehr unterschiedlich ist. Der *Franck*-Report ist ein tragisches Beispiel hierfür. Der Physiker *James Franck*, ein Mitarbeiter der amerikanischen Atomwaffenherstellung im zweiten Weltkrieg, versuchte nach Fertigstellung der Bombe seine Kollegen in einer Gemeinschaftsaktion zu verbinden, die ihnen ein Mitspracherecht an der Verwendung des Produktes ihrer Arbeit sichern sollte. *Leonardo da Vinci* suchte dies Problem zu lösen, indem er seine technisch-wissenschaftlichen Aufzeichnungen in Spiegelschrift anfertigte. Zugang zu seinem Wissen hatten nur Menschen mit einer gewissen Intelligenzstufe. Dieses Verfahren dürfte aber wenig wirksam sein. Die Erfindung der Feuerwaffen spricht gegen die Beschränkung technischen Wissens auf abgeschlossene Gruppen. Sie hat die Europäer in der Kolonialzeit zur Weltherrschaft über alle anderen Völker gebracht. Die brutalen Anwender der Feuerwaffen waren sicher nur selten in der Lage, die Waffen selbst zu bauen oder gar sie sich auszudenken. Ihre Überlegenheit beruhte auf geistigen Ideen einer sehr kleinen ihnen unbekannten Gruppe. Bei der modernen technischen Entwicklung wäre eine Wiederholung dieses Vorganges unerwünscht.

Große Erfindungen beruhen oft auf kleinen Zufällen. Es wäre kein gutes Selektionsprinzip, wenn man mit Geheimhaltung die technische Überlegenheit ausnützte. Abgesehen davon kann man nach Anblick der Produkte oder auch nur nach Kenntnis ihrer Funktionsfähigkeit bei einigem technischen Wissen, die meisten Erfindungen schnell nachbauen. Die russischen Atombomben sind ein Beispiel hierfür. Schon *Ostwald* (1913) betonte, daß man technische Entdeckungen bestellen könnte, ähnlich wie man sich früher ein Paar Stiefel bestellt hätte. Es besteht nur ein Unsicherheitsfaktor, wann die Entdeckungen geliefert werden können.

Es gibt also nur einen Weg, die Motivierungen der Menschen so zu ändern, daß jedem technischen Wandel der entsprechende soziale Wandel folgt. Die neue Aufgabe wird erschwert durch die Aufteilung unserer Kultur in die Geistes- und Naturwissenschaften. Heute sollten beide sich möglichst nähern. Das wird von allen Geisteswissenschaftlern eine viel bessere naturwissenschaftliche Bildung als heute erfordern. Da dies recht zeitraubend und nur bis zu einem gewissen Grad möglich ist, müssen die Naturwissenschaftler und Techniker sich an die Aufgaben des sozialen Wandels mitbeteiligen.

Die nicht-materielle Kultur hinkte in den letzten 100 Jahren der materiellen nach („cultural lag" *Ogburn* 1964). Ursache ist das exponentielle Wachstum der materiellen Kultur. *Ogburn* schätzt, daß z.B. in dem Jahrhundert von 1000 bis 1100 n.Chr. etwa 10 wichtige Entdeckungen oder Erfindungen (*Innovationen*) stattfanden, demgegenüber im 19. Jahrhundert etwa 2000. Dies führt zu einem ständigen schnellen Kulturwechsel. Innovationen werden meist durch Arbeiten bzw. Ideen einzelner kreativer Menschen gestartet. Bedeutende Innovationen der Frühzeit waren z.B. die Erfindung des Rades, von Pfeil und Bogen etc. Charakteristisch für derartige Innovationen ist: sie werden von einzelnen gefunden, sie verbreiten sich dann über die ganze Gesellschaft aus und wandeln sie. Die Durchsetzung hängt von zwei Faktoren ab: der Nützlichkeit der Neuerung und der Aufnahmefähigkeit der betreffenden Kultur für die Neuerung (*Musto* 1969). Früher gab es Erfinder, die ihrer Zeit weit voraus waren. Technische Innovationen wachsen schneller in einer technisierten Gesellschaft. Die psychologische Mobilität der Menschen ist mit der Technisierung gestiegen (*Musto* 1969). *Lerner* (1958) bezeichnet die Fähigkeit, sich in die Situation anderer hineinzuversetzen als Empathie. Die Empathie steigt an und ist eine gewisse Voraussetzung technischen Fortschritt. Die Empathie wird offenbar durch die Massenmedien stark gefördert (*Musto* 1969).

Bedeutende moderne Innovationen waren: Dampfmaschine, Elektromotor, Kraftfahrzeug, Flugzeug, Rundfunk, Fernsehen, Kernenergie und der Computer. Sie haben die ganze Menschheit stark verändert. Zu den Innovationen kann man auch die Leistungsmotivation rechnen. Sie ist nach *Mc Clellan* (1961) eine Voraussetzung für die Industriegesellschaft (*Musto* 1969). Damit stimmt überein, daß die industrielle Revolution in den gemäßigten Breiten begann, also in Ländern, die rationell vom großen Fleiß bei der Nahrungssuche abhänigig waren. *Mc Clellan* hält die Motivierung zu unternehmerischem Verhalten zu einer weiteren Voraussetzung der Industrialisierung, diese muß in Entwicklungsländern nach *Mc Clellan* geweckt werden (*Musto* 1969).

Zu den erfolgreichsten Innovationen des homo sapiens gehört die moderne exakte Naturwissenschaft und ihre Anwendung in der Technik. Die nicht-materielle Kultur hat im letzten Jahrhundert keinen entsprechenden Höhepunkt aufweisen können. Das hat zu einigen Schwierigkeiten geführt. Eine Ursache der mangelnden Kopplung beider Kulturen war die historisch bedingte getrennte Entwicklung. Im Galilei-Urteil wurden die Naturwissenschaftler gezwungen, sich nicht mehr um Anwendung ihrer Ergebnisse auf geisteswissenschaftliche Konsequenzen zu kümmern. Die Geistenwissenschaftler haben dies offenbar als bequeme Arbeitsteilung aufgefaßt und haben die Naturwissenschaft nicht intensiv genug verfolgt. Nachteilig hat sich ein gewisser Konservativismus im Bildungssystem ausgewirkt. Es gehört zur humanistischen Bildung gewisser Kreise bis in die jüngste Zeit, damit prahlen zu können, nichts von Naturwissenschaften zu verstehen. Ein älterer Kollege pflegte oft zu sagen, „Sie brauchen zwar nicht zu wissen, wie ein Radio funktioniert, Sie müssen aber auf jeden Fall die Maitressen *Ludwigs XIV.* und alle Freundinnen *Goethes* kennen". Man konnte mit einer 1 in Deutsch und einer 5 in Mathematik die Abiturprüfung glänzend bestehen, aber nicht umgekehrt. Durch die historische Belastung verhält sich die Zahl der naturwissenschaftlichen zu den nichtnaturwissenschaftlichen Studenten in der BRD noch heute etwa wie 1:2, bereits in England soll es umgekehrt sein und ist es sicher in den Ostblockstaaten.

Zu den nicht-materiellen Innovationen gehört die Theorie von *Marx* und *Engels*. Wenn sie auch nicht von technischer Warte ausging, so wenigstens von wirtschaftlichen Aspekten. Leider sind diese Ansätze zu einer eigenen Disziplin geworden. Sie haben sich zu isoliert vom naturwissenschaftlich-technischen Weltbild entwickelt, sodaß die Naturwissenschaftler und Techniker im Neomarxismus zu viele Emotionen und nicht genug moderne Logik sehen. So ist z.B. unter dem Stichwort Sozialismus in einem politischen Handwörterbuch aus dem Jahre 1923 (*Herre*) nachzulesen: „Als sozialistische Wirtschaftsordnung .... bezeichnet man demgegenüber eine Wirtschaftsordnung, welche lediglich das sogenannte kapitalistische Eigentum .... an den modernen Produktionsmitteln ausschließt. Damit ist die sozialistische Wirtschaftsordnung aber lediglich in negativer Hinsicht bestimmt, in positiver Hinsicht, in der Hinsicht, wie die Verfügung über die Produktionsmittel unter Ausschluß des Privateigentums tatsächlich geregelt sein sollte, fehlt es an einer einheitlichen und wissenschaftlich begründeten Bestimmung und Anschauung". Dies gilt in gewisser Hinsicht, trotz einiger Versuche noch immer. Bisher war die Leistungsfähigkeit gewisser Experimente, wie etwa in Jugoslawien nicht sehr überzeugend. Rußland, wo nach vielen Fehlschlägen *Stalins* einiges gut klappt, wird aber von einigen überzeugten Sozialisten wiederum nicht mehr als sozialistisch genug anerkannt.

Marx kritisierte die Entfremdung des Menschen durch die Industrie. Während früher die Warenproduktion ausschließlich vom Familienverband ausging, trat nun eine Entfremdung ein: bei der Arbeit war man nicht zu Hause und zu Hause nicht mehr bei der Arbeit (*Meyer-Abich* 1971). Heute klagen einige Hausfrauen, wenn ihre Kinder erwachsen werden, sie seien vereinsamt und wünschen sich zurück in eine Arbeitsstelle außerhalb ihres Hauses. Auf diesem Sektor ist also in 100 Jahren ein Bewußtseinswandel eingetreten.

Cadwallader (1959) faßt die Gesellschaft als ein „selbstregulierendes offenes System" auf, daß sich über Rückkopplungsmechanismen ständig der sich verändernden Umwelt anpaßt (*Musso* 1969). Wobei die Kapazität für Neuerungen von der Menge der aufgenommenen Informationen abhängt. Als Endergebnis dieses Prozesses in unserer Zeit sieht *Krelle* (1964): „Die Menschheit wird zu einem einzigen sozialen Organismus zusammenwachsen" (vgl. *Musso* 1969).

3. 13. I: Industrie, die Grundlage des Wachstums

a) Von der Industrie gehen heute zusammen mit der Medizin die einschneidensten Innovationen aus. Dies führt zunächst zu einem Wandel in Richtung einer normativen Kultur (*Musso* 1969). Optimale Produktionsmethoden breiten sich weltweit aus, was zu einer Vereinheitlichung der Konsumwaren führt. Dieser Prozeß wird beschleunigt durch die Vorteile der Massenproduktion und der Markterleichterung durch Normen. Ähnlich wird langsam der Lebensstandard mit der Industriealisierung in verschiedenen Ländern angeglichen. Technisierung hat also auf vielen Gebieten eine Vereinheitlichung der Weltkultur zur Folge. „Dadurch, daß alle Menschen miteinander konkurrieren und einander auf derselben Weltbörse zu übervorteilen trachten, verliert die interkulturelle Selektion ihre schöpferische Wirkung" (*Lorenz* 1973).

Während in der steinzeitlichen Kultur schätzungsweise nur 1 % aller Neugeborenen das 50. Lebensjahr erreichten, waren es 1875 erst etwa 41 %. Heute erreichen in der BRD als Folge der naturwissenschaftlich-industrialisierten Kultur und der verwissenschaftlichten Medizin bereits 92,5 % aller Neugeborenen das 50. Lebensjahr (*Cordes* 1975).

b) Eine recht einschneidende Innovation war die Möglichkeit, mechanische Arbeit billiger mit Maschinen zu verrichten als mit Handarbeit. Für den Menschen ist mechanische Energie am wichtigsten. Er hat es gelernt, andere Energieformen wie chemische Energie oder Kernenergie in mechanische Energie umzuwandeln. Wobei besonders praktisch die Zwischenstufe der elektrischen Energie ist. Die ständige Verbesserung der Verfahren bei der Umwandlung chemischer Energie über Wäremeenergie in elektrische Energie hat zu einer fast vollständigen Entwertung der körperlichen Arbeit geführt. Während um die Jahrhundertwende eine Kilowattstunde Strom noch etwa dem Wert einer Arbeiterstunde entsprach, sind heute die Kosten für 1 kWh und für einige Arbeitersekunden gleich [1]. Für einen Betrieb ist es daher sinnlos geworden, körperliche Arbeit dort zu verwenden,

---

[1] Nach Angaben des statistischen Bundesamtes stiegen die durchschnittlichen Bruttoverdienste eines Arbeiters in der BRD von 1948 bis 1972 auf das 8,5fache an, bezogen auf das Jahr 1936 auf das 9,8fache. Selbst wenn man von 1948 bis 1972 eine jährliche Inflationsrate von 5 % rechnet, so wäre in dieser Zeit von 1948 bis 1972 der Lebensindex um einen Faktor 3,7 angestiegen. Die Inflationsrate dürfte für die ersten 15 Jahre mit 5 % zu hoch angesetzt sein. Selbst bei dieser ungünstigen Rechnung wäre das Realeinkommen um einen Faktor 2,3 gestiegen. Der Strompreis im Verhältnis zum Bruttosozialprodukt ist z. B. in USA von 1946 bis 1970 etwa um einen Faktor 2,5 gefallen (*Hammond* u.a. 1973).

wo dies irgendwie durch Maschinen verrichtet werden kann. Körperliche Arbeit wird nur noch in komplizierteren Arbeitsgängen eingesetzt. Ständig wird aber daran gearbeitet, auch diese maschinell durchzuführen. So ist man bereits dabei, künstliche Hände zu konstruieren (*Artobolewskij* 1971). Meist werden alle Freiheitsgrade der Hand gar nicht ausgenutzt, wie z.B. bei dem heute schon maschinell möglichen Punktschweißen in der Autofabrikation am Fließband. Die künstlichen Schweißerarme können sich dabei sogar einem variablen Fließbandtempo von selbst anpassen.

Der Einsatz der körperlichen Arbeit durch Maschinen hat zunächst einmal die Arbeitsbedingungen vieler Arbeiter erheblich verbessert. Viele Arbeiter brauchen nur noch Kontrollinstrumente zu überwachen, um bei Störungen den technischen Betriebsführer zu alamieren. Viele Arbeiter sind heute nur noch Aufseher über technische Sklaven: die Maschinen. Durch Maschinen ist die Produktivität der Landwirtschaft stark angestiegen. Am Anfang des vorigen Jahrhunderts reichte die Arbeit eines amerikanischen Farmers aus, um ihn und drei weitere Personen mit Nahrungsmittel zu versorgen: 100 Jahre später im Jahre 1940 konnte ein Farmer bereits 11 weitere Personen ernähren, heute sind es etwa 42 Personen (Geograph.Mag. 137, 1970). Über Jahrtausende waren 99 % der Menschen mit Nahrungsbeschaffungsaufgaben beschäftigt, heute sind es nur noch 30 % und in hochtechnisierten Ländern nur noch 13 bis 10 % (Vollmann 1962). Die Menschen konnten sich durch Landwirtschafsmaschinen, durch Düngemittel, durch besseres Saatgut und verbesserte Bearbeitungskenntnisse und Pflanzenschutz plötzlich anderen Aufgaben zuwenden.

Die Bedeutungslosigkeit der Körperkräfte hat aber zu einer viel tiefgreifenderen Umstrukturierung der Gesellschaft geführt. Dieser Prozeß läuft schon über einige Jahrhunderte. Es kommt nicht mehr allein wie in früheren Zeiten auf die Körperkräfte an, sondern auch auf die Intelligenz, sie zu vermeiden. Wie bei vielen Tieren war in historischen Zeiten die Körperkraft die Wertskala für die Bildung von Rangordnungen. Wenn Jugendklassen zum Klassensprecher häufig den wählen, der beim Raufen am stärksten war, so ist dies noch ein Relikt aus dieser Zeit.
Ein Relikt aus dieser Zeit war aber auch das Versagen der „Gleichberechtigung" der Frau. Die Führungsrolle des Mannes war ursprünglich offenbar durch die größere Körperkraft bedingt. Wenn heute die Frau in der Gesellschaft eine bedeutendere Rolle spielt, so sollte sie daran denken, daß sie dies indirekt der Technik verdankt. Suffragetten haben dem durch die Technik eingeleiteten Prozeß nur etwas zur schnelleren Durchsetzung verholfen.

c) Eine weitere einschneidende Innovation durch die Maschinen ist unser höherer Lebensstandard. Die Gesellschaft kann wegen der Massenproduktion und der freigewordenen landwirtschaftlichen Arbeiter mehr Waren herstellen, sodaß jeder einzelne ungleich mehr Güter erhalten kann. Das Steigen der Arbeitslöhne ist auf diese Weise primär den Maschinen zu verdanken und nicht den Gewerkschaften. Die Gewerkschaften haben nur sekundär für schnelleren Zugang des Arbeiters an die von den Maschinen geschaffenen Möglichkeiten gesorgt. Es gibt z.B. im Braunkohletagebau Maschinen, die ein Arbeitspensum erledigen, für das in Handarbeit 20 000 Arbeiter benötigt werden würden. Es ist trivial, daß dadurch der Lohn des Maschinenbedieners und der Maschinenbauer höher sein kann, als der Lohn eines früheren Hauers. Natürlich hat dies auch Übergangsschwierigkeiten gegeben. Zu Zeiten von *Marx* waren für eine Fabrik Arbeit und Kapital notwendig geworden. Die Schaffung eines modernen Fabrikarbeitsplatzes kostet nicht selten 100 000,- DM. Wegen des Bevölkerungswachstums und des Ersatzes vieler Arbeiter durch Maschinen, war oft Kapital seltener als Arbeit. Auch ist die Gewinn- und Kostenkalkulation großer Firmen dadurch undurchsichtig geworden, sodaß es relativ leicht ist, Unzufriedenheit anzuregen. Hier sollten die Unternehmer mehr Publicity treiben. Kein Unternehmer kann sich leisten weniger technische Sklaven zu haben als die Konkurrenz. Er muß also ständig von seinem Gewinn neue technische Sklaven, das heißt neue Maschinen kaufen. Gewiß hat es hierbei soziale Härten gegeben. Es erscheint aber unverständlich, warum entsprechende Kritik sich vorzugsweise gegen Großfirmen richtet. Gerade die Großfirmen sind ja weitgehend sozialisiert. Es gibt Firmen in der BRD, deren Besitz sich 200 000 bis 300 000 Aktionäre teilen. Der Einfluß dieser „Kapitalisten" ist so aufgeteilt, daß sie bisher kaum direkten Einfluß auf den Ablauf in den großen Firmen hatten. So sorgten Angestellte dafür, daß Gewinne weitgehend zu Investitionen angelegt und nicht ausgeschüttet wurden. Es gehört zu dem technischen Bildungsnotstand unserer Zeit, daß kaum jemand in der BRD weiß, wieviel ein Aktionär eigentlich verdient und daß in den letzten Jahrzehnt sein Verdienst in gleicher Größenordnung war, als wenn er sein Geld auf die Bank gebracht hätte. Natürlich sind Großaktionäre unter Umständen gefährlich, wenn sie für das Eigenleben einer technischen Fabrik nicht genügend Verständnis haben. Insbesondere müssen Aktionäre auch wissen, daß technische Produkte meist sehr kurzlebig sind. Es gibt Schätzungen, daß in einigen Firmen bis zu 6/7 der im Laufe der Jahre erzielten Mehrproduktion den Forschungs- und Entwicklungsarbeiten zu verdanken sind und nur 1/7 dem zusätzlichen Kapitaleinsatz (*Kung* 1968). In diesem Beispiel ist das Dreigespann: Arbeit, Kapital und Wissen besonders deutlich. Eine kluge Fabrik muß also einen Teil des Gewinns in firmeneigener Forschung bzw. Entwicklung investieren. In der chemischen Industrie betrug dieser Anteil 3,5 bis 5 % vom Umsatz (nicht vom Gewinn). *Churchill* soll einmal sinngemäß gesagt haben, der Kapitalismus sei ein sehr schlechtes System, jedoch das Beste, das den Menschen bisher eingefallen sei. Die Organisation der Industrie ist für die gesamte Gesellschaft lebenswichtig. Die Gesellschaft hat ein Anrecht, daß ständig an Optimierungen der Organisation und an möglichster Zufriedenheit und Kreativität der Werktätigen gearbeitet wird. Sie hat aber auch ein Anrecht, daß nicht Dilettanten mit Utopien das System durcheinander bringen. Um die Organisationsformen zu verbessern genügt nicht ein guter Wille dazu, sondern man braucht sehr viele Spezialkenntnisse. Vorschläge

für Neuerungen gehen oft von unerfahrenen Idealisten aus, während das
gegenwärtige System in vielen Punkten durch Jahrzehnte lange Erfahrung
sich auch auf die Schwächen des Menschen eingestellt hat. Wenn nur die
Großindustrie kritisiert wird und nicht die Kleinindustrie, die noch viel
stärker in privaten Händen liegt und wenn nicht gleichzeitig die viel groß-
zügigere Gewinnkalkulation des Handels kritisiert wird, so entsteht der
Verdacht, daß diese Kritik von Ländern geschürt wird, deren Großindustrie
nicht so leistungsfähig ist; daß diese Kritik also als Konkurrenzkampf geführt wird. Ein solches Verfahren kann weder im Interesse der kritisierten
Länder noch der die Kritik schürenden Länder sein, weil sie das Wissen um
echten Fortschritt emotional verschleiert.

d) „Die Franzosen haben nur den Krieg verloren, weil sie sich nicht
mehr richtig ihre Stiefel geputzt haben" dies war die einzige Belehrung,
die ein Major im Herbst 1940 einem Offiziersanwärter-Lehrgang gab. Er
lebte so in alten Traditionen, daß er nicht gemerkt hatte, daß *Hitler* den
Frankreichfeldzug durch Überrumpelung und nur durch die große technische Überlegenheit seiner Luftwaffe und seiner Panzer gewinnen konnte,
während die französische Armee zum Teil noch Panzer und Artillerie aus
dem ersten Weltkrieg einsetzen mußte. Auch der damalige Reichmarschall
Göring hatte die Zeit der Technik nicht verstanden. Von ihm wurde der
Ausspruch bekannt: „Die USA können uns nicht gefährlich werden, sie
können zwar Luxusautos und Kühlschränke bauen, aber keine Waffen".
Göring hatte wohl die Vorstellung, Waffen könnten nur besonders männ-
liche Charaktere bauen. In der *Hitler*armee hatten Techniker und Wissenschaftler nicht viel zu sagen, sie wurden vom Offizierkorps herumkomman-
diert. So wurde die Entwicklung der Radartechnik eingestellt, mit dem
dann Engländer und Amerikaner den U-Boot- und den Luftkrieg gewan-
nen. Ein besonders eindringliches Beispiel werde ich nicht vergessen: ein
junger Luftwaffen-Oberstleutnant hatte den Vorschlag gemacht, man solle
als Flugabwehr nur kleine Scheinwerfer bauen, wenn man diese schnell rotieren ließe, so wirkten sie wie große und würden Energie sparen. Ein Ingenieur, der diesen Vorschlag mit dem Hinweis, vom Energieprinzip her sei
dies unmöglich, ad adsurdum führte, wurde abgekanzelt: „Hätte ich das
Wort unmöglich jemals gekannt, wäre ich nie zu meinen militärischen Erfolgen gekommen". Es wurde entschieden, diesen Unsinn zu bauen. Leider
ist diese Haltung, technische Kenntnisse durch männliches Auftreten zu ersetzen, noch nicht ganz bei Industriemanagern ausgestorben. Ich erinnere
mich an eine industrielle Forschungsbesprechung, in der ein leitender
Manager begeistert von einer neuen Erfindung berichtete. Ein anwesender
Wissenschaftler konnte mit wenigen Worten und Erklärungen zeigen, daß
diese Erfindung nicht viel wert sei. Im Anschluß an diese Sitzung leerte
der Manager unter vier Augen vor mir seine Wut: dieser Mensch ist unmöglich, er hat zwar immer recht, aber muß er einem denn dauernd widersprechen?

Es gibt leider noch ernstere Beispiele auf höherer Ebene: im ersten
Weltkrieg nutzte der Physikochemiker und spätere Nobelpreisträger *Nernst*

sein Ansehen, um den deutschen Kaiser 1917 auf die große Wirtschaftskraft der USA hinzuweisen, die einen deutschen Sieg in einem technischen Krieg unmöglich mache. Der anwesende General *Ludendorff* wies *Nernst* mit dem Hinweis ab, man habe bessere Informationen (*Holdermann* 1953). Während *Nernst* wenigstens noch einen höflichen Dank erhielt, erhielt der Chemiker und Chef der IG-Farben-Industrie *Carl Bosch* nach einem ähnlichen Vorstoß bei *Hitler* seine Abdankung (s. *Holdermann* 1953). Die letzte Ölkrise ist besonders deswegen beunruhigend, weil sie unsere Politiker ganz unvorbereitet traf. Es war ihnen offenbar vorher ganz unbekannt, wie stark unsere Wirtschaft von den arabischen Öllieferungen abhing. Ist es nicht erschütternd, wie wenig man aus der Geschichte lernt? 1914 hatte die deutsche Führung einen großen Krieg begonnen, ohne daran zu denken, daß alle Sprengstoffherstellungen von chilenischen Stickstoffeinfuhren abhingen. Die Vorräte hätten nur für ganz kurze Zeit gereicht, wenn nicht zufällig gerade das *Haber-Bosch*-Verfahren für künstliche Düngemittel-Herstellung als Rohstofflieferant für Sprengstoffe umgestellt werden konnte.

Die Gesellschaft muß eine ausreichende technische Bildung fordern, um nicht in erhebliche Nachteile gestürzt zu werden, wie es *Hitler* als Halbgebildeter tat, dessen Mentalität ganz in der vortechnischen Zeit verankert war. Es gab sogar ernst zu nehmende Gerüchte, daß Hitler gegen Kriegsende sich von Hellsehern technisch beraten ließ. So wurde berichtet, er hätte einen Vorschlag gefördert, feindliche Kriegsschiffe mit einem okkulten Pendel zu orten.

Die Fortschritte der Naturwissenschaften und der Technik beruhen letztendlich auf der Methodik, theoretische Überlegungen durch Versuche zu kontrollieren bzw. durch Experimente den richtigen Weg für Theorien zu finden. Erste Gedanken für diese die menschliche Gesellschaft von Grund auf ändernde Methode findet man bei *Leonardo da Vinci* „denn mit Experimenten stellt man gute Regeln auf" (*Leonardo* 1452-1519). Über die Experimentiertechnik kann der Mensch sich die Weisheit der Natur aufschließen und wächst damit über sich selbst hinaus. Demgegenüber gehe die Philosophie und mehr oder weniger alle Geisteswissenschaften auf die griechische Tradition zurück. Sie beschränken sich auf reine Gedankenexperimente. Das Ziel *Comtes* war es, diese Experimentiertechnik, dem Aufbau der Wissenschaften auf die reine Erfahrung, allen geistigen Betätigungen des Menschen zu Gute kommen zu lassen. Leider wirkt dem die geisteswissenschaftliche Tradition entgegen. Ein Techniker an *Göring*s Stelle hätte einen amerikanischen und einen deutschen Panzer technisch geprüft und hätte dann Werturteile gefällt. *Göring,* ganz auf der alten Kulturstufe stehend, meint noch ein solches Urteil aus Gedanken-Konstruktionen fällen zu können.

Reformen waren vor allem von dieser Seite her notwendig, die Ideen *Comte*s sollten die Geisteswissenschaften durchdringen. Naturgemäß setzten moderne Reformen in den Geisteswissenschaften ein, weil es dort am dringendsten war. Sie konnten aber damit nicht über ihren eigenen Schatten springen. Besser wäre es, die Reformen wären von den Naturwissenschaftlern ausgegangen. So beruhen z.B. die Universitätsreformen auf reinen Gedanken-Konstruktionen, niemand der Reformer wäre auf die Idee gekommen nach *Leonardos* Vorbild erst einmal mit neuen Organisationsstrukturen zu experimentieren, ehe man sie verallgemeinert. Entsprechend waren die Folgen zum Teil katastrophal. Man kann in der modernen Zeit nicht mehr ohne die technisch-naturwissenschaftlichen Erfahrungen Fortschritte erreichen. Es wäre besser, wenn die naturwissenschaftlichen Studienplätze überfüllt wären, damit Naturwissenschaftler auch in andere Berufe eindringen. Stattdessen nehmen die geisteswissenschaftlichen Studentenzahlen viel stärker zu als die naturwissenschaftlich-technischen. Schon *Francis Bacon* wußte im 16. Jahrhundert, daß der sicherste Weg zur Erkenntnis die Beobachtung und das Experiment sind. Von Tatsache zu Tatsache sollte sich die Induktion behutsam entwickeln. *Bacon* forderte schon, daß diese Methode auch auf die Psyche, Logik, Moral und die Politik ausgedehnt werden sollte (s.*Friedell* 1927). Schon *Roger Bacon* wußte im 13. Jahrhundert „sine experientia nihil sufficienter sciri potest", ohne Experiment kann man nichts ausreichend wissen (s. *Friedell* 1927). Die Gesellschaft sollte wenigstens am Ende des 20. Jahrhunderts diese Erkenntnis in die Tat umsetzen, sonst wird sie ihre großen Probleme nicht lösen können.

e) Die technische Zeit fordert eine Umstrukturierung des Organisationsstiles. *Marx'* Idee, die Technik hänge von Kapital und Arbeit ab, ist schon lange ergänzungsbedürftig: sie hängt heute von Kapital, Arbeit und technischem Wissen ab (*Heyke* 1970). *Vogt* (1968) wies entsprechend auf die Notwendigkeit hin, daß Sozialprodukt einer Firma oder auch einer Gesellschaft als Funktion des Kapitals, des Arbeitseinsatzes und des Standes der Technik zu berechnen. Das „Gewußt-wo" ist oft wichtiger als fleißige Arbeit. Zehn schlechte Chemiker können noch nicht einen kreativ guten ersetzen. Diese Dreiteilung anstelle der überholten Zweiteilung ist noch nicht genügend bekannt geworden. Wissenschaftler und Techniker sind so mit ihren Fachaufgaben ausgefüllt, daß sich zu wenig um die gesellschaftlichen Belange ihrer Arbeit kümmern. So ist es möglich, daß ihre Leistungen viel zu wenig bekannt sind. Ich bin überzeugt, daß noch heute sehr viele Ideologen wütend werden, wenn man sie mit der obigen Behauptung konfrontiert, daß primär den Ingenieuren und nicht politischen Strömungen oder den Gewerkschaften die höheren Reallöhne der Arbeiter zu verdanken sind. Die technische Mentalität vieler Bürger ist leider noch gar nicht so weit weg von der karikierten Majorsgestalt. Auch Reform des Bildungssystems beachten dies zu wenig. Man scheut sich nicht vor Schulreformen, bei denen man zugeben muß, daß sie „z.T. auf Kosten der oberen Lerngruppen" gehen (*Söhngen* 1970/71).

Die Technik verlangt schon lange einen neuen Organisationsstil. Man kann ihn am einfachsten an dem schon erwähnten biologischen Modell von *Koestler* ableiten. Er nennt eine Zelle oder ein Organ ein Holon. Diese Wortprägung aus Holos: „ganz und on in Anlehnung an Proton, Neutron, Elektron etc." soll andeuten, daß diese Teile zunächst soweit wie möglich, ein selbständiges Ganzes sind, andererseits aber auch nur ein Teilchen einer übergeordneten Einheit, in die sie hierarchisch eingebaut sind. Auch jeder Mensch ist in diesem Sinne ein Holon. Ein selbständiges Individuum, das aber immer nur Teil einer sozialen Gruppe ist, ohne die es nicht lebe kann. Die soziale Abhängigkeit ist bei Tieren sehr groß. Selbst in diktatorischen Hierarchien wie es in Hühner- oder Affenherden vorkommt, wird es keinem Tier einfallen, die Freiheit vom Rudel einzutauschen gegen den Terror der Rangordnung. Das Nicht-Abschütteln der Rangordnung kann man beim Menschen u.a. auch an Vereinssatzungen oder an Verfassungen erkennen. Dort finden sich meist Bestimmungen über die begrenzte Wiederwahl von Vorständen bzw. von Präsidenten. Hier ist offenbar berücksichtigt, daß die Unterordnung unter die Leitung so stark ist, daß sich viele nicht davon los machen können.

Koestler (1967) versucht mit einer Parabel von den beiden Uhrmachern Bios und Mechos den Vorteil von organisatorischen Untereinheiten klar zu machen. Beide bauten Uhren, werden aber durch Kundschaftsbedienung in ihrem Laden ständig gestört, wobei die angefangene Arbeit ständig auseinander fällt. Mechos mußte jedes Mal den Bau seiner Uhren von vorn anfangen, während Bios seine Uhren in zehn Untereinheiten aufgliederte, so daß nur immer eine Untereinheit bei einer Störung zusammenfiel. Die Uhren bestanden aus 1000 Teilen, wenn durchschnittlich eine Störung nach 100 Arbeitsgängen vorkam, so brauchte Mechos für eine Uhr 4000 mal länger als Bios. Die Realisierung dieses Prinzips in der Natur haben *Wood* und *Edgar* (1970) am Wachstum von Phagen beobachtet. Nach ihrer Meinung beginnt der Aufbau parallel in mehreren „Fließbändern", die voneinander unabhängig Köpfe, Schwänze, Schwanzfäden etc. synthetisieren. Erst in späteren Schritten werden diese Einzelteile zum fertigen Virus „montiert".

Gesellschaften, die sich in organisierte Untereinheiten gliederten, hatten in der Geschichte Vorteile. Heute kann man eine solche Hierarchie aber nicht mehr nach militärischen Vorbildern aufbauen. In der Gesellschaft sind soviele Spezialisierungen notwendig, daß kaum noch ein Anführer seine Einheit ganz überblicken kann. Man braucht also möglichst viele Untereinheiten, die ähnlichwie *Koestler*'s Holon weitgehende Selbständigkeit haben.[1] Eine Unterteilung in selbständige Untereinheiten wäre das Korrektiv gewesen, mit der vom industriellen-naturwissenschaftlichen Fortschritt her, die Gesellschaft hätte umstrukturiert werden sollen. Leider hat man Reformen der Gesellschaft so weit hinausgeschoben, daß sie revolutionsartig durchgesetzt wurden mit Rätesystemen. Hierbei ist man nach Meinung vieler Wissenschaftler über das Ziel hinausgeschossen. Diese sind „Als Institution" ... „gescheitert" ... das liegt „ in der prinzipiellen Unfähigkeit der Räte, leistungsfähige Organisationsformen herauszubilden" (*Mohr* 1973). Zunächst verstößt dieses Prinzip gegen das Gebot, soviel Hierarchie wie nötig, und soviel Freiheit wie möglich, dann verbraucht es zu viel wertvolle Zeit von für die Gesellschaft wichtigen

---
[1] Nach dem Schema: so viel Freiheit wie möglich, soviel Hierarchie wie nötig.

Menschen für verwaltungsmäßige Bagatelle-Aufgaben. *Mohr* ist auch der Meinung, daß das Rätesystem gar nicht der Verhaltensreaktionsbreite des Menschen gemäß ist, sondern von einigen Utopisten erdacht sei. „Die Bildung funktionaler Hierarchien ist ein Merkmal menschlicher Populationen, das sich, als Selektionsvorteil für die Population, im Laufe der genetischen Evolution allenthalben herausgebildet hat" (*Mohr* 1973). In der Biologie wird das Alpha-Tier, das an der Spitze der Rangordnung steht, durch Körperkraft ermittelt. Die Schwierigkeit ist für den Menschen, Fehler in der Besetzung der Alpha Position zu vermeiden. Nach der Körperkraftskala hatte sich eine gewisse Altersskala eingebürgert, weil die Erfahrung in der Komplizierten Welt von großem Nutzen war. Nachdem heute das Wissen sich aber sehr schnell vermehrt, man spricht davon, daß es sich alle 7 Jahre verdopple, kann die bessere Aufnahmebereitschaft der Jugend für neues Wissen die Erfahrung der Älteren unter Umständen ersetzen. Die Technik hat also das Hierarchie System gestört.

Die Bildung der geistigen Rangordnung ist erschwert, da sie sich nur schwer für jedermann einsichtig feststellen läßt. Nur wer mehr Kenntnisse hat und wer klüger ist, kann dies deutlich merken. Dies gilt vor allem für Gebiete, in denen es nicht leicht ist, objektiv zu entscheiden, was richtig und was falsch ist. So ist ganz charakteristisch, daß die Hochschul-Revolution in der BRD in geisteswissenschaftlichen Fächern startete. Der Fehler war, daß die dort erfolgreichen Aktivisten aus geisteswissenschaftlicher Basis Reformmodelle konstruierten, die auf die Naturwissenschaften viel weniger paßten und dort einen Rückschritt bedeuteten.

Young (1961) schwebt eine „Meritokratie" vor, in der die, die Meriten, d.h. Leistung im Staat, in der Wissenschaft oder im Geistesleben hatten, führende Rollen einnehmen. *Young*, führend in der Labour Party tätig, sieht in der Demokratie - der Gleichheit aller - nur eine Übergangsform im Suchprozeß nach neuen Formen. Die Schwierigkeit, die Geburtsaristokratie, die Plutokratie des Reichtums oder das Rätesystem durch die Führung der Intelligentesten zu ersetzen, hatten wir schon oben angedeutet. *Young* diskutiert den Intelligenzquotienten als Wertmaßstab. Diese Methode dürfte aber noch zu primitiv sein. Es ist auch noch ein anderes Prinzip zu beachten: der Mensch lebt von der Anerkennung, er möchte von Stufe zu Stufe Anerkennung sehen. Als zu Beginn des neuen Führungsstils man in Fabriken dazu überging, plötzlich relativ Jüngere zu Direktoren zu ernennen, wandte ein pensionierter erfahrener Manager ein: „Man hat jetzt die Älteren verprellt, weil man ihnen demonstriert, sie seien weniger wert als Individuen aus der mittleren Generation; man hat die Jüngeren verprellt, weil jetzt für zu lange Zeit alle Stellen besetzt sind und sie keine Aufstiegschancen haben; man hat die Beförderten gestört, weil sie jetzt glauben, etwas ganz besonders Wertvolles zu sein, das wird sie überheblich machen". Von den Organisationsstrukturen unserer Industrie und Forschungslaboratorien hängt das Schicksal jeder Nation ab. Dies ist so wichtig, daß man sie sehr sorgfältig studieren sollte und auf keinen Fall Reformen am grünen Tisch im großen Maßstab ohne praktische Erfahrung einführen darf. Die

Wohlstandsgesellschaft ist uns nicht von selbst in den Schoß gefallen. Sie beruht im Wesentlichen auf dem Fleiß der Kriegsgeneration, die glücklich war, als sie aus der Sinnlosigkeit des Krieges nach Hause kam, daß sie an wichtigen Aufgaben arbeiten konnte. Sie besaß eine unerwartete Motivation zum Fleiß und harter Arbeit.

Die bei vielen Tierarten beobachtbare Gewohnheit, daß aus der Norm zu stark herausgefallene Individuen - z.B. Farbe - getötet werden, gab es auch bei Menschen. Ihrer Zeit weit überlegene Geister, wie Äsop, Sokrates und auch Christus wurden umgebracht. Gerade von aus der Norm herausfallenden Genies sind aber wissenschaftlich-technische Innovationen zu erwarten.

f) Technische Arbeit ist meist Gemeinschaftsarbeit. So strebt die industrielle Arbeit auf ihrem Sektor in die Richtung eines kooperativen Lebensstiles. Die Industrie hat ihren Aufschwung durch naturwissenschaftliche Hilfsmittel erhalten. Es besteht heute aber eine enge Rückkopplung zwischen Naturwissenschaft und Technik. Indem nun die Technik der Naturwissenschaft neuartige Werkzeuge liefert (Großbeschleuniger, Elektronik, Vakuumtechnik, Werkstoffe etc). Ein rückgekoppeltes System kann sich bei richtiger Bedienung zu immer stärkeren Schwingungen aufschaukeln. Der Ersatz der manuellen mechanischen Arbeit durch Maschinen hat zur Industrialisierung der Gesellschaft geführt und dazu, daß die Grundbedürfnisse des Menschen essen, trinken, kleiden, wohnen, wärmen und arbeiten für jedermann in einer industrialisierten Gesellschaft befriedigt werden können. Computer können heute aber auch einfache geistige Arbeit dem Menschen abnehmen, sie sind ihm dabei sogar hinsichtlich Schnelligkeit überlegen. Wir stehen jedoch erst in den ersten Anfängen der Computer-Technik. *Steinbuch* diskutiert, ob Computer eines Tages selbst lernen können, *Weisskopf* (1974) hält es für nicht ausgeschlossen, daß eines Tages Computer dem menschlichen Gehirn immer näher kommen. Intensiv wird an einer ständigen Verkleinerung der Computer gearbeitet. *Kuhn* (1970) entwarf Modelle für Computerelemente in molekularen Dimensionen. Es gibt jetzt schon Taschencomputer mit Rechenprogrammen. Man diskutiert Utopien von elektrischen Ankopplungen der Computer an das Gehirn. Maschinen, die dem Menschen rein mechanische körperliche Arbeit abnahmen, haben unsere ganze Gesellschaft revolutionierend verändert. Man kann erwarten, daß Computer, die mehr und mehr geistige Funktionen übernehmen, die Gesellschaft nicht weniger revolutionierend verändern werden. Die Maschinentechnik hat den Menschen vor allem eine Steigerung der physischen Macht gegeben und ihm mehr Freiräume für geistige Betätigung gegeben. Wir wollen hoffen, daß wenn die Computer dem Menschen eine große Steigerung der geistigen Macht bringen, er diese logisch anwenden wird und daß er die hierdurch zu gewinnenden Freiräume für die Entwicklung der richtigen Wertmaßstäbe rechtzeitig nutzen wird.

g) Eine wichtige Funktion der Industrie ist heute die Arbeitsplatzbeschaffung. Sie gibt vielen Menschen die Chance durch eigene Arbeit für die Gesellschaft etwas zu tun und damit ein Anrecht zu erwerben an den von den Gliedern der Gesellschaft und von unseren Vorfahren erarbeiteten kulturellen und materiellen Güter teilzuhaben. Es mag interessant sein, anhand einer amerikanischen Statistik die relative Aufteilung der Erwerbstätigen auf einzelne Industriezweige zu überblicken (*Connor* u.a. 1967).

Nahrungsmittel	240 000
Textil	2 300 000
Bauholz (incl.Sperrholz u.Spanplatten)	2 15 000
Konsumgüter (Möbel,Haushaltsgeräte,Spielwaren)	530 000
Papier	290 000
Verpackungsmaterialien (incl.Container)	230 000
Druck (Zeitungen, Zeitschriften, Bücher, gewerbl. Druck)	970 000
Chemikalien (incl.Pharmazeutika, Kosmetika, Kunststoffe, Düngemittel,Farben)	944 000
Gummi und Leder (Reifen, Schuhe)	325 000
Metalle (Aluminium,Eisen,Stahl,Kupfer, Magnesium, Zink)	1 050 000
Landwirtschaftl. Maschinen	133 000
Maschinenbau	130 000

Leider fehlen Angaben über das Bauwesen, die Elektroindustrie und die Autoindustrie. Der Anteil der Autoindustrie an der Beschäftigtenzahl wird im allgemeinen mit etwa 10 % von der Gesamtzahl angegeben.

3.14. J: Ja zum Leben — Wir brauchen Kulturoptimismus

,,Die optimistische Weltanschauung stellt das Sein höher als das Nichts. Sie bejaht das Leben als etwas an sich Wertvolles" (*A.Schweitzer*, zitiert nach *Pestemer* 1966). Die großen Probleme unserer Zeit der Umstellung auf eine neue Epoche können nur gelöst werden, wenn wir zu dieser Entwicklung Ja sagen. Wenn wir optimistisch an die Bewältigung herangehen. Wir dürfen nie vergessen, daß wir nicht mehr zurück können, wir können nicht mehr ohne Technik leben. Ob wir wollen oder nicht, so müssen wir zur Technik Ja sagen und müssen zusammen mit den Technikern die Probleme meistern. Es ist bedenklich, wenn heute primär vernünftige Ideen zu einer Agression gegen die Technik ausarten. Man kann derartige Ideen nur noch zusammen mit den Technikern lösen und nicht gegen sie. Nur die Techniker haben die spezifizierten Kenntnisse um Schwierigkeiten zu lösen. Sie haben so viele schwierige Fragen erfolgreich bewältigt, daß sie auch die neuen Probleme lösen könnten, die durch das exponentielle Wachstum von Bevölkerung und Konsum in wenigen Jahren entstanden sind. Eines steht mindestens fest: wenn jemand diese Probleme lösen kann, so sind sie es.

Das schließt nicht aus, daß aus anderen Bereichen Anregungen für neue Gesichtspunkte kommen. Nur erfordert es die logische Welt der Techniker, daß man derartige Anregungen möglichst logisch diskutiert, wenn man Erfolg haben will. *Albert Schweitzers* Vorstellung, daß die Ehrfurcht vor dem Leben zum Wertmaßstab werden sollte, daß Leben erhalten und fördern gut, Leben vernichten oder hemmen böse ist, bringt oft Vorwürfe gegen die Industrie, sie diene nicht genügend dem Leben. Gewiß ist die Industrie nicht immer Pflanzen und Tieren lebensfreundlich gegenüber. Man kann in unserer Zeit aber nichts anderes tun, als ambivalente Werte gegeneinander abzuwägen. Doch sollte man sich stets bemühen, eben nur dort Leben zu vernichten, wo damit wesentlicheres Leben gefördert wird. Leben vernichten sollte nur dann geschehen, wenn dem Leben an wichtiger erscheinender Stelle gedient wird. Damit wird jeder Verbraucher technischer Güter und jeder Esser an das Wort von *Angelus Silesius* (1624-1677) erinnert: „Werde wesentlich". „Wir aber vergessen, daß jeder Tag ein unersetzlicher Teil des Lebens ist" (*Schopenhauer* 1788-1860).

3.15. K: Katastrophen, werden sie die Menschen zur Kooperation bringen?

a) Wir haben im Vertrauen auf unsere naturwissenschaftlichen Kenntnisse und auf die Hilfsmöglichkeiten der Technik im allgemeinen fast alle Ängste vor Katastrophen verloren. In vergangenen Jahrhunderten waren z.B. die dichtgebauten Städte nie sicher vor einem totalen Abbrennen. Derartige Gefahren haben die Menschen zur Zusammenarbeit gebracht. Wenn heute manche Kreise mit unserer Gesellschaft unzufrieden sind und eigenbrötlerisch obskure Wege gehen, so neigt man zu der Frage, ob es ihnen vielleicht zu gut geht und nur Gefahren Menschen zur echten Kooperation bringen können.

Man sollte daran denken, daß die Menschheit noch nicht ganz frei ist, daß große Katastrophen auf sie zukommen. Aus Untersuchungen der magnetischen Eigenschaften vulkanischer Gesteine folgern Geophysiker, daß der Erdmagnetismus mit Perioden von 500 000 bis 1 Million Jahren seine Richtung umkehrt. Der jetzige Nordpol existiert erst seit etwa 700 000 Jahren. Eine Umkehr der Richtung des Erdmagnetfeldes hat stattgefunden vor 900 000, vor 1,9 Millionen und vor 2,4 Millionen Jahren (*Behrmann* 1966).

Vor 2,4 Millionen Jahren existierte der homo erectus noch nicht. Die letzte Feldumkehr fällt etwa in die Zeit, aus der die ersten Werkzeugfunde des homo erectus stammen; nach der Zeit der letzten Feldumkehr lernte der homo erectus mit dem Feuer umzugehen.

Zwischen der Richtungsumkehr des Erdfeldes gibt es jedes Mal eine Zeit von etwa 10 000 Jahren ohne Magnetfeld. Diese Zeit ist für alle Lebewesen kritisch, weil das Erdmagnetfeld das Eindringen der aus dem Weltall auf uns treffenden Höhenstrahlung weitgehend abschirmt. In den Zeiten ohne Magnetfeld ist die energiereiche Höhenstrahlung auf der Erdoberfläche sehr stark und gibt dort in Lebewesen Anlaß zu erhöhten Mutationsraten. Gegenwärtig nimmt das Erdfeld ab. Man schätzt, daß in 2000 Jahren das Erdfeld durch die Nullphase geht. Es wäre in dieser Zeit eine hohe Mutationsrate zu erwarten. Dies kann bei der künstlichen Umwelt des Menschen ohne Selektionsmechanismen zu einer Katastrophe ausarten.

b) Die ganze Zivilisation hängt sehr stark vom Klima ab. Wir wissen, daß es starke Klimaänderungen auf der Erde gegeben hat. Man denke an die großen Eiszeiten, deren Ursachen noch nicht ganz geklärt sind. Es gibt z.B. Theorien, daß Wolken kosmischen Staubes zwischen Erde und Sonne getreten sind. Über die atmosphärischen Temperaturen gibt es aus jüngster Zeit Aufzeichnungen, die bis etwa 1680 zurückgehen (*Lamb* 1974). Mit Schwankungen zeigt sich für England seit dieser Zeit bis heute eine Tendenz zu wärmeren Lufttemperaturen (*Lamb*). Es gab immer wieder sehr kalte Winter, so z.B. in den Jahren 1431, 1690 oder 1739. Luftdruckmessungen gibt es aus verschiedenen Teilen der Erde seit etwa 1800. Hieraus folgt, daß die Luftzirkulation seit 1800 ständig zugenommen hat, um in jüngster Vergangenheit wieder abzunehmen (*Lamb* 1974). Da das Wettergeschehen von einer Wirbelbildung in der Atmosphäre begleitet ist sind Theorien über das Wettergeschehen über lange Zeiten schwierig.

Bei der Zunahme des Energieverbrauchs sind örtliche Klimaänderungen durch die Gradienten zwischen Städten und Landgebieten zu erwarten.

Sintflutsagen sind nicht nur in der Bibel aufgezeichnet, sondern auch aus Keilschriftfunden bei Mossul im Trigistal vom Irak bekannt (*Lorenz* 1971). Wegen der unterschiedlichen Dichte von Eis und Wasser ist berechenbar, daß eine große Flut durch Steigen des Meerwasserspiegels bei Abschmelzen der Polareiskappen entstehen kann. Auf den Eiskappen beobachtet man z.Zt. ein ständiges Ansteigen der Staubniederschläge. Auf einem Kaukasus-Gletscher ist z.B. seit 1922 ein Ansteigen der Staubniederschläge um das 25-fache gemessen worden (*Korte* u.a. 1970). Große Staubniederschläge könnten in ferner Zukunft den Reflexions- und Absorptionskoeffizienten auf dem Eis ändern, so daß Rückwirkungen auf das Klima bei Änderungen der Sonnenreflexion oder durch Abschmelzen des Eises denkbar sind. Das ukrainische Akademie-Mitglied *Dobrow* (1974) meint, daß das Aufschmelzen des gesamten antarktischen Eises oder die Umleitung des warmen Golfstromes, der das Klima weiter europäischer Bereiche entscheiden beeinflußt, heute bereits ,,praktisch durchführbare Projekte" seien.

c) Eine Zunahme vulkanischer Tätigkeiten könnten mittlere Katastrophen mit einer Zunahme der Erdbeben bringen. Örtliche Katastrophen löst mitunter der Mensch aus. So treten in der Nähe großer künstlicher Stauseen leicht Erdbeben auf, weil der Boden das schwere Gewicht der großen Wassermengen nicht aushält (*Steinert* 1968). Das Wassergewicht großer Stauseen beträgt bis zu tausend Millionen Tonnen. Derartig künstlich erzeugte Erdbeben sind bisher am Koyna-Staudamm südöstlich von Bombay, am Colorado-River, am Kariba-Damm des Sambesi und auch bei Montegrad in Frankreich aufgetreten (*Steinert* 1968, *Spiegel* 1969).

Es ist sehr zu hoffen, daß der Mensch durch Langzeitwirkungen von Chemikalien keine Katastrophen auslöst. Als solche kann man das Geschehen für die Betroffenen bei der Itai-Itai Krankheit bezeichnen. Diese Krankheit verursacht eine Ausschwemmung des Calciums aus den Knochen und führt zu einem Schrumpfen des Knochengerüstes bis zu 30 cm. Es wird verursacht durch Cadmiumsulfat, das z.b. in einigen japanischen Dörfern in Spuren aus Abraumhalden eines stillgelegten Zinkbergwerkes aufgenommen wurde. Die Inkubationszeit bis zum Auftreten der Folgen betrug hierbei 10 bis 30 Jahre (*Korte* u.a. 1970). Wir müssen sehr darauf achten, daß wir nicht durch veränderte Lebensgewohnheiten auf lange Zeit Spätschäden in großen Massen erzeugen. Von USA wurde z.B. ein Fall gemeldet, daß bei einer Polio-Impfung das Impfserum mit krebserregenden Viren verunreinigt war. Hiermit sind viele Millionen geimpft worden. Kurzzeitschäden sind nicht beobachtet worden. Man hofft, daß nicht etwa nach Jahrzehnten vermehrt Krebsleiden hierdurch induziert auftreten. Die Inkubationszeit für Krebs kann Jahrzehnte betragen. Polio-Impfviren, mit denen viele Millionen geimpft werden, sind meist nur an einer einzigen Stelle mutiert. Der verstorbene Virusforscher *Schramm* äußerte mir gegenüber einmal, es sei ihm unheimlich, ob bei dieser großen Verbreitung von Viren über große Teile der Menschheit nicht eines Tages Rückmutationen in größerem Maße vorkommen können. Er meinte, man sollte sich wenigstens mit zweifacher Mutation mehr rückversichern. Vor Überraschungen derartig großer Verbreitung von Viren hoffen wir zwar sicher zu sein, es gab aber auf vielen Gebieten schon Überraschungen.

Es werden Zahlen genannt, daß aus Autoabgasen jährlich 500 000 Tonnen Blei letztendlich in die Ozeane der nördlichen Halbkugel landen (200 000 t mit dem Flußwasser, 275 000 t über Niederschläge). Könnten nicht eines Tages Mikroorganismen aus „günstigen" Bedingungen in Massen entstehen, die diese Bleimengen in den biologischen Kreislauf bedrohlich einschleusen? Ein solcher Gedanke ist unwahrscheinlich, aber keiner kann ihn ganz ausschließen.

d) Zu den neuen Lebensbedingungen gehören die elektrischen Wechselfelder der Rundfunk- und Fernsehsender, denen die ganze Menschheit ausgesetzt ist. *Wever* 1974 berichtete kürzlich über deutliche Änderungen des Aktivitätsrytmus an Menschen und Vögeln bei relativ schwachen Wechselfeldern von 10 Hertz. Die direkten biologischen Einflüsse von Wechselfeldern scheinen nicht groß zu sein (*Glaser* 1968). Erst bei sehr hohen Feldstärken sind an Pflanzen Enzymschäden beobachtet worden (*Murr* 1965). Wir wissen aber sehr wenig über die Gehirnfunktion. Wir können daher auch nicht ausschließen nach den Beobachtungen von *Wever*, daß elektrische Wechselfelder auf die geistigen Tätigkeiten wirken. Von einem bedeutenden Physiker gibt es die Geschichte, er hätte sich eine Bezirkskarte bei der Eisenbahn gekauft; wenn er sich auf wichtige Arbeiten konzentrieren wollte, hätte er sich in die Eisenbahn gesetzt. Die Waggons sind bekanntlich gegen elektrische Felder weitgehend abgeschirmte *Faraday*-Käfige.

Am gewagtesten scheint mir der Massenversuch mit der Anti-Baby-Pille an Millionen Frauen. Niemand kann voraussagen, ob diese nicht über Jahrzehnte hinweg Spätfolgen erzeugen. Da der Hormontyp bei Tieren ganz ähnlich ist, wurde auch kürzlich diskutiert, ob die Folgeprodukte der Anti-Baby-Pille in den Urinausscheidungen bei ungeklärten Abwässern nicht auch in der Tierwelt noch Folgen haben können. Derartige Produkte, die die Masse gierig aufnimmt, erfordern hohe Verantwortung der Ausgeber.

Wie schwierig Prüfverfahren von neuen Produkten sind, zeigt ein kleines Beispiel. Als es noch keine nahtlosen Damenstrümpfe gab, machte die Mode aus der Not in einer Saison eine Tugend und färbte die Strumpfnähte schwarz. Hierzu wurde von einer Firma ein langjährig bewährter Farbstoff verkauft. Plötzlich gab es Reklamationen. Bei der direkten Hautberührung mit derartigen Färbungen traten bei einigen Frauen, aber nur während der Menstruationstage, Hautschäden auf.

Vester (1973) berichtete von einem Fall von Spätfolgen in der nächsten Generation. Es seien an jungen Frauen gehäufte Scheidenkarzinome aufgetreten, wenn ihre Mütter während der Schwangerschaft mit Stilboestryrol behandelt worden sind. Ein Beispiel für eine dramatische Wirkung kleinster Chemikaliendosen ist die Umwandlungsmöglichkeit des mexikanischen Wasserlurches Axolotl von einem Wassertier zum Landtier durch kleine Gaben eines Schilddrüsenhormons. Das Axolotl verliert dabei seinen breiten Schwanz, verkümmert die Kiemen und bildet kräftige Füße aus (*Vester* 1973). Dieses Beispiel erinnert daran, daß genetische Informationen letztendlich chemische Informationen sind.

Vester (1973) macht auch darauf aufmerksam, daß *Neumann*s (1973) Beruhigung, man könne aus Beobachtungen von Nebenwirkungen einer Chemikalienbehandlung bei Tieren noch nicht unbedingt auf den Menschen schließen, auch umzudrehen sei: man könne dann auch nicht von Unbedenklichkeitstest an Tieren mit Sicherheit auf Unbedenklichkeit für den Menschen schließen.

Man muß sich auch immer lauter fragen, ob die Militärs sich eigentlich schon einmal Gedanken gemacht haben, wie stark bei einem Atomkrieg, für den sie auf beiden Seiten doch gerüstet haben, die radioaktive Verseuchung der Atmosphäre sein wird.

Nachdem die wenigen Bombenversuche doch schon deutlich meßbare Verunreinigungen auf den ganzen Erdhalbkugeln brachten und von sehr großen Bombenvorräten berichtet wird, scheint diese Frage mehr als berechtigt. Aus einer russischen Quelle entnehme ich die Angabe, daß die in verschiedenen Ländern bereitstehenden Waffen umgerechnet auf die Erdbevölkerung eine Sprengstoffkapazität pro Einwohner von 80 Tonnen Trinitrotoluoläquivalenten entsprechen! (*Dobrov* 1974). Das Beispiel, daß der gründliche deutsche Generalstab bei Ausbruch des ersten Weltkrieges nicht einmal an Rohstoffvorräte für die Sprengstoffherstellung gedacht hatte, macht unsicher, ob die heutigen Generalstäbe wirklich klüger sind.

Bei den Emotionen großer Kriege kann sehr schnell jede rationale Verantwortung in ein Nichts aufgelöst werden. Die ganze Menschheit muß bei den großen technischen Möglichkeiten ständig mitdenken, daß wir in keine große Katastrophe stürzen. Nicht erst Katastrophen, sondern die Vorsorge davor, sollte die Menschheit zu einer bewußten Schicksalsgemeinschaft machen.

3.16. L: Lärm — Der Mensch nirgends mehr allein?

Bei dichter Besiedlung ist der Lärm ein Faktor der zum Gemeinschaftsdenken führen sollte. Es kann einfach nicht jeder Lärm machen, so wie es ihm beliebt. Auch die Ruhe sollte zum Privateigentum jedes Wohnungsbesitzers gehören. Die deutsche Rechtssprechung hat sich der Technik soweit angepaßt, daß sie Lärm dann für strafbar hält, wenn eine rechtfertigende Veranlassung fehlt (Oberlandesgericht München AZ neg 8st 182/70). Was ist Rechtfertigung? Ist es gerechtfertigt, daß wenige Reisende Geschwindigkeitsvorteile haben in einem Überschallflugzeug, wenn ihr „Überschallteppich" in einer Breite von 150 km auf 20 km Höhe alle Lebewesen stört? (*Schütze* 1971). Oder ist es zu rechtfertigen, daß ein einzelnes Motorboot nur zum Vergnügen von 2, 3 oder 4 Personen Hunderte von Erholungssuchenden aufschreckt? Wie steht es mit einem laut ratternden Schneekettenmotorad, das Tausende von erholungssuchenden Skifahrern stört? Man kann in den beiden letzten Fällen nicht der Industrie die Schuld in die Schuhe schieben. Es ist Aufgabe der industriellen Konstrukteure Motorboote und auch Schneehang sichere Fahrzeuge zu bauen. Ein Motorboot kann für die Lebensrettungsgesellschaft oder für die Feuerschutz-Polizei von großem Nutzen sein. Ob diese Erfindungen nur zum Nutzen oder auch zur Störung der Gesellschaft verwandt werden, muß die organisierte Gesellschaft entscheiden.

Die Medizin weiß von Gesundheitsstörungen bei extremen Lautstärken. Wie bei allen körperlichen Belastungen ist sie noch nicht in der Lage Dauerschäden kleinerer Dosis über längere Zeiten zu verfolgen. Dies sollte Anlaß zur Vermeidung unnötigen Lärms geben. Selbst wenn auch keine direkten körperlichen oder nervlichen Schäden auftreten, so sollte es genügen, wenn durch Lärm die Kreativität oder die Konzentrationsfähigkeit vieler Menschen gestört wird. Man sollte bei der Lärmvermeidung anfangen mit der Kooperationsbereitschaft zu seinem Mitmenschen ernst zu machen.

Hinsichtlich Lärmverhütung ist wohl mindestens bei einigen Menschen eine Motivierungsänderung notwendig, daß die Ruhe zum Besitz des Nachbarn gehört. Dies zeigt deutlich, die folgende Anektode aus der Zeit der ersten Dampfmaschinen: Als *James Watt* seine Maschinentechnik soweit verbessert hatte, daß er den Lärmpegel erniedrigen konnte, reiste er bei seinen Kunden herum und baute in deren Maschinen diese Verbesserung ein. Einige Maschinenbesitzer wurden aber sehr böse, *Watt* mußte die

Lärmverminderer wieder beseitigen. Sie schlossen offenbar aus dem Lärm auf die Kraft der Maschine.

3.17. M: Medizin, Gesundheit und Gesellschaft

a) Die schwere Krankheit des ehemaligen US Präsidenten Nixon nach seiner persönlichen beruflichen Niederlage war für jedermann Gelegenheit, die enge Kopplung der Gesundheit des Menschen mit seiner Umgebung zu beobachten. - Ein Arzt in einer Industriestadt berichtete mir einmal scherzhaft, daß er gerade eine Statistik über einen neuen Grippevirus anfertige. Dieser Virus würde streng die Berufe der Menschen erkennen. Der Krankenbefall sei umgekehrt proportional zur Selbständigkeit der Betroffenen. An diesem Beispiel des fallenden Krankenstandes mit steigender Selbständigkeit des Arbeitsplatzes kann man deutlich zeigen, wie vorsichtig man bei der Interpretation von Statistiken sein muß. Nach einer anderen Statistik steigt nämlich die mittlere wöchentliche Arbeitszeit ebenso mit der Selbständigkeit an: Arbeiter 41,9 Wochenstunden, Angestellte 42,9, mithelfende Familienangehörige 44,4 und Selbständige 56,8 (FAZ 17.1.75 Nr. 14, S. 10). Aus dem einfachen Vergleich beider Statistiken könnte jemand folgern, daß Arbeit vor Kranksein immun mache. Während wohl beides die Bereitschaft zu längerer Arbeit und die Vermeidung der Krankmeldung auf eine gemeinsame Ursache, die erhöhte Arbeitsfreude zurückgehen.

Anhand einer Statistik der Todesnachrichten in Firmenzeitungen habe ich einmal das interessante Ergebnis erhalten, daß kurz nach der Pensionierung die Sterblichkeit stark ansteigt. Unter den Pensionären, die einige Pensionsjahre erst einmal überwunden haben, tritt dann eine neue *Gauß*verteilungskurve auf mit einem Maximum in relativ hohem Alter. Die Medizin kann derartige Beobachtungen statistisch noch genauer belegen, so sollte der Krankenstand in den Betrieben in ähnlich strukturierten Ländern eigentlich ähnlich sein. Beobachtet wird aber in der BRD ein Krankenstand in Betrieben von 6 % der Belegschaft, in USA von etwa 4 % und in der Schweiz ein noch tieferer Prozentsatz (*Schaefer* 1968). Eine Firma in USA, die nur Körperbehinderte beschäftigt, also Menschen mit starken Gesundheitsschäden, meldet dagegen einen mittleren Krankenstand von 1,5 % (*Schaefer* 1968).

In der Bundesrepublik werden Zahlen von jährlich etwa 2000 Selbstmördern genannt (*Spiegel* 1968). Diese Zahl ist in der Größenordnung der jährlichen Verkehrstoten. Von den Verkehrsproblemen sprechen viele, von den Selbstmorden nur wenige. Dazu kommt, daß man rechnet etwa 1 % der Bevölkerung der BRD - das entspricht 500 000 Menschen - hat Anlagen zu endogenen Depressionen (*Spiegel* 1968). Ein Teil davon beruht auf erblichen Schäden des Gehirnstoffwechsels. Am Auslösen schwerer Depressionen sind meist Anlässe der Umwelt beteiligt. Ein Faktor aller dieser Beobachtungen ist die soziale Anhängigkeit des gesundheitlichen Status der

Menschen. Psychoanalytiker wissen dies schon seit langem. Von der auffallenden Beoabachtung, daß geschiedene Frauen und Witwen in erhöhtem Maße an Menstruationsstörungen leiden, ist es nicht weit zu dem berühmten *Hawthorne*-Experiment. Bei diesem wurde gesucht, unter welchen Arbeitsbedingungen die Arbeitsleistung von Arbeiterinnen, die mit Routine-Arbeiten beschäftigt waren, am höchsten sind. Das Ergebnis zeigte, daß die Produktivität bei allen beliebigen Variationen der Arbeitsbedingungen stieg, weil die Arbeiterinnen glücklich waren, daß man sich für ihre Arbeit interessierte.

Arbeitsfreude und in hohem Maße Verantwortlichkeit erhöhen offenbar zunächst die körperliche Widerstandfähigkeit gegen Krankheiten und die Bereitschaft Unpäßlichkeiten hinzunehmen. In Zahlen faßbar werden die Unterschiede im Gesundheitsverhalten zwischen Berufsgruppen auch bei betrieblichen Altersversorgungen, die nur auf einige Berufsgruppen beschränkt sind. Alle Alters-Versicherungen müssen vom Gesetzgeber her sich nach den von der Sozialversicherung erarbeiteten Erfahrungsrichtsätzen orientieren. Bei einigen privaten betrieblichen Altersversorgungen entstehen aber große Kapitalansammlungen, weil Frühpensionierung viel seltener sind, als bei der allgemeinen Sozialversicherung.

Aus diesen Krankheitsbeobachtungen wird besonders deutlich, daß der Mensch mehr als er meist selbst wahr haben will, ein soziales Wesen ist. Hieraus ist die Verantwortlichkeit jedes einzelnen für seine Mitmenschen abzuleiten, dies gilt sowohl für den Vorgesetzten, als auch für den Untergebenen, als genau so natürlich auch für gleichberechtigt zusammen Lebende.

Die Berufspflicht riß einen alternden *Adenauer* mit und ließ seinen Körper vergessen, daß er alt wurde. Ähnlich ist die Produktivität jedes einzelnen von der Anerkennung seiner Umgebung abhängig. Eine besondere Schwäche unserer Gesellschaft ist das Desinteresse an den Alten. Früher waren sie in der Familie irgendwie noch mit kleinen Pflichten aktiv tätig. Heute existieren die Alten oft für ihre Angehörigen nicht mehr. „Wie würden wir uns freuen, wenn uns unser Sohn zu Weihnachten einmal besucht, eine Weihnachtskarte oder auch einmal ein Weihnachtspäckchen gibt uns doch dafür keinen Ersatz". Wer hat ähnliche Bemerkungen nicht schon einmal gehört? Bei Witwern soll die Todeswahrscheinlichkeit nach Verwitwerung um 40 % ansteigen.

b) In den beruflichen Krankenstatistiken steckt natürlich zu einem Teil auch Drückebergerei. Die Krankheit kostet nichts mehr für die meisten. Ein Teil von ihnen nutzt dies aus und „feiert" krank. Das Versicherungswesen verteilt das Risiko auf eine Gruppe. Der einzelne ist aber der Gruppe verantwortlich, daß er sie nur im wirklichen Schadensfall in Anspruch nimmt. Darauf hat jedes Gruppenmitglied ein Recht. Zum - hoffentlich geringen - Teil liegt dies auch an nicht genügend verantwortungsbewußten Ärzten. Ein Kollege berichtete mir einmal, er hätte sich im Dienst am Finger verletzt und um schnell weiter arbeiten zu können, der Einfachheit halber den Werksarzt aufgesucht. Dieser habe ihn verbunden, in seiner Betriebskluft offenbar für einen Arbeiter gehalten und ihn dann mit der

Bemerkung überrascht „damit kann ich dich höchstens vier Tage krank schreiben".

Die Gemeinschaft kann nur gesund bleiben, wenn Versicherungs-Mitglieder sich als echte Risikogemeinschaft fühlen. Den Idealmenschen, den einige Sozialisierungsfanatiker vor Augen haben, gibt es aber nicht. Man muß die menschlichen Schwächen mit einem eigenen Risiko-Anteil bekämpfen. Wenn z.B. legalisierte Abtreibungen von den Krankenkassen bezahlt werden müssen, so können diese dies nur mit Beitragserhöhungen für alle Mitglieder bezahlen. Ist dies sozial? Würden nicht viele Paare vorher verantwortungsvoller planen, wenn sie an den Kosten selbst mittragen müßten? Damit soll nicht etwa ausgeschlossen werden, daß in sozialen Härtefällen geholfen wird.

c) Die Gemeinschaft trägt in sozial organisierten Staaten über Versicherungen oder über staatliches Gesundheitswesen gemeinsam die Kosten für Krankheiten. Schon von diesem Gesichtspunkt - aber auch von dem eines erhöhten Sozialproduktes - sollte die Gesellschaft mehr propagieren, daß jeder selbst etwas für seine Gesunderhaltung tun sollte. Der Arzt oder Krankenhausbesuch ähnelt für viele Menschen heute dem Besuch ihrer Kraftfahrzeug-Reparaturwerkstätte. Man „liefert" seinen Körper beim Arzt ab, er soll die Schäden wieder reparieren. „Sie können es sich aussuchen, entweder kommen sie alle Viertel Jahr zu mir in Behandlung oder sie gehen jede Woche einmal schwimmen", mit diesem Rezept überraschte mich eines Tages mein Arzt, bei dem ich wegen Bandscheiben-Beschwerden in Behandlung war. Im Rahmen der Industrialisierung und allgemeinen Mechanisierung vergessen wir zu leicht, daß der menschliche Körper nicht allein als Geisteswesen existieren kann. Selbst die geistige Funktionen hängen von den Körperfunktionen ab. Vor allem kann ein untrainierter Körper eben viel leichter krank werden. So war z.B. das Gehen mit dem periodischen Heben und Senken des Körperschwerpunktes eine rhytmische Massage der Leber und der Verdauungsorgane. Die Wirbelsäule wird offenbar zum Teil von den sie umgebenden Muskeln fixiert. Wenn wir diese Muskeln nicht mehr betätigen, so verkümmern diese und Bandscheibenschäden sind letztendlich die Folge. Wir müssen in Zukunft immer mehr daran denken, daß der Ausspruch „der Mensch eine Maschine" nicht stimmt. Während eine Maschine geschont wird, wenn man sie nicht benutzt, verkümmern lebendige Teile, wenn sie nicht oder nur wenig benutzt werden. Dieses Bewußtsein müssen wir mit dem Fortschreiten der Bequemlichkeit der Industrialisierung wieder wecken. Eine Fahrstuhlbenutzung für weniger als drei Etagen ist nicht nur eine Energieverschwendung, sondern verhindert den Benutzer an einem willkommenen Herztraining. „Gesundheit, eine Sache einer privaten Askese" (*Schaefer* 1968). Die Gesundheit von Morgen ist also mit einer gewissen Askese von Heute verbunden. Dies gilt für den einzelnen wie für die Gesellschaft. Wir müssen darauf achten, daß ein gewisser Opfersinn zur vorbeugenden Verhütung von Krankheiten erhalten bleibt. Viele Menschen brauchen hierzu einen materiellen Anreiz, so ist in Zukunft sehr zu überlegen, ob ab einem gewissen Einkommen wirklich eine 100 %ige Versicherung von Krankheitskosten vernünftig ist. Krankheit sollte etwas an persönlichem Risiko behalten, mindestens in den vielen Bagatelle-Fällen. Jeder menschliche Körper braucht eine gewisse Betätigung. Wer diese beruflich nicht hat, sollte sie nicht allein durch „sportliche Betätigung" als Zuschauer auf dem Fußfallfeld oder vor dem Fernsehschirm nachholen. „Gesundheit fordern in ihren Gebeten die Menschen von den Göttern; daß sie aber die Macht darüber in sich selbst haben, wissen sie nicht" (*Demokrit*).

Durch Erhöhung der naturwissenschaftlichen Bildung sollten die Patienten skeptischer werden im Medikamenten-Verbrauch, wenn er nicht unbedingt notwendig ist. An der Contergan-Katastrophe war nicht nur das Medikament schuld, sondern in einigen Fällen auch die Sucht schon bei Kleinigkeiten zu Pillen greifen zu müssen. Viele Präparate haben nicht nur die eine gewünschte Wirkung, sondern auch Nebenwirkungen, die kein Arzt überblicken kann, weil sie nicht direkt sichtbar krank machen. Man muß auch wissen, daß Kombinationen von Medikamenten unerwartete Wirkungen haben können.Bei der Vielzahl von Arzneimitteln kann man kaum alle denkbaren Kombinationen ausreichend erproben. Bedenklich erscheint das starke Ansteigen des Gebrauchs psychotroper Drogen. Für 1970 wird geschätzt, daß allein in USA 200 Millionen derartiger Drogen verordnet wurden (*Schipperges* 1975). Folgen auf geistige Funktionen sind wohl noch weniger erforscht und überblickbar als auf körperliche. Wobei zu beobachten ist, daß die Ursachen des Gebrauchs derartiger Drogen oft in der Umgebung liegen. Man spricht daher auch von „sozialen Drogen" (*Schipperges* 1975). Die Chemie kann kaum eine intakte Kooperation der Menschen ersetzen.

d) Die Entwicklung der Medizin wird in Zukunft mehr und mehr neue Probleme aufwerfen. Zunächst wird es immer schwieriger, dem ständig zunehmenden medizinischen Wissen zu folgen. Es entsteht also mehr und mehr die Gefahr, daß Menschen krank bleiben oder gar sterben, weil der behandelnde Arzt den neuesten Stand der betreffenden Krankheit nicht kennt. Hier wird wohl in Zukunft nur ein großes Computerzentrum helfen können, dem der Arzt ihm unerklärliche Krankheitssymptome meldet und das dann die Therapie rückmeldet. Hierbei hat die Gesellschaft zu garantieren, daß die Schweigepflicht des Arztes an Dritte nicht verletzt wird. Mit naturwissenschaftlich-technischen Hilfsmitteln wird die Genauigkeit ärztlicher Diagnosen stark erhöht. Die Ausbeute dieser Möglichkeiten könnte noch weiter gesteigert werden durch Ansteigen der Bildung der Patienten, sodaß sie die Behandlung mitdenkend verfolgen können. Die große Zahl von modernen medizinischen Kenntnissen kann nur voll bei einem Mitdenken der Patienten ausgenutzt werden, indem man z.B. eine einmal festgestellte Allergie gegen Penicillin angibt, indem man bei einer wegen einer Auslandsreise notwendigen Pockenimpfung angibt, daß ein noch ungeimpfter Säugling daheim ist etc.

Eine Gefahr für wachsende Ungleichheit entsteht bei kostspieligen neuartigen Behandlungsmethoden, die so teuer sind, daß sie mindestens vorläufig nicht allen Patienten zu Gute kommen können. Künstliche Nieren, aber auch Organtransplantationen gehören dazu. Es gibt z.B. auf der Welt 400 000 Fälle chronischen Nierenversagens pro Jahr, die ohne künstliche Niere oder ohne Nierentransplantation tötlich verlaufen (*Hamburger* 1974) Wird die Gesellschaft für so viele Menschen einen sehr aufwendigen medizinischen Apparat unterhalten können? Wer entscheidet, wer derartig kostspielige Behandlungen erhält? Oder wird die Gesellschaft sich letztendlich aus sozialer Gerechtigkeit dazu entschließen, derartige Methoden ganz einzustellen?

Schon heute sind wohl die wichtigsten Abwehrwaffen in der Hand des Arztes, die Antibiotika und die Röntgenmethoden. Die Zukunft der Medizin wird immer mehr durch naturwissenschaftliche und technische Hilfsmittel, auch in der Diagnose, gekennzeichnet sein. Leider setzt sich dieses Bewußtsein zu langsam durch. So gibt es z.B. erst an wenigen deutschen Hochschulen volle Professuren für klinische Chemie.

Sofern Organtransplantationen im großen Stil nicht an den Kosten scheitern, können andere Probleme aufkommen. Es ist in naher Zukunft nicht abzusehen, ob man mit den Immunproblemen dabei fertig werden wird. Bekanntlich werden überpflanzte fremde Gewebe meist durch Immunreaktionen nach kürzerer oder längerer Zeit wieder abgestoßen; es sei denn Spender und Patient haben ähnliche Immunsysteme. Diese Chance würde ein großangelegtes Informationszentrum für potentielle Organspender und deren „Kunden" voraussetzen. So etwas gibt es bereits für Holland, Norddeutschland und Dänemark. Potentielle Spender werden dort registriert und ihr Tod ist dem Informationszentrum sofort zu melden. Probleme die hier entstehen können: wird ein Arzt einen potentiellen Spender genau so intensiv zu retten versuchen wie früher, auch wenn er weiß, daß in der Nähe ein Freund gerade von diesem Totkranken ein Organ brauchen kann? Wie verhindert man, daß ein Großkapitalist, der ein Organ dringend braucht sich Informationen kauft, wer als Spender in Frage käme und dann gegen Geld diesen in einen „Unfall" verwickeln läßt.

Gespendete Organe haben um so mehr Heilungs-Aussicht, je frischer sie sind. Dem kommt entgegen, daß man heute vom Tod nicht erst nach Herzstillstand sprechen möchte, sondern nach Aussetzen gewisser Gehirnströme. Es gibt Mediziner, die bereits auch das noch vorverlegen möchten. Sie wollen mit einiger Sicherheit an bestimmten Hirnstromeigenschaften ablesen können, daß der Hirntod demnächst eintreten wird. Kann man schon in diesem Fall ein Organ entnehmen? Ich würde hier ein entschiedenes Nein antworten. Man hüte sich derartige Grenzen zu verwischen.

Gewiß haben die Fortschritte der Medizin wesentlich zur Übervölkerung beigetragen. Die anti-wissenschaftliche Bewegung, die einige Kreise heute am liebsten manche Entwicklung wieder zurückdrehen wollen, ist aber auf keinen Fall eine Lösung. „Im Gegenteil, was wir wahrscheinlich brauchen, ist noch erheblich mehr Forschung, Information und Nachdenken, um mit den vor uns liegenden Schwierigkeiten fertig zu werden" (*Hamburger* 1974). Genau wie die Übervölkerung durch die Hygiene und Heilkunst durch medizinisch gefundene Empfängnisverhütung gedämpft werden kann, so wollen wir es für viele andere Probleme hoffen. Der Arzt der Zukunft wird mehr und mehr von chemischen und physikalischen Analysen Methoden umgeben sein und wird so die Grenzen zwischen diesen drei Wissenschaftsdisziplinen verwischen helfen.

e) Wir erwähnten bereits, daß das akuteste Problem der Umwelthygiene die Früherkennung von Schäden von Verunreinigungen der Nahrung, der Atemluft, des Trinkwassers oder von neuartigen Lebensgewohnheiten ist. Die Probleme der Umwelthygiene beruhen letztendlich von dieser Warte aus darauf, daß der Fortschritt der medizinischen Kenntnisse nicht Schritt gehalten hat mit dem Fortschritt der chemischen, physikalischen und technischen Kenntnisse. Die Gesellschaft sollte viele Anstrengungen unternehmen, um dies schnell nachzuholen. Die meisten Mediziner sind um die Pflege der Kranken besorgt, wir brauchen Mediziner in der Zukunft, die sich um die *Gesunden* kümmern. Wir müssen die Körperfunktionen so weit studieren, daß wir die „Pufferkapazität" für Belastungen kennen lernen und möglichst früh Störungen und Gefahren dieser Puffersysteme messen können. Von diesem Standpunkt ist der numerus clausus in der Medizin bedauerlich, während er gleichzeitig in den Fächern, die ohnehin für die Gesellschaft schon weiter gekommen sind, von geringerer Bedeutung ist. In Italien gibt es die schöne Einrichtung eines Istituto di Sanita in Rom. Dieses große vom Staat finanzierte Forschungszentrum sollte Vorbild für viele Staaten sein und sollte auch Italien verleiten, diesen guten Ansatz noch auszubauen.

Die Hochschullehrer der Medizin sind mit den beiden Aufgaben: Krankenversorgung und Lehre meist so ausgelastet, daß die eigentliche Forschung zu kurz kommt. Es ist besonders bedauerlich, daß die deutsche forschende Medizin so wenig internationale Anerkennung hat. Ein mir gut bekannter Pharmakologe überraschte mich eines Tages mit der Meinung „deutsche Literatur brauche ich nicht mehr zu lesen, das ist Zeitvergeudung". Daß seit über 30 Jahren kein Nobelpreis für Medizin nach Deutschland fiel für klinische Forschung, mit Ausnahme des Falles *Forßmann,* sollte eine so bedeutende Industrie-Nation wie die BRD beunruhigen. *Forßmann* erhielt seinen Nobelpreis zudem noch für eine zeitlich weit zurückliegende Arbeit. Er selbst wurde auch aus der Forschung gedrängt, bevor er den Preis erhielt.

In den Folgen brauchen wir wieder eine Universitas der Fortschritte der Wissenschaftsdisziplinen. Es geht nicht an, daß man die Technik und die Naturwissenschaften so weit treibt und nicht genug tut, um die notwendigen medizinischen Kenntnisse nachzuziehen. Die Umwelthygiene steht und fällt mit der Forschung auf dem Gebiet der medizinischen Früherkennung von Schäden! Eine Wurzel für das Nachhinken der medizinischen Forschung ist die Tatsache, daß die staatliche Bezahlung für Mediziner, die sich rein der Forschung widmen, so ungleich geringer ist als das, was sie als praktizierende Ärzte verdienen würden. Von den USA hörte ich, daß dort ein gewisser Ausgleich gemacht würde.

Im Contergan-Prozeß sagte der Arzt *H.Jung,* der als Gutachter für Contergan tätig war, zu seiner Verteidigung dem Staatsanwalt: ,,Sie sind, glaube ich, der Auffassung, die Medizin sei eine exakte Wissenschaft. Da liegen Sie völlig falsch. Man muß als Arzt sehr vieles auf Grund von Erfahrung und Intuition entscheiden". Hier liegen zweifellos noch viele Aufgaben für junge Mediziner.

3.18. N: Nationalismus und Internationalismus

Die soziale Entwicklung der menschlichen Gesellschaft führte im Laufe der Jahrtausende zu immer größeren gesellschaftlichen Einheiten. Die Menschen schlossen sich zu Familien, dann zu Großfamilien, Stämmen, Dörfern, Städten, Fürstentümer und schließlich zu Nationen zusammen. Die Verhaltensforschung lehrt uns, daß die Revierverteidigung besonders hart gegen Artgenossen geführt wird. Der Artgenosse ist der größte Konkurrent. Ähnlich war die soziale Organisation der Menschen meist mit einer harten Verteidigung der Einheiten gegen Nachbareinheiten verbunden. In dieser ,,sozialen Evolution" konnten sich auf die Dauer nur die durchsetzen, die sich zu sozialen Einheiten organisieren konnten. Dieser Gesichtspunkt wird leider in den Geschichtsbüchern zu wenig deutlich gemacht. *Alexander der Große* oder die römischen Feldherrn siegten nicht nur, weil sie tapfere Krieger waren, sondern weil sie eben in der sozialen Organisation von grösseren Gruppen ihren Nachbarn überlegen waren.

Die zur Zeit als größte Einheiten vorhandenen Nationen sind meist durch Sprachgrenzen gekennzeichnet. Auch hier bleibt die Erfahrung der Verhaltensforschung, daß gemeinsame äußere Merkmale Gruppenbildungen begünstigen. In der modernen Zeit werden die früher scharfen Nationalitätsgrenzen weitgehend verwischt. Moderne Verkehrsmittel, Massenmedien, die Übernahme optimaler Produktionsmethoden, erleichterte Sprachverständigung, Fremdarbeiterwesen, Welthandel etc. führen zu einer ständig zunehmenden Verbindung der Nationen. Die Atomwaffenentwicklung hat zudem politisch eine Bildung größerer Blöcke gefördert. Es ist auffallend, daß die gegenwärtigen Blöcke weitgehend durch Religionsgrenzen definierbar sind: der westliche Block (Christen), die sozialistischen Staaten (Atheisten), der arabische Block (Mohammedaner) und die dritte Welt.

Die Bedrohung durch die ABC-Waffen, die Probleme der Energieversorgung, der Wirtschaft, der Umwelthygiene und die Bevölkerungszunahme sind Probleme, die nur weltweit lösbar sind. Wir entwickeln uns also langsam aber sicher zu einer einheitlichen Weltkultur. Die Bedeutung der Ländergrenzen nimmt entsprechend laufend ab. Die moderne Waffentechnik hat den früher vielleicht als Selektionsmaßstab gesunden Konkurrenzkampf der sozialen Gruppen gegeneinander unmöglich gemacht. Nationalismus mit seinen Gefahren emotionaler Entgleisungen zum Haß gegen

Nachbarn können wir uns heute nicht mehr leisten. Nationalitätsgrenzen sollten in Zukunft reduziert werden auf die Bedeutung von Familiengrenzen innerhalb einer Stadtgemeinschaft. Wir müssen in Zukunft unbedingt mehr die Gemeinsamkeiten der Nationalitäten als die Unterschiede in den Vordergrund rücken. Dieser Prozeß ist mit Schwierigkeiten verbunden. Das Gruppenzugehörigkeitsgefühl hat sich im Laufe der sozialen Evolution als wesentlicher Faktor des Menschen heraus selektiert. Die Tatsache, daß innerhalb der Geschichte es möglich war, diesen „Nationalismus" auf immer größere Verbände auszudehnen, gibt jedoch Hoffnung, daß der Mensch in dieser Richtung flexibel ist. Die große Schwierigkeit besteht darin, daß bei der sozialen Selektion wesentlich zur Methodik gehörte, die Entfesselung der Aggression durch Feindbilder und die Kennzeichnung der sozialen Gruppen durch gemeinsame Merkmale. Zu den gemeinsamen Merkmalen gehörte auch die Erziehung.

In dieser Beziehung erhält die Naturwissenschaft und Technik eine neuartige Aufgabe. Sie ist wohl die erste kulturelle Aktivität des Menschen, die weltweit ein sehr ähnliches Ausbildungssystem entwickelt hat. Naturwissenschaftler aller Länder werden mit sehr ähnlichen Methoden ausgebildet. Da der Beruf den Menschen stark formt, gibt es auf diese Weise eine internationale Keimbildung von Menschen, die ähnlich denken. Während z.B. meine Schwägerin, die lange mit ihrer Familie in Japan in kaufmännischen Kreisen lebte, klagte, daß es sehr schwierig sei mit Japanern in Kontakt zu kommen, erhalte ich mehrmals im Jahr Besuch japanischer Wissenschaftler. Ich habe hierbei selten das Gefühl fremden Menschen gegenüber zu sitzen. Die japanischen Kollegen erscheinen mir oft verwandter als viele Menschen meiner eigenen Nationalität.

Die Naturwissenschaftler haben ein internationales Gemeinsamkeitsgefühl ausgebildet. Ihre Erkenntnisse halten sie für Eigentum der internationalen wissenschaftlichen Gemeinschaft. Es wäre schön, wenn dies zu einem Keim für ein Fortschreiten der internationalen Kooperation werden könnte. Die Naturwissenschaft „als ein übernationales, kollaboratives Bestreben der ganzen Menschheit, in dem alle Beteiligten, ungeachtet der Nationalität und der Herkunft, dieselbe wissenschaftliche Sprache sprechen. Die Wissenschaft ist daher eines der wesentlichen Elemente, die die Menschen zusammenbringt, sie ist eine wesentliche Stütze des Weltgedankens der Menschheit" (*Weisskopf* 1974). Ich erinnere mich noch an das für mich aufregende Erlebnis meines ersten Besuches eines internationalen Kongresses 1951 in Basel und damit auch an meinen ersten Auslandsbesuch. Wie ich als junger Mann sehr erstaunt war, daß man den meisten Menschen nicht ihre Nationalität ansehen konnte und wie unsinnig daher Pauschal-Urteile über Nationen sind. In dieser Richtung hat der internationale Massentourismus eine friedensbildende Funktion.

Wie notwendig die internationale Kooperation ist, zeigt das Beispiel Walfang. Hier wetteiferten die Nationen bisher miteinander ein möglichst großen Anteil an den Fangbeuten zu ergattern. Dies hat zu einer drastischen Reduzierung des Walbestandes geführt. Viele fürchten ein langsames Aussterben dieser Meeressäugetiere. Sinngemäß hat sich eine internationale Walkommission gebildet, um einen Plan zur Verhinderung des Aussterbens der Wale aufzustellen. Die Studien hierzu waren aber sehr langwierig. Schließlich kam es 1959 zu einem Vorschlag der Experten. Die Entscheidung hierüber wurde 13 Jahre hinausgeschoben. Bei der entscheidenden Abstimmung fehlte dann aber eine einzige Stimme zur Annahme des Agreements (*Hamburger* 1974). Hier fehlt es an einer stärkeren Entwicklung des Gefühles internationaler Kooperation und des Zurückdrängens nationaler Egoismen. Eine Bestätigung für die Aussage, daß Naturwissenschaft und Technik den Prozeß der Internationalisierung begünstigen, gibt die Geschichte der internationalen Organisationen (*Senghaas-Knobloch* 1969).

Anfang des vorigen Jahrhunderts gab es zwei Haager Konferenzen über internationales Recht des zwischenstaatlichen Verkehrs. Erfolgreich waren dann 1821 die Einrichtungen verschiedener internationaler Flußkommissionen zur Erleichterung der Navigation und des Verkehrs. Es folgte 1868 die internationale Union für Fernmeldewesen, 1874 der Weltpostverein. Parallel hierzu wurden internationale Gesundheitsorganisationen gegründet: 1864 das Rote Kreuz, 1907 das internationale Büro für Gesundheit. Die Zahl der internationalen Organisationen ist seither stark angestiegen. Bezeichnend für diese Entwicklung war, daß offenbar die Klärung von technisch-naturwissenschaftlichen und medizinischen Sachfragen einfacher ist als politische Einigungen. Als z.B. 1952 das europäische Kernforschungszentrum CERN gegründet wurde, berichtete ein Schweizer Gründungsmitglied, der Physiker Prof. *Scherrer,* daß hierbei sowohl Naturwissenschaftler als Diplomaten beteiligt waren. Die Diplomaten hatten sich auf monatelange Verhandlungen eingerichtet und waren überaus erstaunt, daß die Physiker sich in wenigen Tagen vollkommen geeinigt hatten. Entsprechend dieser Entwicklung sind an der Gesamtzahl internationaler Organisationen staatliche Organisationen nur mit etwa 10 % vertreten, wobei ihr prozentualer Anteil eine leicht fallende Tendenz aufweist (*Senghaas-Knobloch* 1969). Die Hauptanteile an den über 2000 internationalen nichtstaatlichen Organisationen haben: Geschäfts- und Berufsverbände, Handel und Industrieverbände, Gesundheit und Medizin, Naturwissenschaften usw. Dazu kommen etwa noch 3000 internationale Geschäftsorganisationen. Ähnlich wie für Naturwissenschaften und Technik war Europa das Zentrum für den Internationalisierungsprozeß der Verbände. Von den staatlichen Zugehörigkeiten bei den internationalen Verbänden nehmen europäische Staaten etwa 50 % ein. Naturwissenschaft und Technik haben also mit „funktionalistischen" internationalen Verbänden eine Stabilisierung des Weltfriedens eingeleitet. Friedensforscher sehen im Internationalisierungsprozeß einen wichtigen Faktor der Friedenssicherung. 1933 gab *David Mitrany* in London ein programmatisches Buch heraus „International Government". 1942 folgte *Oscar Newfang* mit einem Buch „World Government". Dieser Wege des langsam aber stetigen Internationalisierungsprozesses auf dem Wege des Funktionalismus erscheint auch der stabilere und angenehmere. Gegen eine primär von Politikern ersonnene Weltregierung ist die Befürchtung erhoben worden, daß hierbei eine internationale Diktatur entstehen könne, aus der man sich nicht einmal durch Emigration retten könne (vgl. *Senghaas-Knobloch* 1969).

Ein wesentlich stabilisierendes Element der Weltpolitik hat offenbar auch der durch moderne technische Mittel und den erhöhten Lebensstandard ermöglichte Massentourismus. Es wäre eine interessante Frage, ob die unsinnige Politik *Hitlers* anders gelaufen wäre, wenn in seinem Kabinett nicht soviele Männer gesessen hätten, die noch nie fremde Länder bereist hatten. Eindrucksvoll ist in diesem Zusammenhang ein Bericht bei *R. Jungk* (in: „Heller als Tausend Sonnen"), daß bei der Diskussion über den Abwurfsort der ersten Atombombe auch die historische Stadt Kyoto genannt wurde. Von den hierbei zugelassenen Wissenschaftlern hatte einer schon Kyoto besucht und hatte dort Bekannte. Er soll daher gegen die Realisierung, diese Stadt zu wählen, erfolgreich eingetreten sein.

Ein primär nur von Politikern erdachter Internationalismus hätte auch den Nachteil, daß er ja nur auf der Basis einer allgemeinen Bewußtseinsbildung stabil werden könnte. Naturwissenschaft und Technik haben das Verdienst diesen Bewußtseinsprozeß schon vor einer internationalen Politik eingeleitet zu haben. Auch sozialistische Länder, die diesem funktionalen Internationalismus politische Widerstände entgegensetzen, sollten sich diesem möglichst bald anschließen. Der Kommunismus war schließlich einer der ersten, der mit dem Motto „Proletarier aller Länder vereinigt Euch" einen notwendigen Internationalisierungsprozeß erkannt hatte. Wenn ein internationaler Weltstaat dann freilich durch Klassen entzweit werden würde, wäre dies sicher nicht die beste Lösung. Man sollte dieses Motto daher im Zeichen der Technisierung und Verwissenschaftlichung der Welt besser abändern in „Menschen aller Länder vereinigt Euch". Für die Naturwissenschaftler, Techniker und Mediziner ist dies fachlich eigentlich schon geschehen. Es wäre wünschenswert, wenn dies auch für andere Fakultäten bald gelten würde. Andererseits haben wir in unseren Ausführungen schon mehrmals gezeigt, daß aus mannigfachen Gründen intensiver an der Auflösung der Fächergrenzen gearbeitet werden sollte. Aus beiden Gründen könnte man daher auch den Wunsch aussprechen: „Wissenschaftler aller Fächer vereinigt Euch!"

3.19. Ö: Ökologie – Lebewesen aller Arten vereinigt euch!

Physik und Chemie haben ihre Erfolge letztendlich der Tatsache zuzuschreiben, daß sie das Geschehen der unbelebten Natur als Summation differentieller Effekte in atomaren Dimensionen auffaßten. Wobei die Wissenschaft sich stark auf die Untersuchung der schwer zugänglichen Vorgänge im Atomaren konzentriert hat. Die Erfolge dieser beiden Wissenschaften mögen auch auf die Biologie ausgestrahlt haben, sodaß auch die Biologie bis vor relativ kurzer Zeit vorwiegend die individuellen Lebewesen als elementare „Bausteine" untersucht hat. Die moderne Biologie hat dagegen mehr und mehr gelernt, daß in der Natur die Lebewesen der verschiedensten Gattungen eine Lebensgemeinschaft, ein Ökosystem, bilden, in dem jeder auf den anderen angewiesen ist. Zu diesem Ökosystem gehört auch der Lebensraum mit seinen Rohstoffen. Der junge Zweig der Biologie, die Ökologie, versucht, die Kenntnisse vieler Spezialgebiete der Naturwissenschaft zu einer Wissenschaft von der Natur zu vereinen.

Wie wenig sich der Mensch bisher in die Grundprinzipien der Ökosysteme eindenken konnte und wie sehr er viel zu überbetont zu einer individualistischen Betrachtungsweise neigt, zeigt der in Kap. 2.5. gegebene Bericht über die Alligatoren im Nationalpark Everglades in Florida.

Am frühesten konnte man die relativ übersichtlichen Ökosysteme abgeschlossener Seen studieren. Dieser Zweig der Ökologie wird Limnologie (he limne = der See) genannt. In einem See gibt es bestimmte Nährstoffvorräte, die in einem gesunden Ökosystem ähnlich wie Zahlungsmittel immer wieder einen Kreisprozeß durchlaufen. In einer Nahrungskette gibt es wieder eine Remineralisation der absterbenden Organismen. Im natürlichen Gleichgewicht kann das lebensspendende Licht bis auf den Boden der Gewässer dringen. Organismen und Licht treten im gesamten System bis zum Boden auf. Reichert sich aber der Nährstoffgehalt zu sehr an, so häufen sich die tierischen und pflanzlichen Kleinorganismen (das Phyto- und Zooplankton) an der Oberfläche so an, daß das Licht nicht mehr tief eindringen kann (vgl. Schwabe 1970). In tieferen Schichten fehlt damit Sauerstoff. Mikroorganismen können Abgestorbenes nicht mehr dem Kreislauf zurückführen. Stattdessen beginnt am Boden ein Gärprozeß im Faulschlamm, der schließlich ein ganzes Gewässer zum „Umkippen" bringen kann; das natürliche Ökosystem ist gestört.

Bedrohlich sind für ein Überangebot in Gewässern die stark phosphathaltigen Abwässer der modernen Waschmittel. Phospat ist in vielen Gewässern der Engpaß für die Ernährung von Kleinlebewesen. Zum Phosphatgehalt der Gewässer tragen auch noch Erosionseffekte mit Phosphat gedüngten Äcker hinzu. Man rechnet, daß etwa 1 % der Phosphatdünger in die Gewässer gelangen. Bei den Großproduktionen an Düngemitteln sind dies große Mengen. Im Bodensee, Zürichsee und Genfersee stiegen Phospat- und Stickstoffgehalt in den letzten Jahrzehnten exponentiell mit höherem Exponenten als die Bevölkerungszahl an (*Elster* 1968).

Der Mensch sollte acht geben, daß er aus unserem Planeten nicht eine riesige Werkstatt macht (*Egli* 1969). Er ist für die ihn umgebenden Ökosysteme mitverantwortlich. Zum Ökosystem gehört natürlich auch das örtliche Klima. Dieses ist von der Vegetation abhängig. So wurde z.B. im Hunsrück beobachtet, daß nach dem Kahlschlag eines 20 ha großen Buchenwaldes die Niederschlagsmenge um 20 bis 35 % zurückging und die Windintensität um etwa 40 % gesteigert wurde (*Egli* 1969). Bei Neuenburg/Rhein bis zum Süd-Schwarzwaldrand ist infolge menschlicher Eingriffe in das Bewässerungssystem der Grundwasserspiegel um etwa 4 Meter gesunken (*Egil*). Der Holzertrag der Wälder ist daher stark gesunken und zahlreiche Quellen versiegt. Der Fischbestand ist oft ein Indiz für die Gesundheit eines Gewässers, da die Fische bis auf Raubvögel ziemlich am Ende der Nahrungskette liegen. Während vor 50 Jahren noch im Rhein pro Jahr ca. 150 000 Salme gefangen wurden, ist der Bestand fast ganz zurückgegangen.

Zur Basis der Pflanzenwelt gehört auch die Humusschicht. Sie ist ein „Geschenk" der biologischen Frühwelt. Man rechnet mit einem natürlichen Wachstum der Humusschicht von 1 mm pro 4000 Jahren. Wir sind dafür verantwortlich, daß wir dies nicht durch stark zunehmende Verunreinigung, die in relativ kurzer Zeit plötzlich die Schwelle des Zumutbaren überschreiten könnten, zerstören. Man rechnet, daß in der BRD jährlich etwa 1 Million Tonnen Ruß und Staubteilchen auf dem Boden niedergeschlagen werden (*Egli* 1969). Empfindliche Störungen der Ökologie kann der Mensch durch Einschleppen von wenigen Exemplaren vorher unbekannter Tierarten in einer Gemeinschaft einleiten. Man denke an die Kaninchen in Australien, an Ratten auf Inseln, die von Schildkröten zum Eierablegen benutzt werden oder an den kürzlichen Fall, daß eine Welsart, die über Land gehen kann, in Florida eingeschleppt worden ist und dort keine Feinde hat, die sie im Gleichgewicht halten s. Naturwiss. Rundschau 22, 352 (1969).

Ein Teil des ökologischen Systems ist die Sozialspäre innerhalb der Artgenossen einer Tierart. Ihre Gesetzmäßigkeiten wurden ähnlich wie die Ökologie erst in jüngster Zeit etwas erforscht. Die von *Heimroth, Konrad Lorenz* und *Tinbergen* begründete Verhaltensforschung hat dies in den letzten Jahrzehnten nachgeholt. Den Forschern fiel dabei sofort bei vielen Eigenschaften der Tiere auffallende Ähnlichkeit mit menschlichem Verhalten auf. Dies hat zum Teil Stürme der Entrüstung zur Folge gehabt, ähnlich wie *Darwin* befeindet wurde, ,als er erstmalig folgerte, daß Mensch und Affe gemeinsame Vorfahren haben. Die Ähnlichkeiten mit dem Menschen erscheinen weniger verwunderlich, wenn man beachtet, daß viele soziale Reaktionen über das limbatische Gehirn laufen. Die Gehirnleistung kann in allererster Näherung durch seine Größe erkannt werden. Es ist nun auffallend, daß das Gewicht des limbatischen Gehirns pro Kilogramm Körpergewicht bei allen Säugetieren etwa gleich ist. Auf diesem Sektor gibt es offenbar keine schwerwiegenden quantitativen Unterschiede. Inwieweit es qualitative Unterschiede gibt, sollte die Forschung der Zukunft sorgfältig prüfen und nicht emotional diskutieren. Der Mensch unterscheidet sich von den Tieren weniger durch ein besonders limbatisches Gehirn als vielmehr durch die anatomisch davon deutlich differenzierte Neocortex. Nur im rationellen Denken sind wir von Tieren sehr verschieden. „Alles Tier steckt im Menschen, aber nicht aller Mensch steckt im Tier" (Chinesisches Sprichwort, s. *Hassenstein* 1968). *Lorenz* (1963) hält die sogenannte anonyme Schar einiger Fisch-, Insekten- und Vogelarten für eine der einfachsten Stufen der sozialen Gruppenbildung. Hierbei besteht keine persönliche Bindung. *Lorenz* sieht in der Abschreckung und Ablehnung der Freßfeinde den biologischen Sinn der Scharbildung. Hierzu mag noch kommen, daß ein positiver Selektionsmechanismus darin besteht, daß bei scharfbildenden Tieren in der Verfolgung durch Freßfeinde meist der schwächste zum Opfer wird. Bei Fischen mag dazu kommen, daß im Schwarm Einzeltiere sich gegenseitig verschreckte Beutetiere zujagen. Bei Elritzen hat man zudem beobachtet, daß die Hautverletzung eines Fisches (z.B. durch einen Freßfeind eingeleitet) auf chemischem Wege zu einer Schreck- und Fluchtreaktion des ganzen Schwarmes führt. Interessant ist bei diesen Schwärmen die sehr starke Bindung an den Schwarm. Er hat meist kein Leittier und wird lediglich durch den Instinkt zum Zusammenhalten konzentriert. Er irrt daher mit „statistischen Schwankungen", die durch momentane Trennungen von Einzeltieren beeinflußt werden, umher. Besonders interessant ist das bekannte Experiment von *v.Holst* (s. *Lorenz* 1963) an Elritzen. Nachdem er einem Fisch im Gehirn das Zentrum, das den zusammenhaltenden Herdentrieb trägt, entfernte, wurde dieser Fisch zum bestimmenden Leittier. Da er selbst nicht zum Schwarm zurückkehrte, bleibt dem Schwarm nichts anderes übrig, als diesem zu folgen. *Lorenz*, der bei seinen Beobachtungen sehr gerne Parallelen zu Menschen zieht, meint, daß der Mensch in Panik auf die frühe soziale Stufe der anonymen Schar zurückfallen könnte. In der anonymen Schar gibt es kaum die bei vielen Arten bekannte Aggressivität. Aggressivität tritt besonders stark zwischen arteigenen Tieren gleichen Geschlechts auf. Dies würde offenbar die Schwarmbildung verhindern. Fähigkeit zur Aggressivität ist in der Tierwelt nach *Lorenz* meist auch mit der Fähigkeit zu persönlichen Freundschaften gepaart. Der biologische Sinn der Freundschaft liegt in einer sozialen Struktur. *Lorenz* beobachtete z.B. bei Fischen der Maulbrütergattung, daß neben dem Revier wohnende arteigene Fische weniger heftig bei Überschreiten der eigenen Reviergrenze angegriffen werden als fremde. Derartige Hemmungen der Aggressivität durch „Bekanntsein" kann in Rudeln durch gemeinsame Merkmale gelenkt werden, z.B. durch den allen Mitgliedern eines Rudels gemeinsamen Geruch. Bei vielen Tieren kann die Aggressivität am stärksten durch Arteigene ausgelöst werden, die eben die stärksten Konkurrenten für Nahrung und die Liebe sind. Ratten nutzen nun offenbar beides aus: den Vorteil der Gruppenbildung, indem Rudel mit gemeinsamem Merkmal des Geruches untereinander einer Aggressionshemmung unterworfen sind, dagegen sind fremde Rudel die schärfsten Konkurrenten für Nahrung. Tiere fremder Rudel werden daher bestialisch angegriffen und gehen oft schon ein an der Schockreaktion bei einem Verirren in ein fremdes Rudel. Daß der Mensch ähnlichen Reaktionsmechanismen unterliegen kann, gehört zu den Kriegserlebnissen, die mich als 18-jährigen im letzten Krieg am meisten getroffen haben. Einen Toten in feindlicher Uniform zu sehen, berührte die meisten nicht im geringsten, sie konnten selbst neben einem gräßlich verstümmelten „Feind" scherzend ihre Mahlzeiten einnehmen oder jubeln, wenn ein „feindliches" Flugzeug getroffen vom Himmel fiel. Selbst ein gänzlich unbekannter Toter in „artgleicher" Uniform löste aber bei denselben Menschen oft eine gewisse Schockwirkung aus. Eine Nahrungsaufnahme war danach selbst in neuer

Umgebung längere Zeit gestoppt. Ähnliche Mechanismen mögen bei den grausamen Christen- oder Ketzerverfolgungen abgelaufen sein.
Im Tierreich gibt es fünf Angriffsreaktionen: 1. gegen lebensbedrohenden Feind, 2. als Revierverteidigung, 3. gegen den sexuellen Rivalen, 4. gegen Rivalen in der Gruppenhierarchie und 5. der kollektive Angriff auf Gruppenfeinde (*Hassenstein* 1968). Ich gehöre zu denen, die zu der Ansicht neigen, daß man aus der Verhaltensforschung an Tieren sehr viel für die menschliche Soziologie lernen kann. *Comte*, der Erfinder der Soziologie, hätte hier sicher Anhaltspunkte gesehen, um - wie er zu schreiben pflegte - aus der Soziologie eine positive Wissenschaft zu machen; d. h. eine möglichst objektivierte an der Erfahrung von Tatsachen geprüfte. Selbst wenn man dies leugnet, könnte die Verhaltensforschung im Sinne unseres 3. Axioms der Kooperation dazu dienen, daß man über die feinfühligen sozialen Mechanismen der Tiere mehr weiß, sie sich selbst etwas verwandter ansieht und dadurch gewisse Tötungshemmungen und Schonungsmechanismen ausgelöst werden. *Lorenz* neigt allerdings zur Ansicht, daß das Sträuben gegen Parallelen zwischen tierischen Verhaltensforschungsergebnissen und menschlichen Eigenschaften zum Teil Hochmut sei. Diesen empfindet er nicht gerechtfertigt, sondern sieht den heutigen Menschen auf dem Wege zum humanen Menschen. Jedenfalls kann der Mensch mindestens so aggressiv werden wie viele Tiere. Aus den Tierbeobachtungen kann man schließen, daß Bekanntschaften Aggressivität reduziert und daß es auch in Grenzen Abreaktionen von Aggressivitäten gibt. Wir schliessen sicher nicht falsch, wenn wir hieraus auf eine notwendige Intensivierung internationaler Kontakte hinweisen wie auch auf Abreaktionen von Aggressivitäten an Ersatzobjekten wie im Sport oder auch in Abenteuern, zu denen man in Grenzen auch den Raumflug nennen kann. Daß der erste Vorschlag berechtigt ist, bestätigt seine Ablehnung durch Militärs in Kriegen. Der Panzergeneral *Guderian* soll z.B. für seine Soldaten die Todesstrafe befohlen haben, sobald sie versuchten, mit Russinnen in Sexualbeziehung zu treten. Die Alliierten hatten bei der Besetzung Deutschlands ihren Soldaten streng jegliche Fraternisierung, d.h. jeglichen persönlich-freundschaftlichen Kontakt, untersagt. Nach *Lorenz* dürften gemeinsame internationale Begeisterung zur verstärkten Vereinigung der Menschen führen, hierzu gehören Wissenschaft, Bildung und Kunst. Auch der Physiker *Niels Bohr* hat in seinem Memorandum über die Atomwaffen an den amerikanischen Präsidenten *Roosevelt* als Hoffnung in seinen zukünftigen großen Sorgen angesehen: „In dieser Hinsicht könnte vielleicht Hilfe aus der weltweiten wissenschaftlichen Zusammenarbeit kommen, die seit Jahren die leuchtende Verheißungen gemeinsamer humaner Bemühungen verkörpert hat" (*Niels Bohr* 1944). Einige Tierarten haben gewisse Riten bei der Revierverteidigung ausgebildet, die den Aggressionstrieb in Grenzen halten. Auch menschliche Populationen kennen verwandte Sitten oder Konventionen (Friedenspfeife oder die strengen Regeln der Schlachten in der Zeit des Barock). Derartige Konventionen können dann allerdings ins Gegenteil umschlagen, wenn Gruppen verschie-

dener Regeln aufeinander stoßen. Ich denke dabei an die Feindseligkeit der Christen gegen die Juden im Mittelalter oder auch an Religionskriege. „Der Religionskrieg ist der schrecklichste aller Kriege" (*Lorenz* 1963).
Hassenstein neigt auch zu der Ansicht, daß die Fanatisierbarkeit von Menschenmassen durch aggressive Redner mit der Übertragbarkeit der Aggressivitätsbereitschaft durch den Redner zusammenhängt (1968). Hier laufen Mechanismen ab, die oft weder den Hörern noch dem Redner recht bewußt werden . Es war eigentlich erschütternd, wie primitiv die Gegner *Hitlers* seine Folgen zu löschen glaubten. Sie waren offenbar der Meinung, daß lediglich das Höllentor aufgegangen war und *Hitler* und seine Funktionäre dort entkommen seien; man brauche dies nur wieder einzusammeln und zurück in die Hölle zu schicken, dann sei wieder das Paradies auf Erden ausgebrochen. Im Zeitalter der ABC-Waffen müssen wir fordern, daß man die Verhaltensmechanismen der Menschen in derartigen Situationen sorgfältig wissenschaftlich analysiert und diese Ergebnisse allen Menschen zugänglich macht. Sofern nur eine kleine Gruppe die recht „tierhaft", d.h. instinkthaft erscheinenden Mechanismen kennt und geheim halten würde, würde natürlich die Lage noch verschlimmert sein. Es kann sich wohl jeder schon jetzt *Hassenstein* (1968) anschließen, wenn er zu dem Schluß kommt, daß die Ächtung der Verunglimpfung und des aggressiven Gehabes im politischen Leben zu fordern ist.
Besonders wirksam in der Demagogie ist oft die diffamierende Aggression (*Hassenstein* 1970). „Wer diffamierende Aggression praktiziert, muß als potentieller fahrlässiger Brandstifter für ein Lauffeuer aggressiver Eskalation angesehen werden" (*Hassenstein* 1970). Diese Notwendigkeit kann man offenbar an der Geschichte der Weimarer Republik demonstrieren. Nur ein schreckliches Kriegserleben vermag offenbar bis zu einem gewissen Grade zu lehren, vom Verstand her die Aggressionsneigungen zu dämpfen. So waren die Regierungskreise der Weimarer Republik der Überzeugung, daß Aggressivitätsentfesselung ein sehr schlechtes politisches Werkzeug sei. *Hitler* nützte dies aus, er kam an die Macht, indem er die Aggressivität der Massen gegen Juden, Pazifisten, Kapitalisten etc. auslöste. Die Regierung war nicht in der Lage, mit gleichen Waffen eine gleich starke Gegenbewegung auf die Beine zu bringen. Gerade die Jugend neigt offenbar besonders leicht dazu, sich mit dem Mittel des Aggressivmachens einigen zu lassen. Auch nachdem nach dem Zweiten Weltkrieg die direkten Berichte über Kriegserlebnisse spärlicher wurden, traten in der BRD Kräfte auf, die mit den Mitteln der Aggressionsentfesselung jugendliche Gruppen zu Massenbewegungen formierten. Ähnlich wie in der Weimarer Republik stand ihnen wieder eine Regierung gegenüber, die aus eigenem Erleben Hemmungen hat, die Waffe der Aggressionsentfesselung einzusetzen. Da bei politischen Beispielen leicht Gegenemotionen ausgelöst werden, ist vielleicht ein anderes Beispiel einleuchtender. Es gibt in drei Ländern Zentren von Vereinigungen für Verantwortung der Wissenschaftler. Es ist nun ganz auffallend, daß die britische Gruppe um eine Größenordnung mehr Mitglieder aktivieren konnte als dies die deutsche oder die US-amerikani-

sche erreichen konnte. An der Gründung amerikanischer Gruppen waren wesentlich deutsche Emigranten beteiligt, die „Weimarer" Hemmungen der Aggressionsentfaltung in sich tragen. Die britische Gruppe trat mit Hilfe von Massenkommunikationsmitteln in ihrer Werbung anfangs zum Teil recht aggressiv gegen Umweltsünder auf. Ich sehe hier die wesentliche Wurzel ihres Erfolges. Als für die Werbung im Vorstand der deutschen Gruppe Zuständiger waren mir die Ursachen ganz klar geworden. Auch in der BRD hätten wir mit Leichtigkeit den Mitgliedszustrom der britischen Gruppe nachahmen können, sofern wir uns der Methodik der Aggressionsauslösung bedient hätten. So sehr mir das Wachstum der Organisation am Herzen lag und liegt, ich hätte jedoch auf Grund meiner Erlebnisse und Analysen der Kriegs- und *Hitler*zeit lieber alles aufgesteckt, ehe ich mich dieser Methode bedient hätte.

Aus dieser Schwierigkeit hilft nur der von *Hassenstein* empfohlene Weg, nur wenn die Gesellschaft, die ja immer gewisse Denk- und Handlungsweisen als Mode annimmt, die Aggressionsentfesselung in der Politik ächtet, können wir eine Wiederholung der *Hitler*zeit vermeiden. Was *Hitler* getan hat, kann immer wieder vorkommen, es lag nicht nur an bestimmten verabscheuungswürdigen Exemplaren der Spezies Mensch, sondern an der Ausnutzung recht tief sitzender menschlicher Schwächen. Natürlich genügt oft nicht die Ursache: Anfälligkeit des Menschen zur Aggressionsauslösung, es bedarf noch eines Anlasses. Es sollte also genau wie die „Psychoanalyse" der Aggressionsauslösung auch eine Analyse von Unzufriedenheiten ablaufen.

Man braucht bei dem Rat eines weiteren intensiveren Studiums der Aggressivität des Menschen nicht gleich soweit zu gehen und auf deren Notwendigkeit wegen der Gefahren eines ABC-Krieges hinzuweisen. So ist eine Auslösung der Aggression meist mit einer Erhöhung des Blutdruckes verbunden und bringt Gefahren für gesundheitsgefährdenden Streß nach Untersuchungen von *Schaefer* (1970). Dies gilt auch für das Berufsleben, für das *Schaefer* (1970) Leistungsforderung nur im Verbund mit einem Minimum an Aggression, d.h. „mit einem Maximum an Freude und an Bejahung seines Schicksals" gut heißt. Die Verhaltensforschung kann in Zukunft sicher noch viel mehr als heute zu einer Art Psychoanalyse der Menschheit beitragen. Wer seine Antriebsmechanismen kennt, wird sich in Zukunft vorsichtiger verhalten, ähnlich wie nach einer Psychoanalyse ein Patient oft sein Verhalten spontan ändert.

In Anbetracht der Wichtigkeit, mit den durch die Verhaltensforschung gegebenen Ansätzen auch Zugang zu Analysen des menschlichen Verhaltens zu finden, ist bedauerlich, daß *Lorenz* in der Öffentlichkeit so stark angegriffen wurde. Obwohl er bei seinen Aussagen über die Spontanität der Aggressionsauslösung selbst von auslösenden Reizen sprach, wurde insbesondere von Soziologen und Psychologen entgegnet, die Aggression sei vorwiegend eine Reaktion auf Außenbedingungen. Ich selbst als Nichtfachmann auf diesem Gebiet habe bei den Angriffen auf *Lorenz* aus anderen Fachdisziplinen mich manchmal gefragt, ob es sich hier nicht auch um eine „Revierverteidigung" im *Lorenz*'schen Sinne handelt. Wichtig erscheint mir eine Bemerkung von *Hass* (1970) der gerade wegen der Wichtigkeit des Problems betonen möchte, daß es verschiedene Arten von Aggression gäbe und man doch einen Burgfrieden schließen möge, indem man die strenge Frage nach Entweder-Oder als weniger wichtig zurückstellt. *Lorenz* und auch *Hass* wollen die Aggression keineswegs ganz abschaffen. Sie sehen beide Möglichkeiten aus der Aggression positive Werte zu schaffen. *Hass* meint, daß Aggression oft aus Hinderung an der Machtausübung entstehe oder aus eingeengten Möglichkeiten. Hier sieht *Hass* in einer übervölkerten Welt in Schaffung kultureller Werte als Künstler, Schriftsteller, Wissenschaftler, Ingenieur oder als Wirtschaftler Freiräume entstehen, die äußere Ursachen zur Aggressionsauslösung dezimieren können.

Weitere Forschungen scheinen gerade hinsichtlich des Zieles der Kooperation außerordentlich interessant. Viele Hinweise bestehen, daß Aggression gestaut werden kann, wenn keine kleinen Anlässe zur Abreaktion vorhanden sind (*Eibl-Eibesfeld* 1967). Wobei es Fälle gibt (Barsche), daß schon der Anblick von Gegnern zur Abreaktion führen kann. *Eibl-Eibesfeld* ist der Meinung, daß dem Menschen etwa im Büroleben nicht genügend natürliche Kompensationen zur Aggressivitäts-Abreaktion gegeben sind, er daher zum Ärger mit Mitmenschen neigen kann (1967). An psychologischen Tests konnte direkt nachgewiesen werden, daß Ärger zur Blutdrucksteigerung (aggressive Stimmung) führe, dies tritt aber nicht auf, wenn Gelegenheit zur Abreaktion existiert (*Eibl-Eibesfeld* 1968). Die in vielen Tierherden bestehende strenge Rangordnung neutralisiert nach *Eibel-Eibesfeld* die Aggression. In einem Beispiel wies *Heiligenberg* andererseits darauf hin, daß bei Tieren Aggressionstriebe verkümmern können, wenn ihnen lange genug keine Gelegenheit zur Abreaktion gegeben wurde (1964). Hier wären weitere Untersuchung sehr erwünscht.

Lorenz hat in seiner Kreativität die Aggressivität als eine interessante soziologische Frage in den Vordergrund gerückt. Hoffentlich werden in Zukunft auch andere Eigenschaften ähnlich intensiv studiert. So hat *Eibl-Eibesfeld* (1970) eine interessante Untersuchung über die Liebe und Freundschaft als elementare Verhaltensweise publiziert. Oder *Chauvin* (1964) hat soziale Erfahrungen an Insekten zusammengestellt. Er neigt zu der Auffassung, daß man z.B. die Annahme eine Biene sei ein Einzeltier revidieren müsse. Allein ist sie nicht mehr lebensfähig. Erst 40 Bienen erreichen im Zusammenleben normale Lebensdauer. In Insektenstaaten gehen die Einzeltiere vollkommen in der Gemeinschaft auf. Man hat z.B. eine stark soziale Leistung bei mexikanischen Weberknechten beobachtet. Diese drängen in regenarmen Zeiten in dichten Klumpen aus mehreren 10 000 Tieren zusammen, um sich vor dem Austrocknen zu retten (*Eibl-Eibesfeld* 1967). Pinguine bilden bei sehr strenger Kälte und starkem Sturm Haufen von einigen hundert Tieren, um sich zu wärmen, wobei die äußeren Tiere ständig wechseln. Von Vögeln wird berichtet, daß ihr Lernverhalten stark gesteigert ist, wenn sie Kontakt mit Artgenossen haben (*Neumann-Klopper* 1970). Von der Maus ist bekannt, daß die Fruchtbarkeit der Weibchen auch nach der Befruchtung abhängt von der Gegenwart eines Männchens und sie weiter ansteigt, wenn mehrere Paare zusammenleben (*Chauvin* 1964). Beim Überschreiten einer gewissen Populationsdichte werden jedoch soziale Pferchungsschäden beobachtet, deren Streß zum Verlust der komplizierten Verhaltensmuster bis zum Zusammenbruch der normalen Sozialstrukturen mit Auftreten von Kannibalismus und einer hohen Sterblichkeit der Jungtiere bis auf 96 % führen (vgl. Experimente an Ratten und Mäusen von *John Calhouns*, an Nutriakolonien in Philadelphia oder an Kurreihern in der Wiener Biologischen Versuchsstation durch *Vitus Droescher*, zitiert nach *Swoboda* 1975); Es gibt auch direkte Beobachtungen, daß die Fertilität von Mäusen oder die Überlebensrate von Kaulquappen bei zu großer Bevölkerungsdichte über Duftstoffe stark sinken (*Vitus Droescher, Wynne-Edwards* 1962). Bei Tieren beobachtet man also eine soziale Stimulation (vgl. *Lorenz* 1965). Hierbei spielt die Nachahmung in vielen Reaktionen eine große Rolle. Sie kann aber auch zu negativen Reaktionen bis zur Sinnlosigkeit ausarten, wie der bekannte Zug der Lemminge, bei denen sich hunderte von Tieren ins Meer stürzen.

Auch beim Studium primitiver Volksstämme kam *Lommel* (1966) zu dem Schluß: „ Man muß eine solche Gruppe von Eingeborenen weniger als eine Summe von Individuen ansehen, als eine Gesamtorganismus dessen Glieder aus Individuen bestehn". In übervölkerten Städten ist der Mensch einerseits von Trieben der „Revierverteidigung" gehetzt, sich im eigenen Heim ein eigenes Reich zu schaffen, andererseits wird er aber unglücklich; wenn nicht auch Triebe des sozialen Zusammenlebens aus früheren Kulturstufen erfüllt werden. Hierunter leiden vor allem isolierte Hausfrauen. Die Sucht nach dem Fernsehen ist für viele sicher nur die Flucht vor dem Alleinsein.

Der Streit, ob das Verhalten innerhalb der Soziosphäre Umwelt abhängig, anerzogen oder ererbt ist, ist offenbar nur Überbetonung verschiedener Erfahrungen spezieller Studien. Hier gibt es wohl kein Entweder-Oder, sondern ein Sowohl-Als auch. So gibt es Vögel. die die Melodie mit dem Erbgut vorprogrammiert erhalten. Ähnlich ist es beim Menschen, viele soziale Reaktionsmechanismen sind ererbt, sodaß sie Basis für Verständigungen und Gemeinsamkeiten der Menschen aller Rassen und Stämme geben (*Eibl-Eibesfeld* 1973). Andererseits gibt es auch eine kulturelle Evolution des Menschen, die durch Lernen erhalten und weiter gepflegt werden kann. Zum weiteren Verständnis wäre ein weiteres intensives Studium der Zusammenhänge von möglichst verschiedenen Gesichtspunkten aus, sehr erwünscht.

Der Streit um Details zwischen Soziologen, Psychologen und Verhaltensforschern sollte begraben werden. Für unsere Probleme ist zu beachten, daß viele Naturwissenschaftler die Schlüsse der Verhaltensforscher mehr einleuchten als die mancher Soziologen.

3.20. P: Partnerwahl, wird der Mensch das letzte Stück Natur in sich retten?

a) Nachdem der Mensch die zwischenartlichen Selektionsmechanismen für seine Art durch Beherrschung seiner Umwelt fast ganz ausgeschaltet hat, bleibt die Partnerwahl als Selektion noch übrig. Ohne Selektionsmechanismen kann kein Evolutionsprozeß optimiert werden. So wird die Partnerwahl für die Zukunft der Menschheit immer bedeutungsvoller. Aber auch dieser Prozeß bleibt nicht ungestört. Von den großen Gefahren, die bei Gelingen von ungeschlechtlicher Vermehrung des Menschen durch Kerntransplantationen aufkommen, würden, wollen wir noch ganz absehen. Zu den Geheimnissen der Natur gehört die Liebe auf den ersten Blick, deren Ursachen man noch nicht rational verfolgen kann. Wenn zwei Menschen verschiedenen Geschlechts gut zusammen passen, dann ziehen sie sich offenbar besonders stark an. Man kann dies leicht feststellen, da dies meist mit ähnlichen Erscheinungstypen vorkommt. In unserer künstlichen Welt machen wir aber über Kosmetik und Kleidung nicht davor halt, auch unseren Typ zu verändern. *K.Bechert* hat das Wort vom kurzsichtigen bzw. kurzfristigen Nutzen geprägt, mit dem wir gerne technische Erzeugnisse anwenden (*Bechert* 1956).

Dieses Prinzip ist besonders eindringlich auf diesem Sektor deutlich zu machen mit einem aus dem Leben gegriffenen Beispiel: Ein Mädchen läßt sich eines Tages die Haare rot färben. Sofort ist ein Herr aus ihrem Büro in sie verliebt und heiratet sie nach kurzer Zeit. Vorher hatte er jahrelang von ihr kaum Notiz genommen. Nach kurzer Ehe erfolgt die Scheidung. Hier erfolgte die Auslösung des Anziehungsmechanismus zu einem Typ, der gar nicht reell existierte. Zu sensiblen Signalen zwischenmenschlicher Beziehungen gehören die Lippen. Diese werden durch Schminke häufig ausgelöscht. Ganze Körperpartien mit erotischer Signaleigenschaft werden künstlich vorgetäuscht etc. So betrügen wir einen Urtrieb der Natur, von dessen Selektionswirksamkeit der „homo sapiens" heute abhängt. *Moses* würde als heutiger Religionsschöpfer zweifellos das achte Gebot ergänzen. „Du sollst nicht falsch Zeugnis ablegen über Dich selbst".

Auch einen zweiten Faktor haben wir auf diesem Sektor verändert. Die Sexualität war in der Gesellschaft durch Tabus und moralische Gesetze streng geregelt. Derartige Regeln sind so alt, daß man ihre Ursachen kaum noch erkennen kann. Zweifellos hat die moderne Entwicklung einige derartige Tabus ihres Sinnes beraubt. Die Empfängnisverhütung, die bessere Bekämpfbarkeit der Geschlechtskrankheiten, die Anhebung der Sozialversorgung und der starke Rückgang von wirtschaftlicher Not mit besseren Möglichkeiten zur Frühehe haben viele althergebrachte Sitten überflüssig oder änderungsbedürftig gemacht. War es aber richtig, alles aufzuheben? So hatte die gewünschte Reduktion vorehelicher Beziehung vermutlich u.a. auch folgenden Sinn: Man kann ohne körperliche Liebe leben, wenn man sie nicht kennt oder an Verzicht gewohnt ist. Ist sie aber einmal geweckt, kommt man nur schwer davon los. Man wird dem Partner leicht hörig. Vereinigen sich also zwei Partner bevor sie sicher sind, ob sie fürs ganze Leben zueinander passen, so kann es passieren, daß das rein Körperliche sie zur Ehe führt, obwohl sie gar nicht recht zueinander passen. Die Partnerwahl haben dann nicht sie selbst, sondern der rein sexuelle Trieb getroffen.

Auch andere Tabus, die Filme und Illustrierten mit einem jahrelangen Trommelfeuer ausgelöscht haben, mögen sinnvolle Ursachen gehabt haben. Ich bin z.B. nicht sicher, ob Ärzte, die Homosexualität der Jugend für unschädlich halten, wirklich ganz recht haben. Zunächst kennen wir in der Verhaltensforschung Prägephasen in bestimmten Altersstufen. Es gibt auf diesem Sektor daher sicher Fälle, wo Jugendliche auf biologisch eigentlich sinnlose Weise umgeprägt werden. Andererseits ist sexuelle Liebe doch eine Kunst, da Mann und Frau verschiedene Erregungszeit-Kurven haben. Ich kann mir vorstellen, daß intensive homosexuelle Betätigung die Empfindungsfähigkeit umprägen kann, sodaß bei späterer Umkehr zur normalen Geschlechtlichkeit die Empfindungsfähigkeit Störungen aufweist, die zu unglücklichen Ehen führen können. Unsere zur Zeit labile Gesellschaft sollte aber alles tun, um zu einer gesunden Stabilität zu kommen. Auf diesem Sektor wird zur Zeit zu wenig überlegt. Das gedruckte Wort vor allem - wenn es aus einem Bestseller kommt - hat suggesstive Wirkung. Wenn z.B. *Plack* (1967) schreibt: „Haß und Eifersucht als Konsequenz eines „Ehebruchs" setzt ein darauf angelegtes Ethos voraus". So werden dies manche labilen Typen bedingungslos glauben und Partnern u.U. großen Schmerz bereiten. Soviel ich weiß, war *Plack* nie verheiratet, er kennt offenbar selbst gar nicht die feinen zwischenmenschlichen Beziehungen die zwischen zwei Lebenspartnern bestehen könen. Wer hat wohl den Graugänsen, die streng monogam leben, dieses „Ethos" beigebracht? *Plack* ist zu bedauern, daß er diese Seite des Lebens nicht kennt. Gewiß gibt es auf diesem Sektor vielerlei Anlagen. Kann ich dann aber von einem Typ allein Empfehlungen für alle Menschen geben? Diese Frage hört sich relativ harmlos an und wird von vielen als Privatsphäre vom Tisch gefegt. Wer kann aber garantieren, daß z.B. die Kreativität vieler Wissenschaftler nicht gerade von einer Harmonie einer monogamen Partner-Beziehung abhängt? Sollten wir so schnell Jahrhunderte alte Erfahrungen über Bord werfen, ohne nachzudenken, ob hier nicht uralte Erfahrungen zu Grunde liegen? Abgesehen davon, daß die Forderung nach ehelicher Treue auch andere Gründe haben kann.Wenn ein Ehepartner aus einer Ehe, die an zu häufiger Erfüllung abgestumpft ist, außerehelich auf einen Partner stößt, der lange an Einsamkeit litt, so können unglückliche Träume an einen kurzen Rauschzustand folgen, der bei längerer Bekanntschaft sehr schnell verblühen würde.

Ist es nicht Hochmut plötzlich alles besser wissen zu wollen? *Plack* ist auch der Meinung, daß eine „unbedingt sexuelle Freiheit" die Lösung vieler aggressiver Schwierigkeiten der Menschheit wäre. Ein Mitarbeiter, dem ich dies Buch geliehen hatte, meinte: er verstände dies nicht, die grausamsten Despoten hatten doch meist den größten Harem.

Man sollte nicht in Extreme fallen. Gewiß *kann* unterdrückte Sexualität zu Sadismus, Grausamkeit und Aggressivität führen. Ich glaube auch, daß eine Lockerung der Moral gerade in dieser Richtung Gutes geschaffen hat. Nur sollte man überlegen, ob man nicht übers Ziel hinausgeschossen ist. Auch die freiere Kleidung, die Freikörperkultur oder die Sitte, daß Paare, die fürs Leben zusammengehen wollen, sich auch vorehelich lieben, können sich als Verbesserung des gesellschaftlichen Systems auswirken.

Gerade die geschlechtlichen und erotischen Beziehungen dürften jedoch so diffizil und vielschichtig sein, daß für mich das *Plack*sche Buch zu sehr simplifiziert. Die Erotik kann gerade hinsichtlich Aggressivität auch stimulierend wirken. So schien mir im letzten Krieg der ganze Ordensrummel nur möglich, weil Männer damit vor Frauen prahlen konnten. Nach einer Ordensverleihung war der Urlaub sehr wichtig, um sich damit zeigen zu können.

b) Die Partnerwahl für den Lebenspartner ist für viele die wichtigste Handlung im ganzen Leben. Mit ihr greift er differentiell in das Schicksal der zukünftigen Gesellschaft ein. Hierfür sind wir sicher viel zu ungenügend vorbereitet und überlassen dies zu sehr dem Zufall. Positiv wird sich sicher auswirken, daß durch die Verkehrsmittel und wirtschaftlichen und technischen Möglichkeiten von Reisen, die Zahl menschlicher Begegnungen anwächst. Wenn man nur 10 Partnern begegnet, so wird man eventuell auch wählen, wenn nicht die Liebe auf den ersten Blick dabei ist. Wenn unter diesen 10 *der* passende Typ nicht dabei ist, merkt derjenige gar nicht, was ihm fehlt. Er verwechselt eine durchschnittliche Anregung des Hormonspiegels und glaubt echt zu lieben, in Wirklichkeit projeziert er verkümmerte Liebe auf einen nicht auf ihn passenden Typ. Vielleicht sollte man in dieser Richtung sich noch etwas einfallen lassen. Interessant wäre zu erfahren ob die Methode, mit Hilfe von Computern die Begegnung bestimmter Typen zu erleichtern, Erfolg hat. Das alte chinesische Rezept, nach den die Eltern die Ehepartner aussuchten, brachte meist nur Partner aus dem eigenen Milieu zusammen. Die oft aus Milieuunterschieden zusätzlich auftretenden Schwierigkeiten blieben dabei erspart. Die Signale für die Liebe auf den ersten Blick gehen nach jahrtausend alten Schema sicher sehr stark von körperlichen Funktionen aus. Ein klein wenig sollte man vielleicht daran denken, daß wir heute mehr als früher auch den Geist brauchen. In Kenntnis der Genetik und reszessiver Erbeigenschaften wird man sich also auch zweckmäßig die Eltern und Großeltern ansehen und daran denken, daß man ja auch seine Kinder gern haben will und diese eben ganz sicher auch genetisch bedingte Eigenschaften haben werden. *Bernard Show* soll dies in einer netten über ihn erzählten Andekdote karrikiert haben. Als ihm eine Schauspielerin einen Heiratsantrag gemacht hatte mit dem Hinweis, er könne doch der Nachwelt Kinder mit ihrer Schönheit und seinem Geist nicht vorenthalten, soll er geantwortet haben, aus dieser Heirat könne nichts werden, seit er sich vorstelle, daß diese Kinder seine Gestalt und ihren Geist haben könnten.

c) Die Massenmedien mit ihren großen technischen Möglichkeiten ha-haben das Verhältnis der Geschlechter mit dem Schlagwort der Gleichberechtigung stark beeinflußt. Dieses ist berechtigt, vor allem seit die Rangskala der Körperkraft wirklich überholt ist. Dieses Schlagwort ist aber oft mißverstanden worden. Gleiches Recht haben, bedeutet nicht das Gleiche sein. Viele Frauen glauben heute, sie müßten nun unbedingt auch alles das tun, was der Mann tut und umgekehrt. Bei manchen Frauen habe ich das Gefühl, wenn sie dies erreicht haben, sind sie tief unglücklich. Instinktiv gebunden würden sie nämlich viel mehr von einem „männlichen" Mann angezogen werden, als von einem geschlechtlos handelnden Mann. Gerade in der körperlichen Liebe gibt es doch wirklich große Unterschiede. Sie ist doch aber sehr eng mit der gesamten Gefühlswelt verbunden (vgl. *Davies* 1965). Den Rattenfängern, die die Gesellschaft belehren wollen, alle unterschiedlichen Reaktionsweisen der Geschlechter seien anerzogen, hätte ich gerne einmal unser Wellensittich-Paar vorgeführt. Den einen, das Männchen, konnte man ungestört im Zimmer fliegen lassen, während das Weibchen sich sofort daran machte, Tapeten und den Putz anzuknabbern. In einem Vogelbuch las ich dann, das täten die meisten Sittich-Weibchen, weil sie in der Natur die Rolle des Nestbauers in hölzernen Aushöhlungen übernommen haben. Hätte man nicht selbst *Lyssenko* mit einem derartigen Beispiel von der Genetik überzeugen können?

3.21. Q: Quarantäne oder Verantwortliche Freigabe

Soforn auf einem Schiff eine schwere ansteckende Krankheit oder eine unbekannte Krankheit ausgebrochen war, mußte es beim Einlaufen in einen Hafen eine von der übrigen Gesellschaft isolierte Quarantäne durchlaufen. Noch heute fordern dies einige Länder (z.B. Norwegen) bei Einfuhr von Tieren, um das Risiko von Folgen unerwarteter Krankheiten zu vermeiden. Bei Einführung technischer Neuerungen eine Quarantäne zu fordern, in der erst einmal eine kleine Gruppe an sich die Folgen testet, wäre wohl undruchführbar. Die Verantwortung zum Ausrufen einer Quarantäne trägt der Schiffs- bzw. Hafenarzt.
In einer ähnlichen Lage sind die Erfinder und Produzenten neuer technischer Konsumgüter. Sie haben die Verantwortung vorher genau zu prüfen, ob der Nutzen der Innovation die möglichen Schäden mindestens kompensiert. Genau wie nur der Arzt die Verantwortung für die Quarantäne oder ihre Beendigung übernehmen kann, kann meist nur der Erfinder selbst alle Folgen absehen und muß daher für die Freigabe die Verantwortung nach bestem Wissen und Gewissen übernehmen. So haben z.B. Arzneimittelfirmen eine umfangreiche Prüfung neuer Pharmazeutika eingerichtet. Bei chemisch neuen Stoffklassen können aber am ehesten die Erfinder die Reaktivität abschätzen und sollten nicht die Verantwortung den Prüfinstanzen allein überlassen. Ein Wissenschaftler kann in der Versuchung stehen, daß er mit einem neuen erfolgreichen Produkt sein Können

unter Beweis stellen will und in diesem Ziel Schädlichkeitsprüfungen weniger sorgfältig unternimmt. Hier muß mit fortschreitender Technisierung und der Belastung des Menschen mit vielen neuen Produkten oder neuem Verhalten immer mehr eine verantwortliche Gesinnung des Wissenschaftlers bzw. des Erfinders ausgebildet werden, die die Kooperation mit der Gesellschaft höher stellt als persönliche kurzfristige Erfolge. Wir müssen fordern, daß technische Neuerungen mit derselben Sorgfalt und demselben Eifer vor Freigabe geprüft werden, mit dem die Naturwissenschaftler sich ihrer fachlichen Arbeit widmen. Das eine kann nicht mehr ohne das andere angewandt werden.

3.22. R: Rohstoffreserven, gemeinsamer Besitz aller Menschen

Die durch die Energiereserven bedingten Wachstumsgrenzen wurden schon im Abschnitt Energie erwähnt. Unsere Industrie ist natürlich auch von anderen Rohstoffen abhängig. Bei den großen Vorteilen des freien Wirtsschaftssystems gibt es keine private Vorsorge um zukünftige Rohstoffreserven. Das wäre eine Aufgabe staatlicher und möglichst weltstaatlicher Planungen. Die bei einer Verknappung einsetzende Regulativ der Preiserhöhungen kann zu spät kommen.

Meadows (1972) hat zusammengestellt, wie lange bei der jetzigen Verbrauchsrate und beim Stand der gegenwärtigen Vorratsschätzung die wichtigsten Rohstoffe noch reichen werden. Engpässe können nach dieser Untersuchung bei folgenden Stoffen nach den im Klammern angegebenen Jahreszahlen eintreten: Gold (11), Quecksilber (13), Silber (16), Zinn (17), Zink (23), Blei (26) und Kupfer (36).

Meadows (1972) hat im Auftrag des Club of Rome ein Weltmodell für die Zukunft sorgfältig durchgerechnet. Er kommt zu dem Ergebnis, daß die Rohstoffreserven die erste Begrenzung der jetzt vorhandenen Wachstumsraten geben werden „mit Sicherheit noch vor dem Jahr 2100". In diesem Modell wird die Verknappung an Rohstoffen bereits um das Jahr 2000 merklich. Gewiß werden immer wieder neue Reserven entdeckt werden. Aber diese Lager werden schwerer zugänglich sein. Sie werden also einen größeren Energieeinsatz erforderlich machen, belasten also den Energieverbrauch stärker als bisher. Ferner werden auch die Halden von totem Abraumgestein dann beträchtlich zunehmen.

Die Menschheit wird seitens der Rohstofflage um eine weltweite kooperative Planung nicht herumkommen. Ich persönlich halte es für widersinnig, wenn z.B. in Südafrika Kulturland mit Bergen von Abraummaterial aus den unterirdischen Goldgruben angefüllt wird und große Mengen Gold nur von den unterirdischen Fundstätten in unterirdische Banktresore umgelagert werden. Die Menschen suchen fieberhaft nach Gold, obwohl in Tresoren große Mengen lagern.

Anstelle des staatlichen massiven Eingriffs in die freie Wirtschaft durch die Subventionierung der Kernenergiegewinnung wäre es vielleicht vernünftiger, wenn der Staat die erhöhte Ausnutzung der Rohstoffreserven subventionieren würde. Diese Aufgabe ist in dem Mechanismus der freien Wirtschaft weniger unterzubringen. Vor allem gilt dies für die Ausnutzung der Energievorräte. Durch Erhöhung der Nutzeffekte der Motoren und Kraftwerke könnten die Vorräte besser genutzt werden und damit länger reichen. In einigen Kernreaktoren wird z.B. das Uran nur zu 0,5 % ausgenutzt. Im Falle der Automotoren greift der Staat durch die nach Hubraum berechnete Steuer sogar in die Optimierung der Motorenkonstruktion ein, weil die Steuerkosten wesentlich eingehen. Viele Verbraucher orientieren sich sogar mehr an den Steuerkosten als sie relativ in die Gesamtkosten eingehen.

3.23. S: Soziale Prägung, werden wir rechtzeitig daraus lernen?

a) „Was, Deine Frau stillt noch? Das macht doch künstliche Alete-Nahrung heute viel besser", mit diesem Hinweis wollte mich vor einigen Jahren ein Freund - ein bekannter Wissenschaftler - in die Klasse der unbelehrbaren Konservativen deklassifizieren. Dies ist ein interessantes Beispiel für eindimensionales Denken, mit dem man nur einen Faktor sieht und die Kleinigkeit übersehen hat, daß bei der Nahrungsaufnahme der Säuglinge auch andere Mechanismen ablaufen. In dieser Beziehung hat *Marcuse* mit seinem bereits genannten Buchtitel recht gehabt. − Man weiß inzwischen, daß mit der Muttermilch nicht nur Nährstoffe, sondern wichtige Stoffe für das Immunsystem übergehen. Besonders die erste Muttermilch (Colestrum) beinhaltet eine Reihe von Stoffen wichtiger Funktion.

Ferner sind im letzten Jahrzehnt wichtige Beobachtungen über die soziale Prägung der Säuglinge entdeckt worden. *Meves* (1968) hat Zusammenhänge zwischen Verhaltensstörungen bei Kindern wie Stereotypen (periodische Bewegungen, Haarausreißen, Lippenlecken etc) und der Säuglingspflege in den ersten 15 Lebensmonaten aufgedeckt. Störungen häufen sich bei solchen Säuglingen, die in Heimen aufgewachsen oder die im ersten Lebensjahr mehrere Monate im Krankenhaus zubringen mußten. Parallel zu den Verhaltensstörungen geht mit gleicher Korrelation ein Zurückbleiben der Intelligenz oder der Entwicklung parallel. Wir wissen heute, daß erst nach der Embryonalphase im ersten Lebensjahr die endgültigen Entstehungen und Verknüpfungen der Neuronen und Axonen im Hirn abgeschlossen werden. Die fehlende sprachliche Kommunikation und die scheinbare geistige Passivität des Säuglings täuschen meist darüber hinweg, daß sich beim Säugling gerade in den ersten Wochen schon geistig viel tut (*Vester* 1973). Frau *Meves* schließt aus ihren Beobachtungen, daß ein Säugling im ersten Lebensjahr eine weitreichende soziale Prägung erfährt, die durch möglichst nur eine einzige Pflegeperson gefördert wird. Der Körperkontakt und die Gesichtsfixierung beim Stillen sind hierbei begünstigende Faktoren.

Bei den Jungen der Säugetiere gibt es Nesthocker, Nestflüchtlinge und Traglinge (*Hassenstein* 1973). Der Mensch gehört nach *Hassenstein* mindestens in seinen Frühstufen zu den Traglingen, die in engem Kontakt zum Muttertier aufwachsen. Die Bindung an die Eltern erfolgt über individuelle Bindungen, die offenbar ausschlaggend für das spätere soziale Verhalten sind. Zieht man Rhesus Affen ohne Kontakt mit Artgenossen auf (*Kaspar-Hausser; Harlow*), so haben diese ihr Leben lang soziale Schwierigkeiten im Zusammenleben. In großen Säuglingsheimen ist die Säuglingsernährung mit Flaschenhaltern etc. so automatisiert, daß die Kontaktzeit zur Pflegerin pro Mahlzeit bei 15 bis 43 Sekunden liegt (*Hassenstein* 1973). Im ersten Lebenshalbjahr hat ein Säugling in großen Heimen am ganzen Tag durchschnittlich 22 bis 55 Minuten menschlichen Kontakt, im 2. Lebenshalbjahr 37 bis 70 Minuten. Hierbei geht der Säugling ferner durch verschiedene Hände, die ihn offenbar irritieren. Mir erscheint nicht nur die Reduktion der Kontaktpersonen wichtig, sondern auch daß der Säugling genau nach gewohntem Schema behandelt wird. Er faßt dann Vertrauen und startet von dieser sicheren Basis ausgehend seine Eroberung der Umwelt.

An einem eigenen Säugling waren die Störungen bei einer zusammen mit den Eltern durchgeführten Reise größer als bei mehrtägiger Abwesenheit der Mutter, während der ich die Pflege nach möglichst gewohntem Schema übernahm. Die besonderen Mechanismen zu den Kontaktpersonen meinte ich an unserem Jüngsten dadurch zu erkennen, daß er seine Kontaktperson anzuhimmeln pflegte, um in den Arm genommen zu werden. Sobald dieses Ziel aber erreicht war, war die Kontaktperson ganz uninteressant. Jetzt begann er von dieser aus Erfahrung sicheren Basis aus, die Umwelt zu studieren.

Spitz (1945) beobachtete am Beispiel eines Findelhauses mit 91 Säuglingen sogar, daß davon vor Vollendung des 2. Lebensjahres 34 starben. Der Entwicklungsquotient der Überlebenden betrug nur 45 % des normalen. Viele von ihnen konnten mit 4 Jahren noch nicht laufen oder sprechen. Geradezu barbarisch muß man die Zeit rückblickend ansehen, in der Kinderärzte - aus dem Hang alles zu normieren - die Theorie aus einer Mittelwertbildung ableiten, daß ein Säugling auf jeden Fall tagsüber nur alle 4 Studen Nahrung erhalten soll. Wir wissen heute, daß es bei vielen menschlichen Reaktivitäten immer Individuen mit Abweichungen von der Norm gibt. Das Schreien des Säuglings, wenn er hungrig ist, wird vielleicht durch Reiz der Magensäure auf die empfindlichen Magenwände im leeren Zustand ausgelöst. Jeder, der schon einmal an Magen- oder Zwölffingerdarmgeschwüren erkrankt war, weiß wie schmerzhaft die Säure mit fortschreitender Entleerung des Verdauungstraktes ist. Wenn diese Vorstellung richtig ist, so würden Säuglinge, die aus irgendwelchen Gründen eine schnellere Nahrungsaufnahme benötigen, mit strengem vier Stunden-Rhythmus außerordentlich gequält. Man denke nur an den häufig vorkommenden Fall, daß ein Teil der vorangegangenen Mahlzeit erbrochen wurde.

Die soziale Prägung ist nach neueren Untersuchungen in den 15 ersten Lebensmonaten außerordentlich stark. Sie ist damit natürlich keinesfalls abgeschlossen. Vor allem hinsichtlich der Prägung für späteres sexuelles Verhalten gibt es z.B. zwischen 4. und 6. Lebensjahr wichtige Phasen (*Meves* 1967, *Hassenstein* 1973). Die große Bedeutung des ersten Lebensjahres für die soziale Prägung sollte zu einem wesentlichen Bestandteil der Allgemeinbildung werden. Wie viele Mütter vernachlässigen dies und gehen einem Beruf nach, obwohl dies nicht unbedingt notwendig ist. Große Firmen sollten - für notwendig berufstätige Mütter - Tagesstätten einrichten, in denen die Mütter in Arbeitspausen Kontakt zu ihren Kindern aufnehmen können. Die Krankenhäuser sollten lernen, daß der Kontakt zur Mutter nicht weniger wichtig sein kann als die Heilmaßnahmen. Kinderkliniken mit Aufnahmemöglichkeiten für Mütter oder Erleichterung der Besuchsmöglichkeiten wären dringende Forderungen. Bei notwendigen operativen Eingriffen sollte ein Elternteil beim Kind sein, soweit man erwarten kann, daß sich dieses vernünftig verhält.

Während die Vaterrolle im ersten Lebensjahr wohl hauptsächlich in der Stabilisierung des mütterlichen Gleichgewichtes und der „Ersatzpflegeperson" liegt, die in Notfällen mit den gewohnten Pflegehandgriffen bereit ist, spielt der Vater in den späteren Prägephasen eine immer wichtigere Rolle. *Meves* (1967, 1969) ist der Meinung, daß nicht nur Neurosen oder Hysterie Jugendlicher, sondern auch der Hang zum Krawall und zum Schrei nach Unabhängigkeit häufig stark ihre Ursache in der mangelnden Bindung des jungen Kindes an eine Pflegeperson haben.

Die von *Meves* und *Hassenstein* zusammengetragenen Erfahrungen sind für unser Hauptthema der notwendigen Kooperation ein grundlegender Baustein. Es ist zu hoffen, daß diese weit verbreitet werden. Sorgfalt und auch finanzielle Opfer auf diesem Gebiet dürften sich mehr lohnen, als der gesamte Justizapparat. Neben der Psychologie des Kleinkindes dürfte aber für unsere Forderung einer Stabilität der Weltinnenpolitik ein allgemeines Wissen psychologischer Grundprinzipien nützlich sein. *Fremonth-Smith* fragte sich anläßlich einer Konferenz in Rußland, welches gemeinsames Anliegen wohl die Menschen über die verschiedenen politischen Spannungsfelder hinweg vereinen könnte, und fand als Antwort: „Der Schutz des Kindes" (*Eibl-Eibesfeld* 1967).

Eines Morgens wurde eine meiner Mitarbeiterinnen, die sich ein eigenes Pferd hielt, ans Telefon gerufen. Obwohl sie erst kurz vorher ihr Pferd für eine Versicherung hatte tierärztlich untersuchen lassen, hatte niemand gemerkt, daß es ein Fohlen trug. Dies war dann eines nachts zur Welt gekommen, während die Stute angebunden war. Trotz vieler tagelanger Versuche nahm die Stute ihr Fohlen nicht an und schlug heftig nach ihm. Im angebundenen Zustand wurde offenbar die Auslösung der Mutterbeziehung verhindert.

Im Abschnitt *a*) hatten wir berichtet, daß man durch Erforschung der Säuglings- und Kinderpsychologie eine erhöhte Liebesbeziehung Mutter-Kind erhofft. Die Mutterbeziehung braucht wohl auch auslösende Reize?

Ohne hierüber viel zu wissen, erleben heute viele Mütter den Höhepunkt ihres Lebens, die Geburt ihres Kindes, in der Narkose. Die Narkose bzw. ein kleiner Rausch, wird heute von vielen Ärzten auch dann gegeben, wenn es medizinisch nicht unbedingt erforderlich ist. Zur Unterstützung der Mutterliebe und auch zur Erleichterung für die Mütter selbst, sollte man besser die Methode der natürlichen Geburt nach *Read* publik machen. Hierbei werden die Mütter auf eine Atemtechnik während der Wehen eingewiesen. Sie ertragen damit die Geburt nicht nur besser, weil sie ihren Organismus mit Sauerstoff reichlich versorgen, sondern die Schmerzzentren werden gedämpft, weil das Bewußtsein andere Zentren aktiviert (vgl. *Roth* 1959). Ähnlich wie beim Lesen eines spannenden Buches man seine Umwelt kaum bemerkt, weil die Lektüre die Aufmerksamkeit auf bestimmte Hirnzonen konzentriert, so kann auch durch Konzentration auf bestimmte Atemtechniken das Schmerzzentrum weniger beachtet werden (*Roth*). Die Methode der schmerzfreien Geburt wird begleitet durch eine vorbereitende Gymnastik (vgl. *Liechti-Brasch* 1958). Die Geburt ist eine schwere körperliche Arbeit. Ein untrainierter Körper ist hierzu viel weniger in der Lage. Wesentlich ist noch, daß das Wissen um den genauen Ablauf der Geburtsphasen die Angst stark reduziert. Ähnlich wie das Bohren beim Zahnarzt oft nur deshalb unangenehm ist, weil man Angst hat, daß er demnächst auf den Nerv kommen könnte. Für viele Frauen ist die Geburt deshalb unangenehmer als es sein müßte, weil sie nicht wissen, was sie erwartet. Die bei dieser Methode mit großen Erfolg praktizierte Atemtechnik ist übrigens der Jahrtausend alten Atemtechnik des Yoga-Systems entlehnt.

Die Methode der natürlichen Geburt ist außerordentlich segensreich und erfolgreich. Meiner Frau ist z.B. einmal passiert, daß ihr Arzt ihr nicht glauben wollte, daß die Geburt kurz bevorstand, weil mit ihrer Atemtechnik die Wehen für einen Dritten beinahe unbemerkbar wurden. Der Arzt ging nach Hause, die Hebamme war sehr erschreckt, als die Angabe, meiner Frau, daß das Kind gleich kommen werde, wirklich gestimmt hatte.

Zur natürlichen Geburt gehört auch, daß der theoretisch gut vorbereitete Vater dabei ist. Nicht zuletzt dürfte dies auch ehestabilisierend wirken. Die Ehefrau in einem schwierigen Moment zu verlassen und anderen Menschen zu überlassen, dürfte psychologisch nicht gerade ein Optimum sein. Leider sträuben sich noch viele Ärzte gegen diese Forderung.

Die Erkenntnisse der Säuglingspsychologie und der natürlichen Geburt gehören zu den segensreichsten Erkenntnissen der beiden letzten Jahrzehnte. Alle Interlektuellen sind verpflichtet diese genügend publik zu machen, um damit die menschliche Soziosphäre zu stabilisieren. Sie geben Hoffnung, daß wir auch für die großen Aufgaben auf dem menschlichen Sektor mit erfolgreicheren Erkenntnissen rechnen können. So konnte *Hassenstein* (1973) mit seiner Forderung einer „Psychohygiene der Zukunft" gleich eine Reihe praktikabler Vorschläge verbinden. „Weder Liebe ohne Wissen, noch Wissen ohne Liebe können ein gutes Leben bewirken" (*Bertrand Russel*). Weder ein Pfarrer, der beim Ausbrechen einer Pestepidemie seine

Gemeinde zum Gebet zusammenruft und damit erst für richtige Verbreitung der Krankheitskeime sorgt, noch eine allein nach chemischer und klassisch medizinischer Wissenschaft durchgeführte Säuglingspflege ohne Anwendung der psychologischen Erfahrung können wir heute gut heißen.

3.24. T: Theologie — Theologen aller Religionen vereinigt Euch

Der Monotheismus, die alttestamentarische Vorstellung des Menschen als Ebenbild Gottes und die alttestamentarische Verweisung auf die Natur (*Schaeffer* 1966), die bis zum Untertanentum der Natur geht, haben zweifellos die wissenschaftliche Erforschung der Natur begünstigt. Diese Ursachen haben mitgewirkt, daß die Naturwissenschaft primär gerade in der christlichen Kultur entstand. *Schaefer* (1966) gibt daher auch dem Christentum eine Chance in der aus seiner Welt entstandenen modernen Kultur wieder größeren Einfluß zu gewinnen, zumal das Leitmotiv der Nächstenliebe nach seiner Meinung in der Zeit der ABC-Waffen ein allgemein notwendiges Prinzip ist. Theologie und Naturwissenschaften haben noch andere Verbindungen. Zunächst haben beide die Wurzel gemeinsam, dem Menschen die Angst vor unverstandenen Naturgewalten zu nehmen. Die christliche Theologie hat die Entstehung der Naturwissenschaft begünstigt. Die Naturwissenschaft hat später die Blüte der christlichen und auch anderer Theologien gehemmt. Theologen beschränken sich nicht auf emotionale religiöse Beziehungen, sondern sie versuchten auch rationale Anschauungen von der Welt zu geben. Methodisch sind Theologie und Naturwissenschaft diametral verschieden. Die Theologie beruft sich auf Autoritäten, sie neigt daher zu dogmenhafter Statik; die Naturwissenschaft ist dynamisch, sie richtet sich nach dem jeweiligen Stand der Erkenntnisse und Beobachtungen. Es ist daher nicht erstaunlich, daß gleich am Anfang der modernen Wissenschaft im *Galilei*-Prozeß beide hart aufeinander prallten. Die Kirche gewann formal auf Grund ihrer Macht, *Galilei* wurde gezwungen zu widerrufen. Das war von der Kirche nach dem Prinzip kurzfristigen Nutzens gedacht. Als später *Galilei* sachlich bestätigt wurde, mußte zwanglos das Ansehen der Kirche sinken. Indem er gegen seine Überzeugung der Kirche nachgab, hat er ihr am meisten geschadet. Die Kirche hat im *Galilei*-Prozeß ihren Einfluß bewahren wollen und hat ihn gerade damit sehr geschwächt. Viele suchten später bei der Siegerin im Streit der Wissenschaft, die Grundlagen für ihre Weltanschauung. Damit hat die Naturwissenschaft ob gewollt oder ungewollt, die christliche Ethik, die in vielen Ländern Grundlage für die Zusammenarbeit war, stark erschüttert. Dies hat recht weitgehende Konsequenzen. Darüber hinausgehend hat der Objektivierbarkeitsanspruch der Naturwissenschaft auch die Autorität geisteswissenschaftlich-philospophischer Basen für ethisch-moralische Prinzipien erschüttert (*Becker* 1974). Dieser Prozeß ist noch nicht abgeschlossen. Die evangelische Kirche versucht den Weg der Entmythologisierung (*Bultmann*) oder der Anpassung an die Naturwissenschaft, indem sie Gott auch als Schöpfer der Naturgesetze sieht (*Klemm-Weidlich* 1969). Die Versuche aus den Grenzen der Naturwissenschaft - wie z.B. die Akausalität im Atomaren - theologische Freiräume abzuleiten, sind nach meiner Meinung in ähnlicher Gefahr wie die *Galilei*-Richter. Naturwissenschaftliche Erkenntnisse sind dynamisch und können sich ändern - „Wissen auf Widerruf" (*König* 1968). So wurde erst kürzlich die Unvereinbarkeit von Quantenfeldtheorie und Relativitätstheorie abzuleiten versucht (*Petzold* 1974). Andererseits ist der in Kap. 1 abgeleitete Wissenschaftsbegriff zu beachten. Die Akausalitätsaussage gilt zunächst nur innerhalb der von den Naturwissenschaftlern selbst gesteckten Grenzen, lediglich die Natur zu beschreiben. Aus Aussagen innerhalb dieses Bereichs Aussagen außerhalb dieses Bereichs abzuleiten, ist eine Grenzüberschreitung. Es ist daher sicher eine richtige Forderung, wenn von theologischer Seite eine stärkere Beschäftigung mit naturwissenschaftlichen Detailkenntnissen durch Theologiestudenten gefordert wird (*Klemm;Aichelin* 1969). Die stark altsprachlich historisch orientierte Theologieausbildung scheint unserer Zeit nicht mehr ganz angepaßt zu sein. Sie kann die Pfarrer dem Volk entfremden. Mindestens gleich wichtig scheinen naturwissenschaftliche und psychologische Kenntnisse. Es ist daher nicht zu verwundern, wenn gerade aus Kreisen der Theologiestudenten und junger Theologiedozenten Rufe nach Hochschulreformen aufkamen.

Mit größerer Amtsautorität hatte 1968 Kardinal *König*, der Beauftragte des Papstes für die Welt der Nichtgläubigen, mit einem Vortrag auf der Lindauer Nobelpreisträger-Tagung einen Versuch zur Begegnung Naturwissenschaft - Kirche unternommen (vgl. *Brüche* 1968). Er betonte hierbei, daß sowohl die Kirchen als auch die Naturwissenschaften zu den echten übernationalen Organisationen gehören, schon von dieser Seite also Gemeinsamkeiten besitzen, *König* forderte die „Republik der Naturwissenschaftler" zu einer Kooperation mit der Kirche auf. Die Kirche hätte einmal Macht besessen, die Naturwissenschaftler noch nicht, schon von dieser Seite sei eine Kooperation möglich, zumal die Kirche einige Erfahrungen mit der Wirklichkeit der Menschlichkeiten habe. Der Kardinal bot sogar an, nochmals den Fall *Galilei* offen zu diskutieren.

Da wir die Forderung zur allgemeinen Kooperation an alle Menschen stellen müssen, ergab sich daraus die Notwendigkeit dieses Angebot zu überprüfen. Von der Gesellschaft für Verantwortung in der Wissenschaft wurde daher eine entsprechende Kommission aus Wissenschaftlern verschiedener Fachrichtungen gegründet, unter dem Namen Baiersbronner Kreis. Die Frage nach dem Interesse einer nochmaligen Dikussion des Falles *Galilei* wurde einstimmig verneint. Die Fakten haben inzwischen für sich selbst gesprochen. *Walther Gerlach* (1970). ein Mitglied dieses Kreises, hat sogar betont, daß man von der Person *Galileis* her, kein Interesse daran haben könne. *Galilei* habe nämlich eigentlich seine Theorie, daß die Erde die Sonne umkreise, gar nicht bewiesen. Sein Argument der Venus-Phasen beweist nur, daß die Venus die Sonne umkreist. Sein Zitat von Ebbe und Flut war ein Irrtum. *Kepler* hatte damals mit seinen Ellipsengesetzen, in die die Erde sich zwanglos einordnet, das beste Argument in den Händen. *Galilei* vermied es aber, seinen Rivalen *Kepler* im Prozeß zu zitieren.

Naturwissenschaftler sind nicht gewohnt, sich um überholte Theorien weiter zu kümmern. So können sie an einer Revision des *Galilei*-Urteils, wie es dem mehr historisch denkenden Kardinal vorschwebte, nicht interessiert sein. Wohl aber sind sie nach meiner Meinung an einer Revision der Folgen interessiert. Das Urteil wurde sowohl von Naturwissenschaftlern als von Geisteswissenschaftlern als Verkündigung einer Arbeitsteilung aufgefaßt. Die Naturwissenschaftler sollten sich nicht um geisteswissenschaftliche Folgen ihrer Arbeit kümmern und die Geisteswissenschaftler faßten es offenbar als Alibi auf, daß ihnen die Mühen sparte, sich mit der naturwissenschaftlichen Welt auseinanderzusetzen. Freilich war nicht nur das Urteil entscheidend für die Naturwissenschaftler, sondern die Erfahrung, daß ihre Arbeit durch die Teilung erleichtert wird. Die Nichtbeschäftigung mit geisteswissenschaftlichen Problemen wurde im Lauf der Zeit beinahe zu einem Tabu. Ein Naturwissenschaftler, der dies tat, konnte bis vor kurzem noch in den Ruf kommen, daß er sich fachlich nicht viel zutraue.

Die Antwort des Baierbronner Kreises an den Kardinal enthielt folgende Gedanken [Phys. Blätter **26**, 36 (1970); Internat. Dialog **3**, 3 (1970); vgl. *Luck* (1970)]: 1. Es ist die Gefahr keineswegs gebannt, daß auch in Zukunft Probleme, welche in die Zuständigkeit einer ideologiefreien Wissenschaft fallen, von irgend einem ideologischen oder dogmatischen Standpunkt aus entschieden werden könnten. 2. Zur Bannung dieser Gefahren und um zu erreichen, daß die Wissenschaftler sich mehr und mehr ihrer Verantwortung stellten, wären Gespräche zwischen Wissenschaftlern und Theologen aller Konfessionen nützlich, in denen die wechselseitigen Standpunkte klar gemacht werden. 3. Hierbei sollten auch die Kirchen über wissenschaftliche Sachverhalte besser informiert werden, die für das Schicksal der Menschheit bedeutsam sind. Die Kirchen könnten sich an der Publikation derartiger Probleme beteiligen. 4. Zur Erarbeitung von Grundlagen des Handelns würden interfakultative Gespräche begrüßt werden. 5. Die Realisierung würde dadurch gefördert werden, daß in die Arbeit und Ausbildung der Geisteswissenschaftler stärker als bisher eine Auseinandersetzung mit Naturwissenschaft, Medizin und Technik eingezogen werden würde. 6. Die Wissenschaftler wären aufgerufen, sich einer intensiveren Zusammenarbeit mit den Geisteswissenschaften zu öffnen. 7. Es sollte endlich unterbleiben, daß Naturwissenschaftler, Mediziner oder Techniker unter Druck gesetzt werden, wenn sie sich mit gesellschaftlichen oder theologischen Konsequenzen ihrer Arbeit auseinandersetzten.

Der Punkt 7. war vor 5 Jahren noch akut. Ich selbst habe dies noch zu spüren bekommen. Er ist heute weitgehend überwunden. Der 5. Punkt, die zu schwache Auseinandersetzung der Geisteswissenschaften mit den Problemen der naturwissenschaftlich-technischen Zeit, war eine der wesentlichen Ursachen der Studentenrevolte am Ende der 60er Jahre. So gab Anfang 1969 der damalige Heidelberger Asta-Vorsitzende *Müller*, eine Theologiestudent, als Grund für seine Aktivitäten an: es widere ihn an, sich mit

Gedichtinterpretationen und alten Sprachen zu befassen, während die Welt voller Sorgen sei (*Spiegel*-Interview 1969). Die Wurzel vieler Schwierigkeiten liegen demnach noch immer im *Galilei*-Urteil. Die anschließenden Reformen lagen dann leider zu sehr in Händen von Unerfahrenen. Statt den 5. Gedanken des Baiersbronner Kreises zu befolgen, haben umgekehrt Geisteswissenschaftler aus ihrer Warte den eigentlich viel intakteren Naturwissenschaften nicht passende Organisationsstrukturen aufgezwungen.

Bei den Vorgesprächen zu dieser Erklärung sprachen einige der Teilnehmer von einem „zweiten Fall *Galilei*". Sie meinten damit die einseitige Stellungnahme der Kirche zu Fragen der Empfängnisverhütung, die zu dieser Zeit durch die päpstliche Enzyclica Humanae Vitae gerade stark diskutiert wurde.

W. Gerlach wies im Verlauf des mit dem Kardinal geführten Gesprächs darauf hin, daß die Kirche früher ethische Prinzipien unter der Angst des Menschen vor dem Tode durchgesetzt hätte. Heute stünden wir in der Angst vor der Selbstvernichtung der ganzen Menschheit. „Unsere einzige Hoffnung ist, daß die allgemeine Angst vor der Selbstvernichtung des Menschen neue Verhaltensweisen zur gesunden Kooperation innerhalb der Gesellschaft induziert" (*W.Gerlach* 1969; vgl. *W. Luck* 1970).

Zum Gespräch des Baierbronner Kreises mit Kardinal *König* entwarfen einige Teilnehmer Thesen zur Eröffnung eines Dialoges Naturwissenschaft-Geisteswissenschaft (vgl. *Luck* 1970).

1. Im Rahmen der wachsenden globalen Probleme der Menschheit und der durch die Technik bedingten Loslösung von der natürlichen Umwelt sind neue kooperative Verhaltensweisen notwendig.

2. Ein Dialog zwischen verantwortungsbewußten Vertretern verschiedener Wissenschaften, der Kirchen und des öffentlichen Lebens zu den aus 1 sich ergebenden Fragen ist zu begrüßen.

3. In diesem Dialog soll das Gemeinsame aller Denkrichtungen herausgearbeitet werden, das Trennende soll zunächst bewußt ausgeklammert werden.

4. Die verhängnisvolle Tradition ist zu beenden, nach der es für den Naturwissenschaftler suspekt war, sich mit den über sein Fach hinausgehenden Problemen auseinanderzusetzen, während Vertreter anderer Disziplinen sich ihrerseits wenig mit der Welt der Naturwissenschaften und der Technik beschäftigten. Im Rahmen der Kooperation haben Wissenschaftler in einer Motivierungsänderung sich auch um die gesellschaftlichen Konsequenzen ihrer Arbeit zu kümmern.

5. Wir fordern Toleranz gegenüber Wissenschaftlern, die allein auf Basis der Wissenschaft ohne ideologische oder konfessionelle Bindungen an der Kooperation mitwirken wollen.

6. Ziel des Dialoges sollte Frieden und humaner Fortschritt sein.

Anschließend wurde eine zuverlässige Analyse vorgeschlagen, der notwendigen Umwelthygiene und der durch die wissenschaftliche Aktivität entstandenen Situationen, um Entscheidungshilfen bereitzustellen. „Der Mensch hat sein Lebensschiff von der Umgebung weitgehend unabhängig gemacht durch technische Errüngenschaften. Die Vernunft der Passagiere bei der Erarbeitung eines gemeinsames Kurses muß den heute fehlenden Kapitän ersetzen ... Aufgabe der Wissenschaftler wäre hierbei, die Riffe und Gefahrenquellen für das Lebensschiff zu markieren" (*Luck* 1970 c). Die jüdisch-christliche Religion hat mit ihrem Gebot, der Mensch mache sich die Erde untertan, zu einer Beschleunigung der gegenwärtigen Probleme beigetragen. Die Kirche sollte heute erwähnen, daß Untertanen besitzen von jeher auf Dauer nur so lange gut ging, wenn man für sie Verantwortung mit übernahm.Die Festsetzung der Grenzen des Untertanentums wird heute zum Teil in den theologischen Kreisen zu den Aufgaben der Wissenschaft gezählt. „Die heutige Theologie betont mit Nachdruck .... daß die ethische Ordnung ... unmittelbar und wohl gänzlich vom Menschen her geklärt werden kann" (*Auer* 1969, *Sachsse* 1969). Jedoch auch die Umwelt verliert ihren Wert als Orientierungsgröße „wegen der" nachhaltigen Eingriffe in die Lebensbedingungen .... so müssen wir unsere Verhaltensprinzipien in uns selbst finden" (*Sachsse* 1969). Die Realisierung des Vorschlages einer Analyse der Weltlage scheiterte im wesentlichen an organisatorischen und finanziellen Fragen. Doch hat der Club of Rom inzwischen einen Teil des damals gesteckten Zieles verwirklicht (*Meadows* 1973). Eine interessante Schwierigkeit bestand auch darin, daß mehr als von theologischer Seite von Seiten einiger Techniker und Wissenschaftler Zielvorstellungen entwickelt wurden, daß die Wissenschaftler sich zu metaphysischen Werten bzw. zu einem übergeordneten Logos bekennen sollten. Demgegenüber waren andere der Meinung „wir sehen keine andere Möglichkeit, als daß Naturwissenschaft und Kirche weiter auf zwei getrennten Ebenen bleiben, wollen sie sich nicht selbst aufgeben" (*Brüche* 1968). Ich hatte selbst auch ganz diese Meinung vertreten, eine klare Grenzziehung der Kompetenzen sollte auch bei kooperativen Gesprächen bleiben. Da hier ein echter Dialog zwischen zwei verschiedenen Denkrichtungen in Gang kam, konnte er nur fruchtbar bleiben, wenn jede Seite ihren Standpunkt klar abgrenzt. Erst am Anschluß des Dialoges können Gemeinsamkeiten des Handelns festgelegt werden. Andererseits bleiben auch seitens der Kirchen über die erste Rede des Kardinals hinausgehende weitere Entwicklungen eigener Vorstellungen aus. Für die Ausarbeitung notwendiger Minimalprinzipien der Welt-Kooperation hatten ja gerade die Wissenschaftler eine internationale Basis, während dies auf theologischer Seite wegen des Pluralismus der Religionen viel schwieriger sein dürfte. Die Religionszugehörigkeit der Weltbevölkerung wird wie folgt geschätzt: Buddhisten und Konfuzianer 19 %, Katholiken 17 %, Mohammedaner 14 %, Protestanten 8 %, Hindus 12 %, Orthodoxe 3 % und Sonstige 27 % (*Spiegel* 1965, Nr. 52).

Die Wissenschaften mit ihrer Betonung des rationalen Denkens brachten die Theologie in Schwierigkeiten. Religion befaßt sich im Wesentlichen mit der Gefühlswelt, mit Emotionen des Menschen. Das limbatische Gehirn, Ursprungs der Emotionen, hat kein Sprachzentrum, daher erscheinen rationale Begründungen oder Auslegungen der Religion so schwierig. Sie werden vor allem schwierig, wenn man Menschen verschiedener Vorgeschichte im rationalen Trainung vor sich hat. In vielen Religionen gibt es Personifizierungen des oder der Götter. Hier kann man fragen, ob diese in vielen Religionen unabhängig zu beobachtende Gemeinsamkeit u.a. dadurch mitbedingt ist, daß der Mensch sich an die ersten beiden Lebensjahre unbewußt erinnert, in denen bei allen Schwierigkeiten ein oder mehrere überdimensional groß erscheinende Wesen helfend einsprangen. Elternlos aufgewachsene Kinder sind nach Information von Psychagogen weniger religiös veranlagt. Dies würde damit im Einklang stehen.

Die Musik hat es viel einfacher, die emotionale Welt des Menschen anzusprechen. Beim Konzertbesuch konzentriert sich jeder auf die Seite der Musik, auf die sein Inneres je nach Vorgeschichte anspricht. Ein Prediger hat es mit Worten viel schwerer eine breite Bevölkerungsschicht zum Mitschwingen zu bringen. Die alte in lateinischer Sprache gesungene Liturgie der katholischen Kirche sprach vielleicht unbewußt diese Überlegung an. Hiermit verbanden viele Hörer keine rationalen Gedanken. Einige Mönchsorden singen noch heute ihre Andachten. Die immer mehr in Mitteleuropa um sich greifende Übung des Mantra-Yoga, bei der unverständliche Worte gesungen oder meditativ gedacht werden, nutzen wohl den „Konzerteffekt" aus. Auch das Interesse der Europäer am Buddhismus ist von diesem Blickwinkel aus wegen seiner unpersönlichen Gottesvorstellung verständlich.

Die moderne Theologie hat in der wissenschaftlichen Welt die Schwierigkeit, daß sie wegen der differenzierten Bildung und wegen der schnellen Änderungen unserer Vorstellungen von der Welt möglichst wenig Rationalismus benutzen sollte. Andererseits ist das Individuum mündiger geworden, es kann selbständiger urteilen als etwa im Mittelalter. So können wir heute Regelgrößen für die Kooperation nur mit Erfolg noch empfehlen, wenn wir sie rational begründen. Damit hat die Naturwissenschaft direkt den Theologen die Arbeit, ethische Leitsätze zu geben, erschwert. Sie hat sich bisher aber geweigert nun selbst dieses entstehende Vakuum mit eigenen Ideen auszufüllen.

Man kann zwar nicht jeden Rückgang am Kircheninteresse den Naturwissenschaften in die Schuhe schieben. Wenn man die frühere große Armut russischer Dörfer mit dem Reichtum ihrer orthodoxen Kirchenbauten verglich, so erscheint die große atheistische Bewegung in der UdSSR in anderem Licht.

Mehrere Theologien haben mit ihrer Lehre der Nächstenliebe eine wertvolle Basis zur Kooperation aufgebaut. Sie haben andererseits aber auch den Individualismus gehegt, z. B. mit dem Gebet, dem unmittelbaren Zwiegespräch des Individuums mit Gott. Wobei aber die Vorstellung von Gottes oder Allahs Willen, dem Menschen einen Teil der Verantwortung abnahm.

Die Wissenschaft hat sowohl zu Änderungen innerhalb der christlichen Religionen geführt, als aber auch dazu, daß viele, die Beziehungen zur Religion verloren haben, und ihre emotionalen Triebe nun anderweitig ausleben. Ideologien, Rauschgiftsucht, Starverehrungen und vielleicht auch die Verehrung von Idolen wie *Che Guevara, Ho Chi Min* und *Mao* kann man so als indirekte Folgen der Verwissenschaftlichung unserer Welt ansehen. Selbst im Fanatismus einiger Umweltschützer mögen manchmal unbefriedigte emotionale Triebe hervorkommen.

Im Sinne der Weltkooperation sind alle Tendenzen zur Toleranz der Religionen untereinander zu begrüßen. Früher waren ihre Differenezen ja oft Kriegsanlaß. Von diesem Standpunkt ist zu fordern, daß der vom Staat geförderte Religionsunterricht sich nicht auf eine Religion beschränkt, sondern mehr das Gemeinsame und weniger das Trennende aller Religionen in den Vordergrund rückt. Die Spannungen zwischen Israel und den islamischen Staaten lassen befürchten, daß wir noch immer zu sehr in Religionsgrenzen denken.

Im Sinne der heute notwendigen Kooperation zwischen allen Menschen und allen Völkern sind die Grundprinzipien der Bahai-Religion recht interessant und vorbildlich. Die von dem Künder Bahá'u'lláh im letzten Jahrhundert aufgestellten Prinzipien fordern u.a.: „Die Einheit aller Religionen in ihren geistigen Grundlagen ... Die Einheit und organische Ganzheit des Menschengeschlechts .... Die Überbrückung aller Vorurteile, seien sie religiöser, sozialer, rassischer oder nationaler Art. Das unabhängige Forschen nach Wahrheit, das sich befreit hat von allen Banden engstirnigen Festhaltens an fortschrittshemmenden Überlieferungen. Die Übereinstimmung von Religion und Wissenschaft. Die allgemeine Einführung einer Welthilfssprache neben der Muttersprache. Die Bildung eines Weltbundesstaates und eines Weltschiedsgerichtshofes zur Schlichtung von Streitigkeiten unter den Völkern. Das Wirken für einen dauerhaften, umfassenden Frieden als erhabenstes Ziel menschlicher Tätigkeit. Allgemeine Erziehung zum Verständnis auf der ganzen Welt, die begründet ist auf selbständigem und vernunftmäßigem Suchen nach Wahrheit, hinführend zu einem Gefühl der gegenseitigen Verantwortlichkeit für die Familie der Menschheit. „Die Welt ist nur ein Land .... und alle Menschen sein seine Bürger .... Wahrlich der ist ein Mensch, der sich heute dem Dienst am ganzen Menschengeschlecht weiht" (*Bahá'u'lláh* 1853-1892). Die zur Selbstüberheblichkeit neigenden Christen sollten *Gandhi*s Worte aus seiner Jugendzeit nicht vergessen: „All diese Dinge wirkten zusammen, um mir Toleranz für alle Glaubensformeln einzuprägen. Nur das Christentum bildete damals eine Ausnahme. Ich faßte eine Art Abneigung gegen es" (*Gandhi* s. 1960). Als Grund gab er die Intoleranz der Missionare gegen andere Religionen an. „Doch der wahrhaft Edle erkennt alle Menschen als eines" (*Gandhi,* s. 1960).

3.25. U: Umwelthygiene, gemeinsame Verantwortlichkeit

Zu den sozialen Innovationen der letzten zehn Jahre gehört das langsam aber stetig wachsende Bewußtsein der notwendigen Umwelthygiene. Anregungen gingen hierzu aus von den Messungen der radioaktiven Verseuchung durch Atombombenversuche (*Haxel* 1968) und durch zahlreiche Lebenschutzverbände. Diese konnten sich zwar nur sehr langsam durchsetzen, da sie oft nicht über genügende fachliche Kenntnisse verfügten, um Wissenschaftler und Techniker anzusprechen. So schlug ihr Ziel gelegentlich bei Fachleuten sogar ins Gegenteil um und führte zu Bedenken, ob ein Nachdenken in diesen Richtungen nicht zu absurden Ergebnissen führen müsse. Nach und nach wurden jedoch langsam auch einige Wissenschaftler aktiv (*Bechert* 1956). Entscheidend scheinen dann jedoch allgemeine verständliche Bücher gewesen zu sein. Den Durchbruch brachten dann einige Aufsätze in Illustrierten, Zeitschriften und dann in Zeitungen. 1970 erhob der damalige amerikanische Präsident *Nixon* die Umweltfrage mit einem Verunreinigungs-Kontroll-Programm offiziell zu einem wichtigen Problem. Er stellte 5 Programmpunkte auf: Wasser-, Luftverschmutzung, Müll, Erholungsgebiete und Organisationsfragen (*Nixon* 1970).

Wir möchten die auf diesem Sektor auftretenden Probleme an zwei Beispielen aufzeigen: am Müllproblem und an Wasserfragen.

3.25. U.1. Müllprobleme:

Bis auf den aus Edelsteinen oder Edelmetall angefertigten Schmuck wird aus allen Waren einschließlich der Häuser mit unterschiedlicher Phasenverschiebung eines Tages Abfall (*Frost* 1968). In früheren Zeiten war die Kapazität der Flüsse, Meere und der Atmosphäre so groß, daß man fast unbemerkt Abfälle dorthin ohne Schwierigkeiten abgeben konnte. Erst durch die Überbevölkerung und durch die nach dem zweiten Weltkrieg exponentiell stark angestiegene Massenproduktion von Konsumgütern waren eines Tages, ehe man es richtig verfolgen konnte, die Kapazitäten der „Vorfluter" (Flüsse) und der Atmosphäre mindestens in den industriellen Ballungsgebieten erreicht.

In der BRD fallen pro Einwohner und Jahr ca. 220 bis 250 kg Hausmüll an (*Frost* 1968). Das entspricht pro Einwohner etwa 1 Kubikmeter Müll pro Jahr oder insgesamt 60 Millionen Kubikmeter Müll, die auf ca. 30 000 Müllplätzen abgelagert werden. Für 1975 wird der Gesamtmüllanfall in der BRD bereits auf etwa 200 Millionen Kubikmeter geschätzt (*Fischer* 1971). Davon wurden noch 1961 97% angelagert, 2,2% verbrannt und 0,8% kompostiert. Die Ablagerungskosten betrugen 1968 25,– DM bis 40,– DM pro cbm, die Verbrennungskosten etwa 80,– DM pro cbm; die Kompostierungsanlagen der Kommunen arbeiteten ebenfalls mit erheblichen Defiziten. Die Steinkohlenförderung der BRD z.B. von 120 Millionen Tonnen im Jahre 1962 bedeutet einen Anfall von 9,6 Millionen Tonnen Flugasche, Staub und Schlacke. Zusätzlich gelangten von dieser Kohlenmenge im Jahre 1962 2,4 Millionen Tonnen giftiges Schwefeldioxid in die Atmosphäre. Im Industriegebiet Ludwigshafen–Mannheim–Frankental betrug der Schwefeldioxidauswurf in die Atmosphäre 1965 pro Tag (!) 225 Tonnen (*Frost* 1968).

Der Anfall industriellen Mülls ist ebenfalls beträchtlich. So wurden Daten publiziert, daß die Firma Bayer allein im Jahre 1967 500 000 Kubikmeter

Müllanfall hatte (*Bayer* 1967), Die Firma BASF gab für ihren Bereich im gleichen Jahr 300 000 Tonnen Müll pro Jahr an (*Haisch* 1967). Davon kann nur ein kleiner Teil verbrannt werden (*Haisch*). So entstand 1967 allein in der Firma BASF in ihrem Stammwerk Ludwigshafen eine abzulagernde Müllmenge von 270 000 Tonnen. Das entspräche täglich einen vollbeladenen 50 Wagen langen Güterzug. In diesem Fall wird der Müll unter staatlicher Kontrolle auf einer Rheininsel abgelagert. Diese Deponie soll 24 Millionen Tonnen Müll aufnehmen. Aus ihr wird dann ein 1600 Meter langer, 600 Meter breiter und 35 Meter hoher Berg entstanden sein. Die Kosten lagen 1967 bei 12,– DM pro abgelagerter Tonne Müll (*Haisch* 1967). Eine derartige Mülldeponie erfordert verantwortliche Maßnahmen, damit auch auf lange Sicht keine Grundwasserverunreinigungen vorkommen. 1974 gab dieselbe Firma eine jährliche Verbrennung von 130 000 Tonnen Abfall an (*Leib* 1974).

Die zunehmenden Bemühungen der Abwasserreinigung bringen zusätzlich allein bei der Fa. Bayer ab 1970 150 000 Kubikmeter Schlammanfall pro Jahr. Für die USA werden für das Jahr 1971 an Abfallanfall von 1,1 Milliarden Tonnen anorganischen Substanzen und 2 Milliarden Tonnen organische Abfälle gemeldet (*Hammond* u.a. 1973). Die organischen Abfälle teilen sich auf (Angabe in Millionen Tonnen pro Jahr): Stallmist (200), Ernte- und Nahrungsmittelabfälle (390), Haushalt (129), Holzabfälle (55), Industrieabfälle (44), Kläranlagen (12) und Verschiedenes (50). Zusammen sind dies 880 Millionen Tonnen organische Abfälle pro Jahr (*Hammond* u.a. 1973). Theoretisch könnten daraus 400 Millionen Tonnen Öl gewonnen werden, was etwa der Hälfte des Erdöl-Verbrauchs in USA entspräche. Der größte Anteil dieses Mülls fällt jedoch so verstreut an, daß der Abtransport nicht lohnend wäre und wiederum Energie verbrauchen würde. Nach Schätzungen könnten von den 800 Millionen Tonnen 136 Millionen Tonnen relativ einfach verwertet werden zu 27 Millionen Tonnen Öl, was etwa 3% des amerikanischen Erdöl-Verbrauches entspräche (*Hammond*). Zur Zeit laufen in den USA Versuche, die aussichtsreich erscheinen, die Kosten für eine derartige Ölgewinnung unter die Deponiekosten zu drücken (*Hammond* 1973). Die Müllverbrennung erzeugt ihrerseits wieder besondere Luftreinigungsprobleme.

Einige Müllprobleme sind natürlich für die Gesellschaft von besonderer Tragweite, so z.B. die Autowracks. In New York wurden z.B. allein im Jahre 1969 50 000 Autowracks stehen gelassen und mußten abgeschleppt werden. Der Abfallwert eines Autowracks übersteigt nicht wesentlich die Abschleppkosten.

Frost (1971) stellte für die Umweltverschmutzung eine Formel auf. Nach ihr ist sie gleich dem Produkt aus der Bevölkerungszahl pro Quadratkilometer, aus der Summe der Konsumgüter und einem „Unreinlichkeitsfaktor". Umwelthygiene erfordert also Maßnahmen zur Verminderung des Unreinlichkeitsfaktors aber auch zu Wachstumsbeschränkungen. Das Bundesabfallgesetz der BRD vom 2. 3. 1972 vertritt ausdrücklich das Prinzip, Abfälle sind so zu beseitigen, daß das Wohl der Allgemeinheit nicht beeinträchtigt wird (*Moll* 1973).

Das Müllproblem demonstriert übrigens auch, wie die Menschen einer Industrialisierung mehr und mehr voneinander abhängig werden. Ein längerer Streik der Müllabfuhr oder der Abwasser-Reinigung hätte in einer Großstadt einschneidende Folgen.

3.25. U.2. Abwasserfragen:

In der BRD fallen jährlich etwa 800 mm Niederschläge (*Elster* 1968). Das entspricht etwa 200 Milliarden Kubikmeter Wasser. Rund die Hälfte davon verdunstet, etwa 60 Milliarden Kubikmeter fließen über die Flüsse ab und etwa 28 Milliarden cbm gelangen pro Jahr ins Grundwasser (*Frank* 1971) und speisen die wichtigste Trinkwasserquelle.

Der Wasserverbrauch in der BRD betrug 1969 15 Milliarden cbm. Davon werden etwa 7 Milliarden cbm aus dem Grundwasser entnommen. Der weitere Anstieg des Wasserverbrauchs in der BRD wird geschätzt: für 1985 ca. 19 Milliarden cbm, für das Jahr 2000 rund 27 Milliarden cbm (*Müller-Neuhaus* 1971). Von dem Grundwasservorrat von 28 Milliarden cbm pro Jahr ist etwa die Hälfte leicht zugänglich. Die Reserven an Grundwasser reichen also höchstens um einen Faktor 2, was bei exponentiellem Wachstum nicht viel ist. Die Grundwasserentnahme wird zudem als Abwasser dem Flußsystem zugeführt. Hier wird die Natur stark gestört. Hierbei ist noch zu beachten, daß das Straßennetz und Bauten einen nicht mehr zu vernachlässigenden Flächenanteil ausmachen (*Frank* 1971). Der dort niederfallende Niederschlag wird zum großen Teil auch der Flußkanalisation zugeführt. Auch der Wasservorrat der Flüsse ist nicht mehr groß. Von den 60 Milliarden cbm pro Jahr bereitstehendem Flußwasser, ist wegen der Hochwassermengen stetig höchstens die Hälfte zugänglich. Zur Zeit werden von den 30 Milliarden cbm schon 7 bis 8 Milliarcen cbm vom Menschen genutzt. Die Abwassermenge von 15 Milliarden cbm pro Jahr entspricht bereits die halbe zugängliche Flußwassermenge. An Abwässern fielen in der BRD täglich an (1967): aus der Industrie 19,8 Millionen Kubikmeter und sonstige 13,4 Millionen cbm. Das sind pro Jahr 12 Milliarden cbm (*Frost* 1968). Im Jahre 2000 werden nach den Schätzungen die Abwassermengen beinahe zu 100% den Flußwassermengen entsprechen. Mehrfach-Verwendung und hoher Reinigungsaufwand werden nötig sein. Die einfache überschlagsmäßige Berechnung der Wasserlage zeigt deutlich, daß wir uns hier den Grenzen der Vorräte stark nähern. Der Haushaltsbedarf an Wasser verhält sich zum Industriebedarf etwa wie 1 zu 2.

Auf dem kommunalen Sektor waren 1968 30% des Abwassers noch nicht erfaßt, 19,3% wurden ungereinigt über Sammelbecken in das Gewässersystem abgegeben, 23,2% unvollkommen gereinigt und nur 27,3% voll gereinigt. Die Investitionskosten für Abwasseranlagen sind sehr hoch. So gab die BASF für eine Großanlage in Ludwigshafen den Aufwand von 150 Millionen DM an, dazu kommen laufend Kosten von 16,5 Pfennig pro cbm. Die laufenden Kosten bei kleineren Anlagen steigen stark an.

Die Flüsse schleppen zusammen mit den Abwässern große Mengen Abfallstoffe mit sich. So werden für den Rhein pro Tag für 1971 folgende Salzmengen angegeben (in Tonnen pro Tag): Kochsalz 40 000, Nitrat 2 260, Sulfat 1 650, Ammoniak 550 und Phosphat 100 (*Fischer* 1971). Jeder Einwohner der BRD liefert täglich Abwassermengen, zur Zersetzung der darin enthaltenen organischen Stoffe werden 5 Tage lang täglich soviel Sauerstoff verbraucht, wie in 7,5 cbm Wasser enthalten sind (*Elster* 1968). Den Sauerstoffbedarf von Gewerbe- und Industrie hat *Elster* (1968) auf diese Einwohnergleichwerte (Ewgl) umgerechnet. Eine Molkerei z.b. braucht pro 1000 Liter Milch 100-200 Ewgl, eine Brauerei pro Tausend Liter Bier 300 bis 2000 Ewgl, ein Schlachthof pro 2 Ochsen oder pro $2^1/_2$ Schweine 70 bis 200 Ewgl und ein Zellstoffwerk braucht schließlich pro Tonne Zellstoff 4000 bis 6000 Ewgl.

In Abwasserklärteichen rechnet man einen Flächenbedarf von 1 ha pro 2500 Einwohnern (*Elster* 1968).

Die Investitionskosten für Wasserreinigungsanlagen werden geschätzt zu: momentaner Nachholbedarf Kommunen 22 Milliarden DM, Industrie 18 Milliarden DM; Wachstumsbedarf bis zum Jahr 2000: Kommunen 108 Milliarden DM, Industrie 85 Milliarden DM. Das sind zusammen 2000 Milliarden DM (*Böhnke* 1971). Aus dem Vergleich ist zu entnehmen, daß die Kommunen bisher noch nachlässiger als die Industrie die Abwasserfrage behandelt haben. Abgesehen davon, daß die Vorausplanung und Aufsummierung der Abwässer und Abluftmengen der Industrie eigentlich auch Aufgaben des Staates wären. Nach Angaben *Nixon*'s (1970) bereitete die meisten Schwierigkeiten „eine Kontrolle der Wasserverschmutzung aus landwirtschaftlichen Quellen, z.B. durch tierische Ausscheidungen (s. auch *Moll* 1973), Bodenerosion, Düngemittel und Schädlingsbekämpfungsmittel" (*Nixon* 1970).

Der Verschmutzungsgrad unserer großen Flüsse entspräche etwa einem kleinen privaten Schwimmbad von 4×8 Meter und 1,5 Meter Tiefe, dem 2300 Liter Wasser aus einer städtischen Kläranlage zugesetzt wurden (*Müller-Neuhaus* 1971). Zu den Grenzen der Flußverunreinigung kommen Probleme der künstlichen Wassererwärmung. Der große Anfall an Abwärme von Kraftwerken wurde bereits erwähnt. Bei einer Extrapolation des Bedarfs an Elektrizität müßten im Jahre 2000 am deutschen Rhein 36 Elektrizitätswerke von je 5000 Megawatt Leistung errichtet sein. Sie hätten also einen mittleren Abstand von 19 km. Jedes würde pro Sekunde 250 cbm erwärmtes Kühlwasser abgeben. Bei mittlerem Niedrigwasserstand träte dabei eine Erwärmung des Rheins um etwa 3 °Celsius auf. Abgesehen von den Folgen für die Natur und das örtliche Klima durch die Erhöhung der Luftfeuchtigkeit, wäre dies technisch nicht mehr realisierbar, weil der Rhein sich auf 19 km bis zum nächsten Kraftwerk nicht bei jeder Wetterlage abkühlen würde (*Ekholdt* 1971). Da ein Teil des Trinkwassers der Großstädte dem Flüssen oder dem Uferfiltrat entnommen wird, wäre dabei auch zu befürchten, daß das Trinkwasser in den Haushalten erwärmt aus den Hähnen strömen würde. Man rechnet damit, daß etwa ab 1980 die Kühlwassernutzung unserer Flüsse in der BRD bis zur Grenze voll ausgenutzt sein wird (*J. Wallner* 1971), so daß man zu großen, das Landschaftsbild stark belastenden Luftkühltürmen übergehen müßte. Wobei Kühltürme von 125–240 Meter Durchmesser und

150—220 Meter Höhe diskutiert werden (*Hirschfelder* 1974). Kühltürme von 100 Meter Durchmesser und 100 Höhe sind in der BRD bereits gebaut worden, z.B. von den Vereinigten Elektrizitätswerken Westfalen.

Daß die Schonung unserer Flüsse nicht nur aus ökologischen, sondern auch aus ökonomischen Gründen interessant ist, zeigt die Überschlagsrechnung von *Wallner* (1971), nach der die Selbstreinigung einer Strecke von 100 km Rhein in einer künstlichen Wasserreinigungsanlage einem Kostenaufwand von 6 bis 8 Milliarden DM entspräche.

Nicht mehr zu vernachlässigende Probleme, wenn auch etwas anderer Art, beschäftigen die Meereswissenschaftler. Es wird z.b. geschätzt, daß pro Jahr durch Unfälle beim Verladen oder bei Schiffsunfällen und durch Reinigungsarbeiten an Tankern in die Weltmeere 5 bis 10 Millionen Tonnen Erdöl gelangen (*Reuter* 1971). Während der Badesaison 1967 gaben einige Kurverwaltungen von den Nordseestränden an, daß die Strände an 50% aller Tage leichte bis mittlere Ölverschmutzungen aufwiesen und an 34% aller Tage schwere Verschmutzungen (*Reuter* 1971). In die Nordsee gelangen über die Flüsse große Abfallmengen. Zusätzlich werden einige besonders aggressive Industrieabfälle im Mangel an anderen Möglichkeiten mit Spezialschiffen auf der Nordsee abgelassen. So gibt es z.b. Spezialschiffe die chlorhaltige Abfallstoffe auf hoher See verbrennen [Chem. Ing. Techn. CIT **46** A 258 (1974)]. Hierbei entstehen Salzsäuredämpfe. Als Beispiel sei ein derartiges Schiff genannt, das 1973 40 000 Tonnen chlorhaltige Stoffe auf der Nordsee verbrannt hat. Das entspricht einer Abgabe von etwa 1 200 Tonnen Salzsäure und 40 Tonnen unzersetzten Chlorkohlenwasserstoffen (CIT 1974). Die Verbringung von Abfällen aufs Meer wird freilich nicht als besonders bequem vorgezogen, sondern ist oft der einzig mögliche Weg. Prohibitiv sind schon die Kosten. Für die Verbringung von Feststoffen aufs Meer werden Beträge von 120 bis 500 DM pro Tonne angegeben (*Keune* 1971). Für die englische Ost- und Südküste liegen Schätzungen vor, daß dort pro Jahr über Flüsse und Spezialschiffe 6,5 Milliarden cbm Industrieabfälle und 1,7 Milliarden cbm häusliche Abwässer in die Nordsee eingeleitet wurden (*Moll* 1971).

Einige der Verunreinigungen können spezifische Störungen verursachen. So mußte vor kurzem in USA der Verkauf von 100 Millionen Thunfischkonserven verboten werden, weil sie mehr als 0,5 ppm Quecksilber enthielten (*Tiews*). Organische Verunreinigungen insbesondere von Schlachthöfen und aus der Kanalisation können zu Salmonellen und Virenkrankheiten an Fischen und Muscheln führen. So wurden z.B. 1971 Muscheln aus Wyk ungenießbar, oder im Jade-Gebiet waren 1000 Kilo Muscheln wegen Ölverschmutzung nicht eßbar (*Tiews* 1971). Ein Wissenschaftler eines amerikanischen Meeresforschungsinstitutes berichtete mir kürzlich, daß sie bei Mikrountersuchungen von Meerwasserproben in der Karibischen See selbst abseits großer Schiffsrouten überall Teile von Zellstoffäden gefunden hätten. Als Quelle vermuteten sie eine weltweite Verbreitung von Toilettenpapier-Resten in den Meeren.

Neben industriellen Abwässern bringen in einigen Ländern Haushaltsabwässer Schwierigkeiten für die Reinheit der Meere. So werden in den Tiber Fäkalien von 5 Millionen Anwohnern eingeleitet, in den norditalienischen Fluß Po von vier Millionen und in den Arno von drei Millionen. Das Hygiene-Institut der Universität Bologna hält daher nur noch das Wasser eines sehr kleinen Teils der italienischen Meeresstrände für einwandfrei. Eine Typhusepidemie vor einigen Jahren in Süditalien war äußeres Zeichen für diese Lage (*Bruns* 1974).

Das Beispiel der Meeresverunreinigung zeigt deutlich, daß nur internationale Lösungen entstehender Probleme möglich sind. *Nixon* (1970) hat schon für sein Land betont „daß die Wasservorkommen in den USA uns allen gehören". Der Europarat hat eine Europäische Wasser-Charta heraus gegeben (Europarat 1968). Hierin heißt es u.a.:

III. Wasser verschmutzen heißt, den Menschen und allen anderen Lebewesen Schaden zufügen.

X. Jeder Mensch hat die Pflicht, zum Wohl der Allgemeinheit Wasser sparsam und mit Sorgfalt zu verwenden.

XII. Das Wasser kennt keine Staatsgrenzen; es verlangt eine internationale Zusammenarbeit.

Auf internationaler Ebene gibt es bereits einen internationalen Schiffssicherheitsvertrag aus dem Jahre 1960 und eine International Oceonographic Commission der Unesco. Internationale Vereinbarungen über das Versenken von Abfallstoffen auf hoher See sind erst im Stadium von Forderungen (*Jaenicke* 1971).

Die beiden Beispiele Müll und Abwasser zeigen die schwierigen Probleme, die die Umwelthygiene an den steigenden Konsum stellt. Sie zeigen auch deutlich, daß diese Probleme nur kooperativ gelöst werden können. „Die Erhaltung der Umwelt ist auch keine Aufgabe, die man einigen hundert führenden Persönlichkeiten überläßt. Sie versetzt uns vielmehr in die seltene Lage, daß jeder einzelne, an welchem Platz er auch immer stehen mag, die Chance hat, einen besonderen Beitrag zum Wohlergehen seines Landes und seiner engeren Heimat zu leisten" (*Nixon* 1970). Vor allem im Hinblick auf die Reinhaltung der Weltmeere wäre *Nixon* noch etwas besser beraten gewesen, wenn er vom Wohlergehen der gesamten Welt gesprochen hätte.

3.25. U.3. Allgemeines

Von den allgemeinen Folgerungen möchten wir zwei Punkte beispielhaft herausgreifen. Erstens wird für eine objektive Umweltschutzplanung dringend nötig, genauere Angaben über die medizinischen Folgen und die Belastbarkeit des Menschen mit Umweltverunreinigungen zu kennen. So fehlten *Meadows* (1973) für seine saubere Zukunftsprognose der Weltsituation z.B. diese Kenntnisse. Er neigt auf Grund von Vermutungen dazu, daß die Gesundheitsgefährdung des Menschen durch Umweltprobleme nicht besonders hoch ist, sondern erst bei einer Erhöhung der Verschmutzungsgrade um einen Faktor 50 einsetzen wird. Auch die entwerfenden Ingenieure brauchten z.B. bei der Abwägung verschiedener Synthesewege in der chemischen Industrie genauere quantitative Angaben über die Kalkulation des Umweltschutzes in ihren Überlegungen (*Luck* 1973). *Hinterhuber* (1974) hat einen Vorschlag zum Denken in „Nettosozialbeiträgen" gemacht. Hierunter versteht er die Differenz zwischen globalem Wertzuwachs der Produktion und dem Wert des globalen Unternehmensverbrauchs durch Umweltbelastung und Wertminderung des sozialen und natürlichen Umfeldes des Betriebes. Es erscheint als optimistisches Zeichen, daß die Anfänge der deutschen chemischen Industrie mit einem großen „Nettosozialbeitrag" begleitet waren und sich wohl vor allem deshalb durchsetzen konnten. Hier ist gemeint, der Wegfall des Krappanbaus durch synthetische Farbstoffe und die synthetische Düngemittelproduktion. Der Versuch derartige Überlegungen durch zumutbare maximale Konzentration von Giftstoffen in der Umgebung von Industrieanlagen ist nur ein Notbehelf, weil bei der Festsetzung von Zahlenwerten meist keine in Zahlen faßbare Grundlagen vorhanden sind. Man muß zwar zugeben, daß die bisher beschrittenen Wege nicht gerade schlecht waren. In Industriegebieten kommt es aber nicht nur darauf an, daß bei jeder einzelnen Quelle von Verunreinigungen bestimmte Toleranzwerte nicht überschritten werden, sondern der Staat muß die Summe aller Verunreinigungen koordinieren. Bisher gab es genaue Bestimmungen über die zulässige Konzentration an Stickoxiden in einem Kamin. Für Einwohner einer Industriestadt ist aber die Frage genau so wichtig, wie viele Stickoxide emittierende Kamine in ihrer Umgebung stehen. Für einen Fluß ist es zwar sehr wichtig, daß in einer Abwasserleitung die Konzentrationen an Verunreinigungen gewisse Maximalkonzentrationen nicht überschreiten und daß die verursachenden Firmen diese genau überwachen. Genau so wichtig ist aber die Menge der Verunreinigungen, die aus allen Abwässerkanälen zugeleitet werden. Diese Aufsummierung zu überwachen kann nur Aufgabe des Staates sein. Vor der Neuplanung von Anlagen pflegte die Industrie schon bisher genaue Vorausrechnungen der Folgekosten etc. durchzurechnen. Der Staat kennt diese Verfahren bisher kaum. Nach dem Übergang an die Hochschule fragte ich z.B. einmal einen im Kultusdienst tätigen Beamten, wie es denn möglich sei, daß nach Fertigstellung von Neubauten nicht das genügende Personal vorhanden sei, dessen Bereitstellung gehöre doch zur Vorplanung. Mir wurde darauf geantwortet, wenn der Finanzminister die Folgekosten vorher kenne, würde er viel sparsamer mit Baugenehmigungen vorgehen. Ein solches Verfahren könnte sich schon lange keine Privat-Industrie mehr leisten. Der amerikanische Staat begann wohl als einer der ersten sich offiziell mit der Einrichtung des technology assessment, der Vorplanung von Folgen technischer Neuanlagen, zu befassen (*GVW* 1975).

Das zweite wesentliche Problem des industriellen Umweltschutzes liegt in der notwendigen Koordinierung von Schutzmaßnahmen. Umweltschutz ist technisch meist nur mit sehr hohen Kosten durchführbar. So gibt z.B. die Firma Bayer an, in den Jahren 1963 bis 1972 für Umweltschutzanlagen 600 Millionen DM ausgegeben zu haben und für deren Betrieb im gleichen Zeitraum 1 Milliarde DM (*Bruns* 1974). Die gleiche Firma beschäftigt 300 Personen voll für den Umweltschutz. Selbstverständlich muß die chemische

Industrie, die ihre Produkte auf den Pfennig genau kalkuliert, diese Kosten auf die Preise schlagen. Im freien Markt gibt es dafür natürlich Grenzen. Welcher Käufer würde eine Perlonstrumpfhose für DM 3,– kaufen, wenn sie den Aufdruck trägt „mit Umweltschutz hergestellt" und er daneben eine ohne diesen Aufdruck für DM 2,50 sieht (*Luck* 1971)? Dieser Gesichtspunkt ist in dem jetzigen System der freien Marktwirtschaft nicht leicht unterzubringen. Bei scharfen Gesetzgebungen für den Umweltschutz brauchte der Staat hochqualifiziertes Überwachungspersonal[1]. Selbst dieses kann nicht über alle notwendigen Spezialkenntnisse auf allen Gebieten verfügen. Hier hilft nur eine Motivierungsänderung der Wissenschaftler und Techniker, so daß jeder an seinem Arbeitsplatz verantwortungsvoll mitdenkt. Dieser Prozeß setzt sich langsam aber stetig durch. Die häufig auf Umweltschutz Vorträgen zu beobachtende Aggressivität von Nichtfachleuten gegen Techniker ist nach meinen Erfahrungen nicht gerechtfertigt. Viele Techniker sind für Fragen der Verantwortung mindestens genau so erfolgreich ansprechbar wie Hochschulkollegen. Vor allem sind die Probleme des Umweltschutzes höchstens mit den Technikern aber nicht gegen sie zu lösen. Sie erfordern eine Kooperation aller Berufsgruppen. Die Technik, die bisher sehr schwierige Probleme gelöst hat, man denke nur an die Präzision der Raumfahrttechnik, kann bei ausreichender Motivierung und in Zusammenarbeit mit staatlicher Unterstützung viele Umweltprobleme lösen. Die Lösungswege müssen einfach immer in der Ambivalenz von Nutzen und Schaden gesucht werden. Die Ambivalenz der Technik ist so alt wie die Technik selbst. Eine der genialsten und kreativen technischen Erfindungen der Frühzeit waren z.B. Pfeil und Bogen vor etwa 12 000 Jahren. In einer Höhlenmalerei der Frühzeit finden wir Darstellungen von Jagdszenen mit Pfeil und Bogen zusammen mit einer mit diesen Instrumenten ausgeführten Hinrichtung eines Menschen (*Prideaux* 1973).

Eine strenge staatliche Umweltgesetzgebung würde die Preise für Konsumwaren anheben. Bei der weltweiten wirtschaftlichen Vernetzung ist dies auf national-staatlicher Basis nicht durchführbar, weil sonst sich der oben geschilderte Effekt importierter Strumpfhosen abspielen würde. Außerdem würden dann Firmen ihre Produktionsanlagen einfach in andere Länder verlegen, so daß eine Arbeitsplatzbedrohung für ein Land sowohl von Firmen anderer Länder als von den eigenen Landes eintreten würde. Eher wäre möglich, eine staatliche Begünstigung der steuerlichen Abschreibungsmöglichkeit von Umweltschutzmaßnahmen. Auf diese Weise hätten dann vorsorgende Firmen einen wirtschaftlichen Vorteil. Die beste Lösung wäre daher international koordinierte Maßnahmen. Derartige Maßnahmen werden sehr hohe Fachkenntnisse erfordern. Ein derartiges Beispiel wären erhöhte Abschreibraten für die Einrichtung von Lackverfahren mit höheren Ausbeuten (*Schene* 1974) wie z.B. die Elektrotauchlackierung. *Nixon* (1970) hat vorgeschlagen, daß

---

[1] Eine Zusammenstellung der in der BRD zur Zeit geltenden Umweltschutz Rechtsvorschriften, angefertigt von *H. Schene*, kann bei der GVW Geschäftsstelle, Postfach 1342, 6940 Weinheim, bezogen werden.

der Staat bevorzugt Kraftfahrzeuge kauft, die umweltfreundlich konstruiert sind, selbst wenn sie das Doppelte kosten würden.

Das Selektionsprinzip des freien Marktes hat sich im Großen und Ganzen bisher sehr bewährt. Ein staatlicher Eingriff, die Optimierung von richtigen technischen Lösungen durch Umgehung der bewährten Kostenfrage zu umgehen, beschwört die Gefahr, Fehlkonstruktionen zu fördern und vernüftige Wege zu stören, wenn dieser Eingriff nicht mit hohem technischen Sachverstand erfolgt. Hierzu wäre es unbedingt notwendig, daß in den staatlichen Beamtenapparaten mehr als bisher Techniker und Naturwissenschaftler tätig sind. Diese müssen mindestens genau so gut sein, wie die Techniker, die sie überwachen wollen. Bis auf wenige Idealisten kann der Staat diese Fachkräfte nur bekommen, wenn er sie gemessen an Industriegehältern nicht zu stark unterbezahlt. Demgegenüber vertritt unser Staat die Tendenz politisch Lohn- und Gehaltserhöhungen in der freien Wirtschaft mit gut zu heißen, aber bei ähnlichen Forderungen des öffentlichen Dienstes sehr viel härter Widerstand zu leisten. Auch auf diesem Sektor brauchen wir gleiche Maßstäbe.

Ein Jäger braucht eine sehr umfangreiche Prüfung, ehe er einen Jagdschein bekommen kann. Man kann mit unbedachten Chemikalienabfällen jedoch wesentlich mehr Tiere töten als mit einer Schußwaffe. Wir müssen heute also eine umfangreiche naturwissenschaftlich-technische Bildung fordern. Mindestens sollte dies für Industrie und Gewerbe gelten. Hierzu ein Beispiel: während eines wissenschaftlichen Besuches in Kanada vor einigen Jahren, wurde mir von Kollegen folgender Lapsus berichtet: In einer Fabrik an der Ostküste, die Phosphor nach einem Lizenzverfahren verarbeitet, hatten Ingenieure beim Anfahren der Anlage Phosphorrückstände in Unkenntnis der hohen Giftigkeit ins Meer gelassen. Ein Fischsterben in großem Ausmaß bedrohte darauf die dort umfangreiche Fischerei. Diese kleine Firma beschäftigte keinen Chemiker in der Produktionsanlage.

Beim sorgfältigen Pressestudium von Umweltskandalen wird einem auffallen, daß schwere Verstöße gegen die Umwelthygiene häufiger bei kleinen Firmen vorkommen. Fehlende Spezialkenntnisse und eine schärfere Preiskalkulation sind häufig die Ursachen. Größere Firmen haben alle Spezialisten für Sicherheit und Umweltschutz bzw. Arbeitskreise aus verschiedenen Spezialisten (*Schene* 1974b). Von dieser Problematik her sind moderne Polemiken gegen Großfirmen gerade wenig sinnvoll. Auch wirtschaftspolitische Vorwürfe gehen meist am Ziel vorbei. Die Umweltsorgen haben kapitalistische Industrien nicht viel schneller überrannt als Industrien in sozialistischen Ländern.

3.26. V: Verkehrsprobleme, ein Beispiel für Kooperation

Der Kraftfahrzeugverkehr ist ein deutliches Beispiel wie bei zunehmender Dichte menschlicher Aktivitäten die Funktionsfähigkeit nur über kooperative Regelgrößen erhalten werden kann. Die Vereinbarung gewisser möglichst streng einzuhaltender Verkehrsvorschriften garantiert auch bei hoher Verkehrsdichte die Gewährung eines gewissen Verkehrsflusses und eine Minderung von Unfällen. Der internationale Verkehr erfordert eine weitgehende Vereinheitlichung der Verkehrsvorschriften. Bei langer Fahrpraxis erfolgen viele Reaktionen beim Autofahren aus dem Unbewußten ohne Einschaltung der Überlegung. In Zeiten geringer internationaler Verbindungen war in einigen Ländern Rechtsverkehr entstanden in anderen dagegen Linksverkehr. Besonders kraß war dieser Gegensatz zwischen Norwegen und Schweden. An den Grenzen erfolgte ein Fahrbahnwechsel. Der Übergang zum einheitlichen Rechtsverkehr beider Länder ist Symbol für die stetige durch die Technik eingeleitete Internationalisierung.

Obwohl infolge der zur Kooperation erziehenden Verkehrsmaßnahmen die Zahl der Verkehrstoten und Verletzten nicht so schnell wächst wie die Zahl der Autos und Fahrkilometer, sind beide Zahlen erschreckend hoch. Die Zahl an Verkehrstoten pro Jahr beträgt in der BRD 15 000 bis 17 000. Für die USA beträgt die jährliche Todesquote: Straßenverkehr 55 000 (*Gabor* 1972). Auf der ganzen Welt werden Zahlen von Verkehrstoten pro Jahr zwischen 140 000 (*Gabor* 1972) Schätzwert bis 200 000 (*Gengenbach* 1968) angegeben. Allein die Todesziffer der BRD entspricht der Zahl der deutschen Gefallenen im Kriege gegen Frankreiche 1940. Die Gefährlichkeit auf die Straße zu gehen, entspricht beinahe der Gefährlichkeit früherer Kriege. Von einer Schulklasse aus 40 Schülern ist nach statistischer Wahrscheinlichkeit zu erwarten, daß einer im Laufe seines Lebens bei einem Verkehrsunfall ums Leben kommt und alle 2 bis 3 Verkehrsunfälle erleben (*Gengenbach* 1968). In der BRD gibt es pro Jahr etwa 1 Million Unfallbeteiligte und etwa gleich viele Verkehrsstrafverfahren. Während man über Tote und Verletzte selbst in kleinen Kriegen viel Aufhebens macht, gehört die „Verkehrsschlacht" auf den Straßen beinahe zur gewohnten Selbstverständlichkeit, weil jeder meint, es wird ihn selbst nicht erwischen. Durch Erhöhung des kooperativen Bewußtseins kann die Zahl der Unfälle noch beträchtlich gesenkt werden. Da ein erheblicher Teil der Verkehrstoten durch Alkoholmißbrauch verursacht wird, sollte wenigstens diese klare Unfallursache möglichst ganz verschwinden.

In England werden die Versicherungspolicen nach Alter und Berufsgruppen gestaffelt. Hierbei ist es besonders betrüblich, daß dort junge Studenten statistisch zu der Gruppe der größten Unfallneigung zählen.

Unfälle werden noch immer zu wenig ernst genommen. Bei jeder längeren Autobahnfahrt muß man erleben, daß überschnelle Fahrer selbst in kritischen Situationen durch Auffahren bis auf wenige Meter selbst bei Geschwindigkeiten von 150 km/h ein Überholen erzwingen wollen. Neben den oft tragischen familiären Folgen bei tödlichen Unfällen sollte man beachten, daß selbst eine leichte Gehirnerschütterung komplizierte Folgen haben kann. Ich hatte mehrmals vor allem bei älteren Kollegen nach Autounfällen den Eindruck, daß ihr fachliches Wissen und die wissenschaftliche Kominierbarkeit nach erlittenen Gehirnerschütterungen deutlich nachlassen. Die Beteiligten neigen zu leichtfertig dazu, daß mit einem Schmerzensgeld von DM 200,– oder 300,– die Sache ausgeglichen sei. Man sollte einmal näher untersuchen, ob nicht hierbei die geistige Arbeit von Monaten oder gar Jahren zunichte gemacht wird.

Neben den negativen Folgen der Motorisierung infolge von Unfällen und Umweltverschmutzung sind die positiven Folgen aufzuzählen. Zur Zeit der Treibstoffverknappung Ende 1973 wurden Untersuchungen über die Folgen durchgeführt. Als Ergebnis ist erwähnenswert, daß Berufstätige, die damals ihren Wagen nicht benutzten, als Hauptfolgen angaben: Verkürzung der Freizeit und Verkürzung kultureller Betätigungen.

Für viele dient der Wagen auch zur Erhöhung des Selbstbewußtseins. Herr und Lenker großer Kräfte zu sein, bringt für viele eine tiefe Befriedigung. *Kleemann* hat ironisch vermerkt, daß in vielen Autofahrern des 20. Jahrhunderts doch noch Anlagen aus der Steinzeit hervorbrechen. So kann nach *Kleemann* der Jagdtrieb zum Anlaß für gewagte Überholmanöver werden und den Wunsch nach nicht überholen lassen, schiebt *Kleemann* auf uralte Fluchtreaktionen. Moderne Maschinen erfordern einen modernen Menschen.

Neben den Individualvorteilen hat die Motorisierung mit den anderen Massenverkehrsmitteln zusammen zu einem Abbau des Nationalismus und einer Erhöhung internationaler Solidaritätsgefühle wesentlich beigetragen. Noch vor 100 Jahren hatten die meisten Bürger keine Gelegenheit auch nur Bürger der Nachbarländer jemals zu sehen, es sei denn in Kriegen. So war es möglich große Völker im Chauvinismus und Antipathie gegen die Nachbarländer zu erziehen. Die internationalen Beziehungen durch die stark verbilligten Reisemöglichkeiten und durch den größeren persönlichen Reichtum haben wesentlich zu einem Abbau derartiger nationalistischer Irrwege beigetragen. Zusätzlich trägt dieser Massentourismus auch zu einer echten Vermischung der Bevölkerung bei. Einer der wenigen genetischen Vorteile der modernen Zeit. *Tofler* (1971) berichtet von einem Extremfall, daß ein in San Francisco lebender junger Mann jedes Wochenende seine in Honolulu lebende Freundin besucht. Ein Bekannter von mir pflegte bei Antritt seines Sommerurlaubes morgens durch Münzwurf zu knobeln, ob er nun nach Dänemark oder Italien in Urlaub fährt. Dieser Internationalismus ist sehr förderlich. Es ist zu bedauern, daß sich hiervon einige Länder noch immer ausschließen und damit Gelegenheiten zum Abbau von Aggressivitäten zwischen ihnen und anderen Ländern versäumen.

Während noch 1914 ein Durchschnittsamerikaner höchstens 2000 km pro Jahr reiste, also in einem damals durchschnittlich 54 Jahre währenden Leben etwa 100 000 km zurücklegte, legt ein Durchschnittsamerikaner heute pro Jahr etwa 15 000 km und während eines 69 Jahre dauernden Lebens etwa 5 Millionen Kilometer zurück (*Tofler* 1971). Für Deutschland dürften die Zahlen für 1914 eher noch geringer sein.

Die Vorteile der Internationalisierung durch die Verkehrsmittel müssen gleichzeitig mit einem hohen Energieverbrauch erkauft werden. Für USA gibt die Statistik an, daß der Energieverbrauch der Verkehrsmittel 1968 25% des Gesamtverbrauchs ausmachte, während der Haushaltsverbrauch nur bei 19% lag (*Hammond* u.a. 1973).

In Zukunft wird man zweifellos mehr als bisher auf die Wirtschaftlichkeit der Verkehrsmittel achten. Die folgenden Tabellen (aus *Hammond* 1973) zeigen die großen Unterschiede in der Wirtschaftlichkeit.

Kilowattstunden pro Person und Kilometer

	Stadtverkehr	Überlandverkehr
Fahrrad	0,04	
Fußgänger	0,05	
Bus	0,67	0,29
Personen-Kfz.	1,46	0,62
Flugzeug		1,52

Kilowattstunden pro Tonne und Kilometer im Lastverkehr

Rohrleitung	0,08
Eisenbahn	0,12
Schiff	0,12
Lastkraftwagen	0,69
Flugzeug	7,61

Zusätzliche Probleme wirft die Zerstörung der Natur durch die zahlreichen Verkehrswege auf. Die optimale Verkehrsplanung kann nicht mehr von isolierten Behörden durchgeführt werden, sie erfordert eine Zusammenarbeit vieler Experten und der Bevölkerung. Hier ist z.B. in Boston mit einem Joint Regional Transportation Commitee vorbildliche Arbeit geleistet worden.

Der internationale Eisenbahn-, Schiffs-, Flug- und Autoverkehr hat zu vielen übernationalen Abmachungen geführt. Nach *Riester* (1969) entspricht die Größe der kommunalen Verwaltungseinheit etwa der Fläche über die früher Informationen innerhalb eines Tages verbreitet werden konnte. Das war vor Erfindung der Eisenbahn früher etwa ein Kreis von 15 bis 40 km Radius. Dieser Größe entspricht etwa ein deutscher Landkreis, eine englische Grafschaft oder ein japanischer Ken. Heute erreichen Informationen jeden Punkt der Erde in wenigen Sekunden. Per Flugzeug kann man innerhalb von 24 Stunden jeden Punkt der Erde erreichen. Man sprach früher von Kirchturmpolitik, einer Politik deren geistiger Horizont soweit reicht, wie man den eigenen Kirchturm noch sehen konnte. Man müßte hieraus heute die Forderung einer Weltpolitik extrapolieren.

3.27. W: Wirtschaftsprobleme, Beginn einer echten Internationale?

Der Zusammenbruch des Feudalherrensystems hängt wesentlich damit zusammen, daß mit der Industrialisierung neben den Feudalherren eine Gruppe von anderen Mächtigen entstand. Dies entsprach in gewisser Hinsicht einem Demokratisierungsprozeß. Die Feudalherren hatten zu spät erkannt, daß Industrie und Wirtschaft Machtsysteme sind. So entstanden in

jedem Land neben dem einen mächtigen Landesfürsten 100 oder mehr
Machtgruppen. Zusätzlich wurde auch der einfache Bürger unabhängiger.
Ein ähnlich umwälzender Prozeß läuft in den letzten Jahrzehnten ab. Es
entstehen auf privater Basis eine internationale Verflechtungen der Wirtschaft, so daß der Einfluß der Länderregierungen auf wirtschaftliche Fragen
ständig im Sinken begriffen ist. Bis gegen Ende des 18. Jahrhunderts beschränkte sich der internationale Warenaustausch vorwiegend auf entbehrliche Luxusartikel wie Schmuck, Edelstein, Teppiche, Gewürze, Farben,
Perlen etc. (*Riester* 1969). Im 19. Jahrhundert begann dann eine Abhängigkeit vom Güteraustausch von Industrieerzeugnissen und Rohstoffen. Der
Goldstandard erleichterte als internationale Währung den übernationalen
Warenaustausch. Die Massenproduktionsmethoden machten einen Welthandel noch interessanter, weil man große Anlagen einem großen Markt mehr
anpassen und damit besser auslasten kann. Von 1939 bis 1969 hatte sich
der Wert des internationalen Warenaustausches etwa verzehnfacht (*Riester*
1969). Mit der wachsenden Bedeutung des Weltwirtschaftsmarktes verlieren
die nationalen Geldhoheiten an Bedeutung. Auch Gold als Standard hat seine
Bedeutung eingebüßt. Die Bildung eines internationalen Geldwährungssystems ist noch nicht abgeschlossen, ist aber über den Weltwährungsfond
und dem Euro-Dollarmarkt als transnationaler Währung im Gange. Der Euro-Dollarmarkt umfaßt bereits den ganzen Welthandel. Über Kabel wird in
kürzester Zeit unter Einschaltung der Zentrale in London ein großer wirtschaftlicher Austausch vermittelt (*Riester* 1969).

Über den in privaten Händen liegenden Euro-Dollarmarkt können auch
Investitionskredite im großen Stil über Ländergrenzen abgewickelt werden.
Auf diese Weise entsteht eine weltweite Kooperation der Länder auf die die
Landesbanken nur einen eingeschränkten Einfluß haben, so daß in Zukunft
einzelstaatliche gesetzliche Kontrollen des Geldmarktes infrage gestellt sind
(*Riester* 1969). Multinationale Produktions- und Verkaufsgesellschaften,
wie Nestle, Shell Mobil Oil etc. bereiten einen wahrscheinlich irreversibeln
Internationalisierungsprozeß vor, so daß schon heute die Handlungsfreiheit
von Wirtschaftsministern und Zentralbankpräsidenten eingeschränkt ist
(*Riester* 1969). Da im wesentlichen dieser Prozeß nicht monopolartig verläuft, sondern daran doch sehr viele Firmen beteiligt sind, erscheint dies
weniger bedenklich und kann als demokratischer aufgefaßt werden, als wenn
eine kleine Gruppe von Politikern diese „Weltwirtschaftsregierung" allein
gebildet hätte. Zumal das Können der einflußreichen Persönlichkeiten in der
Privatwirtschaft den Eindruck hinterläßt, daß sie hinsichtlich Sachkenntnis
einem wirkungsvolleren Auswahlverfahren unterworfen sind als manche
Politiker.

Im Augenblick bestehen noch beide Interessen nebeneinander: nationale
Selbstbestimmung und internationaler freier Markt nach dem liberalen
System der höchsten Wirtschaftlichkeit. Einer der entschiedensten Vertreter
der nationalen Autarkie war *Hitler*. Der Chemiker und Nobelpreisträger
Carl Bosch versuchte als Vertreter der deutschen Industrie *Hitler* auf die Gefahren nationaler Isolierung hinzuweisen. Doch *Hitler* war danach nicht mehr

für ihn zu sprechen (*Holdermann* 1953). Die multinationale Wirtschaftsverflechtung hat die Versorgung von Gütern und Dienstleistungen schon weitgehend internationalisiert. Während die Nationalstaaten für die Bedürfnisse medizinischer, geistiger, einschließlich religiöser Art und nur noch zum Teil materieller Art sorgen (*Riester* 1969). *Riester* hält es für möglich, daß von der Internationalisierung der Wirtschaft her eines Tages der Fortbestand der Nationalstaaten in Frage gestellt wird. Ähnlich wie es ja mit den Feudalherren geschah.

Wie die Großfirmen zu Gebilden heranwachsen, die Nationalstaaten in ihrer Bedeutung überflügeln, zeigt ein Vergleich des Weltumsatzes einiger Firmen mit dem Bruttosozialprodukt einiger Länder.

Umsatz bzw. Bruttosozialprodukt in Milliarden DM für 1973

General Motors	96,7	Türkei	57	Pakistan	16,7
Dänemark	79,3	IBM	29,7	BASF	15,9
Österreich	73	Portugal	28,9	Chile	15,7
Ford	62	VW	17		

Für die BRD wurde 1968 geschätzt, daß ein Fünftel des Kapitals der Aktiengesellschaften und der GmbHs in ausländischem Besitz ist (*Riester* 1969).

Diese Entwicklung wird von der Öffentlichkeit offenbar viel zu wenig registriert und sollte stärker beobachtet werden. Es erscheint mehr als primitiv, wenn in einem so erfolgreichen Industriestaat wie die BRD sowohl die Regierung als auch die Opposition in Wahlkämpfen so tun, als ob das wirtschaftliche Wohlergehen allein von nationalen Politikern abhänge, obwohl ihr Einfluß darauf doch ständig im Sinken begriffen ist.

Auch die Aufhebung der nationalen Grenzen für Arbeitsplätze gehört zu dem wirtschaftlichen Internationalisierungsprozeß, der nur zu begrüßen ist. Obwohl die hohen Anteile von Fremdarbeitern aus der Türkei, Jugoslawien, Italien, Spanien etc. in der BRD oder von Pakistanis in England vielleicht zu schnell entstanden sind und daher mancherlei Übergangsprobleme ergeben.

Dieser Internationalisierungsprozeß läuft um so reibungsloser ab, um so ähnlicher die Struktur der beteiligten Länder ist. Daher bleiben leider einige Probleme der dritten Welt in diesem Prozeß nicht aus. Auch hier kann nur eine stärkere Bewußtseinsbildung der ablaufenden Prozesse weiter helfen. Wie sehr die Weltwirtschaft schon vom internationalen Denken abhängt, zeigt die Ölkrise von 1973/74 bei der plötzlich national-staatliches Denken der arabischen Staaten das eingespielte wirtschaftliche Gleichgewicht empfindlich störte.

Die Wirtschaftsentwicklung läuft zwangsweise unabhängig vom Wirtschaftsystem in Richtung großer Industriewerke. Das große Wachstum von Firmen wie Siemens oder der BASF zeigt hierbei die große Bedeutung der Arbeit der Wissenschaftler für Industrie und Wirtschaft. Das Wachstum großer Bereiche auf Kosten kleiner, ist offenbar ein allgemeines Naturgesetz. Wir kennen in der Kristallographie z.B. die sogenannte *Gibbs-Thompson*-Regel nach der große Kristalle in Gegenwart kleiner auf Kosten der Kleinen ständig wachsen

Die großen Kristalle haben relativ kleinere Oberflächenanteile und sind daher pro Baustein energetisch günstiger. Allerdings sinkt der Einfluß dieses Vorteils mit steigender Kristallgröße. Ähnlich haben Großfirmen wirtschaftliche Vorteile gegenüber kleinen und wachsen daher leichter. Kleine Firmen haben nur Aussicht auf größeres Wachstum, wenn sie dem Markt gegenüber überlegene neue Erfindungen aufweisen. Ab einer gewissen Größe können jedoch organisatorische Schwierigkeiten auftreten. Vom Standpunkt eines Wissenschaftlers kann diese Entwicklung nicht als schlecht angesehen werden. Nur größere Firmen können sich Forschungs- und Entwicklungslaboratorien in größerem Maßstab leisten. Auch vom Standpunkt der Umwelthygiene sind größere Firmen zu begrüßen, weil diese nich hierfür Spezialisten leisten können. Es wäre sträflich, wenn ein Land im Alleingang die Bildung von Großfirmen erschwert. Wegen der heute notwendigen drei Voraussetzungen: Arbeit, Kapital und Wissen, wäre ein solches Land, das die Vorteile der Massenproduktion im Verbundsystem und die Möglichkeiten großzügigerer Forschung und Entwicklung nicht voll nutzt, im internationalen Konkurrenzkampf hoffnungslos verloren.

Die Welt ist zur Zeit hinsichtlich der Ansichten über die richtigen Wirtschaftssysteme entzweit. Als Wissenschaftler ist man gewohnt Methoden nach Ergebnissen von Experimenten zu beurteilen. Gewiß hat das kapitalistische System viele Schwächen vom idealen theoretischen Standpunkt. In der Praxis hat es sich „als die wachstumsträchtigste Wirtschaftsordnung erwiesen" (*Ortlieb* 1971). Das marxistische System hat sicher manche Stärken in der Theorie, aber war in der Praxis bisher noch nicht so leistungsfähig wie das kapitalistische System. Das kapitalistische System als das ältere ist offenbar mehr an menschliche Schwächen angepaßt. Es vermag der kreativen Initiative größere Freiheit und damit mehr Erfolg zu geben. Wobei die im Kapitel Medizin statistisch nachgewiesenen Vorteile selbständiger Arbeit mitspielen dürften.

Doch beide Systeme dürften in ständiger Entwicklung sein. Der Kapitalismus der 70er Jahre ist nicht identisch mit dem der 30er Jahre. Heute gibt es große Aktiengesellschaften mit mehr als 200 000 Aktionären, was vom Volkseigenen Betrieb eigentlich von der Eigentumsseite nicht mehr weit entfernt ist. Staatliche Organisationen haben ihre Überlegenheit noch nicht unter Beweis gestellt. Das zeigen z.B. die jüngsten Ereignisse um die Hessische Landesbank, bei der in den beaufsichtigenden Gremien Politiker und zu wenig Fachleute saßen. Das Endergebnis war ein großes Defizit. Auch das Volkswagenwerk hat große Schwierigkeiten, seit der Aufsichtsrat, bei denen die Aktionäre in der Minderheit sind, nicht dem fachlichen Rat des Vorstandes folgt.

Die Auseinandersetzung Kapitalismus—Marxismus sollte die Polarität abbauen. Beide können von einander lernen, beide sollten anpassungsfähig sein für Evolutionsprozesse. Nicht zeitgemäße Nachteile des einen oder des anderen Systems sollten auf dem Evolutionswege abgebaut werden. Ein Staat sollte in kapitalistischen Ländern nur sehr vorsichtig in die Wirtschaft direkt eingreifen, es sei denn er hat Mitarbeiter, die klüger sind als das freie Spiel der Kräfte. In dem Selektionsmechanismus der freien Wirtschaft hat der Kapitalismus ein brauchbares System aufgebaut. Die im Gang befindliche Internationalisierung ist hierbei einen Schritt vorwärts gekommen. Marxistische Länder sollten sich daran beteiligen und daraus weitere Optimierung suchen helfen, dann sollte die heute notwendige Annäherung beider Systeme möglich werden.

3.28. X: Die große Unbekannte

Unbekannte Größen pflegt der Mathematiker mit dem Buchstaben X zu bezeichnen. Sofern der Physiker die Abhängigkeit unbekannter Größen von anderen zum Beispiel von der Zeit untersuchen will, bedient er sich der Differentialrechnung. Diese diskutiert zunächst das Verhalten bei kleinen differentiellen Änderungen dx und versucht dann durch Integration auf den Ablauf der Hauptgröße x zu schließen.

Immer größer wird zur Zeit das Interesse an dem zukünftigen Schicksal der Menschheit (*Futurologie*). Von verschiedenen mehr oder weniger begründeten Ansätzen wird versucht, Zukunftsprognosen für die Menschheit zu geben. Eine genaue Zukunftsprognose ist schwer zu geben, weil wir in einer Zeit schneller Änderungen leben. Das exponentielle Wachstum auf vielen Gebieten zeigt, daß differentielle Größen dx, wie sich also Eigenschaften x in kleinen Zeitabschnitten ändern, selbst zeitabhängig sein können. Über das Zeitgesetz menschlicher Entwicklungen lassen sich meist keine zuverlässigen Prognosen stellen. Dazu kommt, daß die Entwicklung der Welt sich aus mehr oder weniger kleinen differentiellen Beiträgen einzelner Menschen zusammensetzt.

In einem solchen Fall kann man jedoch eines mit Sicherheit sagen, wenn sich jeder bemüht, daß sein differentieller Beitrag an der Entwicklung positiv ist, so muß die zukünftige Entwicklung der Menschheit positiv ablaufen. Notwendig hierzu ist das Wissen, was positiv ist. Sofern man dies nicht weiß, so muß man wenigstens versuchen, daß die differentiellen Beiträge nicht negativ werden. Dann müßte die Welt mindestens auf ihrem jetzigen Stand stehen bleiben. Wobei es an uns liegt zu versuchen, auffallende Fehler, die bei der stürmischen Entwicklung entstanden sind, zu mildern.

3.29. Y: Yoga, eine Folge der Internationalisierung

Im Rahmen des internationalen Gedankenaustausches ist auch in letzter Zeit die Kenntnis der verschiedenen Yogasysteme verstärkt nach Europa gedrungen. Wobei das System der Hatha-Yoga Gymnastik mehr und mehr Anhänger in Europa findet. Dies ist ein Beispiel wie erfolgreiche Ansätze ausgetauscht werden.

Mit dem von der Naturwissenschaft eingeleiteten Bau von Maschinen, die dem Menschen die meisten körperlichen Arbeiten abnahmen, sowohl am

Arbeitsplatz als auch daheim, betätigen sich die meisten Europäer kaum noch körperlich. Der Mensch besteht aber eigentlich aus dreierlei Funktionen: des Körpers, des Geistes und des Gemütes. Alle drei hängen voneinander ab und geben nur ein gesundes Gleichgewicht, wenn alle Einzelteile gesund sind. Die körperliche Arbeit bei der Nahrungsbeschaffung und Aufbereitung in frühen Zeiten oder in gewerblicher oder industrieller Betätigung in der Übergangsphase hat seit Entstehung des Menschen seinen Körper ständig trainiert. Einseitige Fabrikarbeit wurde in den Anfängen noch teilweise durch den Gang zur Fabrik ersetzt. Heute brauchen wir unsere Muskeln recht einseitig oder gar nicht. Eine um sichgreifende Krankheit sollte zur Vorsicht mahnen, die Bandscheibenschäden. Sie sind mindestens zum Teil dadurch bedingt, daß Muskeln verkümmern und dadurch die Wirbelsäule nicht genügend stabilisiert wird. Andererseits werden die Knorpelgewebe nicht direkt durch den Blutkreislauf mit Nährstoffen versorgt, sondern über Diffusionsprozesse. Auch diese können durch Bewegung erleichtert werden. Das Jahrtausend alte System der Hatha-Yoga Übungen wird in dieser Lage plötzlich auch für den Europäer interessant. Yoga Gymnastik Übungen bewegen die Wirbelsäule in allen ihren Freiheitsgraden. Sie können daher Bandscheibenbeschwerden erleichtern oder gar ihre Entstehung verhindern. Dazu kommt, daß der Mensch heute sich so hetzen läßt, daß er glaubt, keine Zeit für sportliche Betätigung zu haben. Auch aus dem Sport haben wir einen Kult gemacht. Wir glauben ihn nur mit bestimmten kostspieligen Geräten oder in kostspieligen Anlagen durchführen zu können. Die Yoga-Gymnastik kann sich jeder selbst beibringen (vgl. *Yesudian* 1949). Wobei natürlich vorsichtig vorgegangen werden muß, man darf dabei nichts erzwingen. Andererseits braucht man hierzu keine kostspieligen Geräte oder Ausrüstungen wie etwa beim Skifahren. Man braucht keine Anmarschwege, sondern kann daheim üben.

Der große Vorteil der Yoga-Gymnastik liegt zusätzlich noch darin, daß sie nicht wie viele Sportarten nur die Muskeln, sondern auch die Nerven „behandelt". Die Entspannung und die Konzentration in den Übungspausen auf bestimmte Nervenzentren gibt den vollen uns fehlenden Ausgleich bei einseitig geistiger Arbeit.

Unserem Schulsport ist leider noch immer die auf Turnvater *Jahn* zurückgehende Tradition anzumerken. Damals war das Hauptziel des Sportes vormilitärisches Training. Entsprechend spielen Mutproben eine große Rolle. In der Zeit der übervölkerten Autostraßen können wir dies nicht mehr gebrauchen.

Zur Zeit der übervölkerten Autostraßen können wir alles andere gebrauchen als waghalsigen Mut. Auch von dieser Seite können wir aus dem Yoga-System sehr viel als Ergänzung lernen.

Die Kooperation fordert gesunde Menschen, weil überreizte Menschen zu leicht zu Konfliktsituationen neigen. Wir sollten also nicht vergessen, daß wir nicht einseitig die geistige Entwicklung des Menschen vorantreiben können. Die Technik verhindert körperliche Betätigung; die Verwissenschaftlichung bringt die Gefahr der Überbetonung des Verstandes. Der Mensch sollte sich um einen entsprechenden Ausgleich bemühen. „Die Dinge sitzen im Sattel und reiten die Menschheit . . . Der Mensch ist nur darauf bedacht, seine Maschinen zu verbessern und vergißt dabei, sich selbst zu vervollkommnen" (*Brunton* 1958).

3.30. Z: Zigarettenrauchen, ist der Name homo sapiens falsch?

Zigarettenrauchen bringt für einige Menschen eine gewisse geistige Anregung und hat damit auch eine positive Wirkung. Zigarettenrauchen belastet wesentlich den Kreislauf und kann zu erhöhter Anfälligkeit für Herzerkrankungen führen. Wie ausführliche statistische Untersuchungen zeigen, steigt für Raucher proportional zur Zigarettenmenge die Wahrscheinlichkeit an Lungenkrebs zu erkranken. Da Lungenkrebs meist zu spät erkannt wird, ist die Sterberate für diese Kranken hoch. Die starke Korrelation zwischen Lungenkrebs und Zigarettenrauchen ist z.b. aus einer 4 Jahre dauernden statistischen Erhebung von *Hommond* und *Horn* (1958) zu ersehen. Bei 63 600 Zigarettenrauchern traten in dieser Zeit 162 Fälle von Lungenkrebs auf; bei 44 000 Männern mit gemischten Rauchgewohnheiten traten 103 Lungenkrebsfälle auf, in der Vergleichsgruppe von 32 400 Nichtrauchern wurden dagegen nur 4 Lungenkrebsfälle beobachtet. Innerhalb der Rauchergruppe ist deutlich eine Korrelation zwischen der Zahl pro Tag gerauchten Zigaretten und der Krebshäufigkeit zu ersehen. Neben Lungenkrebs ist auch die Anfälligkeit der Zigarettenraucher für Krebserkrankungen des Hals- und Mundraumes deutlich erhöht (*Hommond* und *Horn* 1958). Auch der Anteil an Coronarerkrankungen mit tödlichem Ausgang ist für Zigarettenraucher deutlich höher (*Oettel* 1965). Zwar ist die Krebsanfälligkeit von Stadtbewohnern für Lungenkrebs gegenüber Landbewohnern deutlich erhöht, jedoch ist diese Korrelation bedeutend kleiner als die Differenz zwischen Zigarettenrauchern und Nichtrauchern (*Oettel* 1965).

Nicht unbeträchtlich ist übrigens auch die Nikotinaufnahme in Raucherzimmern durch Nichtraucher. Nikotin ist ein starkes Gift. 50 Milligramm Nikotin sind für den Menschen tödlich. Diese Tödliche Dosis kann aus 4 bis 5 Zigaretten gewonnen werden. Für alle Gifte sind maximale Arbeitsplatzkonzentrationen festgelegt, die gewerbepolizeilich nicht überschritten werden dürfen. Bei Nikotin liegt die maximal zulässige Konzentration bei 0,5 Milligramm pro Kubikmeter Atemluft. In Sitzungszimmern werden bis zu 5 Milligramm pro Kubikmeter Luft beobachtet. Beim Sitzen in einem solchen Raum, nimmt jeder die Nikotinmenge des Rauches von 4 bis 5 Zigaretten pro Stunde auf (*Oettel* 1965). In Raucherabteilen der Verkehrsmittel treten Nikotinkonzentrationen von 1 bis 3 Milligramm pro Kubikmeter auf, was einer Inhalation von 1 bis 3 Zigaretten pro Stunde entspricht (*Harmsen* und *Effenberger* 1957).

Wenn es einen Fall gibt für ganz klare Entscheidbarkeit in einer Ambivalenzsituation zwischen dem Überwiegen der negativen Folgen über die positiven, wenn es ein Umweltgift gibt, dessen Schädlichkeit medizinisch einwandfrei nachgewiesen ist, so ist es das Zigarettenrauchen. Doch ist die Erwartung, daß nach dieser klaren Erkenntnis der Zigarettenkonsum stark sinken würde, weit gefehlt. Er steigt weiter an. Vor allem nimmt die Zahl der Raucherinnen ständig stark zu. Während es früher in Japan kaum Raucherinnen gab und kaum Frauen, die an Lungenkrebs erkrankten, steigen jetzt beide Fakten auch in Japan stark an. Dieses Ergebnis ist freilich für die Umwelthygiene wahrhaft entmutigend. Bei den meisten anderen in die Umwelt verstreuten Giften handelt es sich um Konzentrationen, deren Schädlichkeit in so kleinen Dosen sehr schwierig nachzuweisen ist. Man extrapoliert meist aus Erfahrungen an hohen Dosen, bei denen Schädigungen einwandfrei nachweisbar sind und empfiehlt dann Vorsicht bei der Umweltbelastung. Daß so viele Menschen einwandfrei nachgewiesene Schäden so ignorieren, muß die Aktivitäten der Umweltschützer eigentlich frustrieren. Eine Ursache mag in dem Hang zum Lotterie-Spielen des Menschen liegen. Obwohl man sich doch bei jedem Toto- oder Lotto-Spielen ausrechnen kann, daß die Gewinnchancen sehr klein sind, versuchen es doch immer wieder sehr viele Menschen. So halten sie wohl umgekehrt das Zutreffen von statistischen Ergebnissen auf sie selbst für äußerst unwahrscheinlich. Die Statistik besagt ja nur, daß je nach gesundheitlicher Konstitution und vielleicht auch je nach Eintreffen anderer Faktoren, die wir noch nicht kennen, für den Raucher eine Verkürzung der Lebenserwartung eintritt. Man kann niemanden sagen, wie hoch seine Lebenserwartung ohne Rauchen sein würde, so daß er direkt vergleichen könnte.

Wie groß die Unvernunft einiger Menschen sein kann, zeigt das Beispiel eines Nachbarn, der als starker Raucher an Lungenkrebs starb. Trotzdem stoppte seine 20jährige Tochter davon unbeeindruckt ihren Zigarettenkonsum keineswegs. Es liegt hier offenbar ein Beispiel für die mangelnde Kopplung zwischen limbatischem Gehirn und Neocortex vor. Rauchergewohnheiten sind auch mit emotionalen Handlungen gekoppelt, so daß die logischer Denkvorgänge diese nicht stoppen können.

Dies ist eine erschreckende Bilanz, weil befürchtet werden muß, daß der homo sapiens auch andere Handlungen nicht verstandesmäßig lenken kann. Dazu gehörten früher zweifellos die Auslösung von Kriegen, die durch aggressiv machende Erziehung begünstigt wurde. Ins Extrem extrapoliert, müßten Wissenschaftler sich ernsthaft fragen, ob sie ihre aus der streng logischen Welt stammenden Produkte eigentlich dieser Spezies homo sapiens allgemein zur Verfügung stellen können.

Auch das in USA gesetzlich vorgeschriebene Bedrucken der Zigarettenschachteln mit Warnungen vor der Gesundheitsschädlichkeit der Zigaretten konnte den Verbrauch nur zeitweise etwas einschränken. Seit 1970 steigt auch in USA der Zigarettenverbrauch wieder erneut an. Alle über 18 Jahre alten Einwohner in USA haben einen mittleren jährlichen Zigarettenverbrauch von 4155 Stück. 42% der männlichen und 36% der weiblichen Bevölkerung sind Raucher. In der BRD entfallen auf jeden über 15 Jahre alten Bürger ein mittlerer Zigarettenverbrauch von 2645 (1973), 60% der Männer rauchen, davon 54% Zigaretten, 26% der Frauen der BRD sind Raucher (FAZ Nr. 15 (1975), S. 11).

Allerdings hat die Publikation des *Terry*-Reports im Jahre 1963 über den Nachweis der Gesundheitsgefährdung des Rauchens einen Rückgang des Zigarettenverbrauchs in den USA von 4345 Stück pro Kopf im Jahre 1963 auf 3985 Stück im Jahre 1970 gebracht. Zunächst könnte man daraus eine Folgerung auf die geringe Wirkung von Reklame ziehen. Andererseits zeigt der anfängliche Rückgang, daß eine Motivierungsänderung der Menschen möglich ist, aber nur mit sehr hohem Aufwand. In einer Pressekonferenz wurde einmal diskutiert, daß die Reizschwelle für eine Massenbewegung in Richtung auf eine bestimmte Meinung um 20% einer Gruppe liegt. Das Mitlaufen mit den Gepflogenheiten einer Gruppe ist offenbar eine instinktähnliche Reaktion.

Daß jedermann die Freiheit hat mit seinem Körper zu tun, was ihm beliebt, ist Ausdruck unseres demokratischen Geistes. Bedenklich dagegen scheint es jedoch zu sein, daß man auch als Nichtraucher oft in Sitzungen oder in Gesellschaften zum Mitinhalieren von Zigarettenrauch gezwungen wird. Eine erhöhte Krebsanfälligkeit bei Kellnern und ähnlichen Berufen hat auch hier einigermaßen gesichert, daß auch das Inhalieren von Tabakrauch in Raucherzimmern durch Nichtraucher Folgen haben kann (*Schnitzler* 1966). Hier sollte man doch versuchen, die Raucher soweit zu Motivierungsänderungen zu erziehen, daß sie lernen, wenigstens auf ihre Mitmenschen Rücksicht zu nehmen. Kinderärzte klagten kürzlich auf einem Kongreß, daß viele Säuglinge unter dem Zigarettenrauch der Eltern leiden müssen.

Neben dem Rauchen gibt es eine Reihe weiterer innerer Disziplinlosigkeiten mit denen Menschen ihre Gesundheit ruinieren (Rauschgifte, Neurosen . . .). *Scheidt* (1973) spricht von Innenweltverschmutzung, zu der er auch extremen Hang zu Ideologien rechnet. Nach *Scheidt* brauchen viele Menschen Vorbilder, die ihnen inneren Halt geben. Unsere Zukunft wird nach seiner Meinung davon abhängen, ob die Gesellschaft ausreichende positive Vorbilder ausbilden kann. Sonst sind wir in der Gefahr, daß die Gesellschaft von „Soziopathen" wie vom Rattenfänger von Hameln hypnotisch verführt wird. „Die Psychopathen sind immer da. Aber in den kühlen Zeiten begutachten wir sie, und in den heißen beherrschen sie uns" (*Kretschmer*, s. *Scheidt* 1973). Man ist geneigt *Lorenz'*(1973) Wort: „Das lang gesuchte Zwischenglied zwischen dem Tier und dem wahrhaft humanen Mensch *sind wir"* abzuwandeln in: „Das Zwischenglied zwischen dem Menschen und dem homo sapiens *sind wir".*

3.31. Zusammenfassung

1. Die Astronomie lehrt uns wie klein und unbedeutend ein menschliches Individuum gemessen an der Weite des Alls ist. Die Übervölkerung und die technischen Möglichkeiten machen jedoch in der Summation diese Aussage für die Erdoberfläche und die Menschheit als Ganzes ungültig. Es ist eine weltweite Kooperation notwendig; das

historisch gewachsene Gefühl, ein selbständiges Individuum zu sein, dessen Tun vernachlässigbar kleine Wirkungen auf eine unendlich groß erscheinende Erdoberfläche ist, muß aufgelöst werden.

2. Atomarer Müll aus Atombombenversuchen ist bereits in allen Lebewesen nachweisbar und zeigt, wie wir alle zu einer Schicksalsgemeinschaft geworden sind. Der Bau von Kernreaktoren fordert in der Zukunft eine weltweite Planung, weil die atmosphären Verunreinigungen die Toleranzgrenze erreichen könnten. Die riesigen Mengen an in den Kernreaktoren anfallendem Plutonium erfordern, daß mit dem Reaktorbau der Aufbau einer stabilen Weltpolitik parallel geht. Die sehr großen Mengen des in den Kernreaktoren entstehenden langlebigen radioaktiven Abfalls machen ein stabiles System der Weltinnenpolitik notwendig. Terroristen mit technischen Kenntnissen könnten eine technische Gesellschaft lahm legen.

3. Die Atomwaffen geben den Menschen soviel Macht, daß sie die Verantwortung für ihr Weiterleben selbst übernehmen müssen. Das Prinzip Krieg kann nicht mehr verantwortet werden, es ist durch eine weltweite Kooperation zu ersetzen.

4. Die Möglichkeiten bakterieller Kriegsführung erzeugen eine ähnliche globale Gefahr wie die Atomwaffen. Auch von dieser Seite müssen die Menschen lernen, jegliche kriegerische Aggression zu lassen. Die Naturwissenschaftler tragen die Verantwortung der Überwachung von bakteriellen Rüstungen.

5. Das exponentielle Bevölkerungswachstum wird in absehbarer Zeit auf Wachstumsgrenzen durch die endliche Ackerbaufläche und durch die endliche Wohnfläche stoßen. Begrenzungen des Wachstums sollten weltweit einheitlich folgen, um den natürlich gewachsenen Populationspluralismus im Gleichgewicht zu halten.

6. Das Motto „alle Menschen werden Brüder" in *Beethovens* 9. Symphonie ist Realität nach einem Vergleich zwischen der theoretisch möglichen Ahnenzahl, die jeder Mensch vor einigen Tausend Jahren hatte, mit der zu diesen Zeiten existierenden Bevölkerungszahl. Innerhalb jedes Stammes besteht eine mannigfache Verwandtschaft aller Angehörigen. Selbst bei nur geringen verwandtschaftlichen Bindungen entfernt lebender Stämme bestehen demnach auch verwandtschaftliche Bindungen zu allen Angehörigen dieser Stämme.

7. Die Verbrennung fossiler Brennmaterialien erzeugt Kohlendioxidmengen, die keineswegs vernachlässigbar klein sind gegen die in der Atmosphäre vorhandenen Kohlendioxidkonzentrationen. Diese Luftkomponente hat Einfluß auf die Erdtemperaturen. Noch deutlichere Einflüsse kann der ständig zunehmende Staubgehalt der Atmosphäre auf das Weltklima ausüben.

8. Die sehr große Chemikalienproduktion führt z.B. dazu, daß man mit empfindlichen Analysenmethoden in allen Lebewesen Spuren des Pflanzenschutzmittels DDT nachweisen kann. Befürchtungen wurden laut, daß hierdurch das für die Ernährung aller Meerestiere und für die Bioproduktion an Sauerstoff wichtige Phytoplankton geschädigt werden könnte. Andererseits sind durch DDT 1 Milliarde Malariaerkrankungen verhindert worden. In derartigen Fällen ist eine weltweite Kooperation in der Abschätzung der ambivalenten Wirkung notwendig. Die durch die Übervölkerung in einigen Sektoren nicht mehr vermeidbare Belastung der Umwelt mit Schadstoffen fordert eine weltweite Kooperation, Schadstoffe nur dort zuzulassen, wo sie unvermeidbar erscheinen.

9. Der Verbrauch an Energie ist nicht mehr gegenüber den Brennstoffvorräten zu vernachlässigen. Steigt der Energieverbrauch weiter so schnell an wie bisher, unterscheidet er sich in Industrieländern in einigen Jahrzehnten auch nicht mehr um viele Größenordnungen von der eingestrahlten Sonnenenergiemenge, so daß mindestens örtliche Klimaänderungen abzusehen sind. Beide Faktoren dürften Grenzen für zukünf-

tige Wachstumssteigerungen geben. Sie erfordern kooperative Planungen. Der Weltfriede macht einen freien Zugang aller Länder zu Energiequellen notwendig.

10. Die technische Vervollkommnung der Massenmedien hat eine stärkere Bildungs- und Meinungsnivellierung großer Massen zur Folge. Es ist achtzugeben, daß dies Möglichkeit positiv in Richtung Kooperation und nicht negativ zur Demagogie und Agressivitätsauslösung gebraucht wird.

11. Die Gene sind das wertvollste „Kapital" der Menschheit. Sie muß darauf achten, daß sie es nicht durch unüberlegte Verhaltensweisen verwirtschaftet. Die Möglichkeiten der modernen Biologie können in naher Zukunft eventuell zu Möglichkeiten von sehr weitreichenden Eingriffen in die natürlichen Vererbungsmechanismen führen. Beide Faktoren, einschneidende Verhaltensänderungen durch die Technik und die potentielle Biotechnik stellen die Menschen vor die große Aufgabe, auch für ihre eigene Evolution selbst verantwortlich zu werden. Mit der Technisierung haben wir den Nachteil erkauft, die natürlichen Selektionsmechanismen weitgehend ausgeschaltet zu haben. Durch die Wissenschaft haben wir den Vorteil der Erkenntnis der genetischen Mechanismen erworben. Es liegt jetzt an uns, die Nachteile der Selektionsaufhebung durch die Vorteile der Erkenntnis richtig auszugleichen.

12. Neben der biologischen Evolution läuft eine schnellere kulturelle Evolution mit ähnlichen Selektionsmechanismen ab. Die kulturelle Evolution wird aber vorzugsweise durch Lernen weitergegeben. Es ist also zu achten, daß Fortschritte nicht verloren gehen. Der soziale Wandel durch technische Innovationen tendiert in Richtung des Zusammenwachsens der Menschheit zu einem einzigen sozialen Organismus.

13. Die Industrialisierung brachte eine starke Steigerung des Lebensstandards, sie ermöglichte durch Maschinentechnik und Automation eine Erhöhung der Produktivität der Arbeiter. Diese verdanken ihre höheren Realeinkommen primär den Ingenieuren und Naturwissenschaftlern. Optimale und genormte Produktionsmethoden führen zu einer normativen einheitlichen Weltkultur.

14. Die Mechanisierung der Industrie führte zu einem Abbau älterer hierarchischer Systeme (Körperkraft, Erfahrung, Alter). Eine technische Gesellschaft erfordert technische Bildung ihrer Mitglieder und vor allem ihrer Führungsgremien.

15. Technische Arbeit erfordert Teamarbeit. Jahrtausende wurden Kriege geführt, um Land und damit Macht zu erobern. Die Macht liegt in der heutigen Zeit in der Industrie. Der Hauptkriegsgrund wurde daher durch die Industrie aufgelöst. — Die Demontagen nach 1945 in Deutschland haben gezeigt, daß man Industrie kaum erobern kann. Die Macht der Industrie beruht auf Arbeit, Kapital und Wissen.

16. Die großen Probleme der technischen Zeit können nur noch gelöst werden, wenn wir zur Technik Ja sagen. Wenn jemand die großen Probleme lösen kann, so sind es die Techniker und Naturwissenschaftler. Nur mit ihnen und nicht gegen sie, sind die Weltprobleme zu lösen.

17. Auch in der technischen Zeit sollte die Ehrfurcht vor dem Leben wichtigste Maxime bleiben. Leben und Natur sollten nur dort zerstört werden, wo Wichtigeres geschaffen wird.

18. Die Menschheit hat sich zwar durch ihre Kenntnisse vor vielen Katastrophen schützen können. Es gibt aber noch immer potentielle Katastrophengefahren (Verschwinden des Erdmagnetfeldes mit dem Aufkommen hoher Mutationsraten, Klimaänderungen, Aufschmelzen des Polareises, Erdbeben, Spätfolgen von Chemikalien, Atomkrieg). Nicht Katastrophen, sondern die Vorsorge davor, sollte die Menschheit zu einer Schicksalsgemeinschaft machen.

19. Mit der Kooperationsbereitschaft sollte man bei der Lärmvermeidung anfangen. Der Anspruch auf Ruhe bzw. Verhinderung von vermeidbarem Lärm in der eigenen

Wohnung, am Arbeitsplatz oder auf dem eigenen Grundstück, sollte zu den Menschenrechten gehören.

20. Gesundheit bzw. Krankwerden hängt u. a. auch von der Umgebung und von mitreißenden Aufgaben ab, dies gibt jedem eine Mitverantwortung für seine Mitmenschen. Jeder hat wiederum die Macht durch Vorbeugung, körperliches Training, Aneignung gewisser medizinischer Kenntnisse und Mitdenken bei ärztlicher Betreuung, selbst am meisten für seine Gesunderhaltung zu tun.

21. Wir brauchten eine Universitas der Fortschritte der Wissenschaftsdisziplinen. Die Medizin hinkt der Physik, Chemie und Technik nach. Wir brauchten mehr Kenntnisse und Methoden zur Frühdiagnose von Körperschäden durch Umweltbelastungen.

22. Verkehr, Informationstechnik und der Massentourismus infolge der Anhebung des Lebensstandards vermischen langsam die Schärfe der Ländergrenzen. Die großen Probleme der ABC-Waffen, der Energie- und Rohstoffversorgung, der Umwelthygiene und der Bevölkerungszunahme erfordern eine internationale Kooperation. „Menschen aller Länder vereinigt Euch!" Die funktionale Internationalisierung in Naturwissenschaft, Technik und Wirtschaft leitet diesen Prozeß ein.

23. „Das am höchsten zu achtende Ziel ist eine offene Welt, in der sich jede Nation nur insoweit behaupten kann, als sie zur gemeinsamen Kultur beiträgt und anderen mit Erfahrungen und Hilfe zur Seite stehen" (*Bohr*, s. *Wheeler* 1973). „Viele meinen, daß es ohne Weltregierung keinen permanenten Frieden geben könne" (*Oppenheimer* 1946).

24. Im Rahmen einer international angeglichenen Weltkultur der Zukunft werden die heutigen Nationen nur noch eine ähnliche Rolle spielen, wie heute die Familien in einer Stadtsiedlung. Wir sollten alles unterstützen, was die Bildung einer kooperativen Weltkultur und Weltregierung fördert und alles vermeiden, was sie aufhält.

25. In der Natur bestehen Ökosysteme zwischen den Lebewesen und den Nährstoffen. In ihnen hat sich ein Gleichgewicht eingependelt, das der Mensch durch einseitige Eingriffe nicht stören sollte.

26. Die Soziophäre innerhalb einer Tierart zeigt die Vorteile der Gemeinschaftsbildung für viele Arten. Ein näheres Studium des sozialen Verhaltens der Tiere würde einerseits eine positivere Einstellung des Menschen zu Lebewesen fördern, andererseits kann man auch mit gewisser Vorsicht daraus für das Verhalten menschlicher Gruppen lernen.

27. Die Entfesselung diffamierender Aggression sollte geächtet werden, weil der Mensch hierdurch auf primitive Frühstufen zurückfällt.

28. Die Partnerwahl ist der letzte natürliche Selektionsmechanismus des Menschen und für viele die wichtigste Entscheidung des Lebens. Verantwortung in der Kosmetik, Verantwortung vor unüberlegter Aufhebung bewährter sexueller Tabus.

29. Die Rohstoffreserven der Welt sind gemeinsames Eigentum aller Generationen. Eine weltweite Planung des Rohstoffverbrauchs wird notwendig.

30. Im ersten Lebensjahr erfahren Säuglinge das ganze Leben entscheidende soziale Prägungen. Eine gesunde Säuglingspflege durch dem Säugling bekannte Kontaktpersonen ist für eine Gesellschaft wahrscheinlich wichtiger als die aufwendige Justiz.

31. Ähnlich sollte die Methode der schmerzfreien Geburt nach Read zur Allgemeinbildung aller Frauen und Mädchen gehören.

32. Die Weltkooperation muß auch von allen Religionen untereinander Toleranz fordern. Ein staatlich geförderter Religionsunterricht sollte Kenntnisse über alle Weltreligionen vermitteln.

33. Alle Konsumgüter werden eines Tages zu Abfall. Dieses und die bei der Industrieproduktion anfallenden Abfallmengen erfordern kooperative Maßnahmen. Die Umweltbelastung U läßt sich durch eine einfache Formel aus Bevölkerungszahl B, Summe aller

Konsumgüter K und einem Unreinlichkeitsfaktor f annähern (*Frost*):
U = f B K
Die Belastung der Luft und der Wassersysteme erreicht in einigen Industriegebieten die Grenzen des Zumutbaren. Die Umwelthygiene gibt jedem einzelnen die Chance „einen besonderen Beitrag zum Wohlergehen seines Landes und seiner Heimat zu leisten" (*Nixon* 1970).

34. Der Straßenverkehr ist ein gutes Beispiel dafür, daß bei zunehmender Aktivitätsdichte der Menschen die Funktionsfähigkeit nur über kooperatives Verhalten möglich ist.

35. Auf privater Basis ist zur Zeit ein begrüßenswerter Internationalisierungsprozeß auf wirtschaftlicher Ebene im Gange. Ähnlich wie der Feudalismus mit der aufkommenden Industrialisierung verschwand, werden auf lange Sicht mit der Internationalisierung der Wirtschaft die Nationalstaaten verschwinden.

Die freie Marktwirtschaft bedient sich des in der Evolution bewährten Selektionsprinzips, es hat daher potentielle Möglichkeiten optimale Lösungen zu finden. An einem gesunden wirtschaftlichen Evolutionsprozeß sollte jeder ständig mitarbeiten.

36. Sofern jeder einzelne sich bemüht, daß seine differentiellen Beiträge an der Entwicklung der Menschheit positiv sind oder mindestens nicht negativ werden, kann die zukünftige Entwicklung der Menschheit nicht in ungünstigen Bahnen ablaufen.

37. Die Technik nimmt dem Menschen körperliche Betätigungen, die Verwissenschaftlichung bringt die Gefahr der Überbetonung des Verstandes. Eine stabile Welt braucht stabile Menschen. Die Menschen müssen selbst sorgen für ein gesundes Gleichgewicht zwischen Geist, Körper und Gemüt.

38. Die beinahe einzige medizinisch eindeutig erkannte Gesundheitsschädigung von Umweltgiften ist das Zigarettenrauchen. Die großen Aufgaben der Umwelthygiene erfordern, daß die Menschen in diesem Fall endlich ein gutes Beispiel angeben. Vor allem erfordert die Kooperation, daß nicht weiter Nichtraucher in Sitzungen, Restaurants etc. ständig von Rauchern gezwungen werden, gesundheitsschädigenden Zigarettenrauch unfreiwillig einzunehmen.

4. Die Verantwortung der Naturwissenschaftler und Techniker

4.1. Was ist und warum Verantwortung der Wissenschaftler?

Im 3. Kapitel wurde mit Beispielen gezeigt, daß die Technisierung eine erhöhte Verantwortung erfordert. Die Menschheit hat in Gegenwart der ABC-Waffen die Verantwortung für ihre eigene Existenz übernommen, mit der Veränderung der eigenen Lebensbedingungen hat sie die Verantwortung für die eigene Evolution und mit der Umweltgefährdung auch für die Erhaltung der Natur auf dieser Erde übernommen. Sehr viele technische Prozesse verlangen eine verantwortliche Entscheidung zwischen den ambivalenten Folgen der Technik.

Das Wort Verantwortung gehört zur Klasse der Wortbildungen aus der Vorsilbe „Ver" und einem Verbum. Wir verstehen unter: versteinern zu Stein werden, unter vertonen zu Ton werden, verehelichen zum Ehepartner werden usw. Wobei die Vorsilbe „Ver" eine gewisse Ganzheit ausdrückt. Verantworten wäre sinngemäß aufzufassen: mit der ganzen Person zur Antwort werden auf eine durch das eigene Tun gestellten Frage, bzw. mit der ganzen Person einstehen für die Folgen des eigenen Tuns. Verantwortung setzt in dieser Auffassung eine Frage voraus, die man beantworten, vor der man sich entscheiden muß. Mit der Häufigkeit und mit der Bedeutung gestellter Fragen wächst also die Verantwortung. Die fortlaufende Technisierung bringt häufiger Fragen, bringt einschneidendere Folgen; damit wächst zwangsläufig die Verantwortung jedes Einzelnen.

Wir leben heute besser, als die kühnste Phantasie aller Märchen es sich je hat träumen lassen. Wir sind heute in der Lage, mechanische Arbeit weitgehend mit Maschinen zu verrichten oder in anderen Fällen wie z.B. bei der Unkrautvernichtung Chemikalien für uns arbeiten zu lassen. Zu Beginn des Maschinenzeitalters pflegte man die Macht der Maschine in Pferdestärken zu messen in Erinnerung an Zeiten, in denen jeder stolz war, besonders viele Pferde zu besitzen. Mit der Automatisierung und Verfeinerung der Maschinen können wir heute aber noch mehr; wir übergeben Maschinen auch kompliziertere Arbeitsvorgänge. In dieser Lage ist das Bild des Nobelpreisträgers und Chemikers *Staudinger* vielleicht anschaulicher. Er sprach davon, daß jeder Maschinenbesitzer Herr über viele „technische Sklaven" sei. Für jeden Rasenmäher, wie für jeden Bagger oder auch für jedes Unkrautbekämpfungsmittel könnte man das Äquivalent an technischen Sklaven abschätzen. Man denke nur einmal daran wie viele Menschen man anstellen müßte, um in einem Fluß soviele Fische zu töten, wie ein achtlos in diesen Fluß geworfenes Giftfaß. Ein hoffentlich nie eintretender Atomkrieg kann in Stunden die Aufbauarbeit von Jahrzehnten und in Jahrmillionen herangewachsene Populationen zerstören. Die Pennicillin-Erfindung hat Millionen das Leben gerettet. Das Übersehen einer schwerwiegenden Nebenwirkung bei Pharmaka, die von Millionen angewandt werden (Antikonzeptionspillen, Impfungen), kann im vorstellbaren Extremfall mehr Schaden anrichten als ein Krieg.

Aus dem Geschichtsunterricht sind wir gewohnt, von Heerführern oder bedeutenden Herrschern eine besondere Verantwortlichkeit zu erwarten. Wir denken bisher zu wenig daran, daß doch eigentlich auch jeder Herrscher über technische Sklaven eine erhöhte Verantwortung trägt.

Aus dieser kurzen Analyse kann man direkt folgern, daß Naturwissenschaftler und Techniker besonders große Verantwortung tragen. Oft kann ein einzelner oder eine kleine Gruppe von Wissenschaftlern entscheiden, ob ihre Ideen zu bestimmten Forschungs- und Entwicklungsarbeiten verfolgt werden oder ob sie es vorziehen, den Schwerpunkt ihrer Arbeit auf andere Probleme zu legen. Damit kann es vorkommen, daß Techniken, die die Gesellschaft stark verändern, wie z.B. die *Kerntechnik*, durch einzelne Personen beschleunigt oder verzögert werden. — Einen Vater, der eine Pistole anschafft, sie unbeaufsichtigt liegen läßt und dessen Kind dann damit Unheil anrichtet, wird man als Waffenbesitzer für die mit seiner Waffe angerichteten Folgen verantwortlich machen. Müßte dieses Prinzip nicht auch für die Folgen von „Ideen" der Wissenschaftler und Techniker gelten? Mindestens sollten sie sich mitverantwortlich fühlen, für die Folgen der von ihnen initiierten Entwicklungen. Natürlich kann man sie hierfür nicht allein verantwortlich machen. Wir sind heute an eine stark spezialisierte Arbeitsteilung gewöhnt. Dabei werden wir uns oft gar nicht bewußt, daß wir auch die Verantwortung aufteilen, manchmal in so kleine Teile, daß sich niemand mehr in der Arbeitsteilungskette verantwortlich fühlt. Denken wir nur an das leicht überschaubare Beispiel eines Strafgesetzes mit Todesstrafe: Die das Gesetz entwerfende Kommission übergibt ihren Vorschlag und die Verantwortung einem Parlament. Das Parlament setzt zunächst verantwortungsbewußtes Handeln der von ihr eingesetzten Kommission voraus, dann teilt es die Verantwortung auf meist mehrere Hundert Abgeordnetenstimmen auf. Die Verantwortung wird bei geheimer Abstimmung noch zusätzlich mit dem Schleier der Anoymität zugedeckt. Bei offener Abstimmung folgen die Abgeordneten meist einem Fraktionstrend, der sich aus namentlich nicht fixierten Einzelmeinungen mit gewissen Zufallsmomenten, beinahe nach dem Mechanismus der anoymen Schar (*Lorenz* 1963), entwickelt. Mit der Fraktionsmeinung verschwindet die Eigenverantwortlichkeit in einem unpersönlichen Gruppengeist. Das Parlament ist ferner davon überzeugt, daß später der jeweilige Richter die Verantwortung übernimmt. Richter und Staatsanwalt fühlen sich wiederum nur als Ausführende des Gesetzes. Sie fühlen sich nur verantwortlich für eine korrekte Auslegung des Gesetzes aber nicht für den Inhalt. Beide können sich außerdem noch gegenseitig die Verantwortung zuschieben.

Das Beamtenrechtsrahmengesetz der BRD spricht nur von einer Verantwortung für die Rechtsmäßigkeit der Handlungen; Was man bequem auslegen kann, als Anwendung vorhandener Rechtsbestimmungen ohne persönliche Auffassungen zu befragen. Auch bei aufkommenden persönlichen Zweifeln gegen die Rechtsmäßigkeit von dienstlichen Anordnungen, muß der Beamte nach Betätigung durch einen höheren Vorgesetzten die Anordnung ausführen und wird ausdrücklich von eigener Verantwortung befreit (BGBl. 1965, Teil I, 1753, § 38).

In unserer Verantwortungskette eines Todesurteils steht am Ende der Scharfrichter, der sich ganz und gar auf die Verantwortung der Richter, Staatsanwälte und des Gesetzgebers verläßt. Letztendlich tötet auch heute kein Scharfrichter mehr direkt, sondern er setzt nur ein Instrument in Bewegung, am bequemsten einen Knopf einer Maschine. In der ganzen Reihe ist es dann eigentlich nur die Maschine, die tötet. — Das Beispiel der Todesstrafe ist heute nicht mehr aktuell. Daher sei auf die Parallele der zur Zeit diskutierten Abtreibung verwiesen. Hier tötet dann noch deutlicher die Hand des Arztes. — Hätte man früher nicht fordern sollen, daß jeder Parlamentarier, der ein solches Gesetz zu verantworten hat, mindestens Teilen einer Gerichtsverhandlung und der Vollstreckung eines Todesurteils beiwohnt, um zu wissen, was er entscheidet?

Ähnlich, meist noch komplizierter werden technische Entwicklungen eingeleitet. Ein industrieller Erfinder hat eine Idee oder er beobachtet eine Entdeckung, er berichtet seinem Chef, dieser trägt dem Forschungsleiter vor. Der Forschungsleiter schlägt die Einleitung der Produktion vor. Die Unternehmensleitung entscheidet die Produktion. Bei amtlich als gefährlich anerkannten Gebieten bittet die Firma bei einer staatlichen Prüfstelle um die Genehmigung. Die Prüfstelle handelt nach den Regeln, die sie von einer Kommission erhalten hat. Wobei die Mentalität der Kommission wiederum dem oben angegebenen Mechanismus entsprechen kann. Der Produktionsleiter produziert dann für den Verkäufer. Der Verkäufer verkauft an den Großhandel, der Großhandel an den Kleinhandel. Am Ende der Kette benutzt der Verbraucher sein Einkaufsgut im guten Glauben, daß er ein absolut fortschrittliches Gut erstanden hat.

Diese Arbeits- und Verantwortungskette unterscheidet sich jedoch in einem wesentlichen Punkt von der Todesurteils-Kette. In der technischen Kette kann oft das einzelne Kettenglied gar nicht die Folgen übersehen. Es können aus Unwissen keine Fragen und damit auch keine Gedanken an Verantwortung auftreten. Die moderne Arbeitsteilung birgt daher die Gefahr in sich, die Verantwortung in nichts aufzulösen. In einem solchen Fall kann der Erfinder als das auslösende Glied die Folgen seiner Aktivität noch am besten übersehen, weil er das meiste Wissen hat. Mit dem Wissen wächst die Verantwortung. Ein Chemiker, der eine neue Stoffklasse zugänglich macht, kennt am besten die Reaktivität „seiner" Stoffe, daher sollte er sich als besonders mitverantwortlich fühlen. Denken wir z.B. an einen Chemiker, der innerhalb einer neuen Stoffklasse ein neues Holzschutzmittel gefunden hat. Die ersten pharmakologischen Tests seien so, daß formal eine Unbedenklichkeitserklärung erreichbar ist, aber ein nicht vorgeschriebener Spezialtest gibt Anlaß zu einigen Zweifeln. Jetzt gibt es zwei Möglichkeiten: Entweder der Chemiker geht diesen Zweifeln in allen Einzelheiten nach und diskutiert sie offen mit seinem Chef, oder er verschweigt sie, in der Hoffnung, daß er mit diesem technisch interessanten Produkt schnelle berufliche Vorteile haben wird. Ein Luftikus unter meinen ehemaligen technischen Kollegen vertrat hierzu die Meinung: man müsse einfach dann immer einen neuen Ballon steigen lassen, ehe der alte zum Platzen gebracht wird. So gibt es viele Fälle, in denen es nicht möglich ist, durch scharfe Gesetze ausreichend für die Umwelthygiene zu sorgen. Es kommt auf die Mitarbeit der Spezialisten an. Daher ist der erfolgreiche Appell an die individuelle Verantwortlichkeit in der Wissenschaft notwendig. „Die Quelle des Fortschrittes in der Geschichte ist der einzelne Mensch" (*de Lagarde* 1875).

Ein anderes komplexes Gebiet neuer großer Verantwortungen kann die moderne *Molekularbiologie* werden. Die ursprünglich scharf gesehene Grenzen zwischen der unbelebten und der belebten Natur werden immer unschärfer. Wenn sich dieser Prozeß weiter fortsetzt, so werden die Grenzen zwischen Biologie, Chemie, Physik und Technik immer unschärfer. Das bedeutet aber, daß wir eines Tages mit dem Aufkommen einer *Biotechnik* rechnen müssen. Dieses Spezialgebiet würde ganz neue hohe Verantwortlichkeiten entstehen lassen.

Ich gehöre nicht zu den Kulturpessimisten, daher möchte ich ganz klar betonen, daß ich in allen derartigen Gebieten nur dann unbewältigte Probleme sehe, wenn es uns nicht gelingt, die beiden großartigen Errungenschaften der menschlichen Kulturgeschichte zu vereinen: das naturwissenschaftliche Denken und den Altruismus. Wenn die Menschheit zu diesen beiden Entwicklungen fähig war, warum sollte sie es nicht auch fertig bringen beide Entwicklungen zu vereinen? Ich gehöre nicht zu denen, die in beiden Gebieten absolute Gegensätze sehen. Es gibt hoffnungsvolle Ansätze, die diesen Optimismus stützen. Eines ist aber ganz sicher, diese „Ehe" Altruismus–Naturwissenschaft ist eher realisierbar als eine Regierung der Welt in Technikerfeindlichkeit und ohne echte Kooperation zu Naturwissenschaftlern und Technikern, wie es einige Utopisten heute träumen.

Naturwissenschaft und Technik haben das Leben komplexer gemacht. Die alte Hierarchie, in der einige wenige alles entschieden, ist damit vorbei. Die Entscheidungen und Verantwortung müssen spezialisierte Individuen mittragen. Dies erfordert erhöhtes Wissen. Anwendungen technischer Güter können mehr Schaden anrichten als unerfahrene Jäger, die scharf geprüft werden. Mit steigender Technisierung müssen wir daher steigende Mitverantwortung fordern. Verantworten kann nur der, der Wissen für die notwendige richtige Erkenntnis hat. Daraus folgt die Forderung nach erhöhter naturwissenschaftlich-technischer Bildung. Autofahren oder Waffen besitzen darf ich nur, wenn ich ein gewisses Minimum an Kenntnissen, mit einem Auto oder mit Waffen umzugehen, nachgewiesen habe. Viele relativ harmlose Arzneimittel darf eine Apotheke selbst einem Biochemiker, der die Folgen besser übersehen kann als mancher Arzt, nicht verkaufen. Warum darf aber ein völlig Unwissender stark giftige Pflanzenschutzmittel kaufen? Um die Menschen bezüglich der Umwelthygiene verantwortlicher denken zu lehren, ist ein Anheben der biologischen Allgemeinbildung zu empfehlen. Wer die großen Wunder der Natur kennen gelernt hat, wird zwangsweise die Natur besser behandeln. Er wird auch einsehen, daß die Selbstbezeichnung homo sapiens Hochmut war; daß der menschliche Verstand nicht etwas ist, was sich über die Natur erhebt, sondern nur eines ihrer Gipfel ist. Im menschlichen Verstand spiegeln sich Prinzipien wieder, die schon in Vorstufen in der belebten Natur zu finden sind und die man in einer gewissen Ehrfurcht zu bewundern Anlaß hat. Dies muß kein Gegensatz sein zu religiösen Deutungen der besonderen Leistungsfähigkeit der Neocortex des Menschen. Wer dies vertritt, ist um so mehr verpflichtet daran mitzuarbeiten, daß die von der Neocortex erdachten Produkte von überwiegend positivem Wert bleiben. Wichtig ist, daß für diese Aufgabe sowohl die religiösen Menschen als die, in Folge wissenschaftlichen Denkens, zum Atheisten gewordenen, vereint bleiben. Nicht die Aktivierung oder gar Herrschaft des Proletariats kann unsere Probleme lösen, sondern ein stärkeres Einschalten des Wissens. Die Sektion Philosophie der Akademie der Wissenschaft der DDR hat entsprechend zum DDR-Philosophiekongreß 1965 die These aufgestellt: „Die Wissenschaft ist nicht nur unmittelbare technische Produktivkraft, sondern auch das Verfahren zur Lenkung und Leitung der Gesellschaft" (Zitat nach *Sachsse* 1974). Der schon an anderer Stelle geforderte Ersatz der *Marx*schen Dualität von Arbeit und Kapital durch die Trinität: Arbeit—Kapital—Wissen ist in dieser These pragmatisch enthalten.

In der DDR mit ihrem demokratischen Zentralismus besteht die Demokratie nur im Vorschlagsrecht des Volkes. Die Spitze trifft die Entscheidungen. Die Spitze bestimmt aber selbst durch Zuwahl ihre Zusammensetzung (*Sachsse* 1974). Während im Neomarxismus des Westens durch direkte Gewalt oder mit der Kraft der Masse Entscheidungen erzwungen werden sollen, in diesem Prozeß fehlt das Selektionsprinzip des Wissens. Wer in sogenannten demokratischen Gremien die größte Überzeugungskraft hat, muß nicht die besten Argumente und das beste Wissen haben. Im Extremfall des Nazismus hatten sein *Hitler* und *Goebbels* die größte Überzeugungskraft. Primär kamen sie durch demokratische Wahlen an die Macht. Die Demokratie kann nur funktionieren, wenn man gelernt hat, auf die Wissenden zu hören. Das Unterscheidungsvermögen, was Wissen ist, erfordert aber schon ein relativ hohes Niveau des Eigenwissens. Demnach wären an einer Institution erprobte Mitbestimmungsformen nicht ohne weiteres auf andersgeartete übertragbar. So kann man in einem Staat bewährte Mitbestimmungsformen nicht ohne weiteres auf einen anderen Staat mit anderem Bildungsniveau übertragen. In diesem Punkt unterlaufen sowohl im Westen als auch im Osten Denkfehler.

Mitbestimmung muß Mitverantwortung heißen und setzt Mitwissen voraus Der kulturelle Evolutionsprozeß sollte in der Reihenfolge ablaufen: Erhöhung des naturwissenschaftlich-technischen und sozialen Wissens, Motivierung zur Verantwortung und erst am Ende der Kette Mitbestimmen. Wir brauchen eine Objektivierung der Entscheidungshilfen für möglichst rationale Entscheidungen. Auch das erfordert in jeder Demokratie eine erhöhte Verantwortlichkeit zur Meinungsäußerung der Wissenden. „Es ist Zeit, daß die Wissenden reden" (*Bechert* 1956). Die Wissenschaftler sollten sich sowohl in ihrer fachlichen Arbeit aber auch in ihren Bürgerpflichten als primäres Glied der täglich ablaufenden Verantwortungskette fühlen.

Jede Zeit stellt an ihre Menschen bestimmte Anforderungen und braucht besondere Menschentypen in verantwortungsvoller Position. In Epochen primitiv-aggressiver Rivalenkämpfe trugen Menschen mit Fähigkeiten, Gruppen zu gemeinsamen Kämpfen zu einen, besondere Verantwortung. In der Zeit der Industrialisierung trugen Erfinder einerseits und Kaufleute, die tüchtig waren in der Beschaffung und Pflege von Kapital, besondere Verantwortung. In der Zukunft werden die Wissenschaftler mehr und mehr Verantwortung zu tragen haben. Das gilt nicht nur für Naturwissenschaftler und Techniker. Ein Psychologe, der anhand von Intelligenztests das Bildungswesen entscheidend beeinflußt und übersieht, wieviel angelerntes Wissen mit seinen Tests geprüft wird, trägt ebenso eine große Verantwortung für die Gesellschaft.

4.2. Ursachen ungenügender Verantwortlichkeit

4.2.1. Traditionelle Bindungen

Wir würden nicht soviel von Verantwortung heute sprechen, wenn wir überzeugt wären, daß sie ausreichend vorhanden ist. So erscheint ein Nachdenken nützlich, welche Wurzeln zu ungenügender Verantwortungsneigung geführt haben. Zunächst können wir einige Ursachen beim Rückblenden in die Historie finden. Nach Entdeckung des Schwertes oder des Degens war es Jahrhunderte lang nur ein Kavaliersdelikt mit einem Schwert zu töten. Das gilt später auch für die Pistole; jemanden im Duell, also nach vorheriger Ansage der Todesdrohung zu erschießen, wurde relativ milde geahndet und kaum geächtet. Heute empfinden wir Erschießen als schwer belastendes Delikt; kaum ein erschossenes Opfer entgeht der Tagespresse. Das Auto scheint für eine derartige Mentalität zu neu zu sein, selbst rüdes Totfahren in angetrunkenem Zustand wird von der Gesellschaft nur relativ milde geahndet und wird von kaum einer Zeitung, ausgenommen der Ortspresse, erwähnt. Erliegen wir hier der Faszination des Neuen? Können wir Neuerungen nur langsam geistig verkraften, so daß wir sie erst nach einem langen Prozeß objektiv genug beurteilen? Hier klingt die moderne Anschauung durch, daß alles Neue a priori etwas Gutes in sich birgt. *Konrad Lorenz* (1973) hat kürzlich bemerkt, daß man von einer kulturellen und auch von einer technischen Evolution sprechen kann, bei der nicht vorausschauende Planung, sondern Selektionsmechanismen des Probierens eine Rolle spielen. Viele kulturelle Entwicklungen sind keine plötzlichen Neuschöpfungen, sondern wachsen langsam aus traditionellen Erfahrungen. Planen kann man nur mit bekanntem Wissen. Auch technische Neuentwicklungen wachsen meist langsam aus bewährten Erfahrungen. Die Idee Motorrad führt z.B. zunächst nicht zu einer Neuplanung in allen Richtungen, sondern schließt sich an die Erfahrungen des Fahrrades an. Das Auto oder der Eisenbahnwagen werden nicht allein auf dem Zeichenbrett als vollkommene Neuschöpfung geplant, sondern schließen sich zunächst an das Vorbild der Pferdekutsche an. Von dem sie sich dann erst in kleinen Schritten bis zur technischen Vollkommenheit lösen. Das Verfolgen neuer kreativer Ideen ist ein seltener Prozeß, der nur in kleinen Sprüngen abläuft. Man denke nur an die relativ homogene Architektur der Zeit der Gotik, der Romantik oder auch an Epochen der Malerei, in der einzelne Künstler nur in mehr oder weniger kleinen Schritten von der Norm des Vorbildes abweichen. Auch die Technik wird von Menschen vorangetragen, auch sie schreitet daher mit kleinen Versuchsschritten nur langsam voran. Natürlich wird man von Wissenschaftlern und Technikern eine erhöhte Fähigkeit zur Vorausplanung erwarten. Die Mehrzahl der Naturwissenschaftler wächst aus Schulen bedeutender Pioniere mit ähnlichem Denken. Auch daran kann man die Langsamkeit kreativer neuer Schritte verfolgen. Für die Fragen der Verantwortung fehlen häufig die Vorbilder. Dazu kommt, daß kreatives Denken immer nur auf individuellen Einzelprozessen beruht. Die Koordinierung der vielen auf privater Basis laufenden schöpferischen Versuche wäre Aufgabe des Staates, dessen Organisation aber gerade Neuerungen nicht optimal angepaßt ist. Man beachte auch, daß viele Umweltprobleme erst in der jüngsten Vergangenheit entstanden sind. Das exponentielle Bevölkerungswachstum (B) und der noch schnellere exponentiell angestiegene Verbrauch an Konsumgüter (K) hat dazu geführt, daß der Umweltverschmutzungsgrad (U) in der von *Frost* (s. Kapitel 3) diskutierten Formel: $U = f K B$ trotz Verbesserungen an den Verschmutzungsfaktoren c in kurzer Zeit in einigen Sektoren wie z.B. Verunreinigungen unserer Flüsse zu Schwierigkeiten geführt hat. Milderungsmaßnahmen brauchen Zeit und hohen Kapitaleinsatz, zum Teil setzen sie erst die Ausbildung von Motivierungsänderungen voraus. Der Staat hat in mangelnder Vorausplanung und mangelnder Koordinierung der Privatindustrie mindestens ebenso versagt wie die Industrie. Die Verantwortung für die Umwelt mußte erst langsam im Bewußtsein aufgenommen werden und sich als Selektionsparameter in der technischen Kultur durchsetzen.

4.2.2. Unterbewertung der Naturwissenschaftler

Ähnlich wie man im Theater oder in der Musik zu einem Starkult neigt, hinter denen der Regisseur, der Dichter oder der Komponist zurücktreten müssen, feiert die Geschichte vorwiegend die großen Feldherren und Fürsten im Welttheater. Die Bedeutung handwerklicher oder technischer Erfindungen für Selektionsvorteile ganzer Völker tritt gegenüber diesem „Starkult" zurück. *Hitler* gewann nicht den ersten Feldzug gegen Frankreich, weil er ein großer Feldherr war, was selbst einige seiner Generäle glaubten, sondern weil nur seine Armeen eine moderne technische Ausrüstung hatten. Nicht der Mut der Entdecker war primär für die Kolonialzeit entscheidend, sondern die Überlegenheit der Waffentechnik, von der die Entdecker meist gar nichts verstanden. Die Kulturgeschichte trat bisher hinter der Kriegsgeschichte zurück. Die Engländer in ihrer Liebe zum Individualismus und zu neuen Ideen machten hier am ehesten Ausnahmen. In der St. Paul's Cathedral in London z.B., in der die Grabstätten der Nationalhelden konzentriert sind, findet man in der Nähe von *Wellingtons* Grab das Grab des Penicillin-Erfinders *Fleming*. In Deutschland war dagegen das Porträt des Physikers *Max Planck* auf den Zwei-DM-Münzen nur eine Verlegenheitslösung in der Zeit kurz nach dem Kriege, als man sich politischer und nationaler Helden schämte. Diese Verlegenheit wurde dann durch das Porträt *Adenauers* ersetzt, als man in der Welt wieder langsam politische Anerkennung fand.

Das Gefühl für Verantwortung des Menschen hängt von der Umgebung ab und insbesondere, was die Umgebung von ihm erwartet. Für unsere Gesellschaft war lange naturwissenschaftliche Bildung nicht die Bildung der Salons. Der Gymnasiast, der griechisch lesen konnte, dünkte sich mehr zu sein als der Realschüler, der Mathematik und Physik konnte. Daß *Plato* in seinem „Staat" geschrieben hatte: „Hast du schon bemerkt, daß Leute, die eine natürliche Begabung zum Rechnen haben, für geradezu sämtliche Wissenschaften gut veranlagt sind? . . . Und die Zahlen führen zur Wahrheit hin", hatte man aus reiner Freude an wohlklingender Sprache ganz übersehen. Selbst nach dem Sieg über Frankreich 1940 auf Grund überlegener Flugzeuge und Panzer distanzierte sich von mir ein vorher befreundeter adeliger Offizieranwärter wegen meiner Versuche, an die Hochschule zu kommen; die Offiziere seien der höchste Stand des Staates, dann komme eine ganze Weile gar nichts, dann u. a. vielleicht einige Ingenieure. Der Übergang von der Front an die Hochschule gelang mir dann, weil ich als Offiziersanwärter gewagt hatte, mich zum Studium zu melden. Mein Kommandeur war entsetzt, „wissen Sie denn die Ehre nicht zu schätzen, Offizier zu werden?". Ihm blieb nichts übrig, einen Menschen, der in seinen Augen vollkommen sein Gesicht verloren hatte, wieder los zu werden, indem er dafür sorgte, daß dieser wirklich fort zum Studium versetzt wurde. Typisch für diese Lage in der sich die Techniker fühlten, ist die folgende Geschichte, die sie sich im Kriege erzählten. Während der internationalen Flottenparade aus Anlaß der Olympiade 1936 in Kiel schrieb ein beim deutschen Militär angestellter Physiker einen Bericht, das eine moderne englische Schlachtschiff hätte keine optische Kommandoanlage, er vermute, daß dies auf Funkmeß umgestellt worden sei. Darauf wurde nicht ein Fachmann, sondern ein deutscher Offizier zu einem Besuch dieses Schiffes beordert. In seinem Bericht äußerte dieser die Meinung, man habe offenbar aus Gründen der Geheimhaltung die optischen Systeme abgebaut, dies sei kein Grund zur Beunruhigung. Der zweite Bericht des Physikers, daß die Konstruktion dieses Schiffes keine Fundamente für eine große optische Anlage besäße, hatte überhaupt kein Echo; die Meinung des Offiziers war glaubwürdiger.

Von einem Fliegerkommandanten ging die Mär um, daß er mit seinem Metereologen an Tagen, an denen es Startwarnungen wegen schlechten Wetters gab, kein Wort sprach. Die Ölkrise ist ein letztes deprimierendes Beispiel wie wenig die Herren, die unsere Politik bestimmen, von den Notwendigkeiten der modernen Gesellschaft ahnen. Sonst hätte ihre Diplomatie doch diese Situation vorausgesehen. Auch in unseren Tagen werden alle Warnungen der Naturwissenschaftler, daß die in geisteswissenschaftlichen und politischen Kreisen erdachte Universitätsreform nicht auf die naturwissenschaftlichen Institute optimal passe, in den Wind geschlagen. Als der Kybernetiker *Steinbuch* vor einigen Jahren Bundeskanzler *Brandt* einen warnenden Brief schrieb, so unterschied sich *Brandt*s Antwort nicht viel von der Absage, die der Physikochemiker *Nernst* bei seinen Kriegswarnungen 1917 von dem General *Ludendorff* erhielt. Politiker meinten derartige Probleme besser beurteilen zu können als Naturwissenschaftler und Techniker. Das ist unsere Tradition, deren Mängel nur sehr langsam erkannt werden. Es sollte den Politikern doch aufgefallen sein, daß die Weltpolitik stabiler wurde seit nach *Chruschtschow*s Sturz einige logisch denkende Ingenieure in der Spitze der UdSSR-Regierung die Emotionen in der Weltpolitik dämpfen. Es kann für den Westen sehr gefährlich werden, die Technik allein im sozialistischen Marxismus als bedeutendste Kraft anerkannt wird. *Lenin* hatte über *Marx* hinauswachsend erkannt: ,,Sozialismus ist undenkbar ohne großkapitalistische Technik" (s. *Lenin* 1972). Soweit die westliche Gesellschaft durch Neomarxisten Reformansätze versucht, wird sie von einer auf *Marcuse* zurückgehenden Technikfeindlichkeit begleitet. Einer der führender Philosophen der Neuen Linken, *Habermas,* kann noch heute ohne seinen Ru zu schmälern, Meinungen unter der Jugend verbreiten: ,,Die philosophische Überzeugung des deutschen Idealismus, daß Wissenschaft bildet, trifft auf die strikte Erfahrungswissenschaften nicht mehr zu" (*Habermas* 1968). Offenbar nur der schillernden Sprache wegen, können sich Verfasser derartig Irrtümer noch heute leichter durchsetzen als nüchtern denkende Nauturwissenschaftler, wenn sie versuchen, dagegen anzukämpfen. Da die größten Sorgen des Proletariats zu *Marx*' Zeiten heute gelöst erscheinen, versuchen Neomarxisten wie *Habermas* die Stelle des Proletariats durch die Gruppe der ,,kritischen" Wissenschaftler als wichtigste Produktionskraft zu ersetzen. *Rohrmoser* (1970) stellt hierzu die Frage: ,,Mit welchem Recht ist diese Kritik des Marxismus noch marxistisch zu nennen?" Ehe man Technikern Vorwürfe macht, sie würden nicht genügend verantwortlich handeln, baue man erst einmal alle Vorurteile gegen sie ab und lerne, ihre Meinungen sorgfältiger zu studieren. Die Teilnahme an Vorträgen über Verantwortungsfragen ist nach meiner Erfahrung jedenfalls seitens der Techniker mindestens nicht kleiner, als aus Kreisen von Hochschulkollegen.

4.2.3. Der Galilei-Prozeß

Nicht nur die mangelnde Anerkennung des Gewichtes der Meinungen aus naturwissenschaftlich-technischen Kreisen hat die Ausbildung verantwortlichen Denkens gehemmt, sondern auch einige traditionelle Entwicklungen innerhalb der Naturwissenschaftler selbst. Auf die Bedeutung des folgenreichen *Galilei*-Urteils sind wir schon eingegangen. *Galilei*s großes Verdienst besteht in der Einführung des Experiments in der Physik. In der heutigen Physik gilt als Hauptmaßstab für die Richtigkeit einer Theorie die Übereinstimmung mit allen Beobachtungen. Damit haben die exakten Naturwissenschaften ein Denksystem aufgebaut, in dem relativ leicht entschieden werden kann, was in ihrem System richtig und was falsch ist. *Galilei* geriet bald mit seiner neuen Denkweise in Konflikt mit der damals herrschenden Religion, die aus Dogmen und aus Aussagen von Autoritäten ein Weltbild rein geistiger Denkhypothesen konstruiert hatte. Mit allen Mitteln ihrer repressiven Macht erklärte die damalige Kirche, daß Naturwissenschaftler sich nicht mit ihrer Methode der Verifizierbarkeitsprüfung von Aussagen in den philosophischen Bereich einmischen dürften. Die Naturwissenschaftler machten aus dieser anfänglichen Not recht schnell eine Tugend. Sie merkten, daß sie ungleich schneller vorankamen in ihrem Ziel, die Natur zu beschrieben und ihr Verhalten vorauszusagen, wenn sie sich bis in die letzte Konsequenz davon enthielten, irgendwelche philosophischen Gesichtspunkte zu berücksichtigen. Der *Galilei*-Prozeß ist eine der Wurzeln, daß sich die Naturwissenschaftler vor philosophischen oder gar gesellschaftlichen Überlegungen fern hielten. Diese Grenze zu überschreiten, konnten sich lange nur sehr erfolgreiche Naturwissenschaftler wie *Planck, Born* oder *Einstein* im Alter erlauben, ohne um ihre weitere Anerkennung fürchten zu müssen. Wenn übrigens heute verstärkt der Appell nach Verantwortung an die Naturwissenschaftler gerichtet wird, so sollte man sich vor Augen führen, daß *Galilei* zu seiner Zeit sicher als verantwortlich denkender Mensch anerkannt worden ist. Er hat mit dem Widerruf seiner Überzeugung, daß die Erde sich um die Sonne drehe, geglaubt, den gesellschaftlich notwendigen Belangen der Kirche als ordnendes Element zu dienen. Wir sind heute überzeugt, daß dieser Widerruf sachlich falsch war und werfen *Galilei* sogar Feigheit vor. „Willkommen in der Gosse, Bruder in der Wissenschaft und Vetter im Verrat" (*Brecht*, „Leben des *Galilei*"). *Gerlach,* der sich als Physiker sehr um Fragen der Verantwortung bemüht, kommt zu dem Schluß: *Galilei* hat seine persönliche Überzeugung den Interessen der Kirche unterstellt. Damit hat er ihr geschadet und deshalb gehört er verurteilt (*Gerlach* 1969).

Die Beschäftigung mit den Naturwissenschaften und insbesondere die Anwendung in der Technik haben heute einen großen Einfluß auf die Gesellschaft erreicht, daß selbst kaum ein philosophisches System davon unberührt ist. Nachdem die Naturwissenschaften so große Erfolge hatten, die kirchlichen Autoritäten des *Galilei*-Richterkollegiums aber diese menschliche Aktivität zur gesellschaftlichen Bedeutungslosigkeit abstempeln wollten, hat die Kirche damit einen wesentlichen Teil ihrer Autorität für viele Menschen verloren. Die Richter des *Galilei*-Urteils konnten nicht verhindern, daß die Naturwissenschaften die Fundamente der von den Kirchen aufgebauten Ethiken erschütterten; sie haben Mitschuld auf sich geladen, daß die geistige Kapazität der Naturwissenschaftler von der Mithilfe zum Bau neuer Fundamente ausgeschlossen wurde.

Diese verhängnisvolle Tradition muß aufgelöst werden. Der Naturwissenschaftler sollte diese durch den *Galilei*-Prozeß gewachsene Tradition nicht mehr anerkennen. Er hat die Pflicht, aktiv mitzusprechen bei den Fragen der Folgen seines Tuns für die Gesellschaft (vgl. *Luck* 1971). Es ist das Verdienst Kardinal *König*s, daß er auf der Nobelpreisträger-Tagung 1968 in Lindau öffentlich diese unheilvolle Tradition anprangerte, die durch den *Galilei*-Prozeß initiiert worden ist. Allerdings hat das *Galilei*-Urteil auf seine

Urheber in noch weitgehenderem Maße zurückgeschlagen. Theologische und dann auch geisteswissenschaftliche Kreise haben dieses Urteil als praktische Arbeitsteilung aufgefaßt, nach der sie selbst sich die mühevolle Arbeit sparen können, sich mit der Denkwelt der Naturwissenschaften auseinanderzusetzen Aus dieser Situation heraus ist die Krise zu verstehen, in der sowohl die Geisteswissenschaften als auch die Naturwissenschaften momentan stehen.

Appellieren wir seitens entstandener Ideologien an die Verantwortung der Naturwissenschaften, so müssen wir daran erinnern, daß sich die Naturwissenschaft bemüht, über längere Zeiten stabilere Erkenntnissysteme aufzubauen. Verantwortung des Naturwissenschaftlers sollte nicht einseitig an die Tagesideologie gebunden sein. Um herauszufinden, was verantwortliches Denken in Naturwissenschaft und Technik ist, können wir uns nicht allein auf Mode-Ideologien verlassen. Wir gerieten in die Gefahr den Fall *Galilei* zu erneuern. Ein pluralistischer Meinungsaustausch zwischen Gesellschaft und Naturwissenschaft und Technik dürfte eher vor Irrtümer sicher sein.

Monod (1971) führt die genutzten Chancen der naturwissenschaftlichen Entwicklung innerhalb der christlichen Kultur ursächlich auf die Trennung zwischen Religiösem und Profanem in der christlichen Theologie zurück. In dieser Sicht war der *Galilei*-Prozeß ein positiver Markstein. *Galilei*s anfänglicher Kampf hatte in dieser Richtung Erfolg. Dies ist ein Beispiel, wie die Beachtung pluralistischer Meinungen und Duldung verschiedener Entwicklungen vorteilhaft sein kann. Religiöse Leitbilder waren Jahrhunderte lang eine feste Brücke zwischen den selbstbehauptenden, egoistischen individualistischen Trieben des Menschen und seinen sozialen integrierenden Tendenzen. Der Hang zum egoistischen Individualismus mag älter sein und ist instinkhaft. Die Ausbildung der Fähigkeit sich zu sozialen Gemeinschaften zusammenzuschließen scheint jünger und weniger instinkthaft verankert zu sein, sie ist wohl erst später im Selektionsprozeß gegen die Unbilden der Natur und gegen menschliche Gegner ausgebildet worden. Die sozialen Triebe bedürfen offenbar viel mehr der Prägung und späterer von der Gemeinschaft gegebenen Richtschnüren bzw. vorgelebter Verhaltensweisen. Die Leitbilder der Kirchen waren statisch, stützten sich auf Autoritäten. Diese wurden gestürzt, da die Theologie den Fehler beging auch Aussagen über ein Weltbild zu geben, obwohl diese auf zeitbedingtem Kenntnisstand beruhten.

Die Naturwissenschaften haben mit ihrer Arbeit derartige zeitbedingte Leitbilder ins Wanken gebracht. Sie konnten sich ihrer selbst auferlegten Beschränkung nach, nicht am Nachdenken über neue Leitbilder beteiligen. Diese Entwicklung wurde in den letzten 100 jahren dadurch forciert, daß die Naturwissenschaften immer größere Teile der geistig trainierten akademischen Jugend in ihren Bann zog.

4.2.4. Der Positivismus

Es muß betont werden, daß der theologische Streit des *Galilei*-Urteils nicht das einzige Fundament des sogenannten Elfenbeinturms war, in dem die Naturwissenschaft fern von gesellschaftlichen Problemen geschaffen wurde. Ein weiteres Fundament legte der Positivismus als notwendige Reaktion auf die schwärmerische Zeit der Romantik (s. Kapitel 2.4.). Anfangs des vorigen Jahrhunderts grenzte *Auguste Comte* die Wissenschaft von der Welt der Romantik und damit auch von der der Ideologie ab mit dem Hinweis, daß für die Wissenschaft nur Behauptungen sinnvoll seien, die auf Tatsachen zurückführbar sind. Die Haltung der Positivisten führte ebenfalls zu der Tradition, daß Wissenschaft niemanden lehren kann, „was er soll, sondern nur was er kann" — wie sich *Max Weber* einmal ausdrückte.

Comte sah drei Stufen der Wissenschaft: Erkennung von Tatsachen, Ordnung der Tatsachen nach Gesetzmäßigkeiten und Voraussage künftiger Erscheinungen anhand der gefundenen Gesetzmäßigkeiten. Erörterungen, die über diese drei Phasen, ein konsistentes System des Wissens aufzustellen, hinausgehen, sah *Comte* als nutzlos an. Insbesondere wollte er als Reaktion auf die schwärmerische Zeit der Romantik Wissenschaft und Metaphysik scharf voneinander trennen. Als Richtschnur für die Abgrenzung der Wissenschaft von der Welt der Romantik und damit auch von Ideologien forderte *Comte,* nur Behauptungen zu diskutieren die sich durch Rückführung auf allgemeine Tatsachen zurückführen lassen, sich also experimentell überprüfen lassen. *Comte* hat dann zwar als äußere Klammer für die Wissenschaft gefordert, daß der Wissenschaftler die Hingabe an das Ganze zum Prinzip seines Handelns machen sollte. Wobei *Comte* die Menschheit als Ganzes im Auge hatte.

Gerade *Comte* sah im persönlichen Recht auf Kritik eine bedeutungsvolle Stufe der kulturellen Entwicklung. Wobei er neue Wege erwartete von den „Gelehrten, welche sich in den beobachtenden Wissenschaften betätigen" (*Comte* 1822). Diese „positiven" Wissenschaftler sind nach *Comte* berufen ihre Autorität und wichtige internationale Verbindungen untereinander zu nutzen. *Comte* erhoffte sich in der von ihm vorgeschlagenen Soziologie: „die Politik als eine Wissenschaft der Tatsachen und nicht der Dogmen zu behandeln". Die Reduzierung metaphysischer ideologischer Elemente aus der Politik ist eigentlich nur langsam voran geschritten. *Comtes* vorausschauender Weitblick wies schon im vorigen Jahrhundert auf mögliche Ansätze im Studium sozialer Erscheinungen in der Tierwelt hin. Dieser Hinweis ist erst von der Verhaltensforschung in der 2. Hälfte dieses Jahrhunderts realisiert worden. Wobei viele Soziologen im Gegensatz zum Begründer ihrer Wissenschaft von dieser interessanten Möglichkeit bis heute nicht viel wissen wollten.

Comte sah eine Verantwortung der „positiven" Wissenschaftler zum Mitdenken an der Gestaltung der Gesellschaft. Eine „positive" Wissenschaft sollte sich nach *Comte* nicht nur um eine Objektivierung bemühen, sondern sollte sich um eine ständige Verbesserung unserer Individuellen und kollektiven Lebensbedingungen bemühen. Wobei ein „positiv" eingestellter Wissenschaftler sich also in der Anlage seiner Forschung um „positive" Ziele kümmern sollte.

Aus *Comtes* Positivismus wurde sein Wunsch — wohl wegen der Schwierigkeit die Objektivierbarkeit auf gesellschaftliche Probleme auszudehnen —

abgeschnitten und nur das Ziel der verstärkten Objektivität der damals bekannten Wissenschaften intensiv weiter verfolgt. *Comtes* Hoffnung auf einen Übergang aus der historischen Phase der Metaphysiker und Juristen in eine der positiven Wissenschaften wurde nur sehr langsam realisiert. Die exakten Naturwissenschaften waren in den inzwischen abgelaufenen 150 Jahren zu sehr mit dem Aufbau ihrer Spezialwissenschaften beschäftigt. An dieser Arbeit hatte *Comte* mit seinen positivistischen Gedanken große Verdienste. Hieraus könnte man ein gewisses Vertrauen in seine Ideen ableiten.

Die großen Erfolge der Naturwissenschaften und die nur langsamen Fortschritte des politischen Lebens deuten die Semantiker dadurch, daß sich die Naturwissenschaft eine eindeutige Sprache in der Mathematik ausgebildet hat. Während die Semantiker meinen, daß im normalen Sprachgebrauch die „Wörter nicht mit den Dingen identisch sind, an deren Statt sie stehen. Sprechen Menschen ganz verschiedenen Lebensganges miteinander, so verwenden sie leicht die gleichen Vokabeln für unterschiedliche Erfahrungen. Setzen sie Wörter mit Erfahrungen gleich, reden sie leicht aneinander vorbei, statt miteinander zu reden" (*Rapoport* 1974 b, s. auch *Hayakawa*).

Die Semantiker wie *Rapoport* meinen, daß nur nach einer sauberen Analyse der menschlichen Sprache in den verschiedenen Völkern es Hoffnung geben kann, „daß die menschliche Vernunft sich auch auf die menschlichen Beziehungen erstrecken wird" (*Rapoport* 1974 b). *Rapoport* spricht die Vermutung aus, daß die heftigen patriotischen Kriege in denen Menschenmassen gegen andere Menschenmassen, in einer heute vielen als Wahnsinn erscheinenden Form, gegeneinander losgelassen wurden, nur möglich waren, weil Wörter als Reize mißbraucht wurden. Wobei *Rapoport* hier an Mechanismen erinnert, die *Pawlow* beim Auslösen des Speichelflusses an seinen Hunden durch Klingeltöne beobachtet hat (*Rapoport* 1974 b).

Es erscheint etwas paradox, daß gerade der Erfinder des Wortes „Altruismus", *Comte*, einseitig zum Startpunkt einer Haltung wurde, die den Wissenschaftler aus dem anderen Sektor seiner Arbeit, aus sozialem Denken, ausklammerte. Ein Beispiel, wie man früher wohl zu trennen wußte zwischen den strengen Anforderungen an die Wissenschaft und dem menschlichen Handlungsspielraum des Wissenschaftlers, ist auch die Encyclopädie der Wissenschaften des 18. Jahrhunderts. Dieses von *Diderot* herausgegebene Werk (1751–1781) wurde zwar eingeleitet mit dem Hinweis: „Das Zeitalter der Religion und der Philosophie ist dem Jahrhundert der Wissenschaft gewichen". Es war zweifellos ein Markstein zur Verwissenschaftlichung der Welt. Trotzdem bekannte sich *Diderot* im Inneren des Werkes „Ich habe mit der Natur angefangen und werde mit Dir endigen, dessen Name Gott ist. Ich weiß nicht, ob Du bist, aber ich werde ... handeln, als ob ich vor Dir wandle".

Der Positivismus und Neopositivismus forderten von den Wissenschaftlern sich streng davor zu hüten, aus der Wissenschaft heraus gesellschaftliche Normen zu entwickeln. Hierin sahen viele Naturwissenschaftler ein Alibi, das sie davon befreit, sich mit den komplexen Problemen der Gesellschaft auseinanderzusetzen. Der Naturwissenschaftler glaubte, durch intensive fachliche Arbeit genügend sozial zu handeln. Naturwissenschaftliche Forschung erfordert einen ungewöhnlich hohen persönlichen Einsatz, der nur in gewisser asketischer Einstellung realisiert werden kann. Wenn heute eine besondere Verantwortung der Naturwissenschaftler und Techniker gefordert wird, so darf dies nicht so aufgefaßt werden, daß beide bisher besonders unverantwortlich gehandelt haben, sondern es sollte als besonders hohe Verantwortung verstanden werden.

Im Abschnitt 2.5 haben wir vorgeschlagen, den gordischen Knoten durch eine Axiomatik aufzulösen, der einerseits die fruchtbare Einstellung des Positivismus der strengen Trennung zwischen wissenschaftlichem Lehrgebäude und emotional beeinflußtem Denken erhält, aber andererseits die Notwendigkeit verhindert, daß auch die Wissenschaftler helfen, bei gesellschaftlichen Problemen mitzureden. Der Positivismus forderte, der Wissenschaftler sollte wegen der notwendigen strengen Trennung von wissenschaftlichem Lehrgebäude und emotionalem Denken sich von Anwendungen auf gesellschaftliche Probleme fernhalten, weil diese zu sehr auf metaphysischen Grundlagen aufbauten; andererseits zerstörte die Naturwissenschaft aber laufend die metaphysischen Regelgrößen der Gesellschaft; nicht zuletzt wären aber gerade die Wissenschaftler geeignet, neue Regelgrößen in der neuen Lage zu finden.

Wir müssen gerade heute die beiden Thesen fordern (*Luck* 1971):
1. Nach wie vor sollte das Lehrgebäude der Wissenschaft und die wissenschaftlichen Methoden im Sinne des Positivismus wertfrei gehalten werden von Einflüssen der Ideologie, Religionen oder anderer gesellschaftlicher Repressionen.
2. Pflege und Sorge für die Wissenschaft kann aber nur von der Gesellschaft gefordert werden, wenn jeder Wissenschaftler sich mit den Fragen Wissenschaft und Gesellschaft neben seinen fachlichen Aufgaben auseinandersetzt.

Im Abschnitt 2.5 haben wir vorgeschlagen diese Mausefalle, in der die Naturwissenschaftler sich selbst von der Welt ausgesperrt hatten, zu öffnen, indem man sich auf gewisse allgemein anerkannte axiomatische Grundlagen einigt. Dann sollte es gelingen beide Thesen gleichzeitig zu erfüllen. Die Aufstellung derartiger Axiome sollte dynamisch geschehen, indem man entsprechende Versuche ständig zu optimieren sucht. Wir hatten in Kapitel 2.5 entsprechend drei Axiome der Kooperation aller Menschen versuchsweise zu formulieren versucht.

Wir meinen, daß man damit sowohl eine gewisse positivistische Haltung bewahren könnte, als aber auch von wissenschaftlicher Seite gesellschaftliche Hilfeleistungen geben könnte. Vielleicht wäre es günstig, für entsprechende Handlungen eine besondere Namensgebung einzuführen. Damit nicht unkritische Mißverständnisse entstehen, als ob derartige Ratschläge den strengen Anforderungen wissenschaftlicher Objektivität entsprächen. Aus derartigen Mißverständnissen beruhen ja bereits die massiven Angriffe gegen *Konrad Lorenz* oder gegen *Meadows*.

Man könnte dieses Gebiet aus naturwissenschaftlichen Aussagen Hilfestellungen für kooperative Verantwortung zu geben, Kooperantik nennen oder auch Sozialphilosophie. Die Schärfe derartiger Aussagen der Kooperantik mag sich oft nicht unterscheiden von den relativen geisteswissenschaftlichen Aussagen. Sie benötigen oft gewisse subjektive Wertungen oder Extrapolationen. Viele Naturwissenschaftler werden dazu neigen, aus ihrer objektiven Welt stammende Aussagen für tragfähiger zu halten. Es erscheint notwendig, daß auf diesem Sektor möglichst viele pluralistische Meinungen zusammen kommen. Wobei von naturwissenschaftlicher Seite wünschenswert wäre, wenn die übrigen Fachkollegen sich etwas mehr in die naturwissenschaftliche Methodik eindenken könnten. So halte ich einen Teil der gegen *Meadows* erhobenen Kritik einfach für ein Mißverständnis der angewandten Methodik und deren Aussagekraft (*Meadows* 1974). Andererseits wird man der Forderung des Bischofs *Fleming* zustimmen: „Jeder Wissenschaftler sollte menschliche Qualifikationen besitzen, die über die aus den wissenschaftlichen Disziplinen abgeleiteten hinausgehen" (*Fleming* 1967).

4.3. Historische Beispiele für verantwortliches Handeln

4.3.1. Der Eid des Hippokrates

Das älteste Beispiel einer Partialethik für einen Berufsstand ist wohl der Eid des *Hippokrates* für Ärzte. Der in Kapitel 2.2 zitierte Eid ist sicher auch oft von den Ärzten übertreten worden. Man muß aber anerkennen, daß er den großen Vorteil der Erkenntnismöglichkeit für Recht oder Unrecht im ärztlichen Beruf brachte. Erst diese bringt die Möglichkeit verantwortlich zu entscheiden oder menschlich zu versagen, um dann im Wiederholungsfall vielleicht doch verantwortlich zu denken. Die Naturwissenschaften haben sich so schnell entwickelt, daß ihnen anfangs ähnliche Richtschnüre, oder auch das Bewußtsein nach Recht oder Unrecht in Anwendungen zu differenzieren, fehlten. Das Nachvollziehen ähnlicher „hippokratischer" Ansätze für Naturwissenschaftler (vgl. Kapitel 2.2 und *Luck* 1962, 1963) kann in einer Zeit, in der feierliche Eide immer weniger üblich werden, einen Sinn haben im Nachholen einer fehlenden historischen Entwicklung; zum Nachdenken anzuregen, was bei Anwendungen der Naturwissenschaften in der Technik Recht und was Unrecht ist. Heftige Reaktionen einiger Techniker gegen derartige Formulierungsversuche – nicht wegen der Form sondern wegen des Prinzips – bestätigen Anfangs der 60er Jahre, wie dringend notwendig es war, auf Motivierungsänderungen in dieser Richtung hinzuweisen. Im Gegensatz zu den Ärzten fehlte Naturwissenschaftlern und Technikern eine Tradition, die Auswirkungen ihrer Arbeit zu werten. Die Auswirkungen des *Galilei*-Prozesses und des Positivismus hatten dies verhindert.

Fürth, der als einer der ersten einen hippokratischen Eid für Naturwissenschaftler vorgeschlagen hat (vgl. Kapitel 2.4), begründete dies wie folgt: „Es kann kaum einem Zweifel unterliegen, daß viele Naturwissenschaftler heutzutage in der Lage sind, Naturkräfte zu entfesseln, die die furchtbarsten Folgen für die gesamte Menschheit herbeiführen können. Naturforscher haben daher eine besondere Verantwortung gegenüber ihren Mitmenschen, die weit über die Grenzen ihrer eigenen staatlichen Gemeinschaft hinausreicht. Es erscheint derzeit aussichtslos, die Tätigkeit der Naturwissenschaftler durch besondere internationale Gesetze zu regeln; auch wäre dies mit der grundlegenden Idee der Freiheit wissenschaftlicher Forschung unvereinbar. Jeder individuelle Naturforscher muß daher persönliche Verantwortung übernehmen für alles, was er tut, und von dieser Verantwortung kann und darf man ihn nicht befreien. Ich schlage vor, daß als erster Schritt in dieser Richtung eine kleine Gruppe von Naturwissenschaftlern sich freiwillig gewissen moralischen Verpflichtungen unterwirft, wenn dies auch nur eine symbolische Handlung wäre" (*R. Fürth* 1962, s. *Luck* 1962). In der Diskussion um einen hippokratischen Eid für Naturwissenschaftler schrieb mir damals *J. Hönes:*

„Wahrheit, moralische Wahrheit ist immer etwas, das zwischen den Menschen ist, das sich im gegenseitigen Sichöffnen als gemeinsamer Lebensgrund offenbart. Um sie zu finden, müssen also Menschen zusammenkommen . . . so müßte sich zunächst eine kleine Schar unmittelbar Angesprochener zusammenfinden, die bereit ist, solch ein Gelöbnis mit allen sich daraus evtl. ergebenden Konsequenzen auf sich zu nehmen. Und bei der einzelne zu solch einem Tun immer wieder neue Kraft schöpfen darf, weil er sich als Angehöriger eines Bundes Gleichgesinnter weiß . . ." (s. *Luck* 1963).

Gegen derartige Versuche wurden damals zur Zeit des kalten Krieges massive Vorwürfe erhoben, daß man durch derartige — auf eine Seite beschränkte — Versuche das Gleichgewicht des Schreckens empfindlich stören würde. Dazu ist zu sagen, daß man wegen der Endstufe der Entwicklung nicht den Nachvollzug der ersten Stufe verhindern sollte. Es kommt darauf an, die Motive der Menschen von Grund auf zu ändern. Erst dann können wir auf Lösung unserer Tagesprobleme hoffen. In der Übergangsphase würde ich vor einem strengen Purismus warnen. Hier sollte der einzelne zu Konzessionen berechtigt sein, wenn er glaubt, daß damit die Verwirklichung der sozialen Endziele eher garantiert ist. „Die Vorsicht ist das Mittel der Natur, mit der sie das Leben ihrer Geschöpfe verlängert" (*Leonardo da Vinci*, s. *Kraemer* 1964).

Versuche zu verpflichtenden Formulierungen sind inzwischen von verschiedenen Seiten vorgeschlagen worden. So empfahl *Thring*, London, „einen Eid für angewandte Wissenschaftler und Ingenieure" mit folgendem Wortlaut:

„Ich gelobe, mich zu bemühen meine beruflichen Kenntnisse nur für Projekte anzuwenden, von welchen ich nach gewissenhafter Prüfung glaube, das sie an dem Ziel mitwirken, einer Koexistenz der gesamten Menschheit in Frieden, menschlicher Würde und Selbstverwirklichung.

Ich glaube, daß diese Ziele die Bereitstellung einer angemessenen Menge von Versorgungsgütern erfordern (Nahrung, Luft, Wasser, Kleidung, Wohnen, Zugang zu den Schönheiten der Natur und der Künste), ferner Ausbildung und Gelegenheit für jede Person ihre Lebensziele und Kreativität zu verwirklichen, sowie manuelle und geistige Geschicklichkeit auszubilden.

Ich gelobe während meiner Arbeit mich zu bemühen, Gefahren, Lärm, alle Belastungen und Eindringen in die Privatsphäre der Individuen: durch Verunreinigungen der

Erde, Luft und der Gewässer, Zerstörungen von Naturschönheiten, Rohstoffquellen und des Tierlebens auf das unbedingt notwendige Mindestmaß zu verringern".

Derartige Appelle sollten helfen die von *Oppenheimer* kritisierte Haltung zu überwinden: „Wenn man etwas sieht, was einem „technically sweet" erscheint, dann packt man es an und macht die Sache, und die Erörterungen darüber, was damit anzufangen sei, kommen erst, wenn man einen technischen Erfolg gehabt hat. So war es mit der Atombombe..." (s. *Jungk* 1964). Wobei *Lonsdale* betont: „Das Risiko, daß eines Menschen Arbeit, die an sich gut ist, später einmal mißbraucht wird, muß man immer auf sich nehmen. Aber wenn es bereits bekannt ist, daß der Zweck der Arbeit verbrecherisch ist und schlecht sein soll, kann die persönliche Verantwortung nicht umgangen werden" (s. *Jungk* 1964).

Die American Chemical Society hat ihren Mitgliedern einen Ehrencodex der Chemiker empfohlen (Übersetzung s. *W. Luck* 1966b):

„Als Chemiker habe ich eine Verantwortlichkeit:
gegenüber der Öffentlichkeit:
für das wahre Verständnis der chemischen Wissenschaft einzutreten: voreilige, falsche oder übertriebene Angaben zu vermeiden; Plänen und Untersuchungen die dem öffentlichen Interesse oder Wohlergehen widerlaufen, entgegenzutreten und zusammen mit den anderen Bürgern für eine richtige und nützliche Anwendung wissenschaftlicher Entdeckungen einzutreten.

gegenüber meiner Wissenschaft:
durch Anwendung der wissenschaftlichen Methoden sie ständig auf ihren vollendeten Wahrheitsgehalt zu prüfen und sie durch eigene Beiträge fruchtbar zu machen für das Wohl der Menschheit.

gegenüber meinem Berufsstand:
den höchsterreichbaren Stand des Wissens und dessen Anwendung zu unterstützen, Ideen und Informationen durch Vorträge und Diskussionen in wissenschaftlichen Gesellschaften und in Veröffentlichungen auszutauschen, die Arbeiten der Kollegen großzügig anzuerkennen und mich übermäßiger Werbung zu enthalten.

gegenüber meinem Arbeitgeber:
ihm ungeteilt und eifrig im gegenseitigen Interesse zu dienen, seine Belange zu bewahren und sie voranzutreiben, als seien es meine eigenen.

gegenüber mir selbst:
meine berufliche Integrität als Individuum zu erhalten, danach zu streben, meine Kenntnisse auf dem neuesten Stand zu halten, höchste Ideale der persönlichen Ehre zu besitzen und ein aktives, ausgefülltes und nützliches Leben zu leben.

gegenüber meinen Untergebenen:
sie als Kollegen zu behandeln, auf ihr körperliches und geistiges Wohlbefinden zu achten; sie in ihrer Arbeit zu unterstützen und zu begeistern, ihnen soviel Freiheit zur persönlichen Entwicklung zu geben, wie es irgend mit der gründlichen Durchführung ihrer Arbeit vereinbar ist; ihre Anstrengungen fair zu belohnen sowohl finanziell als auch durch Anerkennung ihrer Beiträge an der wissenschaftlichen Arbeit.

gegenüber meinen Studenten und Mitarbeitern:
für sie ein Mitarbeiter zu sein, Klarheit und Offenheit in der Stellungnahme ihnen gegenüber anzustreben, Geduld und Förderung auszuüben und keine Gelegenheit zu versäumen, sie zur Fortführung der großen Tradition anzuregen.

gegenüber meinen Kunden:

ein getreuer und unbestechlicher Vermittler zu sein, Vertrauen zu schätzen, sie redlich zu beraten und faire Rechnungen auszustellen."

Dieser Codex geht zum Teil auf Ideen von *Fernelius* (1946) zurück. *Fernelius* betonte noch etwas stärker als der Codex der American Chemical Society die Verantwortung der Lehrer für die Auslese und Beratung geeigneten Nachwuchses, sowie darauf zu achten, daß ihre Studenten verantwortliche Mitglieder der Gesellschaft werden. *Fernelius* schließt ferner ein, eine Verantwortung für die Selektion der für die Chemie Geeigneten von den Ungeeigneten. Auch das vorbereitende Kommitee der American Chemical Society hatte in ihren Entwürfen (*Gehrke* u. a. 1947) stärker als in der endgültigen Fassung die Beachtung einer gerechten Bezahlung der Chemiker aufgenommen, weil sonst Gefahr bestände, daß die Chemiker minderwertige Arbeit leisten und damit ihrem Fach indirekt schaden. Beobachtungen einiger akademischer Berufsverbände lassen vermuten, daß das Interesse der Akademiker an finanziellen Problemen ungleich größer ist als das an allgemeineren Fragen. Von dieser Erfahrung aus, erscheint der Einfluß finanzieller Diskussionen in Verantwortungsfragen notwendig. *Hill* (1946), der als einer der ersten forderte, die Wissenschaftler sollten mit ,,derselben Aufrichtigkeit, Bescheidenheit und unter strenger Berücksichtigung der Tatsachen über ethische Grundlagen ihrer Wissenschaft nachdenken, wie sie es in ihrer fachlichen Arbeit tun", betonte, daß die Wissenschaftler darauf bestehen sollten, daß sie selbst oder ihre Vertreter ein Mitbestimmungsrecht auf die Anwendung ihrer Arbeit erhalten. Wobei auch er in der internationalen Gemeinschaft der Wissenschaftler einen wichtigen Keim für internationale Kooperation sah, aus dem eine Verantwortlichkeit, diese zu nutzen, folgt.

Die Atombombe hat derartige Diskussion ausgelöst. Vorher hatten sich die Naturwissenschaftler von derartigen Fragen ziemlich ferngehalten. So haben *Pigman* und *Charchmichel* (1950) alle von 1907 bis 1950 vorhandenen Jahrgänge des umfangreichen Referateorgans, über chemische und physikalische Publikationen Chemical Abstracts, nach Publikationen über ethische Fragen der Wissenschaften durchforstet und lediglich vier entsprechende Berichte finden können. Dies hat sich in den letzten 25 Jahren bedeutend geändert.

Der Schwede *Heden* (1968) fordert in einem vorgeschlagenen Ehrencodex für Wissenschaftler: 1. Ehrenhaftigkeit und gesellschaftliche Verantwortung, 2. Sorge um die Menschheit, 3. Loyalität, 4. Toleranz, 5. Bescheidenheit und 6. Sorge um die Zukunft. − Die Forderung nach Loyalität begründet er: Viele gesellschaftliche Strukturen sind offensichtlich unbefriedigend, aber sie sichern wenigstens einen angemessenen Grad von Stabilität, der für Entwicklungsplanungen erforderlich ist. Deshalb sollte sich ein Wissenschaftler davor hüten, drastische Veränderungen zu befürworten, es sei denn, daß gegebene Verhältnisse und entsprechende Entwicklungen das Wohl der Menschen offenkundig gefährden (*Heden* 1968).

Als ich 1963 den Versuch eines hippokratischen Eides für Naturwissenschaftler öffentlich diskutierte (*Luck* 1962), war das Resümee, daß die Zeit hierfür nicht mehr gegeben ist, so daß der Sinn nur noch in einem Nachvollziehen einer in der Wissenschafts-Geschichte eigentlich notwendig gewesenen Erfahrung läge. Es ist überraschend, daß in neuerer Zeit wieder einige andere Meinungen aufkommen. So erklärte *Rapoport* 1971 in einem Vortrag vor der American Physical Society in Washington die Notwendigkeit einer moralischen Verpflichtung der Wissenschaftler als notwendig: „Nach meiner Meinung wäre es gut, wenn diese Verpflichtung in der Form eines hippokratischen Eides niedergelegt würde. Wahrscheinlich wäre nur eine kleine Minderheit von Wissenschaftlern willens und fähig, einen solchen Eid zu leisten, welcher nicht den Segen der herrschenden Institutionen hat. Wissenschaftler sind auch nur Menschen, und von vielen von ihnen kann man nicht erwarten, daß sie in die Hand beißen, die sie füttert. Wissenschaftler, die willens und fähig sind, den Eid zu leisten, sind wahrscheinlich solche, die diese Verpflichtung in ihrem Gewissen bereits übernommen haben. Dennoch wäre es zweckmäßig, wenn diese Verpflichtung in aller Form ausdrücklich und öffentlich ausgesprochen würde. Der Eid könnte die Moral der betreffenden Wissenschaftler heben, indem er ihnen das Gefühl gäbe, einer Gemeinschaft anzugehören. So könnte eine Grundlage für eine künftige Organisation auf weltweiter Ebene geschaffen werden. Vor allem könnte dieser Eid für die entfremdete Jugend ein Signal sein, daß der wissenschaftliche Geist nicht gänzlich von den bestehenden Machteliten in Beschlag genommen worden ist und daß es für junge Menschen einen Platz in dem kollektiven Menschheitsunternehmen geben mag, zu dem die Wissenschaft eines Tages werden könnte" (*Rapoport*). *Rapoport*s Idee ist insofern lange verwirklicht, als die Gesellschaft für Verantwortung in der Wissenschaft den auf S. 41 zitierten Eid in die Präambel ihrer Satzung aufgenommen hat.

4.3.2. *Leonardo da Vinci, Das Verschweigen von Erfindungen*

Ein interessantes Vorbild für verantwortliches Denken und Handeln gab *Leonardo da Vinci*. Als Universalgenie seiner Zeit befaßte er sich auch mit der Konstruktion neuer Waffen. So bot er etwa im Jahre 1483 dem Herzog *Ludovico Maria Sforza* in einem Bewerbungsschreiben seine Dienste an, indem er anhand einiger Beispiele seine Ideen neuer Waffen pries. „Item habe ich ein Mittel, durch ausgeschachtete und geheimnisvoll verschlungene Wege ohne jeglichen Lärm zu einem vorbezeichneten Punkt im Gelände zu gelangen, selbst wenn es unter einem Graben oder gar unter einem Flusse hindurchgehen sollte. Item werde ich sichere, unangreifbare gedeckte Wagen konstruieren, die — wenn sie mit ihrem Kugelregen in die Reihe der Feinde fahren — jedwede auch noch so große Menge von Bewaffneten aufreiben müssen..." (*Leonardo da Vinci* s. 1972). So befaßte er sich mit zahlreichen Vorschlägen zur Verbesserung der Artillerie, er konstruierte eine Bombe mit stabilisierenden Flügeln, er entwarf Schrapnellgeschosse, eine Art Maschinengewehr, und viele Festungspläne. Als moralische Begründung seiner Tätigkeit als Waffeningenieur gab er an: „Um das größte Geschenk, das die Natur uns gab — die Freiheit — zu erhalten, halte ich es für nötig, sie durch Offensiv- und Defensivwaffen zu schützen" (*Leonardo da Vinci,* s. 1972). Im Rahmen seiner Versuche Taucheranzüge oder gar U-Boote zu konstruieren, findet man aber eine Bemerkung *Leonardo*s: „Wieso und warum ich meine Verfahren, solange unter Wasser zu bleiben, wie ich ohne Essen auskommen kann, nicht beschreibe: Ich veröffentliche und verbreite es nicht wegen der bösen Natur des Menschen; sie würden Meuchelmorde auf dem Meeresgrund praktizieren durch Aufreißen der Schiffe von unten und sie samt der Mannschaft, die darauf ist, zum Sinken bringen. Und wenn ich andere Verfahren lehre, so sind diese doch nicht gefahrbringend, weil die auf Schläuchen oder Korkscheiben ruhende Mündung des Rohres, durch das man atmet, über dem Wasser sichtbar ist" (*Leonardo da Vinci*, s. 1909).

Obwohl oft kritisiert wird, der Mensch kenne nicht wie Tiere Tötungshemmungen oder Riten im Kampf, muß man sich daran erinnern, daß es sehr wohl auch für die Kriege der Menschen gewisse Regeln gab. Man marschierte z.B. zur Zeit des Barock nach bestimmten Regeln auf dem Schlachtfeld auf. Man vergleiche auch *Shaw*s Bühnenstück „Helden", in dem der Held siegte, weil sein Pferd durchging und er sich nicht an die Regeln hielt. So schreckt *Leonardo* nicht vor dem Töten zurück, sondern nur vor dem Töten ohne Warnung. Das von ihm erfundene Tauchersystem mit Schnorcheln hält er dagegen für fair, weil es Vorwarnungen gibt. Die Jahre vorher dem Herzog *Sforza* angebotenen Tötungsmethoden sind für den Gegner in *Leonardo*s Sicht zwar nicht abzuwehren, für ihn ist offenbar aber Töten dann verabscheuungswürdig, wenn der Gegner nicht noch kurz vor seinem Tod den Gegner als solchen erkennen kann. Diese Mentalität trat übrigens auch bei den Nürnberger Kriegsverbrecher-Prozessen nach 1945 zu Tage. Auch dort wurden moderne Torpedos, die nicht wie die traditionellen an ihren Blasenspuren vorher zu erkennen waren, zum Kriegsverbrechen erklärt.

Man kann auch vermuten, daß *Leonardo* vor einer Waffe, für die es keine Abwehrmöglichkeiten gab, deshalb zurückschreckte, weil er damit rechnen mußte, daß eine verunglückte Tauchmaschine dem Gegner alle Kenntnisse vermitteln würde (*Kraemer* 1973) oder daß auch nur das Wissen möglicher Tauchmaschinen zu entsprechenden Konstruktionen des Gegners führen müsse. *Leonardo* hatte ja nicht nur Konstruktionswege gefunden, sondern eben eine kreative neuartige Idee gehabt. Derartige Ideen haben nur geniale Menschen, sie sind die wichtigste Voraussetzung bei technischen Neuerungen.

Leonardo da Vinci erreichte sein Ziel der Geheimhaltung. U-Boote wurden erst Jahrhunderte später neu erfunden. *Leonardo*s Vorbild konnte nicht zur Ausbildung einer Tradition führen, weil es ja die Geheimhaltung zum Ziel hatte.

Heute ist dies als Vorbild weniger geeignet. *Leonardo* hatte Erfolg, weil er als Genie seinen Zeitgenossen weit voraus war. Im Rahmen der modernen Wissenschaft als Massenorganisation sind jedoch grundlegende isolierte Individualentdeckungen seltener geworden. Ein Wissenschaftler, der erkannte Wege verschweigt, kann ziemlich sicher sein, daß andere diese Wege öffnen. In kleinen Schritten werden neue Erkenntnisse gefunden, bis die Situation reif ist für einen Schritt ins Neuland. Z.B. kann man *Otto Hahn* nicht vorwerfen, er hätte seine Entdeckung der Kernspaltung besser verschweigen sollen. Abgesehen von der ambivalenten Situation, daß die Kernspaltung eine Möglichkeit gibt, bei den Problemen der Energieversorgung auf lange Sicht zu helfen, ist weniger bekannt, daß seine Entdeckung damals in der Luft lag. Schon 1934, also lange vor *Hahn*s erster Veröffentlichung, publizierte Frau *Noddack* eine kurze Mitteilung in der Zeitschrift für Angewandte Chemie (*Noddack* 1934). Sie wies darauf hin, daß der berühmte italienische Kern-Physiker *Fermi* sich bei der Deutung einiger veröffentlichter Experimente geirrt haben müsse. Von ihm gegebene Erklärungen können aus bestimmten, näher erläuterten Gründen nicht stimmen. Man könne aber *Fermi*s Experiment mit der Annahme einer Kernspaltung leicht verstehen. Wir wissen nicht, ob *Hahn* durch diese Mitteilung zu seinen kreativen neuen Gedanken induziert wurde[1]. Da aber wissenschaftliche Zeitschriften immer wieder auch noch nach Jahren gelesen werden, können wir sicher sein, daß dieser Gedanke von Frau *Noddack* eines Tages — sicher nicht allzu lange nach *Hahn* — als richtig bewiesen worden wäre. Die Lösung *Leonardo*s wäre heute meist nur von kurzer Dauer.

Die primäre Publikation *Fermi*s, die für die zündende Idee ausreichte, war in völliger Unkenntnis ihrer Wichtigkeit geschehen. *Hahn* hat selbst zu den gegen ihn erhobenen Vorwürfe geantwortet: ,,Ich habe doch nur meine wissenschaftliche Pflicht getan. Was die Mächtigen dieser Welt daraus machen, geht auf ihre Verantwortung. Wir Forscher tragen auch eine Verantwortung nämlich die, wo wir nur können auf die furchtbaren zukünftigen Möglichkeiten aufmerksam zu machen und zu versuchen, sie zu verhindern" (*Hahn* 1968).

Es erscheint recht ungewiß, ob der Versuch des bekannten Physikers *Leo Szilard* im Frühjahr 1939, die Atomphysiker sollten freiwillig ein Abkommen schließen, nichts mehr über die Uranspaltung zu veröffentlichen, Erfolg gehabt hätte (s. *Bronowski* 1973). Damals kannten sich zwar die Atomphysiker noch alle untereinander. Es wäre aber schwierig gewesen, den Kreis abzugrenzen. So hat z.B. die Erklärung der Göttinger Achtzehn, die damals in der *Adenauer*-Ära sich öffentlich weigerten, an Atomrüstungen zu arbeiten, einige andere Kollegen geärgert. Diese hatten das Gefühl, aus der Bildung einer Prominenz als zweitrangig deklassiert zu werden, indem sie nicht um Unterschrift gebeten worden waren. Im Anschluß an die Göttinger Erklärung fühlte sich jedenfalls ein Physiker genötigt, öffentlich die Atombombe zu verharmlosen. Es ist zu vermuten, daß dies auch mit *Szilard*s gut gemeinter Aktion passiert wäre. Daß *Einstein* und *Bohr* sehr aktiv sich später für die Herstellung der Atombombe eingesetzt haben, zeigt andererseits, wie schwierig es ist, individuell denkende Wissenschaftler zu einheitlichen politischen Meinungsbildungen zu aktivieren.

Natürlich kann man gefährlich erscheinende Entwicklungen durch Geheimhalten oder Abbrechen der Arbeiten zeitlich aufhalten. Ich selbst würde

---

1) Dies ist aber wahrscheinlich, weil auf der gleichen Seite zwei *Hahn*-Schüler einen Dank an ihn ausdrücken.

dies in gewissen Fällen auch versuchen. Die meisten Wissenschaftler stehen bei der Forschungsplanung vor der Wahl verschiedene Wege zu verfolgen. In dieser Situation würde ich diejenigen wählen, die die meisten Chancen haben, für die Menschen nützliche Ergebnisse zu bringen und würde die vermeiden, in denen ich mit erhöhter Wahrscheinlichkeit damit rechnen kann, auf Probleme zu stoßen, deren Ungefährlichkeit nicht sicher ist. Als recht ungeeignet halte ich die vor kurzem an die Öffentlichkeit gerichteten Appelle einiger Molekular-Biologen, man möge gewisse genau angegebene Forschungen einstellen, wegen ihrer potentiellen Gefahren für den Menschen. Ein derartiger spektakulärer Eklat erhöht zunächst die Chancen, daß sich skrupellose Kreise an die Ausnutzung dieser Gedanken heranwagen, indem man sie erst massiv auf diese Möglichkeiten aufmerksam macht.

Es handelt sich um Versuche, die Erbsubstanz DNS von Bakterien mit Fragmenten der DNS anderer Lebewesen zu kombinieren und damit Bakterien mit neuartigen Eigenschaften zu erhalten (*Chang* und *Cohen*). Es gelang sogar DNS-Reste der Kröte in die DNS von Bakterien einzubauen. Der Krebsforschung war nach diesem Verfahren vorgeschlagen worden, Gene von Tumor-Viren in Coli-Bakterien einzubauen. Mitte 1974 rieten in den Zeitschriften Science und Nature 11 namhafte Biochemiker, unter ihnen der Nobelpreisträger *Watson*, zur Selbstkontrolle auf diesem Gebiet.

Paul Berg hat auf einer Davoser Konferenz diesen Appell näher erläutert: „Bis das Ausmaß des Risikos erkannt und die Möglichkeiten, damit zu hantieren, entwickelt sind, sollte diese Art von Experimenten aufgeschoben werden ... Unser Ruf nach einem freiwilligen Aufschub der Experimente war gemeint als eine kurzfristige Aktion — ein Versuch, das Tempo beim Wettlauf um die Einführung von Bakterien-, Tier-, Pflanzen- oder Virus-Genen in E. Coli-Bakterien etwas zu verlangsamen. Nur eine Pause jetzt könnte uns zeigen, wo die Gefahren liegen und würde uns erlauben, sie zu vermeiden" (s. *Krautkrämer* 1975).

Dieser Appell war gut gemeint. Da die Auffindung neuer Ideen selten ist, und Entdecker neuer Methoden allgemein einen Vorsprung haben in dem Wettlauf um neue Ergebnisse, bevor andere sich in diesen Techniken geübt haben, ist dieser Appell deshalb vorbildlich, weil die Sorgen um das Allgemeinwohl vorrangig vor einigen Erfolgen gesetzt wurden. Es ist zu wünschen, daß die Autoren des Appells Erfolg haben werden. Dann könnte dieser Fall zu einem Präzedenzfall werden.

Die Einstellung von Forschungen im Kreis A und Intensivierung derselben im Kreis B nach einer öffentlichen Distanzierung im Kreis A kann eine Situation herausfordern, daß plötzlich der Kreis B durch schreckliche Machtmittel den Kreis A in der Hand hat. Diese Situation dürfte gefährlicher sein, als wenn beide dieses Machtmittel besitzen. Man erinnere sich, daß der Kolonialismus in den Anfängen doch darauf beruhte, daß die Europäer perfekte Schußwaffen hatten und alle anderen Völker nicht. In der Geheimhaltung sehen heute viele mehr Gefahren, so daß sie sogar für größtmögliche Publizität eintreten.

4.3.3. Norbert Wiener „reitet den Tiger"

Interessanter für unsere Situation scheint mir das Verhalten von *Norbert Wiener* zu sein. *Norbert Wiener* hat als Mathematiker durch seine Tätigkeit im letzten Krieg wesentlich dazu beigetragen, daß die Kybernetik eine eigene Wissenschaftsdisziplin geworden ist. Er erkannte sehr früh, daß diese Arbeit die Struktur der Gesellschaft z.B. durch Möglichkeiten automatischer Fabriken ändern wird. Es kamen ihm auch Bedenken, ob er damit nicht Arbeitslosigkeit und großes Elend induzieren werde. In seiner Biographie berichtet er, wie er nach der Erkenntnis der großen sozialen Folgen der Kybernetik im Guten wie im Schlechten sich fragte, ob er den Weg des *Leonardo* gehen und versuchen sollte, seine Ideen zu unterdrücken. Seine Antwort lautet in der Übersetzung (*Wiener* 1956):

„Nachdem ich einige Zeit mit diesem Gedanken gespielt hatte, kam ich zu dem Schluß, daß dies unmöglich sei, da meine Ideen eher den Zeitverhältnissen als mir selbst gehörten. Auch wenn ich jedes Wort über das, was ich getan hatte, zu unterdrücken vermocht hätte, mußten sie in der Arbeit anderer wieder auftauchen, und es war sehr gut möglich, daß dies in einer Form geschah, in der ihre philosophische Bedeutung und ihre sozialen Gefahren weniger stark zum Ausdruck kommen würden. Ich konnte vom Rücken des Tigers nicht herunter, also blieb mir nichts weiter übrig, als ihn zu reiten. Ich meinte daher, daß ich von größter Geheimhaltung zu größter Publizität umschwenken und auf alle Möglichkeiten und Gefahren der neuen Entwicklung aufmerksam machen müsse".

Es mag vielen Wissenschaftlern reizvoller erscheinen, von einer Entdeckung zur nächsten zu schreiten, als sich mit dem ungewohnten Problem gesellschaftlicher Schwierigkeiten auseinanderzusetzen. Das Beispiel Kybernetik, in dem bisher die Vorteile für die Menschheit weit zu überwiegen scheinen, scheint *Wiener*s Weg zu bestätigen. *Wiener* hat die Forderung, daß der Erfinder am Anfang der Arbeitsteilung und Verantwortungskette den Prozeß möglichst über alle Kettenglieder mitverfolgen sollte, vorbildlich erfüllt. Für verantwortliches Handeln scheint mir der „*Wiener*-Weg" der wirkungsvollste zu sein.

Nicht nur die Verhütung von Folgeschäden führt zu dem „*Wiener*-Weg" größtmöglicher Publizität, sondern auch die Verpflichtung die von der Gesellschaft getroffenen hohen Finanzinvestitionen in die Forschung auch für die Gesellschaft optimal auszunutzen. „Bedenke, daß Du zu jeder Erkenntnis ihre Nutzanwendung setzen mußt, damit die Wissenschaft nicht unnütz sei" (*Leonardo da Vinci*, s. *Kramer* 1964). Natürlich kann eine funktionale Arbeitsteilung zwischen Grundlagen- und angewandter Forschung hierbei zweckmäßig sein.

4.3.4. Der Weg Monods

Monod (1971) hat kürzlich in seinem bekannten, verschiedentlich kritisierten Buch „Zufall und Notwendigkeit" über unsere Welt die These aufgestellt: „Ihre materielle Stärke verdankt sie jener Ethik, die die Erkenntnis begründet; ihre moralische Schwäche jenen Wertsystemen, auf die sie sich noch immer berufen versucht und die durch die Erkenntnis selbst zerstört wurden. Dieser Widerspruch ist tödlich..." (S. 216). *Monod* möchte „die Idee der objektiven Erkenntnis als der einzigen Quelle authentischer Wahrheit im Reiche der Ideen" durchgesetzt sehen. *Mohr* (Freiburg) nennt ihn daher einen moralischen Puristen und zieht einen pluralistischen Standpunkt auch in der modernen Ethik vor.

Auch ich halte diese Entwicklung aus zwei Gründen für schlecht: Einmal versucht *Monod*, die Wissenschaft zu ideologisieren. So gut dynamische Entwicklungen von Ideologien für die Gesellschaft oft sind; sie sind, wie wir wissen, doch meist kurzlebig. Wir brauchen dauernde, wertbeständige Ideen; dazu haben zu ihren Zeiten zum Teil die Religionen beigetragen, dazu könnte meiner Meinung nach heute auch die Wissenschaft beitragen, deshalb sollten wir uns hüten, die Wissenschaft zu ideologisieren. Ungünstig erscheint mir auch, daß *Monod* in seinem Buch Berichte über naturwissenschaftliche Ergebnisse und gesellschaftliche Folgen hieraus nicht deutlich voneinander abhebt, sondern fugenlos ineinander übergehen läßt. So wird unkenntlich für den Nichtfachmann, wie groß die Fehlerbreiten seiner Aussagen sind. Für den philosophischen Teil seines Buches besteht die Gefahr, daß einerseits die Objektivität und Autorität von wissenschaftlichen Tatsachen und andererseits die naturwissenschaftliche Autorität des Nobelpreisträgers *Monod* den Charakter philosophischer Autoritäten erhalten. Zudem bringt *Monod* unnötig Streit in das Lager der verantwortlich denkenden Menschen. Einige religiös Eingestellte sehen in *Monod* und — was schlimmer ist — in ihm als Sprecher einer gewissen naturwissenschaftlichen Elite eine große Gefahr.

Nach meiner Meinung sollte jedes System, was brauchbare soziale Regelgrößen aufstellt, als erhaltungsbedürftig anerkannt und nicht angetastet werden, sofern sie zu den drei Axiomen der Kooperation nicht im Widerspruch stehen. Hierzu gehören zweifellos auch das Christentum und andere Religionen, die die Nächstenliebe zu den ethischen Grundprinzipien zählen. Im Grunde brauchen wir heute nichts weiter als eine Erneuerung der Nächstenliebe unter Einschluß der zeitlichen Dimension.

4.3.5. Gruppenbewußtsein: Viktor Paschkis

Persönliche Vorbilder können richtungsweisend werden. Die Realisierung hat aber nur dann Erfolg, wenn es dem „Herdentier" Mensch gelingt, gewisse Regelgrößen zum Gruppenbewußtsein zu machen. Der Mensch ist viel stärker Glied einer Gruppe, als er in seinen individualistischen Gefühlen oft wahrhaben will. *Lorenz* (1973) zitierte kürzlich *Arnold Gehlen*, „daß ein Mensch gar kein Mensch sei, denn menschliche Geistigkeit ist ein überindividuelles Phänomen".

Kooperative Regeln sollten Gruppen zu gemeinsamem Handeln anregen. Für solches Gruppenverhalten ist dann ein sehr starkes Band. Es ist daher nötig, daß die neue Motivierungsänderung der Verantwortlichkeit zum Gruppenbewußtsein wird. Es war daher richtig erkannt, daß 1949 der österreichische Emigrant *Viktor Paschkis* versuchte, über die Gründung einer „Society for Social Responsibility in Science" (SSRS) ein entsprechendes Gruppenbewußtsein zu induzieren. Er gründete eine Vereinigung von Wissenschaftlern, die sich durch Unterschrift verpflichteten, auch in ihrem Beruf nichts gegen ihr Gewissen zu tun. Er wollte sich damit gegen das sogenannte Sonntagschristentum wenden, in dem man zwar im sonntäglichen Gottesdienst seine ethischen Neigungen auslebt, sich aber dann im Berufsleben des Alltags so verhält, als habe der Beruf gar nichts mit Ethik zu tun.

Paschkis berichtet über den Anlaß zur Idee der SSRS-Gründung: Eines Tages hätte er auf einer Schiffsreise vor Eintritt der USA in den Krieg, das schwarze Brett mit angeschlagenen Kurznachrichten studiert. Dort befand sich ein Zitat einer recht kriegerischen Rede des amerikanischen Präsidenten *Roosevelt.* Eine Engländerin hatte dies kommentiert: „Ich kann das einfach nicht verstehen. Wir sind angeblich eine christliche Nation. Das sind aber doch keine christlichen Worte". Ihr Mann − ein richtiger Witzbold − sagte mit strenger Miene: „Liebste, deine Worte passen für Sonntag. Heute ist Donnerstag".

Die SSRS verpflichtet ihre Mitglieder zu einer persönlichen Mitverantwortung für die voraussehbaren Konsequenzen ihrer Arbeit, sich um das Studium möglicher Konsequenzen ihrer eigenen Arbeit zu bemühen und möglichst sich nur an solchen Arbeiten zu beteiligen, die aufbauenden Zwecken dienen und der Menschheit keinen Schaden zufügen.

Auf die Frage, ob es notwendig sei, für die Verpflichtung auch im Beruf nichts gegen das Gewissen zu tun, nicht gemeinsame Formulierungen zu suchen was ein gutes Gewissen sei, antwortete *Paschkis* (1966): „Ich bin überzeugt, daß jeder Mensch irgendwie ein Gewissen hat. Ich bin mir sehr klar darüber, daß dieses Gewissen durch Umgebung usw. beeinflußt werden kann. Ich bin aber überzeugt, daß Menschen deren Gewissen stumpf geworden ist, sich nicht zu unserer Gesellschaft hingezogen fühlen und daß solche Leute durch eine intelektuelle Diskussion der Ethik nicht den Weg zu ihrem Gewissen finden können. Es gibt viele Menschen, die glauben ein gutes und moralisches Leben zu führen; aber sie übersehen es völlig, daß ihr Gewissen auch mit den Folgen ihrer Berufsarbeit etwas zu tun hat". *Paschkis* hält das Ansprechen des Gewissens für ausreichend, so daß er selbst als strenger Pazifist Arbeiten für das Militär[1], soweit keinerlei Geheimhaltung gefordert

---

1) Der Nobelpreisträger *Chain* (1970) tritt z.B. betont für eine aktive Beteiligung der Wissenschaftler an Rüstungsaufgaben ein, weil nach seiner Meinung das Gleichgewicht der Kräfte nur durch gleichwertige Vorbereitung gesichert werden kann. Die Weigerung zur Mitarbeit an modernen Rüstungen allein auf einer Seite würde nach seiner Meinung eine Katastrophe heraufbeschwören. *Chain* meint, daß jeder Wissenschaftler verpflichtet sei im Falle der Gefahr den Soldaten optimal zu helfen, die ihr Leben riskieren. Kein Wissenschaftler könnte es moralisch verantworten, einer Nation seine Dienste zu versagen im Falle der Gefahr, die auch ihn mit seiner Familie verteidigt. Die Wissenschaftler sind nach *Chain* aber verantwortlich ständig die technisch nicht Gebildeten vor den Konsequenzen der ABC-Waffen zu warnen, genau so wie vor den Folgen von Vernachlässigungen der Umwelthygiene.

wird, toleriert. „Sowie wir uns Gewissensfreiheit zugestehen, ist keine Notwendigkeit vorhanden die Interpretation, die Erklärung zu vereinheitlichen, was dem Wohl der Menschheit (nicht dem Wohl nur einer Gruppe) hilft ... Es entscheidet jedes einzelne Mitglied, welche Arbeit nützlich und welche es schädlich findet" (*Paschkis* 1966). *Einstein* ist aktiv für die Tätigkeit der SSRS eingetreten. „Was an Institutionen, Gesetzen und Sitten moralisch wertvoll ist, stammt aus Äußerungen des Rechtsgefühls zahlloser Individuen. Einrichtung sind im moralischen Sinn ohnmächtig, wenn sie nicht durch das Verantwortungsgefühl lebendiger Individuen gestützt und getragen werden. Das Bestreben, das moralische Verantwortungsgefühl der Individuen zu wecken und zu stützen, ist daher wichtiger Dienst an der Gesamtheit. In unserer Zeit lastet auf den Vertretern der Naturwissenschaft und Technik eine besonders große moralische Verantwortung, da die Entwicklung der Werkzeuge militärischer Massenvernichtungsmittel in das Gebiet ihrer Tätigkeit fällt. Deshalb erscheint mir die Gründung einer „Society for Social Responsibility in Science" einem wahren Bedürfnis zu entsprechen. Solche Vereinigung erleichtert durch Diskussion der Probleme dem einzelnen, sich zu einem selbständigen Urteil durchzuringen über den von ihm zu wählenden Weg ..." (*Einstein* 1950).

Ähnlich hat *Max Born* sich für diese Ideen eingesetzt: „So haben sich in mehreren Ländern neue Gesellschaften gebildet, deren Ziel es ist, ihre Mitglieder mit den politischen Problemen vertraut zu machen, die Regierungen zu beraten und auf vernünftige Entschlüsse hinzuweisen ... Jeder sieht, daß es nicht länger ausreicht, den Verstand anzustrengen, um immer tiefer in die Geheimnisse der Natur einzudringen, wenn dadurch immer mächtigere Mittel zur Vernichtung entstehen; man muß die Vernunft gebrauchen und fragen: wozu? Und da nur der Fachmann weiß, um was es sich handelt, was man machen kann, welche Wirkung zu erwarten ist, so kann die Antwort nicht den Staatsmännern allein überlassen werden, auch nicht den Philosophen, Theologen, Historikern, die in festen, traditionellen Geleisen denken Wir fordern, daß man uns anhört" (*Born* 1960).

„Was alle angeht, können nur alle lösen" (*Dürrenmatt* in „Die Physiker). In einer Demokratie haben nur die Meinungen Einfluß, die es verstehen, sich zu Gruppen zu organisieren. Die Wissenschaftler sind in ihrer Meinung zu gesellschaftlichen Problemen eine völlig ungeordnete Menge von Individualisten. Soweit sie nicht zu Konzessionen in Richtung der Bildung gewisser gemeinsamer Grundprinzipien bereit sind und sich zu einer organisierten Gruppe formieren, wird ihr Einfluß auf die Gesellschaft recht gering bleiben.

In Deutschland ist aus dem Gedanken der SSRS heraus eine *Gesellschaft für Verantwortung in der Wissenschaft* (GVW) entstanden. Sie bemüht sich „die Wissenschaftler, Techniker, Ärzte und andere Berufsgruppen anzuregen immer im Bewußtsein der Verantwortung für das Wohl der Menschen zu handeln. Neben dem Bestreben die Verantwortung für die Konsequenzen seiner Arbeit mitzutragen und nicht seinen Vorgesetzten zu überlassen, erwartet die GVW von ihren Mitgliedern: mit wissenschaftlichen und technischen Kenntnissen den Behörden, der Wirtschaft und den Laien zu helfen, die Mittel der Wissenschaft und Technik menschenwürdig zu gebrauchen" (GVW 1966). Die GVW hat in ihrer Satzung als Vorrede den Text eines hippokratischen Eides für Naturwissenschaftler (vgl. Kapitel 2) aufgenommen.

Die Gründer derartiger Vereinigungen waren sich von Anfang an im Klaren, daß eine langwierige Aufgabe vor ihnen lag. „Fortschritte in der Verantwortung des einzelnen und in der Anpassung der Ethik an die total veränderten Umweltbedingungen sind kaum schneller zu erzielen als die Fortschritte der Wissenschaft. Genau wie die moderne Naturwissenschaft ihr erhabenes Lehrgebäude erst in 200 Jahren unermüdlicher Kleinarbeit langsam errichten konnte, wird schon der Aufbau der ethischen Fundamente der Wissenschaft eine lange fleißige Kleinarbeit erfordern ... Die Lage der Welt zwingt uns alle, diese Aufgabe unter Zurückstellung aller Bedenken aktiv anzugehen" (*Luck* 1966).

Rückblickend kann man feststellen, daß die Bewußtseinsänderung der Menschen in Richtung auf eine erhöhte Verantwortlichkeit in den letzten Jahren schnellere Fortschritte erzielen konnte als erwartet.

In dem Aufruf *Max Born*s zur SSRS bzw GVW klingt eine Vorstellung an einer Art Ephorenamt der Wissenschaftler (s. *Luck* 1968). In organisatorischen Eingriffen auf das Schul- und Hochschulwesen übt der Staat auf sich selbst eine stark gestaltende Kraft aus. Untersucht man einmal kritisch diesen Kultursektor, so wurde bisher eine Auslese nach Intelligenzgraden versucht. Wobei sehr viele Lehrer versuchten die Klassenelite besonders für Fremdsprachen — möglichst auf nicht mehr lebende alte Sprachen — zu interessieren. Eine andere Spitzengruppe der Schulklassen widmete sich intensiv der Mathematik und der naturwissenschaftlichen Fächer. Beide Gruppen haben später als Dolmetscher, Bibliothekare oder Wissenschaftler kaum einen entscheidenden Einfluß auf die Öffentlichkeit. Eine dritte Elitegruppe wandte sich pädagogischen (bis zu 50% der Studenten), seelsorgerischen oder ärztlichen (ca. 15%) Berufen zu. Auch diese relativ große Gruppe wird in ihren Berufszielen von den die Öffentlichkeit entscheidenden Funktionen abgedrängt. Dazu kommt, daß speziell die Deutschen zu einer politischen Totalität neigen und bei politisch beeinflußbaren Stellenbesetzungen, wie Schulleiter, Bürgermeister etc. und neuerdings leider auch zum Teil bei Hochschulämtern, die parteipolitischen Ansichten in recht intoleranter Weise die Ausleseprinzipien bilden. Ein Anschluß an eine politische Partei, die von der Führung abgedrängt wird, kann die beruflichen Chancen erheblich verschlechtern. Dieser Faktor hält weitere Gruppen von einer Beteiligung am politischen Meinungsbildungsprozeß ab. Die wichtigsten Funktionen einer Gesellschaft werden daher ihren Ausleseprozessen sehr stark vernachlässigt.

Ethos bedeutet der griechischen Wortbedeutung nach das, was in einer Landschaft als Gewohnheit üblich ist (*Schaefer* 1968). Derartige Gewohnheiten sind also nur durch Gruppenverhalten einzuführen. Allerdings könnte man ein bekanntes Bibelwort wohl so abwandeln, eher geht ein Kamel durch ein Nadelöhr, als daß sich Wissenschaftler in nichtwissenschaftlichen Fragen einigen können. Sie sind gewöhnt, ständig nach Abweichungen von der Norm zu suchen, um ihre Theorien verbessern zu können, um als Wissenschaftler

Erfolg zu haben. So haben sie von ihrem Beruf her eine Abneigung vor allgemeinen Normen.

Es scheint, *Paschkis'* Weg hat in den letzten 25 Jahren erhebliche Fortschritte gemacht. Das Bewußtsein, verantwortlich handeln zu müssen, hat in den letzten Jahren erheblich zugenommen. Dabei haben jugendliche Kreise große Verdienste. Wenn man sich heute mit Industrie-Kollegen unterhält, so berichten sie, wie bei Dienstbesprechungen gerade Jüngere auf die Sorge um die Umwelt hinweisen und wie schnell ihre Vorgesetzten diese aufnehmen. Wir sollten dies weiter pflegen und durch Gruppenbildung dieses Bewußtsein weiter in die Richtung treiben, die wir für gut halten.

4.4. Verantwortliches Handeln

Die Probleme der Armutsgesellschaft sind oder könnten durch wenige organisatorischen Maßnahmen in den Industrieländern weitgehend gelöst werden. Diese große Leistung sollte uns zu einem Optimimus ermuntern, daß wir nun auch andere große Probleme mit den ähnlichen Methoden lösen können. Zunächst sollten wir unsere Hilfsprogramme für die Dritte Welt intensivieren, um große Nöte dieser Länder zu lindern. Der Preis der Überwindung der Not bzw. der Aufstellung möglicher Methoden ihrer Überwindbarkeit, ist die Erkenntnis. Diese Erkenntnis verpflichtet zur Verantwortung. Wir sind heute für uns selbst verantwortlich geworden. Das zukünftige Schicksal der Menschheit liegt wie nie zuvor in unseren eigenen Händen. Wir müssen die Verantwortung zu einem Weltfrieden ohne Atomkrieg übernehmen, wir müssen die Verantwortung für einen Ersatz der natürlichen Selektionsprinzipien der Evolution übernehmen und nicht zuletzt tragen jetzt wir die Verantwortung für das Überleben aller anderen Lebewesen. „Das goldene Metermaß für einen Standard der Ethik sollte das Überleben der Menschheit und die Ausdehnung des Humanismus sein" (*Segal* 1972).

Nach welchen Prinzipien können wir unsere Verantwortung ausrichten? Ich würde zunächst die drei Axiome der Kooperation als Antwort angeben:
1. Ziel der Kooperation ist der Fortbestand und das Wohlergehen der Menschheit.
2. Die Kooperation muß Freiheit lassen für ein stabiles Gleichgewicht zwischen den sozialen und den egoistischen Trieben der Menschen.
3. Der Mensch kann in der übervölkerten Welt nicht mehr in die Ökologie der Natur eingreifen, ohne daß diese Eingriffe auf ihn zurückwirken,
Etwas konkreter könnte man zum 1. Axiom nach folgende ergänzende
Thesen angeben:
1. Die übervölkerte Menschheit braucht sozial orientierte Verhaltensweisen als Regelgrößen
2. Die internationale Anerkennung sozialer Minimalprinzipien unabhängig von Religionen und Ideologien wären förderlich.

3. Naturwissenschaftler und Techniker, als Berufsgruppe mit international ähnlichen Ausbildungsmethoden, sollten mithelfen an derartigen international ausgerichteten Bewußtseinsbildungen.
4. Sozial orientierte Verhaltensweisen der Gesellschaft sollten noch mehr die sozialen Triebe des Menschen fördern.
5. Die altruistischen sozialen Triebe des Menschen sollten langsam aber sicher vom Nationalismus zum Internationalismus führen.
6. Die Ausbildung von Gruppen mit kooperativen Zielen wäre eines der wirksamsten Motive zu verantwortlichem Handeln. Derartige Gruppen sollten gefördert werden.
7. Verantwortung setzt Erkenntnis und Wissen voraus. Dem Einsatz technischer Güter sollte eine stärkere naturwissenschaftlich-technische Bildung vorausgehen. Die Bildungsinstitutionen sollten kein Experimentierfeld Unerfahrener sein, sondern sorgfältig geplant werden. Wissenschaft und Ausbildung sollten frei von weltanschaulichen und religiösen Wertmaßstäben bleiben.
8. Richtlinien für die kooperative Gestaltung der Gesellschaft sollten erarbeitet werden. Die Wissenschaftler sollten (*Heinemann* 1970) durch
   a) Bereitschaft zur Erarbeitung von Forschungsergebnissen in gesellschaftlichen Zusammenhängen
   b) Teilnahme mit Kenntnissen und Meinungen am gesellschaftlichen Entscheidungsprozeß
   an der allgemeinen Politik mitverantwortlich mitarbeiten. Erkenntnisse zur Realisierung der drei Axiome sollten möglichst verbreitet werden.
9. Denkende Menschen aller Länder vereinigt Euch (Motto der Darmstädter Blätter).
10. Die Notwendigkeit eines hohen persönlichen Verantwortungsbewußtseins jedes Einzelnen in Wissenschaft und Gesellschaft verbreiten.
11. Erkannte Schäden und Gefahren aus Anwendung oder Mißbrauch wissenschaftlicher und technischer Ergebnisse erkennbar machen.

Die meisten Thesen fordern eine allgemeine Verantwortung der Menschen, aus einigen folgt eine besondere Verantwortung der Wissenschaftler. Die Aufgaben der Wissenschaftler charakterisiert *Viktor Paschkis* (1965): „Der einzelne Wissenschaftler sollte zunächst kritisch auswählen, welche Arbeit er tut; weiterhin hat er die Verpflichtung, die Öffentlichkeit auf die Folgen seiner Arbeit aufmerksam zu machen, wie er sie sieht. Ich denke, daß diese beiden Aspekte stark miteinander verbunden sind. Es gibt keine bessere Erziehung als durch Vorbild. Der Wissenschaftler oder Ingenieur, der einem Auditorium klar zu machen versucht, daß Kernwaffen gefährlich sind und dann in der Diskussion eingestehen muß, daß er selber an der Entwicklung von Kernwaffen arbeitet, kommt einem Pfarrer gleich, der am Sonntag eine feurige Predigt gegen die Gefahren des Alkohols hält und am folgenden Tag sich in der Nachbarstadt betrinkt" (*Paschkis* 1965). – „Wir brauchen eine neue Motivierung zur Verantwortung unter den Wissenschaftlern; dies sollte jedoch eine freiwillig gewählte Verantwortung sein, die die Wissenschaftler im Dialog mit Nichtwissenschaftlern wählen in einer Kultur, die umsichtig nach ethischen Richtschnüren sucht für die Welt in der wir leben" (*Potter* 1972).

Es ist nicht zu erwarten, daß für alle Probleme der heutigen Verantwortung eine Lösung angegeben werden kann. Hierzu wird man ähnlich lange brauchen wie zum Aufbau der Wissenschaft. Wir können dies beschleunigen, wenn wir das Nachdenken hierüber nicht einigen wenigen überlassen, sondern möglichst jeder neben seinem Beruf sich hieran beteiligt. Die berufliche Arbeit ist meist anstrengend und einseitig zugleich. Ein gesunder Ausgleich ist kein Zeitverlust, die Kreativitätsforschung gibt sogar an, daß man wesentliche Gedanken oft findet, wenn man sich zwischenzeitlich mit ganz anderen Fragen befaßt hat. Warum sollten wir also nicht die verantwortlichen Fragen der Konsequenzen der wissenschaftlichen Arbeiten zu einem Ausgleichshobby werden lassen? Viele Wissenschaftler sind trotz einer umfangreichen Allgemeinbildung auf recht speziellen Teilgebieten tätig, die ihr Wissen gar nicht ausschöpfen. Hier können nebenberuflich Kräfte aktiviert werden. Es genügt nicht, wenn mit geringem Aufwand Spezialinstitute für Fragen Wissenschaft und Gesellschaft eingerichtet werden. Wir sollten den Ideenreichtum größerer Kreise aktivieren. ,,Mit derselben Ausdauer, derselben Energie und demselben Eifer, mit dem bisher Wissenschaftler ihren Forschungen nachgehen, sollten sie heute auch über die Folgen ihrer eigenen Arbeit für die Gesellschaft nachdenken. Ähnlich sollten sie die Planung ihrer Arbeit mit gesellschaftlichen Belangen zu koordinieren suchen, sofern bei ihrer Arbeit große Geldmittel der Gesellschaft verbraucht werden" (*Luck* 1971).

Von einigen Seiten wird gefordert, daß in der naturwissenschaftlichen Ausbildung an den Universitäten die Diskussion der gesellschaftlichen und politischen Folgen der Wissenschaft in den wissenschaftlichen Vorlesungen eingeschlossen werden sollten (*Beckwith* 1972). Dem kann ich nicht bedenkenlos zustimmen. Hiermit geriet die mühsam erkämpfte Wertfreiheit der Naturwissenschaftler vor weltanschaulichen oder ähnlichen Maßstäben in Gefahr. Das sorgsam objektivierte Lehrgebäude kann hierdurch verfälscht werden durch subjektive Wertungen; andererseits bestände die Gefahr, daß die wissenschaftliche Autorität eines Hochschullehrers von den Hörern unwillkürlich auch auf seine gesellschaftlichen Wertungen der Wissenschaft übertragen wird. In diesem Fall stehe ich auf seiten des Neopositivismus, der eine strenge Fernhaltung der Wissenschaft von nicht streng wissenschaftlichen Wertungen forderte. Wenn auf den Hochschulen derartige Diskussionen geführt werden, so müssen diese deutlich abgehoben sein von fachlichen Veranstaltungen. Man darf nicht zwei verschiedene Ebenen miteinander mischen. Beiden täte dies nicht gut. Sonst besteht auch die Gefahr, die Erfolge des Positivismus gegen die Romantik zu zerstören und wieder in romantische Frühstufen zurückzufallen oder gar einen Fall *Galilei* zu wiederholen, wenn man Wissenschaft mit momentanen Ideologien durchmischt. Auch hier schlage ich wieder vor, derartige Diskussionen durch besondere fachliche Kennzeichnung wie Sozialphilosophie oder Kooperantik scharf von objektivierbaren naturwissenschaftlichen Aussagen zu trennen. Überhaupt steht die Sozialphilosophie so in den Anfängen, daß man in Frage stellen kann, ob sie schon das Niveau für eine Hochschulbehandlung hat. Am einfachsten wäre, wenn die Vorstufen, in denen wir uns noch befinden, von besonderen Institutionen − wie zum Beispiel Vereinigungen, die sich mit derartigen Fragen auseinandersetzen − erst einmal bis zu einem Hochschulniveau gebracht werden würden.

Die Fähigkeit „Gut und Böse im abstrakten Sinn" zu erkennen, hält *Hausner* (1973) für ein wesentliches Unterscheidungsmerkmal des Menschen von allen anderen Lebewesen. Mit der Erkenntnisfähigkeit unterliegt der Mensch dann der Verantwortung diese auch anzuwenden. „Die Verbindung des Individuums zur Gemeinschaft liegt in der notwendigen Verknüpfung der eigenen Erkenntnis mit der daraus folgenden Verantwortung für den Nächsten" (*Hausner* 1973). „Indem dem Menschen die Erkenntnis gegeben ist, trägt er auch die Verantwortung für die Welt". Die Grenzen des eigenen Wissens zu erkennen, erfordert schon einen höheren Grad des Wissens. Auch die Neigung Verantwortung zu übernehmen, gehört nach *Hausner* zum Wesen des Menschen. „Ein Mensch um so glücklicher bei seiner Arbeit ist, je verantwortlicher seine Tätigkeit gestaltet wird" (*Hausner* 1973). *Hausner* weist darauf hin, daß viele Betriebsleiter selbst nicht mit besser verdienenden Provisionsvertretern tauschen würden, wenn sie dabei weniger Verantwortung zu tragen hätten. *Hausner* meint: „gut ist alles, was das Wesen des Menschen fördert". Zählen wir also die Neigung zur Verantwortung zu den Wesenszügen des Menschen, so ist der zeitgemäße Ruf nach mehr Verantwortlichkeit eine vernünftige Forderung die nicht dem 2. Axiom der Kooperation widerspricht. Das heute oft verpönte Wort von der Leistungsgesellschaft ist nach *Hausner* revisionsbedürftig in dem Sinne, daß man es nicht egoistisch und rein materiell verstehen sollte, sondern „leiste so viel wie möglich für andere, damit du selbst glücklich wirst". Der moderne Schrei nach mehr Freiheit muß nach *Frankl* (1947) mit dem Gedanken gepaart sein: „Freiheit jedoch haben wir als das Übernehmen von Verantwortung hingestellt". „Setzt man für das griechische „agape" nicht mehr das Wort „Liebe" sondern den Ausdruck „Verantwortung", dann klingt die Forderung nach Nächstenliebe etwa wie: Fühle soviel Verantwortung für Deinen Nächsten, wie du sie für dich selbst fühlst" (*Hausner*).

Wir möchten auch an dieser Stelle nochmals betonen, daß Verantwortung auch bedeutet, sich vor strengem Purismus zu enthalten, der übertreibend nur eine Seite der Medaille überbetont. Ein verantwortlicher Wissenschaftler muß lernen, die Wertungen in ihrer Ambivalenz abzuwägen. „Wahrheit ist immer das Ganze" (*Hegel*).

„Wollte man alles Essen verbieten, weil es schon vorgekommen ist, daß Menschen an einem Bissen erstickt sind, dann wäre dies sehr unvernünftig. Wollte man alle Schiffe verbieten, weil es schon vorgekommen ist, daß Leute, die auf Schiffen fuhren, ertranken, dann wäre dies sehr unvernünftig. . . . Auch mit den Arzneien ist es das Gleiche. Eine richtig angewandte Arznei ist fähig Leben eines Menschen zu retten, eine unrichtig angewandte Arznei kann den Tod eines Menschen herbeiführen" (*Lü Bu We* 1964).

Auch *Picht* (1974) betont den Anspruch der Wissenschaft auf Freiheit. „Von „Verantwortung der Wissenschaft" darf nur sprechen, wer bereit ist, für diese Freiheit im privaten und öffentlichen Leben einzutreten.... Ohne Respekt vor der Würde des Menschen ist Wissenschaft nicht möglich,... Aber über allen diesen Loyalitäten steht für den Wissenschaftler die Verpflichtung zu voruteilsloser und selbstkritischer Erforschung der Wahrheit" (*Picht* 1974). *Picht* fordert „eine wissenschaftliche Theorie der Konsequenzen wissenschaftlicher Forschung", wobei er die Grenzen der reinen und angewandten Wissenschaft hierfür nicht anerkennt. Hierzu ist zu bemerken, daß eben diese Theorie nicht streng wissenschaftlich sein kann, daß sie Grundprinzipien aus anderen Bereichen übernehmen muß. Bei der Aufstellung des wissenschaftlichen Lehrgebäudes liegt nach unserer Meinung eine ganz andere Stufe der Verantwortung vor als bei der Anwendung der Wissenschaft in der Technik.

4.5. Sozialphilosophische Versuche

Als Bürger sollte auch jeder Wissenschaftler versuchen, an der Optimierung der Gesellschaft mitzuhelfen. Sofern deutlich gemacht wird, daß es sich um sozialphilosophische Versuche und keine Aussagen mit naturwissenschaftlicher Objektivität handelt, sind Überlegungen erwünscht, wie man aus wissenschaftlichen Erkenntnissen versuchen kann, kooperatives Denken zu verstärken. Die populärwissenschaftlichen Werke von *Konrad Lorenz* und seiner Schüler *Eibl-Eibesfeld* und *Wickler,* sowie die von *Hassenstein*, sind Vorbilder auf diesem Gebiet. Das Kapitel 3 „Das ABC der Zukunft" brachte eine Reihe weiterer Beispiele, wie man aus wissenschaftlichen Ergebnissen kooperative Aussagen ableiten kann. Weniger bekannt ist ein Versuch von *Fürth* (1968) aus der Physik Analogiemodelle für soziologische Systeme abzuleiten. Ein Analogiemodell ist ein Modell, in dem ein System in Analogie gesetzt wird zu einem einfacher zu überblickenden anderen System, das jedoch mit ähnlichen mathematischen Gesetzmäßigkeiten beschrieben werden kann. *Fürth* weist auf die Analogie im Verhalten einer menschlichen Gruppe zur kondensierten Materie hin. Der Physiker beschreibt verdünnte Materie mit dem Modell eines idealen Gases, in dem jedes Gasmolekül in der meisten Zeit unabhängig und von Wechselwirkungen zu anderen Molekeln sich frei bewegen kann. Bei hoher Dichte tritt die Materie in flüssigen oder festen Phasen auf. Zur Beschreibung derartiger Phasen haben sich sogenannte kooperative Mechanismen bewährt.

Unter kooperativen Mechanismen versteht man in der Physik der kondensierten Materie Bedingungen, unter denen die Energie zur Erzeugung einer Fehlstelle vom Gehalt an Fehlstellen abhängt. Alle Materieteilchen stehen dabei unter ständiger Wechselwirkung mit Nachbarn. *Fürth* versuchte nun folgende Parallelen zwischen kondensierter Materie und menschlichen Gruppen zu ziehen: in einer sozialen Gemeinschaft sucht das Individuum sich an die Wechselwirkungen mit seiner Umgebung stark anzupassen. Der Hang zum Individualismus entspricht den Freiheitsgraden der Temperatur-Bewegungen der Moleküle. Moleküle in kooperativen Mechanismen neigen zu plötzlichen Phasenveränderungen wie z.B. dem Übergang fest–flüssig oder flüssig–gasförmig. Hierbei ändert sich der Ordnungsgrad sprunghaft (*Bresler* 1939).

In früheren Zeiten mit ausreichendem Lebensraum hatte jedes Individuum, sobald es wollte oder konnte, ein genügend großes Eigenrevier. Dieser Zustand entspricht in unserer Analogie dem Gaszustand der Physik, in dem jedes Molekül zwischen den Zusammenstößen mit Nachbarn einen eigenen unabhängigen Raum einnimmt. Beim Ansteigen der Konzentration schlägt der Gaszustand in den kondensierten flüssigen oder festen Zustand um. In diesem Zustand sind alle Teilchen in ihrer Eigenbeweglichkeit miteinander gekoppelt. In Kristall führen z.B. alle Teilchen nur noch gemeinsame Wärmeschwingungen aus in Form von Wärmewellen, während im Gas jedes Teilchen eine selbständige *Brown*sche Bewegung ausführt. Steht die Menschheit heute in einem analogen Phasenübergang infolge der Bevölkerungszunahme? Wir können dann nur noch über kooperative Mechanismen stabil leben. Das Autofahren ist hierfür ein eindringliches Beispiel. Bei leeren Straßen brauchen wir kaum Verkehrsregeln. Die Straßenverkehrsordnung ist ein soziologischer Versuch den übervölkerten Straßenverkehr kooperativ zu machen.

Fürth sieht nun in der Zu- oder Abnahme der individuellen Bewegungsfreiheit der Individuen in einer Gesellschaft das Analogon zur Temperatur, man könnte sie „soziale Temperatur" nennen. Sie ist begleitet von einer Verminderung oder Erhöhung der Struktur der Gesellschaft in ihrer Einheitlichkeit. Ähnlich wie bei einem bei bestimmten Temperatur sprunghaft einsetzenden Phasenübergang in der Natur, können auch in der Gesellschaft bei einer bestimmten „sozialen Temperatur" Strukturveränderungen plötzlich ablaufen.

Phasenübergänge in der Natur laufen besonders schnell ab bei Unterkühlungen oder Überhitzungen zu Nicht-Gleichgewichtszuständen. In Analogie hierzu meint *Fürth*, daß gewaltsame Unterdrückungen zu um so plötzlicheren soziologischen Umstrukturierungen führen können. Einkristalle haben eine geringere Festigkeit als polykristallines Material. Dies setzt *Fürth* in Analogie zu höherer soziologischer Stabilität von Staaten mit gemischter Bevölkerung wie die USA, Schweiz oder Britannien gegen soziale spontane Schwankungen (*Fürth* 1968). Man könnte hier ergänzen, daß Mischkristalle nur möglich sind in der Kristallographie, wenn die Bausteine nicht zu sehr verschieden voneinander sind.

Für die Forderung, daß jeder Wissenschaftler seine Kenntnisse auch zur Mithilfe öffentlicher Entscheidungsprozesse einsetzen sollte, ist die auf Initiative des Club of Rome am Massachusetts Institute of Technology (MIT) durchgeführte Computer-Analyse der Weltentwicklung vorbildlich (*Meadows* 1972). Diese Analyse versucht ein Weltmodell zu berechnen, in dem 99 Parameter wie Rohstoffversorgung, Umweltverschmutzung, Bevölkerungswachstum etc. eingehen. Einige Parameter können nur abgeschätzt werden. In dieser Hinsicht trägt das Modell einigen utopischen Charakter. Es kann also nur nach bestem Wissen und Gewissen durchgerechnet werden. Die Beteiligung von 17 Spezialisten grenzt die Fehlermöglichkeiten der Analyse etwas ein. Das wesentlichste Ergebnis ist, daß die gegenwärtigen Wachstumsraten nicht beliebig lange bestehen bleiben können. Wir stoßen bald auf die Grenzen des Wachstums, bald, bedeutet noch vor dem Jahr 2100. Es hängt etwas von den „utopischen" Annahmen ab, welche Parameter zuerst die Wachstumsgrenzen bestimmen werden. Man sollte sich mit entsprechenden Planungen jedoch schon jetzt auf diese Grenzen einstellen, bei einem exponentiellen Wachstum treten leicht sehr schnell Krisen auf.

Nach dem einfachsten Modell setzen etwa ums Jahr 2000 Verknappungen der Rohstoffe und damit ein Rückgang der Industrieproduktion berechnet pro Kopf der Bevölkerung ein, und bald darauf ein starker Rückgang der zur Verfügung stehenden Nahrungsmittel pro Kopf.

Mit der Annahme einer Verdopplung der jetzt abgeschätzten Rohstoffvorräte bzw. Entwicklung neuer Technologien zur besseren Ausnutzung der Vorräte, würde primär die Krise auf dem Sektor der Nahrungsmittelversorgung einsetzen, die Rohstoffkrise würde dann aber nur um 10 bis 15 Jahre hinausverzögert werden. In diesem Fall treten jedoch etwa zwischen dem Jahr 2010–2020 große Probleme der Umweltverschmutzung ein. Dieser Faktor wird noch entscheidender, falls es gelingen sollte durch neue Technologien die Sorge der Rohstoffversorgung weitgehend auszuschalten. Gelingt es die Frage der Umwelthygiene zu lösen, so wird nach dem Weltmodell die Nahrungsmittelversorgung um das Jahr 2020 zur kritischen Frage. Gelänge es, diese Sorge durch Verdopplung der Nahrungsmittelproduktion zu stillen, so träte für weiteres Wachstum am stärksten behindernd die Umweltverschmutzung um das Jahr 2030 in Erscheinung. Wenn gleichzeitig wirksame Maßnahmen zur Geburtenkontrolle erfolgen, so kann der in allen bisher beschriebenen Modellannahmen folgende Rückgang der Bevölkerung nach Auftreten großer Krisen bis etwa 2100 hinausgeschoben werden.

Meadows zieht aus seinem Modell die Folgerung, „die Lage sei „sehr bedrohlich aber nicht ohne Hoffnung". Ein kontrolliertes Wachstum wäre in der Lage eine zahlenmäßig beschränkte Bevölkerung mit einem guten materiellen Lebensstandard zu versorgen". Er beschreibt die nach seiner Meinung notwendigen Maßnahmen in einer Parabel (*Meadows* 1974): Was würden die Passagiere tun, die auf einem zu schnell fahrenden Schiff fahren, dessen Kapitäne sich über das Ziel nicht einigen können und die halbblind nur kurze Entfernungen überblicken? Sie würden die Geschwindigkeit drosseln, damit in einem Ernstfall noch Gegenmaßnahmen eingeleitet werden können; sie würden die Kapitäne auffordern, sich endlich über die Ziele der Fahrt zu einigen; sie würden als Ziel solche Häfen sofort ausschließen, die nicht wünschenswert sind; sie würden den Aufbau eines Radar Systems fordern, damit man Hindernisse rechtzeitig erkennt un die Folgen des eigenen Kurses besser voraussieht. Die BRD kritisiert er, sie induziere komplexe schwer lösbare Probleme in 10 bis 50 Jahren durch die Gastarbeiter, indem sie sich „durch Aufnahme eines signifikanten Bevölkerungsanteils mit radikal verschiedenen Wertvorstellungen" drastisch verfremde.

Kritik an dem von *Meadows* veröffentlichten Weltmodell (s. *Meadows* 1974) beruht zum Teil auf Mißverständnissen über die Grenzen von Modellen und daß man dieses Modell eigentlich nur benutzen sollte, wenn man ein wenig die für das Modell notwendigen Extrapolationen und Annahmen überblickt. Ein derartiges sozialphilosophisches Modell kann nicht den Anspruch auf Exaktheit stellen. Es gibt Möglichkeiten für zukünftige Entwicklungen. Jede Änderung, die die Extrapolationen und Annahmen durchbrechen, wird natürlich die Ergebnisse beeinflussen. Wichtig bei *Meadows* Untersuchungen scheint mir gerade, daß er zeigen konnte, daß die Folgerungen bei Änderungen der Annahmen sich nur zeitlich etwa verschoben. Der Charakter der notwendig eintretenden Grenzen des bisherigen exponentiellen Wachstums ist relativ unempfindlich davon. *Picht* nannte dieses Weltmodell eine negative Utopie, sie wurde angefertigt, um alles zu tun, was ihre Realisierung verhindern kann.

4.6. Grenzen der Sozialphilosophie

Die Beurteilung der Aussagekraft der von Wissenschaftlern bereitgestellten Entscheidungshilfen erfordert einige Kenntnisse der wissenschaftlichen Logik. Auch die Befragung eines Gutachters setzt Urteilskraft voraus, wer für die gestellte Frage qualifiziert ist. Bei verschieden lautenden Gutachten wäre eigentlich notwendig, daß der Fragesteller weiß, welches kompetenter ist. So wurden z.B. die Abschätzungen der Computer Analyse des Club of Rome von einigen in ihrer Bedeutung mißverstanden und falsch kritisiert.

Es besteht eine Verantwortung in Ausübung der Verantwortung. *Hausner* (1973) meint hierzu: ,,Jeder sollte soviel Verantwortung übernehmen, wie seinem Wissen und seiner Bildung entspricht . . . Man sollte . . . bis an die Grenze seiner Verantwortungsmöglichkeit gehen, diese aber nie überschreiten". Um nicht ,,in Verantwortungslosigkeit hinabzustürzen, weil man seine eigenen Grenzen des Wissens und Könnens überschritten hat".

Nichtwissen bedeutet jedoch auch meist nicht wissen, wo die Grenzen des eigenen Wissens liegen. ,,Genie ist, wenn man seine Grenzen kennt" *(Goethe).*

Da selbst in unserer modernen technischen Zeit das Verständnis für naturwissenschaftliche Logik im allgemeinen gering ist, genießt ein Naturwissenschaftler eine gewisse Achtung. Dies verpflichtet zur Vorsicht in öffentlichen Äußerungen, um die eigene und die damit meist immer verbundene Achtung vor der Wissenschaft nicht zu verspielen. *Lindemann,* der wissenschaftliche Berater *Churchills,* gab ein tragisches Beispiel für eine Kompetenzüberschreitung. *Lindemann* wurde von *Churchill* bewundert. *Churchill* vertraute seinem Rat, als er den totalen Bombenkrieg auf Deutschlands Zivilbevölkerung empfahl, der nach *Lindemanns* Meinung ,,den Kampfgeist des Volkes brechen werde" (s. *Reid* 1972). *Churchill* war nicht in der Lage, entgegengesetzte Gutachten anderer wissenschaftlicher Berater, wie *Tizard* und *Blackett,* richtig abzuwägen, die zu einer Konzentration der Bomben auf militärische Ziele rieten (*Born* 1966). *Lindemann* war einmal Physikochemiker aber kein Psychologe; eigentlich war er gar kein Wissenschaftler mehr, da er schon mehr als 7 Jahre administrativ tätig war. Kenntnisse werden meist gelöscht, wenn sie mehr als etwa 7 Jahre brach liegen. *Lindemann* hatte zwar eine Folge für Bombengeschädigte richtig gesehen. Er hatte aber übersehen, daß nach Erleben eines Flächenangriffes auf die Zivilbevölkerung auch Haßgefühle gegen den Angreifenden aufkommen und daß diejenigen, die alle Habe verloren hatten, sich sagen mußten, daß sie nur Aussicht auf Schadensersatz haben werden, wenn *Hitler* den Krieg gewinnt. Ferner hatte *Lindemann* offenbar so wenig Technik-Verständnis, daß er nicht merkte, daß bei Konzentration der Bomben auf Industrieanlagen *Hitler*s Krieg viel schneller zusammengebrochen wäre. Die Folgen dieses Irrtums sind leider nie öffentlich ausreichend kritisiert worden. Die Zahl der Toten eines Bombenangriffes auf Dresden war z.B. höher, als die von Hiroshima. Hiroshima hatte Folgen auf die Denkstrukturen der Militärs, Dresden offenbar nicht. Haß macht blind. Der Haß auf *Hitler*-Deutschland war offenbar so groß, daß die Opfer von Dresden nicht zum Nachdenken anregen konnten.

*Lindemann*s Fehleinschätzung kostete ca. 1 Million Menschen des Leben. Konnte er schon dies nicht verantworten, so scheint es mir unverantwortlich, daß er nach dem Krieg nicht mit gründlichen Analysen die Wirkung seiner Idee untersucht hat. Im Vietnam-Krieg wiederholten die Amerikaner den gleichen Fehler, als sie meinten, sie könnten diesen Krieg durch konzentrierte Bombenangriffe auf Nordvietnam gewinnen.

Ähnlich unverständlich ist für mich die Haltung des Chemikers und ehemaligen Harvard-Professors *Fieser*. Er hat einerseits große Verdienste als organischer Chemiker. Auf seine Arbeiten geht aber auch die Entwicklung der Napalm-Bombe zurück. Hieran hat er sich in den Anfängen aktiv beteiligt. Vor einiger Zeit berichtete der Spiegel über ein Interview mit ihm, indem er um seine Meinung zu den Napalm-Abwürfen im Vietnam-Krieg gefragt wurde. Er antwortete, er könne dazu nichts Kompetentes sagen, weil er diesen Krieg nicht genau verfolge.

Lindemann konnte zu seiner Verteidigung in Anspruch nehmen, daß er seinen Rat nicht als Wissenschaftler, sondern als Kabinettminister gegeben hatte, bei dem er sich wie viele andere Politiker gefühlsmäßiger Meinungsbildungen bediente. Es war aber auf jeden Fall unverantwortlich, sich nach dem Krieg nicht mit logisch wissenschaftlichem Denken um die Wirkung eigener Vorschläge zu kümmern. Die Opfer des Bombenkrieges starben nicht nur sinnlos, sondern anscheinend auch vergeblich. So wie Hiroshima ein Mahnmal für die Mitverantwortung der Wissenschaftler ist, so sollte Dresden für alle ein Mahnmal für die Grenzen der wissenschaftlichen Verantwortung sein.

Der Fall *Lindemann* zeigt deutlich, daß an die Verantwortung appelieren, nicht nur einfach heißen kann, die Menschen zu gutem Willen zu bringen. Menschen können aus gutem Willen Unheil anrichten, wenn ihre „Vorstellungen von der Realität mehr ihren Wünschen als den Tatsachen entsprechen und sie sich der Konsequenzen ihrer Handlungen nicht genügend bewußt sind" (s. *Morkel* 1967). Verantwortung heißt nicht nur verantwortlich entscheiden, sondern sich ständig um Vergrößerung des Wissens und der Erkenntnis zu sorgen. Der Angriff *Goethes* in seiner Farbenlehre gegen *Newtons* einwandfreie physikalische Experimente zeigt, daß Leistungen auf einem Gebiet nicht a priori zur Kritik an anderen Gebieten befähigen. Sich wissenschaftlicher Berater bedienen, setzt eigentlich voraus, daß man selbst soviel wissenschaftliches Einfühlungsvermögen hat, um leistungsstarke Gutachter von schlechten zu unterscheiden. Dazu war *Churchill* nicht in der Lage.

Diese Mahnung soll nicht so gemeint sein, daß sich Naturwissenschaftler und Techniker möglichst nicht um Politik kümmern sollten. Sie sollten nur beachten, daß sie auch bei politischer Betätigung besondere Verantwortung tragen. Bei Meinungsäußerungen, die nichts mit dem Fachwissen zu tun hat, sollten sie besonders darauf aufmerksam machen. – Ich bin sogar der Meinung, daß es der Politik gut täte, wenn im Sinne pluralistischer Meinungsbildungen mehr Naturwissenschaftler und Techniker aktiv im politischen Leben beteiligt wären. Der Stadtstaat Venedig, der sich trotz seiner Kleinheit 1000 Jahre mit seiner Kaufmannsregierung halten konnte und nicht in viele Kriege verwickelt wurde, ist ein positives Beispiel, daß an funktionales Denken gewohnte Berufsstände auch für Regierungsämter geeignet sind. Die ehemaligen Ingenieure in der Regierung der UdSSR mit ihren Erfolgen in der Stabilisierung der Weltpolitik sind ein anderes modernes Beispiel.

In früheren Zeiten setzten sich politische Führungsschichten vorwiegend aus Offizieren und Juristen zusammen. Sie hatten nach ihrem Ehrencodex gelernt, Beleidigungen mit einem Waffenduell auszutragen. Man brauchte sich also nicht zu wundern, daß Staatsmänner dieses Denken zu kriegerischem Handeln extrapolierten. Naturwissenschaftler und Techniker kennen Möglichkeiten für international ähnliches Denken. Auch aus diesem Grunde sollten sie in den politischen Entscheidungsgremien mitsprechen. „Naturforscher und Techniker sollten die Verantwortung für eine durch Naturforschung und Technik weitgehend geformte Wirklichkeit übernehmen. Soziologisch wäre das die Entsprechung der „Machtübernahme" durch die Bourgeoisie am Ende des 19. Jahrhunderts" (*Burdecki* 1967). – „Technische Zivilisation bedarf damit einer neuen, hochqualifizierten Führungsschicht, deren Heranbildung und Auslese eine entscheidende wichtige, in ihrer möglichen Vervollkommnung nie endende Aufgabe der Zukunft ist. Wer aber Macht um ihrer selbst willen erstrebt, muß von dieser Macht ausgeschlossen bleiben" (*Hönes* 1967). – „Aber es ist auch ganz merkwürdig, daß die großen und größten Schlachtenlenker – sei es *Alexander der Große, Caesar* oder *Napoleon* – in ihren Zukunftsplänen sich stets völlig geirrt und verrechnet haben. Das unglückliche Streben nach Besitz und Macht geht wie ein grellroter Faden durch die Jahrtausende der Menschheit" (*Nolde* 1936).

Das Handicap für den Vorschlag „mehr Naturwissenschaftler in Regierungen und Parlamente" besteht darin, daß diese kaum noch aktiv in ihren Beruf der Wissenschaft zurückkehren können, wenn sie einige Jahre sich hauptamtlich um die Politik gekümmert haben. In unserem politischen

System gibt ja eine politische Karriere meist keine Dauerstellen. Man kann dieses Problem nur lösen, wenn man den Wissenschaftler in der Politik Gelegenheit geben würde, daß sie mit etwa 1/3 ihrer Arbeitszeit noch wissenschaftlich weiter tätig sein können. Auf diese Weise wäre eine Rückkehr in die Wissenschaft später noch möglich und es würden Kollegen eher auf Zeit das Risiko eines politischen Amtes eingehen können. Die einjährige Rektoratsamtzeit durch eine mehrjährige Amtszeit der Universitätspräsidenten zu ersetzen, war nach meiner Meinung schon ein großer Fehler, der gerade diese Überlegung übergeht.

Picht (1974) betont für die amerikanischen Atomphysiker bei der Entscheidung des Abwurfes der Bombe „das Niveau ihrer politischen und militärischen Urteilsbildung lag weit unterhalb des Niveaus ihres wissenschaftlichen Sachverstandes. Allerdings lag es weit oberhalb des Niveaus, auf dem Politiker und Generäle solche Probleme zu entscheiden pflegen" (*Picht* 1974).

„Ich behaupte nicht, daß die Naturwissenschaftler die Welt regieren sollten, aber ich glaube doch, daß in unserem Geist etwas liegt, was die Regierenden bewegen sollte" (Nobelpreisträger *Szent Györgyi,* s. *Boveri* 1968). Als der Arzt *M.O. Bruker* aus Lemgo öffentlich Befürchtungen äußerte, gesteigerte Zuckerverbrauch könnte gesundheitsschädigend sein, äußerte der Rechtsanwalt *Holste* aus Hamburg als Vertreter der Zuckerverbände: es gäbe „Grenzen wissenschaftlicher Meinungsäußerungsfreiheit gegenüber der Verbreitung gewerbestörender Behauptungen". Das kann nur soweit anerkannt werden: Es gibt dort derartige Grenzen, wo Behauptungen aufgestellt werden, die nicht genügend wissenschaftlich fundiert sind. Der Wissenschaftler ist verantwortlich für die Gesellschaft wichtige Erkenntnisse an die Öffentlichkeit zu Tragen. Er trägt aber auch andererseits die Verantwortung, daß er nur gesicherte Ergebnisse vorträgt.

4.7. Eine Meinungsumfrage zur Verantwortung

Für eine Meinungsumfrage schlug ich 1968 der Gesellschaft für Verantwortung in der Wissenschaft ein Preisausschreiben vor. Es sollte eine Analyse der Voraussetzungen und mögliche Anregungen zur Frage der „Verantwortung in Wissenschaft und Technik" gegeben werden. Auf über 2000 Plakaten — vorwiegend an Hochschul- und Forschungsinstituten — gingen 127 Einsendungen ein. Ich bin überzeugt, daß die Ausbeute heute viel größer wäre. Die Einsender rekrutierten sich zu 80% aus Studenten. Als 1. Preis war eine dreiwöchentliche Amerikareise ausgeschrieben. Der erste Preisträger *Losch* betonte: „Die Wissenschaft muß lernen, die Konsequenzen ihrer Wahrheit für den Menschen mit derselben Sorgfalt zu bedenken, mit der sie Wahrheit ergründet". Die Wissenschaft müsse „sich einer menschlichen Ethik" unterordnen. Pragmatischer bemerkte *R. Cyrus:* „Welchen Sinn soll eigentlich die Erforschung der Venus angesichts der Slums um die Ecke haben?" — „Das gesellschaftliche Leben ist ein kompliziertes Kräftespiel, dessen Funktionieren ein bestimmtes Regelsystem erfordert. Die erwähnten Tabus sind hierbei der Sollwert der Regelung. Die Verantwortung ist dabei ein Gradmesser für die Empfindlichkeit des Reglers. Was ist die zentrale Regelgröße? Sie scheint sich in der Achtung vor dem Leben, insbesondere dem menschlichen Leben anzubieten" (*E. Petzel*).

Die in dem Preisausschreiben eingereichten Vorschläge zur Erhöhung der Verantwortlichkeit sind in der folgenden Tabelle zusammengestellt:

Vorschläge zur Verbesserung der Verantwortlichkeit in dem GVW-Preisausschreiben 1968

24 mal:	Spezialwissen in die Umwelt-Kenntnisse einordnen; Fachwissen besser an Nachbargebiete anschließen; allgemeine Bildung fördern; Vorurteile beseitigen die Naturwissenschaft gehöre nicht zum Bildungsgut.
21 mal:	Lehrstühle für Lebenskunde oder ein besonderes Fach Verantwortung an den Hochschulen einrichten, Anthropologie als Pflichtfach im Schulunterricht behandeln.
18 mal:	Laien über Wissenschaft aufklären und an Verantwortung beteiligen, verständliche Wissenschaft fördern.
13 mal:	Internationale Gremien für Verantwortung schaffen[1], Expertenkommission zur Kontrolle der Regierungen einrichten.
12 mal:	hippokratischen Eid für Naturwissenschaftler und Techniker einrichten.
11 mal:	Gruppenbildung der Verantwortlichen.
9 mal:	Naturwissenschaftliche Bildung erhöhen.
5 mal:	an Gott glauben.
5 mal:	Kirche ist schuld an der Verantwortungslosigkeit durch Verlegung der Verantwortung ins Jenseits, Religion ist schädlich.
3 mal:	Das Gewissen pflegen.
je 1 mal:	Alte Hierarchie abschaffen, Wissenschaft muß anthropofugale Tendenz überwinden, mehr Kontrolle durch Gesetze, Spezialisierung überwinden, Tagungen über Verantwortung organisieren, Bekämpfung des Aggressivitätstriebes durch Sport, Förderung der Sozialphilosophie, Politische Betätigung der Wissenschaftler, ihre Antipathie gegen Politik überwinden, Fachleute müssen herrschen, Geschichte der Verantwortung schreiben, Wissenschaftler sollten sich als internationale Gruppe fühlen, Gewandelte Stellung der Wissenschaft ins Bewußtsein bringen, Zweckfreiheit der Wissenschaft durch Verantwortung ersetzen, Ethik mit naturwissenschaftlichen Methoden untersuchen, Fachethik in Fachzeitschriften behandeln,

---

[1]) Auf internationaler Ebene wurde 1961 in den USA die National Academy of Engineering geschaffen. „Sie hat dafür zu sorgen, daß sie die sich ständig ändernden Probleme der Nation rechtzeitig erkennt und daß zu ihrer Lösung die Mittel der Technik eingesetzt werden. ... Den Kongreß und die Exekutive in technischen oder ingenieurwissenschaftlichen Fragen von allgemeiner nationaler Bedeutung zu beraten..." (*Walker* 1970).

Im Geschichtsunterricht mehr über andere Völker berichten,
Säkularisierung der Wissenschaft. — Verantwortung bewahrt Menschen vor
Einsamkeit,
Eine Verhaltenslehre für naturwissenschaftliche–technische Zeitalter schaffen,
Massenmedien sollten der weidlich betriebenen sexuellen Aufklärung eine
geistige folgen lassen.

Zu den Vorwürfen gegen die Bibel, daß sie mit dem Gebot der Schöpfungsgeschichte, der Mensch solle über die Erde herrschen, die Ehrfurcht vor der Natur mit gestört hätte, ist die Auffassung von *Picht* interessant. *Picht* ist umgekehrt der Meinung, daß dieses Gebot des Herrschens auch bedeute, daß dem Mensch die Verantwortung für die Natur anvertraut wurde, daß aber der Wissenschaft diese Grenzziehung vor Eingriffen in die Natur fehle (*Picht*).

Lassen wir noch einige wörtliche Zitate aus dem Preisausschreiben folgen:
„Der Erwachsene handelt strafbar, der dem Kind ein Messer in die Hand gibt. Da gilt nicht die Ausrede: Das Messer ist völlig wertfrei, was kann ich dafür, wenn es damit sticht. In Bezug auf die Wissenschaft ist eben der Gelehrte erwachsen, sind eben alle anderen Kinder. Woraus soll denn noch eine Autorität, ein Vorbild erwachsen, wenn nicht aus dem Wissen? „Wissen ist Macht" und Macht, soll sie nicht mißbraucht werden, fordert Verantwortung! „Du bist für Deine Rose verantwortlich" läßt *Antoine de Saint-Exupery* den Fuchs zum kleinen Prinzen sagen. . . . Und ausgerechnet der geistig Schaffende will sich dem entziehen, will in Narrenfreiheit seinem Spieltrieb nachgehen, weil sich ja die Moral nicht in mathematische Formeln fassen läßt" (cand. med. *F. Doebeck*). — „Wenn *Newton* in seinem 3. Axiom — actio ist gleich reactio — einen wesentlichen Zug der Natur erkannte, so dürfen und sollten wir diese Erkenntnis über die anorganische auf die Natur des Menschen ausdehnen" (*H.P. Waritsch*). — „Die Wissenschaft hat bisher erforscht was die Welt im Innersten zusammenhält, jetzt müssen wir erforschen, was den Menschen im Innersten zusammenhält" (*R. Cyrus*). — „Höchstes Ziel von Naturwissenschaft und Technik muß immer sein, im Dienst der gesamten Menschheit zu stehen" (Dipl.-Ing. *R. Schaad*). — „Der Wissenschaftler sollte in dieser Ordnung die Funktion eines internationalen und übernationalen Beamten innehaben und somit nicht im Dienste einer bestimmten Gruppe oder eines bestimmten Landes stehen, sondern im Auftrag der gesamten Menschheit" (stud. jur. *A. Dür*). — „Der Mensch und nicht die Technik trägt ein Janushaupt . . . Die Technik wird dem Menschen zur Hölle, soweit er sie zu seinem Himmel macht" (*A. V. Martin*). — „Nicht die Wissenschaft und nicht die Technik, wie man immer wieder zu hören bekommt, bedeuten die Gefährdung des Menschseins, wohl aber das durch die Schrankenlosigkeit der Wissenschaft und der Technik entfesselte Machterlebnis und Machtbewußtsein des Menschen" (Prof. *Mislin*, Mainz). — *Max von Laue* sagte einmal: „Die Forschung ist die einzige Form, in Deutschland noch auswärtige Politik zu treiben. Geben wir den Kampf auf, so sind wir für die Welt in zehn Jahren so uninteressant wie irgendein Bantu-Stamm" (*H. Alwermann*). — „Der Reifegrad der Menschheit ist vergleichbar mit einem randalierenden Halbwüchsigen, der noch keinen Mut zur Nächstenliebe hat" (*G. Rahnfeld*). — „Vor 200 Jahren wurden die *Menschenrechte* proklamiert, es ist höchste Zeit, daß wir *Menschenpflichten* proklamieren: die *Verantwortung*".

Wir möchten diesen Kurzbericht abschließen mit dem Schluß der Einsendung *H. Alwermann*s:
„*Und Sie . . . ?*
Sie haben den Aufsatz gelesen und sicher mehr oder weniger Zeit dafür genommen. Vielleicht sagen Sie nun: „Ja, ja, aber . . .". Es darf für Sie kein Aber geben. Auch Sie

tragen Verantwortung. Für Ihre Familie und für Ihre tägliche Arbeit. Das sei selbstverständlich, meinen Sie. Natürlich. Aber ebenso selbstverständlich sollte es für Sie sein, sich Ihrer Verantwortung der Gesellschaft gegenüber bewußt zu sein. Was Sie tun können? Erheben Sie Ihre Stimme und sehen Sie nicht schweigend zu, wenn wissenschaftliche Erkenntnisse eigennützig mißbraucht werden. Sprechen Sie mit Ihren Mitarbeiterr und Arbeitskollegen darüber. Treten Sie einer Organisation bei. Lassen Sie nicht locker, für die Verantwortung, die Sie tragen, zu kämpfen. Denken Sie an den Mückenschwarm der sich im Schein der Abendsonne gleichmäßig auf und ab bewegt. Schauen Sie einmal näher hin, so werden Sie feststellen, daß es immer eine kleine Gruppe ist, die plötzlich ausbricht und den Schwarm mitzieht. Ihre Aufgabe ist es, in der kleinen Grup zu sein, die sich nicht nur bewegt, sondern die die Richtung bestimmt. Geben Sie ein Beispiel und denken Sie an die Worte *Dürrenmatts* in ,,Die Physiker": ,,Es gibt Risiken, die man nie eingehen darf. Der Untergang der Menschheit ist ein solches" (*H. Alwermann* 1968)".

4.8. Forschungen mit sozialer Zielrichtung

Die hochspezialisierte Technik verlangt, daß stärker als bisher Forschungen durchgeführt werden mit gesellschaftsorientierter Zielrichtung, wie es die Ziele der GVW oder die Rede *Heinemann*s fordern. Als vorbildliches Beispiel für Entwicklungen natur- und umweltfreundlicher Technologien sei die Holzspanplatte genannt (*Fahrni* 1943, *Himmelheber* 1948/49, *Pfohl* 1935/ 36). Während früher nur 40% des Holzes gefällter Bäume in Möbelform nutzbar war und der Rest zum minderwertigen Abfall wurde, können heute alle Baumteile, bis auf dünne Äste und Wurzeln zu Spanplatten verarbeitet werden. Selbst Sägespäne und zum Teil auch Borkenschichten sind verwertbar. Man kann hierbei auch dünnes Rundholz verwerten und aus schnell wachsenden Nadelhölzern Material herstellen, das dem früher hochwertiger erscheinenden Laubholz überlegen ist. Während die Spanplatten-Industrie praktisch ohne Abfälle arbeitet und selbst anfallenden Schleifstaub wieder verwertet, nimmt sie auch praktisch alles innerhalb der BRD anfallende Industrie-Abfallholz, einschließlich der Hobel- und Sägespäne, auf. Bei 14,8 Millionen Raummeter Holzverbrauch der bundesdeutschen Sägewerke im Jahre 1964 fielen z.B. 2,2 Millionen Raummeter Abfallholz an. Davon. wurden ca. 1 Million Raummeter in der Faser- und Spanplatten-Industrie verwertet, der Rest in der Zellstoff- und Papierindustrie (*Kollmann* 1966). Im Jahre 1962 bestanden etwa 40% der Rohstoffe der Spanplatten-Industrie aus Abfallholz. Die weitgehende Aufarbeitung der Industrie-Holzabfälle gilt nicht für alle Länder. Die Spanplatten-Industrie der BRD importiert daher noch Holzabfälle aus Skandinavien und Ostblockländern. Den Spanplatten-Technologen (z.B. Laboratorium *Himmelheber,* Baiersbronn) ist es nicht nur gelungen, weitgehend abfallfrei zu arbeiten und Abfälle anderer Industriezweige zu verwerten, sondern auch für viele Zwecke die Qualität der Spanplatte über die der aufwendigeren Sperrholzplatten anzuheben. Besonders für holzarme Länder in heißen Zonen dürfte in Zukunft interessant werden, daß auch Flachs- und Zuckerrohr-Abfälle zu Spanplatten verarbeitet werden können, mit geringerer Ausbeute gilt dies auch für Baumwoll- und Kokosnußfaser-Abfälle.

Nach dem Abschluß der ersten großen Phase der Industrialisierung werden in Zukunft derartige Verfahren, die Rohstoff und Abfall einsparend arbeiten – also sowohl der Natur, als auch dem Umweltschutz dienen – immer interessanter werden.

Andererseits bestehen für die Naturwissenschaft große Aufgaben hinsichtlich der Umwelt-Analytik. Als Beispiel für die zur Zeit auf diesem Gebiet herrschende Aktivität seien die Arbeiten von Prof. *Walther*, Physikalisches Institut der Universität Köln, genannt. *Walther* ist es gelungen, eine Laser-Apparatur zu konstruieren, die auf 4 km Entfernung abstandabhängig die Konzentration an Stickstoffdioxid in der Luft bestimmen kann. *Walther* hat mit dieser Apparatur z.B. über der Stadt Köln „Iso-Verschmutzungslinien" für Stickstoffdioxid auf dem Stadtplan eintragen können. Man kann nach diesem Verfahren praktisch den Kamin von einem einzigen Standort aus genau bestimmen, der Stickstoffdioxid emmitiert.

4.9. Verhalten der Wissenschaftler

Wie der Biologe *Hans Mohr* (Wissenschaft und menschliche Existenz, Freiburg 1967) kürzlich betonte, hat sich innerhalb der Naturwissenschaft ein gewisser Codex von Verhaltensregeln herausgebildet, der die Grundlage jeder echten wissenschaftlichen Arbeit bildet. Er nennt folgende Forderungen, die jeder Wissenschaftler zu erfüllen hat, wenn er in der Gruppe der Wissenschaftler akzeptiert werden will:
1. Absolute intellektuelle Ehrlichkeit
2. Freiheit des Enkens
3. Objektivität
4. Verifizierbarkeit der Aussagen
5. Gegenseitige Achtung (und Anerkennung der Leistungen)
6. Dominanz der geistigen Aktivität
7. Klarheit der Ausdrucksweise
8. Verzicht auf Dogmatismus

Wir können dies noch wie folgt ergänzen:
9. Zurückstellung der eigenen Person vor der Sachnotwendigkeit der Wissenschaft
10. Mitteilungspflicht von Erkenntnissen und Erkenntnismethoden an die Öffentlichkeit
11. Bereitschaft zur Zusammenarbeit.

Mohr weist daraufhin, daß diese Forderungen nur innerhalb der wissenschaftlichen Arbeit gelten und im allgemeinen von Wissenschaftlern nicht auf ihre privaten zwischenmenschlichen Beziehungen ausgedehnt werden. Wir müssen leider feststellen, daß in einigen Fällen die geistige Schulung der Wissenschaft sogar mißbraucht wird, indem Akademiker versuchen, in zwischenmenschliche Beziehungen ihre eigenen Vorteile auf Kosten ihrer Umwelt durchzusetzen. Es ist ein schwacher Trost, daß es sich hierbei meist um fachlich leistungsschwache Kollegen handelt, die auf diese Weise sich zusätzlich Vorteile zu schaffen suchen. Mit diesem Kampf um Stellen, höheren Einfluß oder um Geldmittel mit Methoden, die innerhalb der Wissenschaft streng verpönt wären, wird der wissenschaftliche und gesellschaftliche Fortschritt gehemmt und viel Leerlauf produziert. Wir können noch einen Schritt weitergehen: Das menschliche Verhalten, Gespräche so „diplomatisch" zu führen, daß der optimale Nutzen für einen selbst und nicht die offene Darlegung der Wahrheit zum Hauptleitmotiv wird, erschwert nicht nur das menschliche Zusammenleben, sondern ist eine Grundwurzel vielen Übels. Am Ende dieser Reihe steht z.B. ein Biafra, wo Politiker nicht wie objektive Richter entschieden, sondern nach dem Prinzip des optimalen Nutzens für das eigene Land. Was kann man vom Menschen auch anderes verlangen, als das, was sie im Alltag täglich explizieren? Wir brauchen uns in Fragen der Verantwortung also gar nicht mit hochtrabenden Problemen auseinanderzusetzen, sondern jeder kann zunächst bei sich selbst anfangen und diesen egoistischen Nutzen im Umgang mit seiner nächsten Umgebung zugunsten der Idee der Kooperation zurückstellen. Die Naturwissenschaftler hätten die Aufgabe, diesen „Partialethos" der wissenschaftlichen Methodik auch auf das private Leben auszudehnen. Ich bin der Meinung, daß eine Unterscheidung der Verhaltensweisen zwischen der privaten Sphäre und der fachlichen einer Art Schizophrenie gleich käme. Sie sollte nicht die Regel, sondern eine seltene Ausnahme sein. Wenn man unter Wissenschaft das Ringen um Wahrheit versteht, so kann man diesem Prinzip nur voll dienen wenn man mit der ganzen Persönlichkeit dafür eintritt und dieses Prinzip zum eigenen Wesen gehört. „Ein guter Forscher muß ein guter Mensch sein" (*Huisgen* 1959). Ähnlich wie *Paschkis* die Ausdehnung des Gewissens von der Privatsphäre auf den Beruf gefordert hat, würde ich nun umgekehrt die Ausdehnung der von *Mohr* angegebenen Verhaltensregeln innerhalb der wissenschaftlichen Arbeit auf die Privatsphäre und auf den Umgang mit Kollegen erwarten.

Die Forderung, die obigen 11 Punkte auch im Umgang mit Mitmenschen anzustreben, stößt leider auf viele praktische und prinzipielle Schwierigkeiten. Punkt 1: In allen Dingen möglichst die reine objektive Wahrheit zu sagen, ist für viele so ungewohnt, daß man damit oft sogar anstößig wirkt. Diese Ziele sind also nur durch eine Gruppenbildung zu erreichen. Gerade die Fragen der Umwelthygiene fordern von jedem Techniker Verantwortlichkeit und auch Mut notfalls gegen den Willen seines Vorgesetzten zu handeln. Wie die Erfahrung zeigt, kann dies von einem Einzelnen nicht a priori erwartet werden. Daher ist eine Gruppenbildung zu empfehlen.

Gegen Punkt 6 des Verzichts auf Dogmatismus in der privaten Sphäre erheben Theologen Einspruch, den man schwer abwehren kann. Obwohl Handlungsweisen, die vorzugsweise nach dogmatischen Prinzipien ausgerichtet sind, recht unangenehm werden können und *Max Born* einmal die Meinung vertrat, ein echter Wissenschaftler sollte weder nach Dogmen noch nach Ideologien, sondern vorzugsweise nur nach eigener Überlegung handeln.

So sollten wir uns zunächst auf die Punkte 1 bis 4 und 9 bis 11 konzentrieren. Es sollte das gesellschaftliche Bewußtsein so gewandelt werden, daß Mitmenschen, die mit diplomatischem Geschick die Wahrheit umgehen oder sich nicht zu ihr bekennen, um persönliche Sympathien damit zu erschleichen, deutlich geächtet werden und ihnen mindestens Vorteile aus dieser unkooperativen Einstellung verwehrt werden. Ebenso sollte Toleranz gegenüber der Freiheit des Denkens des Gegenübers endlich selbstverständlich werden. Objektivität in jeder Äußerung und Verifizierbarkeit der Behauptungen sollte angestrebt werden gegenüber dem Durchdrücken eigener individueller Interessen. Zurückstellen der eigenen Partialinteressen vor den Interessen der Kooperation ist in übervölkerten Teilen der Welt eine notwendige Forderung.

Der Mensch ist zusammengesetzt aus egoistischen selbsterhaltenden Trieben und sozialen altruistischen Trieben. Die egoistischen Triebe können die Umwelthygiene gefährden, wenn ein Wissenschaftler aus Angst vor Schmälerung oder vor Verlangsamung seines Fortkommens nicht genügend Zivilcourage aufbringt, um notwendige Maßnahmen selbst bei eigenen Nachteilen durchzusetzen.

Zu den Verhaltensregeln der Menschen sollte gehören: Die in der Naturwissenschaft geforderte intellektuelle Redlichkeit auch im beruflichen und privaten Umgang mit Mitmenschen vor persönliche Vorteile zu stellen (*Luck* 1971). Die Bereitschaft zur Kooperation (Punkt 11) ist für die Gesellschaft heute eine conditio sine qua non geworden.

Die Forderung, daß die innerhalb der wissenschaftlichen Methode übliche Redlichkeit etc. sich auch auf die private Reaktionsbreite der Wissenschaftler ausdehnen möge, ist gerade hinsichtlich der Forderung der Verantwortung notwendig, da diese Forderung sich ja tief in die private Sphäre hinsichtlich eventuell hinzunehmender Nachteile auswirken kann. Wir sind mit dieser Hoffnung zum Glück nicht ganz allein. So steht in den Statuten der 1652 gegründeten und heute in hohem Ansehen stehende Leopoldinisch-Carolinischen Akademie, der auch Herr *Mohr* angehört: „Die Überzeugung, daß ernste wissenschaftliche Arbeit den einzelnen Menschen veredelt und hebt, das Wohlergehen von Städten und Staaten fördert und ein Band des Friedens zwischen den Völkern knüpft, vereinigte die Stifter der Akademie zu einem festen Bunde" (s. *Regener* 1947).

Auch *Planck* (1935) sagte einmal: „Ihre wissenschaftliche Widerspruchslosigkeit enthält unmittelbar die ethische Forderung der Wahrhaftigkeit und Ehrlichkeit, die gleichfalls für alle Kulturvölker und für alle Zeiten Geltung besitzt und daher den Rang der ersten und vornehmsten Tugend beanspruchen darf". Oder an anderer Stelle sagte er: „Gewissenhaftigkeit und Treue, das sind die Führer, die dem Menschen wie in der Wissenschaft, so auch weit darüber hinaus den rechten Lebensweg weisen, die ihm keineswegs glänzende Augenblickserfolge, wohl aber die höchsten Güter des menschlichen Geistes, nämlich den inneren Frieden und die wahre Freiheit gewährleisten" (*Planck* 1914).

Ich hatte das Glück während meines Studiums bedeutende Wissenschaftler wie *Heisenberg, Kossel, Knoop, Gehrtsen, E. Schmid* und *Kneser* zu meinen Lehrern zählen zu können. Ich bin der Meinung, daß ihre Wirkung auf die persönliche Formung ihrer Studenten nicht allein auf der Art beruhte wie sie wissenschaftliche Probleme angingen. Das Vorbild ihrer menschlichen Persönlichkeit hatte eine noch größere Wirkung. Sie rissen ihre Schüler zu der notwendigen Begeisterung an der Wissenschaft mit. Ihre Lehre, daß Wissenschaft das Ringen um Wahrheit bedeutet, hatte vor allem deshalb Erfolg, weil sie uns auch persönlich charakterlich Vorbilder bedeuteten.

Die Erfinder der Hochschulreformen haben als Idealisten sicher im Auge gehabt, daß in den Kollegialorganen numehr nur nach sachlichen und nicht nach egoistischen Maßstäben entschieden werden wird. Die Praxis zeigt genau das Gegenteil. Es wird von niemanden mehr erwartet, daß er in einem Amt verpflichtet ist, unabhängig von eigenen Vor- und Nachteilen allein nach den Sachnotwendigkeiten des Amtes zu entscheiden. In der großen Politik haben Verstöße dagegen nicht mehr eine Absetzung des Betroffenen zur Folge, sie werden nicht einmal geächtet. In unserer Stadt regiert z.B. ein Bürgermeister, der sein Amt im Rahmen einer Koalitionsabsprache erhielt. Nach seiner eigenen Wahl hielt er sich nicht mehr an die Absprache, sondern gab seine Stimme entgegen seinem Versprechen einem anderen Oberbürgermeisterkandidaten. Ein hessischer Universitäts-Präsident erkaufte sich seine Wahlstimmen mit einem Vertrag, in dem er illegale Versprechungen gab, ohne daß das Ministerium oder die Öffentlichkeit sich dagegen empörten.

Derartige Vorkommnisse mehren sich so stark, daß kaum noch jemand sich darüber aufregt. Es wird a priori offiziell angenommen, daß niemand mehr sich um sachliche objektive Entscheidungskriterien bemüht. In der Praxis hat *Mohr* daher vollkommen recht. Ich halte als Optimist es aber für unbedingt notwendig, dagegen anzuschwimmen und zu versuchen, daß auch die nichtwissenschaftliche Aktivität der Wissenschaftler in makellosem Stil geführt wird. Anstelle diese mühsam für die wissenschaftliche Welt erarbeiteten Verhaltensregeln auf die gesamte Gesellschaft zu großem Vorteil der Allgemeinheit auszustrahlen, macht sich unter Wissenschaftlern ein Verfall des Umgangstones breit. Hier kann wiederum nur eine Gruppenbildung die für eine allgemeine Kooperation notwendige positive Einstellung langsam durchsetzen. Eine persönliche Bewußtseins- und Motivierungsänderung scheint mir der wirkungsvollste Ansatz, um die notwendige Kooperation einzuleiten. Daher sollte ein Wissenschaftler auch in seinem persönlichen Verhalten absolut integer sein.

Hier muß die Community der Wissenschaftler darauf bestehen, ihre eigenen Verhaltensregeln einzuhalten, sonst sehe ich den großen Einsatz für die Förderung und Weiterentwicklung der Wissenschaft gefährdet. Es geht z.B. nicht an, daß durch Verwaltungsbehörden eingeführt wird, daß sich ein Mitarbeiter durch Tricks und Prozesse einen Arbeitsplatz in einer Arbeitsgruppe erzwingt und dabei seine Fachkenntnisse überhaupt keine Rolle spielen. Hier versuchen Juristen und Gewerkschafter der Wissenschaft Modalitäten aufzuzwingen, die unmöglich zu ihr passen können. In diesem Fall hilft

wiederum nur ein strenger Gruppengeist der Wissenschaftler, der einen
Kollegen, der auf unlautere Wege sich eine Anstellung verschafft, so lange
zu ächten, bis er von selbst seinen Beruf wechselt und damit vor Wiederholungen abgeschreckt wird.

Auch *Fernelius* (1946) forderte: „Die erste Verantwortung eines Chemikers ist die sich selbst gegenüber. Er muß auf seine Integrität bedacht sein und dafür sorgen, daß seine Arbeit von hoher Qualität ist. Er muß sich anderen gegenüber kooperativ verhalten, er sollte sich um ein hohes ethisches Vorbild bemühen und nie aufhören sich weiterzubilden".

Das strenge Kriterium der Verifizierbarkeit wissenschaftlicher Aussagen möchten viele Wissenschaftler und Techniker auch auf andere Bereiche ausgedehnt sehen. Das sollten Puristen und Lebensschützer wissen. Sie haben doch primär die Techniker zu überzeugen, daß können sie eher, wenn sie sich deren Verhaltensweisen anpassen. Sofern aber auf dem Lebensschutzsektor — wie es häufig geschieht — rein emotionale Äußerungen fallen ohne ausreichende Kenntnisse, so besteht die Gefahr, daß diese Aktivität nicht nur nichts erreicht, sondern sogar Schaden anrichtet. Genau wie ein Wissenschaftler sehr an Glaubwürdigkeit verliert und einer gewissen Ächtung ausgesetzt wird, wenn er einmal falsche Aussagen publiziert hat; so können falsche öffentliche Angriffe für die Umwelthygiene leicht zu dem Schluß führen, daß alle derartigen Aussagen falsch sind und als Entschuldigung benutzt werden, man habe ja erst kürzlich gesehen, zu welch unsinnigen Aussagen derartige Überlegungen führen. Es ist also zu raten: Aussagen über Umweltschutz bedürfen vorheriger genauer objektiver Informationen. Sonst sehe ich die gemeinsame Aufgabe gefährdet, daß die Technik von Morgen sowohl sachgerecht als auch menschengerecht sein wird.

Erst recht müssen wir die These aufstellen: Ein Wissenschaftler sollte sich auf dem Grenzgebiet Wissenschaft–Gesellschaft bemühen seine Aussagen zu objektivieren und frei von Emotionen zu halten. Es fällt leider auf, daß einige Wissenschaftler dazu neigen, nicht ihr eigenes Gebiet mit Fachkenntnis zu kritisieren, sondern Nachbargebiete. Ich kenne einen theoretischen Physiker, der die chemische Technik massiv kritisiert, einen Mediziner, der die Reaktortechnik angreift, es aber ablehnt, gegen Fehler der Medizin anzukämpfen.

„Die primäre Verantwortung des Wissenschaftlers ist trivial: Er trägt die Verantwortung für die Zuverlässigkeit (oder Wahrheit) der wissenschaftlichen Sätze" (*Mohr* 1973).

Man sollte insbesondere durch entsprechenden Gruppengeist dafür sorgen, daß die Zivilcourage der Wissenschaftler größer wird. Wobei wir unter Zivilcourage wie *J.F. Kennedy* in seinem gleichnamigen Buch verstehen: „Das Handeln im allgemeinen sozialen Interesse entgegen der herrschenden Meinung und unter zu erwartenden erheblichen persönlichen Nachteilen". Viele Naturwissenschaftler haben Schwierigkeiten couragiert aufzutreten. Sie sind oft auf Geldgeber für ihre kostspieligen Apparaturen angewiesen oder sie streben nach höheren Stellungen, um Macht zu erwerben oder auch nur, um vor Vorgesetzten zu fliehen, die dümmer sind als sie selbst. So hält sich ein gewisses Vasallentum früherer Landesherren. Hierzu kommt, daß Jahrhunderte lang Menschen mit Zivilcourage verfolgt wurden, sie wurden getötet oder ins Gefängnis gesteckt. Beide Ereignisse haben zur Reduktion der biologischen Veranlagung zum Mut geführt. Ebenso wie die erhöhte Todesrate mutiger Krieger. − Ohne Vasallen war kein Diktator möglich. Im Vasallentum früherer Fürsten liegen die Wurzeln moderner leitender Angestellter. Wir müssen dafür sorgen, daß diese heute stärker als bisher Mitverantwortung tragen und mutig dafür eintreten. „Den Sinn für Wahrheit, die intellektuelle Redlichkeit, die Treue gegen die Gesetze und Methoden des Geistes irgendeinem anderen Interesse zu opfen, auch dem des Vaterlandes, ist Verrat" (*Hesse* 1956).

Von den 1225 italienischen Universitätsprofessoren haben z.B. nur 12 einen 1931 geforderten Eid verweigert, den das damalige faschistische Regime forderte. Einer der Verweigerer *Giorgio Live della Vida* betonte, daß dieser Eid einem neuartigen religiösen Glaubensbekenntnis gleiche. Im *Hitler*-Deutschland mag es ähnlich zugegangen sein. Eine Stärkung des persönlichen Mutes ist nur durch Ausbildung eines gewissen Gruppengeistes zu erhalten. Die Bildung von Vereinigungen mit entsprechenden Gewohnheiten mag hier förderlich sein.

Gerade Wissenschaftler und Techniker sollten wissen, daß mit der Verwissenschaftlichung und Technisierung der Welt die Welt immer weniger von einzelnen Fürsten oder von politisierten Parlamenten, die nach politischen Maßstäben und nicht nach Fachwissen ausgesucht wurden, regiert werden kann, sondern immer mehr durch verantwortliches Mitdenken von Spezialisten. Die Verantwortung, die das Wohl anderer nicht minder bewertet als das eigene, muß zur Lebenshaltung werden. Ähnlich wie die Straßenverkehrsordnung verlangt, daß ein abbiegender Autofahrer seinen Richtungsanzeiger unabhängig davon bedient, ob ihn gerade jemand sieht, damit diese Handlung zur selbstverständlichen beinahe aus dem Unbewußten kommen Tat wird, so sollte Verantwortung täglich im Differentiellen ausgeübt werden. Man kann keine Verbesserung der Umwelthygiene erwarten, wenn es nicht zum menschlichen Verhalten wird bei jeder Handlung an seine Umwelt zu denken und Egoismen zurückzustellen. Ich erinnere mich an eine Tischrunde in der ein Kollege von einer Explosion in seinem chemischen Labor berichtete, bei der ein Lehrjunge einen Finger eingebüßt hatte. Nachdem einige von derartigen Möglichkeiten bei eigenen Forschungsarbeiten beunruhigt waren, unterbrach der Berichtende die Diskussion mit einer mich erschreckenden Bemerkung, es sei doch Gefühlsduselei, es nicht vorzuziehen, wenn ein Mitarbeiter statt man selbst einen Finger verlöre. Es erscheint mir kein Zufall, daß gerade dieser rücksichtslose Typ zu den wenigen dieser damaligen Tischrunde zählt, die heute Industrie-Direktoren sind. Von einem anderen Industrie-Direktor wurde berichtet, daß er bei seiner im Kreise seiner Kollegen ausgesprochenen Ernennung im Übermut geäußert hat: „Es ist mir in letzter Zeit vorgeworfen worden, ich hätte mir Sporen an die Ellenbogen geschnallt, sollte ich dabei jemanden verletzt haben, so bitte ich jetzt nach Erreichung meiner Ziele nachträglich um Entschuldigung".

Da in das Ressort dieses Herren u. a. auch Pflanzenschädlingsbekämpfungsmittel gehören, habe ich Zweifel, ob die Auswahlprinzipien hier ausreichend waren.

Hier muß unsere Gesellschaft umlernen und eben derartigen Menschen keine persönlichen Vorteile sondern Nachteile bieten. Man kann von derartigen Typen nicht erwarten, daß sie bei für die Umwelt kritischen Entscheidungen dann soziale Entscheidungen auf Kosten von Nachteilen vorziehen. Es gibt leider viele derartige Fälle, die zunächst harmloser erschienen, doch aber nicht weniger das geforderte Prinzip verletzen. So werden z.B. bekannte und einflußreiche Wissenschaftler im Alter bei Geburtstagen von Gratulationen verschiedener Kollegen überschüttet. Diese Sitte scheint rückläufige Tendenzen zu tragen. Hängt dies damit zusammen, daß bei Berufungen der Einfluß von Vorschlägen stark rückläufig ist? Diese Frage wird verstärkt durch die Beobachtung älterer emeritierter Wissenschaftler, daß die Zahl ihrer Gratulanten stark abnimmt. ,,Ihren nachträglichen Geburtstagsbrief (notabene der einzige von ehemaligen Mitarbeitern) fand ich hier vor", schreibt ein bekannter Wissenschaftler, der die 70 überschritten hat.

Um den Eindruck zu verwischen, daß nur Wissenschaftler oder Direktionskandidaten gegen besseres Wissen egoistisch handeln, seien noch zwei Beispiele aus einer anderen Berufsgruppe angeführt. Nach dem Vortrag eines an einflußreicher Stelle arbeitenden höheren Offiziers, sagte ich kürzlich in der Diskussion, ob nicht gewisse Maßnahmen unserer Regierung seinen Folgerungen widersprächen. Er versuchte mir darauf nachzuweisen, daß es keine falschen Maßnahmen gäbe. Bei der anschließenden Nachsitzung zeigte er wenigstens so viel Anständigkeit, als er mit beim Verlassen des Raumes nachging, um ,,ein gewisses Örtchen aufzusuchen". Hierbei gestand er mir unter vier Augen, daß ich das zitierte Beispiel schon richtig sähe, ich könne von ihm aber nicht erwarten, daß er öffentlich Fehler der Regierung, der er diene, eingestehe. Gerade von einem Berufssoldaten, der Mut und Zurückstellen von Egoismen hinter den Dienst für die Gemeinschaft lehrt, hätte ich erwartet, daß er Beförderungsaussichten hinter die Aufklärung notwendiger Mißstände einordnet. Ein zweites ähnliches aber noch schlimmeres Beispiel: Im Krieg mußte ich vier Wochen im selben Auto fahren, wie ein zur Frontbewährung abkommandierter Offizier aus dem Hauptquatier *Hitlers*. Er erzählte einmal, es gehöre zur Kunst der dortigen Offiziere, die täglichen Lagekarten so zu zeichnen, daß *Hitler* bei kritischen Lagen keinen Tobsuchtsanfall bekäme. Dies ist ein doppelt schlechtes Beispiel für unverantwortliche Gewohnheiten von Untergebenen und Vorgesetzten. Derartige menschliche Schwächen sollten langsam abgebaut werden. Das letzte Beispiel zeigt, daß sie bis in die hohe Politik hineinwirken. Umerziehen kann man nur durch Vorbilder. So ist es deprimierend, wenn heute in einigen Bundesländern der Verdacht entsteht, daß Lehrer in höhere Stellen befördert werden können, nachdem sie gegen besseres Wissen gewisse Reformvorschläge ihrer Dienstherren öffentlich für gut erklärt haben. Wenn unseren Jugenderziehern der Mut für vorbildliche Haltung genommem wird, werden unsere gegenwärtigen Aufgaben sehr erschwert.

4.10. Neue Gemeinschaftskunde oder Chaos?

„Ihr sollt Eure Feinde lieben". Eine Interpretation dieses schwierigen, gegen das menschliche Temperament kämpfenden Gebotes lautet: „Sie bemerken deine Fehler am ersten und genauesten . . . kannst du viel Nutzen daraus ziehen . . weit eher als durch Urteil deiner guten Freunde". Selbst diejenigen, die demonstrierende Studenten mit ihrem Ruf gegen Fachideoten als Ärgernis empfinden, sind daher nicht von der Pflicht befreit, nachzudenken, ob an dieser Kritik nicht doch Wertvolles liegen kann.

Eine Meinungsumfrage unter Studenten über das Stichwort „Verantwortung" gab nun ein auffallend ähnliches Resultat (vgl. 4.7). Überwiegend wird für das technische Zeitalter eine verstärkte Verantwortung gefordert. Diese sei nur durch Einordnung des Spezialwissens in die Probleme der gesamten menschlichen Kultur zu erreichen. Als Mittel zur dringend notwendigen Erhöhung des Verantwortungsbewußtseins wird eine verstärkte Allgemeinbildung in Schule und Hochschule erkannt[1]. Häufig wird ein besonderes Fach für Fragen der Verantwortung an Schulen und Hochschulen gefordert. Mindestens sollten die Schulen im Rahmen ihrer normalen Lehrfächer auf diese Fragen eingehen.

Der Staat ist diesem Trend durch Einführung der Gemeinschaftskunde bzw. Gesellschaftskunde als Unterrichtsfach an allen Schulen vorausschauend entgegengekommen. Viele Lehrbücher über Gemeinschaftskunde sprechen jedoch fast ausschließlich von politischer Bildung. Der Stoffplan befaßt sich demgemäß in starkem Maße mit parteipolitischen Fragen.

Viele Lehrer weichen diesem Fach aus, weil sie das gebotene Lehrmaterial für unzureichend und unbefriedigend halten. Es fehlt nicht an Stimmen, die in diesem Fach daher sogar Gefahren sehen. Gefahren, einer Überbetonung des an sich überholten nationalstaatlichen Denkens oder zu einseitiger politischer Beeinflussungen durch die jeweilig herrschende Meinung, werden gesehen.

Ist es nicht höchste Zeit, daß wir aus der Not dieser Studenten und aus der Not dieser Lehrer eine Tugend machen? Sollten wir nicht das an sich junge Fach Gemeinschaftskunde einer sehr intensiven Forschung unterziehen? Ist es doch das einzige Gymnasiallehrfach, das nicht durch adäquate Hochschullehrfächer sekundiert wird. Während die übrigen Schullehrfächer auf den Erfahrungen einer längeren Tradition aufbauen konnen, erscheint die Gemeinschaftskunde noch ausbaufähig.

In einer Demokratie ist der beste Weg zu einer Änderung, daß sich eine Gruppe Menschen freiwillig zusammentut und einfach mit der notwendigen Arbeit beginnt. So möchten wir aufrufen zur Mitarbeit, aus dem Gemeinschaftskundeunterricht einen der wichtigsten Bildungszweige zu gestalten. Hierbei erscheint es zeitgemäß notwendig, daß zunächst einmal der Begriff Gemeinschaft einer kritischen Analyse unterworfen wird. An dieser Gemeinschaftsordnung sollten alle Fakultäten mithelfen. Selbst die Naturwis-

---

[1]) „Wer nur Chemie versteht, versteht auch die nicht recht!" (*Lichtenberg*).

senschaftler und Wirtschaftler werden hierbei dringend benötigt. Sie neigten ja seit *Galilei* bisher dazu, sich von allen philosophischen und soziologischen Problemen zurückzuziehen.

Radikale Studentenkreise fordern heute die Anarchie! Wo liegt die Wurzel dafür? Unsere Gesellschaft wurde bisher von Autoritäten geleitet. Die Erziehung lag in Händen der Eltern, der Lehrer, der Lehrherren und der Geistlichen. Diese Pädagogen schöpften ihre Anschauungen über die Welt aus den Geisteswissenschaften und der Theologie. Beide berufen sich gerne auf Autoritäten: auf die Autorität überdurchschnittlich begabter Gelehrter oder Künstler, möglichst sogar auf göttliche Autoritäten. Unser ganzes Berufsleben ist heute noch autoritär aufgebaut. Dies ist u. a. auch biologisch bedingt. Schon bei Herdentieren haben sich diejenigen Gruppen durchgesetzt, die eine Neigung hatten, eine strenge Hackordnung zu bilden. Es wird hierbei eine strenge Hierarchie ausgebildet, an deren Spitze ein Alpha-Tier als Leittier steht. Der Selektionsvorteil dieser Neigung war offenbar sehr groß. Nur so ist es zu verstehen, daß diese Hackordnung oft zu einer Diktatur und zu einem Terror gegen Rangniedere ausartet und trotzdem die soziale Anziehungskraft größer ist als das Leid durch diesen Terror. Keinem Tier auf niederer Stufe wird es je einfallen, sich durch Flucht dem zu entziehen.

In den frühen Entwicklungsstufen des Menschen mag es ähnlich zugegangen sein. Die „Hackordnung" der Tierrudel und der menschlichen Gemeinschaften in früher Stufe wurde in Rangordnungskämpfen nach der Skala körperlicher Kräfte gebildet. Die Erfahrung der älteren Generation war in den vergangenen Jahrhunderten ein gewisser Ersatz für körperliche Überlegenheiten in der Rangskala. Da die moderne Wissenschaft unseren Wissensschatz in einigen Jahren verdoppelt, und mit steigendem Alter die Fähigkeit, Neues zu lernen schneller abnimmt, als der Wissenschatz wächst, hat auch diese Skala nur noch einen stark eingeschränkten Wert. Die Bildung geistiger Rangordnungen wird erschwert, da in vielen Sphären nur der geistig Überlegene die Überlegenheit einsehen kann. Geistige Rangordnungen waren daher meist mit der Altersskala der Autoritäten der Erfahrungen verbunden und keine echte allgemein deutlich eingesehene Skala. Heute kommt durch das exponentielle Anwachsen des Wissens hinzu, daß auf entscheidenden Sektoren unserer Gesellschaft ein hochgezüchtetes Spezialwissen erforderlich ist. Kaum einer in einem solchen Team kann das Wissen der Spezialisten überblicken oder gar diese echt anleiten. Es gibt Gruppenarbeiten, bei denen einzelne Spezialgebiete höhere Intelligenzgrade benötigen als die Anleitung bzw. Koordinierung der Gruppe. Für die betreffenden Kollegen kann sich also gar nicht das instinktive Gefühl der Einordnung in eine Hierarchie einstellen. Die Möglichkeiten, allgemein anerkannte „Hackordnungen" zu bilden, sind also durch die moderne Wissenschaft erstens stark eingeschränkt worden, und zweitens ist die Leistungsfähigkeit der Hackordnung selbst vermindert worden. Dies sind die Wurzeln des Schreies nach Anarchie unserer Jugend. Sie geht oft so weit, jede Gemeinschaft abzulehnen.

Anarchie kann noch ein Orchester ohne Dirigent bedeuten, bei dem der einzelne Spieler durch erhöhte Eigendisziplin den Dirigenten ersetzt. Die

Frage ist zu klären, ob Anarchie heute auch ein Chaos sein kann, ohne die Existenz einer Gemeinschaft zu gefährden.

Wir leben in den Geburtswehen einer neuen Zeit. Die Entscheidung, ob die moderne Entwicklung in positiven Bahnen ablaufen wird, wird sehr entscheidend von der schnellen Beantwortung der Frage nach den notwendigen Formen der modernen menschlichen Gemeinschaft abhängen. Eine echte Gemeinschaftskunde ist damit hochaktuell. Letztendlich kann sogar die Existenz der Menschheit im Zeitalter der ABC-Waffen von ihr abhängen. Eine der grundsätzlichen Fragen ist in dieser Situation, daß alle Wissenschaften sehr kritisch untersuchen, was sie aus ihrem Erfahrungsschatz über notwendige Formen der menschlichen Gemeinschaft sagen können. Auch die Naturwissenschaften sind heute in der Lage, Beiträge für den Gemeinschaftsgedanken zu geben (vgl. Kapitel 3).

Der Nachweis von radioaktiven Abfallprodukten oder von chlorierten Pflanzenschutzmitteln in fast allen Säugetieren der Welt und selbst im Regen zeigt zum Beispiel recht eindringlich, daß wir heute zu einer Schicksalsgemeinschaft der ganzen Menschhheit werden, in der eigentlich keiner mehr das Recht hat zu eigenmächtigem Handeln. Auch das langsame Ansteigen des Kohlendioxydgehalts der Erdatmosphäre über die Verbrennungsgase gibt ein sehr eindringliches Beispiel, daß heute niemand mehr in einer unendlich großen Welt lebt, in der sein Einfluß auf das Ganze unendlich klein ist. Dieser deutlich meßbare jährliche Anstieg könnte z.B. umwälzende irreversible Klimaänderungen nach sich ziehen. Andererseits greift der Mensch heute in die noch lange nicht abgeschlossene Evolution aktiv ein. Auch hieraus erwachsen neue Verantwortungen vor der Gemeinschaft und lassen sich neue Möglichkeiten eines zwingenden Gemeinschaftsgefühls ableiten.

Die im Kapitel 3 zusammengestellten Erfahrungen eines „ABC der Zukunft" könnten für das Fach Gemeinschaftskunde wichtige Anregungen geben. Es erscheint typisch, daß für unsere politisierte Zeit trotz der stürmischen Diskussion um die Hessischen Rahmenrichtlinien für das Schulfach Gesellschaftskunde und der vielen Kommissionen, die sich um eine Modernisierung dieses Faches kümmern, niemand auf die Idee kommt, auch Naturwissenschaftler und Techniker für diese wichtige Aufgabe heranzuziehen.

In der folgenden Tabelle seien einige Anregungen zusammengestellt, nach denen alle Fächer sachliche Beiträge für eine moderne Gesellschaftskunde leisten könnten (*Luck* 1970). Eine echte Gemeinschaftskunde sollte aus der Gemeinschaftsarbeit aller Fächer entstehen.

Rahmenplan für Gemeinschaftskunde-Forschungsarbeiten

1. *Naturwissenschaften*
   a) Tiergemeinschaften und ihr soziales Verhalten (Verhaltensforschung)
   b) Evolution und Vererbung.
   c) Naturwissenschaftliche Nachweise für die Notwendigkeit eines gesunden Gemeinschaftssinnes (CO_2-Gleichgewicht der Atmosphäre, Radioaktivität, Umweltsänderungen).

d) Internationale Zusammenarbeit.
   e) Einfluß der Wissenschaften und Technik auf die Gestaltung der Gemeinschaft.
2. *Medizin*
   a) Gesunderhaltung (Sport, Ernährungsprobleme).
   b) Psychologie des Menschen und der Menschenführung.
   c) Psychologische Ursachen der Genußgifte.
   d) Hirnforschung (Psychopharmaka).
   e) Sexualerziehung.
3. *Technik*
   a) Entwicklung aus den Handwerkszünften.
   b) Wirtschaftssysteme.
   c) Menschenführung und Teamarbeit in den Betrieben.
   d) Kontrolle der Technik (Eigenkontrolle und Staatskontrolle, Patentwesen etc.).
   e) Internationale Verflechtung durch die Technik (Rohstoffquellen, Zwischen- und Fertigprodukte, Energieprobleme).
   f) Gewerkschaftswesen, Berufsverbände.
   g) Unerwünschte Nebenwirkungen (Abgase, Abwasser, Müll).
   h) Einfluß auf Nicht-Industriestaaten.
4. *Die Gestaltung der Gemeinschaft im modernen Staat (Innenpolitik)*
   a) Regierungssysteme, Parlamente.
   b) Parteien, Wahlsysteme.
   c) Gesetze.
   d) Kommunale Behörden (Gemeinde, Städte).
   e) Polizei, Gerichte, Strafanstalten.
   f) Versicherungen, Versorgungen.
   g) Presse, Rundfunk und Fernsehen.
   h) Straßenverkehr als Gemeinschaftserziehung.
   i) Vereine und Verbände als demokratische Instrumente.
   j) Paß- und Zollwesen.
   k) Das Individuum im Staat, Zivilcourage.
   l) Landschafts- und Tierschutz.
5. *Geographische Voraussetzungen der menschlichen Gemeinschaften*
6. *Internationale Zusammenarbeit*
   a) Völkerbund und UNO.
   b) Internationale Verträge (Haager Kriegsordnung etc.)
   c) Internationales Rotes Kreuz.
   d) Wege diplomatischer Beziehungen (Botschaften, Gesandtschaften Konsulate etc.).
   e) Politische Konzeptionen im technischen Zeitalter.
   f) Entnationalisierung durch Internationalisierung der Wirtschaft.
7. *Pädagogik*
   a) Aufgaben in der Gemeinschaftserziehung.
   b) Schulsysteme, Ausbildungsmöglichkeiten, Berufsberatung.
8. *Futurologie*
   (Geburtenkontrolle, Hungerprobleme).
9. *Geschichte der Entwicklung menschlicher Gemeinschaften*
   a) In der Frühgeschichte.
   b) Im Mittelmeerraum und die Zeitwende.

c) Bis zum frühen Mittelalter.
   d) In der Zeit des Feudalismus.
   e) Seit der Französischen Revolution.
10. *Gemeinschaftssinn und Ethik in den Religionen*
   a) der ,,Primitiven"
   b) der Hochkulturen
   c) der jüdischen Religion,
   d) der katholischen Religion,
   e) der evangelischen Religion,
   f) der christlichen Sekten,
   g) im Hinduismus und Buddhismus
   h) im Islam.
11. *Ethische Systeme der Philosophie*
12. *Der Gemeinschaftssinn in Weltanschauungen*
   a) im Marxismus,
   b) im Nationalsozialismus und Faschismus,
   c) im Maoismus,
   d) im Kapitalismus, Volkskapitalismus, Gemeinschaftssinn durch Geld.
13. *Militär*
   a) Gemeinschaftssinn im modernen Militär (Schweiz, Israel)
   b) Pazifismus und Gemeinschaftssinn
   c) *Gandhis* Satyagraha
   d) Widerstandsbewegung im 2. Weltkrieg
   e) Neue Lage durch ABC-Waffen
   f) Psychologie der Kriege
14. *Geistige Entwicklungsgeschichte*
   a) Aufgaben der Kunst in der Gemeinschaft
   b) Aufgaben der Literatur in der Gemeinschaft
   c) Aufgaben der Musik in der Gemeinschaft
   d) Aufgaben der ARchitektur in der Gemeinschaft
15. *Die Sprache*
   a) Einfluß der Muttersprache auf die Denkprozesse
   b) Semantik

Die Ethik und die Ausbildung der Jugend einer Gesellschaft sollten sich weniger an der Vergangenheit als an der Zukunft orientieren. Die Naturwissenschaften und die Technik haben zu einer revolutionierenden Umgestaltung der menschlichen Gesellschaft geführt. Sie haben die Menschen weitgehend von materiellen Sorgen befreien können. Jetzt ist eine Evolution des menschlichen Bewußtseins notwendig, mit der die Menschen sich an die neuen Möglichkeiten anpassen. Wir haben gelernt die Natur zu beherrschen, jetzt muß der Mensch lernen sich selbst zu beherrschen und Gesellschaftssysteme entwickeln, die optimal die gegebenen Möglichkeiten voll ausschöpfen. Diesen Umdenkprozeß in der naturwissenschaftlichen Zeit kann man nicht gut Kreisen überlassen, die die Notwendigkeit und Gegebenheiten von Naturwissenschaften und Technik zu unvollkommen übersehen. Hieraus entsteht eine Verantwortung für die Naturwissenschaftler und Techniker mitzuhelfen an diesem Entwicklungsprozeß indem sie sich aktiv mit einschalten. Sie sehen noch am ehesten durch einen „kleinen Türspalt" in die Entwicklungsmöglichkeiten der Zukunft. Die naturwissenschaftlich-technische Revolution hat die Umwelt und die Gesellschaft umgestaltet. Ein neuer Gemeinschaftsgeist und ein großer Internationalisierungsprozeß sollten folgen.

„Was die Welt braucht, sind Vernunft, Toleranz und die Erkenntnis, daß die Mitglieder der Menschheitsfamilie voneinander abhängen" (*Russell* 1963). Viele erkennen keine ethischen Prinzipien mehr an, ohne daß sie logisch begründet werden. Hierzu sollten in einem gesunden Gesellschaftskundeunterricht gerade naturwissenschaftlich-technische Beispiele herangezogen werden.

Jede Wissenschaft, also auch die Gesellschaftswissenschaft, sollte sich um das Verständnis der Umwelt des Menschen und ihrer Voraussagbarkeit bemühen. Das kann den heutigen „Gesellschaftswissenschaftlern" nicht allein überlassen werden. Man sollte sich vor allem hierbei um eine möglichst objektive, von subjektiven Emotionen freie, Analyse kümmern. Hierbei können naturwissenschaftliche und technische, sowie wirtschaftliche Ergebnisse wie wir sie im Kapitel 3 im „ABC der Zukunft" angedeutet haben, wesentlich beitragen. Hierzu müssen Naturwissenschaftler und Techniker aktiv werden. Wir sind im Schulwesen in einigen Punkten noch immer nicht über Zustände hinausgewachsen, die *Einstein* 1930 zur Eröffnung der Berliner Funkausstellung kritisierte: „Sollen sich auch alle schämen, die gedankenlos sich der Wunder der Wissenschaft und Technik bedienen und nicht mehr davon geistig erfaßt haben als die Kuh von der Botanik der Pflanzen, die sie mit Wohlbehagen frißt. Denket auch daran, daß die Techniker es sind, die erst wahre Demokratie möglich machen. Denn sie erleichtern nicht nur des Menschen Tagwerk, sondern machen auch die Werke der feinsten Denker und Künstler, deren Genuß noch vor kurzem ein Privileg bevorzugter Klassen war, der Gesamtheit zugänglich und erwecken so die Völker aus schläfriger Stumpfheit" (*Einstein* 1930).

Heute wird die Industrie häufig kritisiert. Wer denkt dabei wohl daran, daß früher viele Kriege geführt wurden, um die Macht einer Nation zu vergrößern. Dies war vorzugsweise durch einen Zuwachs der landwirtschaftlichen Nutzfläche möglich. Eine industrielle Gesellschaft kann ihren Einfluß im internationalen Chor der Völker heute ohne Kriege durch intensive industrielle Arbeit vergrößern. Der Machttrieb als Kriegsursache ist damit reduziert.

Cordes (1975) hat kürzlich darauf hingewiesen, daß die mittelalterliche Geschichte Europas davon abhing, daß auf der Kulturstufe des Ackerbaus in Europa höchstens 25 bis 50 Menschen pro km^2 ernährt werden konnten. Jedesmal, wenn diese Grenze überschritten wurde, kam es zu Unruhen und Kriegen. (Im 14. Jahrhundert Ostsiedlung und Kreuzzüge; im 17. Jahrhundert der 30-jährige Krieg; im 19. Jahrhundert die Auswanderung nach Amerika, Australien, Südafrika). Erst die Industrialisierung ermöglichte auf friedlichem Wege Bevölkerungszahlen von 250 Menschen/km^2 aufzufangen.

Die Übervölkerung der Erde hat zwischen Ursachen (Geburten) und ihrer vollen Auswirkung eine Relaxationszeit von 50 Jahren. So werden wir vermutlich dankbar sein, daß eine gesteigerte Industrialisierung potentiell möglichen kritischen Situationen einen weiteren Anstieg der Bevölkerungsdichte auffangen könnte. Derartige und ähnliche Aspekte gehören in den Gesellschaftskundeunterricht.

Auch die Gedanken des Kapitels 2 des vorliegenden Buches über die Studienziele und des Kapitels 4 über die Verantwortung gehören in den Unterricht der gymnasialen Oberstufen. Die immer wichtiger werdende Umwelthygiene kann am besten gepflegt werden durch entsprechende Hinweise im Schulunterricht. Stattdessen hat man im Sinne von *Habermas* Zweifel am Bildungswert der Naturwissenschaften ausgerechnet einige naturwissenschaftliche Fächer nach den Saarbrücker Beschlüssen der Kultusminister in den Oberstufen zum Abwählen freigegeben. Kann man wirksamer für die Umwelthygiene sorgen als durch einen guten Biologieunterricht? Wenn man mehr weiß über die diffizilen sozialen Systeme des tierischen Zusammenlebens; wenn man mehr weiß, daß auch Pflanzen Lebewesen sind; wenn man weiß, wie einige Algen z.B. ihre Pigmente in den Zellen genau dem einfallenden Licht durch Orientierung anpassen; wenn man versteht, daß auch Pflanzen sich bewegen können, nur daß ihr Zeitmaßstab sich über Generationen erstreckt, so wird man ihnen mit mehr Erfurcht entgegentreten und wird sie weniger leicht mißbrauchen oder gar schädigen.

Die heute notwendige Kooperation in der Gesellschaft erfordert ein gewisses optimistisches gegenseitiges Vertrauen. Sie wird zweifellos gestört durch einseitig negative Kritik und tendenziöse Übertreibungen, wie sie vor allem heute gegen die Technik vorgebracht werden.

Ideal veranlagte Kreise haben heute die Notwendigkeit zu Reformen vor allem im Bildungswesen erkannt. Man kann eine Umstellung der Erwachsenen nur sehr langsam erwarten. Die Chance liegt darin, der Jugend gleich die richtigen und notwendigen Einstellungen zu vermitteln. Die Reformen müssen dann scheitern, wenn sie nicht von einer pluralistischen Beteiligung aller Fächer ausgehen. Vielen Reformatoren fehlen heute ausreichende Kenntnisse der Gegebenheiten. Das wird am dringlichsten in dem überaus wichtigen Fach Gesellschaftskunde. Schon die Umbenennung vom ursprünglichen Namen Gemeinschaftskunde in Gesellschaftskunde zeigt, wie politische Gruppierungen die notwendig gewordene naturwissenschaftlich-technische Basis ersetzen wollen. Die Hessischen Rahmenrichtlinien überbetonen z.B. Kritik und Konflikte und sprechen kaum von Kooperation und notwendigen Gemeinschaftsformen. „Der Friede ist für die Völkergemeinschaft, was die Gesundheit für den einzelnen bedeutet: Er ist viel mehr als ein Nicht-Kriegszustand: Er ist eine positive Gemeinschaft unter den Menschen, die auf Toleranz, der gegenseitigen Liebe und der Achtung vor der Menschenwürde ohne Unterschied der Klassen und Rassen begründet ist" (Deklaration der 2. Internationalen Besinnungswoche für „Medizin der Person" in Bossey/Schweiz 1950).

4.11. Zur Situation und Entwicklung der Welt

In diesem Abschnitt stellen wir einige Aufgaben für verantwortliches Handeln zusammen. Wir schließen uns hierbei teilweise an einer Arbeit von *Picht* (1969) an.

A. Allgemeines Verhalten

1. Mit der Erfindung der ABC-Waffen hat die Gattung Mensch die Möglichkeit ihrer Selbstvernichtung geschaffen, durch die Technik die Natur verlassen und damit die Verantwortung für ihr Leben selbst übernommen.
2. In dieser Verantwortung sind alle Kriege möglichst zu vermeiden, alle großen Kriege unbedingt zu verhindern.
3. Alle Ideologien, Religionen, Wirtschaftssysteme, Länder, Rassen etc. müssen lernen, anstelle der menschlichen Aggressivität gegen die Nachbarideologie, gegen die Nachbarreligion etc. höchste Toleranz auszuüben.
4. Der Mensch hat sich mit Hilfe der Technik weitgehend unabhängig von der Natur und von Selektionsprozessen gemacht. Er greift in der damit begonnenen 2. Stufe seiner Evolution selbst aktiv ein und hat die Verantwortung für ihren Ablauf selbst zu übernehmen.

B. Politik

1. „Die Kultur des wissenschaftlichen Zeitalters ist ihrer Struktur nach eine Weltkultur" (*Picht* 1969, S. 117). Die großen Probleme sind auf internationaler Ebene zu lösen.
2. Die internationale Angleichung der Lebensgewohnheiten, Massenkommunikationsmittel, die international einheitliche Naturwissenschaft und Technologie, die Internationalisierung von Handel und Verkehr machen nationalstaatliches Denken zu einem überholten Relikt.
„In der technischen Welt muß sich die Politik der Priorität der großen Zukunftsaufgaben unterwerfen" (*Picht* 1969, S. 37).
3. Politik und Wirtschaft müßten an supranationale Organisationen zu deligieren sein (s. *Picht* 1969, S. 65).
4. „Den Territorialstaaten muß die Verfügungsgewalt über alle Waffen entzogen werden, deren Einsatz die Grenzen der territorialen Anwendung überschreiten könnte" (*Picht* 1969, S. 41).
5. Geeignete Organisationsformen der menschlichen Gesellschaft anstelle älterer hierarchischer Systeme sind rational zu erproben und nicht emotional festzusetzen.

C. Der Mensch

1. Jeder Mensch sollte sich bemühen, die Zielsetzung eigener Vorteile mit der Notwendigkeit sozialer Gemeinsamkeiten zu beschneiden.
2. Jede menschliche Begegnung sollte vom Recht auf Wahrhaftigkeit und Redlichkeit getragen werden.

3. Ideologien sind säkulare Imitationen der alten Religionssysteme (s. *Picht* 1969, S. 134). Eigene Urteilskraft und Entscheidungsfreiheit sind durch allgemeine Bildung anzustreben.
4. Eine stabile Weltinnenpolitik setzt die Harmonie zwischen Körper, Geist und Gemüt (Seele) jedes Menschen voraus. Mangel an körperlicher Betätigung, Drogenmißbrauch und Unfreiheit religiöser oder künstlerischer Bedürfnisse sind zu vermeiden.
5. Die Motivation des menschlichen Tuns sind den Gegebenheiten der technischen Zeit anzupassen. Die Loslösung von der Natur erfordert eine Denkumstellung ähnlich wie zur Zeit des Überganges vom Nomaden zum Bauern.
6. Die vom Menschen künstlich eingeführte Hygiene erfordert nun eine vernünftige Geburtenkontrolle. Auch die scheinbare Verteidigung der Natur durch Ablehnung der Geburtenkontrolle ist heute ein künstlicher Eingriff, wenn sie sich nur auf Teilgruppen beschränkt.
7. „Uns Menschen der heutigen Zeit gelingt es vielleicht die Natur zu meistern; aber wir haben nicht gelernt uns selbst zu meistern" (*Brunton* 1964).

D. *Probleme der Technik*

1. Die Machtmittel der Technik und ihrer Erzeugnisse erfordern eine Mitverantwortung gegenüber der gegenwärtigen und zukünftigen Umwelt.
2. Die Überbevölkerung und die Aufsummierung der Folgen technischer Aktivitäten macht alle Menschen zu einer Schicksalsgemeinschaft. Die Umwelthygiene sollte so ernst genommen werden wie die persönliche Hygiene heute in den Kulturstaaten.
3. Bestand der gegenwärtigen Menschheit ist nur noch in einer technischen Welt möglich. Die Ambivalenz der Technik ist in jedem Einzelfall verantwortlich abzuwägen. „Das Kernproblem der heutigen Zeit ist nicht die Frage, was möglich, sondern was notwendig ist" (*Picht* 1969, S. 24).
4. Es sind internationale Institutionen zu schaffen, die das Bewußtsein erdumspannender Verantwortung durchsetzen (s. *Picht* 1969, S. 24).
5. Probleme der Welternährung, der Wasserversorgung, der Rohstoffökonomie und der sozialen Sicherheit aller Menschen sollten Schwerpunkte der Politik und Technik werden.
6. Die schnellen technischen Änderungen ermöglichen immer weniger eine Orientierung an der Vergangenheit. Technische Mittel machen Prognose und Planung notwendig.
7. Die Machtmittel der Technik erfordern eine Entemotionalisierung der Politik.
8. „Es hat genug Lebewesen in der Urgeschichte unseres Planeten gegeben, die ausgestorben sind, weil sie zu den veränderten Umweltbedingungen nicht mehr paßten. Auch die species homo sapiens wird aussterben, wenn ein für sein Verhalten wichtiger Teil seiner Gesamtstruktur, nämlich sein sittliches Wollen, sich den veränderten Umweltbedingungen nicht anpaßt" (*Steenbeck* 1962).

E. Probleme der Wissenschaft

1. „Die Wissenschaft ist heute mit der Technik zu einer unauflöslichen Einheit verschmolzen" (*Picht* 1969, S. 16).
2. Die Auswirkungen wissenschaftlicher Erkenntnisse sollen mit ähnlichem Eifer studiert werden, wie ihre Erarbeitung erfordert.
3. „Die Wissenschaft trägt Verantwortung für die zukünftige Geschichte der Menschheit" (*Picht* 1969, S. 106).
4. „Es fehlt auch eine Theorie von den Weltbezügen der Wissenschaft" (*Picht* 1969, S. 103). Die Wissenschaft sollte über „ihre eigenen Voraussetzungen, ihre möglichen Konsequenzen und ihre Ziele" reflektieren.
5. „Es der Wissenschaft möglich wäre, unter vernunftmäßigem Einsatz aller verfügbaren Mittel die großen Weltprobleme zu lösen und den zukünftigen Bestand der Menschheit zu sichern" (*Picht* 1969, S. 109).
6. Jeder Wissenschaftler sollte an der Einordnung seines Faches in das Ganze mitwirken; er sollte mit seinen Kenntnissen als homo politicus an den gesellschaftlichen Problemen mitarbeiten.
7. „Man wirft den Naturforschern heute vor, sie hätten entsetzliche Gefahren über die Menschheit heraufbeschworen, indem sie ihr allzu große Macht über die Natur verliehen. Dieser Vorwurf wäre nur dann berechtigt, wenn man den Forschern gleichzeitig die Unterlassungssünde zur Last legen könnte, nicht auch den Menschen selbst zum Gegenstand ihrer Untersuchung gemacht zu haben. Denn die Gefährdung der heutigen Menschheit entspringt nicht so sehr ihrer Macht, physikalische Vorgänge zu beherrschen, als ihrer Ohnmacht, das soziale Geschehen vernünftig zu lenken" (*Lorenz* 1963).
8. „Der Ingenieur kann die Technik humanisieren, indem er seine Tätigkeit mit sozialen und politischen Elementen verbindet und seine Systeme den Menschen anpaßt, die sie gebrauchen" (*Walker* 1970).

F. Bildungsfragen

1. „Die Bildungspolitik der Gegenwart determiniert die Weltpolitik der Zukunft" (*Picht* 1969, S. 71).
2. Notwendige Formen der Kooperation sind im Schulunterricht zu lehren (s. Abschnitt 10).
3. Naturwissenschaftlich-technisches Wissen ist in unserem Bildungssystem auf Kosten alter nur noch bedingt wichtiger Bildungswerte zu lehren.
4. Durch entsprechende Bildung sollen alle Menschen zu einem Verständnis und zur Reife des Mitdenkens, Mitredens und Mitverantwortens in unserer technisierten Welt gebracht werden.

Mohr (1970) faßte die gegenwärtigen Probleme in die Thesen zusammen:

1. Die Menschheit wird sich entschließen müssen, ihre Zukunft zu planen. Das Ziel der Wissenschaft ist möglichst zuverlässiges Wissen, möglichst richtige Information. Die moderne Technik, die unser Leben ermöglicht,

basiert auf diesem zuverlässigen Wissen, welches die Wissenschaft der Gesellschaft zur Verfügung stellt.
2. Die Menschheit braucht Humanität. Es muß gelingen, die menschliche Gesellschaft bezüglich Wissen und politischem Ethos an eine aufgeklärte liberale, pluralistische Gesellschaft zu transformieren.
3. Lediglich die Wissenschaft ist in der Lage, zuverlässige Informationen zu gewährleisten. Und es scheint, daß lediglich das Ethos der Wissenschaft geeignet ist, als Vorbild für ein der modernen Welt angemessenes *politisches* Ethos.

Die zukünftige Gesellschaft dürfte unabdingbar auf die Wissenschaft angewiesen sein (*Mohr* 1970). Unter Wissenschaft ist hier das Bedeutungsbereich von science gemeint.

4.12. Was kann der Einzelne tun?

Die meisten Leser werden wohl den in diesem Kapitel vorgetragenen Gedanken weitgehend zustimmen. Einige werden trotzdem sagen: gut, ich selbst kann aber wenig ändern. Hierfür könnte man zwei Ratschläge geben. Jeder Wissenschaftler sollte sich bemühen, in einer ehrenamtlichen Funktion am öffentlichen Leben teilzunehmen, sei es nun als Elternbeirat, Stadtrat, mit einem Amt an der Hochschule etc. Wenn es richtig ist, daß ein hoher I. Q. in vielen Berufen die Chancen erhöht, erfolgreich tätig zu sein (*Eysenck* 1974) und andererseits die Wissenschaftler die Berufsgruppe mit dem höchsten mittleren I. Q. bilden (*Eysenck* 1974, 1975), so kann sich dieser Rat positiv auswirken, wenn ihm möglichst viele folgen.

Für ein derartiges Amt aber auch für die tägliche Berufsarbeit kann noch ein weiterer Rat gegeben werden: Verantwortlich handeln bedeutet auch, unbequeme Erkenntnisse aussprechen, wenn sie gewissen gesellschaftlichen Tendenzen widersprechen. Hier lebt *Eysenck* (1975) ein Beispiel vor. Auf Grund seiner Untersuchungen meint er nachweisen zu können, daß erbliche Einflüsse etwa 4 mal größer sind als Umwelteinflüsse auf statistische Vergleiche des Intelligenzquotienten. Durch Vergleiche von ein- und zweieiigen Zwillingen, die entweder daheim oder bei verschiedenen Adoptiveltern aufgewachsen sind, aus der breiten Streuung der I. Q. Werte von Heimkindern etc. meint er hierfür Hinweise gefunden zu haben. Seine Untersuchungen widersprechen natürlich vollkommen dem Zeitgeist, der die Gleichheit der Bildungschancen über Reformen der Bildungsinstitutionen anstrebt. *Eysenck* war entsprechend massivem Druck ausgesetzt wie Behinderung von Vorträgen, Prügel oder zum Teil erfolgreicher Druck auf potentielle Verleger seiner Bücher. Gewiß ist die Verantwortung bei Unterrichtung der Öffentlichkeit über gesellschaftliche Konsequenzen eigener Arbeiten besonders groß. *Eysenck* muß eindringlich gefragt werden, ob er ausreichend den Einfluß der ersten Lebensmonate auf die Entwicklung späterer Adoptivkinder untersucht hat, ob er genügend geprüft hat, inwieweit bei seinen I. Q.-Tests der Einfluß des Schultrainings eine maßgebende Rolle spielt oder ob er hierbei nicht zu einseitig, den Umgang mit Zahlen prüft, der vielleicht erblich begünstigt ist, der aber für die Gesamtintelligenz vielleicht gar nicht so sehr entscheidend ist etc. Bei seinen Folgerungen über Unterschiede der mittleren I. Q.-Werte verschiedener Völker muß sehr sorgfältig geprüft werden, inwieweit bei Verbaltests Übersetzungsschwierigkeiten mitspielen können, die Wörter verschiedener Häufigkeit einsetzen etc. Bei derartigen Folgerungen, die weitreichende Einflüsse auf Bildungsreformen haben können, trägt der betreffende Wissenschaftler eine besonders hohe Verantwortung. Wenn er aber nach sorgfältiger Prüfung seiner Sache sicher ist, so sollte er — wie *Eysenck* — trotz erlittener Schwierigkeiten, den Mut zu öffentlichem Bekenntnis bewahren. Er ist hierzu verpflichtet. Kritik gegen der eigenen Ideologie zuwiderlaufenden Folgerungen sollte immer sachlich bleiben und zur Verschärfung der Prüfung der jeweiligen Aussagen führen. Unsachliche Kritik oder gar Pressionen sollte es in einer fortschrittlichen Zeit nicht mehr geben, das kann niemanden auf lange Sicht nützlich sein. Man bedenke wie groß der Schaden für die katholische Kirche durch den *Galilei*-Prozeß war oder für den russischen Kommunismus durch die *Lysenko*-Affäre.

Wir brauchen uns aber nicht auf so tiefgreifende Beispiele zu beschränken. Jeder kommt in seinem Beruf vor die Situation, daß das notwendige Aussprechen von unangenehmen Wahrheiten persönliche Unbequemlichkeiten nach sich ziehen kann. dies ist in den sogenannten demokratischen Mitbestimmungsgremien der modernen Hochschulen besonders aktuell. Einige Kollegen glauben hierbei besonders geschickt vorzugehen, indem sie bei Abstimmungsbekenntnissen nicht allein nach der Sache entscheiden, sondern in der Hoffnung auf diese Weise Stimmen für spätere eigene oder die eigene Person betreffende Anträge zu sichern. Hier hilft nur ein entsprechender Gruppengeist, der Abweichungen mit aufrichtiger Haltung kritisiert und zu negativen Werturteilen führt. Eine Übung dieser Notwendigkeit in kleinen Detailprozessen entspräche in einem mathematischen Bild ausgedrückt einer Absicherung, daß für die Entwicklung der Gesellschaft die Differentiale, aus denen sich das Ganze zusammensetzt, bevorzugt positives Vorzeichen haben. In einem solchen Fall kann man erwarten, daß der gesellschaftliche Entwicklungsprozeß positiv ablaufen wird.

So sollte jeder verantwortungsbewußte Bürger sein Wissen für die Verbesserung der Gesellschaft zur Verfügung stellen, indem er in Ehrenamt übernimmt. Im Elternbeirat, im Stadtrat, in den verschiedenen Hochschulgremien oder auch in den vielen Vereinigungen gibt es viele Aufgaben, die die Besten zur Aktivität herausfordern sollte. Vielleicht meint der Leser: „Ja, Ja, aber...". Es sollte kein Aber geben. Werden Sie aktiv.

Diese Forderung gilt aktuell auch für die Bildungsreformen. Auf diesem Sektor war in letzten Jahren mehrmals erkennbar, daß es gewisse Modetrends gibt, gegen die Bedenken zu äußern, ab einer gewissen Informationsschwelle sich kaum noch jemand traut. Wir müssen uns hüten, daß Wissenschaft und Technik nicht einen negativen Zeitgeist induzieren. Dieser Trend zu Modemeinungen ist sicher auch früher vorhanden gewesen. Er kann aber heute durch Massenmedien potenziert werden. Bedenklich erscheint mir die Mode, allem Neuen a priori einen besseren Stellenwert zu geben. Dieser Hang mag einerseits durch die Industrie beschleunigt worden sein, weil neue Waren großer Firmen vorzugsweise nur auf den Markt kommen, wenn sie gegen die alten Vorteile haben. Andererseits mag die Naturwissenschaft auch einen Anteil daran haben. Wir sind daran gewohnt, daß neue von Naturwissenschaftlern akzeptierte Theorien besser sind als die alten. Wir müssen uns davor hüten beide Erfahrungen auf andere Sektoren unkritisch zu übertragen. Nachdem Naturwissenschaftler und Techniker offenbar an der Ausbildung dieses Zeitgeistes beteiligt waren, seien besonders sie aufgefordert, auf dem gesellschaftlichen Sektor kritisch zu prüfen und dort zu widersprechen, wenn sie zu von laufenden Modetrends abweichenden Resultaten kommen. Leider sind auch Naturwissenschaftler selbst in ihrem Beruf nicht von der massiven Beeinflussung durch die Massenmedien frei. Hierfür war in letzten Jahren die von den Massenmedien häufig zitierte Entdeckung einer neuen Wassermodifikation durch den russischen Physikochemiker *Derjagin* ein trauriges Beispiel. Auf Grund der immer wiederkehrenden Bevorzugung dieser wissenschaftlichen Nachricht in den Massenmedien verloren viele Wissenschaftler ihre geschulte Kritikfähigkeit und hörten nicht auf kritische Stimmen. Die amerikanische Forschungsplanung verpulverte viele Millionen Dollar bis dieser Irrweg als Verunreinigung eingestellt wurde. Ein kritisches Lesen der betreffenden wissenschaftlichen Publikationen gab schon in der Anfangsphase dieser Modeforschung keine andere Erklärung als Verunreinigungen, nachdem *Derjagin* freimütig mitteilte, daß sein Effekt nur bei 4% erprobten Kapillaren auftrat und diese Kapillaren nicht vorher gereinigt werden durften. Es war verblüffend, daß Hinweise hierauf kaum akzeptiert wurden.

4.13. Ein Symposium des Weizmann-Institutes

„The Impact of Science on Society" war das Thema einer 1971 vom *Weizmann*-Institut organisierten Tagung. Im folgenden werden einige dort zum Thema Verantwortung des Wissenschaftlers geäußerte Bemerkungen wiedergegeben:

Der Hirnforscher *Samuel* regt an, Umfang und Möglichkeiten der Psychopharmakologie von einem internationalen Expertenteam untersuchen zu lassen, um einen Codex auszuarbeiten, der die Leitlinien für die Zukunft festlegt und für alle Hirnforscher verpflichtend sein sollte. „Dieser Codex, der dem hippokratischen Eid und seinen Varianten entspricht, . . . müßte garantieren, daß bei der schrittweisen Erforschung der Geheimnisse des menschlichen Gehirns die Heiligkeit, die Unverletzlichkeit und die Individualität des menschlichen Geistes erhalten bleiben" (*Samuel* 1971). *Samuel* läßt die Frage unbeantwortet: kann es dann nicht viel problematischer werden, wenn nur eine kleine Gruppe insgeheim diesen Codex verletzt, um die Welt gänzlich unvorbereitet mit militärisch oder wirtschaftlich ausnutzbaren einschneidenden Erkenntnissen zu konfrontieren?

„Ein Moratorium für unser Wissen ist natürlich unsinnig; Naturwissenschaften haben ihre Geschichte, und Geschichte kann man nicht aufhalten ... *Marx* hatte recht „Wissen ist ein Produktionsfaktor geworden, und das wurde möglich durch wissenschaftliche Erkenntnisse" (*Salomon* 1974).
„Wir wünschen uns, daß politische Entscheidungen auf feste ethische Werte gegründet sind. Unglücklicher Weise gibt es keine objektiven Kriterien für ethische Werte ... Dennoch gibt es in der täglichen Praxis der Wissensschaften zwei Prinzipien, die mir ethische Werte zu manifestieren scheinen: Wissenschaftliche Wahrheit wird nicht danach bewertet, von wem sie formuliert wurde, sondern nach ihrem Inhalt ... Zweitens entwickelten sich Wissenschaften dadurch, daß Forscher mit ihren Kollegen die volle Wahrheit über ihre Entdeckungen austauschen..." (*Feldmann* 1971).

„Ich glaube der eigentliche Wert der Naturwissenschaften liegt in dem auf internationaler Ebene gemeinsamen Bestreben, Einsicht in das Arbeiten der Natur zu bekommen ... Die Wissenschaftler sollten klar stellen, daß die Naturwissenschaften nicht eine kalte Welt von Zahlen darstellen, sondern im Gegenteil eine größere Vertrautheit mit der Natur, mit dem Universum schaffen. Und dadurch können sie einen verstärkten Sinn für Verantwortung und ein Bewußtsein von der Einzigartigkeit der Welt, in der wir leben, hervorrufen ...". „Einfachheit und Subtilität sind die Merkmale der Naturwissenschaften ... Es liegt daher in der Verantwortung der Wissenschaftler, dies auch in der Erziehung und an anderen Stellen klar zu stellen". „Es gibt zwei mächtige Elemente in der menschlichen Existenz: die egoistische Wißbegierde und das altruistische Mitgefühl. Wißbegierde ohne Mitgefühl wird unmenschlich, und Mitgefühl ohne Wißbegierde bleibt wirkungslos" (*Weißkopf* 1974). Der bei einem Terroristenanschlag 1972 auf dem Flughafen Lod umgekommene bekannte israelische Wissenschaftler *A. Katzir-Katchalsky* appellierte an die Tagungsteilnehmer in Brüssel: „Menschliche Moral beginnt an dem Punkt, wo die genetische Vorherbestimmung unvollständig ist und man eine Wahl zu treffen hat ... Genau der Übergang von der biologischen zur kulturellen Entwicklung, von der *Darwin*schen Evolution zum kulturellen Fortschritt, macht uns zum Menschen und legt uns moralische Verantwortung auf. ...

Solange wir als Wissenschaftler nicht bereit sind, unsere Hände mit allgemein menschlichen Angelegenheiten zu beschmutzen, solange wir fortfahren, in isolierten Elfenbeintürmen zu sitzen, solange werden wir keinen Einfluß haben ... Wir haben die Last der Verantwortung für die Konsequenzen unserer Taten zu übernehmen, die wir offenbar nicht mit Erfolg in ein angemessenes menschliches Leben integrieren konnten ... Sollten Wissenschaftler mit all' denen zusammenarbeiten, die sich direkt mit menschlichem Verhalten beschäftigen, mit den Antropologen, den Psychologen, den Soziologen ...

Die formalen Persönlichkeitsstrukturen der jetzt lebenden Menschen sind offenbar ungeeignet, globale Probleme zu erfassen, deshalb muß ein Sprung getan werden von der gegenwärtigen Persönlichkeitsstruktur zu einer Struktur höherer Ordnung, die nach innen gerichtet ist ... Die Studien von

Maslow in den Vereinigten Staaten zeigen, daß jeder Mensch diese höheren Grade von Reife erlangen kann und mit einer geeigneten Erziehung innere formale Strukturen einer verantwortlichen Persönlichkeit entwickeln kann.
... man konnte zeigen, daß Menschen, die ein hohes geistiges Niveau erreicht haben, im allgemeinen starke künstlerische Interessen haben und auch im moralischen Sinne am höchsten stehen ... Daher müssen Moralität und ethische Prinzipien der Naturwissenschaften einen direkten Einfluß auf die moderne Gesellschaft haben. Es ist Aufgabe der Wissenschaftler, hier und jetzt sich selbst an Nöte und Bedürfnisse der gegenwärtigen Menschheit anzupassen. Die Naturwissenschaften werden nur dann überleben und der Menschheit helfen, in das „Gelobte Land" einzuziehen, wenn eine Gruppe von Wissenschaftlern mit Pioniergesinnung sich bilden wird, die uns zeigen kann, wie Naturwissenschaften humanisiert werden können, und die uns dazu verhelfen, die menschlichen Notwendigkeiten und die wissenschaftlichen Entwicklungen zusammenzufassen" (*A. Katzir-Katchalsky* 1974).

4.14. Verantwortung für die Wissenschaft

4.14.1. Die bisherige Entwicklung

„Die Wissenschaft wird allgemein als Schlüsselelement für wirtschaftliche Entwicklung, technologischen Fortschritt und militärische Macht anerkannt". Mit diesem Zitat beginnt eine arabische Analyse der Erfolge von 3 Millionen Israelis gegenüber 126 Millionen benachbarter Araber (*Zahlan* 1972). *Zahlan* rechnet die bedeutend größere Rate an wissenschaftlichen Veröffentlichungen der Israelis gegenüber den arabischen Ländern zu den wesentlichen Wurzeln ihrer Erfolge. Naturwissenschaft und Technik sind heute die Hauptwurzeln der Lebensstandards moderner Nationen. „Nations can publish or perish" (*de Solla Price* 1967).

Keldyck, Präsident der Akademie der Wissenschaften der UdSSR, äußerte 1961 (s. *Dobrow* 1972, S. 80): „In dem neuen historischen Stadium, in der gegenwärtigen entscheidenden Phase unseres ökonomischen Wettbewerbs mit dem kapitalistischen System ist es nötig, daß sich unsere Technik schnelle entwickelt als die Schwerindustrie und daß sich die Naturwissenschaften, die die Grundlage des technischen Fortschritts und die Hauptquelle der wichtigen technischen Ideen sind, noch schneller als die Technik entwickeln". – Demgegenüber forderte der Bundesdeutsche Forschungsminister 1975, die Forschung sollte sich an den Bedürfnissen der Menschen orientieren (*Matthöfer* 1975).

Zu den ersten Anzeichen moderner Wissenschaft gehören 3500 Jahre alte, babylonische Funde mit mathematischen Aufzeichnungen. Aus ihnen ist zu erkennen, wie damals aus praktischen Aufgaben der Bautechnik Rechnungen entstanden, die aus reinem Spiel mit Zahlen weit über praktische Probleme hinausgeführt wurden und so quasi spielerisch quadratische Gleichungen entdeckt und gelöst wurden, zunächst ohne jedes praktisches Ziel und Bedürfnis (*Gericke* 1976). Ein babylonischer Forschungsminister hätte derartige Spielereien unterdrücken müssen. Sie hatten mit dem Ziel, menschliche Bedürfnisse zu optimieren, nichts zu tun. Es sei denn, man bezöge Gedankenspiele in diese Bedürfnisse mit ein. Wissenschaft hat immer dann die größten Erfolge gehabt, wenn sie nicht an praktische Ziele gebunden war. Selbst in der Industrieforschung gelingen sehr oft die größten Würfe als Nebenprodukte der schöpferischen Ideen einzelner Forscher, wenn sie frei und ohne den Druck direkter Zielgebung arbeiten. So gehört z.B. *Perlon* zu den großen technischen Erfolgen. Sein Erfinder, Herr *Schlack*, berichtete, daß sein Industrie-Vorgesetzter angeordnet hatte, er solle mit derartigem Unsinn aufhören, an Fasern zu arbeiten, deren Preis weit über dem Baumwollpreis liegen würde. — Ähnlich berichtete der Nobelpreisträger *Chain*, der Miterfinder des Penicillins, er habe die erste Arbeit *Flemings* lediglich aufgegriffen aus wissenschaftlichem Interesse, welcher Mechanismus zur Abtötung von Bakterien geführt hatte. Ihm sei nicht im Traum eingefallen, mit dieser Arbeit jemals Menschen helfen zu können. *Flemings* Entdeckung wiederum beruhte lediglich auf seiner Unachtsamkeit, vor Urlaubsantritt seinen Laborplatz nicht aufzuräumen. Seine erste Arbeit wurde nicht weiter verfolgt, weil sie im Gegensatz zu den Forschungszielen seines Laboratoriums stand. Man kann diese Beispiele beliebig vermehren. Ein weiteres wichtiges Beispiel ist das Niederdruckpolyäthylen. Für diese Erfindung wurde *Ziegler* in den fünfziger Jahren mit dem Nobelpreis ausgezeichnet. Offenbar aus Gründen der längeren Patentlaufzeit ist nicht öffentlich darauf hingewiesen worden, daß er einen Vorgänger hatte. Während des Krieges hat der Industriechemiker *Max Fischer* nach Verfahren der Wachsherstellung suchen sollen. Er fand dabei ein Verfahren, Niederdruckpolyäthylen herzustellen. Da diese Entdeckung nichts mit seiner Forschungsplanung zu tun hatte, wurde sie nicht beachtet. *Fischer* wurde sogar kritisiert, er solle sich gefälligst um seine Aufgaben kümmern.

Vor einigen Jahren erschien in der Bundesrepublik ein Industriefilm „Der heiße Frieden". Der Titel will andeuten, daß wegen der überzüchteten Waffensysteme die Zeiten vorbei seien, in denen der Wettstreit der Völker in Kriegen ausgefochten werde. Der Wettstreit der Völker wird in Zukunft in einem „heißen Frieden" in den naturwissenschaftlichen und technischen Laboratorien entschieden.

Sowohl der Lebensstandard als auch die Möglichkeit zu effektiven Reformen hängen für jedes Land unabhängig vom Wirtschaftssystem von der Effizienz seiner Industrie und seiner Wissenschaft ab. Noch heute arbeitet z.B. die Farbenforschung mit so geringen Ausbeuten, daß im Mittel 400 neue Farbstoffe synthetisiert und umständlich geprüft werden müssen, ehe ein brauchbarer verkaufsfähiger Farbstoff gefunden wird. In der pharmazeutischen Forschung werden sogar im Mittel 10 000 neu zu erprobende Mittel erwartet, ehe eine erfolgreiche neue Arznei gefunden wird. So wird deutlich, wie entscheidend in dem Konkurrenzkampf der Länder auf vielen Gebieten Erfolge der Forschung werden können.

In einer russischen Analyse der Wissenschaftsorganisation wird geschätzt: „Durch Optimierung der Organisationsstruktur der Forschungsinstitute können wir eine 15fache Zunahme der allgemeinen Arbeitsergebnisse der in dem betreffenden Wissenschaftssystem beschäftigten Forscher erwarten (*Dobrow* 1974).

Kreative wissenschaftliche Arbeit setzt bei vielen, ähnlich wie bei Künstlern, eine besondere Atmosphäre voraus. Bei dem hohen Wissenstand der Forschung ist ein unermüdlicher Einsatz der Wissenschaftler notwendig. Dieser erfordert Begeisterung und Arbeitsfreude. Diese Begeisterung hat oft ihre Wurzel in dem Drang, für den Fortschritt der Menschheit zu arbeiten. Sie kann ersticken, wenn nicht einmal die direkte Umgebung des Forschers einigermaßen nach den Erkenntnissen der Wissenschaftler und ihren Bedürfnissen strukturiert ist. Ich hatte im Laufe meines bisherigen Lebens Gelegenheit in Forschungsinstitutionen der verschiedensten Strukturen mitzuarbeiten. In keiner waren Arbeitsatmosphäre und Organisation so geartet, daß die dort arbeitenden Wissenschaftler sie als optimal empfanden, sondern sie gaben Anlaß zu Unzufriedenheiten.

Nach *Bertrand Russell* gehören glückliche persönliche Beziehungen und erfolgreiche Arbeit zu den Voraussetzungen zum Glück (s. Kapitel I und *Russell* 1976). Anerkennung der eigenen Arbeit und eine angenehme menschliche Arbeitsatmosphäre dürften daher kreative wissenschaftliche Arbeit fördern.

In den Forschungslaboratorien des Heereswaffenamtes, die ich als Student während des letzten Krieges beobachten konnte, waren beide Voraussetzungen nicht ausreichend erfüllt. An der Spitze der Hierarchie standen dort Offiziere; während Wissenschaftler Zivilangestellte oder Beamte in Uniform waren, auf die die Offiziere als Menschen zweiter Klasse hochmütig herabblickten. Die Offiziere fällten zudem oft fachlich ganz unsinnige Entscheidungen. So wurde z.B. die Radartechnik oder die Entwicklung der Düsenflugzeuge zurückgehalten, während bekannt wurde, *Hitler* sei nicht abgeneigt, Hellsehern Gehör zu schenken. Die Dienstgradhierarchie hatte zudem im Waffenamt kaum etwas gemein mit der geistigen Hierarchie. Zu den als Ausnehme mir in Erinnerung gebliebenen Szenen aus dem Alltag, gehört die Antwort eines Laborleiters, den ich nach den geltenden Regeln zunächst mit „Herr Oberleutnant" anreden mußte: „den Oberleutnant lasse ich vor der Tür, hier wollen wir arbeiten". Typisch für die dortige Atmosphäre war dagegen, daß der Leiter des Referates Optik, der über die Flugzeugortung zur Verteidigung der Zivilbevölkerung vor Bombenangriffen arbeitete, seine kärglichen Schnaps- und Zigarettenrationen sammelte, um sie Offizieren zu verschenken, damit diese ihn überhaupt Geräte praktisch erproben ließen.

Die deutsche Ordinarienuniversität litt vor allem darunter, daß die Ordinarien kaum Zeit hatten, um die Arbeiten ihrer Doktoranden im Detail zu verfolgen und wichtige Literatur auf diesem Gebiet mitzulesen. Einige Doktoranden verfielen dann dem Fehlschluß aus falschem Blickwinkel, von ihren besseren Detailkenntnissen auf einem schmalen Sektor die geistige Hierarchie anzuzweifeln. Einige Ordinarien neigten zudem zur Selbstsucht. Im Großen und Ganzen muß ich nachträglich aber anerkennen, daß die Mängel der Organisation der Ordinarienuniversität von allen Organisationsformen, die ich bisher sah, am geringsten waren. Sie hatte vor allem den Vorzug, daß echte Leistungen anerkannt wurden und daß bis auf die erwähnte Ausnahme, der Ordinarius in der Regel mehr wußte als die ihm anvertrauten Mitarbeiter, sodaß seine hierarchische Stellung leichter zu ertragen war. Man war geneigt Fehler hinzunehmen, wenn diese von einem Menschen gemacht wurden, den man fachlich anerkannte.

Um eine geistige Hierarchie richtig einschätzen zu können, muß man freilich in dieser selbst schon ein gewisses Urteilsvermögen haben. Unzufriedenheiten an der Ordinarienuniversität waren oft bei den Personen am größten, die nicht genügend wußten, um den Wert eines Wissenschaftlers beurteilen zu können. Wegen der zeitlichen Überlastung meinten die Ordinarien sich mit derartigen Personen nicht beschäftigen zu brauchen. Es war später der Fehler politischer Reformer den Kreisen zu viel Gehör zu schenken, die eigentlich gar nicht an die Hochschulen gehören oder sie noch nicht beurteilen konnten.

Die Industrieforschung litt in den fünfziger und sechziger Jahren darunter, daß die Forschungslaboratorien sehr schnell wuchsen, man aber die Organisationsstruktur mit einem einzigen einflußreichen Forschungsleiter behielt. Dieser war nicht in der Lage, alle ihm anvertrauten Gebiete zu überblicken, so daß er oft nicht mehr wahre Leistungen von Scheinleistungen unterscheiden konnte. Er war in Gefahr von Blendern und Schmeichlern getäuscht zu werden. Einige Forschungsdirektoren hatten zwar erkannt, daß durch den Wissenszuwachs die Zeiten vorbei waren, in denen ein Forschungsleiter 100 oder gar mehr Wissenschaftler anleiten kann; sie sträubten sich aber dagegen – wohl aus Liebe zur persönlichen Macht – konsequent kleinere selbständige Einheiten zu schaffen. Sie gerieten daher in die Gefahr mittelmäßige Talente zu bevorzugen, damit diese aus Dankbarkeit – wenn sie aus Gnade und nicht eigener Leistung wegen befördert wurden – dem Leiter persönlich verbunden waren. Ich erinnere mich daran, wie ein Forschungsleiter nach einer Forschungssitzung, in der ein Wissenschaftler ihm sachlich klar gemacht hatte, daß eine als Fortschritt gefeierte Erfindung eigentlich wertlos sei, ärgerlich äußerte: „Herr B. hat zwar meistens recht, muß er einem aber dauernd widersprechen?".

Aus innerer Unsicherheit verfielen einige Manager in einen militärisch barschen Ton, um sich Respekt zu verschaffen. Mit an sich unwichtigen Kleinigkeiten versuchten sie ihre eigene Wichtigkeit zu betonen, indem sie die Wissenschaftler gängelten. Kein wissenschaftlich Arbeitender hatte Prokura und durfte seine Geschäftspost selbst unterzeichnen. So konnte es z.B. vorkommen, daß ein Prokurist einen Brief viermal umschreiben ließ und selbst nicht merkte, daß die letzte Fassung dann dem ursprünglichen Entwurf des Sachbearbeiters wieder sehr ähnlich war. Andererseits versuchten einige Manager, das Gefühls wegen, mehr zu sein als alle Untergebenen, wissenschaftliche Anerkennungen ihrer Mitarbeiter durch Hochschulen zu verhindern. Lehraufträge oder gar Professorentitel sollten möglichst nur an Manager und nicht an Wissenschaftler vergeben werden. Damit wurden *Russell*s Grundregeln verletzt.

Das Verhältnis eines Wissenschaftlers zu seinem Chef sollte in die Notwendigkeit glücklicher persönlicher Verbindungen mit eingeschlossen werden. Auch hierfür gilt *Bertrand Russells* Feststellung über die persönlichen Beziehungen: „Wenn diese unglücklich sind, dann wird das Leben schwierig" (*Russell* 1976). Gute Wissenschaftler brauchen auch kaum Druck, um mehr zu leisten. Schlechter Wissenschaftler wegen lohnt es nicht, Druck einzuführen; weil zehn schlechte Wissenschaftler in der Forschung kaum einen guten ersetzen können. Forschungsorganisationen sollten nach den Spitzenkräften orientiert sein und nicht nach den schwächsten Stellen. Das dürfte sich nicht lohnen. Mein Resümee aus der Industriezeit war: ein Wissenschaftler braucht nur Chefs, die ihm geistig überlegen sind und Anregungen geben können. Da nach der Erfahrung von Jahrtausenden Gruppen Vorteile haben, die sich hierarchisch organisieren, sollte die Forschung in kleine Gruppen organisiert werden, die noch von einem Leiter fachlich überblickt werden können. Dort wo darüber hinausgehendes Management aus Verwaltungsgründen notwendig ist, sollten die Manager nach dem bewährten Dekansprinzip zeitlich periodisch wechseln. Da ein Wissenschaftler heute sehr schnell den Anschluß auf seinem Gebiet verlieren kann, müssen diese Zeitperioden trotz anderer Nachteile möglichst kurz sein. Die Periode von einem Jahr ist schon beinahe ein Maximum.

Der erfolgreiche Industrieforscher und Nobelpreisträger *Carl Bosch* hat einmal betont: „Wahre Erfolge sind in der Forschung nur zu erwarten bei völliger Souveränität innerhalb des Arbeitsgebietes". Seine Nachfolger hatten dies zu wenig beachtet. Die Industriewissenschaftler hatten keine Souveränität. Die ersten, die gewisse Souveränität besaßen, die Abteilungsleiter hatten kein Arbeitsgebiet mehr, sondern große Bereiche zu betreuen.

Für den Arbeitseifer günstig war in der Firma, der ich längere Zeit angehörte, die Einrichtung, daß für jedes Arbeitsgebiet einmal im Jahr auf einer firmeninternen Tagung Gelegenheit gegeben war, über Fortschritte zu berichten. Über Enttäuschungen menschlicher Schwächen des Managements habe ich mir oft hinweggeholfen, indem ich mir vornahm: pro Jahr möglichst drei mindestens zwei interne Vorträge mit neuen Ergebnissen zu halten. Positiv war auch in den Industrielaboratorien, in denen ich mehrere Jahre tätig sein konnte, daß Wissenschaftler meist mehrere gute Techniker und Laboranten hatten, so daß sie genügend Zeit zur Arbeitsplanung und Auswertung hatten. Ebenfalls positiv wirkte sich in Industrielaboratorien die Tatsache des gemeinsamen Interesses am Erfolg aus. Ein Abteilungsleiter wird daher Mitarbeiter weiter fördern, die erfolgreich arbeiten, selbst wenn persönliche Differenzen auftreten sollten. Es muß auch betont werden, daß in vielen Firmen in den siebziger Jahren ein neuer Führungsstil Mode wurde, der Fehler vermied, die aus Tradition heraus sich zu lange gehalten hatten.

Ganz anders als die Organisation der militärischen Laboratorien und der Industrie in Deutschland scheint die amerikanische Kriegsforschung angelegt worden zu sein. Abgesehen von den schrecklichen Zielen, die zu untersuchen nicht Aufgabe dieses Kapitels ist, war die US-amerikanische Atomwaffenforschung eine erfolgreiche große organisatorische Leistung. Es gelang, eine große Gruppe individueller Naturwissenschaftler zur Zusammenarbeit an einem gemeinsamen Projekt zusammenzufassen. Nach den Berichten scheint mit entscheidend gewesen zu sein, daß man bedeutenden Wissenschaftlern, wie *Oppenheimer*, selbständig die wissenschaftliche Leitung des Projektes gab. Auch die wissenschaftlichen Berater der amerikanischen Regierung, *Bush* und *Conant*, waren erfolgreiche Wissenschaftler und als Vizepräsidenten der Carnegie Institution bzw. als Rektor der Harvard Universität in der Organisation wissenschaftlicher Arbeit erfahren. *Oppenheimer* war ein Wissenschaftler der sowohl fachlich als auch menschlich andere mitreißen konnte. Ihm gelang es, die bedeutendsten Wissenschaftler jener Zeit zu beteiligen. Auch der zeitweilige Aufenthalt von *Bohr* ließen für viele das Unternehmen als „hoffnungsvoll erscheinen" (*Oppenheimer* 1963).

Die erfahrenen Wissenschaftler fühlten sich durch den engen Gedankenaustausch untereinander in dem Gemeinschaftsprojekt beflügelt. Für die Jüngeren war es ein Ansporn unter so bekannten Wissenschaftler als gleichberechtigt anerkannt zu werden. *Jim Tuck* (s. 1965), der als junger englischer Wissenschaftler in Los Alamos unter *Oppenheimer* arbeitete, urteilte über das dortige Unternehmen: „Es verfügt über alle größten Naturwissenschaftler der westlichen Welt und über noch etwas, was ich nie kennengelernt hatte: „Sie kümmerten sich nicht darum, wer man oder was man war. Sie kümmerten sich nur darum, was man beisteuern konnte und was man an Ideen zu bieten hatte. Das war neu für mich. Ich traf Wissenschaftler, die ich nie im Leben zu sehen gehofft hätte" (*Tuck* 1965). *Oppenheimer* wurde sowohl von den älteren Wissenschaftlern in seinen Qualitäten als Leiter anerkannt, auch hatten die Jüngeren volles Vertrauen zu ihm (*Reid* 1972). *Oppenheimer* soll bei seinen regelmäßigen Rundgängen dafür gesorgt haben, daß niemand das Gefühl hatte, es bestände zwischen den Laborleitern und der höheren Verwaltung irgend eine Kluft (*Reid* 1972). Er hat in Offenheit die Wissenschaftler über den Ablauf des Projektes laufend unterrichtet.

Die bei der amerikanischen Atomwaffenforschung organisatorisch tätigen Militärs und Sicherheitsbeamten — wie der leitende General *Grove* — hatten es wohl auch im großen Ganzen verstanden sich den Mentalität der Wissenschaftler anzupassen. Der dort tätige Sicherheitsbeamte *Henry Arnold* berichtete über seine Erfahrungen: „Ich glaube, soweit zu sein, den Unterschied zwischen dem Denken eines Kernphysikers, eines Chemikers und eines Mathematikers feststellen zu können. Und glauben sie mir, sie sind verschieden, sogar in ihrer Reaktion auf Alltagsdinge" (s. *Boveri* 1968).

Von einer Anpassung an die Mentalität ihrer Mitarbeiter oder gar an die verschiedenen Berufsgruppen habe ich bei deutschen Managern kaum etwas gemerkt. Sie gingen meist von der Voraussetzung aus, daß ihre Mitarbeiter sich ihnen anzupassen hätten. Wir waren in Deutschland zu sehr von einer strengen militärischen Tradition belastet. Es sollte ganz besonders in jeder Wissenschaftsorganisation Freiheit als „Einsicht in das Notwendige" (*Haus-*

ner 1975) bewahrt bleiben. Ärgerniserregend waren in der Industrieforschung älteren Stils nur die Anordnungen, die aus rein persönlichen Vorteilen oder aus reinem Prestigedenken der Manager erfolgten. Sie hätten leicht vermieden werden können. „Ich habe das Recht, Gehorsam zu fordern, weil meine Befehle vernünftig sind" spricht der König in: „Der kleine Prinz" von *Saint-Exupéry,* und verlegt den von ihm als Probe seiner Macht erbetenen Befehl zum Sonnenuntergang auf 19.40 Uhr, die normale Untergangszeit.

Aus historischen Delikten einer zu langsamen Anpassung der hierarchischen Strukturen, entstand die Hochschulrevolte in der Bundesrepublik. Eifrige Politiker bemühten sich um die Stimmengunst der Studenten, indem sie sich vorwiegend von ihnen und von Assistenten beraten ließen. Wie sieht es heute an den Hochschulen aus? Hierzu einige eigene Erlebnisse: Als Dekan nahm ich eines Tages an einer Senatssitzung teil, in der in der Fragestunde ein anderer Dekan um Auskunft bat, „ob die Universitätszeitung nicht etwas sachlicher informieren könne?". Der die Sitzung leitende ideologisch orientierte sehr junge Vizepräsident antwortete: „Die Zeitung dient einer ganz bestimmten Sache, damit ist sie sachlich!" — Während einer anderen Sitzung ging es um die Berufung eines jungen Kollegen, der nicht einmal das Fach studiert hatte, für das er eine Professur erhalten sollte. Bis auf ideologische Aktivitäten waren in seiner Personalakte keine Anzeichen für eine Qualifikation zu finden. Im Senat, der sich neben den Dekanen aus Vertretern aller Gruppen der Hochschule zusammensetzt, wurde hitzig diskutiert. Darauf meldete ich mich zu Wort: Ich führte aus, daß ich jenen Herrn auf einer Tagung erlebt hätte, wie er als Redner zweimal seine Hörer massiv belog und endete meine Ausführungen mit dem Hinweis: „für mich ist Wissenschaft das Ringen um Wahrheit, jener Herr nimmt es offenbar mit der Wahrheit nicht sehr genau". Darauf entgegnete ein junger Professor, der auf Grund eines Ministerialerlasses ohne Berufungskommission zu dieser Würde gekommen ist: „Es kommt nur auf das richtige Wissenschaftsverständnis an, Herr *Luck* hat offenbar nicht das Richtige!"

Es gibt Hochschulpräsidenten, die die Stimmen zu ihrer Wahl bei Studenten kauften gegen die Zusicherung ehemaligen Studentenfunktionären, die vorher nur durch das Einwerfen von Fensterscheiben bekannt waren, hohe Verwaltungsposten auf Lebenszeit zu geben.

Gewiß hatten die Ordinarien Macht, die Minderheit von zu wenig qualifizierten Ordinarien hatte manchmal auch vielleicht zuviel Macht. Nach dem Ordinarienprinzip war aber die Macht auf viele Personen aufgeteilt, was eigentlich einer gewissen Demokratisierung entsprach. Man könnte dieses System vielleicht besser Oligarchie nennen. Unter dem Schlagwort Demokratisierung hat man die „Macht" der Ordinarien gebrochen. Damit konnte jeder denkende Mensch voraussehen, daß damit die Macht der Kultusminister zwangsweise gestiegen ist. Dies ist ein Rückschritt. In unserer Zeit des Detailwissens der Spezialisten muß die Macht unter die Spezialisten aufgeteilt werden. Zudem erfordert die Verwissenschaftlichung unseres gesamten Lebens, daß Vorgesetzte nur dort eine vollen Sinn haben, wo sie über mehr Fachwissen verfügen als die ihnen anvertrauten Mitarbeiter. Dieses Prinzip ist durch die Konzentrierung der Macht auf die Kultusminister verletzt worden. Der gleiche Fehler wurde mit der Abschaffung des zwar nicht optimalen Rektoratsprinzips begangen.

Die modernen Präsidenten der Hochschulen brauchen keine Wissenschaftler mehr zu sein. Wegen der langjährigen Amtszeit der Präsidenten wird de facto verhindert, daß sich Wissenschaftler um dieses Amt bewerben. Die hohe Bezahlung der Präsidenten kann dazu verführen, daß Personen um jeden Preis – eben auch mit unlauteren Methoden – um dieses Amt kämpfen. Ihre Wiederwahl hängt von politisch orientierten Gremien ab. Kann man noch böse sein, wenn es Präsidenten gibt, die eben mit politischen Methoden in ihrem Amt walten? Das oberste Prinzip in jeder wissenschaftlichen Einrichtung muß sein, daß sie in einer Atmosphäre absoluter Redlichkeit und Wahrhaftigkeit arbeitet. Dies widerspricht der politisch orientierten Präsidialstruktur. Der Präsident hat zudem sehr viel mehr Macht als die früheren Rektoren. Die Hochschullehrer können oft die Meinungen ihrer Präsidenten, die die Welt der Wissenschaft kaum verstehen, nicht als optimal erkennen. Damit hat man Fehler der großen Industrieforschungslaboratorien übernommen, anstelle daraus zu lernen. An einigen Universitäten haben die Hochschulwissenschaftler in ihren Präsidenten mächtige Vorgesetzte, die für ihre Aufgaben fachlich kaum geeignet sind.

Heute gilt die Weltanschauung „alles was neu, ist a priori besser!" Es war für mich menschlich sehr interessant, wie in einer Sitzung Studentenvertreter, die noch nie in einem Institut gearbeitet hatten, sich an einen Tisch setzten mit der innersten Überzeugung, wenn wir jetzt eine neue Organisationsstruktur beschließen, so muß dies zwangsweise besser werden. So lösten sie die Institutsstruktur auf. Dieser Hang zur Neuheit dürfte seine Wurzel in der Erfahrung haben, daß neue Produkte großer Industriefirmen meist Vorteile haben. Hier ist Aufklärung nötig, daß auch für die Industrieentwicklungslaboratorien der Satz gilt „was neu ist, ist nicht gut, und was gut, ist nicht neu!" Nur die wenigen Ausnahmen von dieser Regel passieren die umfangreichen Testlaboratorien der Industrie, wie oben an Beispielen gezeigt wurde.

Jeder Naturwissenschaftler ist gewohnt neue Thesen sehr kritisch zu prüfen: „Darin besteht das Wesen der Wissenschaft. Zuerst denkt man an etwas, das wahr sein könnte – und dann sieht man nach, ob es der Fall ist und im allgemeinen ist es nicht der Fall" (*Russell* s. 1976). Die neue Weltanschauung „alles was neu, ist a priori besser" widerspricht daher unserer durch die Wissenschaft bestimmten Zeitepoche. Es wird Zeit, daß diese Erkenntnis sich auf breiter Basis durchsetzt. Alle ernstlich an Reformen Interessierte müssen anerkennen, daß echte Fortschritte nur zu erzielen sind, wenn neue Ideen im Reibungsprozeß mit der Erfahrung optimiert werden. Es ist bedauerlicher Weise eingerissen, daß man durch die Methode der diffamierenden Aggression Meinungsgegner ausschaltet. Dies ist verantwortungslos.

4.14.2. Einige Vorschläge

In der heutigen Situation erscheint mir in der verantwortlichen Sorge um die Organisationsstrukturen der Wissenschaft eine der wichtigstenAufgabe der Verantwortung der Wissenschaftler zu liegen. Junge Idealisten vergessen zu leicht, daß die Welt nicht nur aus Idealisten besteht. Ein Kultusminister, dem ich einmal Klagen über Mißstände vortragen wollte, unterbrach mich „dies ist nur an Ihrer Hochschule so, aber nicht System immanent, das geht mich also nichts an!" Hochschulgesetze sollten aber nach meiner Auffassung so beschaffen sein, daß sie vor Mißbrauch schützen. Die Hochschulgesetze in einigen Bundesländern wurden von Idealisten geschaffen in der irrigen Meinung, daß die Welt nur aus Idealisten bestünde. Daher sind Mißstände wohl doch System immanent.

Die Wissenschaft ist sehr diffizil. Wir wissen bisher so gut wie gar nichts, wie ein Wissenschaftler kreativ werden kann. So sind wir dazu verpflichtet, Neuerungen sehr sorgfältig zu prüfen. Wir sind in der Naturwissenschaft gewöhnt, neue Ideen im Kleinen in einem Experiment zu prüfen. Sollten wir dies nicht auch auf sehr eingreifende Maßnahmen der Wissenschaftsorganisation anwenden? Physikochemiker *Jost* (1974) hat kürzlich darauf hingewiesen, daß man aus den erprobten Entwicklungstechniken der chemischen Industrie allgemein lernen könne: bei Neuerungen sollte „in Schritten von beherrschbarer Größe vorangegangen werden, so daß man bei jedem Schritt ohne allzu große Verluste abbrechen kann . . . daß man die Entwicklung in eine andere Richtung lenken" kann. „Im kleinen experimentierfreudig sein, im großen aber nur nach sehr sorgfältiger Vorbereitung reformieren" (*Jost* 1974). Er fordert: „Bei der Vielheit möglicher Änderungen muß man normalerweise damit rechnen, daß eine Änderung eine Verschlechterung bedeutet, solange nicht das Gegenteil bewiesen ist. Dies zwingt dazu, Änderungen genau voraus zu überlegen".

Wie man auch über die Hochschulreform denkt, so muß doch jeder zugeben, daß die in Kürze zu erwartende 4. Novellierung der Hessischen Hochschulgesetze innerhalb von 8 Jahren klar beweist, daß die Vorgänger voreilig gehandelt haben. Für die Experimentierfreude ist die Wissenschaft zu wichtig. Man bedenke, daß sich Störungen der wissenschaftlichen Ausbildung oft erst nach 10 oder noch mehr Jahren bemerkbar machen.

In Jahrtausenden hat sich das Prinzip bewährt, daß eine Gruppe mit einer gewissen vernünftigen Hierarchie anderen überlegen ist. Solange es nicht bewiesen ist, daß man gerade in der Wissenschaft ohne sie auskommt, sollte man keine zu waghalsigen Experimente in dieser Richtung vornehmen. In den Naturwissenschaften braucht man in der Regel noch mehrere Jahre nach der Promotion, bis man allein ohne fremde Anregungen wissenschaftliche Erfolge erringen kann. Die in einigen deutschen Bundesländern vorangetragenen radikalen Hochschulreformen wären dann gerechtfertigt, wenn die wissenschaftliche Effizienz der jüngeren Wissenschaftler wesentlich gestiegen wäre. An mehreren Stellen, wo jüngere Kollegen die neu ausgerufene „Freiheit" für sich ganz in Anspruch genommen haben, sank ihre Produktivität jedoch erheblich ab. Daher habe ich einige Zweifel an den neuen Strukturen, ähnlich wie ich sie an den früheren hatte. Wir sind daher alle verpflichtet und verantwortlich, an der Optimierung der Wissenschaftsorganisation weiter zu arbeiten.

Man sollte Reformen nicht als Revolution, sondern als Evolution durchführen. So erscheint mir das Rezept wichtig, in der Wissenschaft möglichst kleine selbständige Einheiten einzurichten, die von einem erfahrenen Wissenschaftler geleitet werden. Dort, wo es Vorgesetzte in der Wissenschaft geben muß, sollte die Wahl hauptsächlich nach fachlichem Können geschehen. Ein Wissenschaftler braucht keinen Vorgesetzten, dem er sich nicht geistig einordnen kann. Dort wo Rest von hierarchischen Strukturen bestehen bleiben müssen, sollte es eine Hierarchie des Könnens sein.

Die Hochschule wird heute ferner viel zu sehr als Stätte der reinen Wissensvermittlung angesehen. In den Naturwissenschaften, die ich allein einigermaßen überblicken kann, hat eine Ausbildung nur einen Sinn, wenn sie zu einer späteren kreativen Aktivität der Hochschulabsolventen führt oder wenn sie Lehrer ausbildet, die kreative Schüler ausbilden können. Es geht hierbei um die Fähigkeit, ,,Wissen in Wirkung" umzusetzen. Niemand weiß, wie man dies lernen kann. Nur eine Erfahrung ist sicher: Der Anteil der erfolgreichen Wissenschaftler, die einen erfolgreichen Lehrer hatten, ist erstaunlich hoch! Man vergleiche etwa den von *Liebig* begründeten Stammbaum bedeutender Chemiker, wie er im *Liebig*museum in Gießen bewundert werden kann. Viele augenblickliche Reformen verursachen im Enderfolg aber die Störung des Vertrauensverhältnisses zwischen Studenten und Professoren. Am meisten werden hierdurch die Studenten geschädigt. Durch ein gesundes Lehrer–Schüler Verhältnis erfolgt andererseits eine Rückkopplung auf die Kreativität der akademischen Lehrer. Gewiß gab es überholte Mißstände der Ordinarienuniversität. Reformen ohne den Rat der Erfahrenen in dem Chor der pluralistischen Meinungsbildung, können sich aber leicht um ihren notwendigen Erfolg bringen.

Auch für die gemeinsame Gruppe Hochschullehrer–Studenten gilt *Russell*s Prinzip der notwendigen glücklichen persönlichen Beziehungen. Diejenigen, die den Studenten auch dort Mißtrauen gegen Professoren eintrichtern, wo gar kein Anlaß dazu vorliegt, schädigen am meisten die Studenten, weil diese in einer Atmosphäre des gegenseitigen Mißtrauens niemals echte Selbstverwirklichung finden können. Die in dieser Richtung aktiven Funktionäre geraten in den Verdacht, daß sie lediglich ihre eigene Macht vergrößern wollen.

Eine der einschneidensten Wirkungen der Hessischen Hochschulgesetze ist die Tatsache, daß die Arbeitsgruppenleiter nur wenig Einfluß und keine Entscheidungsmöglichkeit haben in Fragen der Einstellung oder der Verlängerung der Verträge ihrer Mitarbeiter. Hier entscheidet ein Fachbereichsrat, in dem die wenigsten den Betreffenden kennen, über dessen Einstellung verhandelt wird. Urteilsvermögen über die Eignung für wissenschaftliche Arbeit können nur Wissenschaftler haben, also erscheint hier die volle Mitbestimmung schädlich. Es kann nach diesem System ferner vorkommen, daß wissenschaftliche Kollegen mit gutem Mitarbeiterstab die Arbeit eines Kollegen aus Neid lahm legen, indem sie zusammen mit Studenten und Gewerkschaftsfunktionären der wissenschaftlichen Mitarbeitern nach ideologischen Prinzipien abstimmen und nicht nach fachlichem Können. Da Forschung eine bestimmt harmonische Atmosphäre erfordert, ähnlich wie für einen Künstler, erscheint es ganz widersinnig, wenn nach diesem Prinzip andere Menschen als der Arbeitsgruppenleiter Entscheidungen über Mitarbeiter fällen. Eine Kontrolle vor Mißbrauch, also eine Art Vetorecht, mag auf diesem Sektor unter Umständen nützlich sein. Mehr als dieses Vetorecht erscheint kaum sinnvoll aus der Warte der Wissenschaft. Völlig absurd ist die schon eingerissene Gepflogenheit über Arbeitsgerichte die Zugehörigkeit zu Arbeitsgruppen gegen deren Willen auf Lebenszeit zu erzwingen. In meiner Nähe gibt es einen Fall, daß ein Mitarbeiter ausdrücklich auf Befragen betonte, daß er nur auf kürzere Zeit an der Hochschule angestellt werden möchte, dann aber mit Hintertreppenadvokatentum auf Lebenzeit-Anstellung klagte. Der Verfall unserer Hochschulen als Stätten der Wahrheitsfindung kann nicht deutlicher demonstriert werden, als daß in diesem Fall weder die Studentenfunktionäre noch die Gewerkschaft sich darüber empörten, sondern die gerichtliche Klage noch mit Sympathiekundgebung unterstützten.

Bei erfolgreichen Naturwissenschaftlern haben Psychologen folgende Eigenschaften als besonders betont beobachtet: hohe Empfindlichkeit (schizotym), hohe Selbstgenügsamkeit, Introvertiertheit und gewissen Hang zum Extremen (*Catteler* und *Butcher*).

Zum Industriedirektor wurde man bisher eher, wenn man robust, wenig genügsam, extrovertiert und ehrgeizig und anpassungsfähig ist. Bei einem Ausleseverfahren in Gremien der Gruppenuniversität besteht die Gefahr einer ähnlichen awissenschaftlichen Gegenauslese.

Der Wirtschaftswissenschaftler *Thoms* (1975) diskutiert den Unterschied zwischen Polarität und Dualismus. Polarität nennt er das Spannungsfeld zweier gegensätzlicher Kräfte, die sich jedoch ergänzen und aufeinander beziehen. Unter Dualismus versteht er ein Nebeneinander verschiedener nicht zur Einheit führender Zustände bzw. Prinzipien. *Thoms* möchte den Dualismus Kapital und Arbeit zu einer Polarität kultivieren.

Ähnlich benötigen wir eine Polarität zwischen den Wissenschaftlern und den hierarchischen Vertretern ihrer Geldgeber. Es gibt sowohl privatwirtschaftliche als auch staatliche Vertreter der Geldgeber der Forschung. Auf allen Ebenen der hierarchischen Strukturen sollten wir also eine gesunde Polarität ausbilden und an ihrer Optimierung im Interesse der Wissenschaft und der Gesellschaft ständig arbeiten. Eine derartige Kultivierung der hierarchischen Polarität bedingt eine Unterordnung beider Teile unter gemeinsame Prinzipien. Derartige Strukturen können nach meiner Meinung durch folgende Maßnahmen erleichtert werden:

    1. Anerkennung der Kooperationsaxiome (s. S. 59) (Polare Kooperation)

    2. Eine einsichtige Bewertungsskala für die Stellung des einzelnen oder ein turnusmäßiger Wechsel in der Funktion.

3. Die Selbstverwirklichung aller Teile muß gewährt sein. Eine gewisse Selbstverwirklichung der Chefs ist nötig, sie darf aber die Selbstverwirklichung der Mitarbeiter nicht stark beschneiden.

4. Zur Selbstverwirklichung gehört für jeden ein klar abgestecktes Revier, in dem er Herr ist.

5. Macht sollte nur dort eingesetzt werden, wo sie der Optimierung gemeinsamer Ziele dient.

6. Die Größe einer Arbeitsgruppe sollte eine kritische Größe nicht überschreiten (*Konrad Lorenz* nannte in einem persönlichen Gespräch für diese Größe die Zahl 11).

7. Zu strenge und zu schwache hierarchische Systeme verkleinern den Nutzeffekt einer wissenschaftlichen Arbeitsgruppe.

8. Vernünftige Organisationsformen, die die sozialen und egoistischen Triebe der Individuen ausgleichen, sollten schon Jugendliche in der Ausbildung üben (Elternhaus, Schule, Hochschule, Lehre).

9. Organisationsformen müssen sich dynamisch den sich ändernden Voraussetzungen in der Gesellschaft anpassen.

10. Organisationsformen von Forschungslaboratorien müssen sich den Besonderheiten und Gepflogenheiten der Wissenschaftler anpassen. Diese können von Fach zu Fach verschieden sein.

11. Ein Wissenschaftler wird in der Regel Vorgesetzte nur dann anerkennen, wenn sie ihnen im Wissen überlegen sind. Vorgesetzte sollten sich daher in ihren Funktionen auf Fragen beschränken, in denen diese Forderung erfüllt ist.

12. An Forschungsinstitutionen sollte eine integere und gerechte Atmosphäre herrschen.

Persönliche Egoismen erschweren auch oft die Zusammenarbeit unter Kollegen. Verantwortliche Wissenschaftler sollten sie beachten. Ein entsprechender Gruppengeist sollte überbetonte Egoismen in ihre Grenzen einengen. Oft hat man den Eindruck, daß die Begeisterung an der eigenen Forschungsarbeit zu Hemmungslosigkeit im Umgang mit Kollegen führen kann. Dieser Verführung erliegen oft Kollegen besonders leicht, die sich fachlich nicht viel zutrauen. Hierauf zu achten, ist Pflicht jedes Menschen, dem die Leitung anderer Menschen anvertraut ist. Ein Chef ist dann fehl an seinem Platz, wenn er unlautere Methoden ihm anvertrauter Menschen für persönliche Vorteile ausnutzt. Denkt er verantwortlich, wird er so etwas aus Interesse am Gelingen der Sache zurückweisen. Unlautere Methoden wenden oft nur Menschen an, die damit Erfolg hatten. Werden sie in ihre Grenzen verwiesen, so werden sie versuchen, nun mit sauberen zwischenmenschlichen Methoden voranzukommen. Ihre Mitarbeit ist also weiterhin garantiert. In diesem Fall aktiviert man aber auch den anderen Teil der Mitarbeiter, die auf geradem Wege voranzukommen suchen. Wird dies nicht getan, so resignieren diese und der Nutzeffekt des ganzen Arbeitskreises ist auf Dauer geringer. „Es gibt zwei Methoden, jemand anderen zu übertreffen, die eine besteht darin, sich selbst voranzubringen, und die andere darin, den anderen zurückzuhalten" (*Russell*, s. 1976). Zur Vermeidung unnötigen Energieverbrauchs in Machtkämpfen mit Rivalen gab es aus Erfahrung an der Ordinarienuniversität scharfe Abgrenzungen in der Zuständigkeit einzelner Institute. Später wurde der ursprüngliche Sinn der „Institutsmauern" übersehen, nur noch ihre negativen Folgen gesehen und bekämpft.

Wichtig für jede Forschungsorganisation erscheint mir, daß für die meisten Wissenschaftler soziale Triebe die stärksten Antriebe sind. Das Ringen um Anerkennung muß beachtet werden. Dies kann durch Gelegenheit zu einem Echo der eigenen Arbeit, durch Vorträge und Publikationen gefördert werden. Die Auswahl von Rednern für Tagungen und die redaktionelle Arbeit in Zeitschriften erfordern daher eine besonders hohe Verantwortung. Ein Mißbrauch jeglicher Gutachtertätigkeit in Auswahlverfahren könnte nach meiner Meinung reduziert werden, indem die Namen der Gutachter nicht geheim gehalten werden. Hierdurch wird ihre Verantwortlichkeit zwangsweise erhöht.

Die Erfahrung, daß die Begegnung mit bedeutenden Wissenschaftlern während ihrer Forschungsarbeit bisher der sicherste Weg war, als Wissenschaftler erfolgreich zu werden, sollte Warnung vor den gegenwärtigen Tendenzen sein, die Hochschulen zu einseitig mit reiner Lehre zu befassen und die Forschung immer mehr zurückzunehmen. Ohne Lehrforschung gibt es keine Ausbildung zum Naturwissenschaftler. „Es gibt kein sicheres Mittel, unsere Zukunft zu zerstören, als die Hochschulen in reine Unterrichtsanstalten zu verwandeln" (*Maier-Leibnitz*, Präsident der Deutschen Forschungsgemeinschaft 1975).

Um dies gewichtig zu unterstreichen, habe ich kürzlich eine Meinungsumfrage zur Frage der Einheit von Forschung und Lehre bei allen naturwissenschaftlichen und medizinischen Nobelpreisträgern durchgeführt (*Luck* 1975). Von den 137 lebenden Preisträgern antworteten spontan 80. Von ihnen erachteten alle, bis auf einen, die untrennbare Einheit von Forschung und Lehre auf den Hochschulen als lebenswichtig für die Wissenschaft. „Die Lehre ist am allerwirksamsten, wenn der Lehrer sein Studienfach durch die Kreativität der eigenen Forschungsarbeit illustrieren kann" (Nobelpreisträger *Giauque*, s. *Luck* 1975). „Forschung und Lehre sind innig verbunden und verstärken sich gegenseitig" (Nobelpreisträger *K. Bloch*). „Es gibt keinen anderen Weg, junge Wissenschaftler auszubilden, als durch Teilnahme an erstklassischer Forschung. Es gibt keinen anderen Weg, die besten Wissenschaftler für die Lehre zu interessieren, als durch die Gelegenheit, Forschung und Lehre zu kombinieren. Das ist der allerproduktivste Synergismus" (Nobelpreisträger *Glaser*, s. *Luck* 1975). Die Bedeutung der Hochschulforschung für die Gesellschaft wurde dadurch unterstrichen, daß 90% der Nobelpreisträger antworteten, die Idee zu ihrer mit dem Nobelpreis ausgezeichneten Arbeit während der Arbeit an einer Universität erhalten zu haben.

4.14.3. Forschungsplanung

Angesichts der Kostenexplosion naturwissenschaftlicher Forschung wird heute sehr viel von Forschungsplanung gesprochen. Überzeugt hat sie mich noch nie! Die Planung im deutschen Heereswaffenamt war sehr oft katastrophal. Eine seiner bedeutensten Erfindungen dagegen beruhte auf einem reinen Zufall. Beim Blättern in Zeitschriften aus dem Jahre 1870 fand jemand den Hinweis, durch geometrische Anordnung geeignet geformter Hohlräume in Sprengladungen die Sprengwirkung zu erhöhen. Darauf beruhten dann die neuartigen panzerbrechenden Waffen.

Die Nazis versuchten insbesondere in der Kriegszeit die ganze Gesellschaft umzuorganisieren. Erfahrener Rat wurde vom Propagandaminister *Goebbels* durch diffamierende Aggression in sogenannten „Feldzügen gegen die Intellektuellen und Kritikaster" ausgeschaltet. Aus dieser Zeit meiner Jugend ist mir die Lektüre des Buches des Physikers *Justi* über spezifische Wärmen ein unvergeßliches Ereignis. *Justi* betonte im Vorwort seines Buches, daß sein Werk der beste Beweis für den Wert der Intellektuellen sei. Er habe die vorgelegte Arbeit über spezifische Wärmen aus reiner Freude an wissenschaftlicher Arbeit begonnen, plötzlich haben die Ergebnisse großen Wert für die Gesellschaft.

Hätte man dem oben erwähnten Nobelpreisträger *Chain*, dem eigentlichen Entdecker des Penicillins, die geplante Aufgabe gestellt, ein Heilmittel zu finden, mit dem man Millionen von Menschen das Leben retten kann, so hätte er sich vermutlich unter der Last dieser Verantwortung nur auf damals bekannten sicheren Ebenen bewegt und hätte diesen neuartigen Weg kaum gefunden.

Planen kann man höchstens mittelmäßige Forschung, aber niemals die großen Entdeckungen und Erfindungen, von denen der Fortschritt der Menschheit lebt. Die Wissenschaftler müssen sich daher vor allzu einengender Forschungsplanung verteidigen.

Die amerikanische Forschung wird stark gelenkt durch das System, Hochschulforschung fast gar nicht durch Universitätsetats zu finanzieren, sondern durch „funds", die einzelne Behörden gezielt vergeben. Viele Millionen von Dollars wurden so z.B. nach dem Kriege fehlgelenkt, weil zu spät erkannt wurde, daß man die Abfallstrahlung der Kernreaktoren kaum für gezielte chemische Reaktionen verwenden kann. Hunderte von Publikationen wurden so auf dem Gebiet der sogenannten Strahlenchemie verplant. Als Tageszeitungen vor einigen Jahren von einer in Rußland angeblich gefundenen neuen Wassermodifikation berichteten, meinte jemand bei der amerikanischen Raumfahrtbehörde, dieses Wasser könnte in Kapillaren des Mondgesteins zu finden sein. Millionen von Dollars wurden in dieser Forschung verplant. Warnende Stimmen (*Luck* 1970) wurden einfach überhört.

Anstelle aus derartigen amerikanischen Mißerfolgen zu lernen, wollen bundesdeutsche Kulturpolitiker nun auch in Deutschland auch die letzten – ohnehin sehr spärlichen – Forschungsmittel an den Universitäten reduzieren und das System antragsabhängiger Forschung verstärken, wobei Machtmenschen, die das Organisieren lieben, am liebsten auch den Forschern die Freiheit der Themensuche nehmen und fast nur noch Forschungsschwerpunkte bilden wollen. Man denke an die Strahlenchemie, man denke an das Polywasser der US Raumfahrtbehörde. Die Bundesbehörden konzentrieren ohnehin schon den Hauptanteil ihrer Forschungsförderung auf Großforschungs anstalten[1]). Einige derartige Forschungsstellen, die ich kenne, arbeiten mit einer erschreckend kleinen Effizienz. Wenn man diese in kleinen Paketen an Hochschulinstitute angliedern würde, käme mit Sicherheit in vielen Fällen wesentlich mehr heraus. Man vergleiche doch einmal die an Universitäten investierten Forschungsmittel in ihrer Effizienz mit den umfangreichen Mitteln, die die Bundesrepublik in den Großforschungszentren investiert. Auch auf diesem Sektor wird zu wenig Forschung und Entwicklung vorhandener Gedanken unterschieden. Entwicklungsarbeiten kann man planen. Entwicklungsarbeiten können unter Umständen große Institutionen erfordern. Bei der Forschung habe ich Zweifel, ob dies Sinn haben kann.

„Nicht nach dem unmittelbaren Nutzen freilich darf dabei gefragt werden, wie es Ununterrichtete so oft tun. Alles, was uns über die Naturkräfte des menschlichen Geistes Aufschluß gibt, ist wertvoll und kann zu seiner Zeit Nutzen bringen, gewöhnlich an einer Stelle, wo man es am allerwenigsten vermutet hätte ... Wer bei der Verfolgung der Wissenschaften nach unmittelbaren Nutzen jagt, kann ziemlich sicher sein, daß er vergebens jagen wird ... Der einzelne Forscher muß sich belohnt sehen durch die Freude an neuen Entdeckungen ... durch die ästhetische Schönheit, welche ein wohlgeordnetes Gebiet von Erkenntnissen gewährt" (*v. Helmholtz* 1865).

Der erfolgreiche Industriemanager *Carl Wurster* hat einmal klar ausgesprochen auf Grund seiner Erfahrungen: „Nichts eignet sich weniger zum organisiert werden als die Wissenschaft" (Tagesspiegel 6. 6. 1958). Er begnügte sich als Chef einer großen Firma darauf, fertig ausgearbeitete Projekte dann zu lenken, wenn sie größere Geldmittel für großtechnische Anwendungen benötigten. Freilich nahm er die von ihm eingeleitete Machtaufteilung in seinem Werksvorstand so ernst, daß er bei laut gewordenen Fehlgriffen seiner Ressortchefs pragmatisch auswich und kaum eingriff.

Die Forschungsdirektoren der Industrie wußten gut, daß sie ihren Forschern Freiheit zum Spielen lassen mußten. Ich erinnere mich, wie ein, eine interne Sitzung leitender Direktor, den Bericht einer bedeutenden Erfindung erläuterte, sein Mitarbeiter habe dies entgegen seinem Rat verfolgt und erfolgreich abgeschlossen. Die Industrieforschung hatte dort, wo ich sie kennen gelernt habe, deshalb die meisten Erfolge, weil die Leiter so einsichtig waren, um erfolgversprechenden Mitarbeitern genügend Spielraum für eigene Ideen zu geben.

Es erscheint mir als Nachteil, daß wir im deutschen Sprachgebrauch zu leichtsinnig mit der Bezeichnung Forschung umgehen. Wir unterscheiden nicht genügend wie im Englischen zwischen research und development. Development, also Entwicklungsarbeiten, lassen sich planen, aber kaum

---

[1]) So wurden im Jahre 1973 nach dem 5. Forschungsbericht der Bundesregierung aus öffentlichen Haushalten insgesamt 7,5 Milliarden DM für die Hochschulen (außer Kliniken) und für Forschungen außerhalb der Hochschulen 7 Milliarden DM ausgegeben. Da die Hauptaktivitäten der Hochschulen zwangsläufig in der Lehre liegen, erscheint mir die Gewichtung zu Ungunsten der Hochschulforschung zu liegen.

eigentliche Forschungen. Bei einer Forschungsplanung müßten die Planer kreativer sein als die Forscher! Diese Forderung ist kaum erfüllbar, daher gehe man sehr behutsam mit dem Begriff Forschungsplanung um.

Am optimalsten erscheint mir noch das System der Deutschen Forschungsgemeinschaft (DFG). Die Deutsche Forschungsgemeinschaft hat ein System der Lenkung ihrer Gelder durch Fachgutachter, die reine Wissenschaftler sind. Wissenschaftler können − wenn überhaupt − nur durch Wissenschaftler kontrolliert werden. Die Prüfung eines Forschungsantrages auf finanzielle Unterstützung würde oft sehr ausführliche und kostspielige Untersuchungen erfordern. Daher ist die einfachste Prüfung eines Antrages: die Prüfung, ob dem Antragsteller Vertrauen geschenkt werden kann. Diese Prüfung kann leider nicht immer rational begründet werden. Dies ist nur in engen Grenzen erlernbar. Oft entstehen Unzufriedenheiten, weil diese Beurteilung in jungen Jahren meist schwer einsichtig erscheint. Natürlich gibt es immer, wo Menschen urteilen, auch menschliche Fehler. Man kann sie nur durch die Beobachtung klein halten, wer Menschenkenntnis hat und wenig Fehler macht. Auch bei der Deutschen Forschungsgemeinschaft gibt es gelegentlich − wenn wohl auch selten − menschliche Aversionen, die Gutachter verleiten, Kollegen zu subjektiv zu beurteilen. Sofern der Betroffene sich ausreichend wehrt, kann er dies jedoch über den Hauptausschuß der Deutschen Forschungsgemeinschaft stark mildern.

Die Öffentlichkeit hat gewiß ein Recht auf Kontrolle des wirksamen Einsatzes der für die Forschung aufgewandten Gelder. Sobald sie aber die Exekutive dieser Kontrolle in nicht ausreichend kompetente Hände legt, schadet sie sich selbst sehr stark. Die allerwirksamste Garantie für eine Forschungsplanung ist höchste Sorgfalt bei der Personalpolitik der Besetzung von wissenschaftlichen Stellen. Gerade in dieser Richtung sind in den letzten Jahren aber schwerwiegende Fehler gemacht worden.

Planen kann man eigentlich nur dort, wo der kreative Schöpfungsakt der Idee bereits abgeschlossen ist. Planen kann man nur die Anwendung. Planen kann man nur die Verteilung von Geldern auf eingereichte Vorschläge. Ein Forschungsdirektor, den ich in der Industrie kennen lernte, hatte dies voll erkannt. Er pflegte allerdings zu versuchen, durch Druck höhere Ausbeuten der ihm anvertrauten Forscher zu erzielen. Als er einmal etwas verärgert den Leitern seiner Forschungsgruppe Vorwürfe machte, sie würden dem finanziellen Aufwand gegenüber nicht genügend Ergebnisse erzielen, reagierte ein junger Kollege gereizt und warf dem Forschungschef vor, er könne sich doch dann nur selbst Vorwürfe machen, selbst nicht genügend Ideen vorgelegt zu haben. Blaß werdend antwortete der Leiter: Nein! Ideen müssen die Gruppenleiter haben, es sei nur seine Aufgabe zu prüfen, ob die Ideen richtig oder falsch seien. Hier urteilte er richtig. Sein Fehler war, daß er den Wert der Menschen zu niedrig einschätzte, die zu kreativen Ideen fähig sind und sich selbst für wichtiger und wertvoller hielt. Kreativität können wohl nur Menschen voll würdigen, die selbst einmal kreativ waren. Forschungsleiter, die selbst kaum wissenschaftlich erfolgreich waren, sind nach meiner Erfahrung eigentlich fehl an ihrem Platze. Die Beurteilung, auf welche Ideen Schwerpunkte in der Forschung zu legen sind, hätte in diesem Fall am besten die Gemeinschaft der Gruppenleiter beurteilt. Für reine Verwaltungsarbeit, das sogenannte Management, erscheint mir das frühere Dekansprinzip, das ein primus inter pares auf Zeit wählte, vorbildlich. Auf diese Weise kann niemand aus einer Managementstellung eine persönliche Macht aufbauen.

Industriemanagern werden heute oft in der Öffentlichkeit unlautere Absichten unterschoben. Ich habe hierfür weniger Indizien gesehen. Meine Kritik geht hauptsächlich dahin, daß einige von ihnen ihre Stellung zu persönlichen Vorteilen mißbrauchten und damit die Forscher unnötig verärgerten.

Wenn ich gegen eine überbetonte institutionelle Forschungsplanung aus vielseitigen schlechten Erfahrungen eingestellt bin, so möchte ich jedoch verstärkt an die Verantwortung der Wissenschaftler appellieren, selbst über einen rationellen Einsatz der ihnen anvertrauten hohen Geldmittel durch effektive Planung ihrer eigenen Forschungsziele und Methoden nachzudenken. Auch die Gemeinschaft der Wissenschaftler sollte in diesem Sinne an Forschungsplanungen arbeiten. Die Forschungsschwerpunktbildungen und die Ausbildung von Sonderforschungsbereichen der Deutschen Forschungsgemeinschaft sind Schritte in dieser Richtung. Bei beiden sollte jedoch den individuellen Ideen der einzelnen Wissenschaftler weitgehende Freiheit bleiben. Derartige Schwerpunktbildungen können negativ werden, wenn ihre Einrichtung und ihre Lenkung zu einseitig von Cliquen gelenkt werden. Besser als die Auswahl von bestimmten Schwerpunkten erscheint mit die zwanglose Kopplung der Wissenschaftler, die auf ähnlichen Gebieten arbeiten. In einer solchen Gruppenbildung kann eine gewisse gemeinsame Planung vorteilhaft sein. Die beste Forschungsplanung heißt: die einzelnen Wissenschaftler zu eigenständiger Verantwortung veranlassen, damit diese bei der Planung und Durchführung der eigenen Arbeit mit den ihnen von der Gemeinschaft anvertrauten Geldern verantwortungsvoll umgehen. Hierzu gehört auch ein verantwortungsvoller Umgang mit Kollegen und mit anvertrauten Menschen. Kooperation gehört zur Forschungsorganisation. Der Wert eines Menschen ist nicht nur durch eigene Leistungen gegeben, sondern auch durch die Wirkung auf seine Umgebung.

Die Chance zu erfolgreichen Forschungen wird im allgemeinen durch Fleiß erhöht. Momentane Tendenzen gegen alles vorzugehen, was mit Fleiß oder Leistung zusammenhängt, sind vom Standpunkt der Wissenschaft nicht verständlich. Ohne die Leistungen und ohne den Leistungsdruck unserer Vorfahren würden wir heute nicht diskutieren können, ob wir eine Leistungsgesellschaft brauchen oder nicht. Jede Gesellschaft braucht Leistung, jeder Mensch braucht eine gewisse Freiheit. Persönliche Entscheidungsfreiheit erfordert eine hohe Verantwortung zur Kooperation in der Gesellschaft. Ein Orchester, das ohne Dirigenten spielen will, erfordert erhöhte Disziplin und erhöhte Verantwortlichkeit. Kein Mensch, der etwas aus Begeisterung tut, braucht Druck, um etwas zu leisten. Die Begeisterung hängt oft sehr diffizil von der Umgebung ab. Sie kann durch das Streben zu sozial orientierter

Kooperation ausgelöst werden. Bei sehr vielen Problemen braucht man aber ein Durchhaltevermögen, um notwendige Kleinarbeiten zu bewältigen. Hierbei ist ein gewisser innerer oder auch äußerer Druck gegen die eigene Trägheit meist ganz nützlich. Nützlich aus Erfahrung ist für jeden Wissenschaftler die Verpflichtung, periodisch kurz gefaßte Bilanzen über die eigene Tätigkeit abliefern zu müssen.

Jeder Mensch besteht aus drei Wesen:
1. Das Wesen, für das er sich selbst hält;
2. Das Wesen, wie ihn andere sehen und
3. Das Wesen, das er wirklich ist.

Um diese drei Erscheinungsbilder möglichst zur Deckung zu bringen, sind Mitmenschen mit sachlicher Kritik nützlicher als angebliche Freunde, die einem aus scheinbarer Höflichkeit nur schmeicheln. Allerdings sollte Kritik aus Verantwortung nie destruktiv werden. Der englische Wissenschaftler *Bernal* warf den Nazis zu seiner Zeit vor: „Eine der großen Vorteile der deutschen Wissenschaftler ist jetzt verloren gegangen, ihr Gefühl wichtige und angesehene Persönlichkeiten in der Gemeinschaft zu sein" (*Bernal* 1938).

Was ein Mensch leistet, hängt von drei Faktoren ab: Seinen Anlagen, seiner Umwelt — besonders in der Jugend — und von seinem Fleiß. Es muß betont werden, daß die schulische Vorbildung die spätere wissenschaftliche Leistungsfähigkeit einer Gesellschaft stark beeinflußt. Daher sollten auch Schulreformen sehr sorgfältig durchdacht sein. Der Ruf nach gleichen Bildungschancen für alle kann nur bedeuten, daß für einzelne Bildungsstufen jeder gleiche Startchancen erhält. Der Eintritt in die nächst höhere Stufe sollte nur durch eigene Leistung erreicht werden. Niemand wird aus dem Bildungsrecht ein Anrecht zur Ausbildung als Jetpilot ableiten. Ein Hochschulstudium erfordert aber kaum geringere Kosten. Es kann daher nur derjenige vom Staat eine Hochschulausbildung verlangen, der die Voraussetzungen mitbringt, die die Bereitstellung so hoher Kosten durch die Gemeinschaft rechtfertigen.

Die Hochschulreformen wurden von einigen Aktivisten wie z.B. dem ehemaligen Kultusminister *v. Friedeburg* aus statistischen Vergleichen der Anzahl von Studenten pro Jahrgang in einzelnen Ländern abgeleitet. Hierbei wurden aber charakteristische Unterschiede in den Bildungseinrichtungen einzelner Länder übersehen. So ist beispielsweise die Qualität verschiedener Hochschulen in den USA sehr unterschiedlich. Durch Aufnahmeprüfungen lassen Hochschulen hohen Niveaus nicht geeignete zu. Bei uns besteht die Gefahr, daß statistische Überlegungen zu einer Nivellierung aller Hochschulen führen, so daß der Nachwuchs für die Wissenschaft gefährdet erscheint.

4.14.4. Kreativität

Jedes Land braucht Institutionen, die ausreichend Nachwuchs für die Forschung ausbilden. Die Hochschulen haben diese Aufgabe bisher zur Zufriedenheit erfüllt. Wir müssen uns davor hüten, die Hochschulen heute zum Spielball der Politik werden zu lassen. Wenn die Politiker politische Werbung suchen, so sollten sie hierfür neue Institutionen schaffen, aber nicht ohne ausreichendes Wissen und ohne kompetente Berater bewährte Institutionen wie die deutsche Hochschule ruinieren. Sie wissen nicht, was sie hier tun. Es ist daher die Verantwortung der Wissenschaftler dies heute laut und unüberhörbar ihnen zu sagen. Wenn sehr viele Hochschullehrer heute resignieren, was aus ihren Universitäten geworden ist, so muß man ihnen sagen, daß auch sie daran nicht ganz unschuldig sind. Sie sollten sich mehr wehren. Allerdings muß zu ihrer Verteidigung gesagt werden, daß ein solches Wehren heute sehr schwierig ist. So hatte ich einmal − recht mutig erscheinend − vor dem Fernsehen meinen Kultusminister gefragt, warum er denn, die den Hochschulen von ihm aufgezwungenen Organisationsstrukturen nicht in seinem eigenen Haus einführe, wenn er davon überzeugt sei. Eine Antwort blieb er mir schuldig. Wurde deshalb bei der Sendung meine Frage einfach herausgeschnitten? Noch heute warte ich auf diese Antwort. Noch heute finde ich diese Frage berechtigt und notwendig. Ich stelle sie daher hiermit nochmals allen Verteidigern des Hessischen Hochschulgesetzes und erweitere die Frage, warum die an den Hessischen Hochschulen eingeführte Parlamentarisierung der Exekutive nicht auch von den Parteien in ihrer eigenen Organisation eingeführt wird, deren Abgeordnete sie für die Hochschulen beschlossen haben. Die Monokultur der Parteiführer ist doch die stärkste Hierarchie, die wir noch haben.

Die Hochschulen sind dazu verpflichtet, darüber nachzudenken, wie man kreativen Nachwuchs heranbilden kann. Nach der in ersten Anfängen steckenden Kreativitätsforschung (*Vernon* 1973) kann man unterscheiden:

I. *4 Stufen kreativer Arbeit* (*Wallas* „The art of thoughts")
   1. *Präparation* (Information des Wissens, Problemstellung, erste Experimente)
   2. *Inkubation* (Vorgänge im Unbewußten, begünstigt durch: neue Umgebung, Beschäftigung mit andern Problemen)
   3. *Illumination* (Die plötzliche Idee zu einem neuartigen Weg)
   4. *Verifikation* (Experimente, theoretische Beweise, Niederschreiben der Partitur etc., Abfassung der Publikation)

Um in der Wissenschaft kreativ zu werden gelten in der Regel gewisse Voraussetzungen:

II. *Voraussetzungen für I.*

	Bemerkungen	Autor
1. Motivierung	z.B. Streben nach Ehre, Macht, Reichtum, Ruhm und Liebe	*Freud*
	Streben nach Erkenntnis, Wohlergehen der Menschheit Vorbild des Lehrers	*Schiller* u. a. m.
	Wettbewerb	*Hudson*
2. Intelligenz	I.Q. > 120 (notwendig aber nicht hinreichend)	*Galton, Hudson, Burton* u. a. m.

3. Ausdauer und Fleiß		*Hudson, Barron*
4. Divergentes Denken	Suchen in verschiedenen Richtungen, Individualismus	*Guilford, Hudson, Haddon* und *Lytton*
5. Selbstbewußtsein, Selbstbestätigung	z.B. Urteilsvermögen unabhängig von Lob und Kritik u. a. m.	*Rogers, Barron, Cattel* und *Butcher, Matussek*
6. Sicherheit	z.B. Anerkennung des uneingeschränkten Wertes des Individuums und unbedingtes Vertrauen	*Rogers*
7. Freiheit des Denkens		*Rogers*
8. Arbeitsmöglichkeiten		*Galton*
9. Beherrschung der fachlichen Arbeitstechnik, der Fachsprache und des Wissensstandes		
10. Fähigkeit das Wesentliche zu erkennen		

Meine Erfahrung und Meinungen zu diesem Problemkreis möchte ich in knapper Thesenform angeben (*Luck* 1973):

These 1: Freude an der Arbeit, Begeisterung an der Forschung und eine kontemplative individuell verschiedene Umgebung sind eine wesentliche Voraussetzung für die Motivierung (II, 1).

These 2: Forschungsförderung beginnt durch Intelligenzförderung (II, 1) im Elternhaus bzw. in der Vorschulausbildung. Das Streben nach gleichen Bildungschancen hätte den meisten Erfolg durch Ausgleich einer Vorschulförderung.

These 3: Pflege und Förderung der Intelligenz (II, 2) sowie Ausbildung des Fleißes (II, 3) sind Aufgaben der Schulen, vorwiegend der Gymnasien.

These 4: Weiterbildung der Intelligenz (II, 2), Lehre divergenten Denkens (II, 3) und der fachlichen Arbeitstechnik (II, 9), sowie die Vermittlung des jeweils erreichten Standes der Wissenschaft (I, 1) ist Sache der Universitätsausbildung.

These 5: Die Förderung der Fähigkeit zur Illumination (I, 2 und 3) ist weitgehend unbekannt. Eines ist sicher, daß das Vorbild guter Lehrer hier sehr wirksam ist. Eine Trennung von Lehre und Forschung wäre eine ernste Gefahr für die Gesellschaft.

These 6: Die effektive Arbeit in wissenschaftlichen Arbeitsgruppen setzt wie für Künstler eine bestimmte Atmosphäre voraus. Die Gesellschaft wäre gut beraten, wenn sie bei der Gestaltung dieser Atmosphäre den meisten

Einfluß solchen Menschen überließe, die schon wissenschaftliche Erfolge aufweisen.

These 7: Zu einer zur Forschung motivierenden Atmosphäre gehört eine Umgebung, in der Leistung und charakterliche Integrität die Wertskala abgeben, sowie eine intakte Gesellschaftsstruktur, zu der ein intakter Beamtenapparat und soziale Gerechtigkeit gehören.

These 8: Zur Motivierung (II, 1) der Wissenschaftler gehört die Vorstellung, daß sie mit ihrer Arbeit an einem echten Fortschritt arbeiten. Das Gefühl des Fortschritts setzt voraus, daß Vorgesetzte nur dann von ihrer Funktion Gebrauch machen, wenn sie einen überlegenen Wissensstand haben.

These 9: „Wahre Leistungen sind nur möglich bei völliger Souveränität innerhalb des Arbeitsgebietes" (*Carl Bosch*) (II, 5; II, 6; II, 7; II, 8). (Reformen waren an den Hochschulen notwendig geworden, weil durch zu schnelles Wachstum die Forschungsgremien so groß geworden waren, daß ihre Leiter selbst kaum noch ein eigenes Arbeitsgebiet betreuen konnten. Schaffung kleinerer souveräner Arbeitsgruppen wäre ein günstiger Ansatz für Reformen gewesen. Heutige Reformen haben oft das Kind mit dem Bade ausgeschüttet).

These 10: Zu frühe Selbständigkeit vor Vollendung der Ausbildung kann für den Betroffenen und für die Gesellschaft schädlich sein.

These 11: Für Durchführung der Präparation (I, 1) ist eine gewisse materielle und personelle Grundausrüstung notwendig. Diese sollten Hochschulen bzw. Industrielaboratorien zur Verfügung stellen.

These 12: Für die Verifikation (I, 4) notwendige Sachmittel sollten von Staatlichen Stellen bzw. von der Deutschen Forschungsgemeinschaft ausreichend zugänglich sein.

These 13: Forschung wird durch Individualismus gefördert, durch Meinungsuniformierung gefährdet.

These 14: Viele Wissenschaftler brauchen eine gewisse Resonanz; dies kann z.B. durch einen Schülerkreis erreicht werden. Sie setzt u. a. auch ein finanzielles Einkommen voraus, das dem hohen Aufwand hinsichtlich Qualität und zeitlicher Quantität ungefähr entspricht.

These 15: Für die Stufen der Inkubation (I, 2) und der Illumination (I, 3) sind ausreichende Zeit für die Forschung und Möglichkeiten für wissenschaftliche Reisen zu Tagungen, weiterbildenden Sommerschulen, Diskussionskreisen usw. vorteilhaft.

4.14.5. Resümee

Die Reformen haben im Wesentlichen mit sich gebracht, daß das persönliche Glücksgefühl der Individuen insbesondere in frühen Stufen erhöht wurde. Aber gerade in diesem Punkt gibt es unterschiedliche Meinungen der Psychologen, die z.T. sogar Triebverzicht (*Freud*) bzw. Schwierigkeiten in der Jugend oder Wettbewerb (*Hudson*) als einen Ursprung der Kreativität sehen. Man kann unterscheiden einerseits zwischen leistungserhaltenden

Maßnahmen (z.B. Lohnerhöhungen), deren Erfüllung in der Forschung die Leistung kaum ansteigen läßt, es sei denn es werden starke soziale Ungerechtigkeiten ausgeglichen, und andererseits leistungsfördernde Maßnahmen. Zu diesen gehört die Stärkung des Selbstbewußtseins. Hochschulreformen haben zu wenig die Hochschule als wesentliche Stätten der Forschung erkannt. Daher hat man vorwiegend das Selbstbewußtsein der Gruppen gefördert, die kaum eigenständig forschen.

Die Übertragung von Verantwortung in den Selbstverwaltungsgremien an Menschen die für viele zu behandelnde Fragen kaum eigene Erfahrungen und daher auch kaum Urteilsvermögen haben, mußte diese Menschen in die Hände von Ideologen treiben. Die Ideologien können Maßstäbe und Orientierungshilfen geben, sofern man sie nicht nach eigenem Urteil finden kann. Menschen, die sonst nicht viel zu sagen hätten, haben als Ideologen die Möglichkeit bei allen Problemen heftig mitzureden. Damit wird ihr Selbstbewußtsein in einer Art Selbstbetrug gestärkt. Kreativität wird erhöht in einer Umgebung, in der man sich verstanden fühlt (*Torrance* 1965) und Vertrauen findet (*Rogers* 1954). Wissenschaftler neigen dazu, von der Logik und Richtigkeit ihres Weltbildes überzeugt zu sein (*Cropley* 1967). Sie werden sich also in einer ideologisch gebundenen Umgebung nicht wohl fühlen. Entsprechend berichtet *Matussek* (1967) aus seiner psychotherapeutischen Praxis, daß Wissenschaftler leistungsmäßig stark abfallen, wenn sie in einem System von Intrigen und Schmeicheleien resignieren. Nach der Hochschulreform sind leider viele Fälle von Stellenvergaben bekannt geworden, bei denen inkorrekt verfahren wurde. „Alle großen Erfindungen, alle großen Werke sind das Resultat einer Befreiung: der Befreiung von den Routinen des Denkens und Tuns" (*Koestler* 1966).

Es erscheint unverständlich, daß gerade aus sogenannten progressiven Kreisen die Überbetonung der Lehre und die Vernachlässigung der Forschung gefördert werden. Forschung ist doch Zweifel und Vervollständigung der Lehre (die Lehre ist also quasi das konservative Element der Wissenschaft und die Forschung das progressive; *W. Schmidt*), Soweit bei Inkrafttreten der neuen Gesetze intakte Arbeitsgruppen vorhanden waren, so funktionieren diese auch einigermaßen weiter, weil im Mittelbau Kollegen vorhanden sind, die auf dem betreffenden Arbeitsgebiet arbeiten, oder weil einfach die alte Tradition noch etwas weiterläuft. Der Aufbau einer neuen Arbeitsgruppe ist aber bei den neuen Verhältnissen sehr erschwert.

Die obigen Thesen mögen als subjektiv bagatellisiert werden. Was immer man auch für einen Standpunkt vertritt: Ein Volk, das auf die Mahnung, daß man seinen Wissenschaftlern die Arbeitsfreude erhalten muß, nicht hört, steht in der Gefahr, in einigen Jahren als Industrienation unbedeutend zu werden.

Eine große Schwierigkeit der gegenwärtigen Hochschulpolitik besteht darin, daß die Zustände in den einzelnen Bundesländern und innerhalb der Länder an den einzelnen Universitäten sehr verschieden sind. Daher reden heute viele aneinander vorbei, weil jeder nur seinen Bereich übersieht. Etwas ähnliches gilt für den Fächerpluralismus. Dort, wo Hochschulkollegen als Politiker aktiv an den Reformen beteiligt waren, haben sie offenbar zu sehr vom Kirchturm ihres eigenen Faches geurteilt und haben irrtümlich geglaubt, was für ihr eigenes Fach gut ist, ist auch für alle anderen Fächer gut. Charakteristisch für die menschlichen Schwächen der neuen Hochschulgesetze erscheint mir die Sonderbestimmungen für die medizinischen Kliniken. Haben hier die Abgeordneten daran gedacht, daß sie selbst einmal krank und auf diese Anstalten angewiesen sein können? Sind denn andererseits große naturwissenschaftliche Institute in der Organisationsstruktur so grundverschieden von Kliniken?

Die modernen Probleme der Wissenschaftsorganisation sind nicht grundsätzlich neu. Auf sie paßt ein altes Wort von *Konfuzius:*
Studieren ohne nachdenken ist zwecklos,
nachdenken ohne studieren aber gefährlich.

Selbst wenn alle Hochschullehrer hochschulpolitisch die größten Dummköpfe sein sollten, so sollte keine Gesellschaft vergessen, daß sie diese „Dummköpfe" mit viel Steuergeldern ausrüstet und daß von deren Aktivität die Zukunft unseres Landes abhängt. Wenn man hört, daß dieser Personenkreis heute wachsend die Freude an der Arbeit verliert, so sollte man sich um die Lösung dieses Problems kümmern, unabhängig davon, ob man die Bedenken vieler Hochschullehrer teilt oder nicht. Man kann nicht erwarten, daß die Hochschullehrer begeistert zustimmen, wenn man ihnen erklärt, die Hochschulreform sei allein von der Idee der Vermehrung der Studienplätze geleitet worden (*v. Friedeburg* 1974), wenn man dann als Hauptveränderung die Leitung der Hochschulen in weniger sachkompetente Hände legt, wenn man die Zeit der Hochschullehrer mit stundenlangen oft ergebnislosen Sitzungen blockiert, wenn man neue Stellen mit Schwerpunkten zum Ausbau und zur Komplizierung der Hochschulverwaltung einführt und wenn man den Hochschullehrern die Freude an ihrer Arbeit nimmt. Vor allem im Interesse der Studenten und aber auch im Interesse der Gesellschaft muß die Organisation der Hochschulen so beschaffen sein, daß die an ihnen beschäftigten Fachleute freudig an der Lösung ihrer Aufgaben arbeiten können. Anstelle des Parteienstreites, ob in dem neuen Hochschulrahmengesetz eine Verpflichtung zur Verantwortung der Wissenschaftler aufgenommen wird oder nicht, hätte man dafür eintreten sollen als § 1 aufzunehmen: „Aufgabe der Universität ist die Vervollkommnung und Bewahrung der wissenschaftlichen Erkenntnis. *Jeder* Universitätsangehörige hat sich so zu verhalten, daß dieses Ziel nicht verletzt oder gefährdet wird"

Unter dem Eindruck der schwierigen hessischen Hochschulsituation neige ich daher zu der Ansicht, daß heute die größte Verantwortung der Wissenschaftler in ihrer Sorge um die optimale Wissenschaftsorganisation liegt. Alle Umweltprobleme und Rohstoffsorgen können wir nur dann lösen, wenn wir tüchtige Wissenschaftler und Techniker haben. Wir können die großen Probleme der Welt nicht lösen, wenn wir anfangen, die Wissenschaftler in ihrer Arbeit zu stören. Die Bundesrepublik wird in Zukunft einen wesentlich kleineren Anteil an der Mitarbeit für den Fortschritt der Menschheit haben, wenn sie fortfährt im Alleingang ihre Hochschulen so radikal zu verändern, ohne daß diese Veränderungsideen praktisch erprobt sind.

Reformen waren notwendig und begrüßenswert. Sie sind zum Teil über ihr Ziel hinausgeschossen. Es wird Zeit, daß alle nun daran arbeiten, sie wirklich im Interesse aller zu optimieren und nicht in Gruppeninteressen stecken zu bleiben. Die größten Fehler im Laufe der menschlichen Geschichte sind immer dann gemacht worden, wenn sie von starken Emotionen getragen wurden. Man denke an die Religionskriege oder an die Hitlerzeit. Wir sollten daraus lernen, Emotionen mehr durch Überlegungen zu ersetzen. Insofern erscheint mir die gegenwärtige Aversion gegen die Hochschullehrer oder gegen Naturwissenschaft und Technik im Allgemeinen gefährlich und ein Rückschritt. Die vielen sinnlosen Opfer der Hitlerzeit werden zweifach sinnlos, wenn wir nicht lernen, daß die Möglichkeit der Emotionsentfesselung als Mittel der Politik ein Webfehler der Menschen ist. Sie müssen dies erkennen und sollten sachlicher, wissenschaftlich begründeter Argumentation mehr zugänglich sein als Entfesselungen von Emotionen.

Naturwissenschaftler und Techniker haben eine große Verantwortung für die Gesellschaft. Sie und die Gesellschaft haben damit eine ebenso große Verantwortung für die Wissenschaft.

4.15. Zusammenfassung

1. Die Technisierung macht den Menschen zum Herrn über viele technische „Sklaven", damit wächst seine Verantwortung.

2. Für viele technische Prozesse haben nur die sie startenden und betreuenden Wissenschaftler und Techniker Kenntnisse über mögliche Folgen, damit tragen sie eine erhöhte Mitverantwortung.

3. Mitbestimmung bedeutet Mitverantwortung und setzt Mitwissen voraus.

4. Technische Entwicklungen wachsen oft auf langsamen traditionell bedingten Erfahrungen, sie sind daher nicht immer bis in alle Einzelheiten geplant. In dieser Reihe muß auf die Folgen der Technik verstärkt geachtet werden.

5. Die Unterbewertung der Bedeutung der Naturwissenschaften für die Gesellschaft im Geschichtsunterricht und im gesellschaftlichen Ansehen hat zu einer Unterdrückung der Mitverantwortlichkeit der Naturwissenschaftler beigetragen.

6. Naturwissenschaften und Technik sollten stärker als bisher im Schulunterricht als Bildungselemente gefördert werden.

7. Die durch den *Galilei*-Prozeß eingeleitete und durch den Positivismus geförderte Tradition, daß der Naturwissenschaftler sich nicht um gesellschaftliche Folgen seiner Arbeit kümmern dürfe, muß aufgelöst werden. Die Meinung der Wissenschaft und der Wissenschaftler muß unterschieden werden.

8. Deklarationen von wissenschaftlichen Gesellschaften (vgl. § 3 der Satzung der Deutschen Physikalischen Gesellschaft) analog den Ideen des hippokratischen Eides können zur Bewußtseinswertung dienlich sein.

9. *Leonardo da Vinci*s Beispiel des Verschweigens von Erfindungen hat heute nur noch wenig Erfolgsaussicht. Viele Gründe sprechen sogar für eine weitgehende Publikation von neuen Ideen, um das pluralistische Kräftegleichgewicht zu erhalten.

10. *Wieners* Beispiel, die gesellschaftlichen Folgen einer Erfindung intensiv mitzuverfolgen, kann Vorbild für verantwortliches Handeln sein.

11. Man sollte mit allen Gruppen zusammenarbeiten, die zu sozialen Regelgrößen beisteuern und sie nicht bekämpfen.

12. Verantwortung kann durch Ausbildung und Förderung eines entsprechenden Gruppenbewußtseins gefördert werden.

13. Die Internationale der Wissenschaftler sollte zur Keimbildung internationaler Kooperation werden.

14. Wissenschaftler sollten bereit sein: Kenntnisse, Meinungen und eigene Forschungen für gesellschaftliche Entwicklungen beizusteuern.

15. Der Appell an die Verantwortung für die gesellschaftlichen Konsequenzen der Naturwissenschaft sollte die Freiheit des wissenschaftlichen Lehrgebäudes vor weltanschaulichen Maßstäben nicht beeinflussen. Wissenschaftliche Lehre und Appelle an die Verantwortung der Wissenschaftler sollten nicht vermengt werden.

16. Der Hang zur Verantwortung gehört zum Wesen des Menschen (*Hausner*).

17. Zur Verantwortung gehört auch die Grenzen der eigenen Verantwortungsmöglichkeit erkennen und nicht zu überschreiten.

18. Der Verhaltenscodex innerhalb der Naturwissenschaft sollte jeder Wissenschaftler auch auf sein privates Verhalten ausdehnen. Eine Besserung der Welt sollte bei der Besserung zwischenmenschlicher Beziehungen starten. Dazu gehört eine gewisse Zivilcourage und eine Zurückstellung von Egoismen.

19. An dem Unterrichtsfach Gesellschaftskunde sollten alle Fächer und besonders Naturwissenschaft und Technologie mitarbeiten, um Grundlagen für die Kooperation aller Menschen zu setzen.

20. Der Mensch hat die Verantwortung für die Erhaltung seiner Art und der Natur selbst übernommen.

21. Die Übervölkerung und die Technik erfordern eine weltweite Kooperation zu verantwortlichem Handeln und eine Internationalisierung der Welt.

22. Die Anwendung der Technik fordert eine verantwortliches Abwägen der ambivalenten Folgen.

23. Die Auswirkungen von Naturwissenschaft und Technik sollten mit ähnlichem Eifer studiert werden, wie ihre Erarbeitung erfordert.

24. An den weltweiten Aufgaben der Kooperation sollte jeder Wissenschaftler mit seinen Kenntnissen mitwirken.

25. Eine verantwortliche Gestaltung der Zukunft kann nur mit den Technikern und nicht gegen sie gelöst werden.

26. Jeder einzelne sollte durch Übernahme einer ehrenamtlichen Funktion am gesellschaftlichen Leben teilnehmen.

27. Verantwortlich Handeln, bedeutet auch, Erkenntnisse dann vorzubringen, wenn sie dem Zeitgeist widersprechen und wenn ihr Vortrag persönliche Nachteile nach sich ziehen kann.

28. Naturwissenschaftler und Techniker haben eine große Verantwortung gegenüber der Gesellschaft. Sie und die Gesellschaft haben aber auch eine große Verantwortung für die Optimierung der Organisation der Wissenschaft.

29. Die Wahrheitssuche der Wissenschaftler wird durch eine Atmosphäre der Wahrhaftigkeit begünstigt. Forschung wird durch Individualismus gefördert, durch Meinungsuniformierung gefährdet.

30. Eine Forschungsorganisation sollte jedem soweit wie möglich Selbstverwirklichung gestatten. Zu starke und zu schwache Hierarchien sind für die Forschung schädlich.

31. Forschungsplanung setzt voraus, daß die Planer kreativer sind als die Forscher. Grundlagenforschung läßt sich kaum planen. Planen lassen sich mittelmäßige Forschung und Entwicklungsarbeiten.

32. Erfolgreiche Forschung wird durch eine Einheit von Forschung und Lehre begünstigt.

33. Die Ausbildung zur Forschung sollte sich nicht nur auf reine Wissensvermittlung beschränken. Niemand weiß, wie die für Forschung notwendige Kreativität geeckt werden kann. Es gibt nur die eine Erfahrung, Vorbild und Zusammenarbeit mit erfolgreichen Lehrern erhöht die Wahrscheinlichkeit hierzu.

4.16. Epilog

Wissenschaft ist das Ringen um Wahrheit!

Das Ringen um Wahrheit verbindet den homo investigans mit dem homo humanus. Diese Funktion der Wissenschaft hat schon *Max Planck* betont: „Ihre wissenschaftliche Widerspruchslosigkeit enthält unmittelbar die ethisch Forderung der Wahrhaftigkeit und Ehrlichkeit, die gleichfalls für alle Kulturvölker und für alle Zeiten Geltung besitzt, und daher den Rang der ersten und vornehmsten Tugend beanspruchen darf" (*Max Planck* 1935).

Im Hinduismus:

„Was wahrhaft ist, bleibt wirklich stets, und was nicht wirklich ist, kann nie Wahrheit sein; doch zwischen Sein und Schein zu unterscheiden, das vermag die Weisheit dessen, der die Wahrheit kennt" (*Bhagavad Gita, II*).

„Kraft der Wahrheit trägt die Erde die Wesen, kraft der Wahrheit geht die Sonne auf, kraft der Wahrheit weht der Wind und kraft der Wahrheit fließen die Gewässer . . . Die Wahrheit ist die höchste Gabe, die Wahrheit ist die höchste Askese, die Wahrheit ist das oberste Gesetz der Welt. Die Wahrheit ist das eigentliche Selbst des Menschen. Alles beruht auf der Wahrheit. Darum fördere nach Kräften dein Wohlergehen, indem du die Wahrheit sprichst!" (*Narada-Smriti* I, 210–216, 223–228).

„Wahrheit die Substanz aller Moralität ist, Wahrheit wurde mein einziges Ziel" (*Mahatma Gandhi*, Autobiographie).

Im Taoismus:

„Wahre Worte sind nicht wohlklingend, wohlklingende Worte sind nicht wahr" (*Laotse*).

Im Judaismus:

„Du sollst kein falsch Zeugnis reden wider deinen Nächsten" (*Mose* I, 20, 16).

Im Hellenismus:

„Weißt du aber etwas, das der Weisheit näher verbunden ist als die Wahrheit?" (*Plato*, Der Staat 6).

Im Christentum:

„Eure Rede aber sei: Ja, ja, nein, nein; was darüber ist, das ist vom Übel" (*Matthäus* 5, 37).
„Der Geist ist es, der zeuget, daß Geist Wahrheit ist" (I. Ep. *Johannis* 5,6)
„Wehe dem Volke, dem die Wahrheit nicht mehr heilig ist" (*F.Ch. Schlosser*).

4.17. Nachwort

Sie haben den Text interessiert verfolgt. Hat Ihnen der eine oder andere Gedanke gefallen, so sagen Sie ihn bitte weiter. Denken Sie an den Mückenschwarm, wie er unruhig an einem Sommerabend hin und her schwankt. Einzelne weichen aus dem Schwarm aus und plötzlich schließt sich der Schwarm diesen einzelnen an. Ähnlich kann das Bewußtsein einer Gesellschaft sich verändern. Wir sollten uns dabei bemühen, den Schwarm der menschlichen Gesellschaft nur noch durch Logik und nicht mehr durch Emotionen zu beeinflussen. Die großen Opfer der Hitlerzeit würden ein zweites Mal sinnlos werden, wenn wir nicht endlich lernten, daß die Emotionsentfesselung der Masse als Mittel der Politik unwürdig für den homo sapiens ist. Wir bleiben nur auf dem einmal begonnenen Weg zum homo sapiens, wenn wir lernen, Emotionsentfesselungen als Mittel der Innen- und erst recht der Außenpolitik zu vermeiden, wenn wir alle die, dies trotzdem versuchen, durchschauen und ächten und wenn wir uns selbst so weit erkennen, daß wir darauf nicht mehr hereinfallen. Der homo sapiens besteht aus den beiden wesentlichen Teilen: homo investigans – der Suchende in seiner modernen Form als Wissenschaftler – und dem homo humanus. Wir können nur den Namen homo sapiens in Zukunft weiter tragen, wenn wir beide Teile in einem Ganzen vereint bewahren.

An alle Leser geht mein Appell, an diesem Ziel mitzuwirken. Sie können hierbei auch mithelfen, wenn Sie das, was Ihnen nicht gefallen hat und Ihre Verbesserungsvorschläge dem Autor mitteilen.

Im April 1976
Werner Luck
Ahornweg 6
D-3550 Marburg 18

Literatur

Kapitel 1

1. *Bavink, B.*, Was ist Wahrheit in den Naturwissenschaften? S. 53 (Wiesbaden 1947). – 2. *Becker, R.*, Theorie der Elektrizität, Bd. 2 § 8, § 9 (Leipzig 1949). – 3. *Boltzmann, L.*, Populäre Schriften (Wien 1905). – 4. *Born, M.*, Physikal. Bl. 21, 53, 106 (1965). – 5. *Bridgman, P.*, The Logic of Modern Physics (New York 1928). s.: Die Logik der heutigen Physik, S. 15, 41, 42. – 6. *Bridgman, P.*, Reflections of a Physicist (1950); Deutsche Ausgabe: Physikalische Forschung und soziale Verantwortung, S. 70, 90 (Frankfurt a. M. 1954). – 7. *Brockhaus*, „Der große Brockhaus" (Wiesbaden 1957). – 8. *Büchel, W.*, Philosophia Naturalis 15, 89 (1974). – 9. *Campenhausen, C.*, Musterinduzierte Flickerfarben; Umschau 1968, H. 2, zur vergleichenden Physiologie; VDI Nachr. 23, Nr. 15 (1969). – 10. *Chain, E.B.*, Vortrag auf dem Forum Philipinum des Marburger Universitätsbundes 1974. – 11. *Comte, A.*, Discours sur l'esprit positif (Paris 1844); vgl. Übersetzung: Rede über den Geist des Positivismus, 2. Aufl., Hamburg (1966). – 12. *Denbigh, K.*, Chemical Reactor Theory (London 1965). – 13. *Dirac, P.A.M.*, The Evolution of the Physicist's Picture of Nature, American 208, 48 (1963). – 14. *Dobrow, G.*, Wissenschaft, ihre Analyse und Prognose, S. 16, 18 (Stuttgart 1974). – 15. *Fichte, J.G.*, Über den Begriff der Wissenschaftslehre oder der sogenannten Philosophie, Bd. 2, S. 117 (Stuttgart 1965). (1974). – 16. *Fichte, J.G.*, Die Bestimmung des Menschen, Kap.: Handeln nicht Wissen ist die Bestimmung der Menschen, zit. aus. *Fichtes* Werke, S. 137 (Berlin 1924). – 17. *Fichte, J.G.*, „Über die Würde des Menschen" beim Schluß seiner philosophischen Vorlesung gesprochen 1794. *Fichte*-Gesamtausgabe von *R. Leuth* und *H. Jacob*, S. 87 (Stuttgart 1965). – 18. *Friedell, E.*, Kulturgeschichte der Neuzeit (1927), Sonderausgabe, S. 3, 7, 394 (München 1969). – 19. *Galilei, G.*, Dialog über die beiden hauptsächlichen Weltsysteme, übersetzt von *E. Strauss* (Leipzig 1891). – 20. *v. Goethe, J.W.*, Gespräch mit *J.D. Falk*, *Goethes* Gespräche herausgegeben von *F. v. Biedermann*, 2. Band, S. 169 (Leipzig 1909). – 21. *v. Goethe, J.W.*, Wolkenbildung, *Goethes* Werke, Weimarer Sophienausgabe, Abt. II, Band 12, S. 5–40, zitiert nach *J.W. v. Goethe:* Über Natur und Naturbetrachtung, Auswahl von *W. Troll* und *K.L. Wolf* (Weimar 1943). – 22. *v. Goethe, J.W.*, Farbenlehre (1810) zitiert nach: *J.W. v. Goethe*, Über Natur und Naturbetrachtung, herausgegeben von *W. Troll* und *K.L. Wolf* (Weimar 1943). – 23. *Häfele, W.*, Vortrag Universität Tübingen 1968. – 24. *Heckmann, G.*, Der Physiker Max Born als Philosoph, Physikal. Bl. 21, 152 (1965). – 25. *Heisenberg, W.*, Physikal. Bl. 27, 97 (1971). – 26. *Heisenberg, W.*, Die physikalischen Prinzipien der Quantentheorie, S. 48 (Leipzig 1944). – 27. *Herre, P.*, Politisches Handwörterbuch, Bd. II, S. 992 (Leipzig 1923). – 28. *Jordan, P.*, Verdrängung und Komplementarität (Hamburg 1947). – 29. *Koestler, A.*, Das Gespenst in der Maschine (München 1968). – 30. *Kuhn, W.*, Physik Bd. I, S. 11 (Braunschweig 1967). – 31. *Kühne, P.*, Das Risiko der Sicherheit, S. 26, 60 (Wiesbaden 1969). – 32. *Lenin, W.I.*, Materialismus und Empiriokritizismus, S. 134, zitiert nach *Büchel* (1974) (Berlin 1967). – 33. *Lomonosov, M.W.*, (1752), zitiert nach: *A.N. Frumkin* und *N.M. Emsnuel*, Ann. Rev. Phys. Chem. 19, 1 (1968). – 34. *Luck, W.*, Über die Coulombskräfte bei der Wasserstoffmolekülbindung, Zt. Elektrochemie 61, 1057 (1957). – 35. *Luck, W.*, 1963, mit *M. Klier* und *H. Weßlau*, Ber. Bunsenges. 67, 75 (1963); Naturwiss. 50, 485 (1963); Physikal. Bl. 23, 304 (1963). – 36. *Luck, W.*, Aufgaben der angewandten physikalischen Chemie, Chemie-Ing.-Technik 39, 471 (1968). – 37. *Luck, W.*, Naturwiss. Rdsch. 28, 201 (1975). – 38. *Lüscher, E.*, Physikal. Bl. 28, 98 (1972). – 39. *Mackensen, L. v.*, Modell auf der Ausstellung zum 500. Geburtstag von *Nikolaus Copernikus* im Deutschen Museum,

München. – 40. *Maddox, J.*, Nature **236**, 267 (1972); zitiert aus *W. Jost*, Globale Umweltprobleme (Darmstadt 1974). – 41. *Marcuse, H.*, Der eindimensionale Mensch, S. 32, 145, 181 (Neuwied 1969). – 42. *Meyer-Abich, K.*, Vortrag vor der evangelischen Akademie Rheinland–Westfalen, Protokoll Nr. 361, S. 26 (1974). – 43. *Mohr, H.*, Wissenschaft und menschliche Existenz, Vorlesung über Struktur und Bedeutung der Wissenschaft (Freiburg 1967). – 44. *Mohr, H.*, Vortrag 3. Jahrestagung der Gesellschaft für Verantwortung in der Wissenschaft, Heidelberg 1.11.68; Automobil-Industrie 1968, 59. – 45. *Müller, K.*, Die präparierte Zeit, S. 53, 200 (Stuttgart 1973). – 46. *Nemethy, G.* und *Scheraga, H.A.*, J. Chem. Phys. 36, 3382 (1962). – 47. *Ossnowski, M.S.*, Organon, Warschau Nr. 1 (1936). – 48. *Planck, M.*, Verhältnis der Theorien zueinander (1915), aus: Kultur und Gegenwart, zitiert nach: Wege zur physikalischen Erkenntnis, Reden und Vorträge von *Max Planck*, Bd. II, S. 31 (Leipzig 1943). – 49. *Planck, M.*, Religion und Naturwissenschaft, S. 20, *J.A. Barth* (Leipzig 1942). – 50. *Popper, K.*, Logik der Forschung (Tübingen 1966). – 51. *Rapoport, A.*, Philosophie heute und morgen, Einführung ins operationale Denken, S. 156–161 (Darmstadt 1970). – 52. *Ravetz, I.R.*, Die Krise der Wissenschaft, (Neuwied–Berlin 1973). – 53. *Rickert, H.*, Naturwissenschaft und Kulturwissenschaft (Tübingen 1899). – 54. *Sachsse, H.*, Naturerkenntnis und Wirklichkeit, S. 4, 7 (Braunschweig 1967). – 55. *Sachsse, H.*, Das Problem äquivalenter Theorien in der Naturwissenschaft, S. 176 in: 9. Deutscher Kongreß für Philosophie, (Meisenheim 1969). – 56. *Schaefer, Cl.*, Einführung in die theoretische Physik, Bd. 3, 1 S. 856 (Berlin 1949). – 57. *Scheler, M.*, (1874–1928) zitiert nach: dtv-Lexikon, Bd. 20, S. 171 (Stuttgart 1971). – 58. *Schiller, F.*, Antrittsvorlesung: Was heißt und zu welchem Ende studiert man Universalgeschichte (Jena 1789). – 59. *Schilpp, P.A.*, *Einstein* als Philosoph und Naturwissenschaftler, S. 247 (Stuttgart 1949). – 60. *Solla Price, D.J. de*, Science since Babylon, S. 111 (New Haven 1961), zitiert nach *W. Jost*, Globale Umweltprobleme, S. 102 (Darmstadt 1974). – 61. *Stegmüller, W.*, Probleme und Resultate der Wissenschaftstheorie und Analytischen Philosophie, Band 1, Teil 1–5, Band 2, Teil A, B und C (Berlin–Heidelberg–New York 1969–1970). – 62. *Steinbrück, R.*, (1918) in: Kriegsbriefe gefallener Studenten, Herausgeber *Ph. Witkop*, S. 344 (München 1928). – 63. *Tomberg, F.*, Bürgerliche Wissenschaft, S. 139, 150 (Frankfurt a. M. 1973). – 64. *Westphal, W.H.*, Physik, 12. Auflage, S. 2, 626 (Berlin–Heidelberg 1947). – 65. *Westphal, W.*, Die Physik und die Physiker, in: Physikal., Bl. 28, 121 (1972).

Kapitel 2

1. *Alexander, H.W.*, Why Study Science, Reprint 5/1000/1160 der Society of Social Responsibility in Science (1963). – 2. *Baumgärtner, O.*, Unveröffentlichte Schrift meines Großvaters (1918). – 3. *Becker, W.*, Kritik am marxistischen Wissenschaftsbegriff, Vortrag auf der GVW-Tagung: Wie kann man kreative wissenschaftliche Arbeit fördern? Marburg, Oktober 1974. – 4. *Blom, A.V.*, Vortrag Fatipec Kongreß (Wiesbaden 1962). – 5. *Born, M.*, Physikal. Bl. 25, 289 (1969). – 6. *Bosch, C.*, zitiert nach *K. Holdermann*, Carl Bosch, Leben und Werk, S. 247 und 302 (Düsseldorf 1960). – 7. *Boschke, F.L.*, Die Schöpfung ist noch nicht zu Ende (Düsseldorf 1971). – 8. *Bresch, C.*, Forschungsprioritäten und Wertentscheidungen, in: Möglichkeiten und Maßstäbe für die Planung der Forschung, Tagung der GVW, herausgegeben von *H. Sachsse* (München 1974). – 9. *Bridgman, P.W.*, Physikalische Forschung und soziale Verantwortung, S. 148, 182, 229 (Frankfurt–Wien 1954). – 10. *Buchwald, E.*, Das Doppelbild von Licht und Stoff (Berlin 1947). – 11. *Büchel, W.*, Philosophia Naturalis 15, 88 (1974). – 12. *Comte, A.*, Plan der wissenschaftlichen Arbeiten, die für eine

Reform der Gesellschaft notwendig sind (1822), s. Reihe Hanser Nr. 131, S. 35, 36, 39, 66, 74, 82, 100, 106, 110, 123, 124, 142 (München 1973). – 13. *Comte, A.*, Discours sur L'esprit Positif (paris 1844), S. 27, 147, 209, 231 (Hamburg 1966). – 14. *Coulson, C.A.*, Bucknell Review, 9, 1, 7 (1960). – 15. *Demokrit*, s. Die Vorsokratiker (Stuttgart 1973); siehe auch *H. Sachsse* loc. cit. S. 166. – 16. *Eibl-Eibesfeld, I.*, Bild der Wissenschaft 4, 130 (1967). – 17. *Efroimson, W.*, Direktor der Abt. Genetik des Forschungsinstitutes für Psychiatrie des Ministeriums für Gesundheitswesen Moskau, vgl. Bild der Wissenschaft 1969, 325. – 18. *Einstein, A.*, Lettres a *Maurice Solovine*, S. 102, zitiert nach Physikal. Bl. 72, 53 (1971). – 19. *Fichte, J.G.*, Die Bestimmung des Menschen, Unterkapitel: Handeln, nicht Wissen ist die Bestimmung des Menschen, *J.G. Fichtes* Werke (Berlin 1924). – 20. *Frankl, E.*, Bericht über Meinungsumfrage des national Institute of Mental Health und des Johns-Hopkins Hospitals, in: Frankfurter Allg. Ztg. 30. Nov. 1974, Nr. 278 (Ergebnisse und Gestalten). – 21. *Friedell, E.*, Kulturgeschichte der Neuzeit (München 1927). – 22. *Fürth, R.*, World Conference of Scientist, London, s. Atomic Scientists J. 5, 163 (1956), Science for Peace Bull. 14, 3 (1956). – 23. *Gandhi, M.*, Autobiographie (1925), s. Ausgabe S. 438 (Freiburg 1960). – 24. *Glasenapp, H. v.*, Die Philosophie der Inder, S. 401, s. Pancaxtantra und Buddha in Samyutta (Stuttgart 1958). – 25. *Greiling, W.*, Wie werden wir leben? S. 150 (Düsseldorf 1954). – 26. *Heisenberg, W.*, Physikal. Bl. 27, 97 (1971). – 27. *Hitler, A.*, Mein Kampf, Bd. I, S. 44, 129, 149 (München 1933). – 28. *Hitler, A.*, Mein Kampf, Bd. II, S. 469, 508 (München 1935). – 29. *Holek, W.*, Kinderarbeit (Jena 1909), zitiert nach *R. Eckart*, Das Zeitalter des Imperialismus, S. 24 (München 1968). – 30. *Jost, W.*, Globale Umweltprobleme, S. 31 (Darmstadt 1974). – 31. *Jungk, R.*, Heller als Tausend Sonnen (Stuttgart 1964). – 32. *Kant, I.*, Kritik der praktischen Vernunft. *Kants* Werke Bd. V, (Berlin 1913), s. auch Münchner Lesebogen Nr. 11, Herausgeber *W. Schmidtkunz* München 1941). – 33. *Koch, E.*, Pseudowissenschaft (München 1973). – 34. *Koestler, A.*, Das Gespenst in der Maschine (München 1968). – 35. *Kosswig, C.* und *Peters, N.*, Bild der Wissenschaft 1967, 4, 829. – 36. *Leconte du Nouy, P.*, Der Mensch vor den Grenzen der Wissenschaft, S. 246, 256, 274 (Stuttgart 1952). – 37. *Lin Yutang, Laotse*, S. 58 (Frankfurt–Hamburg 1956). – 38. *Lonsdale, K.*, The ethic Problems of Scientists. Schrift der Society of Social Responsibility in Science, s. Bull. Atomic Scientist, August 1951. – 39. *Lorenz, K.*, Das sogenannte Böse (Wien 1963). – 40. *Luck, W.*, Physikal. Bl. 18, 587 (1962). – 41. *Luck, W.*, Was ist und zu welchem Zweck treiben wir Wissenschaft?, Der Konvent, Juli 1969 Mannheim). – 42. *Luck, W.*, Ehrencodex der Chemiker, Physikal. Bl. 22, 320 (1966). – 43. *Marcuse, H.*, Der eindimensionale Mensch, S. 16, 37, 52, 159 (Neuwied 1967). – 44. *Müller, K.*, Die präparierte Zeit, S. 97 (Stuttgart 1973). – 45. *M., J.*, Physikal. Bl. 27, 54 (1971). – 46. *Planck, M.*, Vortrag: Religion und Naturwissenschaften (1937), (Leipzig 1942). – 47. *Planck, M.*, Sinn und Grenzen der exakten Wissenschaft, Vortrag 1941, vgl. Wege zur physikalischen Erkenntnis, Reden und Vorträge von *Max Planck*, Bd. II, S. 124, 137 (Leipzig 1943). – 48. *Reichenbach, H.*, Der Aufstieg der wissenschaftlichen Philosophie, S. 310 (Braunschweig 1968). – 49. *Sachsse, H.*, Naturerkenntnis und Wirklichkeit, S. 73 (Braunschweig 1967). – 50. *Sachsse, H.*, Ethik und Wissenschaft heute, Vortrag auf der Jahrestagung der Gesellschaft für Verantwortung in der Wissenschaft (Stuttgart Nov. 1969). – 51. *Segal, H.*, Ann. New York Academy Sci. 196, 244 (1972); Report on the meeting: The Social Responsibility of Scientist. – 52. *Schaefer, H.*, Kann die Wissenschaft eine Ethik entwickeln? Vortrag auf der Tagung der Gesellschaft für Verantwortung in der Wissenschaft (Frankfurt, Februar 1967). – 53. *Scheler, M.*, Die Wissensformen und die Gesellschaft, S. 171 (Bern 1960). – 54. *Schiller, F.*, Was heißt und welchem Ende studiert man Universalgeschichte? (1789), s. *Schillers* Werke, S. 817

(Berlin 1954). – 55. *Steenbeck, M.*, Wissen und Verantwortung, S. 39, 72, 165, 167 (Berlin–Weimar 1967). – 56. *Stegmüller, W.*, Hauptströmungen der Gegenwartsphilo sophic, S. 506 (Stuttgart 1975). – 57. *Stegmüller, W.*, Metaphysik, Skepsis, Wissenschaft, S. 88, 172 (Berlin–Heidelberg–New York 1969). – 58. *Steinbuch, K.*, Kurskorrektur (Stuttgart 1973). – 59. *Theilhard de Chardin*, Auswahl aus einem Werk, s. insbes. die Kapitel: Die Homonisation (1925) und Der Geist der Erde (Freiburg 1964) – 60. *da Vinci, L.*, s. *Leonardo da Vinci*, Das Lebensbild eines Genies, S. 20 (Wiesbaden 1972). – 61. *Vivekananda, S.*, Raja-Yoga, Yoga-Aphorismen des *Patanjali*, S. 100, 216 (Zürich 1951). – 62. *Waritsch, P.*, Preisträgerarbeit im GVW-Preisausschreiben Verantwortung in der Wissenschaft und Technik (1968). – 63. *Weber, M.*, Die Objektivität sozialwissenschaftlicher Erkenntnis, S. 19, 316, 332 (Stuttgart 1904) – 64. *Weber, M.*, Wissenschaft als Beruf (1919), s. Soziologie, Weltgeschichte, Ana lysen, Politik, S. 311, 316, 325, 330, 332 (Stuttgart 1968). – 65. *Weltfish, G.* Physikal. Bl. **2**, H. 2 (1946).

Kapitel 3

1. *An der Lan, H.*, Hippokrates **40**, 308 (1969). – 2. *Artobolewskij, L.*, Technische Sklaven der Zukunft, Bild der Wissenschaft **8**, 342 (1971). – 3. *Auer, A.*, Theolog. Quartalsschr. **1969**, 16. – 4. *Automaria, P., Corn, M.* und *de Maio, L.*, Science **150**, 1476 (1965), s. Naturwiss. Rdsch. **19**, 161 (1966). – 5. *Baha'u'llah* (1853–1892), s. in: Baha'i Briefe, Heft 30, S. 2 (Frankfurt a.M. 1967). – 6. *Bayer, E.*, Chemiker-Ztg. **24**, 975 (1967). – 7. *Beale, G.*, Soziale Auswirkungen der Forschung in der Humangenetik, s. *Fuller*, S. 108 (1971). – 8. *Bechert, K.*, Atomzeitalter und Verantwortlichkeit, Vivaristik 1956. – 9. *Becker, P.E.* und *Jürgens, H.W.*, Sozialgenetik – ein Programm in: *Wendt*, S. 10 (1970). – 10. *Behrmann, D.*, Naturwiss. Rdsch., S. 509, Bericht über II. Ozeanograph. Kongreß Moskau (1966). – 11. *Blasius, W.*, Das Denken in Zahlen, Bild der Wissenschaft, **1966**, 637. – 12. *Blasius, W.*, Das Denken in Zahlen und seine Folgen für die Menschheit, in: Gefährdete Schöpfung, S. 43 (Zürich 1970). – 13. *Böhnke, B.*, Umweltschutz **1971**, 124. – 14. *Brocke, W.*, Nachrichten Chemie-Technik **17**, 8 (1969). – 15. *Brüche, E.*, Das Angebot des Kardinals, Physikal. Bl. **24**, 358 (1968) und Physikal. Bl. **25**, 316 (1969). – 16. *Bruns, H.*, Leben und Umwelt **11**, 233 (1974). – 17. *Brunton, P.*, Der Weg nach innen, 3. Aufl., S. 128 (München 1958). – 18. *Burdecki, F.*, Menschheit und Energetik Mosbach 1962) und in: Unterwegs wohin? (Mannheim 1962). – 19. *Cadwallader, M.L.*, The Cybernetic Analysis of Cahange in Complex Social Organisations, Amer. J. Sociol. **65**, 154 (1959). – 20. *Cit:* Chem. Ing. Technik **39**, 1261 (1966). – 21. *Chang, Tung-Sund*, Chinesen denken anders, in *Hayakawa*, S. 261 (Darmstadt 1966). – 22. *Chauvin, R.*, Tiere unter Tieren (Bern–München 1964). – 23. *Connor, J.T., Trowbridge, A.B.* und *Borun, R.L.*, U.S. Dept. of Commerce, U.S. Industrial Outlook (Washington 1967). – 24. *Korte, F., Klein, W.* und *Drefchl, B.*, Technische Umweltchemikalien, Vorkommen, Abbau und Konsequenzen, Naturwiss. Rdsch. **23**, 445–457 (1970). – 25. *Coulston, F.*, Trends in der modernen Toxikologie am Beispiel von Pestiziden und verwandter Verbindungen, in: Aspekte der chemischen und toxikologischen Beschaffenheit der Umwelt, S. 145 (Stuttgart 1969). – 26. *Cramer, H.*, Die Chromosomen des Menschen, S. 3 (Marburg 1974). – 27. *Davies, M.*, Die sexuelle Aufgabe der Frau (Stuttgart 1965). – 28. *Deissmann, G.*, Lebensstandard und Bevölkerungszunahme 1970–1980 in 135 Ländern, terre des hommes **1970**, Nr. 7, Sept. – 29. *Desi, I.* und *Farkas, I.*, Naturwiss. Rdsch. **19**, 515 (1966). – 30. *Dobrov, G.*, Wissenschaft: ihre Analyse und Prognose (Stuttgart 1974). – 31. *Dobzansky, Th.*, Sind alle Menschen gleich erschaffen? Naturwiss. u. Medizin, Heft 13, S. 3 (1966) –

32. *Eckholdt, M.*, Umweltschutz 1971, 73, 74. – 33. *Edwards, C.A.*, Residue Reviews 13, 83 (1966). – 34. *Edwards, R.G.*, Aspekte der Reproduktion des Menschen (1971), in *Fuller*, S. 137 (1973). – 35. *Egan, H.*, Pesticide Residues in Food, in: Aspekte der chemischen und toxikologischen Beschaffenheit der Umwelt, S. 109 (Stuttgart 1969). – 36. *Eibl-Eibesfeld, I.*, Grundriß der vergleichenden Verhaltensforschung (München 1967). – 37. *Eibl-Eibesfeld, I.*, Liebe und Haß, zur Naturgeschichte elementarer Verhaltensweisen (München 1970). – 38. *Eibl-Eibesfeld, I.*, Der vorprogrammierte Mensch, das Ererbte als bestimmender Faktor im menschlichen Verhalten (Wien–München 1973). – 39. *Europarat*, Europäische Wasser-Charta, gedruckt von Vereinigung deutscher Gewässerschutz (Bad Godesberg 1968). – 40. *Fischer, K.G., Fischers* Weltalmanach, Fischer Taschenbuchverlag (Frankfurt a. M. 1971). – 41. *Frank, B.*, Die BASF 21, H. 10 (1971). – 42. *Frank, H.*, Umweltschutz 1971, 17. – 43. *Frank, J.*, Muß Krieg sein? S. 6, 18, 105, 116 (Darmstadt 1968). – 44. *Franks, F.*, Water, a Comprehensive Treatise, Vol. I, S. 2 (New York 1972). – 45. *Friedell, E.*, Kulturgeschichte der Neuzeit (1927), S. 390, Neuaufl. (München 1969). – 46. *Frost, H.J.*, Probleme der Industriegesellschaft, Vortrag auf der Jahrestagung der Gesellschaft für Verantwortung in der Wissenschaft (Heidelberg 1968). – 47. *Frost, H.J.*, Vortrag auf der Jahrestagung der Society for Social Responsibility of Science 1971 in Trondheim, vgl. Rheinpfalz Nr. 207 vom 8. 9. 1971. – 48. *Fuller, W.*, Social Impact of Modern Biology, Bericht über eine Tagung der British Society for Social Responsibility in Science, deutsche Ausgabe: Biologie und Gesellschaft (München 1971). – 49. *Fuller, W.*, Biologie und Gesellschaft, Bericht einer Tagung der British Society for Social Responsibility on Science (München 1973). – 50. *Gabor, D.*, The proper priorities of science and technology (Southampton 1972). – 51. *Galston, A.W.*, in *Fuller*, S. 193 (1973). – 52. *Gandhi, M.K.*, Mahatma Gandhis Autobiographie (Freiburg–München 1960). – 53. *Gengenbach, O.*, Soziologische Probleme der Motorisierung, Vortrag auf der 3. Jahrestagung der Gesellschaft für Verantwortung in der Wissenschaft (Heidelberg 1968). – 54. *Gerlach, W.*, Bemerkungen zum Fall *Galilei*, Intern. Dialog Z. 3, 6 (1970). – 55. *Glaser, P.E.*, The Case of Solar Energy, Vortrag auf der Tagung der Society of Social Responsibility in Science London Sept. 1972. – 56. *Grove, N.*, Oil the Dwindling Treasure, Geograph. Magazine 145, 792 (1974). – 57. *GVW*-Tagung: Technology Assesment (München 1975). – 58. *Haisch, K.*, Müllbeseitigung nach modernen Grundsätzen, *BASF*-Nachrichten 9, 9 (1967). – 59. *Hamburger, J.*, Ärzte, Biologen und die Zukunft des Menschen, Weltgesundheit, September 1974, 16. – 60. *Hammond, E.C.* und *Horn, D.*, Smoking and death rates, J. Amer. Med. Ass. 166, 1159 (1958), zitiert nach *Oettel* (1965). – 61. *Hammond, A.L., Metz, W.D.* und *Maugh, The. H.*, Energie für die Zukunft (Frankfurt a. M. 1974). – 62. *Harmsen, H.* und *Effenberger, E.*, Tabakrauch in Verkehrsmitteln, Arch. Hyg. Bakt. 141, 383 (1957), zitiert nach *Oettel* (1965). – 63. *Hass, E.*, Wider die Spontaneität der Aggression, Frankfurter Hefte 1970, Nr. 4, 251. – 64. *Hassenstein, B.*, Aggression und Information, Neue Sammlung 8, 421 (1968). – 65. *Hassenstein, B.*, Aggressives und kooperatives Verhalten des Menschen in Abhängigkeit von organisatorischen Bedingungen, Vortrag auf der Jahrestagung der Gesellschaft für Verantwortung in der Wissenschaft (München 1970). – 66. *Hassenstein, B.*, Verhaltenbiologie des Kindes (München 1973). – 67. *Hassenstein, B.*, Psychohygiene der Zukunft, Vortrag im Süddeutschen Rundfunkt 20. 6. 1973. – 68. *Hasserodt, U.*, Umweltprobleme bei der Energieumwandlung heute und morgen, in: Aspekte der chemischen und toxikologischen Beschaffenheit der Umwelt (Stuttgart 1969). – 69. *Haxel, O.*, Nachweis radioaktiver Abfallprodukte in der Erdatmosphäre und in der Biosphäre, Vortrag auf der Jahrestagung der Gesellschaft für Verantwortung in der Wissenschaft (Heidelberg 1968). – 70. *Hayakawa, S.I.*, Wort und Wirklichkeit (Darmstadt 1966). – 71. *Heiligenberg, W.*, Z. Tierpsychol. 21,

1 (1964); Animal. Beh. 13, 163 (1965). – 72. *Herre, P.*, Politisches Handwörterbuch, S. 630 (Leipzig 1923). – 73. *Hettche, H.O.*, Luftverunreinigung und Lungenkrebs, Naturwiss. 58, 409–413 (1971). – 74. *Heyke, H.E.*, Über den Begriff des technischen Fortschritts, Jb. Sozialwiss. 21, 99, 106 (1970). – 75. *Hinterhuber, H.H.*, Die Qualität der Innovation in der modernen Gesellschaft, Techniken der Zukunft, 1974, 16. – 76. *Hirschfelder, G.*, Kühltürme in Kraftwerken, Techniken der Zukunft 8, 47 (1974). – 77. *Holdermann, K.*, Im Banne der Chemie; *Carl Bosch*, S. 156, 282 (Düsseldorf 1953). – 78. *Hurtig, H.*, Ökologisch-chemische Konsequenzen des Gebrauchs von Pestiziden, in: Aspekte der chemischen und toxikologischen Beschaffenheit der Umwelt, S. 83 (Stuttgart 1969). – 79. *Huxley, J.*, Ich sehe den zukünftigen Menschen (München 1965). – 80. *Jaenicke, G.*, Umweltschutz 1971, 215. – 81. *Jessel, U.*, Mitt. Dtsch. Forschungsgem. 1974, Heft 2/74, S. 41. – 82. *Johnels, A.G.* u.a., Oikos 18, 323 (1976). – 83. *Jost, W.*, Globale Umweltprobleme (Darmstadt 1974). – 84. *Jukes, Th.H.*, Nature 226, 194 (1970). –85. *Junge, Chr.*, Kreislauf atmosphärischer Spurenstoffe und Aspekte globaler Luftverschmutzung, in: Aspekte der chemischen und toxikologischen Beschaffenheit der Umwelt, S. 33 (Stuttgart 1969). – 86. *Kaplan, R.W.*, Nutzen und Schaden der Röntgenreihenuntersuchungen, Ärztl. Mitt. 46, 2448 (1961); 47, 726 (1962). – 87. *Kaudewitz, F.*, Molekulargenetik und Zukunft des Menschen, in *Wendt*, S. 114 (1970). – 88. *Kennedy, R.*, Dreizehn Tage (Darmstadt 1974). – 89. *Kienle, H.*, Vortrag Süddeutscher Rundfunk 28. 1. 1968, s. auch *H. Kienle*, Physikal. Bl. 26, 193 (1970). – 90. *Kleemann, G.*, Zeitgenosse Urmensch (Stuttgart 1963). – 91. *Klein, W.* und *Korte, F.*, Chemische Abfallprodukte in der Erdatmosphäre und Biosphäre, Vortrag auf der Jahrestagung der Gesellschaft für Verantwortung in der Wissenschaft (Heidelberg 1968). – 92. *Klein, W.*, Probleme des Pflanzenschutzes, Vortrag auf der Jahrestagung der Gesellschaft für Verantwortung in der Wissenschaft (Stuttgart 1969). – 93. *Kliefoth, W.*, Brief an den Verfasser vom 4. 6. 1967 (*Kliefoth* war im Kernforschungszentrum Geesthacht tätig). – 94. *Koestler, A.*, Das Gespenst in der Maschine (Wien 1967). – 95. *Krelle, W.*, Entwicklung als Suchprozeß, in: Systeme und Methoden in den Wirtschafts- und Sozialwissenschaften, S. 246–260 (Tübingen 1964). – 96. *Krelle, W.*, Entwicklung als Suchprozeß, in: Systeme und Methoden in den Wirtschafts- und Sozialwissenschaften, Herausgeber *N. Kloten* (Tübingen 1967). – 97. *Küng, E.*, Volkswirtschaftliche Korrespondenz der *Adolf-Weber*-Stiftung 4, Nr. 34 (1968). – 98. *Kuhn, H.*, Naturwiss. 54, 429 (1967). – 99. *Lamb, H.H.*, Rekonstruktion historischer Klimaverhältnisse, Endeavour 33, 84 (1974). – 100. *Leib, H.*, in Chem. Ing. Technik 46, 319 (1974). – 101. *Lenz, W.*, Möglichkeiten und Grenzen der Eugenik, Gesundes Volk 43, 155 (1968). – 102. *Leonardo da Vinci*, (1452–1519) in Manuskript A (institut de France) Folio 33 recto, zitiert nach *Leonardo da Vinci*, 6. Aufl., S. 264 (Wiesbaden 1972). – 103. *Lerner, D.*, The Passing of Traditional Society Glencoe III (nach *Musto* 1969) (1958). – 104. *Liechti von Brasch, D.*, Körperschulung der werdenden Mütter (Zürich 1958). – 105. *Löfroth, G.*, Nature 225, 881 (1970). – 106. *Lommel, A.*, Bild der Wissenschaft 10, 793 (1966). – 107. *Lorenz, E.*, Raubgräberei, Bild der Wissenschaft 8, 351 (1971). – 108. *Lorenz, K.*, Das sogenannte Böse, S. 63 (Wien 1963). – 109. *Lorenz, K.*, Die Rückseite des Spiegels, Versuch einer Naturgeschichte menschlichen Erkennens, S. 257, 310 (München 1973). – 110. *Luck, W.*, Erwägungen zum Gespräch mit der Kirche, Physikal. Bl. 26, 276 (1970). – 111. *Luck, W.*, Das zweite Baiersbronner Gespräch, Intern. Dialog. Z. 3, 96 (1970). – 112. *Luck, W.*, Wo ist das Dilemma des Ingenieurs? Physikal. Bl. 29, 520 (1973). – 113. *Mägdefrau, K.*, Die Geschichte der Pflanzen, Naturwiss. u. Medizin 1966, Heft 13, 14. – 114. *Manstein, B.*, Atome, Gefahr und Bevölkerungsschutz (München 1965). – 115. *Meadows, D.*, Die Grenzen des Wachstums, S. 37, 40, 60, 62, 63, 100 (Stuttgart 1972). – 116. *Meurer, J.S.*, Technik und Umwelt – der-

zeitige Lage und zukünftige Aufgaben, Vortrag 30. Tagung der MAN 21. 9. 1971, Hannover. – 117. *Meves, Ch.*, Zur Äthiologie der Hysterie, Wege zum Menschen **19**, 74, 473 (1967). – 118. *Meves, Ch.*, Vergleichende Verhaltensstörungen bei Kindern und Tieren, Vortrag auf der Jahrestagung der Gesellschaft für Verantwortung in der Wissenschaft (Heidelberg 1968); vgl. auch Niedersächs. Ärztebl. **41**, Nr. 12 (1968); Praxis Kinderpsychol. **16**, 273 (1967); Mut zum Erziehen (Hamburg 1970); Die Schulnöte unserer Kinder (Hamburg 1971); Praxis Kinderpsychol. **17**, 197 (1968). – 119. *Meves, Ch.*, Krawall und Kriminalität, Symptome einer Fehlentwicklung, Frauenkultur **72**, 6 (1969). – 120. *Meyer-Abich, K.*, in: Weltveränderung durch Technik, S. 40 (Stuttgart 1971). – 121. *Möller, F.*, J. Geophys. Res. **68**, 3877–3886 (1963); vgl. auch *S. Manabe* und *R.T. Wetherald*, J. Atm. Sci. **24**, 241 (1967); *R. Gebhart*, Arch. Metereol. **15B**, H. 2 (1967). – 122. *Möller, F.*, Die Zunahme des CO_2-Gehaltes und des Staubgehaltes und deren Einfluß auf Klimaveränderungen, Vortrag auf der Jahresversammlung der Gesellschaft für Verantwortung in der Wissenschaft (Heidelberg 1968). – 123. *Mohr, H.*, Mitt. Verb. Dtsch. Biologen **113**, 525 (1965). – 124. *Mohr, H.*, Grundlagen der Evolution, in: Freiburger Dies Universitatis, Band 11, S. 1 (Freiburg i. Br. 1963). – 125. *Mohr, H.*, Evolution und Kultur, in: Freiburger Dies Universitatis, Band 11, S. 21 (Freiburg i. Br. 1964). – 126. *Mohr, H.*, Wissenschaft und Wertsystem, Langenbecks Arch. Chir. **334**, 21 (1973). – 127. *Moll, W.*, Taschenbuch für Umweltschutz, Bd. 1: Chemische und technologische Informationen, S. 76, 168 (Darmstadt 1973); Bd. 2: Biologische Informationen (Darmstadt 1976). – 128. *Moore-Robinson, M.*, New Scientist **44**, 350 (1969); Naturwiss. Rdsch. **23**, 198 (1969). – 129. *Müller-Neuhaus, G.*, Umweltschutz 1971, 32. – 130. *Musto, St.*, Theorien des sozialen Wandels, Vortrag Jahrestagung der Gesellschaft für Verantwortung in der Wissenschaft (Stuttgart 1969). – 131. *Neumann, C.P.* und *Klopfer, P.H.*, Naturwiss. u. Medizin **7**, 50 (1970). – 132. *Neumann, C.P.* u.a., Naturwiss. Rdsch. **26**, 181 (1973). – 133. *Nixon, R.*, Rede vor dem Kongreß am 10. 2. 1970, s. Amerika-Dienst. – 134. *Oettel, H.*, Rauchen und Gesundheit, Ärztebl. Rheinland-Pfalz **1965**, 217. – 135. *Ogburn, W.F.*, On Culture and Social Change (Chicago 1964). (nach *Musto*). – 136. *Oppenheimer, J.R.*, Chem. & Engin. News **24**, 1350 (1946). – 137. *Ortlieb, H.D.*, Die verantwortungslose Gesellschaft, S. 43 (München 1971). – 138. *Ostwald, W.*, Z. Physik. Chemie **82**, 255 (1913). – 139. *Patterson, C.*, Chemistry **41**, H. 9, 7 (1968). – 140. *Penrose, L.S.*, Genetik und Gesellschaft, in *Wendt* (1970), S. 3. – 141. *Pestemer, M.*, Ehrfurcht vor dem Leben, Festrede auf der *Lions*-Distriktversammlung, Neuß, 23. 4. 1966. – 142. Physikal. Bl., Atomkraftwerke in der EG und in der Welt, **30**, 524 (1974). – 143. *Picht, G.*, Mut zur Utopie, S. 14, 41, 117 (München 1969). – 144. *Plack, A.*, Die Gesellschaft und das Böse, 8. Aufl., S. 150, 337 (München 1967). – 145. *Plass, G.N.*, Tellus **8**, 140 (1956); Amer. J. Phys. **24**, 376 (1956); Scient. Amer. **5**, 41 (1959); Ann. New York Acad. Sci. **95**, 61 (1961); Tellus **13**, 296 (1961). – 146. *Pollock, M.R.*, Molekulargenetik, in: *Fuller* (1973), S. 79. – 147. *Pommer, H.*, Die BASF **24**, 51 (1974). – 148. *Prideaux, T.*, Der Cro-Magnon Mensch (Amsterdam 1973). – 149. *Rakestraw, N.W.*, Chemistry **38**, 15 (1965). – 150. *Ramdohr, H.*, Wohin mit dem Atommüll? in Umschau 1967, H. 7, 219. – 151. *Rapoport, A.*, Zitiert in *Hayakawa*, Wort und Wirklichkeit. – 152. *Reuter, F.*, Umweltschutz 1971, 154. – 153. *Riemann, F.*, Über den Vorteil des Konzeptes einer präoralen Phase, Z. Psychosomat. Med. Psychoanalyse **16**, 27 (1970). – 154. *Riester, W.F.*, Wirtschaftliche Verflechtung und Entnationalisierung, Vortrag auf der 4. Jahrestagung der Gesellschaft für Verantwortung in der Wissenschaft (Stuttgart 1969). – 155. *Röling, B.V.A.*, Über IPRA und über die Friedenswissenschaft, Vortrag auf der Tagung der Vereinigten Deutscher Wissenschaftler in München Januar 1966. – 156. *Römpp, H.*, Chemielexikon, 5. Aufl., S. 2635

(Stuttgart 1962). – 157. *Roll, U.,* Umweltschutz 1971, 161. – 158. *Roth, F.,* Schmerzlose Geburt durch Psychoprophylaxe (Stuttgart 1959). – 159. *Sachsse, H.,* Ethik und Wissenschaft heute, Vortrag auf der Jahrestagung der Gesellschaft für Verantwortung in der Wissenschaft (Stuttgart 1969). – 160. *Sankale, M.,* Probleme des Gesundheitswesens und ihr Einfluß auf den Bevölkerungszuwachs in den Entwicklungsländern, Wiss. Welt 10, 14 (1966). – 161. *Sargant, X.,* Der Kampf um die Seele (München 1957). – 162. *Szczesny, G.,* Das sogenannte Gute, Vom Unvermögen der Ideologen (Hamburg 1971). – 163. *Schack, A.,* Physikal. Bl. 28, 26–28 (1972). – 164. *Schaefer, H.,* Kirche und verwissenschaftlichte Welt, Ruperto Carola (Z. Universität Heidelberg) 39, 35 (1966). – 165. *Schaefer, H.,* Gesunderhaltung als persönliches und sittliches Problem, Vortrag auf der Jahrestagung der Gesellschaft für Verantwortung in der Wissenschaft (Heidelberg 1968). – 166. *Schaefer, H.,* Aggression als Risikofaktor der Gesundheit, Vortrag auf der Jahrestagung der Gesellschaft für Verantwortung in der Wissenschaft (München 1970). – 167. *v. Scheidt, J.,* Innenweltverschmutzung (München 1973). – 168. *Schene, H.,* Luftreinhaltung in der Lackiertechnik, Z. ind. Fertigung 64, 282 (1974). – 169. *Schene, H.,* Innerbetrieblicher Arbeitskreis als Leitstelle für Umweltschutz, Umwelt 1, 32 (1974). – 170. *Schikarski, W.,* Vortrag auf der Jahrestagung der Gesellschaft für Verantwortung in der Wissenschaft (München 1973) (*Schikarski* ist im Kernforschungszentrum Karlsruhe tätig). – 171. *Schipperges, H.,* Medizin 1900–2000, Umschau 75, 43 (1975). – 172. *Schopenhauer, A.,* (1788–1860), Die wahren Güter des Lebens, Münchner Lesebogen, Herausg. *W. Schmidkunz,* S. 13 (München 1941). – 173. *Schnitzer, J.G.,* Vortrag der *Friedrich-Naumann-*Stiftung, Berlin 27. 10. 1966. – 174. *Schröer, D.,* Physics and its fith Dimension: Society (Reading, Mass. 1972). – 175. *Schütze, Ch.,* Gift und Schmutz ABC, S. 28, 114, 129 (München 1971). – 176. *Schumann, G.,* Naturwiss. 54, 6 (1967). – 177. *Schwabe, G.H.,* Der See als Ökosystem, Naturwiss. u. Medizin 7, 32 (1970). – 178. *Seetzen, J.,* Vortrag vor der Sektion Ludwigshafen der Gesellschaft für Verantwortung in der Wissenschaft (1969) (*Seetzen* ist im Kernforschungszentrum Karlsruhe tätig). – 179. *Senghaas-Knobloch, E.,* Frieden durch Integartion und Assoziation, Studien zur Friedensforschung Nr. 2, (Stuttgart 1969); Internationale Organisation, Politik und Zeitgeschichte, Bundeszentrale für politische Bildung (Bonn, B 1/1971). – 180. *Silesius, A.,* (1624–1677), Münchner Lesebogen, Herausg. *W. Schmidkunz,* S. 3 (München 1941). – 181. *Simpson, G.,* Die Fossilgeschichte des Pferdes, Naturwiss. u. Medizin 1967, H. 14, 3. – 182. *Söhngen, G.,* Jahrbuch der Elisabethschule Marburg/l., S. 15 (1970/71). – 183. *Spatz, H.,* in: Forscher und Gelehrte, *E. Böhm,* S. 44 (Stuttgart 1966). – 184. *Spiegel,* 22, Nr. 45, 202 (1968). – 185. *Spiegel,* Nr. 7 vom 10. 2. 1969, 134 (1969). – 186. *Spitz, R.,* Hospitalism, The psychoanalyt. Study of Child 1, S. 53–74 (New York 1945); vgl. auch *Eibl-Eibesfeld* (1967). – 187. *Steenbeck, M.,* Wiss. Welt 8, 22 (1964). – 188. *Steenbeck, M.,* Wissen und Verantwortung, S. 13, 171 (Berlin–Weimar 1967). – 189. *Steinbuch, K.,* Technik und Gesellschaft im Jahre 2000, in: Die Rolle der Wissenschaft in der modernen Gesellschaft, Herausg. *H. Scholz,* S. 259 (Berlin 1969). – 190. *Steinert, H.,* Kosmos 64, 521 (1968). – 191. *Sturm, H.,* Probleme der Welternährung, Vortrag auf der Jahrestagung der Gesellschaft für Verantwortung in der Wissenschaft (Stuttgart 1969). – 192. *Swoboda, H.,* Wieviel Erde braucht der Mensch, Vortrag im Süddeutschen Rundfunk am 1. Feb. 1975. – 193. *Tapalyal, L.,* Eine düstere Saga, in: Weltgesundheit 1972, H. 10, 4. – 194. *Tiews, H.U.,* Umweltschutz 1971, 170. – 195. *Tofler, A.,* Der Zukunftsschock (München 1971). – 196. *Umweltschutz 1971,* Themen parlamentarischer Beratung, in: Zur Sache, 3/71, Presse und Informationszentrum des Deutschen Bundestages Bonn. – 197. *Vester, F.,* Die Kapsel 31, 1346 (1973). – 198. *Vogel, F.,* Verantwortung in der Wissenschaft: Genetik, Vortrag auf der Jahrestagung der Gesellschaft für Verantwortung in der Wissenschaft (Heidelberg 1968), s. auch *Wendt* (1970), S. 95. – 199. *Vogt, W.,* Kapitalakkumulation und technischer Fortschritt, Weltwirtschaftl. Arch. **100**, 185–196 (1968). – 200. *Vollmann, A.,* Automobil-Industrie 7F, 91 (1962). – 201. *Wallner, J.,* Umweltschutz 1971, 11. – 202. *Wendt, G.,* Genetik und Gesellschaft (Stuttgart 1970). – 203. *Weisskopf, V.F.,* Zukunftsperspektiven der Wissenschaft, Physikal. Bl. **30**, 481 (1974). – 204. *v. Weizsäcker, E.,* B-Waffen Sperrvertrag, Vortrag vor der Sektion Ludwigshafen der Gesellschaft für Verantwortung in der Wissenschaft 17. 11. 1969. – 205. *Wiener, N.,* Mathematik – Mein Leben, S. 9 (Frankfurt a. M. 1965). – 206. *Wheeler, J.A.,* Zum Andenken an *Niels Bohr,* Zitat aus dem Brief *Bohrs* an die Vereinten Nationen, Physikal. Bl. **29**, 534 (1973). – 207. *Wood* und *Edgar,* zitiert nach *H.J. Bogen,* Gestaltbildung bei Viren, Naturwiss. u. Medizin 7, 36 (1970). – 208. *Wurster, C.,* Chemie und Fortschritt 1967, H. 4, 35. – 209. *Wynne-Edwards, V.C.,* Animal Dispersion in Relation to Social Behavior (Edinburgh 1962). – 210. *Yesudian, S.R., Haich, E.,* Sport und Yoga (München 1955). – 211. *Young, M.,* Es lebe die Ungleichheit (Düsseldorf 1961).

Kapitel 4

1. *Bechert, K.,* Atomzeitalter und Verantwortlichkeit, Z. Vivaristik 1956, **2**, 3. – 2. *Beckwith, J.,* Science for the people, New York Acad. Sci., Vol. **196**, 240 (1972). – 3. *Bernal, J.D.,* The Social Function of Science (MIT Press 1939). – 4. *Born, M.,* Physik und Politik (Göttingen 1960), zitiert aus dem von *Born* genehmigten Auszug in der Werbeschrift der GVW (1966). – 5. *Born, M.,* Physik im Wandel meiner Zeit, S. 273 (Braunschweig 1966). – 6. *Boveri, M.,* Der Verrat im XX. Jahrhundert (Hamburg 1968, 1975). – 7. *Bresler, S.E.,* Acta Physicochimica USSR **10**, 491 (1939). – 8. *Bronowski, J.,* Die Loslösung der Wissenschaft vom Staat, in *W. Fuller* Biologie und Gesellschaft (München 1973). – 9. *Brunton, P.,* Der Weg nach Innen (München–Planegg 1964). – 10. *Burdecki, F.,* persönlicher Brief (1967). – 11. *Cattell, R.B.* und *Butcher, H.J.,* Creativity and Personality (Vernon, 312, 1968, 1973). – 12. *Chain, E.C.,* Newscientist, 166 (1970). – 13. *Comte, A.,* Plan der wissenschaftlichen Arbeiten, die für eine Reform der Gesellschaft notwendig sind (München 1822, 1973). – 14. *Cramer, F.,* Forscher zwischen Wissen und Gewissen, Kommentare und Ausschnitte zum Symposium The Impact of Science on Society (Berlin–Heidelberg–New York 1974). – 15. *Cordes, H.,* Die Industrialisierung in Europa; Hintergründe, Ursache, Ergebnisse und Rückwirkungen auf die Umwelt (Ludwigshafen 1975). – 16. *Cropley, A.J.,* S–R Psychology and Cognitive Psychology in Creativity, 34, 1967, vgl. 116, 124 (Vernon 1973). – 17. *de Solla Price, D.J.,* Nations Can Publish or Perish, International Science and Technology (1967). – 18. *Dobrow, G.,* Wissenschaft: ihre Analyse und Prognose, 56, 219 (Stuttgart 1974). – 19. *Einstein, A.,* Science vom 22. 12. 1950, nach der Übersetzung von *Fritz Bauer* in Widerstand gegen die Staatsgewalt, Dokumente der Jahrtausende (Frankfurt 1950, 1965). – 20. *Einstein, A.,* Eröffnungsansprache der 7. Deutschen Funkausstellung am 22. 8. 1930, s. Archiv des Berliner Rundfunks, s. Naturwissenschaften 48, 33 (1930, 1961). – 21. *Eysenck, H.J.,* Die Ungleichheit der Menschen (Weitere Literatur über die Erblichkeit geistiger Merkmale) (München 1975). – *G. Vollmer,* Evolutionäre Erkenntnistheorie (Stuttgart 1975). – *Th. Dobshansky,* dtv Atlas zur Biologie, 2 Bände. – *A. Juda,* Höchstbegabung (München–Berlin 1953, 1967). – *B. Rensch,* Biophilosophie, 182 (Stuttgart 1968). – *H. Mohr,* Wissenschaft und menschliche Existenz. – *Rombach,* Freiburg, 52–55 (1967). – *I. Schwidetzky,* Das Menschenbild der Biologie, 36 (Stuttgart 1959). – 22. *Fahrni, F.,* Holz als Roh- und Werkstoff 6, 277 (1943). – 23. *Feldmann, M.,*

Naturwissenschaften und die Krise der Technokraten, 102 (1971, 1974). – 24. *Fleming, L.*, New Scientists 36, 166 (1967). – 25. *v. Friedeburg, L.*, Podiumsdiskussion der Jahrestagung der GVW (Marburg 1974). – 26. *Fürth, R.*, Über die Rolle physikalischer Modelle für Stabilitätsfragen in der Soziologie, Vortrag auf der Jahrestagung der Gesellschaft für Verantwortung in der Wissenschaft (Heidelberg 1968). – 27. *Gehrke, W.H., Aneshansley, C.H.* und *Rothemund, P.K.*, A code of ethics for Chemists Chemical Engin. News 25, 2562 (1947). – 28. *Gericke*, Vorlesung Universität Marburg (1976). – 29. *Gerlach, W.*, Einführungsvortrag vor dem Baierbronner Kreis GVW, Satzung der Gesellschaft für Verantwortung in der Wissenschaft e.V. (Weinheim 1966, 1969). – 30. *Habermas, J.*, Technik und Wissenschaft als Ideologie (Frankfurt 1968). – 31. *Hahn, O.*, Phys. Blätter 24, 450 (1968). – 32. *Hausner, H.H.*, Freiheit und Disziplin, Vortrag Rotary Club (Eisenstadt 29. 7. 1975). – 33. *Heden, C.G.*, Verhaltenskocex für Wissenschaftler, in Wissenschaftl. Welt, Z. Weltförderation der Wissenschaften 4–5, 54 (1968).– 34. *Heinemann, G.W.*, Vortrag auf der Tagung der Deutschen Physikalischen Gesellschaft Hannover. Die gesellschaftspolitische Verantwortung des Naturwissenschaftlers, Phys. Blätter 26, 433 (1970). – 35. *Hermes, J.A.*, Handbuch der Religion (1779). – 36. *Hesse, H.*, Das Glasperlenspiel, 76. Aufl., 494 (Frankfurt 1943, 1956). – 37. *Hill, A.V.*, Scientific Ethics, Chemical and Engin. News 24, 1343 (1946). – 38. *Himmelheber, M.*, Mitt. d. DGfH Nr. 37, 111, DB Patent 920 209, 932 209, 932 200 (1948/49). – 39. *Hönes, J.*, persönlicher Brief (1967). – 40. *Huisgen, R.*, Angew. Chemie 71, 6 (1959). – 41. *Irving, D.*, Die Geheimwaffen des dritten Reiches (Gütersloh 1964). – 42. *Jost, W.*, Globale Umweltprobleme, UTB 338, 108, 110 (Darmstadt 1974). – 43. *Jungk, R.*, Heller als tausend Sonnen, 326 (Stuttgart 1964). – 44. *Katzir-Katchalsky, A.*, Gedanken eines Forschers über das menschliche Wertsystem, 33, in Cramer 1971 (1974). – 45. *Keldyck*, 80, s. *Dobrow* 1974. – 46. *Klemmann, G.*, Zeitgenosse Urmensch (Stuttgart 1963). – 47. *Koestler, A.*, Der göttliche Funke (München 1966). – 48. *Kollmann, F.*, Holzspanwerkstoffe (Berlin–Heidelberg–New York 1966). – 49. *Krämer, H.*, Manipulation am Erbgut? Sendung des Süddeutschen Rundfunks, 11. 1. 1975. – 50. *Kraemer, O.*, Leonardo da Vinci, Bild der Wissensch. 1, 42 (1964). – 51. *Lagarde, de, P.*, in: Drei deutsche Schriften (Leipzig 1875, 1937). – 52. *Lenin, W.I.*, Werke 32, 346, zitiert nach *Sachsse* 1974 (Berlin 1972). – 53. *Leonardo da Vinci*, Il codice di Leonardo da Vinci delle bibliotheca de Lord *Leicester* in Holkham Hall, Herausgeber *G. Calvi* (1909); s. auch *O.T. Benfey*, Three Essays in Social Responsibility, Pamphlet Nr. 3, 1956 der Society for Social Responsibility in Science, s. auch *Leonardo* 1972, 142 – Einige Hinweise verdanke ich *O. Kraemer*, Karlsruhe im Anschluß an einen von ihm gehaltenen Vortrag auf der 8. Jahrestagung der Gesellschaft für Verantwortung in der Wissenschaft (München 1974). – 54. *Leonardo da Vinci*, Das Lebensbild eines Genies, (Novara 1972), Deutsch, 142, 276, 282 (Berlin 1972). – 55. *Lorenz, K.*, Das sogenannte Böse (Wien 1963). – 56. *Lorenz, K.*, Die Rückseite des Spiegels (München 1973). – 57. *Luck, W.*, Hippokratischer Eid für Naturwissenschaftler, Phys. Blätter 18, 587 und 19, 330 (1962).– 58. *Luck, W.*, SSRS, Gründung der Landesgruppe Deutschland, Phys. Blätter 22, 318 (1966). – 59. *Luck, W.*, Ehrencode der Chemiker, Phys. Blätter 22, 3 (1966 b). – 60. *Luck, W.*, Aufgaben der angewandten physikalischen Chemie in den chemischen Industrie, Chemie-Ing. Techn. 40, 464 (1968). – 61. *Luck, W.*, Die Verantwortung der Wissenschaftler, von den Aufgaben der Gesellschaft für Verantwortung in der Wissenschaft, Phys. Blätter 24, 20 (1968). – 62. *Luck, W.*, Neue Gemeinschaftskunde oder Chaos, Internat. Dialog. Ztschr. 3, 32 (1970) und in: Zeitfragen, Rhein. pfälz. Schulblätter 13 (April 1970). – 63. *Luck, W.*, Phys. Blätter 26, 133 (1970). – 64. *Luck, W.*, Die Verantwortung der Naturwissenschaftler und Techniker für eine humane Welt, in Philipps-Universität Marburg 3, 17 (1971). – 65. *Luck, W.*, Die Verantwortung der

Naturwissenschaftler und Techniker für eine humane Welt, Phys. Blätter 27, 289 (1971). – 66. *Luck, W.*, Naturwiss. Rundschau 28, 201 (1975). – 67. *Lü Bu We*, Wenn ein Blatt sich bewegt, kann auch der Ast erzittern, Gedanken chinesischer Weiser (Wien 1964). – 68. *Maier-Leibnitz, H.*, Mitteilungen der Deutschen Forschungsgemeinschaft, H. 4/75 (Bonn–Bad Godesberg 1975). – 69. *Matthöfer, H.*, Vortrag auf der Jahrestagung der GVW (Frankfurt 1975). – 70. *Matussek, K.P.*, Kreativität als Chance, 4, (München 1967, 1974). – 71. *Meadows, D.L.*, Die Grenzen des Wachstums (Stuttgart 1972). – 72. *Meadows, D.L.*, Wachstum bis zur Grenze (Stuttgart 1974). – (Warnung: Trotz Angaben von *Meadows* Namen ist er nicht der Autor. Das Buch enthält zum großen Teil unqualifizierte Kritik anderer Autoren zusammengestellt von einem anderen Herausgeber.) – 73. *Mohr, H.*, Die Zukunft als Problem des modernen Menschen, Vortrag 16. Hochschultag Dortmund (1970). – 74. *Monod, J.*, Zufall und Notwendigkeit, Philosophische Fragen der modernen Biologie (München 1971). – 75. *Morkel, A.*, Politik und Wissenschaft (Hamburg 1967). – 76. *Nolde, E.*, Welt und Heimat 1913–1918 (Köln 1936). – 77. *Oppenheimer, I.R.*, Three lectures on Niels Bohr, Pegram Lecture Brookhaven National Laboratory (1963). – 78. *Paschkis, V.*, SSRS Newsletter Nr. 159 (Nov. 1965). – 79. *Paschkis, V.*, persönlicher Brief an den Verfasser (1966). – 80. *Pfohl, F.*, Schweizer Patent 193 139, 316 165 (1935/36). – 81. *Picht, G.*, Mut zur Utopie (München 1969). – 82. *Picht, G.*, Evangelische Kommentare 136 (März 1974). – 83. *Pigman, W.*, and *Carchmichel, E.B.*, An ethical code for Scientists, Science 111, 643 (1950). – 84. *Planck, M.*, Rektoratsrede, Angew. Chem. 115 (1913, 1949). – 85. *Planck, M.*, Die Physik im Kampf um die Weltanschauung, Vortrag 6. 3. 35, s. Wege zur physikalischen Erkenntnis, Reden und Vorträge *Max Planck*, II, 67 (Leipzig 1935, 1943). – 86. *Potter, R.*, Bioethics for whom? in Annals New York Academy of Sciences, Vol. 196, 200 (1972). – 87. *Rapoport, A.*, Die moralische Verantwortlichkeit des Wissenschaftlers in Wort und Wirklichkeit, Beiträge II zur Allgemeinsemantik, Herausgeber *G. Schwarz*, Darmstädter Blätter (1974). – 88. *Ravetz, J.R.*, Die Krise der Wissenschaft (Neuwied–Berlin 1973). – 89. *Regener, E.*, Mitverantwortung der wissenschaftlich Tätigen, Phys. Blätter 3, 6 (1947). – 90. *Reid, R.W.*, Wissenschaft und Gewissen, 139, 160, 173, 175, 299 (München 1972). – 91. *Rogers, C.R.*, A review of General Semantics, Vol. 11, 249 (1954), Vernon 137, 142 (1973). – 92. *Rohrmoser, G.*, Das Elend der kritischen Theorie (Freiburg 1970). – 93. *Russell, B.*, Warum ich kein Christ bin (München 1963). – 94. *Russell, B.*, Bertrand Russell sagt seine Meinung, 101, 107 (Darmstadt 1975). – 95. *Sachsse, H.*, Die Technik in der Sicht des Marxismus, Schriften der Siemens AG (München 1974). – 96. *Salomon, J.-J.*, Forschung und die Verantwortung des Wissenschaftlers in unserer Gesellschaft, 84 (Cramer 1971, 1974). – 97. *Samuel, D.*, Hirnforschung und die Kontrolle über den menschlichen Geist, 77 (Cramer 1971, 1974). – 98. *Schaefer, H.*, Vortrag GVW Tagung.(Heidelberg 1968). – 99. *Segal, H.*, in Annals New York Academy of Sciences, Vol. 196, 244 (1972). – 100. *Steenbeck, M.*, Einheit, H. 4, 1 (1962). – 101. *Thoms, W.*, Die Zukunft der Unternehmung (Stuttgart 1975). – 102. *Torrance, E.P.*, Guiding Creative Talent, 355, 361 (Vernon 1962). – 103. *Tuck, J.*, The Building of the Bomb, BBC-TV Production (2. März 1965). – 104. US Atomic Energy Commission, In the matter of *J. Oppenheimer*, Text of Principal Documents and Letters 262 (Washington 1954). – 105. *Vernon, P.E.*, Creativity (Narmondsworth England 1970). – 106. *Walker, E.A.*, Umschau, H. 2, 39 (1970). – 107. *Weisskopf, V.F.*, Reine und angewandte Forschung, 113 (Cramer 1971, 1974). – 108. *Wiener, N.*, Mathematik mein Leben, Nr. 668, Frankfurt 1965). – 109. *Zahlan, A.B.*, Die wissenschaftlich-technische Kluft im arabisch-israelischen Konflikt,in J. of Palestine Studies 1–3, 17 (1972).

Namen- und Sachverzeichnis

ABC-Waffen 162, 230
Abtreibungen 150
Abwärme 85, 185
Abwasserfragen 158, 183, 184
Ackerbaufläche 95
adi-Werte 105
Adorno 68
Ästhetik 25
Agape 236
Aggression 60, 119, 120, 163
Aggressionsauslösung 102, 119, 162, 192
Aggressivität 69, 76, 160, 168
Aktiengesellschaft 196
Aldrin 103
Algen 97
Allgemeinbildung 173, 209
Allgemeinwohl 227
Alpha-Tier 140, 255
Altruismus 50ff., 59, 61, 209, 218
Ambivalenz 117, 189, 199, 262
American Chemical Society 222
American Physical Society 224
Anarchie 255
Angestellter, leitender 252
Anschaulichkeit 11ff.
Anthropologie 244
Antibabypille 98
Araber 268
Arbeit, körperliche 94
Arbeitsfreude 289
Arbeitsgruppen 287, 288
Arbeitsteilung 207
Argininämie 127
Aristoteles 38
Arznei 236
Asien 96
Astronomie 80
Atheisten 210
Atombombe VII, 29, 41 82, 83, 84, 85, 222
Atombombenherstellung 85

Atombombenversuche 82, 182
Atomenergiebehörde, internationale 85
Atomkraftwerke 84
Atomkrieg 233
Atommüll 82, 85
Atomrüstung 226
Atomwaffen 88
Atomwaffensperrvertrag 91
Aufsichtsrat 196
Ausbildung 75
Ausbildungssystem 155
Auto 211
Autoabgase 107
Automotoren 115
Autoritäten 255
Autoritätskrise 67
Autowracks 183
Axiome 59, 219, 233, 245
Axolotl 146

Bacon, Francis 138
Bacon, Roger 12, 138
Bahai-Religion 181
Bahá'u'lláh 181
bakterielle Waffensysteme 92
Bakterien 91
Bandscheibenschäden 150, 198
BASF 183, 184, 195
Bavinck 14
Bayer 182, 188
Beamtenrechtsrahmengesetz 207
Bechert 182, 210
Becker, Werner 175
Bedürfnisse 61ff.
Benzin 108
Benzypren 108
Berg, Paul 227
Bernal 285
Bevölkerungswachstum 97, 115
Bevölkerungszuwachs 93

307

Bewußtseinsänderung 250
Bewußtseinsbildung 195
Bewußtseinswandel 132
Bhagavad, Gita 294
Biafra 248
Bibel 53
Bildung 234
Bildungsfragen 263
Bildungsreformen 265
Biologie 28
Biotechnik 209
Blasius 93
Blei 107, 108, 109, 145
Bohr, Niels 161, 226, 273
Boltzmann 12, 18
Bombenkrieg 240
Born, Max 17, 18, 39, 231, 232, 241, 248
Bosch, Carl 44, 137, 172, 288
Brennstoffzelle 115
Bridgman 19, 55
BRD 183, 184, 185, 191, 195, 200, 239, 246
Brotgelehrte 33
Bruno, Giordano 21
Bruttosozialprodukt 93, 195
Buddhismus 45, 180
Büchel 7, 38
Buchwald 37

Cäsium 84
Cern 156
Chain 23, 269, 281
Chef 272, 279
Che Guevara 181
Chemie 27
Chemiker 208, 222
chemische Industrie 109
Chemotherapeutika 91
Chlorkohlenwasserstoffe 105
Christentum 294
Christus 141
Chromosomen 122
Chromosomenanomalien 127
Chruschtschow VI, 89, 214
Churchill 135, 240, 242
Club of Rome 179, 240, 238
CO 108
CO$_2$ 107

Codex 223, 247
Coffein 127
Comte, Auguste 3, 27, 28, 55, 76, 137, 161
Computer 122, 141, 151, 168
Contergan 47
Contergan-Prozeß 154
Cordes 133, 259
Coulomb Kräfte 16
cultural lag 131
Curie 83

Darmstädter Blätter 234
Darwin 6, 159
Datenbank 122
DDR 210
DDT 103
Dekansprinzip 272, 284
Demagogie 54, 162
Demokratie 64, 117, 210, 231, 254, 259
demokratischer Zentralismus 210
Demokratisierung 45, 75, 193, 274
Depressionen 148
Descartes 2
Determinismus 13
Deutsche Forschungsgemeinschaft 283, 288
Dialog 178
Diderot 218
Dieselmotor 108
Diffamierende Aggression 275, 281
Differentiale 265
Diktator 252
Dilthey 4
Dirac 15
Divergentes Denken 287
DNS 227
Dogmatismus 248
Dritte Welt 233
Dresden 241
Dualismus 278
Duell 211
Düngemittel 93, 134, 185
Düngemittelproduktion 96

Edelgase, radioaktive 84
Egoismus 52, 59, 60, 63, 279
Eibl-Eibesfeld 47, 123, 164, 173, 237

Eid 220, 221, 224, 252
Eid des Hippokrates 220
eigenes Revier 95
Einfachheit der W. 11ff., 31
Einheit von Forschung 280
Einstein 11, 14, 66, 128, 226, 231, 259
Einwohnergleichwerte 185
Eiskappen 144
Eiweiß 97
Ehe 166
Ehrencodex 223, 242
Ehrfurcht vor dem Leben 44
Ehrgeiz 62
Elend 70, 71
Elster 158, 185
Emotionen 62, 251
Emotionsentfesselung 295
Empathie 131
Empfängnisverhütung 125, 127, 153, 178
Encyclopädie 218
energetischer Imperativ 116
Energiefragen 110
Energiepolitik 116
Energieverbrauch 112, 192
Engels 132
Enteignung 116
Entemotionalisierung 262
Entfremdung 132
Entwicklungsarbeiten 282
Enzyclica Humanae Vitae 98, 178
Epikur 45, 63, 64
Erdatmosphäre 82ff., 100
Erdbeben 144
Erdöl 97
Ernährungsproduktion 95
Erziehung 234
Ethik 50ff., 56, 59, 64, 228, 229, 230, 233, 243, 258
Ethik, kognitive 55
Ethos 232, 264
Eugenik 124
Euratom 85
Euro-Dollarmarkt 194
Europarat 187
Evolution 46, 47, 48, 49, 64, 89, 91, 122, 233, 256, 258, 267
Evolutionsprozeß 166

Evolution des Altruismus 51ff.
Experiment 6ff., 214
Eysenck 264, 265

Fachsprache 287
„fall-out" 90
Falsifizierbarkeit 9
Farbsehen 10
Fehlgeburten 127
Fernsehen 117, 286
Fertilität 165
Feuerwaffen 130
Fichte 32, 33, 57
Fleiß 124, 141, 284, 285, 287
Fließband 72
Flüsse 184
Flugzeug 193
Fluorkohlenwasserstoffe 106
Forscher 280
Forschung 196, 228, 237, 246, 269, 272, 278
Forschungsbericht 282
Forschungsdirektoren 282, 283
Forschungsförderung 287
Forschungsleiter 283
Forschungsorganisationen 280
Forschungsplanung 61, 266, 269, 280, 283
fossile Brennstoffe 111
Franck-Report 130
Freiheit 221, 222, 224, 236, 249, 273, 287
Fremdarbeiter 97
Friedensforscher 156
Friedell 10, 14, 25, 33, 69
Frost 182
Fürth 42, 220
Fusionsreaktoren 87, 112
Futurologie 197, 257

Galapagos Inseln 47
Galilei 7, 9, 10, 12, 21, 66, 131, 175, 176, 178, 214, 216, 220, 235, 255, 265
Gandhi, Mahatma 294
Geburtskontrolle 239, 257, 262
Geheimhaltung 225, 226, 228
Geisteswissenschaften 32, 76, 216, 255

309

Geisteswissenschaftler 177
Gemeinschaft 62, 256
Gemeinschaftsarbeit 141
Gemeinschaftskunde 254
Gemeinschaftssinn 256
Gene 122
Genetik 122, 127, 169
Genkapital 125
Genmanipulationen 125, 127
Geschichte 32, 176, 178, 215, 244
Geschichtsunterricht 207
Gesellschaft 237, 246, 265
Gesellschaftskritik 75
Gesellschaftskunde 254
Gesellschaftswissenschaften 259
Gesunderhaltung 150
Gesundheit 148
Gewerkschaften 134, 138
Gewerkschaftsfunktionäre 278
Gewissen 52, 230, 244
Gibbs-Thompson-Regel 195
Gleichberechtigung 134
Gleichheit aller Menschen 124
Gletschereis 114
Goebbels 119, 121, 210
Goethe VIII, 7, 10, 240, 242
Göttinger Achtzehn 226
Gott 66, 218, 244
Großfirmen 74, 190, 195, 196
Großforschungszentren 282
Großindustrie 136
Grundbedürfnisse 141
Grundgesetz 39, 46
Grundlagenforschung 65
Grundrechte 46
Grundwasser 184
Gruppenbildung 154, 233, 248, 250
Gruppengeist 251, 265, 279
Gutachter 280, 283
GVW 176, 189, 224, 231, 232, 243, 244, 246

Haager Konferenz 156
Hackordnung 225
Hahn, Otto 225
Harlow 172
Hassenstein 119, 159, 161, 162, 163, 172, 174, 237
Hausmüll 182

Hausner 236, 240, 274
Hausser 172
Hawthorne-Experiment 149
Haxel 83, 84, 85, 182
H-Bomben 90
Heckmann 18
Heinemann 246
Heisenberg 12, 23, 25, 39, 63
Heißer Friede 269
Hellenismus 294
Helmholtz 282
Hertz 15
Hessische Hochschulgesetze 277, 286
Hessische Rahmenrichtlinien 256, 260
Hierarchie 63, 209, 244, 270, 276, 277
Himmelheber 246
Hinduismus 53, 294
Hippokrates 41, 220
hippokratischer Eid 41, 224, 232, 244, 266
Hirntod 152
Hiroshima 88, 241
Hitler 21, 75, 118, 136, 137, 162, 163, 194, 210, 253
Hochschule 277, 280, 285
Hochschullehrer 153, 235, 277, 286
Hochschulpolitik 289
Hochschulreformen 250, 276, 285, 289
Hochschul-Revolution 140, 274
Ho Chi Min 181
Höhenstrahlung 144
Holon 138
v. Holst 160
Hominisation 49
homo erectus 99, 123, 143
homo humanus 294, 295
homo investigans 294, 295
homo politicus 263
homo sapiens 123, 129, 166, 199, 209, 295
Homosexualität 167
homozygote 125
humane Menschen 161
Humanität 45, 49, 50, 53, 64, 264
Humanismus 233
Humus 159
Humusschicht 159
Huxley 128

IAEO 85, 91
Idealismus 214
Idealisten 136, 276
Ideologen 138, 289
Ideologien 67, 68, 69ff., 201, 216, 217, 219, 229, 233, 248, 261, 262, 265, 289
Illustrierte 182
Illumination 286, 287
Immunreaktionen 152
Immunsysteme 91
Imperativ, kategorischer 53
Imperativ, praktischer 54
Impfungen 47, 61
Individualismus 180, 216, 288
Individuen 165
Individuum 237
Industrie 133, 185, 193, 259, 266, 276
Industrialisierung 71
Industriedirektor 278
Industrieforschung 271
Infektionskrankheiten 109
Information, genetische 90
Informationstechnik 117
Informationsübermittlung 119
Ingenieure 116, 138, 213, 214, 234, 242
Inkubation 286, 288
Innenweltverschmutzung 201
Innovation 123, 131, 133, 141, 169, 181

Insektenstaaten 164
Insektizide 106
Insemination, künstliche 128
Institutsmauern 280
Integrität 251
Intelligenz 286
Intelligenzquotient 140
Internationale 193
internationaler Besitz 117
Internationalisierung 50, 131, 156, 191, 194, 197
Internationalismus 154, 192, 234
Internationalismus, funktionaler 157
Investitionen 135
Ionenaustausch 96
I. Q. 286
Iso-Verschmutzungslinien 247

Israelis 268
Itai-Itai-Krankheit 145

Jod 82
Jordan, Pasqual 13, 16
Jost 71, 101, 108, 115, 276
Journalisten 121
Judaismus 294
Jungk, Robert VII, 157, 222
Justi 281

Kant 14, 18, 53
Kapital 195, 196, 278
Kapitalismus 196
Kapitalisten 135
kapitalistisches System 196, 268
Karl der Große 86
Katastrophen 143
Kausalitätsprinzip 13
Kennedy, Robert 89, 90
Kepler 4, 7, 66, 177
Kernforschung 87
Kernkraftwerke 84, 108, 115
Kernreaktoren 84
Kernspaltung 226
Kerntechnik 207
Kernwaffen 234
Kindersterblichkeit 70
Kirche 179, 215, 216, 244
Klimaänderungen 114, 144, 256
klinische Chemie 152
Klonverfahren 128
Koch 67
König 176, 215
körperliche Kräfte 255
Koestler 31, 54, 129, 138, 139
Kohlendioxid 100
Kohlendioxidgehalt 256
Kohlenoxid 108
Kollektivisation 49
Kolonialismus 227
Kommunen 185
Kommunismus 265
Kooperantik 60, 65, 219, 235
Kooperation 49, 59, 64, 143, 170, 180, 181, 189, 190, 191, 194, 198, 219, 233, 248, 249, 250, 260, 263, 278, 284

Kooperationsbereitschaft 147
kooperative Mechanismen 237
Koran 53
Korte 102, 106, 113, 144
Kosmetik 51
Kraftfahrzeugverkehr 190
Krebs 122, 199
Kreativität 24, 61, 147, 167, 235, 270, 277, 283, 285, 288, 289
Kreativitätsforschung 286
kreatives Denken 212
Krieg 60, 88, 117, 118, 123, 130, 147, 162, 200, 225, 253, 269
Kriegsziele 111
Krypton, radioaktives 84 ff.
Kuba-Krise 89
Künstler 212, 287
künstlicher Dünger 110
künstliche Nieren 152
Kulturgeschichte 209, 212
kulturelle Evolution 130, 165
kultureller Evolutionsprozeß 210
Kulturoptimismus 142
Kulturpessimismus 53, 88
Kunst 34
Kybernetik 228
kybernetische Phase 122

Lärm 62, 147
Landwirtschaft
landwirtschaftliche Ertragssteigerung 109
Landwirtschafts-Produktivität 134
Laotse 294
Lebenserwartung 93, 109
Lebensqualität 44, 45, 61
Lebensschutz 251
Lebensstandard 134
Lehre 280, 287, 289
Lehrer 286, 287
Leistungen 271, 284, 288
leistungserhaltende Maßnahmen 289
leistungsfördernde Maßnahmen 289
Leistungsgesellschaft 236
Leistungsmotivation 131
Lenin 214
Leonardo da Vinci 55, 130, 137, 221, 224, 228

Leopoldinisch-Carolinische Akademie 249
Liebe 50 ff., 62, 164, 166
limbatisches Gehirn 54, 129, 159, 179, 200
Limnologie 158
Lindemann 240, 241
Lomonossov 27
Lorenz 49, 95, 117, 123, 130, 133, 144, 159, 160, 161, 163, 164, 207, 211, 219, 229, 237, 263, 279
Luck 16, 19, 22, 27, 43, 177, 178, 179, 188, 189, 215, 220, 222, 223, 232, 235, 256, 274, 280, 281, 287
Lüscher 18, 20
Luftverunreinigung 107, 114
Lungenkrebs 108, 199
Lyssenko 21, 169, 265

Macht 63, 73, 251, 274, 279
Machtbewußtsein 245
Machtkämpfe 280
Maier-Leibnitz 280
Malaria 93, 105, 125
Management 284
Manstein 90
Mao 181
Marcuse 18 ff., 68 ff., 214
Marktwirtschaft, freie 73
Marx 29, 71, 76, 94, 132, 135, 138, 210, 214
Marxismus 32, 76, 196, 214
Maschine 208
Massenkommunikationsmittel 117
Massenmedien 56, 131, 245, 265, 266
Massenproduktion 182
Massenpsychologie 120
Maßsysteme 11
Massentourismus 155, 157, 192
Mathematik 16, 17, 27, 55
Matussek 289
Maxwell 25
Meadows 95, 97, 100, 113, 170, 187, 219, 238, 239, 240
Meditation 129
Medizin 29, 30, 41, 133, 148, 251, 257
medizinische Forschung 153
Meeresspiegel 114

Meerwasserentsalzung 96
Meerwasserspiegel 144
Meinungsuniformierung 288
Membranverfahren 96
Menschen 245, 263
Menschenpflichten 245
Menschenrecht 46
Menschheit 217, 245, 246, 263
menschliche Soziologie 161
menschliches Verhalten 159
Meritokratie 140
Metaphysik 55, 58
Meves 171
Meyer-Abich 22
Militarismus 73
Mißbildungen 127
Missionare 181
Mitbestimmung 210
Mitbestimmungsgremien 265
Mitverantwortung 210, 241, 252
Modetrend 266
Möller, F. 101
Mohr 17, 122, 124, 129, 130, 139, 140, 229, 247, 248, 249, 250, 251, 263, 264
Molekular-Biologen 227
Molekularbiologie 209
Moll 104, 106
Mongolismus 125
Monod 216, 228
Moral 267
Moratorium 267
Mose 53, 59
Motivation 141
Motivierung 234, 286, 287, 288
Motivierungsänderung 147, 178, 201, 212, 220, 229, 250
Müll 257
Müller, Klaus 2, 33
Müllprobleme 182
mutagene Substanzen 126, 127
Mutationen 123, 126

Nachkommen 35
Nächstenliebe 53, 57, 64, 89, 175, 180, 229, 236, 245, 294
Nahrungsmittelproduktion 96
Napalm 241
National Academy of Engineering 244

Nationen 154
Nationalismus 154, 192, 234
Natur 56, 63, 245
Naturwissenschaft 22, 60, 66, 175
Naturwissenschaft, Definition 5 ff., 35
Naturwissenschaftler 116, 155, 170, 177, 190, 206, 209, 212, 234, 240, 242
Negative Utopie 240
Neocortex 54, 128, 159, 200, 210
Neomarxismus 132, 210, 214
Neopositivismus 55, 235
Nernst 136, 214
Nettosozialbeitrag 188
Neues Testament 53, 127
Newton 60, 245
Niederschläge, künstliche 103
Nierentransplantation 152
Nikotin 199
Nixon 182, 185, 189
Nobelpreis 153
Nobelpreisträger 280
Noddack 226
normative Kultur 133
Normen 55, 56

Objektivierbarkeit 17 ff.
Objektivierbarkeitsanspruch 175
Öffentlicher Dienst 190
Offizier 213, 242, 270
Ökologie 60, 157, 233
Ökosystem 158
Oligarchie 274
Ölkrise 137, 195, 213
Operationalismus 19, 61
Opfer der Hitlerzeit 295
Oppenheimer 222, 273
Optimismus 233
Ordinarien 271, 274
Ordinarienuniversität 270, 277
Organisationsstruktur 269, 286
Organspender 152
Organtransplantation 152
Ortega y Gasset 42
Ostwald 130
Ozonschicht 102

Popper 9
Partialethik 220

Partialethos 248
Partnerwahl 166
Paschkis, Viktor 229, 233, 234, 248
Pauli 25, 38
Pawlow 218
Pazifismus 60
Penicillin 151, 206, 213, 269, 281
Perlon 269
Pestizide 109
Pflanzenschutz 96, 134
Pflanzenschutzmittel 106, 126, 209, 256
Picht 91, 243, 245, 261
Pille 47
Pharmazeutika 169
Phenylketonurie 125
Philosophen 231
Philosophie 33, 38ff.
Philosophie, pessimistische 68
Physik 11ff., 27
Physik, Definition 6, 16, 35
Physikalische Chemie 27
Phytoplankton 104, 158
Plack 167
Planck, M. 4, 18, 23, 57, 63, 65, 66, 249, 294
Planetisation 49
Plato 6, 32, 38, 213, 294
Pluralismus 118
pluralistische Gesellschaft 264
Plutokratie 140
Plutonium 84, 88
Pocken 93
Polareis 102, 114
Polarität 278
Polio-Impfungen 145
Politik 244
Politiker 241
politische Bildung 254
positive Wissenschaft 161
Positivismus 13, 55ff., 59, 77, 216, 235
Praxis 21, 35
Präparation 286, 288
Proletariat 214
Psyche 118
Psychoanalyse 57, 120, 163
Psychologen 211, 267, 278
Psychologie 257

Psychopharmakologie 266
psychotrope Drogen 151
Publizität 228
Purismus 221, 229, 236, 251

Quality of life 45, 61
Quecksilber 186

Radioaktive Abfallprodukte 256
Radioaktive Einheiten 83
radioaktive Verseuchung 181
Radioaktivität 82ff.
Rätesysteme 139, 140
Rangordnungen 134
Rangskala 255
Raubbau an Rohstoffen 53
Raucher 200
Raumstationen 113
Ravetz 9
Read 174
Reaktorforschung 115
Reallöhne 138
Rechtswissenschaften 31
Reformen 140, 264, 277, 288
Reformvorschläge 253
Regelgrößen 190, 219, 229, 233, 244
Reichenbach 55
Reizschwelle 201
Reklame 45
Religion u. Naturwissenschaft 66ff.
religiöser Rausch 119
Religionen 32, 57, 62, 66, 175, 215, 219, 229, 233, 258, 261
Religionsgrenzen 154
Religionskriege 49, 59, 162
Resonanz 288
Retinoblastom 125
Revier 279
Reviergröße 96
Revierverteidigung 154, 161, 164
Revolution 277
Rhesus-Faktor 99
Rickert 4
Riester 194
Römpp 101
Röntgenreihenuntersuchungen 126
Rohstoffe 194, 239
Rohstoffreserven 170
Rohstoffvorräte 239

Romantik 217
Roosevelt 46, 230
Ruhm 62
Russell 34, 63, 271, 272, 275, 277, 279

Saarbrücker Beschlüsse 260
Saatgutbeizmittel 110
Sachsse 5, 55, 56, 179, 210
Säuglingssterblichkeit 93
Salzbergwerk 86
Schaefer 163, 175, 232
Scheidenkarzinome 146
Scheler, Max 38, 66, 77
Schene 189
Schikarski 1973, 87
Schiller 20, 37ff., 74
Schocktherapie 119
Schöpfungsgeschichte 48
Schopenhauer 45, 143
Schrödinger 13, 15, 16
Schülerkreis 288
Schulreformen 138, 285
Schwangerschaftsunterbrechung 127
Schwefeldioxid 107, 182
Schweitzer, A. 44, 142, 143
Seetzen 1969, 87
Selbständigkeit 288
Selbstbewußtsein 289
Selbstverwaltungsgremien 289
Selbstverwirklichung 277, 279
Selektionsmechanismen 130, 211
Selektionsprinzip 123, 233
Selektionsprozeß 216
Semantik 121
Semantiker 218
Senecca 44
Senghaas-Knobloch 156
Sexualerziehung 257
Sexualität 56, 62, 166
Sexwelle 120
Shaw 225
Sichelzellenhämoglobin 125
Sinnestäuschungen 10
Smog 106
Society for Social Responsibility in Science 44, 230, 231

SO_2 87, 106, 114
Sokrates 6, 141
de Solla Price 22
Sonneneinstrahlung 114
Sonnenenergie 113
soziale Drogen 151
soziale Evolution 154
soziale Gelehrte 74
soziale Hierarchien 124
soziale Organisation 52, 62, 63, 154
soziale Prägung 171
soziale „Temperatur" 238
soziale Triebe 69
sozialer Wandel 130
sozialphilosophisches Modell 240
Sozialismus 132, 214
Sozialphilosophie 220, 235, 240, 244
Soziologie 34, 57, 77, 161, 217, 267
Spanplatten 246
Spezialisten 252
Spitz 172
Sport 62, 198, 244
Sprache 218
Sprays 106
SSRS 232
Staat 185, 188, 196, 232
Stalin 132
Statistiken 148
Staub 149
Staubkonzentration 102
Staubniederschläge 144
Staubschichten 102
Staudinger 206
Steenbeck 87, 90, 262
Stegmüller 55
Steinbuch 112, 214
Steinkohleneinheit 111
Stickoxide 188
Stickstoffdioxid 247
Stirlingmotor 115
Strahlenbelastung 126
Straßenverkehr 257
Strontium 83
Studenten 191, 223, 254, 277
Studentenkreise 255
Studentenrevolte 177
Sturm 96
Suffragetten 134
Systeme, rückgekoppelte 94

Tagungen 288
Taoismus 294
Team 255
Technik 32, 39, 141, 189, 212, 243, 245, 251, 257, 260, 262, 268
Techniker 189, 190, 206, 214, 234
Technikfeindlichkeit 214
technische Evolution 211
technische Produkte 74
technische Sklaven 206
Technologie 28
technology assessment 188
Teilhard de Chardin 49
Terry-Report 201
Teststop 83
Theologen 57, 231
Theologie 31, 175, 216, 255
Theorie 21, 35
Todesproblem 48, 62, 65, 152, 211
Todesstrafe 207
Todeswahrscheinlichkeit 149
Toleranz 260, 261
Toleranzgrenzen 83
Tofler 192
totaler Krieg 120
töten 211
Tradition 215, 220, 273
Transduktion 127
Transmarginale Hemmung 119
Triebverzicht 288
Trinkwasser 185
Tugend 294

U-Boote 224
UdSSR 214, 242
Übervölkerung 182
Ultrarotstrahlungsmesser 115
Umwelt 212
Umwelthygiene 153, 154, 178, 181, 200, 230, 239, 248, 251, 252, 260
Umweltschutz 60, 188, 247
Umweltschützer 181
Umweltverschmutzung 238
Unfälle 191
Universitas 153
Universitäten 235, 286
Universitätsreformen 138, 213
UNO 257
Unschärferelation 12

Uran 112
Urlaub 192
USA 183, 191, 200, 238, 244
Utopisten 140, 209

Variationsbreite 124
Vasallen 252
Venedig 242
Verantwortlichkeit 120, 181
Verantwortung 61, 110, 124, 162, 169, 206, 213, 215, 219, 226, 231, 233, 236, 237, 241, 242, 243, 244, 245, 246, 248, 251, 252, 254, 267, 268
Verfahrenstechnik 27
Verhalten 57
Verhaltensforschung 154, 159, 163, 165, 167, 217, 256
Verhütungsmaßnahmen 98
Verifikation 286, 288
Verkehrsprobleme 190
Verkehrstote 94, 191
Verkehrsunfall 191
verständliche Wissenschaft 244
Verwandtschaft 98
Vester 146, 171
Vietnam-Krieg 241
Vogel 125
Voltaire 37
Vorfluter 182
Vorgesetzte 277, 279
Vorschulförderung 287
Vorräte 111

Wachstum, exponentielles 93
Wärmeisolierung 115
Waffen 224, 261
Wahrheit 20, 181, 213, 221, 236, 237, 243, 248, 249, 250, 251, 252, 267, 294
Wahrhaftigkeit 249
Walfang 155
Warenkonsum 46
Wasser 184
Wasser-Charta 187
Wasserkraft 113
Wasserstoffbombe 88
Wasserstoffmolekül 15
Wassertemperatur 87
Watson 227

Watt, James 147
Weber, Max 55, 65, 217
Weimarer Republik 162
Weizmann-Institut 266
Weltall 81
Weltbevölkerung 93
Weltfish 42
Weltfrieden 156, 233
Weltgesundheitsorganisation 105
Welthandel 194
Weltkultur 154, 261
Weltklima 100
Weltmodell 238
Weltpolitik 193
Weltwirtschaft 195
Werbung 46
Wertfreiheit der Wissenschaft 21, 35, 58, 235
Wesley 119
Wiener, Norbert 228
Wille, freier 67, 68
Willensbildung 67, 68
Willensentscheidung 56
Wirtschaft 193
Wissenschaft 61, 210, 214, 217, 218, 222, 229, 237, 243, 248, 263, 268, 282, 294

Wissenschaft, Definition 3 ff., 35
Wissenschaftler 157, 200, 232, 234, 247, 283, 285
wissenschaftlicher Berater 242
Wohlergehen 222
Wohlergehen der Menschheit 46, 55, 59, 61, 64, 231, 286
Wohlstandsgesellschaft 141
Wolken 101
Wolkenbildung 101
World-Government 156
Wurster, Carl 110, 282

Xenon 84

Yoga 174, 180, 197

Zeitgeist 264
Zeitschriften 280
Ziegler 269
Zigarettenrauchen 199
Zivilcourage 249, 251, 252
Zooplankton 158
Zuckerkrankheit 125

Wilhelm Jost
Globale Umweltprobleme
(UTB Uni-Taschenbücher 338)
VIII, 125 Seiten, 23 Abb., 14 Tab. DM 17,80
Inhalt: Einführung und Übersicht — Rohstoff-Probleme — Rohstoffvorräte; Abgasprobleme — Emissionsprobleme — Problematik in historischer Sicht — Mögliche und unmögliche Zukunftsaussagen — Schlußwort.

Walter L. H. Moll
Taschenbuch für Umweltschutz
Band 1: Chemische und technologische Informationen
(UTB Uni-Taschenbücher 197)
VIII, 237 Seiten, 8 Abb., 47 Tab. DM 19,80
Inhalt: Einleitung — Luft — Wasser — Energie — Verkehr — Umweltchemikalien — Kunststoffe und Verpackung — Müll und Abfälle — Nachwort.

Band 2: Biologische Informationen
(UTB Uni-Taschenbücher 511)
X, 234 Seiten, 3 Abb., 50 Tab. DM 23,80
Inhalt: Einleitung — Bevölkerungspolitik — Gesundheitswesen — Pharmaka — Hygiene und Kosmetika — Toxikologie — Lebensmittel — Nachwort.

Wolfgang Metzger
Psychologie
Die Entwicklung ihrer Grundannahmen seit der Einführung des Experiments
5. Auflage. XXII, 407 Seiten, 42 Abb. DM 36,—
Inhalt: Die Lage der theoretischen Psychologie — Das Problem des seelisch Wirklichen — Das Problem der Eigenschaften — Das Problem des Zusammenhangs — Das Problem des Bezugssystems (des Ortes und des Maßes) — Das Problem der Zentrierung — Das Problem der Ordnung — Das Problem der Wirkung — Das Leib-Seele-Problem — Probleme des Werdens — Literatur.

DR. DIETRICH STEINKOPFF VERLAG
DARMSTADT

MIX
Papier aus verantwortungsvollen Quellen
Paper from responsible sources
FSC® C105338

If you have any concerns about our products,
you can contact us on
ProductSafety@springernature.com

In case Publisher is established outside the EU,
the EU authorized representative is:
**Springer Nature Customer Service Center GmbH
Europaplatz 3, 69115 Heidelberg, Germany**

Printed by Libri Plureos GmbH
in Hamburg, Germany